新文京開發出版股份有限公司

NEW WCDP 新世紀‧新視野‧新文京 — 精選教科書‧考試用書‧專業參考書

New Wun Ching Developmental Publishing Co., Ltd.

New Age · New Choice · The Best Selected Educational Publications — NEW WCDP

食品感官品評

─理論與實務

劉伯康 莊朝琪 編著

PRINCIPLES AND PRACTICES OF
SENSORY EVALUATION OF FOOD

Third Edition

三版序

本書從 2014 年首次發行以來，經歷了三次修訂，第三版終於在 2020 年 9 月修訂增補完成；兩位作者規劃將這次改版做為最終版本，給讀者呈現最完整豐富的內容，其主要的原因是經過了幾次修訂已經將現今相關重要的食品感官品評概念與技術都做了一個基礎介紹，做為學習食品感官品評的入門者，這本書應該已經足夠讓各位對現今快速變化之感官科學有一個全面完整的認識，可以進一步深入學習與應用。

三版修訂特色：

1. 增加了差異分析法訊號偵測理論的統計方式，雖然只是基礎，但對於賽斯通模式 (Thurstonian model)，這個在現今感官科學越來越流行且重要的學派有了一個初步的認識。

2. 對於在現今感官科學流行的快速描述分析技術－選擇適合項目法 (Check-all-that-apply; CATA)（第 8 章）做了完整介紹；作者也認為這個方法對臺灣以中小企業為主的食品產業是值得推廣與導入的，可以取代傳統定量描述分析技術的部分需求。

3. 增加了以消費者進行感官特性動態描述方法（第 8 章）的內容，對於時序選擇適合項目法 (temporal check-all-that-apply; TCATA) 及時序感覺支配法 (temporal dominance of sensation; TDS) 做了一個完整的介紹。

4. 三版將全書整體精細的進行校閱，內容修訂更為精確，力求完整無誤，並將許多跨頁表格進行整合，排版的用心讓讀者更容易閱讀。

最後，還是感謝所有對食品感官品評這門學科具有濃厚興趣而愛智求真的讀者們，沒有大家的分享與推廣就不會有本書的延續；也再次感謝許多前輩的支持與鼓勵，還有新文京開發出版股份有限公司願意繼續支持作者理念並給予機會再版此書。作者們才疏學淺，仍祈願讀者持續賜教、回饋。臺灣在感官科學的推廣工作應該進入一個新的階段，我們也開始著手規劃，希望不久的未來能夠以新的形態內容，和大家一起學習食品感官品評。

劉伯康　　　　　　莊朝琪

中臺科技大學食品科技系　　中華科技大學食品科學系

　　作者於 2002 年在美國攻讀博士期間，有幸在美國密蘇里大學哥倫比亞校區修習到當代國際知名品評學家 Hildegarde Heymann 博士開設的食品感官品評課程後，就開始喜歡上這個在食品業界非常實用的科學化評估工具，也將我個人的學習與研究興趣從食品化學領域轉到食品感官品評領域，我的博士論文也完全利用感官品評技術從事冰淇淋產品改良的研究。事實上，食品感官品評在美國食品科技人才的培訓上，是繼食品化學、食品加工、食品微生物與食品工程之後的第五大次領域，在美國食品科技相關系所大學部的課程也列為必修。2007 年回到臺灣於科技大學任教，開始教學與實踐過去在食品感官品評這個領域的學習與知識技能；在這幾年的教學過程中，發現這個領域在臺灣傳統的食品科學系並不受到重視而且存在許多的錯誤見解；許多食品相關系所沒有開設相關課程外，學生所抱持的學習心態也就是吃吃喝喝，並沒有把此領域當作重要的知識與技術學習。在此同時，臺灣大專院校餐飲管理相關系所卻開始開設這個傳統上應用在食品工業的科學技術，雖然感到受到重視的欣慰，卻也發現到了許多新的問題。這幾年服務產業的過程當中，作者最常聽到一句話是感官品評很重要，但總是看到產業界實施與應用之不科學化方式，讓作者開始思考該如何傳遞這個在西方國家食品產業界大量使用、並獲得許多利益之正確的科學化品評技術，希望能讓此技術在臺灣產官學界開始受到重視且正確使用。

　　事實上，國內過去幾十年，許多的先進致力於科學化感官品評技術的推動並做出了不可磨滅的貢獻；例如：國立中興大學區少梅教授，從描述分析的技術推動科學化的食品感官品評技術並且導入智能感官技術於食品品質的檢測；樞紐科技顧問股份有限公司的姚念周博士也長期開設相關教育訓練課程、產業的推廣與輔導及發展許多中文化實用的感官品評工具，使臺灣在這個領域上至今一直能和國際接軌。即便如此，這個領域或相關技術在臺灣食品產業與學術界至今沒有獲得有效益的應用與發展。作者認為最大的問題是對於這領域的知識傳授太過於簡單，導致對於感官品評的認識不足而產生了許多問題與錯誤認知。因此作者於 4 年前開始著手規劃，邀請了我的好友，當時在餐飲管理系教授多年感官品評課程且在食品工程與加工領域專精的莊朝琪博士合力撰寫此書，希望能從不同的經驗與角度撰寫一本深入實用、結合國際標準與最新發展，屬於華人的食品感官品評教材，並能夠改變過去許多根深蒂固之錯誤觀念、開啟深入學習正確食品感官品評技術的風氣。

　　本書歷經了 3 年的撰寫，共分成 8 章，約 30 萬餘字；本書有幾個特色(1)理論與實務並重，具體提供產業界在感官品評操作上一些新的思考方向與建議。(2)結合歷史與現實環境，以華人的思考角度，給予感官品評科學不同的詮釋。(3)大量使用了感官品評 ISO 國際標準規範及國外最新研究。(4)強調感官品評所涉及到的許多哲學概念，幫助讀者構建正確觀念與修正錯誤見解。(5)基礎與進階並重，提供給不同學習目的的讀者。(6)特別強調消費者測試，希望打破產業界許多過去的錯誤認知（專業型品評員才是王道及消費者測試很簡單等錯誤觀念）。(7)圖表與習題眾多，幫助讀者思考與學習。(8)適合自修與學校教學使用。儘管本書內容豐富，但和國外感官品評技術之發展仍有落差，想於食品感官品評領域深入學習者，需要以此本書為基礎，與時俱進。

　　這本書的完成，感謝區少梅教授在中臺科技大學服務期間留下許多無價的資源；也感謝樞紐科技顧問股份有限公司首席顧問姚念周博士在許多專業品評的問題上，無私地提供了寶貴的觀點；更感謝許多前輩的支持與鼓勵，以及新文京開發出版股份有限公司鼎力支持作者的理念而願意出版此書。最後感謝林嘉鴻、邱雅琪、呂昇儒、張洪瑄等學生提供相關建議及協助本書撰寫相關工作。作者才疏學淺，勉強完成此書，遺漏之處在所難免。尚祈讀者賜教與回饋，則幸甚矣。

劉伯康

中臺科技大學食品科技系

　　食物是人類生存所必需，感官是人類認知之基石，將食物調理、加工成食品可改變食物的狀態也許是為了衛生安全、方便儲藏，或提高其營養價值、增進色香味與質地口感等理由，不論如何，最終品質能否被消費者接受，其感官特性必然是決定能否商品化極重要因素之一。因此，食品感官品評在歐美早已發展成顯學，「感官科學」被廣泛應用，各大知名食品公司莫不紛紛成立感官品評部門協助產品研發、品管與行銷，對經營地區市場乃至著眼於全球市場皆益發重要。然國內早期因食品產業區域化，規模小而零散，多由經驗老到的師傅或老闆自己進行研發與品評控管，普遍對「感官科學」既無概念亦無支持。近年來經濟貿易自由化浪潮席捲全球，市場開放與兩岸三通皆使規模壯大，企業廠區更遍布大陸及世界各地，老闆須專注於經營管理或投資決策的角色，無法再事必躬親，專家型品評人力已難以應付各區域不同的口味變化，對感官品評之專業需求日漸殷切已不容忽視。

　　有鑑於國外感官品評書籍繁多且日新月異，近來更對多變量分析及行銷的觀念多所著墨，凡此皆為傳統食品科系學習背景相對薄弱的一環，而許多餐飲科系成立後亦紛紛教授感官品評課程，授課時卻對生硬的數理統計頗為頭疼，需要多一些人文觀點與產業應用實例引領入門。故在承襲許多前輩、先進的基礎下，與好友劉伯康博士共同整理、撰寫此書，希望藉此拋磚引玉，除仰望前輩不吝予以斧正、指導外，亦期盼產官學研先進多給予指教、勉勵，一同發展感官品評科技以期協助國內產業與國際接軌，向全球市場邁進。

　　本書每章節內容皆由淺而深，方便不同需求讀者於閱讀時皆可各取所需。第 1 章主要講述感官品評的歷史源流，本章特色為東、西方觀點並陳以瞭解品評科學化的歷程。第 2 章介紹食品感官品評內容大綱、導讀與使用說明，整理了許多感官品評相關資源，如書籍、網頁、軟體等索引，讀者於各章節應用時可挑選有興趣的部分延伸閱讀。第 3 章旨在闡述食品感官的生理與心理基礎，列舉許多感官新知、趣聞與應用，讀者可據以建立起自己的品評哲學。第 4~5 章在使讀者充分瞭解品評環境、設備、樣品製備、品評員的篩選與訓練等環節，第 6~8 章詳述了三大類品評方法，如差異分析試驗、消費者測試、描述分析試驗等的技術細節，讀者可對照第 2 章所提供的選擇方法參照、判斷並加以應用。換言之，本書可同時作為教科書與工具書來使用。

本書礙於篇幅限制實無法涵攝所有品評內容，但所整理的延伸資料已盡可能顧及大部分需求，可據以找到合適的方法與解決之道。本書歷經 3 年的撰寫，過程中為更新或更正一些資料著實花了許多時間查詢、考證與確認，雖漫長但也終底於成，在此衷心感謝新文京開發出版股份有限公司、伯康與家人（靜怡與穎姍）的包容與支持。作者於各章、節所立觀點，必有不完善之處，故絕非引以為顛撲不破之舉，凡所立者，便是虛心期盼各位智者予以點破，破而後立，即成就一家之言，當百家爭鳴之時，就是國內「感官科學」的興隆盛世了。

莊 朝 琪

中華科技大學食品科學系

PRINCIPLES AND PRACTICES OF
SENSORY EVALUATION OF
FOOD

劉伯康

美國密蘇里大學哥倫比亞校區(University of Missouri Columbia)食品科學博士（主修食品感官品評）
美國威廉伍德大學(William Woods University, MO)企業管理碩士
國立中興大學食品科學系碩士（主修食品機能化學）

現職

中臺科技大學食品科技系專任助理教授

經歷

國立中興大學食品暨應用生物科技學系兼任助理教授（教授碩士在職專班食品官能品質與分析）
弘光科技大學食品暨應用生物科技系兼任助理教授（教授大學部食品感官品評學）
東海大學食品科學系兼任助理教授（教授大學部食品官能品評）
靜宜大學食品營養學系兼任助理教授（教授碩士班食品感官品評）
財團法人食品工業發展研究所副研究員
擔任各大食品廠商或高中職食品群感官品評教育訓練或課程講師

專長

食品感官品評、消費者測試、多變量分析在感官品評的應用

莊朝琪

國立臺灣大學食品科技研究所博士（主修食品加工）

現職

中華科技大學食品科學系專任助理教授

經歷

中華科技大學餐飲管理系系主任
明道大學餐旅管理系專任助理教授
國立宜蘭大學食品科學系兼任助理教授（教授大學部食品物性學）
國立臺灣大學食品科技研究所博士後研究
愛家食華有限公司產品研發顧問
高中職食品群專題製作、產品開發或感官品評相關課程講師
協助臺灣菸酒股份有限公司規劃新產品開發訓練課程並擔任講師

相關書籍著作

食品工程學、飲食密碼

專長

機能性點心食品加工、創新創意產品研發、食品物性學、食品感官品評

PRINCIPLES AND PRACTICES OF
SENSORY EVALUATION OF
FOOD

　　食品感官品評在歐美國家為食品餐飲相關領域的學習者必須學習之重點科目與技能之一，在食品產業中，對於產品開發、產品行銷及品管檢測上的應用，提供了一個實用、重要且不可取代的評估工具與技術。隨著社會的發展、地球村時代的來臨，系統及深入學習科學化的食品感官品評技術，應用在口味飲食文化、消費者對於食品的選擇與購買行為等問題的探討上，提供了一定的貢獻，也更加精確的掌握全球化的趨勢。本書的撰寫就是想提供華文的學習者對於此一技術有正確、先進與全面的認識並能有效的應用。本書適合初學者、進階學習者及產業界的應用人士，除了大量使用最新研究及報導、國際標準等重要核心內容外，對於感官品評的理論哲學基礎與實務應用，用深入淺出、循序漸進的方式進行闡述並配合大量的圖表、例題及練習題，讓學習者能利用不同的方式，根據正確的學習次第，一步步的堆疊與累積，對食品感官品評進行全面性的瞭解與學習。

本書特色

1. 感官科技新知、感官趣聞及品評講座等單元，結合最新發展與實務，幫助不同需求的學習者有效學習。

2. 整理及自創各式考題，協助學習者釐清重點及驗收學習狀況。

3. 實用專業，完整全面，理論與實務相互結合：讓學習者除了正確灌輸感官品評的知識外，學習者還會正確操作品評技術，解讀與應用品評結果。

4. 加入東方文化特色的觀點結合西方科學與邏輯，闡述感官品評技術的哲學思想與發展；從業界實務的角度來說明感官品評技術的核心與操作。

　　本書力求嚴謹細緻，但由於編者能力有限，難免出現遺漏及不妥之處，敬請廣大讀者批評指正，並提出寶貴意見！最後，感謝使用及擁有此書。

目錄

感官品評定義、歷史與發展

Definition, History and Development
of Sensory Evaluation

學習大綱

1. 洞悉食品感官品評的哲學與科學主張
2. 瞭解食品感官品評的定義與相關學門
3. 熟悉感官品評的歷史演進脈絡
4. 抓緊感官品評的近代發展重點
5. 回顧過去、正視現在並展望未來

PRINCIPLES AND PRACTICES OF
SENSORY EVALUATION OF
FOOD

建議課程時間：3 小時

昔者莊周夢為蝴蝶，栩栩然蝴蝶也。自喻適志與！不知周也。

俄然覺，則蘧蘧然周也。不知周之夢為蝴蝶與？蝴蝶之夢為周與？周與蝴蝶則必有分矣。此之謂物化。

—莊子《齊物論》

人類的眼睛（視覺）、耳朵（聽覺）、鼻子（嗅覺）、舌頭（味覺）、身體（觸覺）等感官是人類認識世界的工具與方式，然而，每一種感官總是有其侷限，例如：眼睛只能看到可見光範圍，而超出可見光以外的就無法感知，必須靠儀器設備。因此，在科學發展的過程中，人既要依賴感官作為基礎認識所有事物的變化，卻又常常因為感官的侷限而懷疑感官的恆常性與普遍性。每個人的感官加上意念的作用後，都有相當大的主觀成分而做出不同的解讀與判斷，使結果有相當大的不同而不夠客觀，總覺得感官是靠不

圖 1-1 陸治〈夢蝶〉，選自《幽居樂事圖》，明代

住的，改而憑藉儀器設備的測量來作為判斷事物、現象的標準與依據，務必要不帶主觀意識的干擾，可重複實驗而得到相同的結果，具有邏輯推理、歸納演繹的知識背景下，科學追求的真理才不會因人而異。因此，在認為感官品評是不客觀的，是主觀的、不科學的之前，要瞭解感官品評，就必須先充分明白，感官品評到底是不是一門科學，還是僅止於一門學科，否則學習這門學問時，將無法得窺其堂奧並一以貫之！

一、感官品評是一門「學科」，也是一門「科學」嗎？

人類的感官同時具有主觀與客觀的成分，既要依賴感官的客觀面來認知世界並與他人享有共同的外在體驗，卻又面對著客觀面的個體差異與主觀面的認知不同，使得個人感知與事實不盡然一致，也並非可以全然依靠。人類總希望能發展一套最客觀、最有系統的知識體系，以作為認知世界的工具，「科學」這一門講究客觀與系

統的知識體系便逐漸發展開來且日漸重要，然為求客觀，科學的發展有好長一段時間是在極力摒除人為主觀的心靈猜想，走向以唯物為基礎的思辨論證體系。在凡事都希望也迫切需要建立一個客觀的物質基礎之下，作為科學知識體系的磐石，各種以物質為基礎的物理、化學測量儀器便成為科學發展不可或缺的一環，而人的感官在此則盡可能保留最簡單、最少爭議、最能溝通的部分（例如：視覺與

■ 圖 1-2　英一蝶《盲人摸象》，日本浮世繪，1888

聽覺）用以判讀各種測量儀器的結果即可，並且盡量先不去討論最複雜、最多爭議、最無法溝通的部分（例如：心靈潛意識、超感官知覺、超心理現象），因為這些都是現有儀器難以精準測量的環節，儘管這些往往才是占據人類生活、形成人生意義與存在價值最重要的篇章。我們經常面對的事物，諸如社會活動、心靈發展、美食偏好等，都不是單純的天體運行、日月盈虧等，可以精密量測或運算而預知的現象，更何況要以人類的感官來作為許多主觀且具有個人嗜好性差異活動（飲食、衣著、首飾、藝術、香妝品及各類音樂等）的「客觀」評估工具，因此感官品評面對的質疑與挑戰是從來也不曾少過的。而令人感到有趣的是，那些所謂「純科學」的信徒在質疑感官品評的客觀性時，卻不知自己也正在用著與大家相差無幾的感官工具（感覺器官），看著、聽著他們倚重的測量儀器，偵測著依然有限的量測範圍，重複著盲人摸象的工作，就以為瞭解了「真相」的全貌，就好比以管窺豹，也不過只看得豹之一斑罷了（圖 1-2）！

　　其實，感官品評不僅僅是一門「學科」，更是一門科學，更需要各種學門的科學基礎背景下才有辦法發展起來。事實上，感官品評是在基礎科學發展成熟之後，科學家終於開始有能力理出頭緒面對較為複雜的事物時，才被如火如荼地發展起來的，因為感官品評需要統計學（以數學為基礎，涉及良好實驗設計與抽樣調查）、生理學、心理學、醫學、物理、化學（以食品為例，食品化學）、生物化學、社會科學（如行銷學、消費者行為等）等等包羅萬象的綜合知識累積。所以，全球最大的食品科技學術團體－美國食品科技學會(Institute of Food Technologists)早在 1970 年代

起即重視食品感官品評技術的發展，建議列為各大學食品相關科系之必修學門，並在旗下成立「感官與消費科學部」(Sensory & Consumer Sciences Division, SCSD)，時至今日，每年的美國食品科技學會年會與 SCSD 相關的學術活動與食品廠商互動皆是注目的焦點，已成顯學。

二、何謂「感官」呢？您所體驗到的感官是真實不虛的嗎？

話說有一天莊周夢見自己變成一隻蝴蝶翩翩飛舞，自我感覺良好，夢得相當真實，也十分愜意且全然忘我，忘記了自己是莊周。忽然醒來，卻發現自己還是原來那個悠然自得的莊周。他想來不知是莊周夢見自己變成蝴蝶呢？還是蝴蝶夢見自己變成莊周呢？到底是「莊周夢蝶」，還是「蝶夢莊周」？不論如何，莊周與蝴蝶必定是有所分別的。這就是物化吧！也許心與物合一時，人的感官可以如莊周夢蝶一樣，雖非蝴蝶卻也能如實體會蝴蝶之樂，然而這樣的感官是真實的嗎？怎麼能確定不是在作夢呢？莊子醒來後對自己到底是「夢到莊子的蝴蝶」，還是「夢到蝴蝶的莊子」的提問，真是一個大哉問。如果我們不能確認自己的感官是真實不虛、信而有徵的，那麼我們如何能憑藉感官來評估萬事萬物呢？那麼感官品評怎麼能應用在食品而成為一項兼具理論與實務的科學工具呢？於是本書從「莊周夢蝶」的哲學提問開始，就顯得相當重要了！

我們雖然不需要立即回答「人如何認識真實？如果夢得夠真，人如何能知道自己是在作夢？」「與物同化之後，人能否確切的區分真實和虛幻？」諸如此類高深莫測的哲學議題，但正如美國哲學家普特南(Hilary Whitehall Putnam)在《理性、真相與歷史》(Reason, Truth and History)一書中提出「缸中之腦」(brain in a vat)的概念（有如莊周夢蝶現代版），頗值得我們仔細思量：

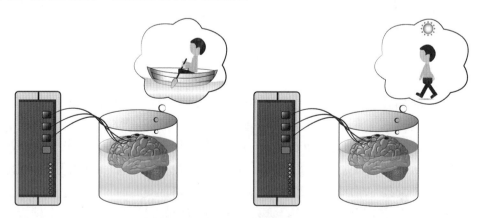

■ 圖 1-3　普特南的缸中之腦

「假設有一醫生或外星人趁我們睡覺的時候，在我們不知不覺的情況下，偷偷地將我們的腦部放入一個裝有營養液的缸子裡，用各種訊號線將腦部的各種感官訊號與一臺超級電腦相連，使大腦所體驗到的一切都是由超級電腦製造、擬真程度相當高的幻覺（或覺受），讓人無法發覺與原來的生活有任何異樣。那麼在所有的感官皆非來自真實世界卻又能完全擬真的情形下，我們的大腦該如何驗證自身是否處於現實生活中的真實存在呢？我們如何能由任何感官訊號來判斷自己，或想像自己會不會是一個這樣的缸中之腦呢？」（圖 1-3）

換言之，超級電腦若給出的是既定的劇本，不論好運或是壞運，就大大地影響了我們遭遇的情境，使我們經歷了不同的感受、思維與行為過程，甚至在命運的感觸上描繪出彷彿有個「上帝」主導一切的輪廓。那麼我們所以為的上帝，會不會只是一部超級電腦？或者是那個操作電腦進行實驗的醫師或外星人呢？

其實，從大腦的研究來看，許多神經傳導訊號以微弱的電流的進出，幾乎與缸中之腦一模一樣，感官就是不同感覺器官以神經傳導給予大腦的不同感知訊息，差別在於我們的大腦是存在於骨頭做的腦殼中，而缸中之腦則存在於滿是營養液的玻璃缸中，並配上冰冷的機器線路與超級電腦主機，產生各種環境訊息相連做出相對應的訊息

 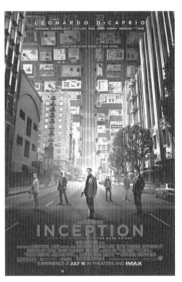

電影《駭客任務》　　　　　電影《全面啟動》

▌ 圖 1-4　一些科幻小說和電影的各種影音感官刺激

交換。注意到了嗎？這與我們在網路玩線上遊戲、角色扮演似乎沒什麼兩樣！差別只是擬真到什麼程度罷了。於是在缸中之腦的假想與論證裡，學者主張「對於真實世界我們沒有任何可信賴的感官知識」，相關的概念也常被引用來懷疑真實世界的實際存在，同時也影響了一些科幻小說和電影，例如：《駭客任務》(The Matrix)、《全面啟動》(Inception)等。而許多 3C 產品給予我們的各種影音感官刺激，似乎也逐漸將我們與機器的連結更緊密地融合在一起，我們之中的某些人在網路虛擬空間所花的時間甚至已比現實生活還要多而投入。未來醫學與生物技術的突飛猛進，亦將使科幻電影中生化人或半人半機械人的場景，距離我們更近了（圖 1-4）。

人類的感官雖然具有某些共通性與客觀基礎，但大多數的情況下是充滿著許多個體差異的，尤其在解讀感官訊息時，更多了許多主觀的認知差距，這不禁讓我們對於以人類感官作為評估工具的客觀與否，產生懷疑與不確定感。然而如前所述，感官品評不僅僅是一門學科，更是一門複雜的科學，而科學的感官品評要闡述的是：

1. 感官品評尊重每一個主觀個體的意見

感官品評本來就是要藉由瞭解某些「樣本」主觀意見背後的共通性與差異性，來推估「族群」意見背後的共通性與差異性，只要樣本的質與量夠具代表性時，其主觀意見會反應族群裡的共通性與差異性，這是感官品評要收集、研究的資料。換言之，每一個主觀個體對真實世界的描述都不一定一樣，即使要描述真實世界的實際存在常因感官工具的不確定性而受到質疑，但最起碼這識別感官訊號的本體的存在卻是無庸置疑的，這必然是客觀的存在，其意見必須給予尊重。否則這評估感官、判別感官是否虛假的本體（正在閱讀本書的您），豈不是虛妄不實？毫不存在？可您當下卻又正在閱讀本書的微言大義，試圖進一步瞭解感官的本質，不是嗎？

2. 感官品評收集主觀意見還原主觀想法、分析客觀現象給予客觀解釋

感官品評承認主觀意見的客觀存在，並盡可能採用各種客觀的方法、廣泛地收集、瞭解所有與感官有關的主、客觀現象，以科學的方法綜合、釐清現象的本質並加以運用。換言之，主觀與客觀現象的存在都是事實，感官品評只是希望用科學的角度盡可能收集詳盡的主觀意見，加以瞭解並還原其主觀想法，同時收集品評活動中的客觀現象以對上述主觀想法給予客觀的解釋。

綜上所述，感官品評就是用客觀的科學的方法，尊重並觀察主觀意見的共通性與差異性，以樣本的主觀意見推估族群的主觀想法，並輔以客觀解釋。而食品感官品評便是將感官品評的技術應用於食品的一門學科，更是一門科學。

1.1 食品感官品評的定義

在食品感官品評發展史上，1965 年由 Amerine, Pangborn 與 Roessler 出版之《食品感官品評原理》(Principles of Sensory Evaluation of Food)具有相當經典的歷史地位，它是讓「食品感官品評」成為日後一門科學化研究的學科最重要的教科書之一。其中提到：「食品科學處理許多涉及人類飲食消費多方面問題，從原物料採收到供餐

服務的所有程序都包括在內。而食品感官分析是其中的一個重要範疇,且在方法上需要通盤地瞭解感官生理學與感知心理學為基礎,並且需要透過嚴謹的統計實驗設計與資料分析,將感官評估所得結果與物理、化學的資料相互關連,以產生新的認知與見解。」從這段敘述可以瞭解,感官品評發展過程中,研究與瞭解感官品評的基本架構大致如下:

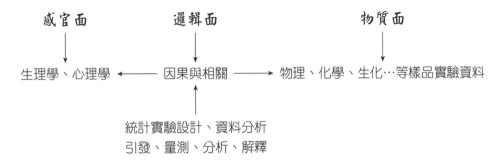

在此架構底下,感官品評所涵攝的內容逐漸成形,美國食品科技學會(Institute of Food Technologists, IFT)於 1975 年便提出如下之定義:「感官品評是一門用以引發、量測、分析、解釋食物或其他材料特性,受五感(視、嗅、嚐、觸及聽)覺知後之反應的科學。」

依上述內容可知本學門研究的對象是人類的感官系統受到食物或其他材料特性刺激後的反應,需結合心理、生理、食品科學及統計科學之基礎,探討如何引發、測量、分析及解釋人類對於食品的感受或喜歡程度,同時達到瞭解產品本身品質特性之目的。而感官品評進行「引發」、「測量」、「分析」與「解釋」等四大步驟時,都必須以科學方法為基礎進行實驗資料或數據的收集,以完成定性與定量的工作。換言之,品評的活動都需在科學的實驗設計、消除干擾的狀況下「引發」,而非任人、任意品評任何未經確認掌握的樣品而造成許多無法控制的變數。感官數據的「測量」必須符合科學原理與系統的量表設計下收集,以盡可能消除人為、主觀的實驗誤差。而數據與資料的「分析」,更應善用統計工具進行研判,對品評結果的「解釋」更應符合已知基礎科學(例如:生理學、心理學、物理、化學、生化、食品等學門)的邏輯推演與知識累積。

又由於感官品評是以科學方法研究人類的感官反應,故其結果較儀器或物化分析探討產品成分品質的方法,更能解釋消費者的反應、更貼近消費者的實際需求,以供產業界研發與品管應用。其概念相當於使用人類的感官當儀器,當品評員受過訓練時,就相當於一部高精密的生化儀器經過調校,因此其反應比一般未經訓練的消費者具有較高的再現性,故可作為品質管制或界定產品品質特性用。當品評員是

消費者時，就相當於儀器（消費者）未經調校，此時則可將重點放在發掘不同儀器（消費者）對於相同產品的量測差異，亦即是以科學客觀的方法收集消費者主觀反應，可瞭解消費者對產品喜好性之差異，甚至可作為產品行銷之參考，此為感官品評分析優於儀器或物化分析之處。簡而言之，食品感官品評就是以科學方法測量、分析與解釋人類對於食品品質特性引發之感官反應的一門學問。

1.2　食品感官品評的歷史演進

憑藉感覺器官來感應身體內外環境狀態，以作為各種反應的依據，一直都是動物與人類與生俱來生存活動最重要的一環。換言之，感官品評活動一直都在密集而頻繁的進行著，其歷史演進自有史記載以來就不曾中斷過，不同領域的感官品評活動都可以單獨集結成一門學問、學科而廣為人所鑽研。比如以眼睛識別的書法與繪畫等藝術，以耳朵鑑賞的音樂，以眼、鼻、舌嘗試色、香、味的飲食文化與廚藝等，這些學問的歷史至少都有千年以上，但專門研究感官品評且逐漸演變成一門「科學」者，也不過是近百年的事情。其轉捩點在於統計學與實驗設計的發展，使感官品評從專門探討「定性」的學門成為可以「定量」的科學，當「定性」與「定量」研究合而為一時便使這個體系日漸成熟，感官品評成為科學的架構就被確立了。

1.2.1　感官品評與中國

感官品評的歷史演進可以從史前時代的傳說開始，中國自古以來就有神農氏嚐百草的傳說，《淮南子》（成書於西漢時期，約 139 BC）脩務訓所云：「古者，民茹草飲水，采樹木之實，食嬴蟡之肉。時多疾病毒傷之害，於是神農乃始教民播種五穀，相土地宜，燥濕肥墝高下，嘗百草之滋味，水泉之甘苦，令民知所辟就。當此

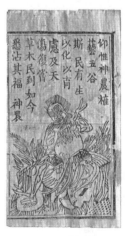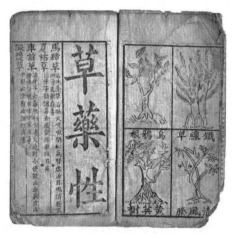

▌圖 1-5　神農氏百草與神農本草經

之時,一日而遇七十毒。」(圖 1-5)雖然只是傳說卻也頗合乎情理地說明史前人類在科學尚未萌芽的時期,為了生存除自身的感覺器官外,並無其他可憑藉的儀器與設備來挑選食物,因此不僅要靠親身嘗試,也需要聖賢長者、前輩達人的經驗傳承、教導,方能趨吉避凶。此時,多半需採用感官「定性」的方式對食物、藥物與毒物進行大致的分類與粗略的「定量」,但應用之靈驗與否相當依賴「專家」的經驗傳承,且較無嚴謹的科學方法與統計數據為輔助。

《尚書・洪範》(成書年代不可考,但應在春秋時代,772~476 BC)記載:「五行:一曰水,二曰火,三曰木,四曰金,五曰土。水曰潤下,火曰炎上,木曰曲直,金曰從革,土爰稼穡。潤下作鹹,炎上作苦,曲直作酸,從革作辛,稼穡作甘。」此書已將鹹、苦、酸、辛、甘等味道,依性質給予水、火、木、金、土等五種分類代號,以對應五種不同的群集,後世更集合整理用以象徵不同的功能、屬性(表 1-1)。

表 1-1　與感官評估及其他領域相關之五行分類

五行	與感官評估相關之分類						
	五官	五色	五聲	五音	五味	五志	五氣
木	眼	青	呼	角	酸	怒	風
火	舌	赤	笑	徵	苦	喜	暑
土	口	黃	歌	宮	甘	思	濕
金	鼻	白	哭	商	辛	悲	燥
水	耳	黑	呻	羽	鹹	恐	寒
五行	與其他領域相關之分類						
	五方	五季	五時	五臟	五腑	五體	五化
木	東	春	平旦	肝	膽	筋	生
火	南	夏	日中	心	小腸	脈	長
土	中	長夏	日西	脾	胃	肉	化
金	西	秋	日入	肺	大腸	皮毛	收
水	北	冬	夜半	腎	膀胱	骨	藏

　　《黃帝內經》（圖 1-6）（成書年代應在西元前 168 年以後之西漢時期，但相關內容應在春秋戰國時即陸續醞釀集結，非一人一時之著作）之靈樞五味論有云：「黃帝曰：穀之五味，可得聞乎？伯高曰：請盡言之。五穀：糠米甘，麻酸，大豆鹹，麥苦，黃黍辛。五果：棗甘，李酸，栗鹹，杏苦，桃辛。五畜：牛甘，犬酸，豬鹹，羊苦，雞辛。五菜：葵甘，韭酸，藿鹹，薤苦，蔥辛。」「五色：黃色宜甘，青色宜酸，黑色宜鹹，赤色宜苦，白色宜辛。」經中不但以味覺識別分類成五種味道，又將各種食材以五味來做屬性分類。有趣的是還以視覺識別的五種顏色對應五味並加以應用在食療運作，簡單的應用舉例，如經中所說：「凡此五者，各有所宜。五宜所言五色者，脾病者，宜食糠米飯，牛肉棗葵；心病者，宜食麥羊肉杏薤；腎病者，宜食大豆黃卷豬肉栗藿；肝病者，宜食麻犬肉李韭；肺病者，宜食黃黍雞肉桃蔥。」並提出飲食宜忌之說：「五禁：肝病禁辛，心病禁鹹，脾病禁酸，腎病禁甘，肺病禁苦。」「肝色青，宜食甘，糠米飯、牛肉、棗、葵皆甘。心色赤，宜食酸，犬肉、麻、李、韭皆酸。脾黃色，宜食鹹，大豆、豬肉、栗、藿皆鹹。肺白色，宜食苦，麥、羊肉、杏、薤皆苦。腎色黑，宜食辛，黃黍、雞肉、桃、蔥皆辛。」（表 1-2）

表 1-2　中醫對五味之五行分類、相關作用及其應用

五行	五味	作用	歸經	食物	各有所傷	各有所勝	適用體質
木	酸	能收（收斂）、能澀（固澀）	走肝經	烏梅、醋、檸檬、山楂、芝麻	酸傷筋	酸勝甘	慢性泄瀉、頻尿、盜汗
火	苦	能燥、能泄、能泄熱	走心經	苦瓜、苦杏、苦茶、羊肉、百合、白果	苦傷氣	苦勝辛	熱症、濕症
土	甘	能補（補益）、能和（和中）、能緩（緩急）	走脾經	米、麥、蓮子、山藥、魚、蛋、水果	甘傷肉	甘勝鹹	體虛、虛症病人
金	辛	能散、能行氣、行血	走肺經	生薑、蔥、辣椒、肉桂、雞	辛傷皮毛	辛勝酸	寒性體質、受寒引起之感冒
水	鹹	能軟堅散結、潤下	走腎經	海帶、昆布、紫菜、黃豆芽、粟子、豬	鹹傷血	鹹勝苦	虛勞咳嗽、慢性胃炎

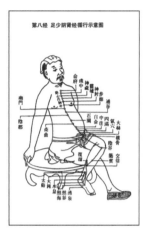

█ 圖 1-6　黃帝內經與中醫經絡

　　不僅如此，中醫的望、聞、問、切（四診）等法莫不充分利用醫生與病人的感官評估作為八綱辯證（陰陽、寒熱、表裡、虛實）、風寒暑濕燥火、四氣或四性（寒涼溫熱）及升降浮沉等系統性的診療的依據。換言之，中醫師不僅僅靠觀察病人的臉上的氣色、舌頭的顏色、身體散發的氣味、觸診患部並覺察體溫，把脈時以手上的觸覺感覺病人的脈象強弱、急緩及其規律型態等，更從病人主訴感覺自身的病況來印證自己「專家型」的感官評估、診斷是否與猜想的病因、病理相符，以作為診療時開立處方或施術的依據。

　　因此，《素問》言：「凡治病，察其形氣色澤，觀人勇怯、骨肉、皮膚，能知其情，以為診法。」就是要提醒醫師（醫病專家）能善用其感官對病人進行覺察與評估。然而僅僅依賴專家感官的評估模式也常有踢到鐵板的時候，李時珍的《本草綱目》中就說：「若患人脈病不相應，既不得見其形，醫止據脈供藥，其可得乎？今豪富之家，婦人居帷幔之內，複以帛蒙手臂。既無望色之神，聽聲之聖，又不能盡切脈之巧，未免詳問。病家厭繁，以為術疏，往往得藥不服。是四診之術，不得其一矣，可謂難也。」所以，現代西醫的諸多科學診療儀器的發明，就可以在病人不發一語或隔著距離的情況下，提供精準的病況給醫生判斷，大幅降低誤診、誤判的機率。換言之，現代感官品評以統計學與實驗設計為基石，使得本學問的發展得以完備而臻至科學的殿堂，關鍵就在於以統計與實驗設計來減少誤判的機率。

　　唐朝陸羽（圖 1-7）(733~804)所著之《茶經》是目前所知世界上第一部茶書，此專書論文共分三卷，一共十章，述及茶的起源、製茶工具、製茶過程、品茶器具、煮茶方法、品茗鑑賞、茶葉歷史、產地等所有與茶相關的專業知識乃至典故，是中國自唐代以後進行與茶相關的感官品評活動都必定會引據、參考的聖經，是專家型

品茗集其大成的經典之作，其影響深遠甚至引領了日本茶道的興起。

西晉江統（生年不詳，卒於 310 年）曾寫過《酒誥》，提出發酵釀酒法。宋朝竇蘋的《酒譜》成書於仁宗天聖二年(1024)，主要內容為酒的典故、傳聞計十四題，包括起源、名稱、歷史、名人酒事、酒的功用、性味、飲器、禮儀、酒國詩文等，內容豐富，可謂北宋以前中國酒文化的匯集，有較高的史料價值。因此，研究中國酒類感官品評者，對此書內容應有一定的認識。明朝馮時化(1526~1568)著《酒史》，摘引前人有關酒的各種論著，編撰成酒系、酒品、酒獻、酒述、酒餘、酒考六篇，分門別類介紹酒的歷史、種類、釀製法、著名產地，及歷代名人與酒相關的詩賦、文章、趣聞等，是一部內容相對完整的專著。

■ 圖 1-7 　春木南溟《陸羽像》，1841

中國從新石器時代晚期就已在各文明祭典之中開始用香，從夏商周三代演進為貴族的薰香文化，經漢至唐的焚香再變化為宋、元、明、清文人商賈雅集的休閒品香和現代的薰香。漢以前《周禮》即有湯沐香、禮儀用香的記載，宋朝品香活動已與點茶、插花、鑑古成為時尚。宋朝丁謂(966~1037)的《天香傳》分析海南香優良之原因，以「四名十二狀」對香進行分類並評定等級，提出煙、氣、味之條理以分析其優劣，如：「香之類有四：曰沉、曰棧、曰生結、曰黃熟。其為狀也，十有二，沉香得其八焉。」而丁謂應是第一位提出香之品評準則且形諸文字者，後人對於沉香的評定皆依此發展。南宋陳敬與其子陳浩卿則編有《陳氏香譜》（晚至 1322 年，元至治 2 年成書），有先賢評論此書說：「凡古今香品、香異、諸家修製、印篆凝和、佩薰、塗傅等香，及餅、煤、器、珠、藥、茶，以至事類、傳、序、說、銘、頌、賦、詩莫不網羅搜討，一一具載。」由此書可見古人對香品種類收集之概況，可參考其對香氣的品評描述語。

明朝李時珍的曠世巨著《本草綱目》（1578 年成書，萬曆 6 年；1596 年，萬曆 23 年，在金陵（今南京）正式刊行），可說是中國古代相當完備的草本百科全書，系統整理了古代醫書、草本典籍，且詳述藥用植物、動物、礦物等特性、用法，因自古即藥食同源，故亦包含食物。本書參考了食物、藥膳、食譜類的典籍寫作，因此認為食物並非僅僅只有解飢、溫飽、營養、享樂的功能而已，也兼具療養的藥性，

對藥性的分類也常以感官指標為依據。例如：「藥有酸、鹹、甘、苦、辛五味，又有寒、熱、溫、涼四氣，宗曰：凡稱氣者，是香臭之氣。其寒、熱、溫、涼，是藥之性。且如白鵝脂性冷，不可言氣冷也。四氣則是香、臭、腥、臊。如蒜、阿魏、鮑魚、汗襪，則其氣臭；雞、魚、鴨、蛇，則其氣腥；狐狸、白馬莖、人中白，則其氣臊；沉、檀、龍、麝，則其氣香是也。則氣字當改為性字，于義方允。時珍曰：寇氏言寒、熱、溫、涼是性，香、臭、腥、臊是氣，其說與《禮記》文合。」又如：「好古曰：味有五，氣有四。五味之中，各有四氣。如辛則有石膏之寒，桂、附之熱，半夏之溫，薄荷之涼是也。氣者，天也；味者，地也。溫、熱者，天之陽；寒、涼者，天之陰；辛、甘者，地之陽；鹹、苦者，地之陰。本草五味不言淡，四氣不言涼；只言溫、大溫、熱、大熱、寒、大寒、微寒、平、小毒、大毒、有毒、無毒，何也？淡附于甘，微寒即涼也。」「完素曰：流變在乎病，主病在乎方，制方在乎人。方有七：大、小、緩、急、奇、偶、複也。制方之體，本於氣味，寒、熱、溫、涼，四氣生於天；酸、苦、辛、鹹、甘、淡，六味成於地。是以有形為味，無形為氣。氣為陽，味為陰。辛甘發散為陽，酸苦湧泄為陰；鹹味湧泄為陰，淡味滲泄為陽。或收或散，或緩或急，或燥或潤，或軟或堅，各隨臟腑之證，而施藥之品味，乃分七方之制也。故奇、偶、複者，三方也。大、小、緩、急者，四制之法也。」

事實上，歷代對於飲食的重視多見於典籍，甚至於與治國之理相類比，老子有云：「治大國若烹小鮮。」古時伊尹為良相，未當官前就非常擅長烹調，於是「調和鼎鼐」就有溝通協調以達致政通人和的意思。關於食材屬性、功能變化的論述多於醫藥書籍中呈現，對於飲食評論的內容則多呈現於歷代食譜或烹飪典籍。大凡撰寫食譜的用意就在於製作美食，因此食譜雖然多著墨於食材的挑選與烹飪的技術細節，但字裡行間多半會附帶品評標準或烹飪技術想達成的效果，故應可作為餐飲進行感官品評的參考。中國歷代知名的飲食專書有南北朝時期虞宗的《食珍錄》、隋代謝諷著的《食經》、唐代韋巨源的《燒尾食單》、北宋陶穀撰著的《清異錄》、宋代陳達叟的《本心齋食譜》、南宋林洪以素食為主的《山家清供》、元代忽思慧的《飲膳正要》（本書有 2 個特點：第一，注重食療及其性味與補益作用，其注重飲食與營養衛生的關係是這類一般食譜中首創。第二，蒙漢飲饌並蓄，全書以漢字刊行但卻雜有大量蒙語音譯漢字）、元代賈銘《飲食須知》（本書選錄許多本草疏注中關於物性相反相忌部分成編，以便掌握飲食調配，避免因飲食調配不當而損害健康）、元末倪瓚的《雲林堂飲食制度集》、元代《居家必用事類全集》（作者無名氏）、元末明初韓奕的《易牙遺意》、明末清初知名的文學家李漁(1610~1680)在《閑情偶寄·飲饌部》則對蔬食、穀食、肉食等類亦發表美食評論及看法。

清代著名文學家袁枚(1716~1797)的《隨園食單》則是當代飲食、烹飪專著中的翹楚，雖然內容大部分為烹飪須知，但也處處可見其專家品評的標準。例如：其色臭須知：「目與鼻，口之鄰也，亦口之媒介也。嘉肴到目、到鼻，色臭便有不同。或淨若秋雲，或豔如琥珀，其芬芳之氣，亦撲鼻而來，不必齒決之、舌嘗之，而後知其妙也。然求色不可用糖炒，求香不可用香料。一涉粉飾，便傷至味。」又如疑似須知：「味要濃厚，不可油膩；味要清鮮，不可淡薄。此疑似之間，差之毫釐，失以千里。濃厚者，取精多而糟粕去之謂也；若徒貪肥膩，不如專食豬油矣。清鮮者，真味出而俗塵無之謂也；若徒貪淡薄，則不如飲水矣。」清代李化楠《醒園錄》，共記載了 120 多種關於調料、飲饌及食品製法，書中所收菜點以江南風味為主，也有四川當地的風味。

■ 圖 1-8　葉衍蘭〈袁枚像〉，取自《清代學者像傳》，清代

如上所言，自古以來感官嗜好產品的品評與消費活動就一直在進行且從未停止過，香料、香水、精油、咖啡、茶、啤酒、酒類等都有相當的歷史，其中又以酒類的感官品評歷史最為悠久，且以專家型品評為主，科學化的感官品評要到近代才由西方傳入中國。

1.2.2　感官品評與西方文明

除了中國之外，古代的西方文明很早就有使用香料、香水與釀酒的文化與記錄，例如：埃及木乃伊使用香料進行防腐，舊約聖經出埃及記中也有許多聖膏、聖香使用於祭祀的內容。對氣味感受有研究記錄且較為知名的當數希臘人泰奧弗拉斯特斯(Theophrastus, 382~287 BC)，他曾於雅典師承亞里斯多德、柏拉圖，主要從事經驗主義的探究，領導逍遙學派(Peripatetic school)，尤其在植物學領域中頗有貢獻，因此被尊為「植物學之父」，並撰寫有關氣味(smells)、疲勞(fatigue)、暈眩(dizziness)、流汗(sweat)、昏厥(swooning)、麻痺(palsy)、蜂蜜(honey)等方面的感官試驗結果。學者Paschal(1950)整理了西元前 320 年至西元 1947 年之間許多與香氣或嗅覺感官有關的歷史文獻，其最早的記載即為泰奧弗拉斯特斯的著作，但可能因為語文的隔閡，故多不包含東方文化的相關記錄，但對追溯香氣與嗅覺相關學術研究的源流而言，仍不失為一詳盡的工具書。

西羅馬帝國時期的飲酒的文化盛行，隨著帝國的壯大，為了確保士兵都有良好的葡萄酒可以飲用與祭祀，更將葡萄的種植與釀酒技術擴展開來。在帝國淪亡之後，整個歐洲進入中世紀(Middle Ages, 476~1453)，缺少強而有力的政權統治，於是封建割據、戰爭頻仍，造成科技和生產力發展停滯，此一時期的科學研究記錄相對較少或較無代表性。此外，許多歐洲人在黑死病橫行的年代（1340 年開始至 18 世紀以後逐漸絕跡）認為對抗鼠疫只有 2 個辦法，一是穿上厚重衣服以杜絕感染，二是不洗澡，因為不洗澡就有汙垢，有汙垢就能堵塞毛細孔避免感染，但體臭難當，使香水需要量大增。又由於黑死病導致屍橫

■ 圖 1-9　《Theophrastus 雕像》，位於義大利巴勒摩植物園

遍野使人類開始懷疑上帝的信仰，轉而追求理性與科學促成文藝復興，而科學進步又產生了工業革命，因此也造就了香水工業。又歐洲的地理環境並非香料盛產的區域，從陸路、絲路與中國、東南亞貿易要翻山越嶺、長途跋涉顯然阻礙重重（還有穆斯林國家控制往東方的要道），各國為了方便獲得熱帶、亞熱帶地區的香料，不得不改由海上貿易，而文藝復興後的科學發展也使航海技術大幅進步，促成了大航海時代（15~17 世紀）的來臨，也造成絲綢、咖啡與茶的貿易與香料一起往來更加容易。品評鑑別這些物料或產品的品質便越來越重要，由於當時仍是供應者掌控貨源且原料相對珍貴的年代，因此品評活動也多半由「專家」進行且師徒相傳，消費行為則盛行於貴族與富人之間，一般平民百姓則消費不起。直到工業革命以後加速並促成了現代科技的進步，讓許多嗜好性的消費活動變得較為平價而大幅度地擴散開來成為日常生活的一部分，而消費性的品評活動便越來越形重要。以下為各年代影響感官品評重大事件：

1587－知名的德國學者高科（Rudolf Göckel 或 Rudolph Goclenius, 1547~1628）與卡梅拉氏(Johann Camerarius, 1500~1574)曾發表著作討論氣味的本質。高科也是最早提出「心理學」(Psychology)與「本體論」(Ontology)這 2 個專有名詞的學者，特別是本體論（又稱為知識本體論）對後來許多學門的發展產生重大的影響。例如：電腦科學的資料檢索、知識管理、生物分類等，而感官品評風味輪(flavor wheel)的建立也與本體論的概念有關（如圖 1-10 與圖 1-11）。

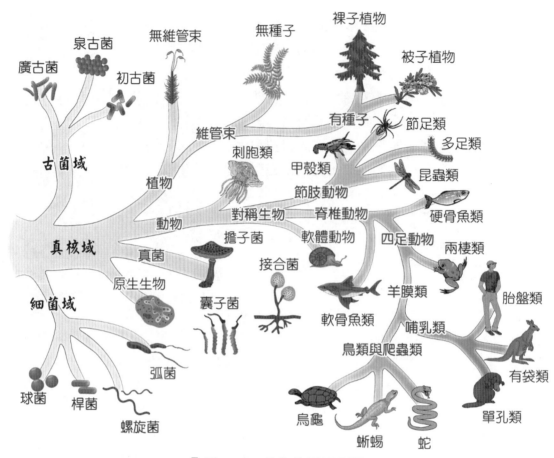

▌ 圖 1-10　生物的系統分類

參考資料：Encyclopedea Britannica, Inc., 2015.

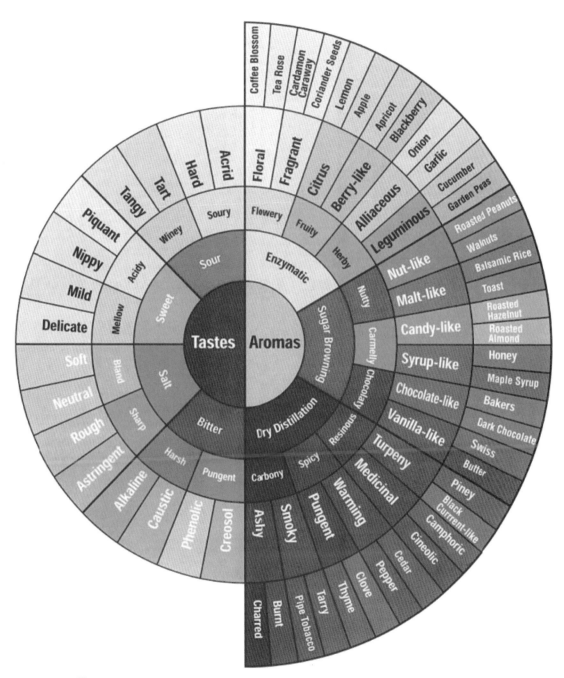

■ 圖 1-11　咖啡風味輪(Coffee Taster's Flavor Wheel)－1995 年版

資料來源：　Specialty Coffee Association of America 網頁，

https://www.scaa.org/?page=resources&d=scaa-flavor-wheel

關於此風味輪味道之中文翻譯請參考附件 1‧A

■ 圖 1-12 《Rudolph Goclenius 像》　　■ 圖 1-13 《Georg Wolfgang Wedel 像》

■ 圖 1-14 Alexander Roslin
《Carl Linnaeus 像》，1775

1695－德國學者威德(Georg Wolfgang Wedel, 1645~1721)與川富氏(J. H. Trumphus)發表論文探討芳香物的本質、使用與誤用。威德教授為植物學、醫藥與化學之理論與實務皆有研究之專家。

1752－瑞典醫師林奈(Carl Linnaeus, 1707~1778)曾以醫藥用途為目的將氣味分類成 7 種，分別是芳香類的(fragrant)、清香類的(aromatic)、麝香類的(musky)、大蒜似的(garlicky)、山羊似的(goaty)、排斥或厭惡的(repulsive)與噁心的(nauseous)。現代研究者則已較少用心在分類氣味，而是比較關注人們如何感知與解釋香氣。林奈是知名的現代生態學與生物學家，建立了現代生物學命名法二分法的基礎，被譽為「現代生物分類學」之父。

1759－英國知名植物學家布萊德利(Richard Bradley, 1688~1732)（其研究對生態、植物及農業貢獻卓著）發現當時倫敦附近的乳牛，因為吃到了蕪菁葉與根而造成牛乳產生不良的苦味，如果將蕪菁葉採收二、三天之後再餵食，則其牛乳便可不含苦味，此結果啟發了許多飼料影響乳品風味與品質的相關研究。

1760~1820 或 1840－工業革命(Industrial Revolution)之時，蒸汽機的發明使得火車、輪船等交通運輸大幅進步，工廠的機器大量生產對傳統手工造成相當大的衝擊。由煉金術帶入科學思維而發展成為現代化學所帶來的新化學物質正逐步影響人們的生活，人工香料、色素、調味料、品質改良劑等也在日後一一地被開發出來，影響了人們對傳統食物的色、香、味、口感等感官品質的既定印象。農業、畜牧及漁業生產與食品加工受到工業化的影響，大規模量產、品質規格均一、大幅降低成本等效應，使得消費型態改變顛覆了以往的思維，此時技術仍掌握在少數國家或公司手中分食市場，因此仍是賣方主導，消費者意識尚未抬頭，傳統專家的品評仍為主流。此一時期的代表性研究為：

1829－英國學者哈利(William Harley, 1770~1829)研究數種蕪菁葉對牛奶風味的影響，他發現並非每一種蕪菁葉都有顯著的影響，例如：Swedish turnips 就毫無作用，研究還發現在餵食蕪菁葉之前，先以蒸氣處理是避免牛奶產生不良風味最有效的方法。

1.2.3 食品感官品評的近代發展

20 世紀開始，由於工業革命與科學發展不僅影響了經濟民生，也影響了許多國家的政治局勢與國力消長，例如：民主革命、馬克斯主義，甚至戰爭型態的改變。在感官品評方面也相當程度地帶動了發展，使感官品評真正地具備科學基礎。也因為工業生產降低了生產成本促使經濟的活絡與民生的發展、富裕，刺激了消費且讓消費者的選擇增加，所以使得以往只重視專家品評的業態，也開始轉而重視消費者品評的結果，重視消費者的需要。茲將近代發展分期說明如下：

1900~1930 為感官品評科學發展的醞釀期，重要的事件有：

1901－學術期刊《生物統計》(Biometrika)由英國統計學大師高騰(Francis Galton, 1822~1911)、皮爾生(Karl Pearson, 1857~1936)、維爾頓(Raphael Weldon, 1860~1906)等人創刊，在上一世紀的工業革命與科學發展醞釀下，本學刊的創立隱約宣告了承先啟後的地位。統計學門的創建，對 20 世紀以後的科學發展產生相當重大的影響，也對感官品評的科學化、數據化（量化）有著決定性的貢獻。高騰除了在倫敦創立生物統計實驗室、創立「生物統計」學刊外，最為人所熟知的事蹟是發現「指紋」的唯一性，並發明其辨識與分類的方法。皮爾生則是統計學門跨世紀（19~20 世紀）的創派起點，他提出的「偏斜分布」是統計學的經典，其著作「科學的文法」(The Grammar of Science)更被視為探討科學與數學本質的偉大著作。

▌圖 1-15　Francis Galton

▌圖 1-16　Karl Pearson

▌圖 1-17　Raphael Weldon

　　1929－拉莫耳(R. K. Larmour)以單圖評分表(single figure scoring scales)應用於麵粉產品，並建議以評分法取代標準產品。

　　1935－著名的英國統計學家費雪(Ronald Aylmer Fisher, 1890~1962)整理的先前的研究發表了他的經典專書「實驗設計」(The Design of Experiments)，本書相關內容為 20 世紀前半引發所有科學領域革命的重要基礎。其第二章《淑女品茶》(The Lady Tasting Tea)的假設實驗，對於日後感官品評的科學試驗設計產生相當重大的啟蒙，可以說沒有統計學、沒有實驗設計，就沒有現代感官品評「科學」。

▌圖 1-18　Ronald Aylmer Fisher

1930~1960－為近代感官品評的發展期，各種重要的基本觀念、實務作法與辯證討論多在這個時期萌芽、展開，依潘波恩(Rose Marie Pangborn, 1932~1990)女士整理的文獻報導如下：

　　1930~1940－自工業革命以來，產品的生產者益發重視產品在消費者端的反應與接受度，因此生產管理者開始研究食用的產品之感受與評價，而有了感官品評的意識。當時大多由工廠內研究產品多年的師傅或專家對於生產的產品加以評鑑，評鑑的方法也沒有經過嚴謹的實驗設計，評鑑的結果是品評員靠過去經驗累積下來主觀的意見評論與判斷，無法有效地預測消費者的反應。因此，這一時期感官品評的發展，除了嘗試提出適合的評估法之外，也討論如何面對品評的準確性、可信度、不精確的問題與障礙，也開始在不同的品評測試中主張選擇不同型態的品評員以獲得合理且可信賴的結果。此十年內重要的學術發表如下：

年分	作者	內容重點	文獻出處
1930	Mazzola	以整體的描述性方法對食品特性（包含感官型態與其他品質）進行評估、分級，並聚焦於降低品評員的主觀意識，被視為最先討論產品整體的描述性品評的方法學文獻，但尚未論及品評員使用	Grading foods by a descriptive method. Food Ind. 2, 214.
1931	Platt	產品的研發不可忽視消費者接受性的重要性，甚至主張去除權威專家的意見，改以真正具有品評能力的專業品評員執行。顯見當時感官品評研究已開始重視消費者的反應	Scoring food products. Food Ind. 3. 108.
1931	Sweetman	感官品評早期重要的科學研究，主要在探討外觀與質地特性，並討論參考品之尺度與型態的使用，提出感官測量準確性與可信度的問題，且為此領域不精確與粗放的方法而導致的嚴重障礙做出總結與討論	The scientific study of the palatability of food. J. Home Econ. 23, 161.
1933~1934	Fair	提出用於評估飲用水味道及氣味的強度量表	On the determination of odors and tastes in water. J. New Eng. Water Works Assoc. 47, 248.
1936	Cover	提出測量肉類嫩度的成對品嚐法	A new subjective method of testing tenderness in meat: the paired-eating method. Food Research 1, 287.
1936	Maiden	提出評估麵包風味的方法	A system of judging flavor in bread. Chem. & Ind. 55. 143.
1937	King	美國化學學會年會首次加入了「食品風味」的主題，在 10 篇相關論文中，King 首度提出需要根據試驗目的篩選品評員（分析型與嗜好型），並嘗試將「差異分析試驗」(discrimination test) 與「喜好性試驗」(consumer preference test)區分開來	Obtaining a panel for judging flavor in foods. Food Research 2, 207.
1939	Weaver	提出有效的風味評分法，以探討生理因素對牛奶風味的影響	Physiological factors affecting milk flavor, with a consideration of the validity of flavor scores. Okla Agr. Expt. Sta. Tech. Bull. No.6. 56pp.
1939	White et al.	自 19 世紀末起，評分法已被廣泛應用於乳品工業	History and development of the students' national contest in the judging of dairy products. J. Dairy Sci. 22, 375.

1940~1950－開始使用分析型（或實驗型）品評員以評估加工變數對食品個別感官特性的影響，其品評員需要被篩選與訓練，相關工作逐漸受到重視（此觀念有別於喜好性測試之品評員無需接受訓練）。而食品科學家也開始研究產生感官反應與生理、化學特性的相關性以作為感官品評的理論基礎，諸如味道感覺基礎理論的探討與食物接受性的研究，開始於食品科學相關期刊中出現（以往多半僅出現在心理或生理學期刊），也對差異分析試驗(discrimination test)各法的優劣有了綜合的比較與整理。又二次世界大戰期間，美軍軍糧補給雖有營養專家調配以符合其士兵體能所需，但許多士兵因其風味不佳而拒吃，使得食品喜好性與接受性的研究受到軍方的重視。為瞭解美軍對食物的接受性與喜好性以便生產為士兵所接受之軍糧，提昇戰力，自 1944 年起，美軍在芝加哥的「軍需後勤部隊維生研發實驗室」(Quarter-master-Corp Subsistence Research and Development Laboratory)進行了一連串的研究，發展出士兵消費者接受度的評量方法，而之後評分法也成為後來測試消費者對食物接受性的重要工具，相關研究甚至於持續至 1960 年代。

1950~1960－此時期各研究的實驗設計也更加嚴謹，同時亦導入了統計分析技術，感官品評的認知成為感官分析的科學學門。1950 年代以後，各種科學化的感官品評方法與實驗設計被整理、發展出來。例如：美國人類營養與家庭經濟局 1950 年匯集各領域專家在華盛頓舉辦研討會討論測定食品品質差異的實驗方法，回顧了許多有用的文獻與特定商品案例的評估表，也整理、發表了許多有關品評員篩選、訓練，及品評結果與理化測試之相關性的統計分析結果，開始定義何謂具有品評能力的專業品評員，使品評結果具科學意義與統計預測力。美國私人企業或民間顧問公司也於這一時期陸續崛起，例如：Arthur D. Little 公司發展了風味剖面分析(flavor profile)，並應用於品評員的訓練與各不同公司的各類產品的品評，也使各種描述性試驗(descriptive analysis)的發展逐漸成熟。

年分	作者	內容重點	文獻出處
1940	Cathcart & Killen	以評分法探討影響吐司品質因素的同時，採用分析型的品評員評估加工變數對產品個別感官特性的影響，而非討論消費者喜好性	Scoring of toast and factors which affect its quality. Food Research 5, 307.
1940	Kramer & Mahoney	比較感官與理化方法決定新鮮、冷凍與罐頭食品品質，並從而探討食品的感官特性與理化性質的關連性	Comparision of organoleptic and physiochemical methods for determining quality in fresh, frozen, and canned lima beans. Food Reseach 5, 583.
1941	Crist & Seaton	與品評員篩選、感官測試之可信度有關的研究	Reliability of organoleptic test. Food Research 6, 529.
1942	Fabian & Blumz	發表基本味道與食物成分之間的關連性以及其交互作用（先前與味覺有關的基礎研究多半發表在心理與生理期刊，此後已漸漸有許多研究也發表在食品期刊）	Relative taste potency of some basic food constituents and their competitive and compensatory action. Food Research 8, 179.
1945	Crocker	有關食品品質與風味量測之說明與建議之研究	Flavor. 172 pp. McGraw-Hill Book Co., New York.
1946	Helm & Trolle	與品評員篩選有關的研究（例如：以三角試驗法(triangle test)作為篩選啤酒品評員之方式）	Selection of a taste panel. Wallerstein Lab. Commun. 9, 181.
1947	Marcuse	與品評員篩選有關的研究	Applying control chart methods to taste testing. Food Ind. 19. 316.
1947	Dove	研究述及「芝加哥食品接受度研究實驗室」的實驗設施或設備、測試方法等細節，該實驗室之後也發展出 7 分制喜好性評分法以適用於無經驗的品評員進行單一食品刺激的品評測試	Food acceptability-its determination and evaluation. Food Technol. 1, 39.
1949	Langwill	在研究消費者的味覺與味覺喜好性時，也探討了味覺和唾液酸鹼值(pH)之間的關連	Taste perception and taste preferences of the consumer. Food Technol. 3, 136.
1949	Boggs & Hanson	差異分析試驗早在 19 世紀中就已被德國心理學家所廣泛採用，但食品感官性質的差異分析試驗則是由本篇回顧文章的綜合整理而公開且廣為人知，文中敘述、比較了差異分析試驗各法（例如：成對比較法(paired comparision test)、三角測試法、稀釋法(dilution test)、評分法與順位法(ranking test)）之優劣，以及品評員的選擇與訓練	Analysis of foods by sensory difference tests. Advances in Food Research 2, 219.

年分	作者	內容重點	文獻出處
1950	Cairncross & Sjöström	早期與風味剖面法的相關研究	Flavor profiles: a new approach to flavor problems. Food Technol. 4. 308.
1951	Dawson & Harris	整理了許多感官品評方法，作為評定食品品質差異的依據	Sensory methods for measuring differences in food quality. U.S. Dept. Agr., Agr. Inf. Bull. No. 34. 134 pp.
1952	Peryam & Girardot	首次發展、應用 9 分制評分法進行味覺測試	Advanced taste test method. Food Eng. 24, 58.
1953	D. R. Strobel、W. G. Bryan & C. J. Babcock	美國農業部 (U. S. Department of Agriculture) 在整理了 1952 年以前將近 330 篇影響與防止乳品產生不良風味的重要文獻，以供產業參考，顯見畜產業對乳品感官特性之重視	Flavors of milk: a review of literature. Agricultural Marketing Service, United States Department of Agriculture.
1954	Peryam et al.	美國「軍需食品與容器研究所」舉辦的研討會，有系統地整理了一系列有關「影響品評實驗之因素」、「品評方法之比較」與「如何選訓品評員」等文獻，為食品感官品評學發展歷史的重要里程碑	Food Acceptance Testing Methodology. Proc., symposium sponsored by Quartermaster Food and Container Institute, Chicago.
1955	Foster et al.	比較個別品評法 (individual panel method) 與小組品評法 (round-table panel method) 的差異，發現小組品評時確實會受到他人意見的影響，而個別品評則不會。因此，家庭消費者品評與小組品評法相當類似，其品評結果常無法代表所有家庭成員的意見	Variations in flavor judgements in a group situation. Food Research 20. 539.
1957	Sjöström et al.	主要為風味剖面分析之方法學介紹，也說明了自 1949~1957 年，Arthur D. Little 公司已導入正規的品評員訓練課程或計畫至 25 家不同的公司，內容品項涵蓋食品、藥物、塑膠、石油、紙類與橡膠等（該公司每次收費近 15,000 美元）	Methodology of the flavor profile. Food Technol. 11(9), 20.
1958	Arthur D. Little 公司	集結了 1956~1957 年間該公司所贊助與風味相關的學術研究與消費者對食物接受度之研討內容，其中便包含了風味剖面分析	Flavor Reseach and Food Acceptance, (Little, A. D., ed.). 391 pp Reiuhold Publ. Co., New York.

在 1960 年以後至 2000 年之間為食品感官品評發展的成熟期：

此時期世界局勢雖仍有古巴導彈危機、越戰、東西方冷戰、兩伊戰爭、波斯灣戰爭，各時期的中東局勢變化等零星區域戰爭或區域緊張，卻已沒有如二次世界大戰牽連甚廣波及全球的大型戰爭，因此雖然國際政治時有對立，但民生科技與跨國經濟的交流與發展成為世界進步的主軸。石化、能源、資訊、航太、半導體乃至奈米及生物科技等各種技術的進步，則使跨領域的整合不斷地影響了食品科技，特別是電腦軟硬體的進步，對於處理大量數據的方便性與實用性，使得感官品評技術更容易被應用於產業實務與學術研究。因此，食品感官品評不但越來越重視消費者的意見，各種結合行銷與多變量分析的感官品評方法之研究與應用亦逐漸被整理與開發，學術界、產業界皆積極以待，而官方更建立了品評相關的標準規範。

1960~1980－延續 1950 年代描述性評估法的研究，除了已有的風味剖面分析外，稀釋剖面分析(dilution profile method)的觀念與作法隨即被提出，雖然於 1960 年初期對風味剖面分析與稀釋剖面分析曾有過一番論戰，但皆各有其適用範圍而具有一定的應用價值與意義，其後質地剖面分析(texture profile method)、定量描述分析(quantitative descriptive analysis)、參比差離描述分析(deviation-from-reference descriptive analysis)與列譜分析(spectrum)等被陸續開發出來。由於此時食品感官品評的理論與實務等架構已大致成形，相關專業書籍開始如雨後春筍般出版，最早的經典教科書為 1965 年出版的《食品感官品評原理》(Principle of Sensory Evaluation of Food)，不僅如此，1970 年代各大學食品科學系開始陸續將食品感官品評學列入必修或選修課程，晉升為與食品加工／食品工程、食品化學、食品微生物等相提並論的顯學。自此以後，學界與業界經常舉辦感官品評的講習或研習訓練課程以作為研究、發展及應用之根基與動力來源。

年分	作者	內容重點	文獻出處
1962	Tilgner	學者認為風味剖面分析會產生補償(compensation)、重疊(superimposition)與遮蔽(masking)等現象，所以是不恰當的分析方法。於是提出稀釋測試，以稀釋至不同風味消失的濃度作為表達食品風味特性的方式	Dilution tests for odor and flavor analysis. Food Technol. 16(2), 26.
1962	Sjöström & Caul	主要在駁斥稀釋剖面分析，主張任何食品應在其正常狀態、正常濃度強度與正常溫度下被消費或食用才對，如此才能品評出食材的風味組成特性	"Dilution flavor profile" reaction. (Letter to editor) Food Technol. 16(4), 8.
1962	Dove	學者認為風味剖面分析本來就適合評估最終成品的品質，而稀釋剖面分析則宜用於研究與開發，可說兩種方法各有擅長	The dilution scale as a scanning device for food acceptance. (Letter to editor) Food Technol. 16(8), 7.
1963	Szczesniak	與質地剖面分析的質地特徵分類有關之研究（Szczesniak 為質地研究之先驅、大師）	Classification of textural characteristics. J. Food. Sci. 28. 385.
1963	Szczesniak et al.	提出質地剖面分析的方法架構，作者群為美國通用食品公司(General Foods Co.)員工	Development of standard rating scales for mechanical parameters of texture and correlation between the objective and sensory methods of texture evaluation. J. Food Sci. 28, 397.
1965	Amerine, Pangborn & Roessler	第一本食品感官品評相關之經典教科書，自此以後品評相關專書相繼出版	Principles of Sensory Evaluation of Food. Academic Press Inc. New York.
1973	Civille & Szczesniak	本篇為 Civille 在與質地研究大師 Szczesniak 共事時發展，為使用質地剖面分析訓練品評員的代表作，同時 Civille 也正醞釀研發「列譜分析」，並於 1979 年發表於 IFT Sensory Evaluation Short Course，之後創辦 Sensory Spectrum 公司	Guidelines to Training a Texture Profile Panel. J. Texture Stud. 4, 204.
1974	Stone et al.	由 Tragon 公司發展出定量描述分析(quantitative descruptive analysis, QDA)（Stone 與 Sidel 兩人即為 Tragon 創辦人、QDA 發明人）	Sensory evaluation by quantitative descriptive analysis. Food Technol. 28, 24.
1978	Larson Powers & Pangborn	提供實物供品評員參考以提高分析測試結果的再現性，因而發展出參比差離描述分析試驗	Descriptive analysis of the sensory properties of beverages and gelatin containing sucrose and synthetic sweeteners. J. Food Sci. 43, 11, 47-51.

1980~2000－此時期有更多嶄新的感官品評方法被開發出來，例如：強度變異描述分析(intensity variation descriptive method)、自由選擇剖面分析(free choice profiling)、瞬間法(flash profiling)等。加上電腦、資訊科技日新月異且進步神速，許多統計軟體與感官品評相關的套裝軟體應運而生，使大量品評數據的處理不再令人望而生畏也更容易應用，不但許多企業成立或強化專責品評部門（例如：General Mills、Coca Cola、Quaker、Pepsi 等），相關需求亦使得感官品評顧問公司亦相繼成立或更加蓬勃發展（例如：Moskowitz Jacobs, 1981、CAMO, 1984、Sensory Spectrum, 1986、Compusense, 1986）。各大學則紛紛成立感官品評研究單位更將品評納入正規課程，使專書及教科書等出版品需求增加，感官品評領域變成美國食品科技學會認定之五大領域之一（即食品加工、食品工程、食品化學、食品微生物，以及食品感官品評）。臺灣於此階段，經濟部商品檢驗局曾在 1984 年編印《食品官感檢查手冊》、新竹食品工業研究所同年亦出版《食品官能檢查手冊》以作為訓練與推廣之用。又根據張豔與雷昌貴於 2012 年主編之《十二五高職高專院校規劃教材（食品類）：食品感官評定》一書所述，中國大陸最早可查的感官品評專著應該是 1990 年李衡等著的《食品感官鑑定方法及實踐》以及朱紅等著的《食品感官分析入門》，顯見兩岸差不多在同一時期開始重視感官品評議題。

在臺灣推展食品感官品評不遺餘力之重要人物則應屬當時任教於中興大學的區少梅教授，區教授自 1984 年起即開始講授「食品品評學」，培育學術界品評專業人才無數，亦經常與產業互動開設訓練班隊，可說對食品感官品評的推廣居功厥偉。另外，於 1992 年即受聘回國於新竹食品工業發展研究所任職的姚念周博士，其所學與專業背景即為感官品評，積極訓練食品產業技術人員，輔導產業提昇、建立感官品評、分析能力，亦曾受邀於各公、私立大專院校講學。姚博士帶回更多嶄新、務實致用的觀念，對國內食品產業的升級再造實有莫大助益，現已自行成立樞紐科技顧問公司，服務績效頗獲業界好評。1992 年張慶先生所著《茶譚》一書，除詳載所有與茶相關知識外，對於茶葉品質審查人才的篩選與訓練等也引據感官品評方法，詳實之內容為當時兼具科學技術與品茶藝術之佳作。

1990 年代之後，商業活動的國際化與全球化成為趨勢，行銷領域常用的多變量分析方法也開始大量用於感官品評之策略研究(strategic research)，而感官品評界的國際交流，跨國文化與人種的差異與影響等議題也漸受重視。是美國材料與試驗標準協會(ASTM)制定感官品評之建議標準(Committee E-18)，國際標準組織(ISO)也制

定了感官品評的 ISO 標準規範，而中國也於 1988 年以後開始制定感官品評的國家
標準（GB：即「國標」發音之簡稱）以便與 ISO 或 ASTM 接軌（相關標準在 1990
年以後才逐步增加，目前已具備相應結構，惟部分項目仍有待補充，如表 1-3(a)(b)
與表 1-4），但臺灣至今仍然沒有制定建議標準或規範，以符合自身需求並與國際接
軌，實為可惜，然未來也許可參考中國之國家標準與名詞定義制定標準以同步接軌。

表 1-3(a)　感官品評分析方法目前相關的標準－基本原則

基本原則	方法標準化		
	國際標準組織 ISO	中國大陸	美國材料與試驗標準協會 ASTM
感官分析方法總論	ISO6658:2005	GB10220-1988	
感官品評字彙	ISO5492:2008		
感官品評設備	ISO3591:1977（酒杯） ISO16657:2006（橄欖油） ISO22308:2005（軟木塞）		
品評員與品評小組閾值定義與計算			E1432-04(2011)
氣味超閾值強度參考			E544-10
氣味與味道閾值決定	ISO13301:2002		E679-04(2011)
品評員的招募與表現評估	ISO11132:2012 ISO8586:2012 ISO5496:2006 ISO3972:2011		
感官品評室設計	ISO8589:2007		
感官品評實驗室人員指導原則	ISO13300-1:2006 ISO13300-2:2006		
無法直接檢測之樣品製備	ISO5497:1982		
平衡不完全區集設計	ISO29842:2011		

表 1-3(b) 感官品評分析方法目前相關的標準-方法學

品評項目	採用方法	方法標準化		
		國際標準組織 ISO	中國大陸	美國材料與試驗 標準協會 ASTM
差異分析試驗 （有無差別）	成對比較法	ISO5495:2005	GB/T12310-1990	E2139-05(2001) E2164-08
	三角測試法	ISO4120:2004	GB/T12311-1990	E1885-04(2011)
	二、三點測試法	ISO10399:2004	GB/T17321-1998	E2610-08(2011)
	A 非 A 測試法	ISO8588:1987	GB/T12316-1990	
	5 中取 2 測試法	ISO6658:2005	GB10220-1988	
	連續性試驗	ISO16820:2004		
	賽斯通區分距離			E2262-03(2009)
連續性試驗 差別分析 （差別大小）	順位法	ISO8587:2006	GB/T12315-2008	
	分類法 分等法 評分法	ISO6658:2005	GB10220-1988	
	量值估計法	ISO11056:1999 ISO4121:2003	GB/T19547-2004	E1697-05(2012)e 1
接受性與 喜好性試驗	方向性對比喜好測試	-	-	E2263-12
	順位喜好性測試	-	-	
	喜好標度	ISO/NWI 正在編 訂，在控制範圍內 的消費者偏愛測 試方法一般導則	-	
顏色 感官檢驗	目視比色	ISO11037:1999	GB/T21172-2007	
質地 感官檢驗	質地剖面分析	ISO11036:1994	GB/T16860-1997	
風味 感官檢驗	風味剖面分析	ISO6564:1985	GB/T12313-1990	
描述分析	感官特性的定性描述	ISO11035:1994	GB/T16861-1997 GB/T10221-1998	
	感官特性強度的評估 （標度法）	ISO4121:2003	GB/T19547-2004	
	感官剖面的建立 （剖面法）	ISO11036:1994 ISO6564:1985 ISO13299:2003	GB/T16860-1997GB GB/T12313-1990	
	感官特性時間強度分析			E1909-13

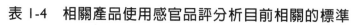

表 1-4　相關產品使用感官品評分析目前相關的標準

產品	國際標準組織 ISO	中國大陸	美國材料與試驗標準協會 ASTM
孩童和未成年人產品			E2299-13
產品包裝	ISO13302:2003		E460-12 E1870-11 E2609-08 E619-09
產品保存期	ISO/DIS16779		E2454-05(2011)
酒精飲料		QB/T1326.2-1991 GB/T10345-2007	E1879-00(2010)
食品飲料品評原則		GB/T5750.4-2006 NY146.2-1988	E1871-10
茶	ISO3103:1980	SN/T0737-1997 SN/T0917-2000 GB/T23776-2009	
咖啡	ISO6668:2008		
暴露魚汙染物的評估			E1810-12
食用油與脂肪			E1627-11 E1346-90(2010)
罐頭食品		QB/T3599-1999	
速食麵		GB/T25005-2010	
糧食產品		GB/T15682-1995（稻米） GB/T20569-2006（稻穀） GB/T20570-2006（玉米） GB/T20571-2006（小麥）	
辣椒油與辣椒		GB/T21265-2007	E1395-90(2011) E1396-90(2011) E1083-00(2011)

2000~－自千禧年後，食品感官品評的發展更加蓬勃興旺而多元化，隨著創新科技的進步與跨領域整合，感官品評技術已臻完備而走向「智能感官」品評的時代。

　　感官品評近年來的發展除了與行銷不斷互動結合，也運用了更新的統計方法、觀念與軟體配合，例如：與多變量分析（主成分分析、內部喜好性地圖、外部喜好性地圖、多向度量尺法）結合；與心理行為、生理學家合作研究、收集品評反應，構築一個更加緊密結合新科技發展的感官科學(sensory science)，例如：自動化品評系統、氣相層析－嗅聞技術(GC-Sniffing)、近紅外光譜分析技術(NIR)等。最近的科學研究也常與電子鼻(electronic nose)與電子舌(electronic tongue)的測試結合，並與品評員的嗅覺、味覺乃至產品感官屬性對應。而在視覺方面則已有電子眼（電子攝影搭配軟體; electronic eye）發展出的圖形識別技術與色差計，可以搭配應用作為客觀分析的指標。再以觸覺為例，可於質地分析時，直接量測受測人員的上、下顎與牙齒的動作，以附著於臉部的感測器轉換肌電訊號，採用電腦軟體解讀分析以尋找與流變儀或物性測定儀之間的關連。

1930～1940－發展許多應用在食品的感官品評方法

1937－美國化學學會年會的食品品評專輯，King
首倡依目的區分品評員：分析型或嗜好型？

1940年代－味道感覺基礎理論的探討與食物接受性的研究立下根基
1950年代－品評方法建立與分析
1960年代－許多食品品評的書籍開始陸續出版

1945～1962－美國士兵吃很營養的「屎」物嗎？
喜好性與接受性的7分制、9分制評分法
1949－差異性試驗：比較法、三角測試法、稀釋法、
評分法與順位法之優劣整理（Boggs與Hanson）
1949～1957－私人品評公司或顧問的興起

1970年代－食品品評學被提出應列入食品科技系大學部的必修課程
1980年代－感官品評逐漸成為食品科學領域中食品化學、食品工程、食品加工、
食品微生物之後的第五大次領域

美國標準檢驗方法(ASTM)制訂了感官品評實施的
建議標準(Committee E-18)

1990年代－國際化與全球化感官品評界國際交流並討論跨國文化與人種之影響
2000年代－智能感官的興起

▌圖 1-19　食品感官品評發展大事記

其他，如質地分析儀、動態流變儀的數據皆可與食品的黏彈性質互相參照分析，而在聽覺方面，則可收集品評員咀嚼食物的聲響（例如：洋芋片或點心食品等），進行聲音頻譜的分析並與其口感（例如：硬度、脆度或酥脆程度等）或喜好性的感官評估相對應。亦有學者嘗試直接研究感官品評時腦波及電腦斷層掃描的變化等，或針對不同味覺感受引起大腦氧化血色素濃度變化之研究等等，皆在嘗試找到真正有用的「人機」介面，以作為更加客觀的分析與應用依據，相信相關技術對如何解析人類進行感官品評時的大腦活動、瞭解感官品評最深沈的科學基礎將大有助益。圖1-19 為食品感官品評發展大事記之整理，總結了現代感官品評的重要發展進程，有助於快速瞭解其演變。

感官趣聞

Principles and Practices of
Sensory Evaluation of Food

戀戀酒鄉之「Bottle Shock」（電影）
一場 30 年猶未雪的恥辱：巴黎的審判(The judgement of Paris)

人：英國酒商 Steven Spurrier 與他邀請的 10 位具有公信力的葡萄酒鑑賞專家。

事：以法國葡萄酒為標竿盲測(Blind Tasting)評定美國加州葡萄酒的水準。

時：1976/05/24

地：巴黎

物：8 支法國數一數二酒莊的葡萄酒。12 支美國默默無名的加州葡萄酒。

緣由：

英國酒商 Steven Spurrier 為了向法國人引介加州酒，在巴黎舉辦一場極富戲劇性的葡萄酒盲測品酒會。由於品評前所有人，包括評審到媒體，甚至連主辦人 Steven Spurrier 自己都一致認為法國葡萄酒必定拔得頭籌，當所有人都覺得具備百年以上經驗傳承的實力派法國酒，肯定會贏過以科學、統計與生產管理見長的小毛頭美國酒時，評比結果出爐，讓全場為之譁然。美國加州 Stag's Leap Wine Cellars 酒廠的紅酒與 Chateau. Montelena 酒莊的白酒，雙雙擊敗法國波爾多與勃根地(Burgundy)知名酒莊的酒款，也讓所有參與的法國葡萄酒品評專家大為震驚，其中法國評審 Odette Kahn 女士似乎無法接受此次結果，更於結果公布後要求拿回評分單，並於會後開始批評此次的品評會。

表 1-5　1976 巴黎品酒會紅酒評比結果

排序	分數	酒款	年分	來源
1	**14.14**	**Stag's Leap Wine Cellars**	**1973**	**USA**
2	14.09	Château Mouton-Rothschild	1970	France
3	13.64	Château Montrose	1970	France
4	13.23	Château Haut-Brion	1970	France
5	**12.14**	**Ridge Vineyards Monte Bello**	**1971**	**USA**
6	11.18	Château Leoville Las Cases	1971	France
7	**10.36**	**Heitz Wine Cellars 'Martha's Vineyard'**	**1970**	**USA**
8	**10.14**	**Clos Du Val Winery**	**1972**	**USA**
9	**9.95**	**Mayacamas Vineyards**	**1971**	**USA**
10	**9.45**	**Freemark Abbey Winery**	**1969**	**USA**

表 1-6　1976 巴黎品酒會白酒評比結果（分數略）

排序	酒款	年分	來源
1	**Chateau Montelena**	**1973**	**USA**
2	Meursault Charmes Roulot	1973	France
3	**Chalone Vineyard**	**1974**	**USA**
4	**Spring Mountain Vineyard**	**1973**	**USA**
5	Beaune Clos des Mouches Joseph Drouhin	1973	France
6	**Freemark Abbey Winery**	**1972**	**USA**
7	Batard-Montrachet Ramonet-Prudhon	1973	France
8	Puligny-Montrachet Les Pucelles Domaine Leflaive	1972	France
9	**Veedercrest Vineyards**	**1972**	**USA**
10	**David Bruce Winery**	**1973**	**USA**

　　從 Odette Kahn 女士的反應不難看出法國人對其葡萄酒的品質是相當自豪的，而法國人也特別對美式速食嗤之以鼻，壓根兒就不相信釀造葡萄酒歷史如此短淺的美國能做出什麼好酒，因此，法國葡萄酒界普遍無法接受這個結果，開始酸葡萄輿論四起，當然有一些是搪塞之詞，但其中卻也不無道理。列舉如下：

1. 最厲害的 Latour 與 Lafite 沒參賽。

2. 法國的 1970 年分不好。

3. 法國葡萄酒就是要陳年的好，越陳越香，而加州酒肯定經不起放。於是法國人鐵齒地說：「30 年後見真章。」

4. 品評的技術性問題：「沒有考慮順序效應：因為飲酒的順序錯誤導致，先喝的美國酒口味太濃厚，麻痺了評審的味蕾，讓後飲的法國酒黯然失色。」「評分法的瑕疵：每位評審是依自身的標準而給的，分數落差大的評審會使分數落差小的評審的意見被掩蓋。」「人數不夠多，沒有重複試驗以確認再現性，且數值缺乏顯著的統計差異。」

■ 圖 1-20　Odette Kahn 女士

■ 圖 1-21　Steven Spurrier 先生

　　但仔細想想，加州葡萄酒的品質能贏過五大酒莊之二，也就意味著可以與頂級法國葡萄酒平起平坐，實不需再比拚誰最厲害，畢竟灘頭堡已被攻下一個缺口登堂入室，再也不是難登大雅之堂的吳下阿蒙。其次，若說年分不好，這豈不又意味著加州不僅風土、氣候、年分好，釀酒技術也很好，反過來說，法國五大酒莊又如何？年分不好的時候還是被比下去，那消費者何必痴痴地迷戀法國酒呢？所以，前兩項乍聽之下雖然有道理，但越想就越令法國酒莊嚇出一身冷汗，畢竟，若法國的產區年分一個不好就輸給美國小老弟，以後就很難再維持品牌形象了！想來只有第三項，在當時是難以立即驗證的，但也是看來最有道理作為搪塞之詞的，至於第四項品評的技術性問題確實需要改進，因此，後來相關單位與人士，包括 Steven Spurrier 也陸續以上述的酒款舉辦了幾次品評會，例如：2 年後的 San Francisco Wine Tasting of 1978，以及十週年舉辦的 French Culinary Institute Wine Tasting of 1986 與 Wine Spectator Tasting of 1986，不論是哪一場品評會，所有盲測的結果都是加州葡萄酒位列第 1 名與第 2 名，過了 10 年仍未能翻身。時光飛逝，終於 30 年了！

　　2006 年 5 月 24 日同時在美國加州 Napa 與英國倫敦舉辦「巴黎的審判：30 週年慶」品評會，當初的發起人 Steven Spurrier 先生在倫敦參與盛會，而 1976 年原始的評審之一 Christian Vanneque 則在加州 Napa 再次擔任評審，可說意義非凡。而此次品評會的意義在解決 30 年前的未解的懸念，陳年的法國酒與加州酒終於「30 年後見真章」了！而今有更符合科學的品評技術與統計方法做後盾，總該可以下定論了吧？結果如表 1-7 所示，加州葡萄酒大獲全勝，前 5 名居然都由加州葡萄酒拿下，如今再無懸念，這對法國葡萄酒無疑是個相當沉重的打擊。換言之，經過 30 年的熟成

與公平的品評後，加州酒居然擊敗了傳統最負盛名的五大酒莊之二與 2 個二級酒莊，通過了時間的考驗。有趣的是這次拿到第 1 名的酒款是 Ridge Vineyards Monte Bello 1971，在 1976 年不過才拿到第 5 名，而今不僅獲得第 1 名，還領先第 2 名 18 分之多，更領先法國酒分數最高的 Château Mouton-Rothschild 1970 達 32 分的差距，這對法國酒也太難堪了！美國人是怎麼辦到的？在法國，幾乎所有的知名酒莊都有相當優秀的歷史與經驗傳承，而 1970 年代的加州酒莊或酒廠則多是半路出家的門外漢，但這些酒莊的主人具有開放的心胸與不藏私的互助精神，又能虛心就教於現代科學研究的幫助，再加上滿腔熱血地打拚，於是造就了這樣不可思議的傳奇。如前所述，這個年代也正是美國發展科學化的感官品評已進入成熟期的階段，因此，感官品評技術可說對美國加州葡萄酒產業帶來了不容小覷的重大影響。由於加州葡萄酒的價格比法國葡萄酒更平易近人，但口感卻更多元、質地與風味幾乎不輸給相同價位的法國酒，甚至還要更好，自然打開了龐大的市場，所以 1976 年這場「巴黎的審判」對日後世界葡萄酒的版圖重整影響極其深遠。

表 1-7 2006 巴黎品酒會紅酒評比結果

排序	分數	酒款	年分	來源
1	137	**Ridge Vineyards Monte Bello**	**1971**	**USA**
2	119	**Stag's Leap Wine Cellars**	**1973**	**USA**
3	112	**Mayacamas Vineyards**	**1971**	**USA**
4	112	**Heitz Wine Cellars 'Martha's Vineyard'**	**1970**	**USA**
5	106	**Clos Du Val Winery**	**1972**	**USA**
6	105	Château Mouton-Rothschild	1970	France
7	92	Château Montrose	1970	France
8	82	Château Haut-Brion	1970	France
9	66	Château Leoville Las Cases	1971	France
10	59	**Freemark Abbey Winery**	**1967**	**USA**

■ 圖 1-22 「巴黎的審判」：30 年前、後品評會之評審群像

番外篇：為何取名為「巴黎的審判」（The judgement of Paris）？

　　這是有典故的，源自於希臘羅馬神話裡三位女神搶金蘋果的故事。話說，天后荷拉(Hera)、智慧女神雅典娜(Athena)與愛神阿芙蘿笛特(Aphrodite)為了得到刻有「最美女神」字樣的金蘋果，於是進行了一次比美活動，他們在天神宙斯(Zeus)與神使愛馬仕(Hermes)的提議下，同意讓凡間一位英俊瀟灑、一表人才的王子巴黎斯(Paris)作為此次選美的評審，三位女神為了能得到「最美女神」的稱號（得到金蘋果就象徵自己就是最美女神），都各自私下賄賂巴黎斯，許他實現最美好的願望，天后答應讓巴黎斯成為國王；智慧女神則許諾讓他成為最有智慧的人，並賦予他最高的軍功；愛神則答應他可以得到人間最美女子海倫的愛。三位女神一同到巴黎斯處展現各自的風采，並要求巴黎斯評比說出誰才是三位之中最美的女神，然而巴黎斯左思右想覺得若要成為國王，只要繼承父親的王位即可，而智慧與軍功對有一身本領的他而言也不是太大的問題，唯有真愛是可遇而不可求的，於是巴黎斯最後就選擇將象徵最美女神的金蘋果交給了愛神，因此同時觸怒天后與智慧女神，讓她們兩位決心合作要徹底毀滅特洛依，於是巴黎斯在特洛伊戰爭中險些喪命，在愛神祕密保護下才暫時保全性命，但最後還是在特洛伊被徹底攻陷時，遭射毒箭而死。想想 1976 年的品評會的評審，是不是如同巴黎斯一樣呢？這些法國評審們忠於自己的感官，擇其所愛，卻沒想到開啟了法國葡萄酒界的特洛伊戰爭，綜觀這 30 年來的品評結果，簡直就是被加州葡萄酒木馬屠城啊！

　　這場 1976 年在巴黎的審判與巴黎斯以愛神為最美的判斷簡直有著奇妙的巧合。在盲測之下品評（愛情是盲目的），葡萄酒恰好又象徵著愛情的各種滋味，即使用上了真心選擇，但法國葡萄酒界在歷史光榮的包袱下，卻是惹怒了一堆自以為是的天后與自以為聰明的智慧女神，在不知長進的又不知所以的驕傲之下，隨著時間的流逝被加州葡萄酒狠狠地拋在腦後了！

　　「The judgement of Paris」好個一語雙關啊！

1.3　結　論

　　「科學」是有組織、有系統的學問或知識之總稱（暫且如此定義），然而，科學並非真理本身，而是一種態度與指引，追求真理的態度，就好像佛陀指向月亮的手一樣，如果月亮代表了真理，那麼指向真理就是科學的唯一功能。感官科學的歷史演進與近代發展，也算是世人用盡一切方法瞭解感官並藉以追尋真理的一個過程。印證科學的方式往往是利用「客觀」與「再現性」作為衡量的手段，實驗設計可以讓我們盡可能達到「客觀」，統計方法則可以驗證再現性，讓我們減少犯錯的機率而更貼近於事實，這是現代科學的重要基礎。對於以科學為基礎的感官品評而言，良好的實驗設計與統計是很重要的。從本章回顧感官品評的歷史可知，自古以來能夠被列入記錄而整理成文獻的資料多半是所謂的專家的品評，雖然有許多是前人的智慧結晶，但也有不少是帶有許多主觀成分而做成的結論，不一定完全正確。特別是廚藝與藝術領域常常有許多帶有個人好惡與風格的評價與觀點，因此多半由時間來決定或考驗，也需要長期經驗的試煉。中草藥的發展就是很鮮明例子，直到科學方法與辯證的出現，使得食品感官品評方得以從官能測試(organoleptic testing)與感官評鑑(sensory evaluation)進展為感官分析(sensory analysis)，而更進化為感官科學(sensory science)（圖 1-23）。

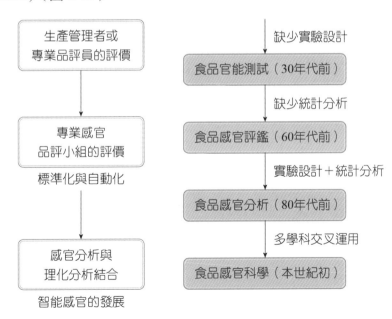

▌圖 1-23　食品感官品評的近代發展

　　2014 年 5 月科學人雜誌 147 期的封面報導（圖 1-24），部分科學家已初步掌握了人腦螢光圖譜技術，並認為解讀腦神經與其基因圖譜已然成為顯學。當大腦活動的電子訊號可以由儀器設備來正確而精準地解讀時，是否意味著「無需食物實體為媒介，純以人工設計的方式輸入電子訊息」來創造各種不同擬真的感官情境是極度可能實現的呢？由這則報導恰可呼應本章開始討論的缸中之腦，其哲學思維如莊周夢蝶的寓意一般，當人類研究感官科學到了極致時，將不僅止於解析而已，甚至於操控也不為過。而採用機器設備等輔助解析感官品評結果的作法，在 2010 年代以後的 10~20 年內將會有突破性的進展，而感官品評的發展軌跡勢必更加蓬勃而多元，敬請拭目以待。

▌圖 1-24　科學人雜誌 147 期，2014 年 5 月

習 題

是非題

1. 中國最早出現五行對應酸、苦、甘、辛、鹹等五味進行分類的記載是《尚書》。

2. 竇隻所著之《茶經》是目前所知世界上第一部茶書，內容述及茶的起源、製茶工具、過程、品茶器具、煮茶方法、品茗鑑賞等所有相關專業知識，是中國自唐代以後與茶相關的品評活動都必定會引據、參考的聖經，甚至引領日本茶道的興起。

3. 實驗設計與統計分析是感官品評科學化相當重要的一環，缺一不可。

4. 風味剖面分析早在 1930 年代即已被開發且成熟運用。

5. 在消費者至上的年代，消費者的意見雖然差異相當大，但卻是亟須採用感官品評加以瞭解的，因此，根據品評種類的不同，也應該運用不同品評員。亦即專家型的品評員雖然具有一定的權威，但消費者品評就是不應採用專家擔任品評員。

6. 利用人類的五種感覺（味覺、嗅覺、聽覺、視覺、觸覺）來評價食品品質或檢查差異的方法，稱為感官品評。

選擇題

1. 感官品評很多人認為是很主觀的，所以我們需要使用科學的方法讓主觀變客觀，下列哪一個不是屬於科學方法的範疇？ (A)需要使用統計及實驗設計 (B)需要適當的人數來評估 (C)需要適當的評估方法 (D)評估過程一定會有標準答案。

2. (A)工業革命 (B)法國大革命 (C)辛亥革命 (D)文藝復興 (E)黑死病 加速並促成了現代科技的進步，讓許多嗜好性的消費活動變得較為平價而大幅度地擴散開來成為日常生活的一部分，而消費性的品評活動便越來越形重要。

3. 實驗設計一書中「淑女品茶」(The Lady Tasting Tea)的假設實驗對於感官品評的實驗設計是相當重要的啟蒙，其作者是 (A)高騰(Francis Galton) (B)皮爾生(Karl Pearson) (C)維爾頓(Raphael Weldon) (D)費雪(Fisher) (E)潘波恩(Rose Marie Pangborn)。

4. 食品感官品評學開始有學者建議正式成為大學食品相關科系的必、選修科目是在哪個年代以後？ (A)1930 (B)1950 (C)1970 (D)1990 (E)2000 年以後。

5. 下列何書以「四名十二狀」對香進行分類並評定等級，提出煙、氣、味之條理以分析其優劣等品評準則且首先形諸文字而影響後人對於沉香的評定者？ (A)陳氏香譜 (B)天香傳 (C)周禮 (D)本草綱目 (E)清異錄。

6. 2000 年以後的感官品評已發展至何種層次？ (A)專家品評 (B)官能測試 (C)感官評鑑 (D)感官分析 (E)感官科學。

7. 關於感官品評的現況，下列敘述何者錯誤？ (A)感官品評許多方法已經有制定 ISO 國際標準，制定最多的是消費者測試 (B)感官品評技術的應用面要廣，需要結合統計的多變量分析 (C)新興的感官品評技術，例如：自由選擇剖面分析，以消費者品評員來進行產品感官特性之描述 (D)感官品評技術除了應用產品開發與品質管制外，還可以使用在產品行銷與口味飲食文化上的分析。

8. IFT 在 1975 年定義食品科學化品評中要藉由 (A)視、嗅、嚐、觸及聽五種感覺 (B)視、嗅、嚐及觸四種感覺 (C)視、嗅、嚐三種感覺 (D)嗅、嚐兩種感覺 來測量與分析食品或其他人使用的物品之性質的一門學科。

問答題

1. 試述「食品感官品評」的定義，並舉例說明之。

2. 試以「學科 VS 科學」、「主觀 VS 客觀」為相對觀點，討論現代「食品感官品評」是否（或如何）能具備科學與客觀的要件，其原因為何？

3. 請以「醞釀期」、「發展期」、「成熟期」與「智能感官時代」為時間順序，敘述食品感官品評之近代發展過程，並簡要列舉相關重要事件以為說明。

4. 請以視覺、聽覺、嗅覺、味覺、觸覺等感官為分類，列舉可配合感官品評進行數據分析與研究的相關儀器設備，並說明未來發展的可能性。

5. 請比較並說明「感官評鑑」、「感官分析」與「感官科學」三者的差別。

2 CHAPTER

食品感官品評內容架構及其應用

Knowledge and its Application of Sensory Evaluation of Food

學習大綱

1. 熟悉食品感官品評的內容架構
2. 瞭解食品感官品評的重要性
3. 建立食品感官品評的正確認知
4. 知道如何尋求相關資源輔助學習
5. 能判斷錯誤、解決問題並正確使用感官品評

PRINCIPLES AND PRACTICES OF
SENSORY EVALUATION OF
FOOD

五色令人目盲，五音令人耳聾，五味令人口爽，馳騁打獵令人心發狂，難得之貨令人行妨。是以聖人之治也，為腹不為目，故去彼取此。

—老子《道德經》第十二章

東西方文化對於感官的思考與哲學態度是相當不同的，西方文化與哲學在追求真理上的推演，從心靈與物質的辯證思維結果來看，似乎「唯物」較「唯心」在實務面上更容易被理解。那些「形而上」的哲理總沒有比具備物質基礎的實體好入手，而選擇從解剖學、生理學來看待一個人的感覺器官，以什麼樣的物質會導致器官產生什麼樣的感官刺激，產生什麼樣的現象，逐一地實驗、驗證、解析而得的量化結果，總是比較具有說服力的，再加上以統計為工具來檢驗、證實感官現象的共同性、再現性與差異性，於此便建立了感官科學的基礎樣貌。然而，當學習者想要更進一步深究時卻發現仍有一大片不可解的迷惑，好比大腦作為人類感官訊息的集散中心，其複雜的神經傳導、認知判斷、感官覺受與心理變化，並不如一般機器的反應那麼的單一、直接而絕對。一個人的文化背景、成長環境、所受的教育，以及飲食之風俗與習慣都會影響感官品評的結果，宛如「形而上」的幽靈在感官科學的背後飄移而從來都不曾遠去。換言之，即使如第 1 章所討論過的感官品評的基本架構，我們可以從感官

圖 2-1 張路《畫老子騎牛》，明代，老子手持道德經

面、物質面與邏輯面來瞭解其內容與應用，大致能夠掌握許多學習面向與實務應用（例如：消費嗜好的研究、風味行銷的企劃、產品開發的推展與品質管理的落實等），但面對個體的感官差異時，其中還是有許多有趣、不解但卻迷人的現象撩撥著我們，雖然越不解、越無法掌握，但以西方科學的思維來說，就是更要去明白而窮究、而更加努力地逐一發掘！

另一方面，從古老中國文化、哲學經典中，我們卻常常可以看到一個論點，那就是「感官的享樂或覺受常被認為是不可依恃的」，換言之，先聖先賢認為感官會迷惑人的心志，讓人迷失本心、自我與方向。因此，既然感官是不可憑藉的無常現象，警惕、約束感官的逸樂便是讀書人（知識分子）的修為與準則，更遑論從中發展出

精細的品評架構與內容了，所以「聖人之治也，為腹不為目，故去彼取此」，打趣地說：「吃飽比較重要，那些中看不中用的東西，就算了吧！」（當然，經典應該不是這麼翻譯而作如此解釋的）。不過，想想自古聖賢為了「虛其心，實其腹」修煉了上千年都在於個人的修為，最多是自我感覺良好而已，即使早早就手握堪稱現代資訊科技之母的易經原理，後繼之人也沒能持續開創發展出像樣的現代科技以經世致用，真正可惜了！於是，上千年古老的文明從來都不缺乏品頭論足的專家與權威，究竟沒能發展出「感官科學」來！空留永恆而千年的嘆息！其實說到底，內外是要兼修的！學習許多事物都是如此一般，並非外國的月亮比較圓或是本國的傳統才是正解，而是要取兩者的優點而融會貫通，才是上上之策。

然而，許多感官品評的初學者，大多容易在技術面上著墨，想多學一點方法，而許多書籍的講解確實也非常詳細，頗能滿足其「貪多」的需求，然而貪多嚼不爛，在實務上卻不免大有「多歧亡羊」之感。學習者眼花撩亂之下常容易失去本心，最後在應用時，固然對方法之細節無疑是相當熟稔了，但卻常因搞錯方向、用錯方法而貽笑大方。假若初學者只重視品評概念與哲學的領略，對技術細節與作法有所忽略時，雖能快速得到正本清源、通達要旨之功效，但在應用時卻又往往不知如何進行實務操作，怯怯然不敢放手一搏。因此，實務與理論是相輔相成、同樣重要啊！

有鑑於此，本章的內容主要是要讓學習者對食品感官品評的內容架構及其應用，不僅能有一個較為正確而宏觀的視野，也在往後章節的學習上有較明白而精緻的索引，不管是在大方向上或是在小細節裡，都不致犯下「多方喪生」的慘事。（《列子·說符》：「大道以多歧亡羊，學者以多方喪生。」）

2.1 食品感官品評的內容架構

食品感官品評的內容與架構誠如第 1 章所述，除了可以從感官面、物質面與邏輯面來進行大致的瞭解外，其實又可從學科核心、物理化學基礎、方法學與其應用等面向，進一步認識其輪廓（如圖 2-2）。

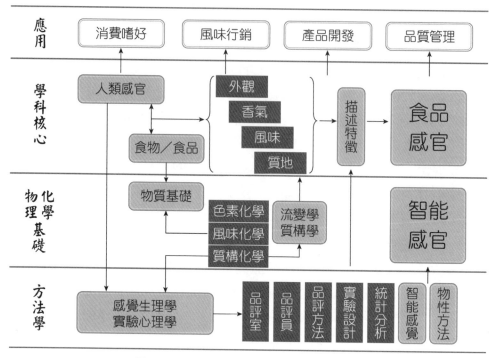

圖 2-2　食品感官品評的內容架構

首先，感官品評的學科核心就是人類感官，而感官品評應用於食品，其物質基礎就是食物或食品的各項成分與其呈現出來的外觀、香氣、風味與質地（口感）等特徵描述。換言之，感官面就是以食品感官品評學的學科核心，由各種描述語對應食物的感官特性所構成，但此核心卻需由方法學中的感覺生理學與實驗心理學所支撐並與物質面、邏輯面產生關連、分析與解釋，否則將淪為食品感官命名學而非感官科學。

其次，感官品評需要物質面做基礎，食物本身的各項特性都有物質基礎，而物理化學基礎就是探討物質面所有細節的知識內容，其中包含食品的色、香、味等化學，還有與質地、口感相關的質構化學及流變學等細節。然後，方法學其實就是感官品評所有邏輯面的基礎，特別是各種品評方法都必須以實驗設計與統計分析為磐石，合理地挑選品評員、處理樣品、建構並使用品評室，以期使感官品評的結果能夠將感官面與物質面的「因果」與「相關」的道理能被充分地釐清。近年來，方法學發展的極致，希望能將智能感覺與物性方法建立關聯後，形成智能感官系統，並致力於將此系統與食品感官系統達成平行呼應且可相互參照，如此將可大幅降低各種實驗的人為誤差與品評員的個體差異。若能將方法學的工作整合完善，則有利於感官品評的實務應用。

　　最後，感官品評的應用大致上可以分為四大類，即消費者嗜好的研究、風味行銷的企劃、產品開發的推展與品質管理的落實等。其中，消費者嗜好的研究可採用情意測試，若能將嗜好性品評結果搭配統計上多變量分析的技術，對於瞭解消費行為及其嗜好研究將具有相當大的助益。風味行銷的企劃則可藉感官品評對食品外觀、香氣、風味與口感的瞭解而進行設計並產生較適當的風味組合，若能再加上消費者嗜好性品評結果以供決策，則可達到風味行銷的目的。在產品開發的推展方面，描述分析試驗的品評結果可應用於產品開發時風味圖譜的建構及其市場區隔的操作。品質管理的落實，則可採用差異分析試驗，檢核最終產品的各項感官特性，以瞭解其品質的變化並制定最佳賞味期限。綜合上述各項應用，若在方法學上深入探討其邏輯面的因果與相關，則可充分用於學術研究，甚至可搭配電子舌、電子鼻、腦波分析、電腦斷層掃描、大腦螢光圖譜等技術，作為發展智能感官之用。

表 2-1　本書各章內容架構與各面向之連結及連結程度

章	內容	感官面	物質面	邏輯面	其他
1	感官品評定義、歷史與發展	+	+	+	+++ 總論
2	食品感官品評內容架構及其應用	+	+	+	++ 應用
3	食品感官特性及品評的生理與心理基礎	+++ 學科核心	++ 物理化學基礎	+ 方法學	
4	感官品評環境條件設置原則與品評員類型與培訓	++ 方法學	+++ 方法學	+	
5	感官品評樣品處理與實驗設計和統計分析原則	+	++ 物理化學基礎	+++ 方法學	
6	差異分析試驗	+	+	+++ 方法學	+++ 應用
7	消費者測試	+	+	+++ 方法學	+++ 應用
8	描述分析試驗	++ 學科核心	+	+++ 方法學	+++ 應用

註：「＋」代表該章節與相關面向有連結，數量越多代表與該面向連結越深

　　本書各章內容架構與各面向的連結如表 2-1，可知感官評估的方法學之內容占整個食品感官品評學架構的一半以上，因此，學習者對於品評方法的分類及其應用必須有相當程度的瞭解，亦即面對什麼樣的狀況，適合使用何種品評方法，大致實施時的要件應為如何等等必須熟稔。本章主要的主旨就是對於如何選擇適當的品評方法、內容都有詳盡的解說與介紹，希望學習者在深入瞭解操作細節之前，能經常回顧本章節內容，如此將可收事半功倍之效。

2.1.1　官能測試與感官分析有何不同

　　一般而言，食品感官品評的評估方法在早期發展過程中，有所謂的「官能測試」一詞，英文為 organoleptic test，當時的感官品評觀念還未成熟，相關評估方法的發展也還沒有完備。有些學者（例如：Pangborn、Jellinek）當時便認為使用這一名詞並無法代表感官品評測試的真正內涵，官能測試只是單純的將每一種感官刺激會引起何種感覺器官反應的功能測試出來而已。當相關評估方法的發展較為成熟後，許多學者漸漸少用「官能」，而改用「感官」(sensory)一詞，且認為感官除了能代表官能的生理作用外，也帶有心理與生理的交互作用等複雜現象與內涵，所以就以感官分析(sensory analysis)或感官評估（或評鑑）(sensory evaluation)等名詞替代了官能測試。當然，也有許多學者其實並沒有能對「官能」與「感官」區分得清楚而被批評不懂品評，連「人」的使用也不知如何分類。因此，像 Jellinek 就曾於其著作中表達，進行「官能測試」的人是未經專業感官品評訓練、未經篩選與檢驗的，也是較為主觀的，其品評員的使用似乎偏向於現代感官品評方法中的一般消費者測試。表 2-2 對兩者特徵進行的比較應可視為感官品評發展史上曾經歷的一個過程，表示當時的學者已經意識到不同品評方法有相當的差別，也希望發展出較為客觀而科學的感官品評方法，但事實上，現代感官品評方法的內容早已涵蓋了官能測試法。換言之，現代「感官分析」的內容不但重視客觀的方法，也技巧性運用了主觀的方法，因為只要是以「人」作為分析的工具，就會同時具有主觀與客觀的成分。只要運用得法，就可以用客觀的方法來解釋主觀的存在，也可以用少量但具有代表性的主觀的人群來模擬客觀的大規模市場的趨勢與狀態，於是感官品評發展成熟之後便不再拘泥於這兩項名詞的分野，而歸於一統了。但比較講究的學者還是認為應該用「感官品評」以正名，而非「官能測試」，希望學習者看到相關名詞時能夠不被迷惑。

表 2-2　官能測試與感官分析特徵之比較

測試方法	特徵	結果
官能測試法 organoleptic testing	1. 測試人員沒有經過篩選和參加培訓，也沒有檢驗過參與者感覺能力 2. 測試中記錄其感覺而不是分析產品的印象 3. 過分依賴經驗 4. 分不清楚品質檢驗與嗜好檢驗的區別 5. 測試中容易受他人影響	1. 主觀的 2. 有偏見的 3. 測定結果是條件可重複的 4. 沒有統計意義
感官分析法 sensory analysis	1. 參加過適當的培訓和階段性的篩選測試 2. 評估過參與者的感覺能力和感官記憶力 3. 測量和分析其感覺 4. 採用正確的測試方法 5. 以品評小組的形式工作，每位測試人員是獨立的	1. 客觀的 2. 測定結果是可重複的 3. 有統計意義

2.1.2　常用食品感官品評評估方法的分類與選擇

目前，感官品評方法在真正意義上的分類，應該是將感官品評測試區分成分析型(analytic)與嗜好型(hedonic)兩大類。其中，分析型又可再細分為差異分析試驗(discrimination test 或 difference test)與描述分析試驗(descriptive test)；嗜好型又常被稱為情意測試(affective test)或消費者測試(consumer test)（如圖 2-3）。各類方法的測試目標、適用領域以及對品評員的要求亦各不相同，例如：為瞭解架售產品放置數天之後的品質是否在控制範圍內（與剛生產出來之產品比較），可採用初級品評員或有經驗型品評員組成的品評小組（請參考第 4 章），以差異分析試驗來測試成品與設定的感官品質是否有差異來確認其品質。又如開發創新產品時，由於是市場全新的產品並無可參考之競品以供比較，就可利用專業型或優選品評員組成的品評小組進行定量描述分析試驗，以定位其產品特性，從而找到其市場區隔。

當然，在思考如何選擇恰當的品評方法時，也可以試著從關鍵問題著手（表 2-3），例如：我們面對的關鍵問題是想要瞭解人們對某項產品（例如：不同烘焙程度的咖啡豆）的喜愛程度時，顯然是屬於嗜好型的測試，而我們理所當然應該選擇情意測試。要進行情意測試前，首先要找到適合的「人」，哪一類的人適合成為品評員？一般而言，若無特別需求，情意測試找的都是一般消費者，而一般消費者多半無需經過特定篩選，更不用經過訓練。但某些產品是有特定對象的，像是兒童玩具、成人紙尿布、衛生棉等，而食品也有專門針對銀髮族所研發的保健產品，或以兒童

為對象而開發的商品（例如：糖果、點心等），在這些情況下就必須依照產品用途、屬性來篩選符合條件的的消費者，若是大眾化的商品，如礦泉水，就依一般原則即可（相關說明詳見第 4 章與第 7 章）。

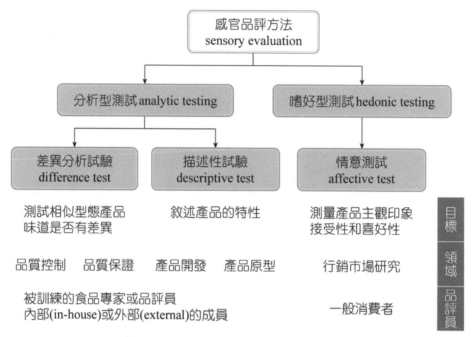

■ 圖 2-3　食品感官品評方法的分類

表 2-3　從關鍵問題尋找對應適合的感官品評測試類別與品評員

關鍵問題	測試型態	測試類別	品評員特徵
2 個產品間是否有所不同或在任何單一感官特性方面有所不同？	分析型	差異分析試驗	挑選具有感官敏銳性的品評員，檢驗的方法需要指導或曾有參與測試的經驗。有的時候需要訓練型品評員，但進行測試時不可混用（有些是有經驗型的而有些是訓練型的）
產品的感官特性組合是如何地不同？		描述分析試驗	挑選具有感官敏銳性及參與動機的品評員，需要訓練或高度訓練型品評員
對某產品的喜愛程度或更喜歡何種產品？	嗜好型	情意測試	按照產品用途篩選，但未經訓練，也不可以訓練

　　除了以關鍵問題尋找適合的感官品評測試類別外，還可進一步以實際應用時的檢測目的來篩選適合的感官品評方法（表 2-4），例如：在進行加工製程改良時，若想確定加工製程改進前後之產品品質是否存在差異，可以採用差異分析試驗中的相似性測試(similarity test)，包括成對比較法(paired comparison test)或三角測試法(triangle test)；若已證實存在差異，想進一步知道消費者可否接受此差異，就需要改用情意測試。表 2-4 為依檢驗目的之適用技術，而各個類別的測試法之下，又各有不同的細部方法可供選擇，表 2-5 與表 2-6(a)(b)(c)為查詢目前最常用的試驗方法，再從中選擇適合執行的方法。例如：以差異分析試驗而言，就有成對比較法、三角測試法與二、三點測試法(duo-trio test)可供選擇，可考慮選用三角測試法（因猜對機率僅 1/3，其他兩方法的猜對機率為 1/2），但是樣品必須是在外觀上一致及風味強度適當不會造成味覺疲乏的前提之下。若想進行完整的情意測試，則可依表 2-6(c)中建議的考慮的事項，例如：資訊收集、測試方法、評分模式與統計分析等內容。

表 2-4　依實際應用與檢驗目的選擇感官品評技術之適用類別

實際應用	檢驗目的	適用類別
產品品質控制（生產過程）	1. 檢測出與標準品（參考樣品）有無差異 2. 檢測出與標準品（參考樣品）的大小 3. 產品感官品質指標評估	1. 差異分析試驗 2. 差異程度測試 3. 描述性分析試驗
產品品質控制（儲存期間）	1. 儲藏期間，產品感官品質有無變化 2. 若有變化，那些感官特性發生了變化 3. 消費者對變化的接受性	1. 差異分析試驗 2. 描述性分析試驗 3. 9 分法
原料替換與控制	1. 原料的分類 2. 替換原料前後有無差異 3. 若存在差異，消費者是否接受	1. 差異程度測試 2. 差異分析試驗 3. 9 分法
產品改良與新產品開發	1. 確定現有產品那些感官特性需要改進或新產品應具有什麼樣的感官品質 2. 改良產品或新開發品與原產品有無差異 3. 改良產品或新開發品的市場接受性	1. 情意測試（消費者調查等）、描述性分析試驗 2. 差異分析試驗 3. 9 分法
加工製程改進	1. 確定加工製程改進前後品質不存在差異 2. 若存在差異，消費者是否接受	1. 差異分析試驗中的相似性測試 2. 9 分法
產品品質評估	重要感官特徵評估	描述性分析試驗
消費者反應	1. 消費觀點與行為 2. 消費者對產品的接受性與偏愛程度	1. 定性情意測試 2. 9 分法
感官／儀器的相關性分析	1. 產品感官品質特性的構成 2. 產品某項感官特性的強度	1. 描述性分析試驗 2. 量值估計法

表 2-5　感官品評之檢驗目的與適用方法的選擇

實際應用	檢驗目的	方法
生產過程中的質量控制	檢測樣品與標準品是否有差異	成對比較法 三角測試法 二、三點測試法
	檢測樣品與標準品差異的量	差異分析試驗之評分法或比例法
原料品質控制	原料的分等	評分法：分等法（總體的）
成品質量控制	檢出趨向性差異	評分法：分等法
消費者嗜好調查	瞭解嗜好程度	9 分法 順位法 剛剛好法
品質研究	分析品質內容	描述分析試驗

表 2-6(a)　感官品評中常用的試驗方法-差異分析試驗

類別	試驗方法	內容
差異分析試驗		用於分辨樣品之間的差別，其中包括 2 個樣品或者是多個樣品之間的差別。
	成對比較法	比較 2 種樣品間是否具有顯著差異常用的測試方法，試驗結果的分析常可採用查表法。方向性的成對比較法是在 2 個樣品中挑出一個對應如強弱或喜好的答案
	三角測試法	三角測試法則是在 3 個樣品中有 2 種來源，要挑出特性不一樣的那一個
	二、三點測試法	二、三點測試法則是提供一個參考樣品，另提供 2 個樣品，其中一個與參考樣品相同，另一個則不同，要品評員挑出不同的那一個
	順位法	比較 2 種或以上樣品是否具有顯著差異常用的測試方法，對某種食品的質量指標按照大小或強弱順序對樣品進行排列，並標記上 1、2、3...數字的方法。它具有簡單並且能夠評判 2 個以上樣品的特點，其缺點是此方式為初步的分辨試驗形式，無法判斷樣品之間差別大小和程度，只是將試驗數據之間進行比較。試驗結果的分析常用 Newell & MacFarlance 檢定表法和 Friedman 測試
	評分法、比例法或分級試驗	指按照特定的分級尺度，對樣品進行評判，並給以適當級數值的方法。分級試驗的檢驗方法主要有評分法、模糊數學法等，試驗結果的分析常用變異數分析
	敏感度或閾值試驗	指透過稀釋（樣品）確定感官分辨某一質量指標的最小值的方法，閾值試驗主要用於味覺的測定，檢驗方法有極限法和定常法

表 2-6(b)　感官品評中常用的試驗方法－描述分析試驗

類別	試驗方法	內容
描述分析試驗	以訓練型品評員進行偵測、區分及定性與定量描述產品感官特性的方法。對樣品與標準品進行感官特性的比較，常用的試驗有下列描述法或剖面法可供選擇	
	定性＋半定量	
	風味剖面分析 (flavor profile test)	專門針對樣品風味組態所進行的分析
	稀釋剖面分析 (dilution flavor profile test)	分析樣品於不同稀釋濃度產生之風味變化
	質地剖面分析 (textural profile test)	分析樣品的質地（如硬度、脆度等）
	定性＋定量	
	定量描述分析試驗 quantitative descriptiveanalysis (QDA®)	為上述剖面法的改良，藉由代入評分法定量且以訓練嚴格的品評小組描述產品之外觀、氣味、風味、質地、餘後味等感官特性之分析。因定量數值可以採用多種統計方法處理，故可以變異數分析、相關係數、因素分析、主成分分析等來呈現結果，因而能提供更多分析訊息
	參比差離描述分析 (deviation from reference descriptive analysis)	在定量描述分析試驗的基礎上，每一描述語皆與參考樣品比較，其描述語強度即為與參考樣品相比所給出之正負值
	列譜分析 (spectrum)	在定量描述分析試驗的基礎上，針對各描述語強度之強弱分數皆提供數種參考樣品以供評分定量依據，有如感官光譜一般作為對照，幫助品評員有更精確而一致的評分標準
	快速描述分析* (rapid descriptive analysis)	桌布法(Napping method) 自由選擇剖面分析(free choice profiling) 選擇適合項目法(check all that apply method) 自由多元挑選法(free multiple sorting method)
	其他	
	時間強度分析 (time-intensity)	針對感官刺激隨時間展延，記錄感官刺激從無到有，再從有而逐漸消逝的強度變化的測試法
	時序選擇適合項目法* (temporal check-all-that-apply)	瞭解品嚐食品時感官特性的感覺變化，是將選擇適合項目法加入時間因子，追蹤品質之方法，適合用於消費者型的品評員進行測試
	時序感覺支配法 (temporal dominance of sensations)	瞭解品嚐食品的過程中，在特定時間點上，引起最多注意的感覺被支配的順序

* 原則上，消費者品評員是不適合進行描述分析的，但近年來的發展有學者認為可以採用特定的方法設計，使消費者品評員亦可達成傳統訓練型描述分析被賦予的工作內容，以便快速地建立產品的屬性剖面

隨著想要瞭解的訊息的多少與複雜程度，查詢本書第 7 章即能快速瞭解、選擇或找到適當的測試方法與統計分析模式以供運用。

如果從感官科學的「研究」角度提問，以探討刺激強度的分析檢測，則可以深入剖析閾值，找到理化強度與品評反應之間的相關性，相關的研究對於瞭解配方、成分的調整或最適化亦有其效益，詳細資訊請參考第 5 章，表 5-22。

表 2-6(c)　感官品評中常用的試驗方法-情意測試

類別	試驗方法	內容
情意測試（消費者測試）		由消費者根據個人的愛好對食品進行品評的方法。生產食品的最終目的是使食品被消費者接受和喜愛，所以情意測試又有喜好性與接受性的差別。消費者測試的目的是確定廣大消費者對食品的態度，故主要用於行銷與市場調查，但亦可用於新產品開發。完整的情意測試要考慮的其實包括了資訊收集、測試方法、評分模式與統計分析等內容，相關方法又有以下多種選擇
	資訊收集	定性或質性討論 · 焦點族群討論(focus group discussion) 定量或量化分析 · 實驗室測試法(laboratory test) · 集中場所測試法(central location test) · 家庭場所測試法(home use test) · 網路問卷模式(internet survey)
	測試方法	除可用成對比較法、多項比較法、強迫選擇法、順位法等進行樣品喜好比較的定性分析外，也可採用評分法、量值估計法作為接受性程度的定量分析
	評估模式	9 分法(9-point hedonic scale) 剛剛好法(just-about-right scale) 順位法(ranking scale)
	統計分析	變異數分析(ANOVA) 相關係數(pearson coefficient) 頻率分析(frequency analysis) 集群分析(cluster analysis) 主成分分析(principal component analysis) 部分最小平方法(partial least square) 內部喜好性地圖(internal preference mapping) 外部喜好性地圖(external preference mapping) 延伸喜好性地圖(extended preference mapping) 懲罰分析(penalty analysis)

2.2　食品感官品評的重要性及基本認知

　　大凡問一個問題，都是有背景的，如果不說明背景，這個問題乍看起來可能會變得很荒謬而白癡。就好比若直接以本節的題目提問「食品感官品評有何重要性？」這對很多學生而言會是很難以理解的廢話，因為食品感官品評當然重要，這是不言而喻的，問這個問題不等於是白癡提問嗎？「食物」就是「可食之物」，拿來吃的東西，如果不能吃，就不是食物了！把食物原料拿來加工成「食品」之後，如果不先感官品評一下，怎麼知道能不能吃呢？但是，我們靜下心來仔細想想，不能吃不等於不好吃，不好吃也不等於不能吃，這個邏輯如果明白了，這個問題就有意思了！

　　因為，感官品評並非是決定食物或食品能不能吃的唯一因素，感官品評只能告訴我們食品的感官特性能不能被喜歡？能不能被接受？但從來都不能告訴我們這食品是否真的安全？是否營養？吃了是否能讓我們健康？更不會因此而成為我們選擇絕對要吃或不吃的唯一考量。就好比毒蘑菇煮起來很好吃，但知道是毒就不會拿來吃，又好比某些食品明明感覺不怎麼好吃（例如：不喜歡喝的酒），但為了應酬還是可能會讓它下了肚。

　　換言之，食品的感官特性只是作為食品所有功能性要件的其中之一而已，確實很重要，但在歷史發展與生活經驗中，卻並非一直都處於最重要的位置。因此，身為食品專業的學習者必須很明白而清楚地知道感官品評究竟有何重要性，更要瞭解到底是哪裡重要？重要卻有其侷限，那侷限又在哪裡？如果學習者的相關基本認知正確，就不會在學習感官品評之後，犯下了將感官品評無限膨脹、無限上綱的毛病了！

2.2.1　食品感官品評的重要性

　　想要明白食品感官品評的重要，應當先從瞭解食品（或食物）所具備的四大機能（或功能）開始，亦即營養機能(nutritional function)（一級機能）、嗜好機能(tasteful function)（二級機能）、生理機能(physiological function)（三級機能）與文化機能(cultural function)（四級機能）。凡食物（食品）必定具備四大機能中的一項（並不需要四大機能都具備），且不論該種食品具備哪種機能都必須是衛生或安全無虞的。換言之，感官品評針對的就是食品的嗜好機能而來，在人類歷史的漫長發展過程中，食品的一級機能的重要性是無與倫比的，食品若無法提供營養機能就會直接影響種族的生存。因此，當糧食缺乏的年代，二級機能亦即嗜好機能是較不重要的，能吃

飽、能活著比較重要，好不好吃就是其次了，待社會進步、糧食供應充足且選擇夠多之時，嗜好機能的重要性才大大的提升。其重點在於人們有得選擇的時候，必定是選擇好吃的吃，沒得選的時候，固然好吃的吃，不好吃的也得吃。至於生理機能與文化機能的部分，則更是人類因特殊目的而吃的作法，一般動物是不可能這麼做的，例如：藥膳料理的氣味並非人人都能接受，但為了養生的生理機能，人們還是願意嘗試。又如以可可製作巧克力時，點心主廚們常匠心獨具地做成各種不同有趣的形狀，這些造型藝術體現的十足是文化機能並成為了多層次的感官媒介。

因此，生理機能是營養機能的進階版，依此類推文化機能也是嗜好機能的昇華版。很幸運地我們生長的這個年代，自工業革命以來，整體的發展使得廣大的消費群眾有相當多的選擇，使得食品業者也不得不面對消費者時代的到來，這是一個消費者至上的嶄新時代。面對食品時，營養與生理機能反倒不見得是消費者最關心的，現在的消費者優先關心的一定是食品的感官特性，「不好吃」幾乎與「不能吃」畫上等號了。有許多消費者浪費食物、倒掉食物的原因並非是這食物已經腐敗、壞掉而不能吃了！絕非如此！很多跡象顯示太多太多的食物丟進廚餘桶僅僅是因為它們已經不好吃了！似乎一個食品廠商若是生產出「不好吃」的產品就是一種罪惡，這種罪惡是一體兩面的，廠商若因這種「不好吃」的產品滯銷而倒閉是其一也，消費者因這種不好吃的產品拒食而浪費是其二也，這兩種罪惡無疑地都會造成食品產業的惡性循環。然而，所有的食品廠商在各種成本的考量下，要將每樣產品都做到「公認地」「好吃」是不可能的事，畢竟嗜好這種事情是存在族群乃甚至個體差異的，都要「公認地」「好吃」顯然很難，僅有少部分食品可以滿足這項要求，但也不符合實際因為許多消費者其實也並非如此挑剔的。是故，兩相平衡的結果，同時也是消費市場上普遍的認知：一個產品只要「不難吃」就可以賣了！這意思也深刻影響了消費者品評法的哲學思維，該方法中常特別將「喜好性」與「接受性」2 個名詞分開來講，在意義上可能有所重疊，但實質上還是有相當的不同。更何況當文化機能深深影響了人們對食物的印象時，這裡面牽涉的不僅僅是嗜好性的選擇，文化機能對心理層面的影響將會讓食物的感官特性更加難以掌握，而由於食品感官品評運用了許多科學的方法，可以進一步地解析這些以前難以掌握的訊息，故對現代人而言，感官品評的重要性便如此地不言而喻了。

又從產品生產面來看，能夠掌握食品感官品評的技術是有其相當的獨特性與專門性的，好比在進行食品的配方調整時：

· 該用多少濃度的糖？用何種類別的糖？所產生的甜度會有什麼樣的變化？不同的糖所具有的甜度會一樣嗎？（當然不同）

· 食物裡的酸呢？測量 pH 值能否會與感覺的酸度呈現正比？（通常不會）

· 檸檬酸與醋酸在相同 pH 值下，被感受到的酸度會是一樣的嗎？（顯然不同）

· 那麼，當糖與酸同時存在時，改變了物質的「糖酸比」是否意味著感覺上的「甜酸比」也會有一致成正比的變化呢？還是甜味與酸味之間存在著交互作用產生一定的影響呢？（相互抑制）

　　想要更精準地回答上述的問題，就有賴食品感官品評相關研究的結果並加以運用，其產生的效益則是當配方可以進行適當調整時，原料成分之間的替代性與不同原料成本的計算，可以讓食品廠商以最經濟實惠的成本生產出品質恰當、仍具備一定程度消費者接受的產品。因此，各食品廠商對於食品感官品評應用於既定配方調整乃至於新產品開發，皆視為其至為重要的關鍵技術。

　　再從產品品質管制的角度來看，傳統的食品品質檢測先以衛生安全為要務，其次便是成分分析是否能達到規格要求。因此，食品原物料是否腐敗、生菌數多寡、黃麴毒素、農藥、重金屬含量、蛋白質、脂肪等營養成分檢測等，皆可以食品化學分析、微生物檢測、儀器分析等進行客觀定量，而傳統感官品質檢測的部分則多依賴專家之建議，憑藉經驗值作為判斷或決策依據，缺乏合適的統計分析方法。但現代感官品評檢驗分析則具備適當的實驗設計，包括品評員、樣品數及適當的品評方法，故可進行統計推論作為決策依據，所以應用性更強，更適合研究或適用於新加工技術與創新的產品等，也因此許多廠商致力於發展現代感官檢驗分析技術，在產品品質管制方面益顯重要（表 2-7）。

　　由於感官品評仍需要使用主觀的「人」作為品評的工具或儀器，終究難以擺脫主觀判斷的疑慮。因此，許多科學家仍不放棄努力以客觀的儀器（或機器）進行智能感官的分析，希望最終能結合多種儀器設備（不僅限於單一感應設備）仿生（或仿腦）的人工智能辨識技術來取代真正的「人」進行綜合感知，甚至推理判斷，不但可消除「人」的主觀、容易疲累的缺點又能得到可以客觀解釋人類感官反應的數據，提高測定之再現性；理論上看起來似乎是可以達成的，但目前在實務結果上卻仍有差距。比方說，研究人員可以用物性測定儀測定出食品的硬度數值，但如何能確定真實反應人們的感官硬度呢？有些人認為硬的數值，對某些人卻只是還好而已。又比如彈性是大家很容易可以理解的概念，也可以用儀器測定彈性，但是臺灣

人所謂的「Q」的口感，似乎卻又不僅僅在形容很有彈性。像未泡發完全的蹄筋，這種硬而有彈性又不容易咬斷的東西似乎也不能稱為「Q」，反倒是軟而有彈性的東西比較接近臺灣人概念上的「Q」，就是俗稱的「軟 Q」，並且在咀嚼數次之後仍能夠被嚼爛。若是既「軟 Q」又如橡膠一般百嚼不爛、宛如幽靈似的口感，相信也不太會受到青睞，因為這樣的質地在飲食過程特別容易造成噎到的安全問題，這個心理不安的反應並非單純的物理測試可以反映出來。那麼在此情況下，試問我們能用物性測定儀的何種數值來表達適口性最佳的「Q」值呢？確實不易，但如果真的可以訂出客觀標準且以儀器測得，這將能解決臺式點心追求「Q」度之感官品質驗證的一大難題，這樣的研究也必定是智能感官未來可望解決的理想。

表 2-7　現代感官檢驗分析與傳統感官品質檢測之比較

現代感官檢驗分析	傳統感官品質檢測
在不同的測試，可以區分出嗜好性和描述性資訊	提供檢驗品質得分和關於缺陷的診斷訊息，用於加工過程中通過或失敗的決策
使用代表性的消費者對產品吸引力（喜歡或不喜歡）進行評估	採用高度訓練品評專家之建議
使用訓練型的品評員來進行產品特定屬性，但並不表明喜歡／不喜歡	亦可能僅使用一位或少數的訓練型專家
強調決策的統計推論、適當的實驗設計與樣品數的大小（統計檢測力）	強調產品知識、潛在的問題與原因。傳統上，衡量評估的尺度是多方面的，難以適合統計分析，而決策的根據可能是定性的
適用於研究或適用於新、加工化與創新的產品	適用於標準日用品

當然，另一方面電子鼻(electonic nose)、GC 嗅聞系統(gas chromatography olfactometry, GC-O)與電子舌(electronic tongue)的發展，也面臨同樣的問題，儀器所測定的數值究竟能否替代人的感官呢？在此特別以氣相層析儀(gas chromatography, GC)為例說明。許多香氣物質具有揮發性，似乎特別適合以 GC 進行化性分析，但是往往 GC 測出高濃度的部分，我們以為味道應該會很強，可是由品評員嗅聞的結果卻有可能出乎意料地不明顯，然而在 GC 測不出濃度或濃度很低的部分，也許沒有預期會有氣味的地方，卻常發現品評員感覺到明顯具可辨識度的香氣。因此，感官反應確實有其物質基礎，但其反應程度與物質的種類、含量的關係還有許多需要進一步研究的地方，更何況物質刺激的交互作用、人類感官的適應效果，甚至於各種心理性偏差效應等，都讓單純的物質分析測定顯得太過簡化而仍無法被廣泛地適

用。表 2-8 詳盡地比較了化學感應器與人類化學感覺器官在檢測限制、靈敏度、連續性、量化程度、可比較性、各種侷限性等。我們可以看到電子鼻、電子舌等化學傳感器的檢測，具備許多優點是人類感官無法做到的，特別是數據的量化、連續而穩定且不會勞累、對特定物質的準確性高等，但缺點是可測定的感覺較為單一而無法進行綜合評估，若沒有與真實的人類感官反應相對應的強大資料庫做為後盾，其應用有限，且與真實的感官仍有差距。相信在還沒有窮究各種狀況並建立起如指紋資料庫般的大數據(big data)雲端系統與人工智能分析平臺之前，智能感官要落實應用仍有一段漫長的路要掙扎。因此，智能感官勢必要結合多種感應裝置建立起較為整體的數據資料，並經電腦軟體人工智慧判別辨識方有機會解決問題。

表 2-8　化學感應器及人類化學感覺器官比較

項目	化學感應器	人類化學感覺器官
感覺裝置	電子鼻及電子舌	嗅覺及味覺
檢測限制	1. 可以測量各式各樣的物質，包含無色、無味及不可食用（藥物）的化學物質，但目前還無法檢測各種食品的樣態（例如：電子舌只能檢測變成液態之食品） 2. 感覺進行是一個綜合現象（比方說嗅覺和味覺或其他感覺的交互作用），化學感應器目前只能檢測單一種感覺	1. 只能評估可食用的物質且不能感受無嗅無味的物質 2. 可以進行綜合的評估
靈敏度	對許多物質的檢測下限，較人的感官感覺靈敏	只對一些特定的對象有較高的靈敏度
連續性	可長時間連續不斷地進行檢測，僅於維護時停止，無勞累問題	感覺會有疲勞的現象不能連續不斷地工作，需要適當休息
量化程度	提供的訊號不僅可為模擬的訊號，也可量化（絕對數字化），可準確且方便地進行傳輸，因此能對遠距離的樣品進行監控	感官的感覺不能準確地被數字化，只能訂出強弱濃淡之分，傳遞或轉述感受容易出錯，不能對遠距離的樣品進行在線監測
可比較性	不同形式的化學感應性能相近，有可比較性	人和人之間感覺差異很大，可比較性不強
環境因素	可在惡劣環境下進行檢測，受環境條件干擾較小	只能在正常環境下進行檢測，受環境條件影響大
空間限制性	可製成不同型態不同大小的化學感應器，可伸入極小空間進行微小區別分析	感覺器官形狀大小是固定的，無法進入細小空間進行探測
特殊性	如果檢測特定物質，化學感應器可以準確的檢測，應用大	檢測特定物質，仍然需要訓練，無法直接檢測
侷限性	化學感應器若沒有傳統感官品評的數據或是強而有力的資料庫比對，它能夠依照氣味或味道區分樣品，但無法得知真實味道不同而區分的原因	人類感官雖然無法絕對的量化但可透過訓練間接描述食品的特性，能區分樣品而且知道區分的原因

另外，許多儀器雖已被開發用以輔助「人」的感官品評，但目前仍未能完全取代，表 2-9 比較儀器分析與感官品評的特點，並說明了儀器分析終究無法進行嗜好性評估。圖 2-4 亦顯示儀器分析的數值與某些感官強度對濃度的反應相同，都有正相關的趨勢，但消費者喜歡程度卻有一個最佳濃度，顯示消費者並非對於某些感官強度越強就越喜歡（例如：甜度）。從這個角度來看，食品感官品評的重要地位依舊難以被撼動，問題只是實務上是否被真正地重視，以及是否真正被妥善運用罷了！

表 2-9　儀器測定和感官品評特點之比較

項目	儀器測定的特點	感官品評的特點
測定過程	特性檢測 → 物理／化學反應 裝置・分析 → 數值輸出	刺激感受 → 生理分析 心理分析 感官 → 大腦 → 知覺 → 語言表現
結果表現	數值或圖線	語言表現與感覺對應的不明確性
誤差和校正	一般較小，可用標準物質校正	有個體差異，相同刺激鑑別較難
再現性	一般較高	一般較低
精度和敏感性	一般較高，在某種情況下不如感官品評	通過訓練品評員可提高準確性
操作性	效率高、省事	實施繁瑣
受環境影響	小	相當大
適用範圍	適用於測定食品理化特性，測定綜合特性難，不能進行嗜好性評估	適用於測定綜合特性，未經訓練測定食品感官特性困難，可進行嗜好評估

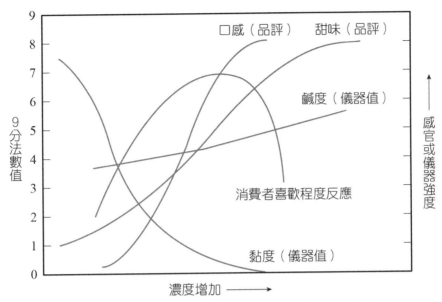

9分法數值

口感（品評）　甜味（品評）

鹹度（儀器值）

感官或儀器強度

消費者喜歡程度反應

黏度（儀器值）

濃度增加 ⟶

■ 圖 2-4　濃度增加對感官品評、儀器測定值與消費者喜歡程度的影響

　　綜上所述，食品感官品評具有相當重要性，可以從以下幾方面而獲得此結論。首先，食品感官品評逐漸受到重視是具有時代意義的，畢竟現代食品工業不論從產品開發端到最末的消費端都已經從生產導向走向消費導向，消費者得到的往往是最終產品且往往不再自行負責調理，即隨行亨用。因此，產品的感官特性即大程度地受到消費者評價。另一方面，由於消費者選擇的多樣化，消費者的評價標準（購買動機）必然優先考慮風味及安全，而感官特性＞營養＝價格＞品牌，其品牌忠誠度越低，消費者自身感官特性的需求就更加自主，於是食品廠商莫不以探究消費者感官偏好為第一要務，掌握了消費者的感官，就等於掌握了商機。其次，傳統儀器分析方法無法分析消費者喜好與感官品質，多半用於衛生安全品質（例如：微生物檢測）或營養保健品質等（多以物理和化學等方法測量與判定），至於各類感官品質與先進的儀器設備相連結，如食品之外觀、色澤、香氣、味道、質地等，以發展智能感官進行測定的作法，目前仍舊有許多尚待突破之處需要加強努力，以「人」為基礎的食品感官品評依然有無法替代的地位。對於如何瞭解不同飲食文化間的複雜差異與現象乃至進一步滿足人類的各種感官嗜好，相信還是得回歸「人」的感官，即使主觀，也是無從取代，亦恰好就是要利用具有代表性的主觀測試與評估，以產生客觀而值得信賴的數據。此「具有代表性的主觀」即是以建立品評小組來替代或輔助少數的專家，以作為決策依據，大幅地減少誤判或失敗機率，相信這會是食品感官品評技術發展至今最重要的功能之一。

2.2.2　運用感官品評技術的基本認知（創造客觀的品評分析）

　　感官品評要科學化，有 2 個鐵門檻：一個是控制操作過程，達到客觀的品評分析結果，另一個就是統計學的應用。在如何控制操作過程前，需要瞭解感官品評就是以人當工具、當儀器來進行品評的操作，因此我們對品評員的特性，亦即「人」的特性必須有所瞭解：

1. 隨著時間會變(variable over time)：人的感官會隨時間而變化。

2. 彼此間不同(variable among themselves)：人與人彼此之間就是會有差異。

3. 容易有偏見(prone to bias)：人會因自身習慣與養成教育而形成不可避免的偏見。

4. 容易疲倦和注意力跑掉(prone to fatigue and attention drift)：人會累，機器不會累。

　　換言之，僅以少數人來進行品評，即使是專家，所要冒的風險也是比較大的。因此，若能採用統計的原理，採用合理而足夠的多數，則這些人雖然具有主觀的意識，但因為是合理而足夠的多數，便具備了「代表性」，這便是先前所說「具有代表性的主觀」。表 2-10 羅列了各種感官品評測試建議所需品評員之最小數目。

　　這是運用感官品評技術最先需要滿足的基本認知。許多研究與應用常常因為沒有注意到必須滿足品評員人數的問題，而使得其品評結果不具有客觀分析的基礎而不自知，在此特別請學習者務必小心與注意。其次，在品評員人數足夠的基礎下，要將食品感官品評結果從主觀變客觀，仍需要許多適當的實驗設計及評估方法的搭配，基本上有 4 大要項：

1. 品評環境的控制（第 4~5 章）。

2. 樣品的控制（第 4 章）。

3. 品評員的控制（第 5 章）。

4. 統計學的利用（第 5 章）。

　　稍列舉部分細節如：

(1) 基本上實驗須重複，以確認其再現性。

(2) 訓練型品評員對某些味道的極端偏好或厭惡，應盡量避免或減低偏見。

(3) 適當清潔口腔或清除口中殘餘的味道，以免影響下一次的品評。

(4) 每次品評的樣品數和品評時間須安排適當，避免疲勞。

(5) 用對適當的統計方法。

(6) 充分瞭解收集到的數據來源與意義，有利於解釋變數與結果之間的因果關係。

至於感官品評各類方法的細節，則請詳閱第 6~8 章。

除了上述基本認知外，要創造客觀的品評分析就必須對感官品評數據資料的類型，有一定的認識，方能讓不同的數據類型進一步搭配正確的統計方法（圖 2-5、圖 2-6）。

表 2-10　各種感官品評測試建議所需品評員之最小數目

方法	品評員型態	最少人數	備註
· 差異分析試驗			
成對比較法	初級品評員	30	獨立品評員最佳。如果環境不允許，人數不足才可讓品評員進行重複的評估
	優選品評員	20	
三角測試法	初級品評員	24	
	優選品評員	18	
二、三點測試法	初級品評員	32	
	優選品評員	20	
5 中取 2 測試法	優選品評員	12	
順位法	初級品評員	30	
評分法	初級品評員	20	
	優選品評員	9	
· 描述分析試驗	優選品評員	9	樣品需 3 重複評估
· 自由選擇剖面分析	品評員（可用消費者或訓練型品評員）	30	獨立品評員最佳。如果環境不允許，人數不足才可讓品評員進行重複的評估
· 消費者測試			
2 個樣品的喜好性測試（配位比較法）	消費者品評員	50	
多個樣品的喜好性測試（順位法）	消費者品評員	50	
9 分法	消費者品評員	60	
量值估計法	消費者品評員	60	

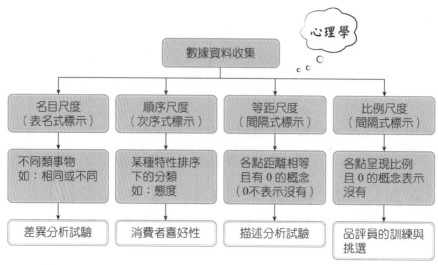

圖 2-5　食品感官品評數據資料的類型與品評方法的關聯

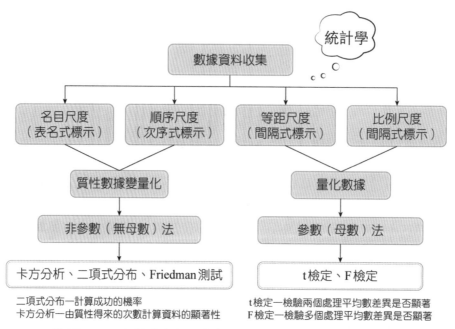

二項式分布―計算成功的機率　　　　　　　t檢定―檢驗兩個處理平均數差異是否顯著
卡方分析―由質性得來的次數計算資料的顯著性　F檢定―檢驗多個處理平均數差異是否顯著

圖 2-6　食品感官品評數據類型與相關統計方法的關聯

　　名目尺度的資料多為不同類別事物的比較，差異分析試驗採用這樣類型的資料
進行相同與不同評估，統計便以非參數法（或稱無母數法）的二項式分布或卡方分
布進行機率計算或顯著性測試，以獲得該不同類別的事物是否具有顯著差異。此外，
適當的品評方法搭配多變量分析的應用在感官品評數據分析上，可提供一個客觀的
結果，來解決許多實務上想要探討的問題（表 2-11），相關的內容於本書第 5 章，
會有更詳盡的介紹。

表 2-11 適當的品評方法搭配多變量分析的應用可以尋求的問題解決之道

問題的尋求	可能設計的方法	統計的解決之道
應用定義客戶群：鎖定族群，瞭解該族群的特色	9 分法測試 描述分析和 9 分法測試結合	集群分析(cluster analysis)：區分品評員 外部喜好性地圖(external preference mapping)
專家意見分析：從專業的角度對產品做正面改善	描述分析	主成分分析(principal component analysis, PCA)
客戶與專家意見一致：要做標準的產品，還是消費者喜歡的產品	描述分析和 9 分法測試結合	總相：部分最小平方法(partial least square regression) 別相：外部喜好性地圖(external preference mapping)
抓住客戶偏好：以客戶群的主觀意見調整產品	9 分法測試	內部喜好性地圖
商品長期追蹤分析：產品可靠度高，使顧客安心	差異分析試驗 差異程度測試 訓練型品評員進行評分法	連續性試驗(sequential analysis) 平均和品管管制圖 品評員追蹤分析(panel analysis)和主成分分析
產品特徵：瞭解產品特性	訓練型品評員描述分析 消費型品評員描述分析	變異數分析與主成分分析 大部分方法可採用泛用型普氏分析(generalized procrustes analysis)；選出適合項目法使用考克蘭 Q 值(Cochran's Q test)與對應分析(correspondence analysis; CA)
避免致命傷：好的產品是否有致命缺陷，使顧客退避	消費者 9 分法測試與剛剛好法(just-about-right；JAR)	2 個樣品間的比較：Stuart-Maxwell 頻率與 McNemar 測試 單一樣品評估：懲罰分析(penalty analysis)
產品生命週期：找出該下架的時機，設停損點	不同的時間，對相同的產品用消費者型品評員，以二元問項回答喜歡與否	產品週期分析(sensory shelf life analysis)
同業競爭比較：針對特質與主要競爭對手比較獲勝的機率	使用方向性配位比較法（兩兩比較進行喜好分析）	generalized bradley terry analysis
決定所要販賣的產品組合：取得最佳獲利	消費者品評後，回答會不會購買（5 分法）	TURF (total unduplicated reach and frequency)分析
各方意見的多因素分析：找出共識	品評單使用的量表是屬於等距表，還是類別量表	泛用型普氏分析或多因素分析(multiple factor analysis)
定義產品的最佳賞味期限	差異分析試驗	卡方分析或 Z 檢定
口味決定產品的行銷與通路策略：行銷有所本	9 分法測試與問卷調查	內部或外部喜好性地圖

2.3　學習感官品評的相關資源

　　要學習好感官品評，對於國內外資訊的獲得與相關資源的搜尋是必須的，特別是在美國，感官品評是顯學，研究者眾且相關發表日新月異，進步神速。因此，每隔一段時間就應該與時俱進，必須不斷補充新知，才不會落於故步自封的窘境。以下將分為感官品評書籍、學術期刊、學術會議、網路資源、品評服務等主題進行感官品評相關資源的介紹。

2.3.1　感官品評書籍

　　所有感官品評書籍中，Amerine, Pangborn & Roessler 於 1965 年的「Principles of Sensory Evaluation of Food」一書是公認最早的經典教科書之一（表 2-12），但其實早在 1958 年，Arthur D. Little 公司即已出版了「Flavor Research and Food Acceptance」一書，顯見感官品評發展過程中，從來都是產學互動密切的一門學問（詳見第 1 章）。後續值得注意的是美國試驗與材料協會(American Society for Testing & Materials, ASTM)在 1968 年出版相關書籍，並制定標準。之後亦有許多感官品評這個領域專業大師級的人物，例如：Dr. Stone、Dr. Sidel、Dr. Moskowitz、Dr. Lawless、Dr. Heymann 等，將其心血整理成冊刊印付梓，加快了相關領域的學習、交流與傳承。表 2-12 所列書籍，其實各有擅長，例如：2006 年出版的「Sensory and Consumer Research in Food Product Design and Development」，其特色是感官品評與消費者行銷之間的連結，1992 年出版的「Sensory Evaluation in Quality Control」便強調感官品評在品質控制的應用。因此，建議學習者若有興趣時能於各大圖書館查詢、借閱，亦可於網路上尋找電子書，相信對於相關資料之收集，應有相當助益。而美國試驗與材料協會於 2015 年所制定的感官品評相關之標準命名(Standard Terminology Relating to Sensory Evaluation of Materials and Products)則值得關注，大凡一門學問發展成熟後，標準命名或相關名詞便有了統一的需求，也是日後產官學研溝通的重要依據。

表 2-12　英文食品感官品評重要書籍一覽

書籍名稱	作者	出版年分	出版商
Flavor Research and Food Acceptance	Arthur D. Little	1958	Reinhold Publ. Co.
Principles of Sensory Evaluation of Food	Amerine, Pangborn & Roessler	1965	Academic Press Inc.
Basic Principles of Sensory Evaluation/Stp 433	W.H. Danker	1968	American Society for Testing & Materials
Guidelines for the Selection and Training of Sensory Panel Members	ASTM Committee E-18	1981	American Society for Testing & Materials
Statistical Methods in Food & Consumer Research	M.C. Gacula Jr. & J. Singh	1984	Academic Press Inc.
Product Testing and Sensory Evaluation of Foods: Marketing and R and d Approaches	Moskowitz, H.R.	1984	Food & Nutrition Pr.
Sensory Evaluation of Food: Theory and Practice	Jellinek, G.	1985	Ellis Horwood Ltd.
Sensory Evaluation Practices	Stone & Sidel	1985 (2004/3rd)	Academic Press Inc.
Sensory Evaluation of Food - Statistical Methods and Procedures	O'Mahony	1986	Marcel Dekker Inc.
Sensory Evaluation Techniques	Meilgaard, Civille & Carr	1987 (2010/4th)	CRC Press Inc.
ASTM Standards on Sensory Evaluation of Materials and Products	American Society for Testing & Materials	1988	American Society for Testing & Materials
Sensory Evaluation in Quality Control	Munoz, Civille & Carr	1992	Van Nostrand Reinhold
Guidelines for Sensory Analysis in Food Product Development and Quality Control	Lyon, D.H., Francombe, M.A. & Hasdell, T.A.	1995	Springer
Multivariate analysis of data in sensory science	Næs, T. & Risvik, E.	1996	Elsevier Amsterdam
Multivariate Data Analysis in Sensory and Consumer Science	Dijksterhuis, G.B.	1997	Wiley-Blackwell
Sensory Evaluation of Food: Principles and Practices	Lawless & Heymann	1999 (2010/2nd)	Springer
Sensory and Consumer Research in Food Product Design and Development	Moskowitz, Beckley, Resurreccion	2006	Wiley-Blackwell
Sensory discrimination tests and measurements: Statistical principles, procedures and tables	Bi, J.	2008	Wiley-Blackwell
Standard Terminology Relating to Sensory Evaluation of Materials and Products Paperback – 2015	ASTM	2015	ASTM International

　　至於中文相關書籍，如表 2-13。目前作者查詢市面上較為普及的專書，可追溯至 1984 年，但由於年代較為久遠，目前可能已不再出版，故建議有需要的學習者可以將搜尋目標放在 1990 年後為宜。由於許多著作是以感官品評的實務與實作技術為主，理論部分講述較少，但也有部分著作提供的觀念與應用案例較多，但實務細節則交代較少，因此建議可以搭配此兩類書籍參看。至於第三類書籍則是理論與實務都有講解，但礙於篇幅，只有選擇性的挑選幾種常用的方法詳述，則適合作為入門綱要式的書籍以為總覽。表 2-13 的書目中較為特別的是《中國食品工業標準匯編：感官分析方法卷》，此書內容全本即是中國大陸標準，相關資料應有一定的參考價值及其重要性，本書另一重點在於名詞的統一，中國既然有國家標準，其影響所及，未來凡屬中文相關書籍，特別是教科書莫不需要參照一番。目前，中文相關書籍對於感官品評的名詞翻譯相當多元，所以在不同書籍之間相互參考閱讀時，學習者最好能將原文（英文）作為相互連結的關鍵字彙，如此比較能夠降低閱讀時的困擾。而臺灣出版的書籍為正體字，有別於簡體詞彙，習慣用語亦不相同，雖有困擾但仍不影響資訊的傳播，作者鼓勵學習者盡可能相互參看、求同存異一番，則學習效果會更加快速而顯著。另外，中國出版的許多圖書皆大同小異且都以理論為主，描述產業的應用性上也都著墨甚少，讀 2~5 本即可，其中以 2008 年生慶海等所寫的《乳與乳製品感官品評》及 2011 年趙鐳與劉文所寫的《感官分析技術應用指南》有比較高的參考價值。張雨青翻譯的《異香：嗅覺的異想世界》(What the Nose Knows) 一書，雖然只是一本科普書籍，裡面沒有感官品評的實務實作細節可供參考，但對於嗅覺相關的科普知識、趣聞卻著墨不少，文章淺顯易懂，在觀念上應可使學習者獲得許多啟發。另外，相對於美國試驗與材料協會制定並發布了感官品評相關之標準名詞彙編，趙鐳、鄧少平與劉文等學者亦主編了《食品感官分析詞典》(2015)，由於相關內容與中國之國家標準相連結，因此對名詞的統一勢必將產生決定性的作用，與標準命名相關的資訊勢必會成為溝通的基礎，而臺灣或華文地區未來從事與感官品評相關之產官學研的成果與活動，幾乎都不能忽視中國之國家標準，而本書對感官品評的名詞使用，已盡量力求能兼顧華語文名詞上的差異，所以也建議有志於此的學習者應該多注意相關訊息。

表 2-13　中文食品感官品評書籍一覽

書籍名稱	作者	出版年分	出版商
繁體部分			
食品官感檢查手冊	黃淑貞	1984	經濟部商品檢驗局
食品官能檢查手冊	彭秋妹、王家仁	1984	食品工業發展研究所
感官品評與研究開發	錢明賽	1997	食品工業發展研究所
感官品評：基礎與應用	姚念周	2001	樞紐科技顧問股份有限公司
食品感官品評學及實習	區少梅	2003 (2013/3rd)	華格那出版社
感官品評應用與實作	林頎生與葉瑞月	2004	睿煜出版社
異香：嗅覺的異想世界 (What the Nose Knows)	AveryGilbert 著，張雨青（譯）	2009	遠流出版社
感官品評與實務應用：讓老闆信任你的數據	姚念周	2012	樞紐科技顧問股份有限公司
感官品評與實務應用	姚念周	2013	樞紐科技顧問股份有限公司
感官品評與企業組織－提昇企業競爭力	姚念周	2014	樞紐科技顧問股份有限公司
品嚐的科學(Taste: The art and Science of What We eat)	John McQuaid 著，林東翰等譯	2016	遠足文化事業股份有限公司
美味的科學(Gastrophysics: The New Science of Eating)	Charles Spence 著，陸維濃（譯）	2018	商周出版
食品感官品評理論與實務（第三版）	劉伯康、莊朝琪	2020	新文京開發出版股份有限公司
簡體部分			
食品感官鑑定方法及實踐	李衡等	1990	上海科學技術文獻出版社
食品感官分析入門	朱紅等	1990	輕工業出版社
食品感官評鑑（第二版）	張水華、孫君社	1999	華南理工大學出版社
食品感官評價原理與技術	王棟等	2001	中國輕工業出版社
中國食品工業標準匯編：感官分析方法卷	中國標準出版社第一編輯室	2007	中國標準出版社
食品感官檢驗	馬永強等	2007	化學工業出版社
食品感官評定	張曉鳴	2007	中國輕工業出版社
乳與乳製品感官品評	生慶海等	2008	中國輕工業出版社
食品感官評價	韓北忠、童華榮	2009	中國林業出版社
食品感官分析與實驗	徐樹來、王永華	2010	化學工業出版社
感官分析技術應用指南	趙鐳、劉文	2011	中國輕工業出版社

2.3.2 學術期刊

感官品評的學術期刊內容，都是最近半年至一年的最新研究，換言之，要掌握最新的感官品評相關的研究脈動，最好的來源就是這些學術期刊。專屬於感官品評的主要期刊有：

1. Journal of Sensory Studies

2. Food Quality and Preference

3. Journal of Texture Studies

4. Journal of Food Quality

5. Chemical Senses

6. Physiology & Behavior

另外，有一些期刊雖然並非全本內容都在探討感官品評的研究，但也提供一些單元作為感官品評文章的發表空間，例如：Journal of Food Science 便每期都開闢有感官品評的分類專章。此類次要期刊有：

1. Journal of Food Science

2. Journal of Cereal Science

3. Journal of Dairy Science

2.3.3 學術會議

學術會議場合所發表的研究內容又要比學術期刊更加新穎，參與感官品評相關學術會議的學者幾乎都是當前積極投入相關研究的先進人士。因此，若對相關領域有興趣，特別是研究生，更應該參與相關活動。感官品評相關學術會議「Pangborn Sensory Science Symposium」是為紀念 Pangborn 女士而成立舉辦的研討會；此外，美國食品科技年會(Annual Meeting of Institute of Food Technologists)則於每年年會舉辦時，都會有感官品評部門的專門研討會以及壁報論文發表。至於最近幾年才開始有的研討會，例如：2008 年開始舉辦的感官科學技術與應用國際研討會與「SSP Conference」可發現感官品評研討會的舉辦地區也從傳統的歐美地區擴展到亞洲地區。由 ELSEVIER 所主導的 Sense Asia，2014 年首次在新加坡舉行了第一屆的研討

會,而主題集中在消費者研究,這樣的發展除了說明感官品評這個在歐美地區的顯學,藉由全球化的趨勢逐漸擴展到亞州外,和中國在經濟的崛起有著密不可分的關係。另外,專門研究電子鼻的「International Symposium on Oflaction and Electronic Nose」則是相關學術會議中較為專精而特別的會議。重要相關會議詳列如表 2-14,以供參考。

表 2-14　重要的感官品評相關學術會議

項目	會議名稱	開始時間	主要區域	舉行週期
1	Annual Meeting of Institute of Food Technologists	1938	美國	每年一次
2	Sensometrics Meeting	1992		2 年一次
3	Pangborn Sensory Science Symposium	1993	歐美	2 年一次
4	International Symposium on Oflaction and Electronic Nose	1997	全球	每年一次
5	EuroSense: European Conference on Sensory and Consumer Research	2002	歐洲	2 年一次
6	Annual New Zealand / Australia Sensory Symposium	2007	澳洲 亞洲	每年一次
7	SSP: Society of Sensory Professionals Conference	2008	美國	2 年一次
8	感官科學技術與應用國際研討會	2008	中國	2010 在北京舉辦第 2 次後,2014 年 11 月在杭州舉辦第 3 屆
9	Sense Asia: The Asian Sensory and Consumer Research Symposium	2014	亞洲	2014 第 1 屆在新加坡;2016 第 2 屆在上海;2018 第 3 屆在吉隆坡;2021 第 4 屆在昆士蘭舉辦

圖 2-7 則是食品感官品評領域著名學者、大師級人物,例如:Rose Marie Pangborn (已歿)、Howard Moskowitz、Harry Thomas Lawless、Hildegarde Heymann、Herbert Stone、Michael O'Mahony 等,他們在學術期刊、學術會議的發表,甚至產業合作上都有許多卓越的貢獻,其傑出表現值得我們效法與學習。

品評學者或研究員

Harry Thomas Lawless
美國康乃爾大學

Hildegarde Heymann
美國加州大學戴維斯分校

Michael O'Mahony
美國加州大學戴維斯分校

JEAN-Xavier Guinard
美國加州大學戴維斯分校

Mary Anne Drake
美國北卡州立大學

Ann C. Noble
美國加州大學戴維斯分校(退休)

Rose Marie Pangborn
美國加州大學戴維斯分校(退休／已歿)

Mina McDaniel
美國奧瑞岡州立大學(退休)

Witoon Prinyawiwatkul
美國路易斯安納州立大學

Soo-Yeun Lee
美國伊利諾大學香檳分校

Garmt Dijksterhuis
丹麥哥本哈根大學／聯合利華研發領導

Per Bruun Brockhoff
丹麥科技大學(感官品評統計學家)

Tormod Næs
挪威食品研究機構 Nofima

Hye-Seong Lee
韓國梨花女子大學

Sara R Jaeger
植物和食品研究所, NZ

Gastón Ares
烏拉圭共和國大學

鄭少平
中國浙江工商大學(退休)

趙鐳
中國標準化研究院

區少梅
國立中興大學(退休)

▌ 圖 2-7　食品感官品評領域著名學者

品評顧問

Herbert Stone
Tragon Corp

John Ennis
The Institute for
Perception

Howard Moskowitz
Moskowitz Jacobs Inc.

Gail Vance Civille
Sensory Spectrum,
Inc

John Prescott
TasteMatters Research &
Consulting

Peter Burgess
Campden BRI

姚念周
樞紐科技股份有限
公司

▌圖 2-7 食品感官品評領域著名學者（續）

2.3.4 網路資源

　　現在是一個網路盛行的年代，新一代的年輕人甚至於無法想像 25 年前網路資源方興未艾的年代，查詢資料相當不便，圖書館的資料檢索要用卡片按照字母一張一張查找，圖書館員忙著為新進的書籍編碼、上架，而我們要搜尋一本書常常得親自到館，心懷著幾個關鍵字詞，面對偌大的書庫，好似在迷宮裡往那些不確定能否找到的資料游移，有時才剛覺得要翻到相關資料，一個恍神不注意而錯過了翻閱的位置，又好像掉到了暗不見天日的礦坑道裡，在無數個岔路徘徊不知哪個方向才能真正挖掘到心目中的智慧寶藏。然而這一切在資訊科技進步後，有了很重大的改變，特別自 1989 年 WWW(World Wide Web)從 Tim Berners-Lee 先生（圖 2-8）手中建立後，徹底改變了我們查詢、使用資料的方式，也加快了資訊交換、買賣與流通的速度，更衍生了許多當時意想不到的創新應用模式。從資訊的儲存與交流開始，許多商業的活動、廣告、娛樂、買賣、旅遊、交友、影音分享等包羅萬象的事件都在網路上瞬息萬變地發生著。

■ 圖 2-8　WWW 發明人 Tim Berners-Lee

■ 圖 2-9　介紹「大數據」的暢銷書

　　然而 WWW 使用的關鍵是如何有效的搜尋資料，光是普通的瀏覽器程式並不能滿足使用者對快速、精準而方便的要求，因此，消費者需要一個邏輯能力非常強大且善解人意的搜尋軟體或入口，也因此，像 yahoo、google 這類的搜尋引擎便應運而生。其中以 google 而言，「祂」已發展到不光只是搜尋引擎的業務，其背後龐大的雲端資料庫體系與極其快速的雲端計算能力，使得「大數據」（Big Data，又稱為巨量資料或海量資料）的時代提早來臨（圖 2-9）。這不光是查察網頁文字、影音資訊的表面工夫而已，未來「大數據」的相關應用對感官品評的發展會產生相當革命性的影響。其基本的概念是當樣本資料量大到可以接近族群（或母體）的狀態時，靠著「雲端」的強大能力，無需窮究「因果」，只需反應「相關」，便可使統計的預測能力大幅提升至驚人的境界。但「大數據」概念的感官品評，其試驗設計與實務操作要如何執行才能達到最經濟實惠的效果，而不同時間（或時期）所收集的數據又要如何才能合理地納入雲端體系中一體適用地進行分析、評估，相信是未來感官品評學發展時，必須由相關專家跨領域合作共同研究才能解決的課題。也因此對於學習者而言，除了傳統的統計分析外，如何分析海量數據的技巧及大量使用多變量分析將會是未來感官品評統計應用上重要的技術。

　　表 2-15 所列為目前與感官品評相關的重要網路資源，大多是學術單位或品評協會的網頁，學習者可從這些網頁的查詢與瀏覽中，再依自己的興趣延伸連結出去，相信可以找到更多精采而豐富的專業知識與課題，並從中獲得助益。

表 2-15 感官品評重要網路資源一覽表

網站名稱	網址
食品感官科學網（中國浙江工商大學）	http://www.icourses.cn/coursestatic/course_3633.html
感官品評華文論壇	http://www.e-sinew.com/Sensoryforum/
European Sensory Network(ESN)	http://www.esn-network.com/
歐盟 Eurosyn 品評協會（法文）	http://www.eurosyn.fr/
European Chemoreception Research Organizations (ECRO)	http://www.ecro-online.com/
The Society of Sensory Professionals (SSP) Sensory Science wiki! 感官專業協會	http://www.sensorysociety.org/Pages/default.aspx
The Sensory and Consumer Sciences Division of the Institute of Food	http://connect.ift.org/groups/home/52
The Sensometric Society 感官度量協會	http://www.sensometric.org/
International Society Olfaction and Chemical Sensing (ISOCS)	https://www.olfactionsociety.org/

2.3.5 品評服務（感官品評相關軟體與顧問公司資訊）

　　最近二十幾年來，食品感官品評能快速地進步並且被廣泛地應用，其實與資訊科技及電腦軟、硬體的發展息息相關，最主要的原因是感官品評的數據收集、計算與分析，若無相關軟硬體的配合，很難推廣應用及快速的反應商業上的需求。畢竟在實務上，計算本身就會是一個大問題，許多廠商並非學術研究單位，不能指望員工個個都是數理能力專才可以充分掌握統計計算，就算是能夠聘任到專業人士進行處理，這些資料量越大時，其整理與計算也是相當耗費時間的。因此，有電腦化感官評估系統在資料收集上與專為感官品評所設計的統計分析軟體搭配，對於感官品評技術的應用與推廣具有相當決定性的影響。特別是在相關數據進行多變量分析以作為行銷企劃之用時，採用一般計算機或試算軟體是很難做到快速、精準而完整計算的。因此表 2-16 提供目前各國較為知名的感官品評軟體及其廠商訊息供學習者參考，其他更深入的相關資訊，可參考本書第 5 章（表 5-20 與表 5-21）。

　　表 2-16 各國出品的感官品評軟體版本都有英文版，因此只要具備一定的英文基礎便可嘗試使用。其中，挪威 CAMO 公司為多變量分析商業軟體之開發廠商，因此其代表作 Unscrambler®系列軟體特點主要是應用在感官品評數據的多變量分析。而 Addinsoft 公司出品的 XLSTAT，其特點則為專門針對微軟(Microsoft)的套裝試算軟

體 Excel 進行搭配與結合，使相關的統計分析變得方便而容易入手，對於喜歡或已習慣使用 Excel 的使用者而言，無疑地對 XLSTAT 的介面將會感到相當親切而熟悉。XLSTAT 策略性地設計許多模組供客戶選購，其中「Sensory」是專為品評而設計，學習者如果已具有 Excel 基礎，使用 XLSTAT-Sensory 是比較容易進入狀況的。但上述各國軟體美中不足的地方是沒有適當的中文化系統設計，因此，對於許多華語文市場的使用相當不便，在此則提供兩套目前較為成熟的中文化感官品評操作軟體，一是中國標準化研究院趙鏞博士主導研發的「輕鬆感官分析系統」，另一則是臺灣樞紐科技股份有限公司的姚念周博士主持開發的「Make Sense®」系列，學習者可視需要選用模組。而近年來隨著資訊科技的長足進步，考量到大數據的存儲與處理，許多軟體廠商更推出了雲端版本，例如：加拿大 Compusense 公司的 Compusense Cloud 與美國 Sensory Computer Systems 公司的 SIMS Sensory Software Cloud 等。

表 2-16　常見感官品評相關軟體資訊一覽表

項目	產品名稱	形式	創立者	生產廠家	支持語言	年代
電腦化感官品評評估系統						
1	Compusense® 20 Compusense Cloud	軟體 網頁	Chris Findlay	加拿大 Compusense 公司	英文及各種語言	1986
2	FIZZ	軟體		法國 Biosystemes 公司	法文、英文	1988
3	EyeQuestion	網頁		荷蘭 Logic8 BV 公司	英文	2001
4	SIMS Sensory Software Cloud SensoryTest.com	軟體 網頁	John Ream	美國 Sensory Computer Systems 公司	法文、英文、西班牙文、德文	1982
5	Tastel+	軟體		法國 ABT Informatique 公司	法文、英文、西班牙文	
6	輕鬆感官分析系統	軟體	趙鏞	中國標準化研究院	簡體中文	2010
7	Make Sense®	網頁	姚念周	臺灣樞紐科技股份有限公司	正體中文	2013
感官品評專業統計軟體						
8	Senstools	軟體		荷蘭 OP&P Research	英文、荷蘭文	1992
9	Unscrambler®	軟體		挪威 CAMO 公司	英文	1984
10	XLSTAT	軟體	Thierry Fahmy,	法國 Addinsoft 公司	法文、英文、西班牙文、德文	1993

又在品評服務方面，除了表 2-16 的軟體生產廠家可以進行服務外，也有許多顧問公司可以提供相關的教育訓練或諮詢。僅以美國來說，Tragon、Sensory Spectrum 與 Moskowitz Jacobs 就是三間在學界與業界都頗有名氣的公司，其中 Tragon 的創辦人 Dr. Herbert Stone 與 John Sidel 就是定量描述分析 QDA 的發明人，該公司亦出版品評軟體 RedJade®(http://www.tragon.com/)。Sensory Spectrum 的負責人 Gail Vance Civille 則是第二代定量描述分析發明人(http://www.sensoryspectrum.com/)；而 Moskowitz Jacobs 的負責人 Dr. Howard Moskowitz 就是黏度方法與消費者研究大師，該公司的顧問項目不僅限於感官品評，舉凡消費者調查、產品開發、條件最適化、策略擬定與決策等，所開發的相關軟體有 StyleMap®、MessageMap®、ChoiceMap™、Concept Optimizer™、Addressable Map®、TrialMap®、IdeaMap®、ProductEngineer®等，相當多元，其中又以 IdeaMap®最早被開發出來而為人所熟知(http://mji-designlab.com/)。

其他非特定為品評而設計的統計軟體或商業套裝軟體，雖然沒有較上述套裝軟體方便，但只要瞭解感官品評背後的統計原則與原理，套用正確的資料格式，其實應用的效果也很不錯，最常見的則有 SAS（SAS 公司）、SPSS（SPSS 公司）以及 Statistica（Statsoft 公司）等可供選擇。

2.4 食品感官品評的應用範圍

食品感官品評的應用基本上如同本章前面所述，可以大致分為四大範圍，亦即消費嗜好的研究、風味行銷的企劃、產品開發的推展與品質管理的落實等，但其實四大範圍卻是環環相扣而互有交集。換言之，消費嗜好的研究是其他三者的基礎，但特別又與產品開發、風味行銷更加密切。產品開發必須與風味行銷緊密聯繫，所得配方與生產流程乃至制定的產品規格，則需要品質管理來加以落實，有鑑於此，本節又將「消費嗜好的研究」與「產品開發的推展」，整併為「研發」一項，「風味行銷的企劃」仍為「行銷」，「品質管理的落實」仍為「品管」。而不論「研發」、「行銷」、「品管」各項所適用的品評方法與相關細節，大致的選擇方式已於本章前面有所介紹（如表 2-4），而從表 2-17 則更可以從「各應用領域所面對的問題點對應感官品評技術適用的解決方法」的角度看到相關實務之應用，而本節則將依「研發」、「行銷」與「品管」的順序，略舉應用實例介紹如後。

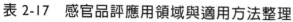
表 2-17　感官品評應用領域與適用方法整理

應用領域	應用之問題點	適用方法
新產品開發	產品開發人員希望瞭解產品各方面的感官性質,以及與市場中同類型產品相比,消費者對產品的接受程度	差異分析試驗、描述分析試驗與消費者測試
產品匹配	目的是為了證明新產品和原有產品之間沒有差別	差異分析試驗中的相似性試驗
產品改變[1]	首先,需要確定哪些感官性質需要改變,然後確定試驗產品同原來產品的確有所差異,最後確認試驗產品比原來產品有更好的接受度	先進行差異分析試驗,然後是消費者測試
加工過程改變[1]	有 2 個階段需考慮:(1)確定不存在差異。(2)如果存在差異,確定消費者對該差異的態度	(1)差異分析試驗中的相似性試驗 (2)消費者測試
降低成本或改變原料來源[1]	有 2 個階段需考慮:(1)確定差別不存在。(2)如果差別存在,確定消費者對新產品的態度	(1)差異分析試驗中的相似性試驗 (2)消費者測試
產品品質控制	在產品製造、傳遞與銷售過程中,分別取樣檢驗,以保證產品的質量穩定性。訓練良好的品評小組可以同時對許多指標進行評估	差異分析試驗與描述分析試驗
儲藏期間穩定性	在一定儲藏期後對現有(新鮮)的產品與試驗(儲藏)產品進行對比,確認(1)明確差別出現的時間。(2)使用訓練良好的品評小組進行描述分析試驗。(3)使用消費者測試確定存放一定時間的產品消費者接受性	差異分析試驗、描述分析試驗與消費者測試
產品分級	通常需要使用訓練良好的品評小組以及訂有相關品質分級標準下的產品進行評估	分級評分法(本書並未提及)[2]
消費者接受性／消費者態度	經過實驗室階段之後將產品於某一中心地點或由消費者帶回進行品嚐,以確定消費者對該產品的反應,通過接受性試驗可以明確知道該產品的市場所在以及所需改進的方向	消費者測試
消費者的喜好性	在產品進入真正的市場之前,進行消費者喜好性試驗。員工所進行的喜好性試驗不能用來取代市場的消費者測試,但如果透過以往消費者測試對產品的某些關鍵指標的消費者喜好有所瞭解時,員工的喜好性試驗可以減少市場的消費者測試的規模與成本	消費者測試
品評員的篩選與培訓	經過面試與篩選後,是每個試驗分析型的品評小組都必須進行的工作	敏感性試驗、差異分析試驗及描述分析試驗
感官檢驗與儀器分析之間關係	尋找此兩種分析關係的目的有二:(1)透過儀器分析試驗來減少需要品評樣品的數量。(2)瞭解物理化學等品質指標與感官品評之間的關係	描述分析試驗

註: 1. 如果新產品和原產品之間有差異,可以使用描述分析試驗以確認產品的差別。如果新產品和原產品確認只在某一方面有差別,在後面的試驗中應該只使用單項指標的差異分析試驗(方向性對比法或差異程度測試)即可

　　 2. 本書並未提及分級評分法的原因是此方法已經逐漸被很多方法取代(如描述分析試驗),也因為它是一個綜合性的評分,從統計學的角度上很難對產品物理、化學或感官品質做相對應的分析。雖然在商業上很喜歡使用但常看到誤用的情形,特別是看到常使用未經評估是否訓練許可的品評員進行評估,所以並不推薦此種方法

2.4.1 食品感官品評於「研發」之應用

「研發」是包含了「研究」與「開發」2 個概念。首先，感官科學的「研究」可大可小，可以偏向學術，也可以偏向實務，所以在研究領域的應用又可細分為「方法」、「產品」與「人員」等三方面（圖 2-10）。在「方法」的研究上，主要是品評方法與資料分析的改進，例如：感官分析方法及感官度量與品質度量的發展等。在「產品」的研究上，主要針對的是產品的感官特性，例如：感官品評與物理／化學指標的關係、感官品評與技術性的

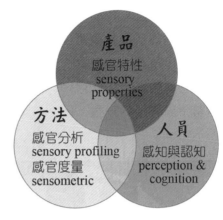

▌圖 2-10　感官科學「研究」的三個面相

關係，乃至感官品評與微生物學的關係等。又在人員的研究上，主要還是在感知與認知進行學理的探討，例如：感官在食品感知的交互作用、知覺訊號的處理，以及生理與心理因子之間的相互影響等。

至於感官品評技術在產品「研發」上的應用（兼具研究與開發的概念），就更加多元了。除了利用 GC-O 與 GC-sniffer 等儀器進行風味成分的檢測外，搭配人員的同步嗅聞，可以決定影響風味的關鍵成分(critical component)（圖 2-11），也可在產品「研發」時用於尋找對產品整體接受性重要的感官指標、定義目標或理想產品的圖譜定義、建立產品感官品質的溝通語言、建立產品資料庫，以感官品評的反應數據作為配方重組的參考，評估消費者使用過程的影響、產品儲存過程的影響（儲存壽命），乃至於產品受原料、製程與包裝的影響等。

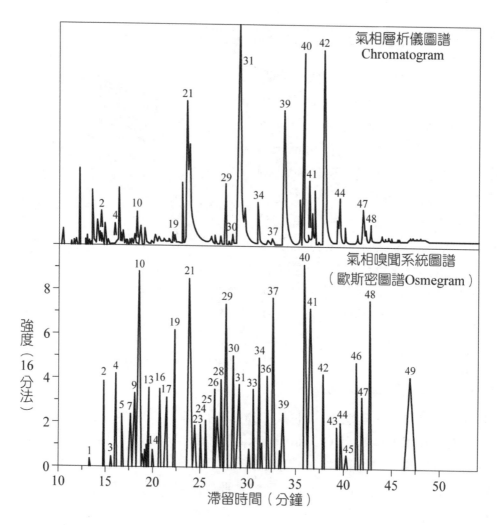

本圖上方為傳統 GC 系統分析點心之萃取物的層析圖譜，而下方為
由美國奧瑞岡州立大學發展的 GC 嗅聞系統 Osmegram，此圖譜分
析點心食品的香氣。其中，傳統 GC 系統只能分析香氣成分的濃度
高低，唯有 Osmegram 才能依照香氣的感官強弱來決定何種香氣才
是關鍵成分。

█ 圖 2-11　以儀器檢測與感官品評的同步嗅聞確認影響風味的關鍵成分

　　當然如上所述,這些研發的結果所制定的規格,也將成為品質管理的依據。一般而言,廣義的產品研發的流程,依序可分為「創意發展期」、「研究開發期」、「準備上市期」與「產品銷售期」等階段(圖 2-12),每一個時期都需要感官品評技術的協助以完成任務。但狹義的產品研發流程則是專指從產品構思到產品發表的過程,其實這個過程也是感官品評應用最為密集而重要的部分。

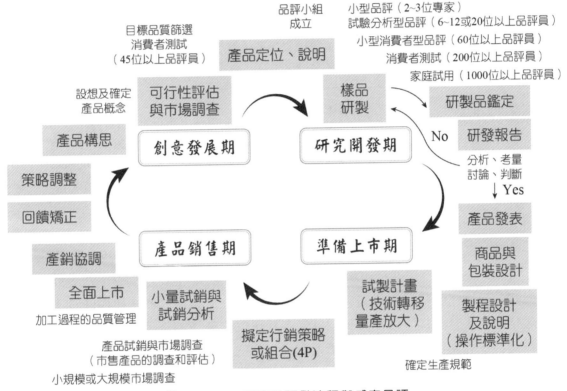

■ 圖 2-12　新產品研發流程與感官品評

　　茲將感官品評分析應用在不同食品研發階段中的目的與作法整理,如表 2-18。更進一步說明了感官品評在各研發階段的重要性,特別要注意的是各階段應使用的品評類別與適當的品評員人數。

表 2-18　感官品評分析應用在不同食品研發階段中的目的與作法

食品研發階段	負責單位	目的	作法	品評類別
目標品質篩選	研發或提案單位	確立目標食品	收集國內外現有食品，品評篩選	嗜好型 45 人以上
樣品研製	研發單位	調配、試作最符合目標品質的研製品	反覆研製、品評與目標食品比較篩選出最適品質之製品	分析型 20 人以上
研製品鑑定	研發或提案單位	確認研製品及工廠量產品之品質	品鑑研製品優於目標食品，品鑑量產品優於研製品	分析型 20 人以上
小規模市場調查	行銷單位	確認市場消費者之接受性	消費者品評，用以確認上市可行性，或提供修改之依據	嗜好型 60 人以上
大規模市場調查	行銷單位	擴大市調確認	必要時增加多區域或重複數之品評	嗜好型 100 人以上

註：嗜好型品評即情感性品評

　　另外，表 2-19 列舉了產品開發各工作項目中應用感官品評之說明，供學習者參考。例如：產品開發需進行市場調查一項（產品構思），主要在調查消費者飲食習慣與偏好，可應用到嗜好型的感官品評技術。又如在確定產品概念研製時，不僅要摸索最佳配方組合和加工條件，確認其保存性，又要確認消費者對產品各項感官品質的接受性，因此同時需要用到分析型與嗜好型的感官品評技術。在此建議學習者可以將表 2-18、表 2-19 與圖 2-12 的新產品開發流程反覆參照、熟悉，即可清楚而正確地於產品開發過程瞭解應該使用的感官品評技術。（惟以「狹義的產品研發」來看，對圖 2-12 仔細區別時，則「準備上市期」以後的活動便屬於產品生產管理與行銷管理的範圍，亦即在「準備上市期」之確定生產規範與「產品銷售期」之加工過程的品質管理，所採行的感官品評視為在「品管」之應用，而「產品銷售期」之產品試銷與市場調查部分則視為在「行銷」之應用）

表 2-19　兩種類型的食品感官品評分析在產品開發各工作項目之應用

項目	分析型感官品評	嗜好型感官品評
產品構思 （設想及確定產品概念）		市場調查、消費者飲食習慣與偏好的調查、對市售產品的評估
品評小組成立	品評員的選擇和培訓	
樣品研製與研製品鑑定	摸索最佳的配方組合和加工條件，確認樣品的保存性	對樣品的外觀、香味、風味和口感的評估，消費者對產品接受性的確認
商品和包裝設計		商標和包裝的評估和消費者可接受性的確認
確定生產規範	制定產品品質的檢查方法及確定各個加工條件的要求	
加工過程的品質管理	原物料的品質的評估及成品的品質檢查	
產品試銷與市場調查 （市售產品的調查和評估）	自身產品的抽驗與同類競品（競爭產品）的比較	自身與競爭產品評估、消費者可接受性確認

　　國外公司應用感官品評技術在新產品開發的案例比比皆是，例如：美國通用磨坊(General Mills)公司，為世界第 6 大食品公司，與百事食品(Frito-Lay)公司皆各有自己的一套開發流程，但不論流程內容形式如何都與感官品評技術緊密結合，如表 2-20 所示。雖然通用磨坊公司將開發流程分為產品概念、原型開發篩選、原型最適化、確認測試與上市等 5 個階段，百事食品公司則細分為出現需求、產生構想、篩選概念、產生雛形、科學判斷、最適產品、家用測試與市場預測等 9 個步驟，似乎有所不同，但事實上兩家公司的共同點皆把產品研發時程定義在產品上市之前且認為在研發的任何一個階段或步驟都需要感官品評技術的投入，只是切入的角度與方法不同罷了。換言之，通用磨坊公司在確認測試與上市階段時，已導入「感官品評品管」的概念，亦即「研發」並不能完全與「品管」脫節，要能順利上市，其過渡階段的感官品評相當重要，因為此時的相關數據既是研發的參考，也是品管的基礎。百事食品公司則認為初評測試、家用測試與市場預測三步驟是消費者品評導入的時期，而通用磨坊公司，幾乎認為產品研發的整個過程都是「早期消費者研究」的範圍，顯示該公司認為從頭到尾都應該與消費者的喜好性或接受性相結合，徹底成為產品研發的磐石、根基。

表 2-20　美國通用磨坊與百事食品公司產品開發流程與品評投入之比較

通用磨坊 General Mills 公司			百事食品 Frito-Lay 公司		
在臺灣主要商品：綠巨人玉米、哈根達斯冰淇淋、天然谷纖穀派			在臺灣主要商品：樂事、多力多滋、波樂洋芋片		
開發流程	流程主旨	品評投入	開發流程	流程主旨	品評投入
產品概念	概念階段	○	出現需求	全體	○
原型開發篩選	概念階段	○	產生構想	全體	○
原型最適化	概念階段	○	篩選概念	全體	○
確認測試	早期消費者研究	○	產生雛形	技術	○
上市	感官品評品管	○	科學判斷	技術	○
上市	感官品評品管		最適產品	技術	○
上市	感官品評品管		初評測試	消費者	○
上市	感官品評品管		家用測試	消費者	○
上市	感官品評品管		市場預測	消費者	○

2.4.2　食品感官品評於「行銷」之應用

　　感官品評在市場行銷的應用功能相當強大，不但可以讓行銷人員獲得提供消費者認知的重要因子以及瞭解消費者對產品特性的語言，也可將品評結果透過適當的統計分析，作為產品定位分析、廣告訴求、通路選擇等之參考，以降低產品上市所需成本。若以行銷為目的時，可以實施以「行銷為目的」的感官測試，用以評估行銷因子對感官感受的影響，瞭解感官特性於偏好形成過程中所扮演的角色及文化對產品感受的影響，最後還能提供消費者資訊與實驗室數據的關連性。

　　然而，在食品產業裡，感官品評技術多半是產品研發人員所採用，進入到「行銷」階段時，卻多半由行銷人員以產品概念測試為主，純粹以市場為導向，兩者之間的觀念存在著許多差異，特別是兩者對結果的解讀與處理便有很大的不同。例如：以 9 分制的接受性試驗判讀感官品評測試得到的結果為例，平均值 5 分代表的是「沒有喜歡也沒有不喜歡」的喜歡程度，換言之，如果沒有得到 7 或 8 分以上，恐怕有很多研發人員都認為這產品其實沒有很好吃而不太能賣。或是也常常會執著於產品的特性細節，產品本質沒有新創意或改善，似乎就不像是好產品，這些都是極為錯誤的觀念。有些研發單位還會訂一個產品可開發的標準，例如：7 分以上才達開發標準，通常會訂定這樣的標準，都是不瞭解感官品評這些方法的理論與哲學，特別

是評分標準與量表的使用與文化差異有很大的關係（注意：消費者品評員是不能給予任何訓練的）。在實施標準的科學化品評下，訂定這樣的標準，在華人的傳統文化就不太容易達成，會抹煞很多的創意及可行的好產品。可能有人會說，7 分哪會不容易達成？如果以作者在臺灣實施完整的科學化品評的經驗，如果時常出現高達 7 分這樣的結果，這其中有很大的原因是品評的環境沒有控制好或者品評員數不足而造成結果往某方向產生偏差，很多情形通常都是有意或無意的狀況下，造成了品評員的暗示與聯想，當品評員有了屬於比較正面的暗示，華人文化的人情世故等等的想法都融入在品評員的評分量表中而放大了分數（當然這和品評所操作的實驗設計也有關係）。進一步詳細的概念與分析，請參考第 7 章。

同樣的品評結果對於有高度專業的行銷人員而言，產品接受性的平均只要有 4~6 分，都可能具備良好的潛力，尤其是若能再針對不同喜好性的人分析其背景，瞭解給分特別偏愛的族群所具有某些共同的特性，這些特性可能與年紀、性別、職業、年收入、居住地區或最高學歷等有關，則可以進行市場區隔、產品定位。進一步還可以針對這些特定族群設計廣告訴求，讓廣告加深這些族群的認同，形塑產品的品牌形象與文化內涵，回過頭來影響消費者對產品的感受，這樣的概念無疑地對研發人員是難以理解的。

從表 2-21 可知感官品評測試與產品概念測試，基本上是由 2 個不同部門所主導的，一個主要在於研發，另一個則在於行銷。感官品評進行時，產品的背景知識，例如：原料來源、成分或加工方法等可能列於標籤的資訊，會盡可能要求不讓品評員知悉，讓品評員專注於產品的感官屬性，希望找到與產品特性種類相對應的使用者。但是在市場行銷時，卻希望受訪者盡可能瞭解產品的完整且正向的概念資訊，而獲得其正向的響應。

表 2-21　感官品評測試與產品概念測試特點之比較

測試特點	感官品評測試	產品概念測試
引導	感官品評部門	市場行銷研究部門
主要終端使用者資訊	研究與發展	市場行銷
產品標籤	盡可能遮蔽	完全概念的介紹
參與者的選擇	產品種類的使用者	概念的正向響應

其實，感官品評測試獲得的是產品的裡子，市場行銷測試收到的是產品的面子，如果能同時得到裡子與面子，這產品當然會有很好的發展。惟當行銷人員不懂品評，而研發人員又不能理解行銷時，意見常常就不能一致，而容易在公司內部產生矛盾，就好像「Pushmi-Pullyu」這種奇特的生物一樣（圖 2-13）。

「Pushmi-Pullyu」兩端的頭都想作主，如果互不相讓、堅持要往自己這一端走時，必定相持不下，哪裡也去不了，就算是消極不配合而不走，也可能造成另一端必須強拉而拖行，甚為疲累而事倍功半，以致於不是推就是拉，亂走亂繞而一事無成。「Pushmi-Pullyu」的發音就是 Push me! Pull you!，

感官品評　市場行銷

▌ 圖 2-13　Pushmi-Pullyu

意思就是「推我即是拉你」這樣的連體嬰關係，雙方必須得合作，一個進而另一個就要退，有進有退、有退有進，和諧地一進一退才能走得出去，用這樣來形容感官品評與市場行銷兩者的關係真是再貼切不過了。那麼，要如何才能做到合作無間、進退有據，面子與裡子都能兼顧呢？圖 2-14 倒是提出了一個不錯的觀點可供借鏡，亦即將產品以對內（公司）、對外（市場）的新穎程度高低作為分類參考。這個方法是將產品根據公司與市場的新穎程度區隔為(A)~(E)五種，且分別涉入相應的感官品評方法輔助，即可達到市場行銷與市場區隔的功能。例如：對公司新穎程度越高時，產品創新與研發為主導，對公司新穎程度越低時，則應以行銷功能為主導。在此情況下，想要開發一個對市場與公司新穎程度都高的產品，必須採用(D)類的品評方法，研發部門需利用感官品評的描述分析試驗、消費者測試及結合統計分析完整的瞭解消費者在這類產品喜歡和不喜歡的屬性，以利產品的研發。對市場與公司新穎程度都低者屬於(B)類產品，通常只能進行價格競爭（行銷功能），因此研發的角色不高，通常以差異分析試驗中的相似性試驗進行分析，瞭解如果降低成本後，產品的風味上是否沒有改變。但若是以公司原有產品（對公司新穎性低但對市場新穎程度高）進入一個尚未開發的市場者，屬於(A)類產品，則可以消費者測試之接受性試驗、焦點小組測試來瞭解市場接受度，以利行銷。

　　如果進一步瞭解感官品評消費者測試與消費者市場研究的目標、定義與特性時，會發現兩者確實互為表裡，詳細的內容請參考第 7 章的表 7-20。感官品評專注於產品自身特性、控制外在條件，重視瞭解產品所引發的感官反應結果。而市場行銷則重視消費者對產品概念的接收與表達，隨著產品外在情境的改變，會產生哪些心理認知與購買傾向等的變化。既瞭解兩者之間的差異，則應取兩者之優點相互為用，即使在相關部門之間仍存在一些矛盾或零星的衝突，相信在相互瞭解的配合下，必能產生最大的效能。

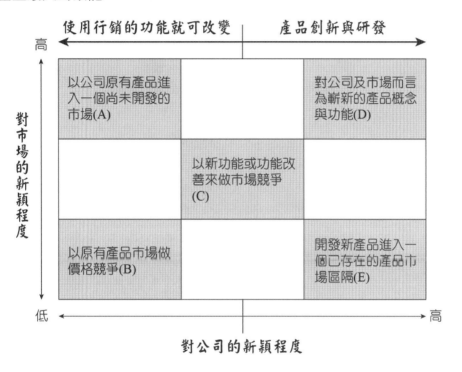

可能涉入的感官品評方法
A 消費者測試（包含接受性測試、焦點小組測試）
B 差異分析試驗中的相似測試
C 差異分析試驗（異同測試或相似測試）或消費者測試（接受性與適性化研究）
D 消費者測試（包含接受性測試、焦點小組測試）
　使用部分最小平方法結合描述分析與消費者測試的數據來瞭解消費者喜歡與不喜歡的產品屬性，作為開發產品的方向。使用外部喜好性地圖結合描述分析與消費者測試的數據來瞭解產品區隔性並作為行銷策略的判斷工具
E 使用外部喜好性地圖結合描述分析與消費者測試的數據來瞭解產品區隔性與定位並作為行銷策略的判斷工具

▌圖 2-14　感官品評方法在市場行銷與市場區隔的應用

　　感官品評還有另一個角度間接可以應用在市場行銷中，就是利用感官品評的方法結合統計分析，建立口味飲食文化科學化的數據作為行銷工具。臺灣美食國際化在 2009 年總統府財經諮詢小組會議被提出為臺灣未來發展 10 項重點服務業之一，希望以在地國際化與國際當地化為策略，達成世界美食匯聚臺灣及全球讚嘆臺灣美食的願景。然而所提出的方案，例如：展店支援、美食群聚及海外行銷等都是從商業模式的角度所出發，卻忽略了從飲食文化的角度進入國際世界。

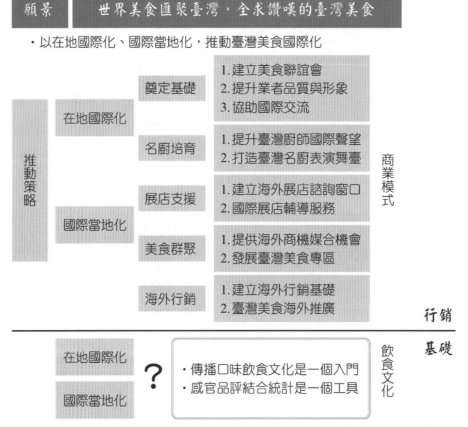

▋ 圖 2-15　感官品評結合統計可建立口味飲食文化是推動臺灣美食國際化的基礎

　　隨著全球化的發展，臺灣飲食文化受到全球化變遷之影響，正在快速地改變，華人傳統的飲食文化也透過這樣的演變影響了西方的飲食，這樣的改變從飲食習慣、口味傳播與飲食禮儀等方式逐漸傳播。以飲食習慣及禮儀來說，像中餐西式供應化及美式速食文化都影響了臺灣人的飲食習慣與方式。在口味傳播方面，國際許多的飲食都利用了科學的語言傳遞他們傳統獨特產品的特性與文化，像產品風味輪的建立、葡萄酒的飲用文化、啤酒帶的建立與不同咖啡風味特徵等，這樣的傳遞對

於飲食的在地國際化與國際當地化兩方面都扮演了重要的扎根工作與角色。很明顯的，中餐進入歐美國家時，只有型態不變但在口味上卻是歐美化。例如：美國中餐館的左宗棠雞、宮保雞丁等等，都是酸和甜的風味，華人一定知道那不是左宗棠雞與宮保雞丁，這樣確實是將中餐國際當地化了但在地國際化呢？完全喪失了傳統與文化。

上述現象的主要原因就是在傳遞與行銷美食傳統口味的過程中，始終缺乏客觀與科學的語言，以至於無法建立溝通的平臺，這樣的過程大幅降低臺灣美食國際化的發展。近年來推展臺灣小吃於國際，藉由各種行銷工具媒體可能打響了臺灣小吃在國際的知名度，例如：珍珠奶茶、碗粿、滷肉飯等臺灣小吃的美味，但在傳播上卻無法精準及科學化的描述這些產品在口味的主要特徵或者利用不同作法所製造的產品口味間主要的差異，這些差異是否有不同的族群喜歡。另外，若將碗粿、滷肉飯等小吃真實推展到國際，要如何告訴不同文化國家的人這些產品為何美味，可否接受這樣的產品（行銷），不接受時需要調整，應如何調整（研發），調整後的產品是否也可以讓臺灣人喜歡與接受。

以珍珠奶茶為例，過去向國際介紹珍珠奶茶是這樣描述的：「珍珠奶茶以中國茶為基底，加上西方常用的奶精以及臺灣粉圓，伴隨著雞尾酒式的搖動，充分地攪拌飲料與配料，增加飲料的香味與口感。」

那到底是什麼味道？這個飲料的真實本質是什麼？事實上珍珠奶茶的原料不再都是中國茶，而改以越南、印度或斯里蘭卡的紅茶，粉圓也不再使用臺灣粉圓，改以印尼與泰國的粉圓，加上大陸與紐西蘭的混合奶精，結合不同國家的飲食特色與文化性格，是綜合外地食材調製打造出最受歡迎的飲料。產業界也知道珍珠奶茶以「茶」作為產品的主體，在行銷全球的同時，不能忽視海外加盟分店的在地經驗，要避免在不同的國家中完全複製相同的飲食消費習慣，強調珍珠奶茶的配方必須依不同國家的文化發展與社會脈絡創造出當地偏奶味或偏甜的在地消費口味，並因區域不同搭配當地的其他食材，略加改變。這個方式看起來真的有將珍珠奶茶成功推向國際，但只是「產品」推向國際了但傳統與文化的主體都消失殆盡。而珍珠奶茶或許成功了但有多少產品靠這樣的方式推向國際是失敗的，要尋找這些答案，不是靠著貿易、失敗或成功的行銷經驗等去累積心得而獲得結論。這些答案是可以靠著操作科學化品評技術結合統計分析為基礎，正確且深入的獲知產品風味上的資訊，進而協助有效行銷策略的產生。

因此，在歐美發展蓬勃的食品感官品評技術被使用在傳統美食口味上的評估，可能是探索臺灣飲食文化並讓口味趨勢以科學化的語言走向國際的重要方法之一。

歐美國家大量使用描述分析的方法應用在產品開發、貯藏壽命評估、加工方法的改進、產品改良、品質控制與瞭解競爭產品的特性等。然而，要達到上述的應用還需要搭配各種多變量統計分析來進行資料判讀。例如：可利用主成分分析(principal component analysis)或集群分析(cluster analysis)來同時瞭解產品所有的特性，而描述分析試驗的缺點就是必須使用訓練優良的品評小組來評估，訓練過程為了達到品評員間的一致性，十分耗時及仰賴技巧運用，因此在某方面來說，這樣的過程大幅降低了產業的應用性。有鑑於此，近年來歐美的感官品評學家發展了許多快速的剖面技術，像桌布法(Napping)、自由選擇剖面分析(free choice profiling, FCP)、瞬間法(flash profiling, FP)及選擇適合項目法(check-all-that-apply, CATA)等，使用消費者型品評員來進行樣品的描述，結合特殊的統計分析已廣泛被使用在產業界。上述測試的結果可以和消費者分析的資料結合，利用部分最小平方法(partial least square, PLS)與喜好性地圖(preference mapping)兩種多變量分析的方法，可以清楚瞭解消費者喜歡或不喜歡產品什麼樣的特性，或依照消費者對產品不同喜好性所分類的族群之喜歡或不喜歡的特性，除了可提供產品開發外，對於口味飲食文化剖析與行銷等應用有一定貢獻。

利用部分最小平方法與喜好性地圖結合感官品評描述分析與消費者測試的資料可以瞭解整體消費者喜歡的口味資訊，若利用於臺灣傳統美食上，我們可以知道如何針對不同的消費者調整口味，也可以對不同消費者以科學的語言告知這類產品的傳統風味與變異。這提供了口味飲食文化傳遞與臺灣美食在地國際化與國際當地化一個重要連接的溝通平臺，也提供了相關餐飲產品開發與行銷的參考，這些技術已廣泛被使用在歐美國家，但臺灣相關領域的資料與研究不僅十分的稀少亦不受重視並且存在許多錯誤的認知與操作。相關詳細的內容請參考本書的第 7 章與第 8 章。

2.4.3 食品感官品評於「品管」之應用

食品感官品評在「品管」方面，具有下列應用：

1. 可找出消費者認知的重要品質指標。
2. 客戶抱怨追蹤處理。
3. 找出可感受差異的存在與否。
4. 找出「異質」的存在與否。
5. 進行重要指標的定量。
6. 建立原料／包材／產品的品質管制點。
7. 決定產品感官保存期限（賞味期限）。

8. 建立運銷過程的管制點。

9. 建立儀器與感官品質的對應關係或模式。

10. 找出儀器無法偵測的問題點。

　　但目前，食品感官品評在臺灣的食品安全衛生管理法裡，僅僅在食品分析被用做簡易而粗略的感官檢驗，以人當作感官品質的初步檢驗工具，卻未訂有明確的標準方法，以作為更深入的分析試驗（圖2-16）。例如：以賞味期限而言，似乎並未有標準法定方法作為制定的依據，多半由廠商依經驗或自行採用感官品評方法進行測試而制定。

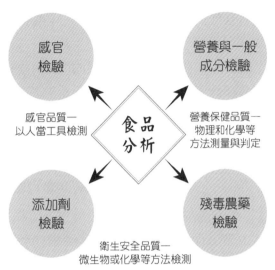

■圖 2-16　食品感官品評於食品品質分析檢驗之應用

　　事實上，臺灣許多的食品公司利用感官品評技術進行品管工作的有效性，還有很長的路要走，現實的環境與企業文化，導致很多光怪陸離的現象，這些現象要改變成科學化品評的標準，需要勇氣和很大的改革，很難很難。例如：球員兼裁判的現象，取樣的人和品評的人是同一組人，那肯定會有先入為主的觀念，需要控制環境與改變流程。又例如：許多品評檢測的目標都只是品管部門的少數人員進行評估，這些少數人員又沒有通過屬於專家型品評員的評估標準或紀錄，就完成報告，這是浪費時間與金錢的無意義的工作。殊不知品評人數的多少及品評員的訓練程度是決定品評結果作為決策工具是否有效評估的風險因素。許多業者在教育訓練時，常表達這樣的品評人數已經是極限或其他部門的人很難參與或協調等，這就是企業文化和對於科學化品評的認知問題。許多業者似乎把品評的品管工作當作一個企業宣傳的正面工具，當真實面對客訴時，卻不敢把品評的數據拿來作為標準與依據。另外也有不算小的廠商利用品評技術來評估農藥殘留與否，其實很不恰當，真是各種亂用品評的現象都有，學習者不可不慎。

　　其實，食品感官品評在品管上的應用，確實應該被重視，許多知名的食品廠商發展到一定程度，都不約而同地成立了屬於公司的品評小組，來掌控產品品質、維持品質的穩定。例如：黃飛紅麻辣花生的品質管控，即由品評小組擔任，而非少數專家所把持。又如富味鄉的芝麻油品質管理與調配，亦不得不仰賴試驗分析型的品評小組進行把關，其原因是芝麻的品質會因不同產地、季節、氣候、儲存的影響而

有所差異。所以在製作時，勢必要進行不同來源的勾兌，而勾兌之後的風味是否能夠維持相當穩定的品質，若僅僅仰賴少數一兩位屬於經驗型品評員或是專家型品評員之研發的檢驗人員無疑將冒著很大的風險，因此，建立一套導入感官品評制度的品質管理流程，便具有相當大的必要性。同理可知，許多嗜好性的商品，例如：茶、咖啡與酒等，在工業化大量生產時，勢必要採用不同產地的原料，也必然會出現與上述富味鄉生產芝麻油一樣的問題，配方或勾兌比例的調整在所難免，因此，也更加凸顯感官品評在品質管理的重要性。此外，西班牙橄欖油的品質管理亦採行感官品評作為重要的專業品鑑方法，舉凡品油小組的成立、樣品的準備與處理（品油杯與樣品加熱器的規格等）、品鑑表內容、感官名詞定義、橄欖油之分級標準與統計分析方法，皆有相當明確的規範，因此，不論是對於上、下游業者乃至於消費大眾都能形成一套值得憑藉與信賴的品質標準。

原則上，以感官品評技術作為品質管理的工具應以分析型試驗為主，但在新產品規劃、食品配方及型態設計等階段，卻需要靠嗜好型品評測試來作為制定標準的依據，在此表 2-22 的相關敘述正呼應了圖 2-12 新產品研發流程圖的內容。

表 2-22　感官品評分析應用於生產過程之品質管理一覽

	嗜好型	分析型
新產品規劃	市場調查 規劃產品及確定標準 ——————→	與同行業產品比較
	確定設計方案 ←——————	
食品配方及型態設計	調查設計結果與市場要求的適應程度	
測試原型產品	制定標準 ———————	
		試製品的評估
採購原物料 加工製程管理		確定原物料標準 確定生產標準 製程分析及處理
產品品質檢驗管理		確定品質檢驗標準方法、訓練分析人員
用戶調查		調查食品品質的適合性

西班牙橄欖油的專業品鑑

　　橄欖油是一種優良的食用油脂，是地中海周邊國家（如西班牙、義大利與希臘）料理的基本原料，而特級（或稱頂級）初榨橄欖油（Extra Virgin Olive Oil，簡稱 EVOO）更因含有許多維生素 E、葉綠素、植物固醇、三萜酸類、β-胡蘿蔔素、類黃酮等極性酚類化合物等，故具有好消化、促進腸道鈣吸收效率、舒緩皮膚及黏膜的抗發炎作用，而許多研究也顯示特級初榨橄欖油不僅可以幫助降低血膽固醇與動脈硬化風險，也對血壓、糖尿病與乳癌的病情控制有些幫助。因此，「特級初榨橄欖油」的價格便比「初榨橄欖油」高，更比一般使用溶劑萃取的大豆油或沙拉油高出許多，所以有些不肖廠商便以摻偽、假冒來欺騙消費者以牟取暴利。

　　近年來最為人所熟知的事件便是 2013 年 10 月 16 日，臺灣的大統長基食品廠股份有限公司被彰化地檢署與彰化縣衛生局食品衛生科查驗到所生產的「大統長基特級橄欖油」中真正的橄欖油含量遠不到 50%，而且還添加了「銅葉綠素」調色，卻標榜為百分之百西班牙進口特級冷壓橄欖油製成，即以「特級初榨橄欖油(Extra virgin olive oil)」等規格標示對外販售，其實是添加了低成本的葵花油及棉籽油混充，檢察官以業者觸犯《食品衛生管理法》、《刑法》詐欺罪以及摻偽罪（可處 3 年徒刑）起訴，亦要求業者將相關產品下架，也令其暫停生產線運作。2014 年 7 月 24 日，法院判決該公司負責人高振利觸犯《中華民國刑法》「商品虛偽標示罪」、「詐欺取財罪」等罪，又因同時違反《食品衛生管理法》，應合併執行有期徒刑 12 年；另外，大統長基還應繳納新臺幣 3,800 萬元罰金定讞。事實上，不光是臺灣，就連世界橄欖油產量第一名的西班牙與第二名的義大利也常發生不肖廠商摻偽的事件，因此，西班牙身為世界橄欖油產量第一的大國便針對橄欖油品質鑑定發展出分級制度，而歐洲委員會規章(European Commission Implementing Regulation (EU) No 29/2012 on Marketing Standards for Olive Oil)更載明「橄欖油之類別名稱須同時符合其感官與理化特性」，換言之，各分級類別的橄欖油不僅要能夠通過理化特性的檢定，還要能符合其類別應有的感官特性。一般油品多半只要通過食品分析檢驗機構或實驗室的理化特性檢測即可確認其品質，但橄欖油還需要同時符合感官品評實驗室的評定才能給予認證；亦即在橄欖油的分級規格上，不同等級的橄欖油是具有明顯的感官特性差異的，而這風味與口感等的差異不僅也是消費者所在乎的，其實也可與理化特性檢測結果相呼應。

　　首先，依照歐洲委員會規章供食用的橄欖油基本上可分為以下四種類別：

1. 特級初榨橄欖油：Extra Virgin Olive Oil，簡稱 EVOO；專指僅由機械方法直接從橄欖所榨取之橄欖油的最高級別。
2. 初榨橄欖油：Virgin Olive Oil，簡稱 VOO；指僅由機械方法直接從橄欖所榨取之橄欖油。

3. 橄欖油：Olive Oil，簡稱 OO；指由精煉橄欖油與直接採機械方法榨取之橄欖油所組成者。

4. 橄欖粕油：Pomace Olive Oil, 簡稱 Pomace OO；指橄欖粕渣經處理而得的油與直接榨取的橄欖油所組成者。其中，未加工精煉的橄欖粕油依規定是不可提供給人食用，而精煉過的橄欖粕油(Pomace OO, refined)才能當作食用油販售。

　　此外，不能當作食用油的還有所謂的「低級初榨橄欖油」(Lampante OO)，其實，就原文字義來源為「lamp」，意指供作照明用的燃燈油。其品質風味差，酸價、碘價與過氧化價等指標通常也超標，因此難以供人食用，甚至連當飼料也不夠格。

　　影響橄欖油的品質有三大因素，一是橄欖品質；二是萃取製程；三是保存條件。這三大類因素不僅會影響橄欖油的理化特性，也會影響其感官特性，通常在西班牙經過嚴格訓練的專業品油師可以經由感官品評配合理化特性的分析來判斷橄欖油的品質良窳，並推估、回溯其影響因素，並對委託評鑑廠商出具報告，甚至給予改善建議。

　　一般來說，初榨橄欖油的感官品評流程是先由顧客提交樣品給具有公信力的感官品評單位，由該單位受理後成立感官品評小組，而小組的品油首席(Panel Leader)便對樣品進行編碼，然後依雙盲的原則提供給品評員（Tasters，人數至少 8 位）依標準品評程序與樣品準備方式進行品評，填寫標準表單，完成品評測試後，品油首席便將相關數據輸入電腦進行統計分析，獲得結果後即開立認證文書或報告予顧客，相關流程如下所示：

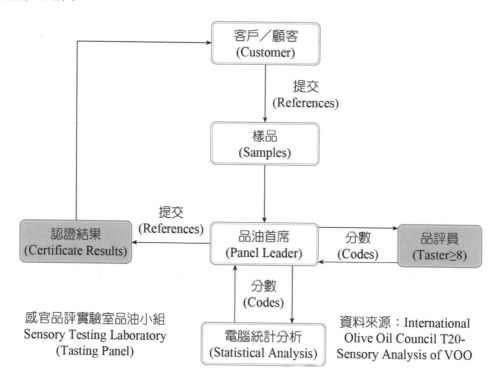

正式開始進行品評時，橄欖油應置入藍色的標準品油杯中，上面以錶玻璃覆蓋於杯口，且品油杯應置於標準橄欖油樣品加熱器上保持油溫在 28＋2℃ 為品評員所品嚐。而品評小間的規格亦有詳細的規定，務必使品評員處於一個標準且相對不受干擾的環境下進行品評活動。

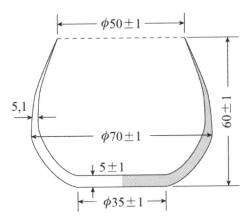

（單位：mm；φ即口徑）

■ 圖 2-17　標準品油杯

■ 圖 2-18　藍色標準品油杯加蓋錶玻璃

資料來源 http://www.internationaloliveoil.org/estaticos/view/224-testing-method

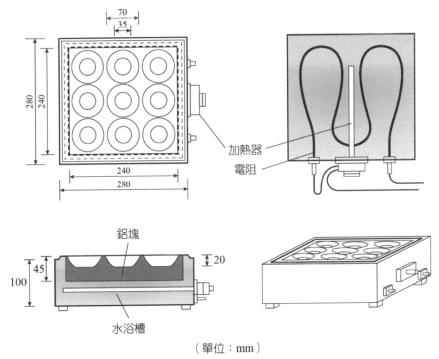

加熱器
電阻

鋁塊

水浴槽

（單位：mm）

■ 圖 2-19　標準橄欖油樣品加熱器(Heating Samples Device)之構造

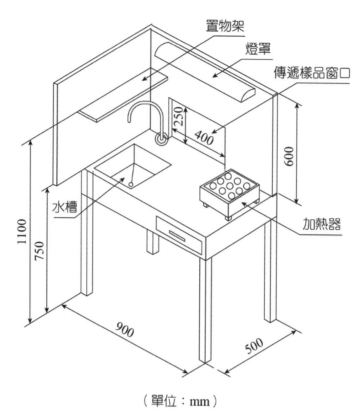

（單位：mm）

▌圖 2-20　內置樣品加熱器之品評小間

　　西班牙橄欖油的品評是使用受過訓練或具經驗的品評員，而其品鑑表如下頁所示，大致可分為上、下半部 2 個區塊，首先上半部主要是評鑑橄欖油是否具有負面缺失，如果完全沒有負面缺失，則有機會評價為特級初榨橄欖油，即 EVOO 等級；若仍有泥霉沉澱(Fusty/muddy sediment)、濕土霉味(Musty-humid-earthy)、酒酸味(Winery-vinegary-acid-sour)、凍傷橄欖味(Frostbitten olives)、腐臭味(Rancid)或其他不良風味，而且還可勾選相關描述語，例如：金屬的(Metallic)、乾草的(Hay)、汙穢的(Grubby)、粗糙的(Rough)、鹽味的(Brine)、受熱或燒過的(Heated or burnt)、蔬汁味的(Vegetable water)、茅草味的(Esparto)、黃瓜味的(Cucumber)、油膩味的(Greasy)等等，則強度在 33％以下者還能給予 VOO 等級，超過 33％以上則列為 Lampante OO，若所有負面缺失皆達 100％強度則已屬於完全不能被利用的無以分級的狀態。另外，品鑑表的下半部則在評鑑橄欖油是否具有正面風味，例如：果香(Fruity)、苦味(Bitter)、辣味(Pungent)等，其中，果香強度從 0~100％都可列入 EVOO 的考量，但苦味仍需有其強度以不超過 50％以上為恰當。

　　至於辣味也要有，但需適度且不宜高則可列為 EVOO 考量，否則皆落為 VOO 甚至更低等級產品。過於苦、辣者還可能被評定為 Lampante OO，故相關感官品評法可協助廠商作為品質管理的依據。

Figure 2
PROFILE SHEET FOR VIRGIN OLIVE OIL
INTENSITY OF PERCEPTION OF DEFECTS

Fusty/muddy sediment(*) _____

Musty/humid/earthy(*) _____

Winey/vinegary

acid/sour(*) _____

Frostbitten olives

(wet wood) _____

Rancid _____

Other negative

Attributes: _____

Metallie ☐   Hey ☐   Grubby ☐   Rough ☐

Descriptor: Brine ☐   Heated or burnt ☐   Vegetable water ☐

Esparto ☐   Cucumber ☐   Greasy ☐

(*)Delete as appropriate

INTENSITY OF PERCEPTION OF POSITIVE ATTRIBUTES

Fruity _____

Green ☐   Ripe ☐

Bitter _____

Pungent _____

Name of taster: Taster code:

Sample code: Signature:

Date:

Comments:

▍ 圖 2-21　西班牙橄欖油品評之品鑑表

中文版請見附件 1‧B

2.5 食品感官品評技術常見錯誤

很多學習者在學習食品感官品評技術時，常因自己的數理能力欠佳而認定感官品評使用的統計分析的內容很難、不容易學好而裹足不前，其實這是最常見也最大的一個錯誤。因為，學習感官品評最大的關鍵點是在於對核心觀念與架構的認知是否正確，只要概念與方向正確了，其他都只是技術問題罷了！也就是說，技術問題可以通過不斷的熟習、演練來避免錯誤，但是觀念如果不正確，那麼技術執行得再好，也無法得到正確的結果，就如同煮沙不能成飯是一樣的道理。

更何況現代的統計分析已經可以完全由模組化的套裝軟體來進行處理，而品評員當下又可直接將結果線上輸入，資料庫系統的建置對應正確的資料格式，很少有出錯的情況，同時在品評活動結束相關結果報表就可立即提供輸出，快速而方便。已不像早期需要人工輸入資料費時，舊電腦程式計算速度緩慢的年代，現代的統計分析軟體既快速、方便也相當「友善」，很容易可以上手。因此，我們除了對統計分析應具備一定程度的信賴感之外，更要勇於認識熟悉與練習使用。

2.5.1 目前感官品評發展所面臨的基本問題

當然，除了對感官品評統計分析的錯誤認知外，要能正確地學習感官品評技術，聰明地避免錯誤使用品評，還有以下幾點基本問題值得我們深思：

1. 學校教學的問題

許多學校的學術環境至今仍有普遍的觀念與誤解，認為感官品評就是使用人作為評價依據的主觀測試，因為不像儀器一樣容易校正與控制，始終對感官品評的結果，抱持著懷疑的態度，所以寧願花多一點時間在研究可以依靠儀器、設備，可進行物性或化性分析測定的研究上。因此，真正願意在感官品評下功夫研究的教師並不多，造成了研究能量不足，再往上追溯，甚至教師本身並非感官品評科班出身，受到的訓練自然不足，加上爾後又缺乏自主學習的精神，於是在感官品評的教學上，往往在自身一知半解、尚未融會貫通的情況下，教學問題層出不窮，指導學生所做的專題與論文常常連最基本的品評員人數都無法符合要求。又或者品評人數已符合要求，但卻在 9 分制評分法的數據處理時，竟採用計算選填 1~9 分之各分累計人數以畫成長條圖的方式來表示，又用觀察該長條圖形分布差異來分析、討論兩種或多種產品之間是否有顯著差異，直令人啼笑皆非。

2. 整體環境的弱視

　　絕大部分不瞭解品評的人，對於感官品評的第一印象就是市場調查人員在路邊請人試吃，還可以嘻嘻哈哈互相討論之後填寫問卷，以為感官品評是很隨性而鬆散的、僅供參考的，甚至還成為帶有行銷公司促銷目的的一種手段。除了學校教學環境已然輕忽，產業界也仍有許多公司以老闆或主管的決定為依歸，那種典型的「產品好不好，老闆說了算」的決策模式，而不願意花錢在研發的企業更使得感官品評的應用僅僅是聊備一格，這樣的狀況在臺灣屢見不鮮。但也許是在小市場規模的操作裡還能夠應付過去，因此也就故步自封了！只不過當規模放大到中國大陸與世界市場時，根本就難以招架應付，連最起碼的感官品質管控都可能會出問題，更遑論新產品研發的應用了！其實，綜觀世界食品大廠，如雀巢、可口可樂等，沒有不重視感官品評的，在美國感官品評就是顯學，但在臺灣則必須解決整體環境缺乏宏觀視野的病氣，否則將難以從近視與弱視中跳脫出來。至於中國大陸則因為食品、餐飲等始終具備有廣大的消費市場支撐，相信只要市場越大，食品感官品評的發展只會越來越夯，相關的應用將會愈顯現其功效。因此，學習者應看清感官品評的價值之所在，千萬不可因整體環境的弱視（特別針對臺灣的現況）而看輕或迷失方向。

3. 實驗設計之不當

　　統計必須搭配實驗設計，這是在第 1 章即已強調過的道理，許多人在進行感官品評操作時，根本就沒有進行實驗設計。例如：比較 3 個樣品的品評人數居然不是 6 的倍數，不是 6 的倍數有什麼問題呢？事實上，如果測試的品評員人數足夠，這樣的問題可以忽略，但通常發生在品評員人數不足的狀況下，如此 3 個樣品的品評順序將無法形成均衡區間設計。不是均衡區間設計有什麼問題呢？不是均衡區間設計勢必造成某些樣品的品評順序與排列處於優先或最後的出現頻率較高，而可能形成順序效應，亦即某個樣品可能總是比較優先被品評到，或某個樣品總是接著另一個樣品之後被品評到，這些狀況都極可能造成誤差。而均衡區間設計則可使統計分析在計算上消弭掉順序效應的影響，沒有了均衡區間設計則將無法區別樣品差異的來源是由順序效應而來，抑或是由樣品真實的差異而來。那麼是不是只要在比較 3 個樣品時，品評人數是 6 的倍數就好，不需用均衡區間設計了呢？當然比較保險的作法是希望能夠達成均衡區間設計，因為就算品評人數是 6 的倍數，也不能保證亂排的品評順序能夠達到消弭順序效應（人數不足的狀況下），所以還是得進行均衡區間設計。當然，不會使用統計與實驗設計，則就算有品評數據也無法協助我們做適當的決策，這個部分詳細的資訊，請參考第 5 章。

4. 錯誤操作的弊病

學過品評的人都知道，為了避免樣品編號或標示具有暗示效果，例如：「1」或「A」常給人的印象就是第一或最好的概念，因此，品評樣品製備時，通常會給予樣品 3 位數字的編號來消弭掉數字或英文字母的暗示效果。然而，還是有很多人在執行品評時，直接以個位數字來編號，這的確是錯誤的操作。但有些人更常犯的毛病是樣品雖已用查亂數表的方式給予了編號，在實際品評時，所有的品評順序居然還是每一個品評員都一樣，由左至右（或由右至左），並沒有照上述的均衡區間設計來執行，這樣等於告訴我們每一位品評員的樣品品評順序一樣，犯下了錯誤操作的弊端。而基本上，若因錯誤的操作而使數據無法造成信賴感，則這樣的感官品評只是半調子罷了！因此而得到的結果值得高度懷疑。這個部分詳細的資訊，請參考第 5 章。

5. 產業內部的爭執

感官品評通常在食品產業是研發部門所管轄，市場行銷則由行銷部門主導。然而，當研發系統不強或不健全時，行銷部門往往會強勢主導研發部門，而研發系統與行銷部門這兩者又往往因屬不同部門，因此常常意見相左，就如同先前所舉「Pushmi-Pullyu」這樣的狀況，總是爭論不休而空耗，相關細節請詳見本章內容。

最後本章末尾便以數個常見的典型案例導引觀念作為總結，希望能提醒學習者如何避免錯誤。

2.5.2 食品感官品評常見錯誤

以下為食品感官品評常見的錯誤，分別舉例說明之。

一、對品評的認知錯誤

網路曾經流傳一則關於食品公司專職的試吃員的新聞報導，有著看似很專業的品評內容敘述，但以感官科學的分析、深究其實，通篇皆為似是而非的謬誤品評觀念，該報導內容如下：

「話說，每一家食品公司都有專職的試吃員，工作項目就是試喝醬油、調味料，或是試吃泡麵。東森新聞獨家專訪到有 6 年試吃經驗的泡麵達人詹某某，他的舌頭比一般人還要敏銳，工作的時候靠舌頭幫泡麵打分數，最高紀錄曾經一天試吃 9 碗泡麵。」

線上點評：耶？用舌頭打分數？真是奇蹟了！那鼻子呢？不用鼻子嗎？

吃9碗？（驚嚇！因為他後面的程序是一整碗都…）

「穿起帥氣的白袍，詹某某要開始一天的工作。喝水漱口之後，第一步是吃麵條，用手測試一下麵的Q度，吃一口慢慢咬，分析麵的味道，再來就是喝湯，把調味料全部煮熟，菜肉湯分開品嚐，最後一步當然把一整碗泡麵吃下肚！」

線上點評：蛤？把調味料全部煮熟？

難不成泡麵還有生鮮的調味料？（不解中）

說明

1. 國內食品公司很少有「專職」的品評員或試吃員，絕大部分的情況下也不需要是專職，這一點恐怕與事實不符。真實的狀況應該是「專任員工兼作品評」的居多，也就是平時有專職的任務，品評只是任務的其中的一項而已。我們得相信臺灣的大老闆再有錢，也還不致於「土豪」到雇一個傢伙來上班，唯一的任務就是天天專門吃泡麵（…喝醬油？），而且還是從早吃到晚，這顯然不科學。

2. 「舌頭比一般人敏銳」又怎樣？了不起嗎？重點是品評的目的。如果目的是要幫消費者試吃看看好不好吃（就是消費者喜好性品評），那他一個人憑什麼代表廣大的、所有的消費者群眾？如果他的感官真的要代表一般消費者，那麼他的舌頭敏銳度反而只要跟一般消費者一樣就好了，不用特別敏銳，更不能特別不敏銳，這樣他的意見才具有代表性。

3. 又如果品評的目的是要用於品管，那麼依他所敘述的品評流程還用到手來測試Q度，就知道他顯然就不只是靠舌頭來品評而已，感官品評是要「五感並至」的。品管重視的是規格與標準，判斷產品能否符合標準才是重點，舌頭敏銳的人確實是可以比一般人區分出味覺上更細微的變化，但不包含香氣，沒有用鼻子聞是無法判斷泡麵的香氣是否足夠的。因此，面對一個只靠敏銳的舌頭來打分數的人，我們沒有任何科學的理由相信他真能為食品公司的品管把關。

4. 品評員或試吃員不應該整碗麵吃完，這馬上影響下一個樣品的數據，因為當一個人吃飽後，下一個食物對他的嗜好性、吸引力或好吃程度顯然是會下降的。除非，他只吃這一碗麵，但這顯然不太可能，因為他老闆不會每天花錢請他只吃一碗麵，甚至一天只吃9碗麵都太少。如果這位試吃員是以吃飽省錢的心態，這家公司的數據大概完全是偏頗的，況且要成為試吃員或品評員的條件也絕不是食量要大。

5. 將品評員的品評步驟標準化是正確的，但用手測試麵條的 Q 度之後，便入口品嚐味道，難不成不用分析入口之後的口感(mouthfeel)嗎？況且手測的 Q 度與入口的口感還是有所不同，口感還包括麵條的質地是否粗糙、細緻、滑嫩、有嚼勁，而不是只有一個 Q 度而已，更何況品評泡麵時控制的溫度是多少？也沒有交代。這個很重要，因為，所有的食物都有一個最適品評溫度，一個涼掉的泡麵或是要熱不熱、要冷不冷的湯頭應該不是挺好的吧？顯然，這個品評步驟不是挺專業。

二、錯誤的品評操作與環境

　　圖 2-22 為某地區冠軍茶的評選活動，(a)(b)(c)(d)四張照片為評選時的場景，若以感官科學的角度來看，請問各場景所呈現的人、事、物，可能犯了哪些錯誤？（請小組討論或獨立思考試答）

(a)樣品與沖泡用具

(b)評審品評現場

(c)茶湯沖泡方式

(d)沖泡後過濾後的茶湯與殘餘的茶葉

■ 圖 2-22　冠軍茶選拔會場景

說明

(a)：競賽茶品資訊全都露，非盲測下能否避免先入為主的印象？

(b)：評審齊聚一堂話家常，當權威說話時其他評審該如何評比？

(c)：一次沖泡這麼多杯茶，每杯溫度、香氣逸散時間能否相同？

(d)：一次品評這麼多杯茶，未見保溫、加蓋，氣味飄散如何是好？

三、品評方法與概念的亂入

圖 2-23 為某報置入性行銷廣告對特定茶飲料的評價報導，請問這樣的報導亂用了哪些感官品評方法與概念呢？（請小組討論或獨立思考試答）

・評比方式
1至5分，分數愈高愈佳，五角戰力表中，
線愈靠近外圍代表分數愈高

專業達人

酒店副理　　調酒師

青春評比團

女研究生　男研究生　女大學生　男大學生

玉茶院抹茶奶綠
茶韻回甘
400mL / 20元

強調用天然茶葉沖泡，詮釋經典的日式抹茶，讓茶香在濃郁之外還有清新口感，再與奶味相調和，散發日式的典雅風味。

專業達人：在各款奶茶中，回甘度最佳，茶葉的品質應該頗佳，才會有這樣的效果。只是剛入口的時候有怪味，而吞下以後的奶味與茶味有些分離，兩者似乎不融合。
青春評比團：抹茶味很濃，喝起來也順口，可是有股特殊的茶香味，不太討喜。

雲水間茶居綠奶茶
口感第一
400mL / 22元

市場上首支推出的綠奶茶，以「獨家多重窨花工法」，讓奶茶在淡雅的綠茶香氣與濃郁的奶味之間，做了恰到好處的搭配。詩歌、春光的廣告臺詞，也讓商品顯得特別有氣質。

專業達人：奶的甜度與茶香相輔相成，口味適中。特殊又明顯的味道，一喝就可猜出。
青春評比團：淡淡的綠茶香味，整體喝起來也不會太甜，很好喝。

▌ **圖 2-23　某置入性行銷廣告對特定茶飲料的評價報導**

說明

1. 品評方法的亂入：描述性品評方法使用雷達圖的目的是在比較兩樣品間感官特性組合的強度差異，但其 5 分評比的卻是喜好性而非感官強度，又硬要加上消費者對價格的喜好，並無太大意義。就算退一步、硬著頭皮還是用雷達圖比較兩者的

喜好性，也應該將兩者放在同一張雷達圖中才好比較，分列兩張反令人感到不知所云。

2. 品評概念的亂入：通篇都是所謂的專業達人、青春評比團的語言形容、各自表述，更顯得雷達圖的多餘。而且 2 個專業達人不是酒店副理就是調酒師，結果卻來當品評茶飲的專家，豈不可笑？就算要專家型的品評，也應該找專業的茶莊主人、茶農、手搖茶店長、飲調先進，而不是調酒師、酒店副理，顯得相當沒有說服力（當然即使為前面敘述的這些先進，也不見得有說服力）。科學化品評測試的品評小組還是以任務導向為目標較佳，換言之，不論你是否經驗豐富，每次進行新的描述性測試時，還是要透過一群人的討論、共識、培訓及鑑定是否品評員間達成一致等程序。另外，青春評比團才 4 個，就品評的概念來講，因為是喜好性品評而非分析型，因此品評員人數至少要 60 人以上才有代表性，只動員了 4 個路人甲就想要交差了事就顯得很沒有誠意了。

3. 總結來說，市場行銷的觀點可能認為採用這樣的圖表帶入廣告就可以完整傳達訴求給消費者，但以感官品評來檢視，卻是錯誤百出、邏輯不通。廣告雖然還是廣告，卻也不要忽略專業帶來的錦上添花的效益，如果想要呈現專業面來取信於人，建議最好還是有點專業的樣子比較好，否則往往會適得其反。

四、錯誤的實驗設計

請就表 2-23 為咖啡品評的結果分析，找出其實驗設計或統計的錯誤。

表 2-23　曼特寧、巴西與藍山咖啡感官特性之比較

品評項目	曼特寧	巴西	藍山
醇厚度	3.32[b]	2.85[b]	3.47[a]
口感	3.38	2.88	3.47
澀味	3.02	2.62	3.03
酸度	3.12	2.79	3.12
苦味	3.21	2.82	3.35
甘甜度	2.85[b]	2.59[b]	3.26[a]
喜好程度	3.29	2.76	3.44

註：　結果為品評員對咖啡喜好度評分的平均值(n＝80)，1 分為「非常不喜歡」，2 分為「不喜歡」，3 分為「普通」，4 分為「喜歡」，5 分為「非常喜歡」，以 Duncan's 多重變異數分析，相同處理同一列數字的上標字母不同表示有顯著差異(p＜0.05)

說明

1. 醇厚度、口感、澀味、酸度、苦味、甘甜度等並沒有表示是喜好度或者為感官強度，若屬於分析性的感官品評，使用消費者品評是錯誤的。但若為喜好程度，則為嗜好性的感官品評，表中 n＝80，對於嗜好性的感官品評已然足夠，但嗜好性品評採用的品評員種類是一般消費者，卻在此處品評項目上，評估醇厚度、甘甜度等對消費者無法統一理解或太難的詞語。另外，酸度是指酸味程度，還是要表達酸味喜歡程度，顯然有許多錯誤的實驗設計。因此，避免各方面的誤解，在品評項目上請明確地寫出各項喜歡程度

2. 此處的喜好性評分法採用 5 分制，故 3 分為中間值，本表將 3 分對應為「普通」兩字並不恰當，在語意上「普通」這個詞並不夠中性，它有「還算過得去、可以被接受而偏向正面」的意思。但這裡卻要表達喜好性既不偏正也不偏負，則建議應該改為「沒有喜歡或不喜歡」，因為這樣的語意就不會影射這是個「尚可被接受」的選項。此外，消費者品評還是建議以 9 分制為主，使用 5 分制或 7 分制都是從行銷問卷調查的觀念轉變過來，造成了許多不良的影響，詳細的內容請參考本書第 7 章。

2.6 結 論

　　雖然食品感官品評常常受到誤解或誤用，但仍有許多廠商發揮了感官品評功能，為公司帶來許多的正面的效益，特別是最近幾年食品的發展對於健康保健的追求不遺餘力，因此對於一些調味料與甜味劑的使用都能夠進行配方的重組，使其風味不變但卻能減鈉、減糖，甚至降低熱量以減少消費者的身體負擔。這樣的研發工作勢必得應用感官品評技術不可，而國內恰巧便有一個頗為正面且已應用於行銷的正面案例，即聯合利華公司委託樞紐科技顧問股份有限公司協助進行「鮮雞晶」與高級精鹽的「等鹹度」感官科學實驗，結果發現使用該品牌的產品可以減少 40% 的鹽分使用，同時可減少鈉含量約 39%。由於具備科學實驗的檢測，因此，該公司的包裝即如圖 2-24，將上述的結果作為行銷廣告內容，而獲得消費者的信賴，並有利於產品的銷售帶來公司的進步與成長。

　　最後，綜合以上各節內容在此作一個總結，本章相關資料的呈現不僅僅是對本書的整體內容架構提綱挈領的說明，以作為全書的快速索引，也相信更是作為全面

學習這門學問的指引。由此而延伸的內容將不僅止於此，學習者不但可以就各節內容敘述找到關鍵字加以查詢，也可從相關的書目、期刊、網頁資源觸類旁通，由書內而書外，知識的累積將如漫步「雲端」一般的輕鬆，卻又能不費吹灰之力而達致無遠弗屆的滿足。特別是這個巨量資料滿布的「大數據時代」真的來臨了，如果真要貼切地形容這種如來如去的如意境界，那就是「筋斗雲」了，科技的「雲」端，智慧的「筋斗」。作為一個入門章節的結束，卻又是另一個奇妙旅程的開始，在此祝大家都能乘著本章的「筋斗雲」，在日後學習的過程中，自由自在，收穫滿滿。

▌圖 2-24　感官品評應用於行銷的正面案例

品評專業講座

Principles and Practices of
Sensory Evaluation of Food

　　學習本章內容外，建議可閱讀與學習下列的中文文章。

1. 姚念周〈人類如何探索分布在廚房裡的化合物〉，《食品資訊》，2006。
2. 姚念周〈口味趨勢調查對食品產業的重要性〉，《食品資訊》，2005。
3. 姚念周《氣相層析嗅聞技術》，2004。
4. 姚念周〈感官科學的應用〉，《食品工業》，2004。
5. 姚念周〈感官品評在先進國家的實務應用案例〉，《食品資訊》，2004。
6. 姚念周〈感官品評介紹、應用與未來發展〉，《食品資訊》，2002。
7. 吳元欽〈食品感官品評的應用：食品的製程與成品感官品質的管理〉，《烘焙工業》，2002。
8. 姚念周《感官品評的迷思》，2001。
9. 謝錦堂〈感官品評是食品研發的利器：簡介美國食品公司使用概況〉，《食品工業》，1991。
10. 姚念周〈感官評鑑的新認識〉，《食品工業》，1993。
11. 姚念周〈感官科學的應用〉，《食品工業》，1993。

習 題

是非題

1. 一般人對食品好壞的品評，除了對食品直接感覺外，飲食環境、飲食文化及身體狀況都可能影響其對食品美味的判斷。

2. 感官品評檢測可廣泛的利用於新產品開發、產品改良、品質管制與市場調查等各方面。

3. 對同一杯咖啡，每個人的感覺都相同，沒有差異。

4. 為防止個人喜好的偏差，導致錯誤的判斷，感官品評常召集一定的人數，組成品評小組來進行。

5. 進行感官品評時，可以最方便方式行之，不必依目的選擇品評方法。

6. 任何人都可擔任感官品評的品評員。

7. 同一個人，不會因環境或身體狀況等種種條件的影響，而對刺激有不同的感受。

8. 感官品評就是以人當儀器來進行品評操作，人容易疲倦和注意力跑掉，但還好不容易有偏見。

9. 目前中國大陸已經制定有感官分析方法的國家標準，而臺灣則尚未制定。

10. 感官品評通常在食品產業是研發部門所管轄，市場行銷則由行銷部門主導。在許多狀況下，研發部門往往會比較強勢，甚至可主導行銷部門。

11. 智能感官分析的發展希望最終能結合多種儀器設備（不僅限於單一感應設備），仿生（或仿腦）的人工智能辨識技術可取代真正的「人」進行綜合感知甚至推理判斷。

12. 「大數據」的基本概念是當樣本資料量大到可以接近族群狀態時，靠著「雲端」資料庫與運算的強大能力，無需清楚前因後果，只需找到某些「相關」特性，便可藉以預測未來，用在感官品評預測消費者行為或喜好，將有助於提高新產品開發的成功機率。

13. 要將食品感官品評結果從主觀變客觀，需要許多適當的實驗設計及評估方法的搭配，如品評環境的控制、樣品的控制、品評員的控制與統計學的利用等。

14. 在產品研發階段，為確立目標食品而收集國內外相關食品進行品評篩選，可用情感性測試且人數至少要 45 人。

15. 學習感官品評最大的關鍵點是在於對核心觀念與架構的認知是否正確。

選擇題

1. 利用感官品評技術在食品的目的為　(A)發現品質的差異　(B)使客觀的數據與消費者的嗜好相關連　(C)確立原料和成品的基準　(D)以上皆是。

2. 感官品評很多人認為是很主觀的，所以我們需要使用科學的方法讓主觀變客觀，下列哪一個不是屬於科學的方法的範疇？　(A)需要使用統計及實驗設計　(B)需要適當的人數來評估　(C)需要適當的評估方法　(D)評估過程一定會有標準答案。

3. 下列感官品評試驗不可能成為分析型？　(A)三角測試法　(B)嗜好型差異試驗　(C)1,2 點試驗法　(D)順位法。

4. 你認為下列何種感官品評試驗最適當來決定食品的保存期限？　(A)描述分析試驗　(B)消費者測試　(C)三角測試法　(D)方向性配對法。

5. 下列敘述何者錯誤？　(A)品評員訓練越精良，所需要的人數越少　(B)消費者分析需要的人數越多，所得到的結果越精準　(C)描述分析試驗一定需要重複　(D)配位比較法所得到結果只有方向性但沒有量的概念。

6. 哪一種品評方法所需的品評員需要最多？　(A)描述分析試驗　(B)專家品評法　(C)消費者測試　(D)三角測試法。

7. 感官品評中的消費者測試屬於　(A)敘述性試驗　(B)差異性試驗　(C)客觀性試驗　(D)喜好性測試。

8. 下列何者需依賴人類的感官來分析？　(A)營養成分　(B)衛生　(C)嗜好性　(D)化性。

9. 米食製品品質的評定是以下列何者最為實用？　(A)感官品評　(B)顯微鏡觀察　(C)化學分析　(D)物性分析。

10. 米食製品以何種方式評定最佳？　(A)廠長本人決定　(B)老師傅決定　(C)品管人員決定　(D)由多人組成感官品評小組決定。

11. 下列敘述何者正確？　(A)任何時間都可以召集品評員做品評　(B)品評時選擇熱鬧的地方(如大賣場)實施最好　(C)品評就是試吃，所以在品評時應該告訴品評員相關產品資訊　(D)這個食物怎麼吃，品評時就應該怎麼提供。

12. 感官品評試驗不常用於檢查食品的　(A)保健功能性　(B)味道及香味　(C)質地　(D)顏色。

13. 利用推測統計學做基礎，在事先計畫下，以多數人的感官做為量測工具來判斷產品品質，進而得到值得信賴結論的方法，稱為　(A)感官品評分析　(B)儀器分析　(C)物性分析　(D)化性分析。

14. 請選出正確的敘述　(A)阿基師是臺灣著名的餐飲師父，有許多功績及經驗，所以當他推薦某牌醬油是好醬油時，應該相信他，因為就算找一群品評員來品評也會得到和阿基師一樣的結果　(B)某品酒師由於受過專業的品酒訓練，所以當他說這瓶酒非常的香醇時，就可以代表這酒的品質　(C)一定要找一群人來做品評，不經過訓練，就可以正確知道產品的品質　(D)以上皆非。

15. (a)決定食品的保存期限可以使用儀器分析，也可以使用感官品評的方法。(b)一個產品消費者能夠喜歡，就表示可以接受，反之亦然。(c)每個人都有偏見，所以感官品評是一個非常不準確的方法。(d)食品感官品評涉及到心理學、生理學、食品化學(食物學)及統計學。(e)烘培比賽誰做的麵包好吃，請到 3~5 位專業烘焙師當評審是一個公平的比賽。請選出正確的敘述　(A)abcde　(B)ade　(C)ad　(D)abd。

16. (a)決定保存期限可以使用感官品評的差異分析試驗。(b)決定產品的特性可以使用感官品評的描述分析試驗。(c)決定消費者的接受性及喜好性，所使用的方法皆是相同的。(d)有一個新開發的代糖非常甜，你不知道要使用多少劑量在你的飲料或食品中，可以使用量值估計法決定之。請選出下列正確的組合　(A)abcd　(B)abd　(C)abc　(D)bcd。

17. 感官品評很多人認為是很主觀的，所以我們需要使用科學的方法讓主觀變客觀，下列哪一個不是屬於科學的方法的範疇？　(A)需要使用統計及實驗設計　(B)需要適當的人數來評估　(C)需要適當的評估方法　(D)評估過程一定會有標準答案。

18. 下列敘述何者正確？　(A)感官品評希望使用獨立的品評員來達到其所需的品評數目。若沒有那麼多的品評員進行測試時，在差異分析試驗實施異同試驗時，在品評員不足的狀況，可以讓相同的品評員重複進行測試，以達到所需之品評員數目　(B)進行描述分析試驗時，一定要在專業品評室中進行　(C)可以使用消費者品評員來問產品的質量優良、中等及很差　(D)利用消費者測試進行產品測試，若 9 分法的分數高，表示產品質量較好。

19. 關於感官品評的現況，下列敘述何者錯誤？　(A)感官品評許多方法已經有制定 ISO 國際標準，制定最多的是消費者測試　(B)感官品評技術的應用面要廣，需要結合統計的多變量分析　(C)新興的感官品評技術，例如：自由選擇剖面分析，以消費者品評員來進行產品感官特性之描述　(D)感官品評技術除了應用產品開發與品質管制外，還可以使用在產品行銷與口味飲食文化上的分析。

20. 下列何者非感官品質和食品安全的關係？ (A)確認食品在儲藏過程中品質變化 (B)味好吃與否 (C)保存期限的認證 (D)摻假和分級。

21. 下列何者非儀器分析感官品質的方法？ (A)電子舌 (B)質地測定儀 (C)電子耳 (D)電子鼻。

22. 下列何者和科學化品評無關？ (A)控制原料製備 (B)統計方法 (C)品評專家 (D)品評環境。

23. 針對產品行銷市場研究之消費者測試人數應以幾位為宜？ (A)6~15 人 (B)8~10 人 (C)50 人 (D)100 人 以測量產品主觀印象接受性和喜好性。

問答題

1. 請說明有哪幾種品評的方法？它們在產品開發上的可能角色？

2. 試述說明食品感官品評分類「目的」及「功能」各分為哪幾類方法？

3. 請舉列說明感官品評在研究開發流程中可能之應用時機？

4. 請說明有哪幾種品評的方法？需要何種品評員？需要多少品評員？他們在產品開發上的可能角色？

5. 請舉例說明目前感官品評發展面臨到哪些問題？

申論題

1. 以下是某個研究報告中，使用感官品評試驗的內容，請說明這內容哪裡有問題？為什麼？

將香菇乾燥後貯藏於 PE 塑膠袋（厚 0.05mm，長 22.5cm，寬 15.5cm）中，加入乾燥劑，以封口機密封。於乾燥完畢隔日進行乾香菇人為感官評分試驗，乾香菇之人為官能品評分析是由 7 位具香菇乾燥經驗的品評者及業者進行評分。品評前，將樣品分別裝入事先已隨機編碼之透明 PE 袋中，品評乾香菇菌傘色澤、菌褶色澤、香氣及外觀喜好。人為感官評分試驗的評分方式使用 9 分制（1 非常不喜歡、3 不喜歡、5 尚可、7 喜歡、9 非常喜歡），品評員將針對乾香菇菌傘色澤、菌褶色澤、香氣及外觀整體喜好進行感官評分，喜好總分為統計菌傘色澤、菌褶色澤、香氣及外觀整體喜好的總得分。

2. 以下是某顧問公司協助香草餐廳研發香草蛋之感官品評試驗細節，請說明這內容哪裡有問題？為什麼？

產品為香草蛋，因此以便利取樣的方式取得願意配合的香草餐廳，以香草餐廳中的用餐顧客做為本研究的研究樣本。本研究完成品共有 4 種口味之香草蛋（玫瑰香草蛋、薄荷香草蛋、迷迭香香草蛋、檸檬香茅香草蛋），每種口味以 50 份問卷為樣本，合計共發出 200 份問卷，回收 200 份，有效問卷 200 份，經統計分析後希望能瞭解消費者對香草蛋的接受度。統計分析如下：

4 點量表之計分為，非常能接受為 4 分、能接受為 3 分、不能接受為 2 分、非常不能接受為 1 分，每位受試者在口感、風味、外觀、整體感之總分視為接受度總分，總分分數越高代表對該產品的接受度越高。經過統計整理後，接受度的情形如下：

玫瑰	M	SD	迷迭香	M	SD
口感	3.26	0.53	口感	3.34	0.56
風味	3.30	0.58	風味	3.22	0.62
外觀	3.20	0.61	外觀	3.24	0.48
整體感	3.30	0.65	整體感	3.28	0.49
總接受度	13.06	1.97	總接受度	13.08	1.66
檸檬香茅	M	SD	薄荷	M	SD
口感	3.30	0.46	口感	3.00	0.61
風味	3.26	0.56	風味	3.00	0.70
外觀	3.24	0.56	外觀	3.12	0.48
整體感	3.24	0.52	整體感	3.00	0.61
總接受度	13.04	1.54	總接受度	12.12	1.86

結果由表可看出，受試者在 4 種新產品上，感官品評的每一項目平均得分都在能接受以上，故可推知均高度為消費者所接受，若細分其接受度則依序為玫瑰、迷迭香、檸檬香茅及薄荷。

3. 以下是火星大學保健營養系專題報告中，使用感官品評試驗的內容，請說明這內容哪裡有問題？為什麼？

將雞油、豬油分別添加至 6 種中式點心（菜包粿、豆沙鍋餅、甘藷包、臘味蘿蔔餅、咖哩酥餃和蛋黃酥）比較其口感之接受性，以火星大學分子烹飪系 30 位同學進行官能品評試驗，分別就風味、質地和外觀上予以評分，最差為 1 分、中等為 4 分、優良為 7 分。

成品	風味		質地		外觀	
	雞油	豬油	雞油	豬油	雞油	豬油
菜包粿	5.63[a]	4.10[a]	5.03[a]	4.09[a]	5.50[a]	5.47[a]
豆沙鍋餅	5.17[a]	4.53[a]	4.67[a]	4.30[a]	5.17[a]	4.77[a]
甘藷包	4.80[a]	4.47[a]	5.30[a]	4.67[a]	5.23[a]	4.63[a]
臘味蘿蔔餅	5.97[a]	5.73[a]	5.87[a]	5.50[a]	5.60[a]	5.47[a]
咖哩酥餃	5.30[a]	5.30[a]	4.87[a]	5.23[a]	5.30[a]	5.53[a]
蛋黃酥	4.43[a]	4.97[a]	5.00[a]	4.83[a]	5.43[a]	4.93[a]

3
CHAPTER

食品感官特性及品評的生理與心理基礎

Sensory Characteristics of Food and
Physiological and Psychological Basis of Sensory
Evaluation

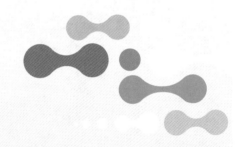

學習大綱

1. 認知感官特性的哲學內涵
2. 建立食品的基本感官特性與分類概念
3. 熟悉人類感官的生理基礎
4. 瞭解感官品評的心理基礎
5. 食品感官特性的交互作用及其應用

PRINCIPLES AND PRACTICES OF
SENSORY EVALUATION OF
FOOD

建議課程時間：4 小時

是諸法空相，不生不滅不垢不淨不增不減，是故空中無色，無受想行識，無眼耳鼻舌身意，無色聲香味觸法，無眼界乃至無意識界，無無明亦無無明盡，乃至無老死亦無老死盡。無苦寂滅道，無智亦無得，以無所得故。

——《般若波羅蜜多心經》唐代玄奘大師譯

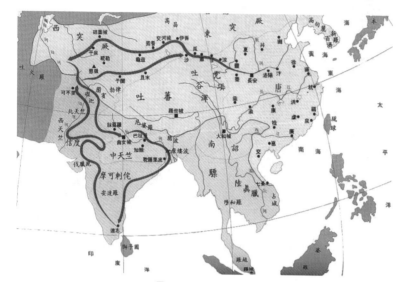

■ 圖 3-1　唐代玄奘大師及取經路線圖

很多人在學習科學的過程之中，總以為科學是科學，哲學是哲學，兩者不是一回事，但是大家都知道博士這個學位叫做 Ph.D.，原為 Doctor of Philosophy 的簡稱，直接翻譯叫做哲學博士，但並非所有的 Ph.D.都是專攻哲學的，而是把 Ph.D.當成學術型博士學位的通稱。會如此引用是因為身為任何學術領域的 Ph.D.，雖不需對哲學有所專精，但研究的內涵卻不能沒有自己的一套哲理作為指導原則或架構基礎，否則其研究必然是空洞無物或毫無中心思想而不值一哂。同理，為了科學而科學所形成的學問往往只能是徒具形式而無血肉的知識碎片，從這個角度來看，感官科學如果沒有哲學思辨作為基礎，其發展恐怕也難以長久，因為將來人工智慧擬真到某個程度的時候，必然可以做到「無中生有」、「以假亂真」。目前已經有科學家進行擬真頭盔的研發與應用（如圖 3-2），他們將遠地拍攝、收集的影像、聲音、氣味、觸感甚至口感等訊息傳輸至電腦並輸出至擬真頭盔，而頭盔裡的裝置則盡可能將所有的感官效果擬真重現，使遠距的配戴者能夠有身臨其境的感覺。由於傳輸資料量較傳統的影音訊息更多，勢必要運用「雲端、大數據」與 5G 以上的傳訊技術，屆時不僅僅可即時感知，也可儲存。當人類能充分應用到如此全方位的感官資料時，又或許感官科技要讓人體驗「色即是空，空即是色」的境界，將是易如反掌的一件事。

感官科技新知

Principles and Practices of
Sensory Evaluation of Food

擬真頭盔，非洲草原嗅聽看

蔡筱雯／綜合外電報導

英國學者宣稱打造出一種能模仿五官感覺的擬真頭盔，戴上頭盔之後就能跨越時空體驗全球各地風光，使用者就算在家也能嗅到非洲大草原的氣味，或曬到加勒比海的溫暖陽光。英國約克大學與沃威克大學合作研發的擬真頭盔(virtual cocoon)，內部有高解析度螢幕與環繞音響，還有能傳送冷熱空氣的風扇，能組合各種氣味的化學成分，以及能刺激口腔味覺的裝置。

5 年內量產售價 7 萬

學者的構想是先在世界探訪風土民情，不但拍攝影片、記錄聲音，也把當地氣味、溫度和口味，全都分析轉成數位化資料，把資料輸入特製軟體後，再經由電腦無線傳輸到頭盔就能複製情境，營造身歷其境效果。學者認為這種頭盔不僅能讓「虛擬人生」(second life)之類的電腦遊戲變得更加逼真，還可編成歷史教材，更可用來訓練軍、警、消防人員，不用涉險也能操練。學者前天在倫敦展出擬真頭盔的原型設計，預計 5 年內可量產，硬體部分售價約 1500 英鎊（7 萬 4250 元臺幣）。但部分人士擔憂，有了擬真頭盔，宅男宅女日後更有藉口不出門，跟真正世界將越來越疏離。

2009 年 3 月 6 日蘋果日報

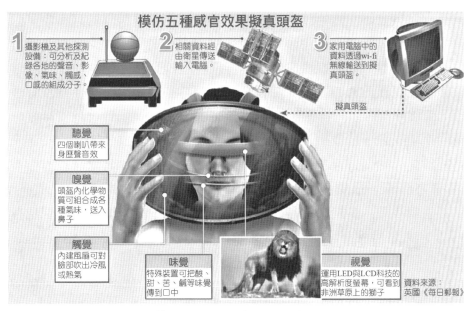

圖 3-2 擬真頭盔示意圖

　　果真到了這樣「蝶夢」般的未來，感官科學難保不被濫用而失去了方向，沒有中心思想卻迅速發展到極致，也容易莫名暴走，在「虛空中空虛」而失去了本心，一下子就到了盡頭。就如同 1958 年春天至 1960 年夏天好萊塢發展嗅覺電影(smell-o-vision)與香氣電影 (aromarama)噱頭那樣，不僅僅是因為當時遭遇到氣味常無法精確對應劇情傳送而混雜、干擾、吸附或久久無法排空、消散等技術問題，導致曇花一現、戛然而止。深究其實，也在於科技的進步能否展現其感官體驗的背後意義與感動，或許才是最重要的關鍵。因此，學習與運用感官科學的過程中需要釐清其哲學思維時，即使再怎麼難懂也切莫輕忽了哲學底蘊的軟實力對未來的影響。

　　其實除了哲學之外，更多人以為宗教與科學是兩碼子不相干的事，這亦是輕忽了信仰背後的影響，因為信仰會建構不同的觀點，不同的觀點會讓我們自以為找到了真理，卻充其量只是建構了一個模擬真理的虛空世界而不自知。就好比我們以為科學就是客觀，否矣！科學只是追求客觀，希望能夠達到客觀，盡可能趨近於客觀，但永遠達不到絕對客觀。又好比有些人以為科學就是真理，差矣！科學只是追求真理的一種手段，希望能看見真理的一種方法，但科學不等同於真理本身。畢竟，在許多人的心中上帝才是真理，然而，「上帝擲骰子嗎？」(Does God Play Dice？)

　　乍看之下，許多人會以為這是個宗教議題，其實，這是一本談論量子物理史話的暢銷科普書籍（曹天元著，八方出版）中的對話，書中許多內容都提醒讀者別以為科學家就沒宗教立場，恰恰相反的是許多科學家在發展科學的過程中早已經打定主意要彰顯上帝的大能了。在牛頓古典力學被確立後，許多科學家認為所有天體的運行都可以精確計算，只要提供的條件夠詳細，就能夠預知得越準確。換言之，一切都命定了，如果預測會有誤差，那只是因為還有些細微的修正參數沒有被找到，沒有機率、或然率這回事，也就是說：「上帝不擲骰子。」上帝早就安排好一切的宿命論。愛因斯坦在量子論戰中也自始至終認為上帝是不擲骰子的，他終其一生堅強地捍衛這一觀點。然而近百年來，在量子力學的發展過程中常常發現有很多現象如果不用機率來解釋，很難搞懂許多事情；海森堡的「不確定原理」(uncertainty principle)更告訴我們「測量」這個動作往往有可能會干擾被測者（特別是在量子尺度下），那麼結果當然就有可能測量不準，事實與真相也就無從揭曉了。上述科學的發展過程告訴我們說「上帝真擲骰子」，許多事情的發展端看我們怎麼評價、測量，由於評估的方式不同，因此與被評估的對象勢必會產生不同的互動，於是所得到的觀察必然不同，也就沒有絕對的結果，連上帝也說不得準，上帝並沒有安排所有的事，你的想法、你的意識介入可能會讓結果改變，這是造命。現在，讓我們將話題拉回感官科學這裡，感官科學怎麼能排除人的意識作用呢？當然不能，相反地感官

科學就是要面對人的感官活動，包括心靈、意識的感知與表達，然而，我們真的認識人的「意識」是什麼嗎？

《般若波羅蜜多心經》是佛教著名的經典，心經講的是修行所證悟的境界，經典上說修煉至「般若波羅蜜多」這樣「通達真理的無上圓滿智慧解脫」的境界時，可以照見「色、受、想、行、識」等五蘊皆為無實體的空性，因此，可以感受到空的境界中會是一種無「眼、耳、鼻、舌、身、意」、無「色、聲、香、味、觸、法」的狀態，事實上，這是超世界的體驗，自肉體的感官乃至七情六慾中解脫出來的覺受。若以反向來思維，我們認知這個物質世界的方式不正是仰賴「眼、耳、鼻、舌、身、意」去感知種種的「色、聲、香、味、觸、法」等刺激的綜合作用，而形塑了我們理解世界的輪廓嗎？若是除去這些感官識別的能力，我們將無法在大腦中建構這個世界的樣貌。換言之，人類的生理感知可以從眼、耳、鼻、舌、身等五種感官，獲得形色、音聲、口感等三種物理特性與香氣、味道等兩種化學特性；人類又可藉由心靈體會在大腦產生的「意」識作用以瞭解事物的邏輯推演、人情世故的七情起伏與六慾變化等意念判斷所形成的心理特性（圖 3-3）；綜合生理與心靈的兩大作用便形成了我們認知世界的方式，當然也包含了我們如何評價食品。

科學的訓練讓我們養成了一種凡事都要客觀的「習慣」，因此我們時常希望借助於再現性良好的儀器設備作為參考，這是因為人的感官對於一般世界的感知是有侷限且容易變化的。所以，當儀器設備可以偵測人類無法偵測到的現象且更加精準時，便成為人仰仗的工具，久而久之養成了一種依賴，似乎沒有儀器設備的測量就不能稱之為科學。但在面對感官相關研究時，許多無法測量的現象就變成大問題了，這也是感官研究成為「科學」

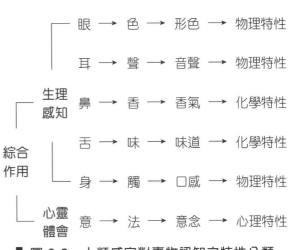

■ 圖 3-3　人類感官對事物認知之特性分類

的路途上所遇到的艱難困境。何況宗教不僅觸及一般世界的感官，更常面對的是超感官的知覺，講究的是個人親身實證，而食品感官特性的測量或感受亦然，對一個從沒吃過的東西，不論他人再怎麼描述都比不上直接享用來得更容易明白箇中滋味，除非這項食品的風味、口感已可用其他常見的食物來經驗類比。換言之，對於完全沒有經驗的人，除非能夠親身實證，否則很難用其他的方式來瞭解；就好比對一個天生色盲的人，我們如何能讓他瞭解色彩呢？蘋果紅與櫻桃紅有何差別？玫瑰

白、百合白與乳白色又有什麼不同？對於許多無法形容的體驗或者必須要親自經歷才能夠深刻明白的事情，我們常以「如人飲水，冷暖自知」來比喻，而人的感官不但有天生敏感度的差異，更多的時候是因為經驗、訓練，或是有無文化薰陶乃至於習慣養成等而造成種種不同，更何況超感官知覺還得靠啟發、鍛鍊才能成就，這些狀況不光造成感官差異的問題，也牽涉到許多現象存在與否的問題。

莊子與惠子游於濠梁之上，莊子曰：「鯈魚出游從容，是魚之樂也。」惠子曰：「子非魚，安知魚之樂？」莊子曰：「子非我，安知我不知魚之樂？」惠子曰：「我非子，固不知子矣。子固非魚也，子之不知魚之樂全矣。」莊子曰：「請循其本。子曰：『汝安知魚樂』云者，既已知吾知之而問我，我知之濠上也。」

—《莊子·秋水》

莊子究竟是詭辯還是他真能夠達到與萬物同一體的境界了呢？惠子懷疑莊子如何能感同身受地瞭解魚的快樂，本是從「人不能知魚」的角度出發，但莊子卻聰明地讓惠子掉入「人亦不知人」的辯論陷阱中，讓惠子承認他不是莊子，所以無法知道莊子的感受。但人總是可以經由一些訊息而知道別人的感受，所以人其實可以知人，那麼人為何就不能知魚之樂呢？而莊子是否真能感知鯈魚的快樂呢？仍是一宗懸案。生活經驗告訴我們，人飼養貓、狗等寵物確實是可以知道寵物的情緒，但若要談到「蝶夢」般的超感官知覺，就並非人人都能夠有此體驗，但是我們寧願認為莊子已經到達如斯這般的哲學境界，這種境界存在否？還是那一句話：「如人飲水，冷暖自知」了。

言及於此，本章並不在爭論到底歷史上關於科學的宿命論正確，還是造命論有用，也不是要闡述宗教觀點對食品感官品評有何影響，而是希望借助宗教經典裡的智慧為引子，帶領我們重新認識「感官」，畢竟「感官科學」特別重視以「人」為本的實證體驗與表述，這點與宗教並無二致。要研究人類感官，靠儀器測量不如直接以人自身為儀器來做為實驗工具，但研究者要摒除的卻是自身的成見才行，不僅是自身的感官成見，更要跳脫身為一個科學工作者對儀器依賴的成見。能夠尊重並體認到每一位品評員的感官體驗與表達都是值得關注的現象，藉由統計方法找出哪些現象是普遍存在而可以經常被驗證的，哪些又是具有相當程度的個體差異，而差異的來源又是可以經由分析而被解釋或闡明的，這些正是進入感官科學領域的基本素養。因此，感官科學要運用人的感官作為量測與品評工具的作法，不僅僅從解剖學、神經生理學與心理學等現代科學的角度來看必須能夠有所依據，也要從哲理的辯證邏輯中獲得不偏的立場與觀點，使感官品評在學理及應用上皆有依歸。

感官科技新知

我是機器，但我能感知你的快樂！
能感知人類情緒的互動型機器人 Pepper

　　日本軟體銀行(Softbank)社長孫正義於 2014 年 6 月 5 日推出了一款具有學習能力和情感表達的個人機器人「Pepper」，這款機器人是軟體銀行與法國機器人公司 Aldebaren 合作設計，並由鴻海代工生產，已於 2015 年 2 月正式上市熱銷。Pepper 配備 10.1 吋觸控螢幕與無線網路，單次充電可持續使用 12 小時，最特別的是可藉感應器、語音辨識、距離辨識等功能與人互動。由於可依循學習曲線逐漸開發其情緒辨別能力，並依雲端計算快速學習、進化，故可跟隨主人的喜怒哀樂而表現出人工智慧的情緒反應以及語音互動。目前日本為高齡化社會，軟體銀行將 Pepper 的功能設定在扮演醫療照護人員、保母或同伴等陪伴型的角色，與雲端技術充分結合，其軟體運作仍有擴充升級空間。因為感知情緒與情感，並且能適度地用語言、表情、肢體動作等方式表達是相當複雜的過程，也是人類與機器甚至動物不同的地方，如果科技已進步到克服這些困難，那麼相信不久的將來，機器人將大舉進入一般家庭與個人的生活空間了。

▌圖 3-4　機器人 Pepper

3.1 食品的基本感官特性與分類 ⏣

　　食品或食物提供的基本感官特性如前所述，可以分為物理特性、化學特性與心理特性等三大類，若以 Kramer 所提出的感官品質關係圖（Kramer 迴圈）（圖 3-5）來說明食品感官體驗的過程，則可以分為三個階段。

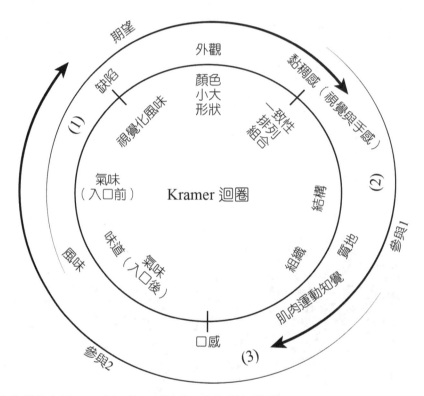

食物從放在盤子，拿起來吃到吞嚥，分為幾個階段：
(1)第一階段—放入嘴中之前（期望）：視覺化的風味、質地、外觀和氣味等
(2)第二階段—吃（期望與參與1）：參與的部分以咀嚼為主
(3)第三階段—吃（參與2）：這部分以咀嚼後到吞嚥為主
繼續拿新的食物送入嘴中：一個連續的反饋而給予食物整體印象

▌圖 3-5　Kramer 的感官品質關係圖與品評迴圈

　　第一階段是期望階段，從視覺化的風味出發，食物可能會散發氣味，並且與外觀的顏色、大小與形狀是否有缺陷，巨觀的將單元組成一致性乃至於微觀的將組織結構再排列與組合，形成消費者對享用食品的期待；可從視覺動態的觀察其食物黏稠狀，抓取食物時是否具有黏稠的手感等，讓消費者開始品評或評價。第二階段則

開始參與了品評，即以手碰觸抓取將食物送入口中咀嚼為主，由於食物送入口中咀嚼不久，唾液尚未充分將食物的水溶性成分溶解，揮發性物質也尚未完全釋放，故此階段主要在感知食物的組織結構，亦即質地變化的相關印象。感受質地的方式可用眼睛觀察、手部接觸、口腔咀嚼，咀嚼時發出的酥脆或清脆聲響與震動亦可為評價質地的參考，屬於肌肉運動知覺作用的互動。到了第三階段，在咀嚼的口感基礎下，以舌頭品嚐味道，並同步品嚐入口後的氣味，此氣味可於咀嚼過程中從喉嚨隨呼吸氣流帶至鼻腔，也可飄至口腔外，亦隨呼吸氣流帶回鼻腔，此階段則以咀嚼至吞嚥過程反覆品嚐其風味為主。第三階段結束前，大腦已進行了分析、判斷，並給予了評價，因此，若再拿取食物送入口中進行第二輪品嚐時，就是開啟了第二輪的期望與參與。

因此，從食品感官品質(food quality)的角度搭配 Kramer 的品評迴圈來看，我們整理了其中與感官特性相關者，有外觀(appearance)、香氣（aroma 或 odor）、風味(flavor)與質地(texture)等四大項（表 3-1）。一般而言，這四大項食品感官品質都不會只與單一類感官特性連結，例如：最簡單的外觀主要以視覺作為接受、覺察的感官來源，但心理特性對於解讀外觀意義的影響卻是最快速而直接的。好比顏色對不同國家、不同文化的人會有不同的含義，通常也會與食物品質相連結。又例如：紅酒入口前，會先以鼻子嗅聞感覺其香氣變化，並與經驗記憶相互參照，入口後先感受到的是風味的釋放與感受，也是味覺(gustatory)、嗅覺(olfactory)與口腔內觸覺(tactile)共同配合完成的一種品質，由意念進行同步評價；同時也會感受到質地，質地是以觸覺為主體的物理性或機械性感受為主，加上聽覺的輔助。最後再綜合由意念體會是否具有愉悅或樂趣等感動。綜合四項食品感官品質評估可以發現，其共通點都是需要意念的導引，不論是給予強度識別判斷的分析型品評，或是給予情意、喜好或接受與否表達的嗜好型品評，若無「意念」的運作參與，恐怕品評員真的只會像機器人一般，一個刺激測試就給予一個反應表達，而這樣的品評充其量也只能稱為「官能測試」罷了，難以達成「感官分析」所肩負的功能與意義了。茲以外觀、香氣、風味、質地等順序，將食品的基本感官特性分述如下。

表 3-1　食品的基本感官特性與食品品質之關連

感官特性	感官分類	識別特徵	覺察部位	外觀	香氣	風味	質地
物理	視覺	顏色、形狀、大小、排列、組合，缺陷與否	眼睛／視網膜、視桿細胞與視錐細胞	+++			
	聽覺	聲音（響度、音調、音品），悅耳與否	耳朵／鼓膜、聽小鼓、耳蝸神經末梢細胞				++
	觸覺	碰觸、壓力，舒適與否	口腔、手、皮膚／觸覺小體、層板小體			+	+++
		溫暖、寒冷、疼痛，舒適與否	口腔、手、皮膚／溫覺小體、冷覺小體、游離神經末梢			+	++
化學	嗅覺	氣味，香臭與否	鼻腔／嗅球		+++	+++	
	味覺	酸、甜、苦、鹹、鮮，可口與否	口腔／舌頭、味蕾、唾液分泌			+++	
心理	意念	品評過程的綜合印象、時間記憶（如餘後味）、經驗判斷、價值觀與熟悉感，感動與否	大腦	++	++	++	++

註：＋填入代表該感官特性與特定食品品質有連結，填入數量越多代表連結越深

3.1.1　外觀

　　單一食物的外觀品質是由顏色、形狀、大小所構成，若牽涉到包裝、擺盤、裝飾或多項食物的互相搭配，則還可以加上排列、組合等特性，這些外觀特性基本上由視覺來感知，並由大腦收集相關資訊後做出是否美觀、順眼、好看或者具有缺陷與否等判斷。食物還沒有入口之前，視覺通常是第一個評價食物品質能不能被接受的感官系統，具有相當重要的意義。遠古時代在野外收集食材，要能辨別野生植物、果實、種子等能否被食用，從外觀的顏色、形狀、大小等資訊來與自身經驗比對是相當重要的。我們不能也不應該把所有採集來的東西直接送進口中品評來確定這些東西是否可以被食用，否則還沒有找到可以吃的東西，甚至還沒吃一頓飽，就已經先毒發身亡了。其次食物種類有無缺陷、損壞甚至於長蟲、發黴、腐敗等特徵往往

都可以從外觀來檢視，最重要的是外觀的檢查通常對食物都是非破壞性的檢驗，也不需讓明顯有問題的食物入侵我們的腸胃道而可能造成危害的方式來做為測試，讓人們可以花最少的代價或風險來達到評價的目的。換言之，可以用外觀作為食品品質檢驗的有效標的或試驗的方法，都會優先被採納的。

一般人對食物外觀的要求會隨著年紀增長而有差異，例如：嬰兒對外觀並不會有太多想法，主要是他們對食物的選擇權相當有限，也無法具體表達喜好，但對 1 歲以上的小孩，食物的外觀就會開始變得重要。小孩對於顏色鮮明、對比，形狀線條呈現簡潔的幾何圖形的誇張物體相當喜愛，因此五顏六色、大紅大紫的糖果永遠是小孩的最愛。但成人就不見得會如此喜歡，特別是對一些人工色素調配得不夠自然的顏色，會有警戒、不安的想法，常依理性作為外觀判斷選擇的依據，只要食物沒有壞掉，外觀即使稍微有點缺陷也會拿來食用，不像小孩對外觀的偏好如此極端。

大多數人對於食物外觀品質的判定，畢竟還是會根據一般經驗上所謂「正常」的顏色作為決定，例如：蔬菜以翠綠優於偏黃，肉色以鮮紅勝於黯淡，又或者葡萄酒的顏色總不能是綠色或藍色，不然必定是生產過程發生了重大的問題，如汙染或被額外添加人工色素等。試想如果一套餐點裡看到的是綠色的牛排、紫色的炸馬鈴薯與灰色豌豆，豈不令人作嘔？但對於幼小的兒童而言，反應就沒那麼激烈，倒可能覺得新奇，因此，經驗確實會影響我們對食物顏色的評價與判斷，環境亦然。

一般而言，判斷桔子汁的好壞，顏色就佔了 40%的重要性，有些廠商生產加工食品時發現，即使風味、質地完全相同與天然的食品特性相同，但顏色不同時，消費者可能是無法接受的，例如：瑪琪琳(margarine)的原料是氫化植物油，原本是白色的，但卻無法被消費者接受，因此令廠商不得不添加黃色色素加以改善。天然食物的形狀、大小對於

▎圖 3-6　市售別具特色的西瓜

消費者而言，仍具一定的重要性，基本上應形態飽滿、大小適中為一般準則，當然所謂的大小適中與否還是得與正常情況下做比較，最好能滿足經驗法則。較小或畸形的農產品，只要風味、質地良好，仍有一定的銷路，但價格總是較差。就好比有

些食品商家會以便宜的價格販售所謂的外觀有缺陷的 NG 品，由於其衛生安全、風味與質地都沒有問題，其實也有一定的消費者可以接受，但一般而言，外觀的缺陷確實會造成消費者將產品列為品質不良，只願意花相對較低的價格來購買。然而，形狀的改變也有成功的案例，例如：方型西瓜（圖 3-6），除形狀外，其他特性都與一般西瓜相同，卻能獲得不少消費者青睞以相當高的價格購買，顯然別具特色的形狀有時反而能成為賣點，因此，外觀特性確實是相當重要的一環。

3.1.2　香氣

　　香氣主要指的是食物或食品尚未置入口中，純粹以嗅聞的方式所感知的氣味，因此，與風味的定義不太相同，換言之，此處談的「香氣」指的是單純且直接由外部吸入鼻腔嗅聞而感知的氣味，非經口腔而來。當然，咀嚼的過程，口中的食物會持續釋放氣味，此氣味除了會經由外部而吸至鼻腔，還可以從喉頭經過呼吸帶回鼻腔的管道而被感知，此二路線一起作用則屬於「風味」的感受，也較為複雜，與此處談到的香氣不太一樣。因此，喝咖啡時，我們習慣先以鼻子湊近咖啡，先嗅聞其香氣，享受此香氣的特質與層次，喝茶、喝酒亦復如是。用餐時，面對熱騰騰、香氣撲鼻而來食物，我們第一個動作往往也是先以鼻子嗅聞，因此，以感官品評來檢視食品品質時，先看外觀，接著通常是嗅聞香氣，然後才是將食物入口咀嚼感知其風味與質地。

感官科技新知

Principles and Practices of
Sensory Evaluation of Food

　　吃生魚片的時候發現沒有芥末醬，只要換個叉子來吃生魚片就可以解決了？怎麼做？你是否曾經在吃你不想嚐到味道的食物時，伸手捏住鼻子硬吞下去？而且這個方法真的有效！這是因為當我們在吃東西的時候，影響食物嚐起來如何的感官，不僅是味覺，還有嗅覺。我們味覺能嚐出來的味道只有 5 種：酸、甜、苦、鹹、鮮，但我們的嗅覺可以分析出更多種微妙的氣味。因此，如果將味覺與嗅覺兩者結合，品嚐食物便會有更多的可能性，例如：當我們在吃某樣食物時，若是聞到不同氣味，則會覺得嚐起來有不同的感覺。

　　MOLECULE-R 新推出的產品 AROMAFORK 就是利用這樣的特性，玩起這兩種感官的遊戲，用嗅覺顛覆單純的味覺感受。這個產品包含四支叉子、吸水紙、滴管，以及 21 種不同的香液。只要將吸水紙放入叉子上特殊設計的缺口，並用滴管滴入香

液，便能使用這支增添了氣味的叉子來吃東西，開始全新的體驗！這 21 種香液分成
6 種類別，有豆類：巧克力、咖啡、香草；水果類：香蕉、荔枝、百香果、草莓；芳
草類：羅勒、胡荽葉、薄荷；堅果類：杏仁、椰子、花生；辛香類：肉桂、薑、墨西
哥辣椒、山葵，以及鮮味類：奶油、橄欖油、煙燻、松露。想知道在吃烤牛排的時候
聞到薑味，或是在吃歐姆蛋時聞到薄荷味，會是什麼樣奇妙的感受嗎？你該試試
AROMAFORK！

Brain.com 2014-7-29

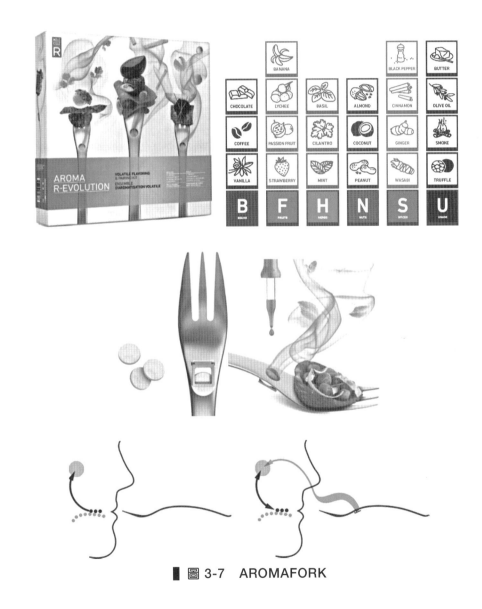

■ 圖 3-7 AROMAFORK

3.1.3 風味

　　風味主要指的是食物置入口腔中咀嚼至吞嚥過程的整體感覺，由味覺、嗅覺與口腔內觸覺所綜合的表現，但不全然涉及質地的感受。如前所述，風味常被誤為單純嗅覺或味覺的代稱，事實上，沒有經過口腔的嗅覺感受，僅是香氣的呈現，不能構成風味，而沒有嗅覺只剩味覺的感知，也不算是風味，風味的主體是味覺與嗅覺於咀嚼過程中的交互變化，其次便是口腔觸覺於感知的口感變化與主體之間的搭配。

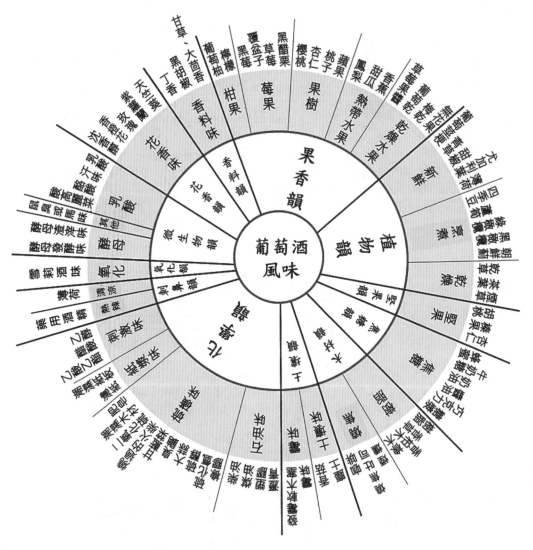

Source: American Soc. for Enology and Viticulture

■ 圖 3-8　葡萄酒風味輪（資料來源：American Soc. For Enology and Viticulture）

　　因此，風味以嗅覺感覺氣味的香臭與否及其變化；又以味覺感知味道的酸、甜、苦、鹹、鮮等可口與否及其餘後味的展現；同時於口腔中的觸覺可以碰觸、壓力感受咀嚼過程舒適與否，會不會有澀、辣、涼、熱等感覺的呈現。整體過程相當複雜，其交互作用將於本章第五節介紹。正因為風味的呈現過程較為複雜，因此，學者專家便發展出風味輪、開發出風味剖面法(flavor profiling method)，作為感官分析的方式，又於日後發展出定量描述分析(quantitative descriptive analysis, QDA)、列譜分析(spectrum analysis)等方法，可用以掌握風味，進一步結合統計的多變量分析，作為產品研發與行銷之依據。

　　舉例而言，葡萄酒的感官品鑑系統發展由來已久，葡萄酒風味相當多元，經專家們長期經驗累積，已將各種葡萄酒可能呈現的風味系統化地分類而製成風味輪(flavor wheel)，如圖 3-8。葡萄酒風味輪最內圈為大項的分類，共計有果香韻、植物韻、堅果韻、焦糖韻、木材韻、土壤韻、化學韻、刺鼻韻、氧化韻、微生物韻、花香韻、香料韻等。而各韻之下又細分為不同的氣味類別，例如：果香韻底下就分為柑果、莓果、樹果、熱帶水果、乾燥水果等類別，而其中柑果類又分為葡萄柚味、檸檬味等氣味。由於並非所有的葡萄酒都同時具有風味輪中的所有氣味，就算具有相同氣味種類的兩種酒，其氣味的含量與飲用前、中、後所表現的食韻也會有所不同，帶來不同的趣味，引發愛好者已知其然又想知其所以然而一探究竟的熱情，因此使葡萄酒的感官品鑑活動不僅具有消費時尚的經濟價值，也兼具有專業知識的深度，令人樂此不疲。

3.1.4　質地

　　要能夠感知食品或食物的質地，主要可以藉手部、嘴脣與口腔內的肌肉或牙齒施力給予碰觸與壓力來感應觸覺的舒適與否，其次可由聽覺辨別咀嚼或用手施力敲打或折斷食物後的聲音特性或悅耳與否來加以判別。而食物的溫暖、冰冷等性質也會影響觸覺對口腔中食物質地變化的感知能力。咀嚼過程中，食材於口中被體溫作用，其黏彈性或流變性亦隨即產生變化而被感知。此外，食物的視覺特性雖非質地，而是被用作觀察「外觀」品質的依據，但食物被觀察到的表面顆粒大小、粗糙或纖維排列紋理等特性則仍會被當做印證質地的參考。比如某些包裹內餡的食品被手扳開後，內餡若為糖漿、融熔的巧克力或濃湯等具有流動性而產生俗稱「爆漿」的情形，視覺動態的觀察可印證口感黏稠與否的質地特性，並強化腦中對質地感受的印象。但原則上，質地主要還是藉由聽覺與觸覺來感受，好比蔬果類固體食物（例如：蘋果、脆瓜）乃至洋芋片的硬度和脆度等品質，除了以口腔中的觸覺來感知，咀嚼時所發出的清脆聲音也成了享受飲食樂趣、吸引消費者的質地特性。又如挑選西瓜時可用敲打、聽音作為品質判斷的參考，而以手觸壓肉類和魚類來感知其黏彈性亦可作為食材品質、新鮮度的參考。

3.2 人類感官的生理基礎

　　人類感官的生理基礎是藉著各種感覺接受器官，如眼睛、耳朵、鼻子、舌頭、皮膚等，以其具備之感覺器或感受器感應了光線、聲音、氣味分子、呈味物質或食物接觸的應力或溫度變化後，使神經細胞去極化產生了神經衝動的電流，並經由神經纖維傳遞至大腦的各個相應的皮質或特殊部位而有了各種不同的感覺。當各種感覺經過整合，包含心理的作用，便產生反應並進而生成大腦的記憶，最後便形成了感官嗜好性（如圖 3-9）。

　　不同個體對相同刺激，會產生不同反應；同一個人在不同情境下，對相同刺激也有不同反應。因此，感官品評同時兼具有感覺(sensation)與知覺(perception)的相互作用，感覺的形成是以生理為主，而知覺的形成主要是以心理為主，且感覺是知覺的基礎；通常知覺具有的個別差異又較感覺部分更大且受到許多個體種種身心狀態的影響（表 3-2）。因此，本節主要的重點在討論感官的生理基礎，而下一節則將重點放在感官的心理基礎。

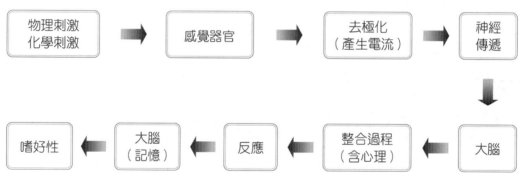

圖 3-9　感官的生理反應（感覺）與心理嗜好（知覺）的形成途徑

表 3-2　感覺與知覺之比較

名詞	意義	比較
感覺	人藉著身體感覺器官，接受外在環境各種資訊，以瞭解和辨別外在刺激的屬性	主要感覺包括視覺、聽覺、嗅覺、味覺及皮膚覺等，職司感覺器官稱為五官，尚有觸覺、痛覺、溫度覺、平衡覺及運動覺等
知覺	個體接受外界訊息之後，對這些訊息分析、解釋與認知的心理歷程，具個別差異	受外界刺激及身心狀態的影響，像是個人智力、人格、情緒、期望、過去經驗與知識的影響等，感覺與知覺息息相關

　　人的感覺器官能夠感覺到個別不同之刺激，主要是因為不同的感覺器官都具備有各自功能不同的特殊感受器，而這些感受器的類別不外乎化學感知與物理感知兩大類。嗅覺與味覺主要依賴的便是化學感知，揮發性物質的感知多由嗅覺負責，而水溶性成分的感知則多由味覺負責。物理感知可細分為光學、機械性與溫度等三種感知，光學感知由視覺負責，而機械性的感知則由聽覺感受聲音的震動，以觸覺來體察物性變化，溫度則多列入觸覺一併討論。以上這些感受器便構成了開啟感官知覺的第一線生理基礎（表 3-3）。

　　感受器要對刺激產生反應，並非只要有任何微弱的物理刺激或化學成分含量就會產生反應，必須大過一定的量或濃度才能夠被感應到，這樣的概念稱為「閾值」。換言之，閾值越小表示感覺越靈敏，反之亦然。表 3-4 列有常見的味道與香氣化合物的識別閾值，僅供參考。閾值的概念對於食品的配方研發與調整以及品評員的篩選與訓練等皆具有重要意義，因此，有關各種感官「閾值」定義的詳細敘述、測定方法及其他相關資料，請見第 4 章。

表 3-3　不同感官所對應之感知型式及其分類

感知型式	感受器型式	感受器方式	對應感覺
化學感知 chemoreception	化學性感受器 chemoreceptors	化學性感受器受到化學物質的刺激而引發反應，連結次級信使系統(second messenger system)產生感受器電位(receptor potential)	嗅覺 味覺
光學感知 photoreception	電磁感受器 electromagnetic (photoreceptors)	光學感受器受到電磁脈衝（光子）的刺激，也是連結次級信使系統(second messenger system)產生行動電位(action potential)	視覺
機械性感知 mechanoreception	機械性感受器 mechanoreceptors	機械性感受器是物理的變形，感受器是一種可開關的離子通道(stretch-gated ion channels)，當感受器打開會增加離子電導	觸覺 聽覺
溫度感知 thermoception	溫度感受器 thermoreceptors	溫度感受器在皮膚上感受體溫、室溫及接觸物品的溫度	溫度 差異

註：　1. 光學、機械性與溫度等 3 種感知都是屬於物理感知，有別於化學感知
　　　2. 觸覺的機械性感受器有層板小體可以感受壓力，有觸覺小體可以感覺到碰觸，還有游離神經末梢可感覺碰觸的刺激與疼痛。但特別的是有些化學物質也可產生觸覺，被稱為化性觸感
　　　3. 溫度感知常被併入觸覺一起討論是因為溫覺小體與冷覺小體也在皮膚之中，只是這兩種溫度感受器所感知的物理量是溫度差異

表 3-4　常見味道與香氣之化合物的識別閾值

屬性		化合物	識別閾值(g/L)
味道	鹹味	食鹽（氯化鈉 NaCl）	1.19
	甜味	砂糖（蔗糖 $C_{12}H_{22}O_5$）	5.76
	酸味	檸檬酸(cirtic acid $C_6H_8O_7$)	0.43
	苦味	奎寧(quinine $C_{20}H_{24}N_2O_2$)	0.195
	鮮味	麩胺酸鈉(monosodium glutamate $C_5H_8NNaO_4$)	0.595
香氣	新鮮檸檬味	檸檬醛(citral)	0.01
	玫瑰味	香葉醇(geraniol)	0.01
	青草味	葉醇（順-3-已烯-1-醇 cis-3-hexen-1-ol）	0.05
	杏仁味	苯甲醛(benzaldehyde)	0.05
	香蕉味	丁酸乙酯(ethyl butanoate)	0.005
	酸敗或起司味	丁酸(butyric acid)	0.01
	丁香味	丁香酚(eugenol)	0.005
	馬鈴薯泥味或烤肉味	3-甲硫基丙醛(methional)	0.01

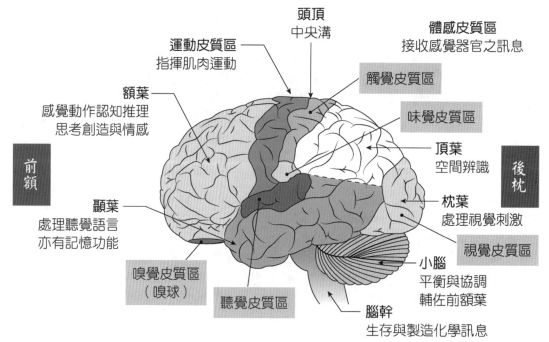

圖 3-10　各感官位於大腦的相應區域分布

整體而言，由感受器所收集的所有感官刺激反應最終都會傳遞至大腦，留下印象與心識作用；因此，近百年來大腦功能的解密實有助於我們瞭解感官的作用機制。由圖 3-10 可知，與視覺相應的大腦區域在後腦的枕葉形成視覺皮質區，聽覺相應的部位則在大腦兩側的顳葉形成聽覺皮質區，觸覺相應部位在頭頂中央溝靠近頂葉一側即為觸覺皮質區（亦即體感皮質區，其相鄰處、中央溝靠近額葉一側則為運動皮質區），至於體感皮質區下方鄰近顳葉的聽覺皮質區處即為味覺皮質區，負責接受味覺訊號。嗅覺感應區最為特別，位於前額的額葉下方內部的嗅球是大腦皮質的延伸，嗅覺細胞的神經傳導傳至大腦的第一站即是嗅球，因此，嗅覺是五官感覺中唯一可以直通大腦皮質區的感覺。

已知大腦是所有感官匯聚之處，大腦除了能接受感官的刺激，記錄相關訊號外，也能進行識別、分析，並與記憶連結，甚至於產生情緒反應。因此，除了上述皮質區外，感官刺激的神經電流訊號傳導過程並非直奔皮質區，事實上也會經過一些大腦的特定結構或區域而產生種種相應的生理或心理的反應。以往相關研究多以實驗動物（例如：老鼠）進行侵入式的試驗，在某些特定部位，插入電極以感應大腦或神經的電流傳導，必要時還得犧牲實驗動物，對其大腦、神經乃至感覺器官進行解剖、切片、染色等才能進行觀察，但結果常無法直接推廣到人身上，仍須更多實驗驗證，畢竟，我們在道德上不可以犧牲人來進行實驗，法規也不可能允許，因此研究進度常常停滯不前。時至今日，科技日新月異，許多非侵入式的實驗技術，如核磁共振的掃描技術（電腦斷層掃描），配合多種螢光蛋白基因技術，則可獲得大腦與其神經纖維的螢光圖譜的 3D 立體圖像。結果發現，大腦內部的結構並非一團高度連結但毫無秩序的電子線圈或草堆，反而像是具有連續網狀結構且經緯交錯的帶狀電纜，而大腦會依早期發育的線路連接，並以水平、垂直等方式建立脈絡，甚至還像公路的路標般具備「指示作用」，指示著神經纖維找到適合的連接點，防止神經纖維突然改變生長方向。由於相關技術為非侵入式，亦非破壞性的測試，有利於醫學界瞭解個體大腦的區別，不但有助於診斷治療腦部的疾病，也有助於科學家研究感官訊息在大腦中的反應機制，作為感官現象及其交互作用的生理解釋。

有鑑於現代科學越來越重視感官訊息在大腦中的感知機制，因此，以下對各感官知覺的介紹，除強調感受器感覺刺激的原理外，亦將闡述神經傳遞路徑，並與大腦感應區域相互連結，俾使學習者更加瞭解各感官對應大腦感知作用之生理基礎。

絕非一團草！首張大腦內部 3D 圖像極藝術品

國際中心／綜合報導

　　美國醫界和哈佛大學日前利用核磁共振的掃描技術，為人類大腦建立了第一個 3D 內部影像。過去很長一段時間，人們多認為大腦內的神經像一團糾結的「電線」，但影像證明，腦部的內部結構如同一個棋盤，且遵循著某種規律，十分驚人的「有條理」。「我們這些年以傳統掃描儀器所看到的並不是真實的大腦，而是大腦表面的影子。」參與研究的教授維登(Jan Wedeen)告訴英國《每日郵報》，他們為探究大腦 1 千億個細胞路徑、如何運作，便以這猶如彩虹般色彩的掃描圖來呈現真實的模樣。另一位教授里奇曼(Jeff Lichtman)指出，人類的大腦是目前已知最複雜和精細的物品，也是儲存記憶、表達情感、處理資訊和控制人類五官等最重要的器官，「但一直以來，人們都未能找到有效的方法來對其進行深入探究。」

　　里奇曼利用多種顏色的螢光蛋白基因技術，勾勒出動物大腦的神經網絡，透過「顏色」去追蹤神經細胞之間的連接狀況，「我們懷疑，一系列的神經系統疾病起因於和細胞的連結有了缺陷。」而這項技術也被拿來與核磁共振搭配，展現出大腦內部有多驚人。報導指出，大腦並非是一團糾結的電線，反倒像是經緯交錯的帶狀電纜，這網狀結構是連續的，會依照早期發育時線路連接的形成，以水平、垂直的方式建立起脈絡；而且還像公路的路標一般有「指示作用」，它能指示神經纖維找到合適的連接點，並防止神經纖維突然改變方向生長。

　　對此，美國國家心理健康研究院主任湯瑪士(Thomas R. Insel)指出，這張大腦內部的 3D 圖，將是人類神經解剖學史上的里程碑，「這新技術能揭示每個人大腦的區別，也有助於診斷治療腦部的疾病。」

2012 年 6 月 7 日 ETtoday 國際新聞

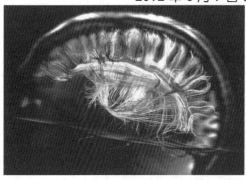
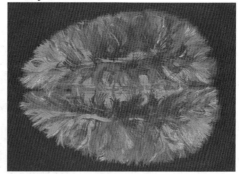

■ 圖 3-11　美國醫界和哈佛大學用核磁共振技術，獲得人類腦內的 3D 圖

視覺形成的原理是讓光線先打在物體上，有部分波長的光被吸收，有部分的光線折射後進入眼睛，通過角膜，虹膜及前眼房所形成的瞳孔後，到達水晶體，水晶體被睫狀肌調節厚度，使光線能夠在通過玻璃體（折射光線）到達視網膜，聚成清晰的影像。視網膜影像的光學能量就刺激了感光細胞，感光細胞引發視神經產生神經衝動並傳遞到大腦

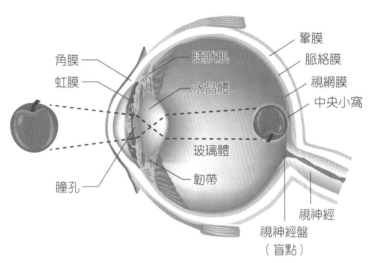

圖 3-12　視覺成像路徑圖

後側之視覺中樞，再由視覺中樞辨別看到的影像（圖 3-12）。

因此，光學能量的刺激是視覺形成的來源，光線不論有沒有打在物體上，能夠進入眼睛而被視網膜上的感光細胞所感應至為重要；換言之，並不是所有能夠打在視網膜上的光線都能被感光細胞所感應而形成視覺，自然界的光譜中僅有波長大約在 400~700nm（亦有資料顯示在 380~780nm）區間的光波才能被人類的感光細胞所察覺，而形成可見光譜（如圖 3-13）。至於波長在紅外線光譜以上與紫外線光譜以下區段的光，也因人類的感光細胞無法感應而無法看見，我們的眼睛也無從判別看不見紫外線有多強，在大太陽底下不戴太陽眼鏡，眼睛很容易在不知不覺的情況下受傷，就是這個道理。

視網膜上有兩種感光細胞，分別為視桿細胞(rod)與視錐細胞(cone)。視桿細胞負責暗視覺，暗視覺只能分辨明暗與黑白而無法分辨色彩，但在光線亮度低的時候對光線仍能維持一定的敏感度。視錐細胞負責亮視覺，又因為分化為三種細胞可感知短、中、長等不同顏色波長區域的光線，所以可以分辨色彩，但在光線微弱時較無法感應。另外，視錐細胞分布的區域比較集中在中央小窩，數量約有 6 百萬個；視桿細胞則分布於中央小窩周邊並依距離而遞減，數量約 1 億 2 千萬個；神經束集中的地方則沒有任何的感光細胞，即為盲點(blind spot)（圖 3-14）。

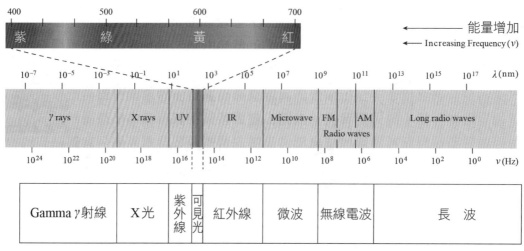

■ 圖 3-13　可見光譜位於全光譜區段示意圖

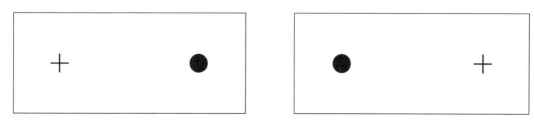

(a)閉左眼右眼看十字，調整距離至圓點消失 **(b)閉右眼左眼看十字，調整距離至圓點消失**

■ 圖 3-14　盲點測試

　　雖然，雙眼靠鼻樑側各有一個盲點，但是經過左、右兩眼視區的交叉重疊涵蓋後，一般人不易察覺盲點的存在。事實上，任何一隻眼睛的左半邊視網膜接收到的訊號刺激都會經由視神經傳導至右後腦，而任何一隻眼睛的右半邊視網膜接收到的訊號刺激也都會經由視神經傳導至左後腦；換言之，左右兩眼靠近鼻樑處的視網膜的神經訊號會經過視神經交叉而達到另一邊的後腦，然而各自靠外側的視覺訊號則仍各自傳到同一側後腦成像（圖 3-15）。由於光學影像經過水晶體成像於視網膜會呈現上下、左右顛倒的狀態，因此，眼睛的視覺影像被視網膜切割分開傳訊至大腦再重新拼湊影像的過程，具有高度「智慧型」設計概念。有些科學家認為若純粹以機率試誤、物競天擇地從單細胞生物演化，就要發展出這樣的視覺系統是極度困難的，其機率低到微乎其微，真的令人很難想像這背後完全沒有造物主的運作。然而既然無法證明是否有「上帝」的存在，卻又不能否認這精巧的構造極有可能就是由超高智慧者所設計而創造的，至於誰是那個超高智慧者，科學家沒有預設立場，也不願提供宗教式的回答，便聰明地使用了「智慧設計論」(intelligent design)這樣的名詞，如此避開了「不科學」的指控而重新撿回科學的「靈魂之窗」。

　　從視覺的成像原理可以印證，每一個人都會有盲點，但色盲的狀況就不是每一個人都會遇到，因為色盲多半是天生遺傳，患者呈現部分色覺不全或完全缺乏色覺的病症，而辨色能力低下則稱為色弱。但不論是色盲或是色弱的人都不適合擔任需要辨別顏色的品評工作，特別是挑選分析型品評員時，多半需要篩選掉色盲或色弱者，以免影響品評工作；除非該品評工作完全不需要辨別顏色，像是環保單位專門嗅聞無色氣體香臭與否的嗅覺判定員。至於一般消費者品評則較少刻意篩選或詢問品評員是否具有色盲或色弱，畢竟廣大消費群眾之中本來就存在數量不多但仍具一定比例的色盲或色弱患者，但若品評內容相當重視其顏色的喜好表現時，反而需要先詢問品評員甚至於進一步篩選過濾。

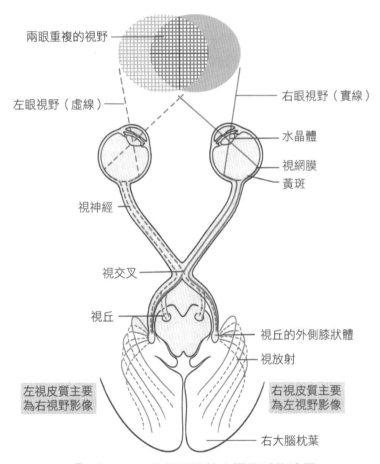

兩眼重複的視野

右眼視野（實線）

左眼視野（虛線）

水晶體

視網膜

黃斑

視神經

視交叉

視丘

視丘的外側膝狀體

視放射

左視皮質主要為右視野影像

右視皮質主要為左視野影像

右大腦枕葉

▌ 圖 3-15　視覺訊號於大腦傳遞的途徑

要瞭解色盲的成因，則要先明白感光細胞的感光原理，Hecht 等人的研究認為一個光子被視桿細胞吸收，即可足以激發其反應，只要 7 個視桿細胞同時被激發，便可讓大腦感知到光亮。基本上，視桿細胞與視錐細胞都含有光色素(photopigments)或稱視色素(visual pigment)，即為視紫質(rhodopsin)，這是一種由視蛋白(opsin)與視網醛(retinal)所組成的蛋白質化合物。由於視網醛是一種光敏感物質，未受光刺激時以順式(cis)結構與視蛋白結合成光色素，但受到光刺激後便轉為反式(trans)結構而與視蛋白分開，這動作造成細胞對鈉離子通道關閉而使其細胞膜產生過極化反應，此變化導致視神經元持續產生神經衝動而傳導至大腦，不論是視桿細胞或視錐細胞都以此方式感覺到光亮。能感覺顏色則是因視網膜中央小窩具有三種視錐細胞，即各對紅、綠或藍光敏感視錐細胞，其差異為各自具有對一種顏色敏感的視蛋白所形成之光色素。當某種波長的光打在視網膜時，就會以一定的比例使三種視錐細胞分別使各自連結的視神經產生不同程度的神經興奮，這樣的訊息傳至中樞，就整合而產生該種顏色的感受，即為色覺。

完全缺乏色覺為全色盲，患者只能分辨明暗，但極為少見。部分色覺不全則屬於部分色盲，多屬於紅綠色盲或藍色盲。紅綠色盲於色盲之中最為常見，表現出不能辨別紅色與綠色的症狀，可能與缺乏感應紅色或綠色的視錐細胞有關。藍色盲相對較少，表現出對綠、黃、紅的感覺較為清楚，但對藍色的感應則較弱或難以分辨，可能與感應藍色的視錐細胞缺乏或稀少有關。色盲或色弱雖然多為先天遺傳，但也有因後天疾病或受傷而引發症狀者，但多半可藉補充營養或解除病因來改善，例如：有些人以增加蛋白質攝取或補充維生素 A 及 B 群等即有所改善。醫學上診斷色盲和色弱，都是在明亮的自然光線下進行相關檢查，以色盲測試本讓受測者於距離約 50 公分處進行識別，每圖不得超過 5 秒。色覺有異常者會辨認困難，以致於讀錯數字，甚至無法讀出任何內容，從其讀對與讀錯或無法讀出的組合，按色盲表規定即可判斷患者屬於何種異常。色盲本中的圖形或數字與背景之間，因以配有不同色調與深淺的點所區別而組成，因此，若對某些顏色無法識別，則各圖形或數字與背景間的顏色差異會消失，使得兩者之間看起來沒有明顯的分界而無法判讀出圖形或數字，若有經常訓練專業品評員的需要時，可以準備一本色盲測試本方便篩選之用。

視覺或者顏色對於食品的感官品評分析具有以下作用：

1. 顏色對於挑選食品具有很大的影響，顏色本身即為食品品質的表徵。
2. 人們依經驗對食物本有顏色的認知會成為判斷食品特性與新鮮度之依據。
3. 食物具備適當的顏色與否會影響人的食慾。

4. 人們對顏色有許多既定的偏好，有些食物較受歡迎是因為顏色較令人愉悅，但有些食物卻因顏色不被喜愛而失去吸引力。

　　因此，現代科技雖已可用儀器（例如：色差計）測量食物的顏色，其儀器測定值亦可當做品質管控的依據，但以何種顏色最能夠刺激人的食慾或最受到消費者的喜愛，卻還是需要收集人的嗜好性與接受性為依據。相關企業在應用時，即使已制定了顏色的標準，但多半還是採用比色板為標準，方便直接在第一線以肉眼判斷的方式與產品比對，快速獲得該產品的色澤是否合於要求的答案，就這點而言，確實比儀器來得好用許多。畢竟視覺多半是人們接觸食物的第一印象，因此，視覺在感官品評的作用及其應用自然相當重要。

3.2.2　聽覺

　　一般而言，食物的聲音特性多半是在以手施力或以口咀嚼而受到破壞時所產生的，相對於視覺、嗅覺與味覺來說，大多數人都認為食物的聲學特性並不是很重要，但這其實與產品有關，不同的產品特性差異，不可一概而論。例如：一般飲料在享用的時候，並不會也不需要發出聲音，因此，聲音的特性相對較不重要；但碳酸飲料、汽水類產品乃至於香檳，在開罐的那一瞬間若沒有響亮的開瓶聲，便令人感到失望，最直接的感覺就是這瓶飲料的二氧化碳氣量不足，原先所期待的「化性觸感」一定不強，顯然會令人失望。而碳酸飲料倒入杯中時，二氧化碳斯斯作響好像提醒人們要儘快在時間內享用完畢，否則那些氣泡刺激口腔的爽快感覺會逐漸消失，讓人有一飲而盡的驅動力，若已無聲無息了，根據經驗這杯汽水也應該不好喝了。又如許多蔬果吃起來若是清脆爽口，必定在剛咬下時會有一聲悅耳的聲響，甚至入口之後再咬幾下，其爽脆仍不絕於耳。許多餅乾、點心食品的酥脆更是伴隨著咬碎的聲響與震動，提供食品多重的感官刺激，因此食物能給予的聽覺享受，雖然不一定是決定這個食物好不好吃、受不受歡迎最重要的原因，但好的聲音特性絕對能讓這個食品享用體驗更加令人回味、頗有錦上添花的加分效果。

　　聲音是一種需要藉由空氣為媒介的物理性震動或壓力波，因此聲音有頻率高低之分（又稱為音調），也有振幅大小之別（又稱為響度或音量）。人耳可分辨、接收的聲音頻率範圍有限，其振動頻率大約在 16,000~20,000 次／秒(Hz)內方能被人耳聽見，低於或高於此頻率範圍的聲音都是一般人所聽不見的。振幅與音量有關，振幅越大則音量越大，振幅越小則音量越小。換言之，人耳要聽見聲音必須是音量高於閾值且同時頻率需在可聽見的範圍之內才行；超高頻的聲音人耳固然聽不見，但是過於低頻的聲音，即使振幅相當大，在人的耳朵聽來就可能會變得很小聲，甚至於

小聲到聽不見。振幅大的聲音在理論上就是很大聲的聲音才對，但當頻率不在人耳可聽範圍內時，對人類而言，保證是再大聲也聽不見。老子有云：「大音希聲」也許就是這個道理吧！此外，不同的樂器可以調出一樣的頻率（音調）與振幅（響度），但是他們的音品（或音質）卻不太一樣，原因是震動的頻率與振幅雖然相同，但是他們的波形細節不同，就構成了許多不同樂器可供辨識的特色與風格差異，人的聲音乃至物品的聲音亦然。

聽覺器官是耳朵，含外耳、中耳和內耳三部分，聲音的傳導至耳朵形成聽覺的路徑，如圖 3-16 與表 3-5。由空氣來的音波首先從耳殼收集，便進入外耳道，碰到耳膜後，耳膜受了刺激便開始產生振動，接著傳到三小聽骨，再經由卵圓窗傳至內耳的耳蝸。由於耳蝸中數以千計的絨毛細胞在耳蝸的空間排列上對應不同的頻率可產生共鳴，聽神經末梢的細胞接受了振動刺激，就把刺激傳至大腦聽覺中樞（聽覺皮質區）（圖 3-17）。

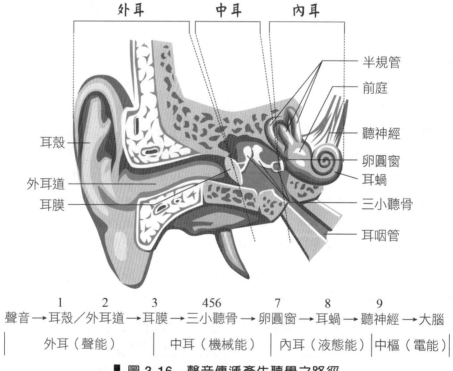

聲音 → 耳殼／外耳道 → 耳膜 → 三小聽骨 → 卵圓窗 → 耳蝸 → 聽神經 → 大腦

| 外耳（聲能） | 中耳（機械能） | 內耳（液態能） | 中樞（電能） |

▌ 圖 3-16　聲音傳遞產生聽覺之路徑

表 3-5　耳朵各部位的基本功能

構造	部位	基本功能
外耳	1.耳殼	收集聲波，產生主體效果
	2.耳道	把聲波傳到耳膜，有擴大效果
中耳	3.耳膜	外耳、中耳之分界線，聲波撞擊耳膜時會引起耳膜之振動，傳入三小聽骨
	4.鎚骨 5.鉆骨 6.鐙骨	合稱三小聽骨，以槓桿原理把聲波的能量轉成機械能，從外耳經中耳送到內耳，有擴大效果
	7.卵圓窗	是內耳門戶，鐙骨振動，影響其振動，引起內耳淋巴液波動，最後經由圓窗得到釋放
	耳咽管	連接中耳腔與咽喉部，排除積聚在中耳的液體，維持耳膜兩邊氣壓平衡
內耳	前庭 半規管	維持身體平衡
	8.耳蝸	有數以千計的絨毛細胞，將液態能轉換成電能，連接聽神經傳至大腦
	9.聽神經	將電能傳送至大腦，以產生聽覺

　　聽覺也可以作為許多食品非破壞性檢測的感官評定方法，例如：以特製的金屬棒對罐頭進行打檢，可以從聲音來判斷是否異常；西瓜等瓜類的品質良窳的非破壞檢測，亦可以手拍、指彈等經驗來進行粗略的判斷。其餘像容器有無裂縫亦可以用聲學的方式檢測，儲存一段時間的點心、餅乾或米菓類產品若於咀嚼時已不再發出酥脆的聲響時，亦顯示產品的品質已發生變化，可能超過了賞味期限。

　　另外，用餐時播放適當的音樂，可以使用餐的感覺產生相當不同的變化，不同形式的音樂背景可以讓用餐體驗帶入不同的氛圍與情境。像是歡樂的、溫馨的、優雅的或是感性的主題，

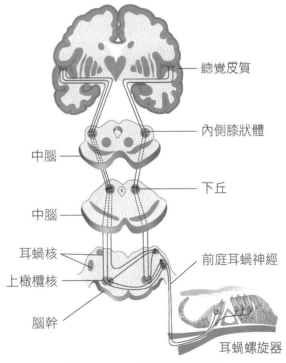

聽覺反質

內側膝狀體

中腦

下丘

中腦

耳蝸核

上橄欖核

腦幹

前庭耳蝸神經

耳蝸螺旋器

▌圖 3-17　聽覺傳遞路徑

又或許是輕鬆的、自在的、浪漫的、激情的曲風，都讓聲音對心理的感受產生了一定的影響，使得人們在欣賞食物、享用食物的風味、質地時，多了一些樂趣，也產生了一定程度的作用。因此，食物本身的聲音特性雖然沒有其他特性那樣受到關注，但許多食物在咀嚼享用時，若缺少了該有的聲音也不免少了一些樂趣，更何況外在的音樂若能搭配食物，必然是相得益彰。音樂與歌曲在用餐時可以創造情境，加深食物所帶來的美好體驗，好的用餐體驗，適當的音樂背景必不可少，因此許多食物的行銷廣告不僅僅是動態影像所帶來的訊息，其廣告配樂與配音的意念傳達，更能加深消費者的印象而深入人心。

感官趣聞

Principles and Practices of
Sensory Evaluation of Food

世界上最安靜地方，吸音率九成九

莊瑞萌／綜合報導

　　在這裡，你什麼都聽不到！美國明尼蘇達一處實驗室打造了全世界最安靜的房間，房間由 90 公分厚的玻璃纖維與隔音牆打造，吸音率接近百分百，幾乎完全隔絕外界聲音，已被金氏世界紀錄正式列為全球最安靜房間。不過，人類能待在屋內最長的時間為 45 分鐘，否則就會出現噁心或幻聽等副作用。由歐爾菲德實驗室設計的「暗房」其吸音率高達 99.9%，由於已接近完全無聲音境界，人在屋內感官會特別敏感，包括自己體內任何律動都聽得到。一般人能待在屋內極限是 45 分鐘，主要是因為人走動時，有時候須靠著聲音辨別方向感，因此待在太安靜的地方可能會失去方向感，出現幽閉恐懼症、噁心、恐慌與幻聽等症狀，最好的方式是坐在地上。

　　實驗室創辦人歐爾菲德表示，「當四周寂靜無聲，你的耳朵就會開始適應，會聽到越多聲音，待在暗房時，除了會聽見自己心跳聲，有時候會聽得到肺部與胃部發出的聲音，到最後你會發現自己就是聲音。」在暗房內待過 45 分鐘的美國小說家佛依 (George Foy) 曾投書英國《衛報》表示，「大約兩分鐘後，我開始聽到自己呼吸，於是我刻意屏住呼吸，但卻又聽見自己心跳，甚至還聽到血液在血管內流動的聲音，等到我聽到自己頭骨上的頭皮移動所發出的聲音，莫名感覺湧上心頭，那種聲音彷彿就像金屬互刮發出的聲音。」（請參考 youtube 上 Inside the world's quietest room 影片：https://www.youtube.com/watch?v=u_DesKrHa1U ）

2012 年 7 月 12 日臺灣醒報

3.2.3 觸覺

一般我們所熟知的觸覺是指由皮膚所負責察覺到碰觸或感知壓力存在大小的一種感覺，但在感官品評的分類上，其實也將痛覺、溫覺、冷覺等種種可由皮膚感知的覺受都簡單地歸類為觸覺。事實上，觸覺小體僅僅是皮膚感覺接受器的一種而已，其他的覺受在皮膚之中還有專門的接受器所負責。大體而言，人類的體感系統(somatosensory system)包括(1)本體感覺 proprioception：負責感覺肢體位置。(2)運動覺 kinesthesis：負責感覺肢體移動。(3)皮膚感覺 cutaneous sensation：包含觸覺、痛覺、溫覺、冷覺、壓力覺等。

因此，所謂的觸覺應該是屬於體感系統的一小部分而已，即使以觸覺作為所有皮膚感覺的總稱，也不盡然正確，因為當一個人空有皮膚感覺，卻沒有本體感覺與運動覺作為空間定位時，我們對空間存在的感覺會很不踏實。只是因為大腦已習慣有空間定位的體感了，那是基本背景，因此我們的大腦理所當然地不懷疑自己的存在，便將意識著重於皮膚感覺。在沒有外來特殊狀況造成疼痛而周遭溫度又沒有令人不舒服的變化時，我們的意識又習慣沒有痛覺，並習慣當下舒適的溫度而忽略溫、冷覺，但由於我們持續要移動、碰觸物體，所以剩下來不得不持續會引起我們注意的就是「觸覺」。換言之，本書許多地方在提及觸覺時，其實多半指的是廣義、統稱的「觸覺」，希望代表以「體感系統」為基礎所提供的覺受，但並非是認定痛覺、溫覺、冷覺、壓力覺等同於觸覺或隸屬於觸覺之下，僅僅是方便分類說明以利文章的可讀性，但為避免讀者誤解，故特此說明。

皮膚感覺是由皮膚所提供，而皮膚可分為表皮、真皮和皮下組織三部分，其中表皮含有角質層、透明層（手、腳掌才有）、顆粒層、棘狀層與增生層，而真皮則有血管、汗腺、結締組織與神經纖維等，皮下組織含有皮下脂肪，具有保持體溫並提供緩衝機械性撞擊之功能。由此可知，皮膚的感覺接受器主要位於真皮層，而感覺接受器又分為觸覺小體（感覺觸碰）、層板小體（感應壓力）、溫覺小體（覺知溫暖）、冷覺小體（感受寒冷），整個人體的全身皮膚都有游離神經末梢可感知疼痛。這些感覺接受器（或稱感覺小體）受到機械性刺激時，就會由神經傳至脊髓，經過延髓，交叉後送往視丘，再把刺激送達大腦的「觸覺皮質區」，或稱為「體感皮質區」(somatosensory cortex)，而大腦便會根據來自全身的感應訊息進行判斷、分析或傳送他處。

大腦可分成左、右半邊，由於神經傳導訊號送往視丘之前經過交叉，因此左邊的體感皮質區感應的是身體右邊的體感系統，而右邊的體感皮質區感應的是身體左

邊的體感系統。體感皮質區上面感應區域大小的分布，象徵著大腦在身體各處裝設感覺接受器的數量，從圖3-18可知，大腦皮質對應身體所負責的區域跟人體實際上皮膚的面積並不相等，連運動皮質區(motor cortex)亦是如此地不成比例。如果將這個量的概念轉化成身體大小來表現，亦即以體感皮質區或運動皮質區上面的感應區域大小轉換成身體的大小來重新繪製人體，就會產生一個頭部五官與雙手很大而四肢身體很小不成比例的體感小人(somatosensory homunculus)與運動小人(motor homunculus)（圖3-19）。這樣的特徵說明了大腦認知與動作的重點與我們看到的身體是很不一樣的，而運動小人的雙手比例又比體感小人更大、身體更小，因此有些學者便以此提出「做中學、學中做」的理念，認為手腦並用可以讓學習更紮實，效果更好。若依此原理，我們是否可以提出一個假設：「享用食物時，用手直接抓取食物來吃會不會比用餐具來得更好吃呢？」相信每個人心中都已經有了一個經驗深刻的答案了！不是嗎？

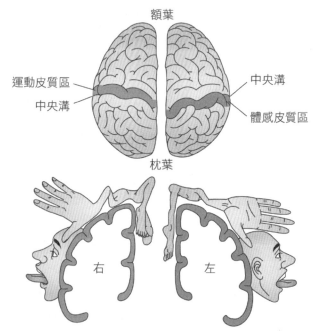

■ 圖3-18 大腦的體感皮質區與運動皮質區與身體各部位的關係　　■ 圖3-19 體感小人與運動小人模型

雖然觸覺是遍及全身的，但從體感小人來看，手部與口腔的觸覺在享用食物的過程仍是相當重要的體驗，手部觸覺是食物入口前代替口腔感受質地的參考，東西好吃到吸允手指又使手與口加強了回味無窮的印象。至於口腔觸覺又可分為：

140

1. 物理性的刺激：比如機械性感知的食物質地特性，有硬度、脆度、彈性、黏度或黏稠度等口感（表 3-6），而溫度感知則有冷覺與溫覺等冷、熱感受。從實務經驗可知：

   (1) 偏固態的食物可以用硬度、脆度、彈性、黏聚性等指標來評估，通常年輕人較喜歡稍微硬而脆的食物，或者像牛腱、肉乾等耐咀嚼的食物，受潮的餅乾與過於軟爛的食物可能就不太喜歡。相對地，嬰兒或沒牙齒的老人則不得不接受較軟的食物，否則其牙齦會因無法處理較硬的食材而不舒服。

   (2) 半固態的食物則較常以彈性、黏聚性與黏附性等作為質地的評價標準，像肉類和豆類可用手觸壓表面以感覺其彈性，若彈性好即表示肉質較佳或可推測較為新鮮，若手感覺得肉的表面有點黏附性，就表示肉質可能不太新鮮了。

   (3) 液態食物或流體食物則主要以黏度或黏稠度為指標，若在高度黏稠的狀態下，則亦可加上黏附性作為輔助，像糖漿、果漿、果泥、果醬、果凍類、沙拉醬、蛋黃醬、牛奶、果汁及其他飲料等，皆可適用。

表 3-6　數種具代表性的機械性感知的質地特性之定義和評價方法

特性		定義	評價方法
基本參數	硬度	使食物變形或穿透食物所需力量有關的機械質地特性，在口腔中是經由牙齒間（固體）或舌頭與上顎間（半固體）對於食物的壓迫而感知	將食物放在臼齒間或舌頭與上顎間均勻咀嚼，評價壓迫食物所需的力量
	黏聚性	與食物斷裂前的變形程度有關的機械質地特性	將食物放在臼齒間壓迫它，並評價在食物斷裂前的變形量
	黏度	為抗流動性有關的機械質地特性，黏度與用舌頭將勺中液體吸進口腔中或將液體鋪開所需的力量有關	將一裝有液態食物的勺放在嘴前，用舌頭將液體吸進口腔裡，評價用平穩速率吸取液體所需的力量
	彈性	與快速恢復變形和恢復程度有關的機械質地特性	將食物放在臼齒間（固體）或舌頭與上顎間（半固體）進行局部壓迫，取消壓迫並評價食物恢復變形的速度與程度
	黏附性	與移動沾在物質材料上所需力量有關的機械質地特性	將食物放在舌頭上，貼上顎，移動舌頭，評價用舌頭移動食物所需的力量

2. 化學性的刺激：一般人會將「辣」以「辣味」稱之，事實上這應該是指「風味」，亦即包含辣椒的香氣與其水溶性成分的味道，還有辣椒素刺激皮膚產生痛覺的綜合呈現。如果單就「辣」這個感覺而言，應該是屬於化學成分造成疼痛的感覺，

並刺激局部血液循環加速而腫脹而感到灼熱(hot)。科學家因其感覺接受器都在廣義的觸覺之中，並非味蕾，因此便將「辣」排除在基本味覺之外，但又與味覺、嗅覺一樣都是由化學成分引起的感覺，因此便稱呼這種感覺為「化性觸感」（common chemical sense，簡稱 CCS）。除了「辣」之外的 CCS，還有「澀」、「薄荷的清涼感」與「碳酸氣的刺激感」等皆屬之。

3.2.4 　嗅覺

嗅覺的形成路徑為何呢？如圖 3-20 示首先是由香氣物質，如玫瑰花香，因揮發而飄逸至空氣中，經呼吸而帶入鼻腔，被鼻黏膜(mucosa)（或稱嗅覺黏膜）上的分泌物溶解後，為嗅覺細胞吸附而產生作用。由於表面電荷的改變，便刺激了神經末梢產生興奮的訊號，接著訊號又被嗅球(olfactory bulb)處理並直接傳遞至大腦嗅覺皮質（或稱皮層）進行識別而產生嗅覺，相關訊號也被直接傳遞至杏仁核。由於嗅球是大腦皮質的一部分，故嗅覺是唯一不需經過脊髓或間腦轉接就可直接投射至前腦或者連接大腦皮質的感覺系統，而嗅球又與負責長期記憶和情緒的邊緣系統鄰近，因此訊息會被同步送至邊緣系統，與過去的經驗與反應連結。

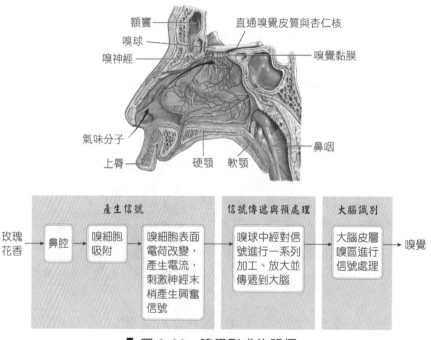

圖 3-20　嗅覺形成的路徑

感官趣聞

Principles and Practices of
Sensory Evaluation of Food

人睡覺時有沒有嗅覺呢？理論上是沒有的！實際上也可以印證喔

　　因為嗅覺的形成必須是具有氣味的分子被吸入鼻腔，與嗅覺區的黏膜接觸並且溶於嗅腺的分泌物中，再進一步刺激嗅細胞產生神經衝動而有後續的感知過程才產生嗅覺。然而人於睡眠時，嗅腺分泌的黏膜分泌物產量極少，甚至於無，所以氣味分子無法溶於分泌物中，自然就無法刺激嗅覺產生神經衝動。此外，嗅覺訊息可直接前往掌管情緒、記憶及行為的邊緣系統(limbic system)，可使嗅覺具有引發強烈情緒及記憶的作用，但該區域在睡眠時處於休息狀態，故睡覺時的嗅覺刺激也不會引起此區的反應。由於人處於睡眠狀態時不容易有嗅覺反應，也就不容易被濃煙嗆醒，當濃煙嗆到時無法及時醒來便會被嗆死。而人在睡眠時以聽覺最為靈敏，因此家中裝設火警探測器探測濃煙，以警鈴聲警示大家是相當有道理的。

　　然而，我們不禁要問的是「嗅覺細胞究竟是如何與香氣物質作用而產生神經訊號呢？」「這些訊號又是如何編碼讓大腦可以識別上千、上萬種氣味呢？」諸如此類的謎團確實令傳統以電生理的方法來研究嗅覺神經傳導的科學家們傷透腦筋。直到理查·艾克謝爾(Richard Axel)及琳達·巴克(Linda A. Buck)的相關研究發表後，謎團終於被解開了，而艾克謝爾與巴克運用分子技術在嗅覺的相關研究成果也使兩人共同於 2004 年獲得諾貝爾生理醫學獎，堪稱是嗅覺形成機制最重要的發現者。嗅覺系統也是最先運用分子技術得以解明的感官系統，之後其他科學家對味覺更進一步的相關研究亦是奠基於此。

　　嗅覺上皮層(olfactory epithelium)中含有數百萬的嗅覺細胞，每個嗅覺細胞僅有一個軸突和一個樹突的神經元，屬於神經系統裡少見的雙極神經元(bipolar neuron)。其樹突向下伸至鼻腔的嗅覺黏膜層外，形成嗅覺纖毛(olfactory cilia)以接觸吸入的氣味分子（氣味分子需先溶解於黏膜才能刺激嗅覺纖毛）（圖 3-21①），軸突則穿過頭骨的篩板而上接至嗅球（圖 3-21②）。根據研究可知，嗅覺上皮層是嗅覺細胞所在的位置，其面積越大則嗅覺越靈敏；狗的嗅覺較人類敏銳便是因為嗅覺上皮層約為人類的 40 倍之多，而嗅覺上皮層每 2 平方公分就至少有 6 百萬個嗅覺受體(olfactory receptor)，嗅覺受體終生可以再生。艾克謝爾與巴克發現嗅覺受體是屬於 G 蛋白偶合受體(G-protein-coupled receptors)，G 蛋白偶合受體與氣味分子結合後受到活化，會使嗅覺細胞內產生 c-AMP 分子，這個訊息分子能協助打開離子通道(ion channel)啟動嗅覺訊息的傳遞。艾克謝爾與巴克的研究發現老鼠的嗅覺受體多達上千

種，人類僅有 350 種，因此老鼠比人能夠辨別更多種類的氣味。決定生物體嗅覺受體種類多寡的是基因，據瞭解人類大約有 3%基因是用在編譯嗅覺受體，顯見其重要。科學家們原本以為每個嗅覺細胞都可以辨別多種氣味，所以一個嗅覺細胞應該有多種嗅覺受體，但事實並非如此。艾克謝爾與巴克意外地發現，一個嗅覺細胞只能表現一種嗅覺受體的反應，但每一種嗅覺受體卻可以對數種氣味而起反應。換言之，同一種氣味分子可以與數種不同的嗅覺受體相結合，而不同的氣味分子也可以與同一種嗅覺受體相結合。其對應關係並非固定一種氣味分子只能對應一種嗅覺受體，相似分子結構的氣味物質可能與相當不同的嗅覺受體組合；反之，分子結構差異很大的氣味物質卻有可能與具有很類似的嗅覺受體組合。例如：有學者研究，使用兩種化學結構不同的藏茴香酮(carvone)刺激老鼠嗅球反應，結果發現反應區域不同，老鼠確實可以區分這兩種藏茴香酮為兩種氣味，但是當採用兩種化學結構不同的檸檬烯(limonene)，原以為會跟藏茴香酮的結果一樣，引發不同的反應區域且老鼠可以區分氣味，但結果卻是相同的嗅球區域產生反應，而老鼠無法分辨這兩種氣味。

　　嗅覺受體基本上可以分成四大類，各自分布於四個分區，亦即同一大類的嗅覺受體會分布於嗅覺黏膜的同一區域，但同一區域中可以再被精細分類的嗅覺細胞卻採區內隨機分布而未再各自細分。帶有同一種嗅覺受體的嗅覺細胞軸突延伸至嗅球時會聚集到同一個嗅小球(glomerulus)進行整合。這些嗅小球在嗅球上也分為四個分區，這四個分區與嗅覺黏膜上的四個分區是一致且對應的。每一個嗅小球都有一個對應的僧帽細胞(mitral cell)，以約 25~50 個樹突進駐的方式將訊息收集、區分、放大，同時也將嗅小球整合過的訊號以其軸突形成的嗅神經束(olfactory tract)繼續上傳至大腦的嗅覺皮質區（圖 3-21③），而先前嗅覺黏膜與嗅球的四個分區也會一致地對應到皮質區（圖 3-22）。亦即從嗅覺黏膜、嗅球乃至大腦皮質區都如實一致相應整齊的結構與組織，使得訊號的傳遞不至於混亂，因而建構了可清楚編碼分類、近似分析光譜或印象組合的嗅覺地圖(olfactory map)。

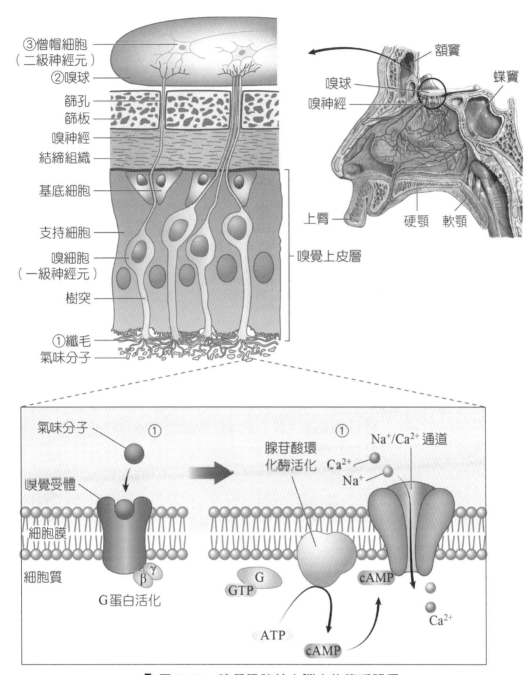

■ 圖 3-21　嗅覺訊號於大腦中的傳遞路徑

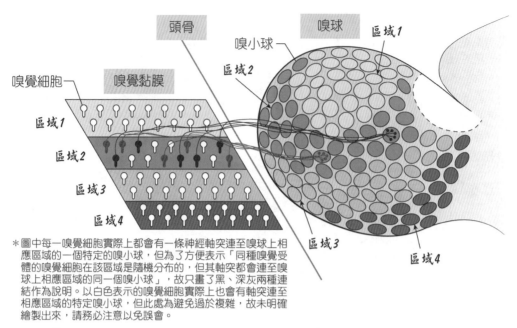

*圖中每一嗅覺細胞實際上都會有一條神經軸突連至嗅球上相
應區域的一個特定的嗅小球，但為了方便表示「同種嗅覺受
體的嗅覺細胞在該區域是隨機分布的，但其軸突都會連至嗅
球上相應區域的同一個嗅小球」，故只畫了黑、深灰兩種連
結作為說明。以白色表示的嗅覺細胞實際上也會有軸突連至
相應區域的特定嗅小球，但此處為避免過於複雜，故未明確
繪製出來，請務必注意以免誤會。

▌ 圖 3-22　同一區域同種嗅覺細胞與嗅小球特定區域相應連結示意圖

　　因此，人類有 350 種嗅覺受體，就有 350 種嗅覺細胞，藉由 350 種嗅覺細胞被
激發形成的各種組合便可表達或區別成不同的氣味。雖然基本上嗅球上的嗅小球可
分為四個分區，但因每一種嗅覺受體來源的訊號只會聚集在各自的嗅小球上，因此
便有 350 種嗅小球用以傳遞 350 種強弱不同的嗅覺訊號，並且根據訊號強弱不同，
又會有許多變化。於此，若將 350 種嗅覺訊號給予 001~350 的編碼，則每一種氣味
物質能結合的嗅覺受體種類便可依編碼與訊號強弱進行分析，這樣就可以解釋為何
不同的氣味物質在大腦可以產生清楚的識別，當然在化學結構上不同的分子，只要
能夠與相同種類的嗅覺受體作用，也可以產生相似的味道組合。大腦似乎不用管化
學結構是否一定要精確相同，只要分類組合夠用就好，什麼叫做夠用呢？能夠生存
是最重要的指標。所以許多動物的嗅覺都比人好的演化解釋是科學家常說的：「因為
生存而需要」，而人類的嗅覺退化或相對較不靈敏，似乎就是不因生存而需要了，簡
單地說就是用進廢退的道理。

　　圖 3-23 節錄了巴克與梅尼克(Malnic)等人於 1999 年發表的研究結果，似乎可以
說明氣味的組合編碼(distributed coding 或 combinatorial code for odor)所形成的識別
輪廓(recognition profile)與氣味分子化學結構的關連。當然由於識別輪廓或組合編碼
越像，嗅覺就越類似。例如：辛酸與壬酸的化學結構只差了一個 CH_2，在組合編碼
上就有了 79、83 與 86 等三個嗅覺受體的訊號差異，兩者具有一定的識別性。辛醇
與壬醇的化學結構也只差了一個 CH_2，在組合編碼上卻只有 83 這個嗅覺受體有所不

同，其氣味就比較相近。辛酸、壬酸與溴辛酸三者之間比較相近，但溴辛酸與溴己酸的組合編碼卻相差甚多，可能原因是在結構上相差了 2 個碳的碳鏈，即 CH_2CH_2，因此碳鏈的長短似乎對氣味的影響甚鉅；然而，官能基(functional group)對組合編碼的影響為何？以及相互間是否有交互作用？也許需要更多的數據分析與軟體計算才能找到規律與邏輯來加以解釋了。這樣的編碼就好像數位式(digital)與類比式(analog)訊號共存的不連續的光譜掃描一般，相關刺激投射在大腦儲存的嗅覺印象是產生離散(discrete)的分類資料，但每一類的資料的訊號強弱卻又是連續(continuous)的量化資料，煞是有序。當然，如果我們解析得夠精確，那些代表強弱的連續性量化資料也是可以用數位的方式來解析的。就如同現在的手機銀幕已可做到連視網膜都看不出差異的超高解析度；事實上，視網膜的細胞是有限數量的，我們大腦看到的影像嚴格來說都是數位影像，進一步來說，大腦的細胞數量當然也是有限的，人類不是只有嗅覺的訊號要記憶、分析與判斷，大腦還要忙著將嗅覺與記憶相連結呢！

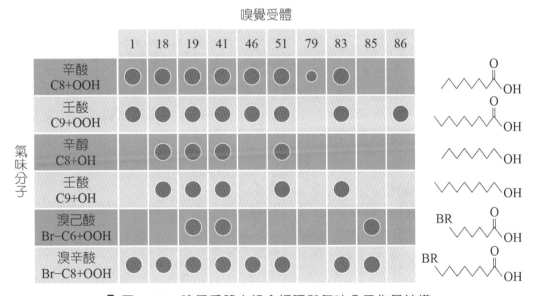

▌圖 3-23　嗅覺受體之組合編碼與氣味分子化學結構

　　在瞭解大腦辨認氣味的組合編碼原理後，接下來再從生理解剖與神經科學的角度瞭解嗅覺訊號的傳遞路徑。氣味分子的嗅覺訊號從嗅覺黏膜的嗅覺受器傳遞至嗅球之後，就直接被傳至三個地方，分別為第一嗅覺皮質區(primary olfactory cortex，即為 prepyriform cortex)、杏仁核(amygdala)與下視丘(hypothalamus)（圖 3-24），然而杏仁核的訊號在處理後又會回到下視丘。第一嗅覺皮質區與杏仁核的訊號，除了都會匯聚至內背側視丘(medial dorsal thalamus)再送達第二嗅覺皮質區(secondary olfactory cortex，即為 orbitofrontal cortex)外，也會同步匯聚至下視丘再送達後側眼眶額葉皮質區(lateral posterior orbitofrontal cortex)。從這些嗅覺訊號傳送的複雜度來看，便可以稍稍理解嗅覺可辨別上千、上萬種氣味的能力是因為有相當複雜的分析與記憶系統作為支援的。故從上述路徑來看，嗅覺除了是唯一可直接連接大腦皮質的感覺系統外，還是唯一可以不經過視丘（例如：內背側視丘）就可將訊息送至大腦皮質區的感官。大腦皮質區會把每一種氣味訊息整理歸檔並記憶留存於腦海；其中，由於杏仁核屬於非語言區域、負責控制情緒反應的中心，因此，嗅覺訊號連結的是人的情緒感受與情感氛圍，可以不必經過大腦思維邏輯的處理過程，所以氣味的「非理性」應用，對於企業的行銷部門可說是意義非凡。

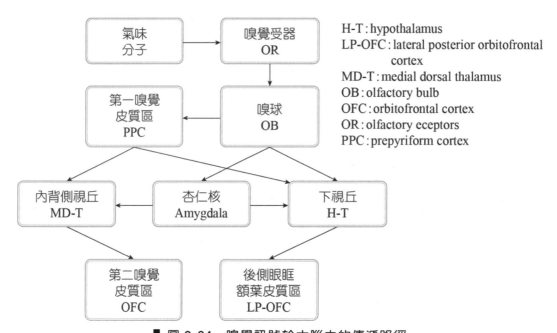

H-T：hypothalamus
LP-OFC：lateral posterior orbitofrontal
           cortex
MD-T：medial dorsal thalamus
OB：olfactory bulb
OFC：orbitofrontal cortex
OR：olfactory eceptors
PPC：prepyriform cortex

▋ 圖 3-24　嗅覺訊號於大腦中的傳遞路徑

然而，氣味的記憶是否因此而較其他感官記憶令人難以忘懷呢？1970 年代的實驗心理學的主流理論似乎認為氣味的記憶是獨一無二、難以磨滅的，甚至於認為關於氣味的記憶即使會衰退，速度也會很慢且不因後續經驗而有所改變。但到了 1980 年代，加拿大學者華克(Walk)與瓊斯(Johns)的實驗發現嗅覺也會有典型的干擾效應，也就是兩種氣味依序嗅聞時，若無間隔時間的話會使受測者較難記得前一個氣味，也就是說氣味並非難以磨滅，干擾效應會讓人忘記前一個氣味。此外，也有學者發現遺忘氣味的速度其實與影像、聲音一樣，沒有比較慢，也不會記得更牢。記憶的法則似乎不會因為嗅覺的傳遞路徑較為特別而有所不同，干擾效應會影響所有

感官的記憶，但複述效應也會增強所有感官的記憶，當然也包含嗅覺。一般而言，剛開始接觸到某種氣味時，由於無以名狀，因此較不容易記住，但重複接觸熟悉後產生了記憶就不容易遺忘，特別若是能以口頭重複敘述該氣味的名稱或形容其特殊之處，人們對該氣味的記憶是可以被增強的。心理學家泰瑞莎‧懷特(Teresa White)即指出，嗅覺的記憶與其他感官的記憶一樣依循同樣的規則，不但會受到後續經驗的混淆，更會隨時光而流逝。普魯斯特(Marcel Proust)《追憶似水年華》裡浸了茶的瑪得琳蛋糕，其滋味是否真切得如同往昔，我們無從驗證，但確定的是一本文學創作不可磨滅的價值，仍不能代表嗅覺的記憶也一樣是不可磨滅的，會消逝的終究還是消逝了。到了 1990 年代，有些心理學家則提出嗅覺所喚起的記憶應該比其他感官的記憶更富有情感，但實驗結果仍無法成立，其原因可能在於嗅覺訊號即使可以直接送入杏仁核產生情緒反應，但並非所有的氣味都富有情感意義的「一致性」，也許有很多氣味的作用反而是令人感到平靜甚至是平淡無奇。因此，嗅覺雖然直接與情緒的感覺相連結，但其記憶卻不一定是富於情感的，顯然學者可能高估了嗅覺的情感成分。也許，嗅覺的記憶是比較容易在事後令人感到驚奇的，原因是很多氣味是不經意而記得的，如果刻意地記住了，那麼能夠引發事隔多年的回憶就不足為奇。就像視覺與聽覺作為我們經常要刻意使用以作為記憶的工具，能夠記得住事情影像與聲音，似乎並沒有什麼值得驚喜的，只有當人們感覺到似曾相似的時候，才會訝異於那些被自己忽略的事情，自己居然還能記得。但終究人的記憶還是公平的，氣味的記憶也會消逝、會被誤解，甚至被扭曲，單一令人驚奇的嗅覺事件與視覺、聽覺所帶來的驚喜，對於我們來說都是一樣值得喝采的，如此而已。

　　人們對於嗅覺的喜好與感知能力是可以經由學習與訓練而來的，例如：外國人到臺灣來，不曾吃過臭豆腐，初次接觸可能不知道那是什麼奇怪的味道，難以名狀，但因為實在太特別了，經嘗試就深刻地記得臭豆腐的風味，這個外國人下一次逛臺灣夜市時，如果聞到類似的氣味，就不用看也能猜到那是臭豆腐的氣味。又如我們小時候初次吃到好吃的東西時，由於家中歡樂情境或幸福溫馨的感覺，讓我們與這個好吃的氣味或風味的記憶留在大腦之中，產生很深刻的印象，長大後再次吃到這個東西時，便很容易勾起小時候的回憶。事實上，對於許多小時候沒有相同情境與記憶的人來說，那樣的食物並不特別好吃，但對於有情境記憶的人來說，確實意義非凡。也因此，許多食品業或餐飲業在做廣告行銷時，總會將許多美好的情境導入用餐體驗之中，特別值得一提的是麥當勞對於營造兒童用餐歡樂的印象總是不遺餘力，有些幼時被父母以麥當勞用餐體驗「賄絡」過的年輕人長大後，對麥當勞食物的愛好也總是無法言喻的。然而，對於從來都沒有「歡樂麥當勞童年」的人來說，

麥當勞的餐點對他們而言雖不難吃，但因為少了兒時的初次經驗（驚豔）的印痕，就不會喜愛到念念不忘了。由於，嗅覺與情緒記憶的連結是緊密的，因此從事食品或餐飲的行銷可善用此原理，讓消費者對其產品的正向美好情緒與氣氛的記憶能夠被強化而成為堅強的支持者，特別是產品風味與品牌意象可以充分結合時，其效果會更加卓著。一般人可能會覺得香水的調香師、香料的鑑定師及專業的品酒師，還有品茶與咖啡專家等專業人士的嗅覺比一般人來得靈敏；事實不然，專業人士與一般人的鼻子所能察覺到的氣味種類與濃度多半是沒有差異的，良好的嗅覺靈敏度固然有利於專業能力的展現，但卻非絕對必要。事實上，兩者最大的差異是專業人士在感知技能的不斷磨練與感官訊息的靈活運用上顯然較一般人下過更多的功夫，表現在專業領域時顯得相當嫻熟、精準而有效率。特別是其大腦中，與認知判斷有關的額葉眼眶皮質區（即 OFC，第二嗅覺皮質區）及整合嗅覺與味覺的區域在面對氣味時，反應真的比一般人活躍，而一般人則是在第一嗅覺皮質區及情感反應相關區域（例如：杏仁核）較為活躍罷了。研究顯示不斷的嗅聞練習、分析判斷的磨練過程，可以使相關經驗內化至大腦更深層的區域，產生特殊的智能與思考模式；因此，成為嗅覺專家的基本條件不在於天賦器官的靈敏度，而是在於有沒有歷練出特別與眾不同的想法或比常人優異的嗅覺「心象」能力。

感官趣聞

Principles and Practices of
Sensory Evaluation of Food

排骨店「香」味超標罰 10 萬

　　臭豆腐太臭會被罰，排骨太香也被罰？臺中有一家便當店，因為炸排骨的油煙異味汙染濃度超過 3 倍，被環保局開了 10 萬元的罰單，業者不服，認為是檢測過程有瑕疵，提起行政訴訟，還說大部分的消費者都是聞香下馬才來消費，但還是敗訴。被指控的便當店，每到吃飯時間客人就絡繹不絕，大部分的人真的是聞香下馬來買便當，而且就是指名要買排骨飯。民眾不相信炸排骨太香也會被罰，但是環保局這張 10 萬元的罰單可不是假的，環保局說，肚子餓的人聞炸排骨味道很香，但是吃飽的人聞感受就不一樣，附近民眾也表示，整天聞油煙味很受不了。環保局是根據便當店附近的住戶六度陳情油煙味擾人，兩度來檢測都超過標準，但是業者不服，認為是環保局的檢測方式有瑕疵，提起行政訴訟，但是敗訴。臭豆腐太臭被開罰，炸排骨很香，但還是被罰，業者表示將上訴到底。

2010 年 4 月 13 日民視新聞

▌圖 3-25　空氣汙染罰單

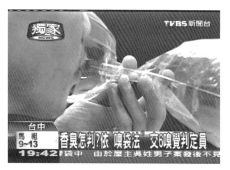

▌圖 3-26　三點比較式嗅袋法

香、臭怎判？依「嗅袋法」交 6 嗅覺判定員

劉德芸／臺中報導

　　挨罰 10 萬的排骨便當店，認為環保局檢測有問題，而炸排骨的味道到底是怎麼被驗出超過標準？原來是環保局派人到排骨店，把空氣裝進集氣袋裡面，然後交給檢測公司的 6 位嗅覺判定員，在密閉的實驗室裡打開袋子用聞的，最後再評估味道是香？還是臭？

　　TVBS 記者劉德芸：「什麼是三點比較式嗅袋法？是像這樣，檢測人員拿著 A3 大小的集氣袋，收集店面的氣體將近 20 公升之後，再把集氣袋密封。」透明集氣袋鼓鼓的，裝滿待檢測的空氣樣品，分裝後插入吸管，套上半圓型蓋子，嗅覺判定員現場示範。檢測專員：「在聞的當中可以調整角度，還有自己的呼吸。」進行空氣檢測時，集氣袋分為 6 小袋，發給 6 名嗅覺判定員，他們必須年滿 18 歲，沒有鼻子方面的障礙，還要通過 4 種基準液測驗，分別是花香、糞便、果香和汗臭味。檢測中心人員：「看稀釋多少量。」一般人的鼻子都可以聞出味道，但究竟屬於香味？還是臭味？這項工作就得交給嗅覺判定員。過程中，為了盡量客觀，評定前半小時，他們就會進入一間密閉實驗室，規定不能化妝，不能塗抹香水，也不能吃大蒜之類的重口味食物，合法的空氣檢測公司，全臺只有 17 家。中市環保局空噪管制課長白珏瑛：「用這個方式，我們可以比較客觀地瞭解，這個味道到底重不重？」但味道畢竟不像噪音，已經建立一套量化數據，臺中知名排骨店被環保局驗出味道濃度超標 3 倍；2 年多前，臺北縣新莊一家臭豆腐店也遭民眾檢舉臭味四溢，當時環保局人員採用的方式，是到現場聞了至少 3 次，認定超出臭氣濃度 3 倍，開罰 10 萬元；在味道判定還沒有個依據之前，嗅覺判定員擔任重要角色。

2010 年 4 月 13 日 TVBS 新聞

拍出「味道」味覺相機，臺科大秀創意

洪玲明／臺北報導

你知道拍照也可以紀錄味道嗎？臺科大 20 位學生們最近發表了幾套設計，當中就有一款「味覺相機」非常特別，不僅可以拍照，還可以記憶美食的香味，憑著一片片氣味試紙，加上偵測味道的感應晶片，就能重現食物美味！當然臺科大學生還有其他 8 樣作品，已經打算到新加坡參展，期盼在國際設計展上一鳴驚人！

TVBS 記者洪玲明：「拍照紀錄美食但卻記憶不了香味，現在有一款味覺相機，美食、味道全都錄。」別懷疑，拍就對了！臺科大學生賴筱涵：「它這邊有一個氣味試紙，就可以從這邊抽出來。」利用這一片片氣味試紙，搭配可偵測味道的感應晶片，還有相機上這一點點小孔吸取氣味，真的能重現食物美味嗎？臺科大三位同學研發半年，打包票！賴筱涵：「我們是設想這是臺灣特有的東西，所以有個臺灣美食資料庫，這裡面有個紀錄的晶片，它會把氣味變成分子，然後去拼湊出臭豆腐最主要的味道。」不僅有味覺相機，還有許多創意設計品項，臺科大 20 位師生，主題定調未來設計，將赴新加坡參展，聯結設計、數位概念，要讓臺灣創意國際上發光發熱。

2009 年 11 月 19 日 TVBS 新聞

專業講評

這是一個頗有創意的概念，就是把「香味拍下來」，以數位感應晶片偵測香氣，留下記錄，並建構美食資料庫，聽起來似乎一切都可以上傳至「雲端」。有了雲端的資料，要重新合成所記錄的精準風味，變成了相當可行之路。然而美中不足的地方是學生們顯然不瞭解味覺與嗅覺有何不同，因此，這個味覺相機實際做的卻是嗅覺記錄工作，如果能夠改成嗅覺相機、氣味相機或風味相機的名稱也許都比較正確一些。但風味的形成分

圖 3-27　味覺相機

子太複雜、種類也太多了，現階段即使可以用許多化學物質重現與原味香彷彿的組合，卻無法道地，畢竟還是人工合成的化學品。而現代消費者寧願花錢去買真的食物來品嚐，也不要為了一個噱頭去感受一個要真不真、要假不假的東西，如果要用天然的香氣來重組，既不符合成本也不太可能。例如要記錄不同口味的麻辣度，可能是他們還無法掌握的，又如薄荷的清涼香、醋酸的刺鼻酸、芥末的嗆辣風等，都比一般的香氣概念更加複雜，其實技術上還有很長一段路要走的，畢竟前人的失敗教訓，就是 DigiScents 的「iSmell」，可是殷鑑不遠哪！

iSmell：史上最爛 25 項發明之一

2000 年美國「數位香」公司(DigiScents)發明了一臺宣稱可以透過網路來傳輸氣味的數位資訊並據以合成香氣的智慧型機器，其概念是將以前要靠長途跋涉運輸香料的作法，進化到以網路數位傳輸即達到重現氣味的目的。數位香公司開發此產品的理念是認為科技已進步到可將影像、聲音等用數位訊號傳輸並仿真重現令人感動的多媒體傳播內容，但唯獨最能直接影響人類情緒、改變氣氛的香氣或氣味仍未能進行傳輸。

分析其原因是在接收端必須能重現「原味」才算成功，但目前科技還沒有能力像科幻電影一樣將氣味分子拆解，送到另一端重新組合，因此，只好用複製或合成氣味的方式來達到目的。於是名為「iSmell」的產品便應運而生，數位香公司的作法是將發送端的氣味訊息轉換成一組數位訊號，再以網路傳輸，接收端收到訊號後就利用機器內建的 128 種基礎氣味，模擬、混合出各種不同的氣味，其本質就是一臺氣味合成機。簡而言之，數位香公司就是想以合成氣味的方式達到氣味傳輸的目的，但諷刺的是該公司在推出產品 iSmell 後不久就宣布解散了。iSmell 被 2006 年的《PC World》雜誌評為「史上最爛 25 項發明」之一，基本上美國民眾也把該產品當做閒談之間的笑話來看，畢竟想用有限種類的基礎氣味(128 種)就要騙過鼻子裡的 350 多種受體，並非不可能，但其衍生的狀況還不僅是像不像的問題。就如同嗅覺電影(Smell-O-Vision)與香氣電影(AromaRama)當年面對氣味常無法對應劇情精確傳送而混雜、干擾、吸附或久久無法排空、消散等技術問題。我們對於事物的感動與否是相當細膩而複雜的，沒有了氣味至少還有留白的想像空間，這是藝術帶給人感動的地方，但有了氣味後，只要體驗的時機錯誤，稍不對味，就立即從「雲端」跌入地獄了！

高科技智能餐具 SET TO MIMIC，內置芯片能夠影響大腦操控味覺

SET TO MIMIC 是一款擁有未來科技理念的創意智慧餐具，它與傳統餐具之間的區別在於它擁有一塊智慧微晶片，貼在大腦上就能夠控制人的大腦，與我們的腦細胞互相作用操控人的味覺。當你在吃不愛吃的食物時，結合配套智慧餐具就能把一些本身平淡無味的食物想像成你愛吃的食物，例如：把生菜想像成漢堡、土豆想像成薯條、水想像成紅酒等。SET TO MIMIC 目前已經入圍 2014 年伊萊克斯設計實驗室大賽半決賽，看得出來如此具有創新意識的概念餐具深受大眾的認同，希望在未來不久的時間裡能看到這樣的產品上市。

2014 年 7 月 16 日自在村

專業講評

　　這篇號稱「高科技智能餐具，內置芯片能夠影響大腦操控味覺」的報導，也許未來真有可能實現，但以務實的角度看來，仍帶有不少科幻的「味道」在裡頭，但還是祝福這樣的發明可以早日成功！這樣就可以輕鬆地改善自家小孩偏食的毛病了！

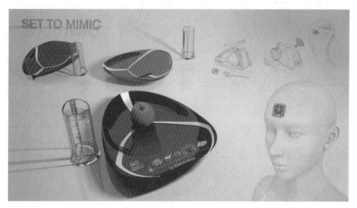

(a)藉由杯盤傳遞信息至晶片，重製味覺與嗅覺感受

(b)模擬一杯雞尾酒以便飲後開車

(c)讓蔬果更美味有趣

(d)乳糖不適者也能品嚐牛奶的滋味

(e)可輕易地將水變成酒

▍圖 3-28　高科技智能餐具 SET TO MIMIC，設計師 SorinaRasteanu

　　人類可分辨很多種類的氣味，特別是那些經過訓練的品酒師、茶專家或香水師，可分辨比一般人更多的氣味，但是否能確實地能分辨 1 萬種以上不同的氣味，似乎並沒有經過實際的驗證，至少目前相關的文獻都是引用想當然耳的推論而有 1 萬種以上的說法。不論如何，人類的嗅覺在某些情況下是比儀器還靈敏，但有時候卻相反。有些揮發性物質濃度在分析儀器偵測不到的低劑量下，人的鼻子也能很輕易地感知其氣味，但有些揮發性物質濃度在分析儀器已屬於爆表的高劑量了，鼻子卻仍然毫無感應而對該物質嗅盲(anosmia)；例如：現實生活中就約有一成二的人聞不到瓦斯味。天生就完全聞不到的嗅盲比較少見，大部分的嗅盲與否是因人而異、因物質而異的，先天的基因差異即有可能是最主要的原因之一。亦即雖然每個人都有大約 350 種嗅覺受體，但每個人的嗅覺受體卻不見得相同，這解釋了為何有些人就是有聞不到某些特定氣味的缺憾，但有些人卻總是聞到別人聞不到的氣味而被視為有特異怪癖的怪異行為，如果能從生物體的基礎瞭解嗅覺受體的特性，研發增強或抑制受體反應的新型消費商機的可能性便無窮無盡了。若可開發一種具備時效性的嗅覺噴劑，可暫時阻斷嗅覺受體的反應，則在醫院、養豬場或清潔工人就可以在工作時，比較不用忍受環境的臭氣。另外，這樣的技術若用於減肥、減重也許能達致奇效，讓正在節食的人面對香噴噴的食物也感到索然無味，因此減少攝食量而達到減重的目的。有些嗅盲是暫時性的，例如：重感冒、流感或鼻竇炎都會引起鼻塞，甚至殺死部分嗅覺神經細胞，待痊癒後，受損的細胞還有可能被新生的細胞取代而恢復嗅覺，但如果長期受損，則原先具有嗅覺神經的區域會被沒有感覺功能的黏膜取代，而失去嗅覺。至於頭部傷害、特別是鼻腔部位遭致重擊而使嗅覺神經纖維斷裂，則往往難以恢復嗅覺。糖尿病與鼻息肉也有可能會導致病人失去嗅覺，因此，好好珍惜保護自己的嗅覺，還得從身體健康做起。

　　電子鼻或 GC-MS 等儀器也許可以分析出每一種單一氣味分子的化學結構種類與濃度，但目前為止，機器尚未能對複雜混合的氣味做出交互作用與否的判斷。而人腦能從一堆嗅覺雜訊中分離出目標訊號來，就好像我們可以在吵雜的環境干擾下，仍舊能與朋友聊天，聽懂朋友所說的話。同樣地專業的調香師也能夠在背景氣味經常變化的辦公室分辨目標氣味並進一步完成他們的調香工作，只不過氣味雜訊的濃度較高時，仍舊會產生干擾。一般而言，就算濃度很低的單一氣味，人的鼻子都有可能偵測得到，然而大腦要在混合氣味中同時能辨識多種氣味但卻有相當大的限制。澳洲心理學家大衛・賴英(David Laing)的實驗驗證，即使是專業人士最多也無法超過 4 種；換言之，4 種以上的氣味成分相混，連專業人士也往往難以辨認。

　　嗅覺是男女不平等的，平均而言女性的嗅覺通常較男性的辨別力稍高，其原因可能不在於鼻子的差異，而在於大腦。此外，由於女性的語言表達能力較男性佳，有助於記憶氣味，而女性的荷爾蒙也會使女性對某些特定氣味的敏感度增加，並隨著月經週期改變，在排卵期達到敏感度的高峰。年齡會影響嗅覺，通常 40 歲以後就會開始有嗅覺退化的感覺，60~70 歲以後退化的速度更快，但並非對每一種氣味都退化得如此快速，年齡的影響主要是因為鼻子的敏感度下降以及記憶力變差而導致的結果。

　　一般都認為吸菸者的嗅覺容易變差或變遲鈍，這看起來是理所當然且政治正確的說法，但實際上呢？在接受嗅覺測試前 15 分鐘內吸菸，確實會使嗅覺的辨識能力暫時性的退步，但意味著只要不在測試前 15 分鐘內吸菸，則吸菸者的表現與評量後的結果，並不會有太大的問題。但問題究竟在於哪裡呢？有調查顯示吸菸者對某些氣味表現出明顯的偏好，又對某些氣味顯得較一般人敏感或遲鈍；此外，吸菸對日常生活的嗅覺功能影響不大，許多調香師與廚師的菸癮都不小，在臺灣有很多不錯的中餐師傅都有吸菸的習慣，卻也沒有聽說他們的嗅覺比較遲鈍。然而，挑選分析型品評員還是建議不要挑選有菸癮者，理由是讓實驗條件單純化，且盡量減少個人偏好。更何況一般對品評員的要求是工作時不可以擦香水或使用味道太重的洗髮精、髮膠乃至於化妝品等，因此禁止吸菸，應該是希望不要讓身上沾染菸味的品評員，因為衣物上的菸味影響了判斷。一般來說，吸完菸的人需要一段時間才能讓身上的菸散去，即使吸菸不影響嗅覺的判斷，但一個感官品評實驗的負責人必然會覺得禁菸會讓參與實驗的品評員較有紀律，也順利很多，不用每次都要留意檢查品評員的菸癮狀況；因此，品評員禁菸還算是個合理的要求，但絕非因為吸菸者嗅覺較差或較遲鈍的緣故。嗅覺還有一個比較特殊的性質就是濃度效應，許多氣味常因濃度不同而呈現了明顯的感覺差異，因此，濃度不同也會使描述語產生變化，往往同一種氣味在低濃度時是香的，在高濃度時卻變成臭的。相對於嗅覺，我們對味覺物質的感知與描述卻不會因濃度增減而有所改變，甜的或鹹的東西，糖加再多也是甜的，鹽加再多也是鹹的，不會有別的敘述，因此，味覺與嗅覺在呈味物質濃度的反應是如此地不同。

　　嗅覺會隨著接觸氣味的時間增長而有適應、疲勞或習慣等現象，這三者很難區分，但嗅覺疲勞的現象是嗅覺重要的特徵，所謂：「入芝蘭之室，久而不聞其香；入鮑魚之肆，久而不聞其臭。」在氣味物質持續存在的情形下，感受到的氣味強度會隨著時間而遞減或消失，而成為背景值。在這個情況下，有點類似視覺適應亮暗的過程，只要有更高濃度的氣味物質出現，仍能嗅到味道，這意味著閾值被提高。當

嗅覺已然疲勞後，要恢復嗅聞的靈敏度，則需要給予一段時間，方能恢復。嗅覺適應某種氣味，並不會影響另一種氣味的感知能力，例如：一個在麵包工廠工作的人如果已經適應了烤麵包的香氣，他在面對剛烤好的麵包時因為習慣、適應或者已經嗅覺疲勞，他會覺得麵包沒有那麼香，但此時若給予 1 杯檸檬汁，他還是能立即感受到檸檬的清香；同理，他對其他氣味的感知能力並不因為對麵包香氣的適應或疲勞而有所減損。由於嗅覺的適應雖然會對熟悉的事物感應變差，但對其他不同的風味絲毫不影響，故依此原理，嗅覺適應在比對兩種樣品氣味的細微差異時特別好用。首先，我們可以先將標準品或第 1 個樣品充分地嗅聞，直到完全適應，接著再嗅聞第 2 個樣品，由於第一個樣品的氣味特徵已被完全適應，因此只要第 2 個樣品與第 1 個樣品有任何細微的差異都會在此時突顯出來。如果第 2 個樣品聞不到任何氣味時，只有兩個可能，其一是真的沒有味道，但這可以在事後嗅覺恢復時再行確認、驗證；其二就是 2 個樣品的氣味特徵完全一樣，這方法對於香水業界在研發產品時特別常用，對於特別強調嗅覺、風味的食品，像酒類新產品的開發亦相當適用。溫度與顏色也會影響嗅覺，氣溫越高會使敏感度增加，氣溫變低則使敏感度降低。關於顏色的影響，有學者做過研究發現，對於蒙住眼睛的受測者而言，帶有氣味的澄清液體不論有無加入顏色聞起來濃度都差不多，但若在嗅聞的時候可以看見樣品，則發現受測者會覺得有加顏色的樣品聞起來濃度比較高，顯然顏色帶來的是心理的影響，並非樣品的氣味本質有任何差異。

　　一般嗅覺對動物的功能為引發情緒反應，而在生存上則產生趨近或逃避的反應，這個在食物的尋找，判斷各種生存環境訊息上具有直接的影響。動物可以依嗅覺而感受到別的動物的情緒，也可能會引發自身的情緒而採取相應積極的作為或消極的逃避反應。嗅覺也可以讓動物找到藥用植物以療癒自己。嗅覺作為傳播訊息與接收訊息的工具，若指的是動物的費洛蒙(pheromone)，那麼這樣的說法就不是很精確了！因為，很多人以為鼻腔裡的都是嗅覺，但偏偏費洛蒙的接收器是犁鼻器(Vomeronasal Organ, VNO)而非嗅覺黏膜，在鼻腔裡的不同位置（圖 3-29），是一種輔助嗅覺系統(accessory olfactory system)。費洛蒙並不一定會與嗅覺黏膜上的嗅覺受體產生作用而引發嗅覺，但可作用於犁鼻器而產生許多生理反應；例如：異性動物因費洛蒙體味相互吸引而發情、女性同伴間的月經會因費洛蒙的訊息溝通而同步(menstrual synchrony)。其他，還可以藉費洛蒙來幫助免疫系統辨別外來物質、辨識親屬，甚至可防止近親交配。哺乳動物鼻腔中的犁鼻器接收到特定的費洛蒙後，可將訊號轉成電流訊號傳遞至輔助嗅球(accessory olfactory bulb)，再傳至杏仁核與下視丘等中樞神經系統。人類的犁鼻器雖然已退化，沒有像動物一樣具有顯著的生理

功能，但人類仍會對費洛蒙起反應，例如：徐四金小說《香水》（圖 3-30）裡的男主角在收集的「萬人迷香水」，指的應該就是費洛蒙而不是一般的嗅覺黏膜所感知的體味。有些實驗認為費洛蒙可能是許多一見鍾情的原因之一，但是費洛蒙所造成的戀愛吸引力也並非永久的，如果沒有別的因素繼續維繫，愛情來得快，去得也快；嗅覺有適應效應，費洛蒙也有，如果激情不再了，也許嘗試一下小別勝新婚，讓費洛蒙的感覺恢復一下，這段感情也許還可以再撐一段時間也說不定喔！

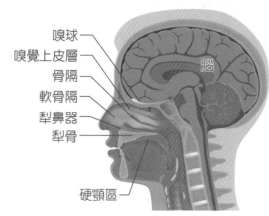

嗅球
嗅覺上皮層
骨隔
軟骨隔
犁鼻器
犁骨

硬顎區

與嗅覺物質類似卻很不一樣的費洛蒙
費洛蒙是由動物體內的膽固醇代謝而來，並經由毛囊之局泌汗腺分泌。

犁鼻器
犁鼻器是費洛蒙的接受器，接受費洛蒙傳達的訊息，並上達大腦的下視丘，引發生物本能的反應，例如異性互相吸引，體溫、呼吸與心跳明顯改變等。

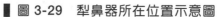

▌圖 3-29　犁鼻器所在位置示意圖

▌圖 3-30　徐四金小說《香水》與電影

3.2.5　味覺

　　味覺是藉由物質的化學特性在舌頭味蕾上的反應，轉化成神經衝動訊號至大腦特定區塊而呈現的特性。由於飲食的主要動作都在口腔內發生，因此，舌頭的品味活動變得相當重要，所以人們常常都以「味道」好不好作為食物「風味」良窳的代名詞。但如前所述，風味並不光只有味覺，還包含了嗅覺的作用，而一般人在描述食物很有味道或是很有滋味時，常讓人以為味覺對「風味」或「滋味」的貢獻大過於嗅覺，其實並非如此。味覺與嗅覺不僅息息相關，當人們在品嚐食物的時候，嗅覺提供了 80% 的風味感受，而味覺則只有 20%；換言之，嗅覺對風味的貢獻遠大過於味覺才是事實。如何證明呢？當一個人鼻塞的時候，吃什麼東西都會覺得索然無味就是這個道理。

　　舌頭是由肌纖維形成，可向各方向運動，當食物進入口腔時，食物中所含的可溶性物質就會被唾液與由輪廓舌乳頭底部之分泌腺的分泌液溶解，然後刺激味蕾，再由顏面神經、舌咽神經和迷走神經等，把刺激傳到腦部的味覺中樞（圖 3-31）。由表 3-7 可知，舌頭上有 4 種舌乳頭的構造，其中尖細舌乳頭最多但因不具味蕾，因此並無賞味功能。其次是蕈狀舌乳頭，將近 100 個，但每一個蕈狀舌乳頭上面的味蕾數不超過 4 個。數量最少的則是輪廓舌乳頭，僅 8~12 個，

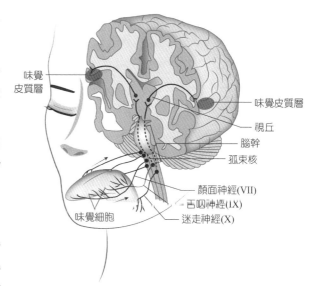

■ 圖 3-31　味覺訊息傳遞路線

但味蕾卻相當多，每一個輪廓舌乳頭上約有 100~200 個，因此，總數可達 1000~1500 個。輪廓舌乳頭的直徑約 5~7mm，分布成 V 形，蕈狀舌乳頭較小，僅 3mm 高且直徑為 0.3~2mm，平均分布在舌頭上，而葉狀舌乳頭則分布在舌頭邊緣（圖 3-32）。

表 3-7　舌乳頭種類及其味蕾數一覽表

舌乳頭種類 papillae	舌乳頭數	舌乳頭上之味蕾數	味蕾總數	所在位置
輪廓舌乳頭 circumvallate	8~12（或 7~14）	100~200	1000~1500	舌頭的根部，呈 V 字形排列
葉狀舌乳頭 foliate	15~20	~10	150~200	舌側邊
蕈狀舌乳頭 fungiform	~100	0~4	300~400	舌頭的尖端邊緣
尖細舌乳頭 filliform	~1000	0	0	舌頭所有位置都有

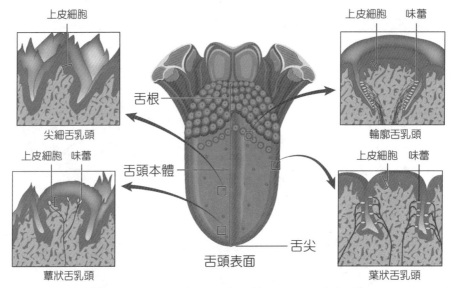

圖 3-32　舌乳頭構造及其在舌頭上之分布

　　19 世紀以來，許多學者認為舌頭上有著甜、鹹、酸、苦等 4 種不同的味覺區，而當時普遍認為這 4 種基本味覺是分別由特定味覺區上的味蕾接受，再經由感覺神經傳至腦部，由大腦組合相關資訊後解析出味道。長久以來舌頭味蕾的味覺地圖標示著舌尖對甜味最敏感，靠近舌尖的兩外側對鹹味最敏感，而兩側味蕾對酸味較敏感，舌根則是對苦味最敏感，至於舌頭的中央地帶因為沒有味蕾分布所以無法感覺任何味道，是味覺的盲區（相當於視覺的盲點）（圖 3-33）。這是最常被許多教科書所引用的資料，但長期下來容易讓人誤以為各基本味覺需在上述特定區域才能被感知。隨著生物技術的進步，對於味覺受體的研究結果，有助於釐清整個呈味機制。然而，這樣的誤會是怎麼來的呢？其實最早是德國學者 Hanig 於 1901 年發表了一篇論文，測試 4 種基本味覺在舌頭上的分布，原始數據顯示 4 種基本味覺在上述各個

區域也許有閾值上的些微差異，但基本上各區域都能夠感受到 4 種基本味覺。換言之，只要有味蕾分布的區域，即使對 4 種基本味覺的敏感度有差異，但都會有感應，不會只對其中一種有感應而已。但是到了 1942 年，哈佛大學知名學者 Edwin G.Boring 將 Hanig 的論文翻譯成英文，並將其原始數據以相對靈敏度的方式呈現在舌頭的味覺地圖上，因為是相對靈敏度，所以造成其他學者誤以為「靈敏度相對較低」的位置標示的數字就可能會接近零，給人有「零」敏度的印象。換言之，原本差異不大的閾值（甚至可能沒有統計的顯著性差異），經過相對差值的處理，導致差異變得很顯著，這樣的誤會自然就很大了。一直到了 1974 年，Collings 檢視 Hanig 的結果並重新設計一套實驗，結果發現味覺地圖的概念並不正確，就算有些部位特別對某些味道較為靈敏，也與 Hanig 的結果不盡相同。然而，味覺地圖在教科書中就一直存在，相關的概念常常被誤用，到了 2002 年，學者 Kaoru Sato 等人亦持續證明早先味覺地圖的錯誤。

事實上，目前已有許多研究或實驗證明上述的味覺分區並不正確（更何況鮮味的感知也已有味覺的生理基礎，確定是第五味），而是只要有味蕾的地方都可以感受到甜、鹹、鮮、苦、酸等 5 種基本味覺。因為任意一個味蕾中都具有 5 種基本味覺細胞，各自擁有特定感覺種類味覺刺激的受體，並將訊號分別經由各自專用的神經通道上傳到大腦。換言之，並非只有特定區域的味蕾，才能感覺某種味道的刺激。從味蕾的生理學解剖分析可知，人的舌頭並非任一個位置都能感覺到味覺，而是只有在味蕾才能被感知，味蕾在舌頭上的分布亦不平均。再進一步細看每個味蕾，又可發現味蕾是由 50~150 個味覺細胞(taste receptor cell)以有如橘瓣的排列方式所組成（圖 3-34）。目前最新的研究顯示，每一個味蕾上都具有甜、鹹、鮮、苦、酸等 5 種味覺細胞，而這 5 種味覺細胞的細胞膜上皆各自具備不同的受體蛋白(receptor protein)（表 3-8），可與各自對應的酸、甜、苦、鹹、鮮 5 大類可溶性呈味物質相結合。一旦結合後這些味覺受體蛋白就會被活化而在該細胞內產生次級傳訊分子(second messenger)，或直接開啟細胞膜的離子通道，造成膜電位去極化，而使該味覺細胞放出神經傳導物質，活化與其相接的感覺神經末梢將訊號分別經各自「專用道」，沿著顏面神經與舌咽神經將訊號傳入大腦感覺皮質而產生了味覺（圖 3-35）。

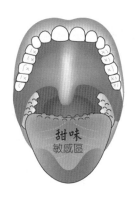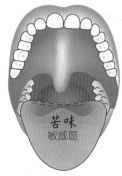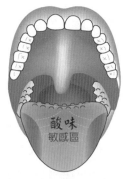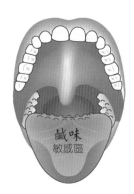

▌圖 3-33　傳統教科書上舌頭的味覺地圖

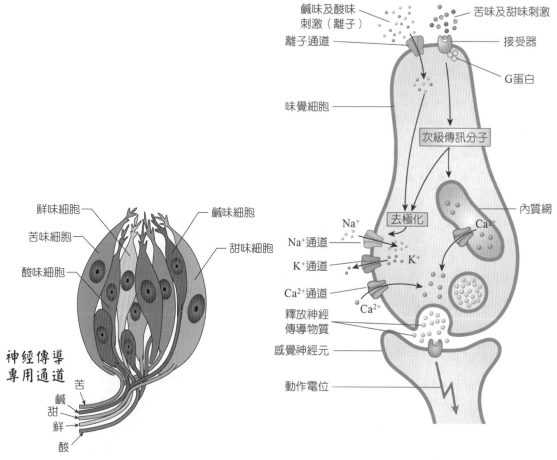

▌圖 3-34　味蕾的構造　　　　▌圖 3-35　不同味覺的感受機制

表 3-8　基本味與味覺細胞之識別機制及其演化意義

基本味與味覺細胞	識別方式		識別分子	演化目的或意義
	受體家族	受體成員		
甜	T1R	R2/R3 dimer	甜味劑，例如：蔗糖、葡萄糖、代糖分子等	可能為人體需要的醣類或富含能量的物質
鹹	上皮鈉離子通道(epithelial sodium channel)		鈉離子與其他少數金屬離子，例如：鉀離子等	可能為人體需要的鹽類或電解質、礦物質
鮮	T1R	R1/R3 dimer	鮮味劑，例如：胺基酸類或核苷酸類等鮮味促進物質	可能為含有重要的蛋白質來源
苦	T2R	多達 25 種	苦味劑，例如：植物鹼、奎寧、咖啡因、苯硫脲等	可能為有毒或有害的物質
酸	短暫受器電位(transient receptor potential)的離子通道/PKD2L1		氫離子，例如：檸檬酸、醋酸、酒石酸、乳酸等可釋放氫離子者	可能為腐敗或有害的物質

註：T1R 家族都屬於 G 蛋白耦合受體(G protein-coupled receptor, GPCR)具備 7 個疏水性穿膜區段、與 G 蛋白結合的細胞內區段、非常長的細胞外區段

　　甜味與鮮味的味覺細胞之受體都屬於 T1R 家族，甜味的受體成員有 R2 與 R3，而鮮味的受體成員則為 R1 與 R3。在生理實驗上，如果以實驗讓受測動物失去了 R1 受體，則該動物僅失去對鮮味的感覺，仍能感知甜味。反之，若受測動物失去了 R2，則該動物僅失去對甜味的感覺，但仍能感知鮮味。但若失去了 R3 受體，則該動物將同時失去甜味與鮮味的感知能力。苦味的味覺細胞受體則與甜、鮮不同，屬於 T2R 家族，且受體成員多達 25 種，顯見人類在演化的過程中十分關心是否危害到生存，只要是有可能危害身體健康的物質，採取的是較不冒險的方式將其一律吐出。鹹味代表 NaCl 和其他具有鹹味特性的金屬離子濃度之總合，由於鈉離子等電解質可維持離子和水的平衡，因此相當重要。鈉離子(Na^+)對鹹味的產生最為重要，鹹味感受器是上皮鈉離子通道(EnaC)，EnaC 為異質性寡聚體，唾液中有足夠多的 Na^+ 流入，可使味覺細胞膜去極化，該味覺細胞側邊膜上還有電壓管控 Na^+ 和 Ca^{2+} 通道，當去極化超過閾值，即可產生動作電位而傳出訊號告訴大腦產生鹹味。

　　一般而言，人們喜歡柔和、中等的酸味給予的愉悅感受，酸味也能協助識別食物的化學成分，強烈的酸味則確實會令人產生不舒服之感，亦被用來形塑某些文化的食物特色。當然食物的強烈酸味也可能是水果不成熟或食物已變壞、酸敗的表現。酸味的味覺細胞可能有兩類感受器，第一種是非調控離子通道，當口腔中的氫離子

達到一定濃度時，氫離子能以此通道進入細胞，產生一個內向氫離子電流，EnaC 可能是這種通道的候選者。第二種由氫離子調控通道組成，可見酸味傳導機制具備高度的複雜性。

綜合以上所述，不論如何，傳統的味覺地圖之所以為大家所深信而誤會，是有其生活習慣與經驗印象根源的，主要的緣由可能是飲食入口的味道濃度都比較高，但敏感度測定都以閾值高低為判定標準，因此所準備的樣品濃度都偏低。換言之，當濃度高的時候，呈味物質在口腔中的變化、流動所要考慮的現象就比較複雜了，例如：苦味之所以會長期被認為在舌根處最為敏感，極有可能與輪廓舌乳頭數量少，但每一個舌乳頭的味蕾卻又相當多有關。亦即當苦味被嚐到的時候，蕈狀舌乳頭分得較散，且上面的味蕾數又相當少，再加上苦味是人類天生不歡迎且厭惡的味道，也較無法像甜味、鹹味、酸味等那麼容易刺激唾液分泌來加以稀釋，自然更不喜吞嚥，故而容易造成滯留。因此，便形成了苦味刺激的訊號在舌根處集中且較為強烈的印象，但若以降低濃度、測試閾值的方法去檢測時，其舌根處的靈敏度並沒有比較高。至於甜味在舌尖比較敏感的印象，應該與食用糖果的生活經驗或習慣有關，通常人們享用棒棒糖或冰淇淋時，多習慣先以舌尖舔食，由於剛舔食、接觸到的瞬間對於甜味的第一印象較為深刻，接著高濃度的糖分進入口中時，糖分會促進唾液分泌混合而造成稀釋，最後接觸舌根部分時，除因糖分濃度降低外，失去甜味的新鮮感也可能讓舌根感到沒那麼甜，人們對於甜味物質又天生喜歡而樂於吞嚥，更不像苦味容易滯留於舌根，相較之下才有舌尖對甜味比較敏感的印象。至於鹹味與酸味的敏感區在舌頭的兩側邊緣，則極有可能是因為兩者比甜味與苦味在物質基礎上更能刺激唾液分泌的緣故，雖然唾液分泌會造成稀釋，但特別是濃度較高的酸味在刺激唾液分泌的作用與牙根酸軟的感覺會強化大腦的印象，於是造成舌頭兩側靠近邊緣處較為敏感的既定印象便形成了。事實上，如果在低濃度時測定閾值，酸味物質濃度降低同時亦降低了刺激唾液分泌的效應，此種印象弱化後，則舌頭兩側與其他部位的敏感度差異也就隨之而降低了。望梅止渴的典故即是在說明梅子的高濃度酸味容易令人聯想而誘發唾液分泌，重點在唾液分泌而非舌頭兩側的感覺，顯然生活經驗的既定印象與真實的敏感度測試是有相當大的差距，若將兩者相提並論，自然會有想當然耳的誤會出現，顯然大腦意念的整合判斷與舌頭各個部位的敏感度與否會有不同的印象與結果。

至於是否有第六味、第七味呢？目前被熱烈討論且極有可能成為第六味的是「脂肪味」！2001 年以前即有學者從老鼠的味覺細胞實驗中，觀察到多元不飽和脂肪酸對於其飲食中感知脂肪所扮演的重要角色，而 2005 年法國學者 Philippe Besnard 等

人在齧齒動物（老鼠）的味覺細胞上找到脂肪酸分子的受體(CD36 receptor)以來，即推測人體應該也會有此脂肪味覺；之後便有許多學者（例如：澳洲學者 Stewart 與 Keast）傾向於認為脂肪味(fatty)為人的第六種味覺。2012 年，美國華盛頓大學研究員 Pepino 等人則設計從「不香酥、沒有油味的溶液」中「品嚐」脂肪酸的實驗，他們請 21 位身體質量指數(BMI)超過 30 的肥胖人士，試吃 3 個外觀、口感皆相同的食物，但僅在其中 1 個加入極微量油脂或脂肪酸，並使用三角測試法要求受試者挑出不同的那一個樣品。結果發現，有些人確實能清楚分辨出「含油脂或脂肪酸配方」，而且他們同時具有很高的 CD36 蛋白，而 CD36 蛋白的含量是先天具備且無法經由訓練而增加的，此種蛋白可讓味蕾對脂肪產生感覺，令人對脂肪味產生一定的敏銳度。此實驗似乎為首次證實 CD36 蛋白在人類脂肪味覺感知所扮演的角色，並陸續有其他相關研究被發表，但對於是否有此第六味顯然還沒有普遍的共識並予以承認。相信在不久的未來，更多的實驗證據應該會被重複檢驗並有突破性的結果來進一步證實此第六味，若能確認此機制，則對未來以飲食控制脂肪攝取，乃至預防肥胖、心血管疾病等皆有助益。

那麼有「鈣味」嗎？2008 年 Tordoff 從老鼠的舌頭上找到了鈣的味覺受體(CaSR Calcium receptor)並進行相關實驗，由於鈣的味覺受體普遍存在於消化道、腎臟與大腦中，鈣的味覺受體與甜味受體 T1R3 一同作用可感知鈣而成為鈣味。但此實驗結果是否能從老鼠推廣至人類仍屬未知，有待進一步研究，故目前鈣味在人類生理證據尚稱薄弱，不如脂肪味的研究來得多而明確。

其他確定並非「味覺」的感覺，比如像「辣」是痛覺受器(nociceptor)對食物中的刺激性成分（例如：辣椒素 capsaicin）反應引起舌頭、口腔或鼻腔黏膜、皮膚和三叉神經疼痛的一種感覺，基本上屬於痛覺。常見的辣味物與其主要成分，如表 3-9。雖然「辣」並非基本味覺，但國際上對「辣度」的研究卻有感官品評制定史高維爾單位 SHU 值的方法，且搭配 ISO 國際標準的光譜測定與高效能液相層析法的轉換可供參考（表 3-10）。至於「金屬味」(metallic taste)多為病理產物，而「澀味」則是唾液與黏膜上皮細胞蛋白質凝固而產生的收斂感（或稱收縮感），然皆因沒有味蕾上的生理基礎，所以都不能算是基本味覺。常見的澀味物質特性，如表 3-11。此外，先前於觸覺部分描述的清涼感，應是薄荷類所含的物質與口腔或嗅覺神經接觸時，刺激特殊受體而產生的清涼口感，因合併了嗅覺比較像是「風味」，由於與味蕾無關，故亦非真的味覺。

表 3-9　常見的辣味物與其主要成分

類別	辣味物	主要辣味成分
熟辣味	辣椒	辣椒素(capsaicin)、類辣椒素(capsaicinoids)及二氫辣椒素(dihydrocapsaicin)
	胡椒	胡椒鹼(piperine)和少量的類辣椒素
	花椒	花椒素(suberosin, $C_{15}H_{16}O_3$)和少量的異硫氰酸烯丙酯(allyl isothiocyanate)
辛辣味	新鮮薑	6-生薑醇(6-gingeol; 5-Hydroxy-1-(4-hydroxy-3-methoxyphenyl)-3- decanone)為最具活性之物質
	乾燥薑	薑酚類化合物(gingerols)
	肉豆蔻與丁香	主要是丁香酚(eugenol)與異丁香酚(isoeugenol)
刺激辣味	蒜	蒜素、二烯丙基二硫化物、丙基烯丙基二硫化物
	大蔥洋蔥	二丙基二硫化物、甲基丙基二硫化物
	韭菜	二丙基二硫化物、甲基丙基二硫化物
	芥末	異硫氰酸酯類化合物

　　有許多因素會影響味覺的感知，首先個人的身體狀況影響最大，像是疾病、飢餓、年齡與性別等都會影響味覺。例如：罹患黃疸、糖尿病等疾病時會分別導致病人對苦味與甜味的味覺遲鈍或喪失；又如身體缺乏某些營養素也會造成賞味能力的變化，像是長期缺乏維生素 C 會對檸檬酸較為敏感。血糖升高會使人對甜味變得遲鈍，感覺較為不甜。缺乏維生素 A 則容易討厭苦味，嚴重時甚至於會拒絕鹹味，特別的是當補充維生素 A 之後可以改善病人對鹹味的喜好，對苦味的接受性卻無法回復。基本上，人在飢餓狀態下的味覺都比飽足時來得敏感許多，因此味覺與飲食的生理需求密切相關。一般人都認為飢餓時所吃的東西比較好吃，但有學者認為飢餓雖然會提高味覺的敏感性，但對喜好性幾乎沒有影響；換言之，飢餓會使味覺的敏感度增加，有可能增加了喜歡的味覺，卻也可能提高了討厭的味覺，更何況決定喜好性的因素還有嗅覺。難聞難吃的東西會提醒人的厭惡，不愛吃的東西就是不愛吃，不會因為飢餓而變得較為喜歡，但這個結果與一般人的生活經驗有別；畢竟一般人都有飢餓時所吃的東西特別好吃的印象，因此這個結果有待人們再持續用更嚴謹的方式驗證。年齡對味覺的影響是顯著的，主要是味蕾的數目會隨著年紀的增長而逐漸減少，例如：嬰兒時期的唾液分泌旺盛且味蕾數相當多（圖 3-37），大約是一萬個左右，但成人的味蕾數平均約 2000~3000 個左右，其中有一半在輪廓舌乳頭上。至於性別的部分較有爭議，許多學者認為性別不影響味覺的敏感性，另一派學者卻認為女性對鹹、甜味較敏感而男性對酸味較敏感，苦味則沒有差異。

表 3-10　常見的辣椒品種的辣度

辣度級別	SHU	常見的辣椒品種
1 級	0~500	Bell Pepper 甜辣椒
2 級	500~1000	新墨西哥辣椒
3 級	1000~1500	Espanola 辣椒、Ancho & Pasilla 辣椒、Cascabel &櫻桃辣椒
4 級	1500~2500	Ancho & Pasilla 辣椒、Cascabel &櫻桃辣椒
5 級	2500~5000	Jalapeno & Mirasol 辣椒
6 級	5,000~15,000	Serrano 辣椒
7 級	15,000~30,000	de Arbol 辣椒
8 級	30,000~50,000	卡宴& Tabasco 辣椒
9 級	50,000~100,000	Chiltepin 辣椒
10 級	>100,000	刻痕帽子&泰國辣椒的 Chiltepin 辣椒、Habanero 辣椒、純淨的辣椒素(capsaicin)

辣椒的辣度以每 100 個單位為倍數，高效液相色譜的量測值轉換為 SHU 來表示辣椒素含量

$SHU = (X_1 + X_2) \times 16.1 \times 10^3 + (X_1 + X_2) / 90\% \times 10\% \times 9.3 \times 10^3$

X_1 為辣椒素的濃度(mg/g)，X_2 為二氫辣椒素的濃度(mg/g)

16.1×10^3 為每毫克辣椒素或二氫辣椒素的 SHU

9.3×10^3 為每毫克其他類辣椒素的 SHU

90%為類辣椒素總量中辣椒素與二氫辣椒素的一般含量

10%為其他類辣椒素的含量

註：　在特定條件下，將辣椒素提取液用蔗糖溶液按比例稀釋，讓一組品評員品嚐直至任何一個品評員都不會感覺辣的最大稀釋度，這個值就叫史高維爾單位（Scoville 指數或熱係數，SHU），ISO7543-1（光譜測定）及 ISO7543-2（高效能液相層析法）為提供測定辣度的儀器分析方法

表 3-11　常見的澀味物質特性

澀味物質	澀味閾值%	味質	感覺何種味道	
			濃度%	味感
單寧酸	0.075	澀	0.038	藥樣味
柿子單寧 persimmom tannin	0.038	澀	0.038	澀
表沒食子兒茶素沒食子酸酯 epigallocatechin gallate, EGCG	0.075	苦澀	0.038	苦
表兒茶素沒食子酸酯 epicatechin gallate, ECG	0.075	苦澀	0.038	苦
氯化鋁 AlCl₃	0.038	甜酸澀	0.088	甜酸澀
硝酸亞鋁	0.038	酸澀	0.019	甜酸
硫酸鋅	0.075	澀酸	0.038	甜酸
氯化鉻	0.038	甜澀	0.019	微甜
氯乙酸	0.075	酸刺（甜）	0.019	甜酸
二氯乙酸	0.075	酸澀	0.019	微酸

　　其他對味覺影響的因素還有時間、溫度、水溶性與介質等。例如：以感覺時間快慢而言，鹹味感覺呈現的速度最快而苦味最慢，水溶性佳的物質呈味速度快但也消散得快。水溶性較差者，呈味速度慢但可維持味道的時間較久，完全不溶解的物質則無法呈現味道。介質會影響呈味物質的水溶性或溶液的黏度，降低水溶性與增加黏度都會使呈味物質與味覺受體有效接觸的速度與頻率下降，因此往往會呈現抑制味覺的效果。若介質加入後產生泡沫狀，則又比水溶性液體的呈味能力更為降低；若進一步形成了膠體，則使味道更難以被辨認。果膠的存在使酸味明顯降低，而黑木耳露的膠質會使加入的糖分甜味難以展現的問題皆為食品加工中實際會遇到的案例。至於溫度與味覺的關係則相當顯著，特別是各種味道在最適溫度與其他溫度都顯現出明顯的差別，甜味與酸味感受最靈敏的溫度範圍在 35~50°C，鹹味為 18~35°C，苦味則是 10°C 最敏感。綜合來看，各項味覺功能的正常運作範圍在 10~40°C 是最為恰當的，平均而言又以 30°C 最為靈敏。換言之，越接近舌頭的溫度越敏感。因此，冰淇淋或冷飲的甜度會比較低，就是因為溫度下降舌頭對甜度變得比較不敏感的緣故，所以冰品與冷飲的糖份或甜味劑使用量偏高，也是這個道理。

品評專業講座

Principles and Practices of
Sensory Evaluation of Food

擅品咖啡舌頭保 5 億

王潔予／綜合外電報導／英國

　　義大利男子佩利奇亞(Gennaro Pelliccia)擁有一個全世界最珍貴、價值近臺幣五億元的舌頭，佩利奇亞是英國連鎖咖啡店首席品嚐師，每一種咖啡豆上市前都必須通過他味蕾的考驗。

味蕾決定公司存亡

　　34 歲的佩利奇亞在公司為他投保的保單中，原由寫「我的舌頭和感知技術，是本人專業領域裡的關鍵。我 18 年的從業經驗，使我能辨別數千種氣味。」其東家 Costa 總經理更稱佩利奇亞是公司「存亡要素」。Costa 由一對義大利兄弟於 1971 年在倫敦成立，目前分店遍布全球，每年賣出 1.08 億杯咖啡，說佩利奇亞的味蕾能決定企業存亡一點也不假。該國最近一次咖啡品牌測驗顯示，Costa 的卡布其諾受七成咖啡族喜愛，勁敵星巴克被遠拋在後，若此招牌走味，肯定影響該公司收益。

2009 年 3 月 10 日蘋果日報

專業講評

　　這則報導的商業噱頭大過於專業訴求，原因在於保險時應該同時保鼻子與舌頭比較正確，萬一哪天他的嗅覺出問題了，保險公司只要能夠請醫生檢驗證明他舌頭的味覺依然正常（與鼻子相比，通常舌頭是相當不容易出問題的），是可以拒絕理賠的。而他所宣稱的關鍵「感知技術」，其實是嗅覺與味覺搭配所構成的，依經驗可知嗅覺提供了80%的風味感受，而味覺則只有20%，一般民眾不瞭解也就罷了，這些專業人士居然也搞不清楚，就算幫舌頭保了價值近臺幣五億元的舌頭，恐怕也是枉然。那要怎麼做才對呢？至少要保也是要保鼻子才對，不是嗎？

▌圖 3-36　英國連鎖咖啡店首席品嚐師佩利奇亞

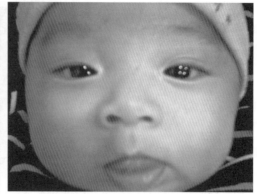

▌圖 3-37　嬰兒的味蕾數多且唾液分泌旺盛，隨時準備好品味人生

　　正如嗅盲一樣，人也會有味盲(taste blindness)，基本上舌頭上沒有味蕾的地方都是味覺的盲點，特別是舌頭的中央地帶，這是人人皆有的現象。但有些人的味盲現象則屬於先天遺傳所造成，天生就無法感受到某些物質的苦味，例如：苯硫脲（phenylthiocarbamide，簡稱 PTC）與丙硫氧嘧啶（6-n-propylthiouracil，簡稱 PROP）即是。另外，也有暫時性的味盲，常見的是漱口水用過頭，裡面的酒精與部分清潔成分破壞了味蕾，因而導致暫時性的味覺喪失，只要停用一段時間，等待味蕾再生後，多半又可恢復味覺。味覺偏好其實是可以被訓練的，而且有研究顯示味覺偏好的養成開始於懷孕期，胎兒在子宮裡會接受到從母體滲透而來的物質，食物的味道會滲入羊水之中，而懷孕十二週以後的胎兒甚至於還會喝羊水，因此這些味道就對小孩日後選擇食物產生了影響。例如：懷孕的母親常吃大蒜，則其嬰兒就不怕蒜味，如果母親懷孕時常喝胡蘿蔔汁，嬰兒出生後對胡蘿蔔汁就頗能接受，甚至於出生後哺乳的母親常喝胡蘿蔔汁，嬰兒開始吃副食後也對胡蘿蔔汁產生喜愛。

感官趣聞

Principles and Practices of
Sensory Evaluation of Food

漱口水用過頭食不知味，以為得口腔癌

徐夏蓮／臺中報導

　　懶得刷牙一味只用漱口水，小心口腔黏膜破裂、味覺也變得「食不知味」！中山醫學大學口腔醫學中心口腔外科醫師陳怡睿指出，最近有 2 位年齡分別為 30 多歲及 40 多歲的上班族求診，這 2 位男士因味覺改變，總是「食不知味」，擔心罹患口腔癌來就醫檢查，檢查發現他們口腔已從正常的粉紅色變白、變皺，原因是太密集使用漱口水。2 位上班族男士解釋，他們是因工作太忙，吃東西後根本沒空刷牙，又擔心沒有刷牙會蛀牙、罹患牙周病，所以都是含一下漱口水就吐掉。

■ 圖 3-38　漱口水過度使用會造成味覺改變

　　陳怡睿指出，長期濫用漱口水，會造成口腔黏膜及牙齦乾燥破裂，如果使用的漱口水含酒精成分，還會造成口腔黏膜變白，和長期酗酒者一樣。他說，漱口水只是口腔清潔的輔助用品，主要清潔還是要靠牙刷及牙線，最好使用的時機是飯後、睡前，但是在刷牙、使用牙線以後，不是只用漱口水就好，漱口水一定要依指示使用，不是次數用得越多或喝得越多就越好。臺中市還有男子植牙後，漱口水用量大，四處比較漱口水價格，希望買到便宜又大碗的，他發現同品牌一樣的容量，價格最多竟差到 50 元。臺中市的開業藥師指出，價格本來就不能統一，否則違反公平交易法，有藥局為了促銷價格會較低，有的價格反比市售「行情價」還高，消費者確實貨比三家才能不吃虧。

2009 年 3 月 17 日自由時報

味覺模擬裝置亮相：藉由電流和溫度產生效果

　　最近新加坡國立大學 Mixed Reality 實驗室的研究人員公開了一款合成味覺的交互設備原型，它藉由電流和溫度來模擬人類幾種原始味覺。這款設備包含 2 個重要部分，一是可以產生不同頻率的低壓電極（直接夾著受試者舌頭），還有 Peltier 溫度控制器。人類在進食的時候，舌頭味蕾會產生相應的生物電，並傳到大腦，讓我們食而知其味。這款設備的原理也有幾分相似，藉由不同的電流和溫度刺激來產生一些原始的味道，比如說酸甜苦辣。從實際測試來看，酸味和鹹味是最容易被偽造出來，而甜味和苦味雖然也能做到，但是效果沒那麼明顯。對於不同的原始味覺，它們需要哪些「參數」來「欺騙」大腦呢？

酸味：60~180uA 的電流、舌頭溫度從 20°C 上升到 30°C

鹹味：20~50uA 的低頻率電流

苦味：60~140uA 的反向電流

甜味：反向電流、舌頭溫度先升到 35°C，再緩慢降低至 20°C

薄荷味：溫度從 22°C 下降至 19°C

辣味：溫度從 33°C 加熱至 38°C

　　現在這套設備還處在雛形階段，沒能顧得上外觀設計，但味覺合成器能派上用場的地方還是不少的，比如說當病人要服用非常難吃的藥的時候，可以通過特製的勺子來進行味覺欺騙。

2013 年 12 月 10 日雷鋒網、gizmag.com 2013-11-28

(a)以溫度傳導片和低電流傳導片碰觸舌頭

(b)味覺記錄裝置

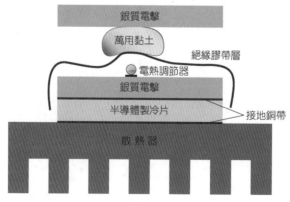

(c)控制系統

■ 圖 3-39　味覺模擬裝置

　　從上一節的內容，我們可以知道不論視覺、聽覺、觸覺、嗅覺與味覺等任何一種感覺，接受外在的刺激而產生感覺訊號，只是第一步而已，這些訊號傳遞至大腦哪一個部位？與大腦哪些功能區域相結合？經過這些功能區域處理過的訊號，是否被如實地儲存？還是會被扭曲？被調整？最後分析判斷結果的偏移或調整又是基於什麼樣的原因？還是過去存在於大腦的各種經驗（種族文化、教育訓練與飲食習慣的養成）？還是先天性別的差異？是基於生存而來的生理需求？荷爾蒙的作祟？亦或是感官之間的交互作用？所謂的意識、意念或心智在這裡面又扮演了什麼樣的角色呢？本節從心理學的科學發展、感官刺激與反應之間的生理與心理基礎、心理現象的大腦生理基礎、感官的心理印象與心理效應等四方面介紹如下。

3.3.1　心理學的科學發展

　　事實上，人類的肉體感官受到相當大的侷限，但心智的運作與變化卻是無窮的，我們的大腦運作可以讓我們依靠有限的感官資訊與證據，即可進行有利於自身生存的判斷，行有餘力還能從事與生存無關的抽象思考與邏輯分析，導入經驗法則。因此，人類的心理運作可說是理性與感性並存，感官訊息所引發的直接情緒不是決定最終結果的唯一原因，相關訊息也會與大腦記憶區塊的經驗相比對而說服自己是否要忍受痛苦繼而享受痛苦解除之後的釋放所帶來的快感，也有可能警惕自己在美好的享受過後常會有一些後遺症的問題而有所節制。好比說，辣是痛覺，但許多人就是愛好吃辣後痛過的爽快。苦則苦矣，但許多人對於咖啡苦後，回甘的餘韻總是喜好不已。甜味雖然能夠立即帶給人愉悅的感受，但是有了過於甜膩經驗後的肥胖問題，總會讓再次遇到甜食的女士們立即感到躊躇不定，凡此種種皆是生活中大腦的心識作用參與的明證。如此說來，心識作用似乎是理所當然、不證自明的，即使我們在生活之中的許多時刻，我們都會認為人是有心靈活動的，但是若真有靈魂的話，解剖人體可以找到靈魂嗎？或者又如佛家所問：「心」在哪裡？可以找得到「心」的住所嗎？由表 3-12 可知西方心理學的發展，從亞里斯多德開始就在找尋靈魂的住處，無獨有偶的是東方的宗教－佛教也問了同樣的問題。只不過從 1856 年馮特之後的心理學開始走向科學主義，似乎不再碰觸「靈魂」這個難以掌握的議題，轉而走向以解剖學、物理、化學、生物技術與儀器設備等可觀測大腦狀態的實驗技術為主的實證科學，雖然表面上與宗教的心靈哲學已然是各自表述，但其實骨子裡卻是殊

途同歸。或許科學家至今仍沒有辦法證明「心識」或「靈魂」住在人肉身的哪一個地方，也許最有可能是在大腦裡面，但是把大腦剖開也好，用各種非侵入式的儀器分析也罷，目前也只能看到大腦的功能作用罷了！人類研發的電腦至今也還沒有真正通過無對話議題限制的「圖林測試」(Turing test)（所謂圖林測試為判斷機器是否能夠思考的著名試驗，測試某機器是否能表現出與人等價或無法區分的智能），關於心識或靈魂的討論似乎就此打住。

表 3-12　西方科學心理學的發展，對心識或靈魂所在的剖析與思辨

理論	科學心理學解剖分析
1	BC 384~322 年亞里斯多德(Aristotle)：心臟是靈魂與智慧的所在
2	130~200 年蓋倫(Galen)：靈魂存在於腦室之中
3	1630 年代笛卡爾(Descartes)：靈魂存在於松果體(pineal gland)之中
4	1664 年威利斯(Willis)：心智功能由大腦負責
5	1842 年繆樂(Mueller)：心智由特殊神經掌管
6	1856 年馮特(Wilhelm Wundt)首次提出「無意識推理」，但後來只研究意識經驗，拒絕研究靈魂，使心理學走向科學主義
7	1873 年高基(Golgi)發明神經染色法，使得神經生理的觀察有了可見的方法，但仍屬於侵入式的、不可逆的研究
8	1912 年以後行為主義學派揚棄「靈魂」一詞，只以唯物觀點進行研究，目的在使心理學成為與物理學並駕齊驅的科學，影響所及使日後嚴肅、正統的科學家不齒談論「靈魂」
9	1930 年代阿德利恩(Adrian)發展出單細胞記錄法(single cell recording)
10	1950 年代以後以神經網路(network)為基礎的現代大腦研究時代展開
延伸發展	由於醫學、分子生物技術、遺傳學、資訊科技、電腦斷層掃描、正子造影等各種科技的進步與發展，開啟現代大腦研究時代的來臨，非侵入式或不需解剖的研究方法已可將人類心理、意識等活動以各種物理、生理現象解釋，成為顯學。2000 年後電子、資訊與仿生科技發達，人造感應器模擬人類感官加上採用人工智能模擬真人的思維、記憶、情緒等的機器人時代來臨。然而，人類是否可藉由創造智能來證明或否定靈魂呢？
殊途同歸	人工智能與人類之間的界線越來越模糊，無線傳輸與雲端科技降低了人工智能的時空限制，發展極致之後幾乎可與宗教境界相互印證
東方宗教	以佛教來說，從根本定義上就認為真正的心靈本體是無法經由那些會隨時空、物質變化的事物來驗證，亦即超越時空概念的存在是無法用瞎子摸象來窺其全豹

現代科學家發展人工智能的概念，是將人類視為物化的機器（表 3-13），有些科學家以為若能將人工智能發展到極致而創造出與人類大腦運作、情緒表達、甚至於能獨立思考、自由創作的高功能機器人，便是證明了離開物質，就不存在所謂靈魂的證據，而心靈現象僅僅是邏輯程式在機器中的運作，人類不過是以生物材質所建構的「硬體」肉身，並且灌上智慧型「軟體」程式的生化機器人罷了！但這樣真的可以證明什麼嗎？假定靈魂真是依附於肉體而存在，肉體與靈魂共生共死，亦即「人死如燈滅」才是對的，那麼心識的作用就不過是軟體程式依附在肉體大腦中的運作而已。但若以現代雲端科技的概念來推想，如果「靈魂是藉由無線感應來遙控肉體」呢？如果這推想是對的，則肉體死了，靈魂其實還在，就像電玩遊戲中的角色死了，打電玩的玩家還在，還可以開啟下一場遊戲，再一次輪迴，那麼我們怎能僅藉由開發出擬真機器人就可以證實靈魂不存在呢？如果人類都活在有如「駭客任務」中一般，每個靈魂都是連接上網至雲端母體的一個假想個體呢？言及於此，第 1 章缸中之腦的寓意又不禁再次浮現，依科技心理學的發展，我們又怎能知道自己不是那個在缸中的大腦呢？而人類的雲端（所謂的靈界？）在何處呢？相信科學心理學最後要面對的終極命題，其實與佛教經典所說是一樣的。

表 3-13　人類大腦與人工智能之知覺、記憶等功能對應表

對應功能		人類大腦	人工智能
中央執行系統		前額葉	中央處理器
工作記憶		前額葉	快取記憶體
事件記憶、短期記憶		內側顳葉	隨機記憶體
語意記憶、自傳式記憶		知覺特性相關大腦皮質	硬碟等長期儲存裝置
感官訊號輸入	視覺	眼睛、視網膜	數位攝影機、掃描器等
	聽覺	耳朵、耳蝸等	麥克風
	嗅覺	鼻子、鼻嗅細胞	電子鼻
	味覺	舌頭、味蕾	電子舌
	觸覺	皮膚、關節、內臟感覺受體	壓力感應器等
	其他	視覺、聽覺與多重感覺	鍵盤、滑鼠及其他

3.3.2　感官刺激與反應之間的生理與心理基礎

　　基本上，感官刺激能夠在第一時間即獲得反應是最普通、最直接而沒有偏差的感官經驗（圖 3-40(a)），對於簡單的感官強度的反應測試，像是味覺或嗅覺的基本呈味物質，濃度越高，味覺感受也越強都屬於這一類；此類的測試或現象單一而直接，無需牽涉到情緒變化與思維判斷等過程。例如：很苦的東西入口了，大腦還來不及思考、判斷，就會直接反應而吐出；濃度夠酸的食物入口後，無需經過大腦的指揮，唾液腺就會直接分泌唾液，這些都是毋須經過心理過程就做出的反應。然而現實生活中的飲食或用餐體驗必定都有意識的參與，因此刺激所產生的訊息在到達大腦皮質區形成感覺記錄之前，可能會經過杏仁核、視丘等部位被處理或調整而產生心理過程，接著形成感覺印象，因此感覺就會受到心理過程的影響，產生如適應效應或遮蔽效應等現象，影響了大腦對刺激強度的心理認知與判斷過程（圖 3-40(b)）。至於是否遵循、接受先前一貫的脈絡而認同此感官刺激、產生喜好且於大腦中產生「獎賞效應」而繼續使用，使用的次數與其他的表達模式等都成為心理參與判斷的反應結果。例如：說當我們在吃喜歡的食物、做自己喜歡的事情時會活化中腦的腹側被蓋區(ventral tegmental area, VTA)，此區鄰近黑質與紅核，富含血清素(serotonin)與多巴胺(dopamine)神經元，當活化的訊號刺激傳至伏隔核(nucleus accumbens, NAcc)的多巴胺神經迴路可使多巴胺增加，因而產生快樂的感覺。由於這個過程是身體與生俱來的「獎賞效應」(rewarding effect)，可以讓我們拋開理性的思維，不自由主地在情感上渴望再一次獲得滿足與快樂，所以此過程與「上癮」(addiction)密切相關（伏隔核具有獎賞、快樂、歡笑、上癮、侵犯、恐懼及產生安慰劑效應等功能）。當然，不是每一種好吃的食物、愛好的菜餚、喜歡的事物都會讓人成癮，畢竟我們的理性是存在的，理性的思維運作可以控制自己的情慾，使之發乎中節，不致於毫無節制。但有些事物確實在大腦之中有其生理基礎，故而造成心理上無法擺脫的抑鬱與憂愁，也有些藥物或酒精則會暫時性的透過不同的生理作用，造成腦中多巴胺神經迴路的多巴胺大量上升，產生愉悅的獎賞效應，令人欲罷不能產生精神依賴而上癮。毒品產生的效應則相當強烈，副作用也相當糟糕，特別是飄飄欲仙的愉悅快感後的空虛與失落，有些甚至會使負責資訊整合、決定行為態度的前額葉皮質區產生過量的多巴胺，導致幻聽與妄想。食物裡含有酒精或咖啡因成分也可能會造成上癮的症狀，其實喝酒不僅在品嚐其風味，酒精使人精神放鬆的飄然愉快感覺是不可或缺的。同理可知，喝茶與喝咖啡若少了咖啡因的提神作用，即使再怎麼風味獨特，也總令人感到有些不足之處，但不論如何，酒精與咖啡因過量時仍會有副作用產生，除了這兩者之外，大部分的食品都不太會產生類似毒品上癮、

難以戒除的問題。因此,飲食的感官刺激包含了食品本身所提供的內涵外,也與環境和時間有關,經歷了心理過程產生感覺,同時也在知覺過程中編碼感覺與知覺的對象,提供作為判斷過程之依據,進而做出接受或喜歡與否的評比反應(圖3-40(c))。其中的知覺過程特別關鍵,因為過程中對於需求的動機、需求的完成(或滿足)以及連結整合,便是大腦思維的充分參與,許多複雜的心理現象於是便有了大腦的生理為基礎而發展開來。

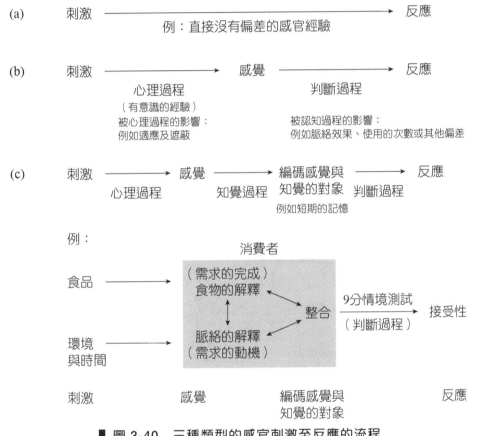

■ 圖 3-40　三種類型的感官刺激至反應的流程

　　由於食物的感官刺激往往會與環境、時間等因素的刺激同時並存,在其他的因素介入下會構成更複雜的心理過程與知覺過程乃至於反應,而這些過程又會影響下一次的刺激與反應。因此,感官品評試驗所觸及的層面也更加複雜,僅以生理反應是無法完整解釋的(圖 3-40(c)例)。關於感官刺激與反應最有名的實驗當溯及「巴夫洛夫的狗」了(圖 3-41)!這一系列的實驗也為心理學的古典制約(classical conditioning)理論以及心理學的後續科學發展打下了相當重要的基礎。古典制約理論就是通過反覆的人為介入,使原本沒有關聯的中性刺激(neutral stimulus)與生理反應

(response)之間建立起連結，而後此中性刺激便可以單獨引起反應，成為制約刺激(conditioned stimulus)，由制約刺激而引起的反應也就成了制約反應(conditioned response)。

■ 圖 3-41　巴夫洛夫與他的狗

　　巴夫洛夫(Ivan Petrovich Pavlov, 1849~1936)是俄國知名的生理學家，因為他在消化生理方面的傑出研究貢獻而榮獲 1904 年諾貝爾生理學和醫學獎，也是世界上第一位獲得諾貝爾獎的生理學家。在巴夫洛夫之前的醫學界是無法確定神經系統能否對消化系統產生影響的，由於巴夫洛夫「假飼模式」(fictitious feeding model)的建立獲得確認，證明了神經系統對消化系統具有重要的調控功能。在他之前，一般的觀察是食物進入了胃或小腸等消化道會使得胃分泌消化液，但他以狗為實驗對象，用手術創造了一條人工瘻管，讓狗將食物吃進嘴裡卻直接從人工瘻管排出而不進入胃部，結果發現在食物不進入胃部的情況下，只要狗的嘴中有食物接觸也會讓胃分泌消化液，其間存在一定的調控機制。巴夫洛夫更進一步發現不只是食物在嘴裡會引發胃分泌消化液，就連看見食物、嗅聞食物也會，甚至和消化系統沒有任何關連的因素，像是某研究人員在場，或是腳步聲、談話聲等，也可能產生影響。於是巴夫洛夫提出了精神因素可引發消化腺分泌 (psychic secretion)的理論。換言之，心理可以影響生理，為了瞭解心理如何影響生理，而後的古典制約實驗更是這一系列實驗中的經典（圖 3-42）。巴夫洛夫觀察到「狗看見食物或吃東西前會流口水」，於是他認為食物還沒有進入狗的嘴裡居然也能引發唾液分泌，這顯然與心理或精神因素有關，但食物畢竟是與唾液分泌有直接關連的東西，看見食物而引發唾液分泌（圖 3-42(a1)），在邏輯上是可以理解的，並沒有太大的問題。所以在沒有食物出現的情況下，製造「單獨搖鈴」發出聲響等與食物無關的狀況也都不會引起狗的唾液分泌，顯然鈴聲是與食物無關的中性刺激(neutral stimulus)，不會引起唾液的分泌（圖 3-42(a2)）。於是巴夫洛夫進一步嘗試讓搖鈴與食物依序出現後再給予餵食，且反覆

在每次餵食前都先搖鈴，由於都有食物出現，因此狗仍然會分泌唾液，此過程相當於訓練、強化兩個不相關事件的聯繫（圖 3-42(b)）。在連續操作數次之後，巴夫洛夫再以「單獨搖鈴」測試（同樣沒有食物出現），結果發現狗仍會分泌唾液（圖3-42(c)），顯然與先前的結果不同。原本狗沒有看食物只聽鈴聲是不會分泌唾液的，從這個結果可以推知狗在經過連續幾次的經驗連結後，會將鈴聲認定為「食物即將出現，可以準備進食」的訊息，因此引發了唾液分泌的現象。這種現象一般稱為制約反應 (conditioned response)（但本節為解說方便暫且將 conditioned 翻譯成「情境調控」，unconditioned 則譯成「情境無調控」），是古典制約理論的基礎。從實驗動物的行為證明了環境刺激的訊號傳遞到神經和大腦，可以將無關連的事物進行連結而產生關連，在動物身上可以看到神經和大腦的反應是具有學習與認知功能，由具象而至抽象，從生理而至心理，依此理論研究人類的心理，亦可得到相對的印證。

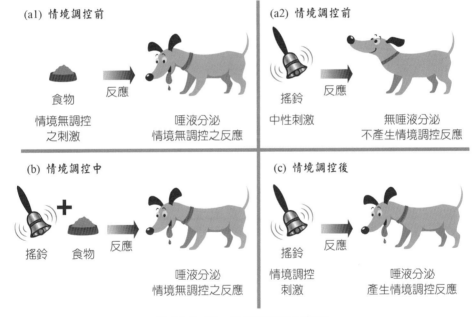

▌圖 3-42　古典制約示意圖

註：　由於有學者認為早期將 conditioning 翻譯成「制約」不太恰當，而將 conditioned stimulus 與conditioned response 翻譯成「條件刺激」與「條件反應」，似乎較能被理解，但若將 unconditionedstimulus 與 unconditioned response 翻譯成「無條件刺激」與「無條件反應」，則容易讓人誤會為「沒有」進行「條件刺激」與沒有產生「條件反應」。事實上仍然是有刺激，也有反應的且食物的出現本來就是一種「條件」，不可能沒有任何條件或狀況存在而產生反應。因此為解說方便，本圖將 conditioned 暫時翻譯成「情境調控」，而 unconditioned 則翻譯成「情境無調控」

　　中性刺激與情境無調控之刺激（或稱無條件刺激）的時間越相近，就越能結合而強化，強化次數越多就越能鞏固制約反應（即圖 3-42 的情境調控反應），而制約反應被鞏固後，原先的中性刺激就轉變成情境調控刺激（或稱條件刺激、制約刺激）。能夠轉變成情境調控刺激的中性刺激並不限於聽覺，一切來自體內、外的有效刺激，不論是單一的或是複合的，乃至於刺激物之間的關係及時間因素等，只要能跟情境無調控之刺激在時間上結合，並不斷地強化鞏固，都可以成為情境調控刺激而引發制約反應。當一種制約反應鞏固後，可以再用另一個新的中性刺激與先前的制約反應結合，鞏固成第二級制約反應，同樣的方式依此類推，還可施以第三級以上的制約程序而建立多層級的制約反應。由於每一種中性刺激雖然與先前刺激無關，但刺激本身就有可能會引起與其相關的反應，因此現實狀況還會更加複雜，現以咖啡為起始產品帶入風格營造、品牌宣傳、包裝設計等行銷過程為例進行概念說明（表3-14）。

表 3-14　多層級的制約反應，以咖啡為起始案例說明

情境無調控 之刺激	情境調控刺激（制約刺激）			反應	
	第一級	第二級	第三級	情境無調控（無制約）	情境調控（制約）
風格				品味	
品牌				歸屬	
包裝				識別	
咖啡				好喝	
咖啡＋包裝				好喝、識別	
（調控→）	包裝			識別	好喝
（調控→）	包裝＋品牌			識別、歸屬	好喝
（調控→）		品牌		歸屬	識別、好喝
（調控→）		品牌＋風格		歸屬、品味	識別、好喝
（調控→）			風格	品味	識別、歸屬、好喝

　　當廠商以不同的咖啡豆調配出好喝的咖啡時，分析型的感官品評方法可以瞭解咖啡的香、酸、甘、醇、苦、澀等性質，但基本上「好喝」仍是這一種「咖啡」給予廣大消費者的基本反應，並無制約的成分。同理，包裝設計給予消費者視覺「識別」反應。品牌宣傳引起名稱「歸屬」反應，廣告文宣的風格營造則引起特色「品味」反應。原則上，這四者可以完全無關，但是當咖啡加上包裝後，一開始只是將「好喝」與「識別」的反應進行連結，消費者長期飲用咖啡，因為好喝而喜歡，並

同步接受包裝設計所給予的印象，這兩者的關聯被強化之後，消費者只要看到包裝就會想到「好喝」（即使根本就沒有喝到咖啡）。當廠商在推出另一款的咖啡或更改配方，甚至於推出的是茶或果汁，在沿用相同的包裝設計下，消費者因為已經受到情境調控的制約，產品實際上不需要真的很好喝（至少不可以難喝），則「好喝」的反應會跟著包裝印象油然而生，這是第一級的制約。接著若將包裝與品牌標誌結合進行情境調控，則品牌提供的歸屬感會與包裝的識別性一起直接呈現，但「好喝」的反應與認知卻會被包裝夾帶進來。等到消費者對品牌已經熟悉到相當的程度時，就算改變了包裝並且賣的也已經不是咖啡，但消費者只要看到了品牌就會自動「識別」並自然升起「好喝」的感覺，此時的品牌已被情境調控成第二級的制約刺激了。當品牌在消費者心中具備了識別性，也受到喜愛後，此時廣告宣傳或行銷手法所營造的風格，不僅直接給予消費者「品味」與「歸屬」反應，也同步將先前的「識別」與「好喝」夾帶進來，持續給予消費者這樣的印象連結，久而久之這種「風格」便被情境調控成第三級的制約刺激。換句話說，當消費者看到特定風格的廣告出現時，第一個想到的就是這種「品味」的產品必然屬於特定品牌（情意歸屬），而這種東西應該很特別（自動識別），並且品質不錯（當然好喝），當制約到第三級的時候，廠商打的是形象廣告、品味廣告，其他廠商即使出了一樣風格的產品，很容易就被聯想成該廠商的產品，結果山寨不成反倒幫正版免費打廣告了。

實務上，食品廠商的制約操作也可以是相互整合的，由於被調控的中性刺激不必與情境無調控之刺激有任何邏輯上的脈絡，因此表 3-15 只是為了要說明多層級的制約作用而特意簡化之。實際的狀況是，所謂的中性刺激並非絕對中性，只是相對中性的概念，因此所有刺激的交互作用會比表 3-15 更加複雜許多。況且廠商的品牌經營是延續性的，同一品牌的不同產品也可能交互影響，使得品牌印象隨時間的推移不斷地改變。現以表 3-15 為例（沿用表 3-14 的概念），咖啡的好喝與包裝的識別、品牌的歸屬是同時存在的，各有各自的意義與連結，因此一開始皆為情境無調控之反應，經過產品的銷售為消費者所歡迎且熟悉，這一段時間的行銷便獲得情境調控的效果，使消費者只要看到了該「品牌」的名稱（連「咖啡＋包裝」都不用出現）時，除了直接判別產品的歸屬，心中也會有好喝且具包裝識別的印象，而包裝的識別反應讓消費者在找尋該產品時，可以用包裝外表來搜尋。

表 3-15　多項產品銷售順序與品牌產生制約反應的變化過程

情境無調控之刺激	情境調控刺激（制約刺激）	反應	
		情境無調控（無制約）	情境調控（制約）
紅茶		普通	
果汁		難喝	
咖啡		好喝	
咖啡＋包裝＋品牌		好喝-識別、歸屬	
（調控→）	品牌	歸屬	好喝-識別
紅茶＋包裝	＋品牌	[普通]-識別、歸屬	好喝-識別
（調控→）	品牌	歸屬	[普通？] 好喝-識別
果汁＋包裝	＋品牌	難喝-識別、歸屬	[普通？] 好喝-識別
（調控→）	品牌	歸屬	品質不穩定-識別

　　接下來，咖啡產品已經成熟了，廠商再接再厲推出紅茶產品並採用相同的包裝設計，然而該廠商的紅茶與其他品牌的紅茶風味相比，僅僅是普通而已，但此時消費者已經被這個產品的品牌印象所制約，因此風味雖然普通，但情境調控的反應卻是好喝。所以普通感就變成隱性或背景，而這種好喝的反應無疑是情境調控所創造出來的幻覺，但仍舊被凸顯了起來而達到效果。經過市場上販售一段時間後，消費者又被紅茶產品制約了，此時再看見這個品牌時，因包裝設計仍與咖啡類似，所以消費者看見了品牌仍會想起包裝，所以包裝的識別反應仍能加深消費者的印象，且消費者儘管帶有一絲絲「普通」的懷疑，但仍能讓品牌與好喝的印象一同存留在消費者的腦海之中。接著該廠商在紅茶之後，又引進了一款國外風行的果汁，可惜該果汁可能並不對國人的味，因此，國人普遍覺得難喝（無制約的反應）。剛推出時，由於先前的品牌制約效果還在，大腦中還是殘存有好喝的印象（制約的反應），所以導致「難喝」與「好喝」的反應都會同時呈現，使消費者的大腦有了一番掙扎。經過一陣子的銷售後，該果汁的難喝印象與品牌還是產生了連結，消費者再次看到品牌時，其反應不再是先前的咖啡單純好喝，而是這個品牌的品質不穩定，有很好喝的產品，也有很難喝的產品，並且看到品牌名稱還是會想到包裝，但光看包裝已無法識別連結好喝或難喝。消費者對品牌的形象開始感到質疑且失去信心，甚至於反過來，看到包裝就失去信心，因為包裝開始與「品質不穩定」連結了，也許這時候不僅要改善果汁的品質，恐怕連包裝都得換了。一開始的時候以感官品評來請消費者針對咖啡產品進行評比，我們也許可以因包裝的設計良好而得到相當好的整體喜

好性分數，但若經歷過表 3-15 的過程，再請消費者針對該產品進行評比時，由於品牌形象很明顯地已經從「良好」走向「品質不穩定」了，在包裝不換的情況下，有可能反過來制約消費者而使整體喜好性分數降低。一樣的產品、相同的品質，但在不同的時期，消費者的心理受到影響而產生變化則可能做出不一樣的評價。

由於心理的變化相當複雜，雖然有一定的脈絡，但從上述古典制約的過程便可以明白這些脈絡往往可以是跳躍式的連結，連結的關鍵就在於制約的過程背後每一個環節可能都隱含著某些心理發起的特殊目的，表面上卻不一定能夠找到物質或生理變化的邏輯。因此，影響消費者品評結果的因素相當多，文化、教育、風俗、習慣乃至於宗教等影響所形成的制約反應，可以說是毫無邏輯可言，往往難以追究。可能是某個知名影視歌星所帶動的風潮（例如：原本難看的衣服因為某位偶像穿過而被仿效後蔚為流行），也可能是政府為了某些問題所制定的政策與宣傳而產生的影響（例如：多喝牛奶可以預防骨質疏鬆症，使民眾認為喝牛奶很好，其實有些人一開始並不喜歡牛奶的風味），有時甚至會因時間推移、因活動交流而變遷至不知其所以然了。於是乎消費者品評的數據只要具有良好的「相關性」，就如同雷達一樣能夠掃描出目標當下的位置與狀況，便頗具市場應用價值。畢竟從數據反推因果時，由於事過境遷難以複製當時的環境與氛圍，也不好重複驗證，所以追究其因果關係反而變得較不重要了。相對地，分析型的感官品評卻又不同了，分析型的品評操作往往要將個人的心理影響盡可能地降低，品評時也不會問分析型品評員喜好或接受與否的問題，因此感官刺激與反應之間的因果關係就變得相對重要許多。由於條件控制得宜，此時生理與心理的交互作用便可以對照觀察，使相關的應用（例如：配方的調整、品質的管控等）可以被掌握。綜上所述，本節特別闡述多層級制約主要是因為感官品評中的情意分析試驗（例如：9 分法），雖可藉由直接品嚐食物而獲得評價分數，但也傾向於測試、分析情境無調控之感覺刺激與反應，或者是把消費者可能的刺激與反應都當做情境無調控的狀況來看待。然而，消費者面對的真實狀況往往會是多層級情境調控的刺激與反應過程，所以光用情意分析試驗所得到的訊息是不足以清楚解釋複雜的消費者行為，由於在邏輯上有這一層理解，我們才有辦法明白為何感官科學必須要發展出更適當的分析方法。例如：使用問卷調查法(questionnaire)調查許多消費者在消費時可能產生的情境調控反應，或者進一步藉由間接調查的方法（例如：聯合分析 conjoint analysis）來瞭解哪些食品感官特性與其他影響因子（例如：品牌、價格、包裝等）最能受到消費者歡迎或最為重要，並可據以分析出感官特性與其他影響因子之間是否有交互作用，亦即採用適當的實驗設計與科學的統計方法進行消費者行為的評估。所以，許多進行感官品評的操作者會

在感官品評情意分析試驗後進一步採行問卷調查或將口味當作聯合分析中的一個特性去進行消費者行為的評估。然而，由於一般食品科學的大學養成教育多以物理、化學等因果關係較為明確的學科為主，並沒有太多的心理學或社會學背景，也較少以多變量分析的實驗設計或統計分析概念。因此，對於相關性較重而因果關係較不明確的研究多半不甚理解，又因不瞭解而質疑甚至嗤之以鼻，殊不知許多社會科學的現象之所以複雜而難以控制變數，就是容易因為許多心理現象的參與而改變。這些改變後的結果又會變成環境因素繼續影響著系統，並反覆疊代進入系統之中，而觀察者本身就在系統之中與系統互動而形成一派觀點，很難跳脫系統之外。因此我們必須藉由不同觀察者的不同觀點來建構更清楚的面向，再由面向而至輪廓，就像瞎子摸象一樣，雖然每個人看的都不太一樣，但集合所有不一樣的觀點後也能夠逐漸地掌握住真象（相）的輪廓，不是嗎？更何況真象（相）是活的，不是死的，會隨時空而改變，需要不同面向與時空背景的觀察。因此不論如何，古典制約理論對於我們理解食品感官品評的諸多現象（特別是消費者品評）是很有幫助的，若有這樣的認知，就能確實瞭解感官科學而建立起正確的態度。

　　歷史的軌跡真的是耐人尋味，在巴夫洛夫之後的許多心理學家都將巴夫洛夫的研究成果視為開創心理學理論的重要依據，而巴夫洛夫本人卻到死都不願承認自己是心理學家。巴夫洛夫反對當時的心理學，他認為過分強調心靈、意識等看不見的東西，是很不嚴謹的，不能僅憑主觀臆測、推斷就發表一些似是而非、無法驗證的學說，這是不科學的。他如此鄙視心理學卻作出了心理學研究領域的重大貢獻，古典制約的相關實驗結果被當時的行為主義學派吸收而成為制約行為主義的最根本原則之一。最終，由於巴夫洛夫對心理學領域的貢獻卓著，後繼的學者們還是將他歸類為心理學家，視他為行為主義學派的先驅，徹底違背了他的遺願。無獨有偶地，回想在巴夫洛夫之前，1856 年的馮特首次提出了無意識推理，他本人後來卻將無意識推理束之高閣，只研究意識經驗，拒絕研究靈魂，使心理學走向科學主義，可是無意識推理卻深刻地影響了榮格(Jung)，使榮格發展無意識心理學而有別於其他心理學家所專注的意識心理學。榮格的心理學擅長解讀心靈現象，具有一定的參考價值，但馮特對科學主義的影響終究還是繞過了榮格、順著歷史的軌跡，讓 1912 年以後的行為主義學派得到巴夫洛夫的至寶。又為了讓心理學與物理學一樣成為並駕齊驅的科學，後續的心理學只採唯物觀點研究，徹底揚棄靈魂一詞，使得日後所謂正統的科學家不齒談論靈魂直至今日。然而，現在正在研究感官品評的我們，又怎麼知道未來歷史的軌跡，會不會又將我們帶回到科學的靈魂深處呢？

3.3.3　心理現象的大腦生理基礎

　　在人的大腦裡面有些部位確實與情緒、情感等心理反應與變化有關，這些部位有稱為理性中心的前額葉大腦皮質區，負責調控情緒；也有稱為情緒中心的邊緣系統，包括杏仁核、海馬迴、扣帶迴和穹窿等，還有就是與腦下垂體相連的視丘、下視丘所構成的本能中心。人類在面對與生死有關的狀況時，外在刺激會經五官的感覺接受器將訊息接收後，由神經傳導至視丘，視丘負責訊息整合，再傳導至大腦皮層負責認知的額葉（意識中樞），同時也傳導至情緒中心（例如：杏仁核）以迅速產生情緒的本能反應，又傳導至下視丘與腦下垂體等可產生荷爾蒙分泌的部位。此外，杏仁核也同時會將訊息傳至海馬迴，喚起短期或長期記憶，也包含情感或無意識記憶，很快地生出記憶裡的情緒反應。當然，人類與動物自演化過程中為適應外界緊急狀況或環境而產生的立即應變，使情緒的反應路徑成為一種保護機制，因此杏仁核的情緒反應機制是相當直接而快速的。人的嗅覺訊號可以直通杏仁核，因此，食物的美味香氣可以直接引發情緒感受與情感氛圍，且不必經過大腦思維邏輯的處理過程，由於杏仁核屬於非語言區域，所以有時候特別的氣味真的會令人難以言喻。因此，許多食物與餐點的風味可以影響人的情緒，而用餐體驗往往是直覺而不受理智控制，個人的喜好差異可以很大，也相當地情緒化，同樣的食物有人相當嫌惡，卻也有人相當喜歡，最明顯的例子就是榴槤。

　　一般來說，大部分情緒都與杏仁核有關，因此杏仁核又有情緒腦(the emotional brain)之稱。杏仁核的運作是自主的，主要情緒並不需要意識成分，包括喜、怒、哀、樂、憂傷、厭惡、恐懼、焦慮和父母親子之愛。大腦皮質的意識作用也會影響情緒，卻遠不及杏仁核的直接作用，所以情緒可以使人在完全不經思考（甚至沒有意識）的情況下產生動作或行為。有時這樣情緒化的後果會令人感到懊悔不已，也可以解釋為何有些人面對美食就是無法抗拒，總是在大快朵頤後面對著鏡子與體重計唉聲嘆氣。進行消費者品評時，我們需要瞭解的是情緒常獨立於理智之外，對廠商而言，最夢幻的產品往往是能讓消費者失去理智的產品，能訴諸於情感或引發情緒體驗的產品總是比較容易成功的。當然，並非在面對食物的時候大腦的思考就不重要了，這也是人類與動物不同的地方，畢竟人類的認知腦(the cognitive brain)靠的是大腦皮層的思考，反應雖然較慢，但還是能夠對食物進行分析、辨認，並且進行有意識的選擇與調控，所以分析型的感官品評是需要認知腦結合情緒腦一同執行相關功能與作用的。其實，情緒腦及認知腦是無法完全區隔開來的，處理情緒的腦區在單純的認知反應時會被激發，處理認知的腦區在情緒反應時也參與其中。有學者形容大腦各區的運作就像網路集線器(hub)匯集了區域網路中所有的電腦，使各子電腦連接到網路的主幹而整合，不論情緒或認知反應都需要整合各個腦區協同作用，若被分離開來便不能完整地達成工作。

感官趣聞

Principles and Practices of
Sensory Evaluation of Food

男女腦神經出生大不同

張錦弘／臺北報導

　　為何女孩子畫圖用色比較鮮豔，喜歡畫人或洋娃娃，男生卻較喜歡畫機器人打架等動態畫面？中央大學認知神經研究所所長洪蘭指出，這是因男女腦神經本來就不同，教導兒童學習，有時也應有性別差異。洪蘭指出，神經學家發現，男性視網膜比女性厚，布滿對動作和方向較敏感的「M 細胞」，女性視網膜則主要是小而薄的「P 細胞」，對物體的顏色、質地較敏感。這可解釋為何幼稚園老師要孩子自由畫圖時，女孩子比較喜歡用紅、黃、橙等鮮豔的顏色，愛畫靜態的人臉，男孩子卻喜歡用暗色，畫汽車相撞、機器人打架，舉世皆然，沒地域之別。男女腦神經的差別，從嬰兒出生第一天就出現了。科學家曾做一個實驗，讓 102 名剛出生的男女嬰兒，看一個年輕女性的臉和一個懸掛的跑馬燈，結果男生偏好跑馬燈，女生偏好臉孔，且差異很大，男生對跑馬燈的喜好是臉孔的兩倍，這實驗顯示，男生天生對動的東西有興趣，女生則較喜歡認臉。洪蘭說，男女腦結構差異導致認知上的不同，已引起國外教育學家注意，開始考慮在教數學或選定讀本時，是否應設計適合不同性別的教材，閱讀選材應該是「悅」讀，以孩子為本位。

2005 年 8 月 17 日聯合報

專業講評

　　科學家在研究人類腦部構造時發現，男女的腦部構造是不同的，而這樣的差異也造成了男女情緒反應的不同。例如：男性的杏仁核通常比女性大得許多，且男性的杏仁核與語言區連結較不密切，但女性於青春期之後，有一部分處理情緒的活動可由杏仁核延伸到整個大腦皮質，大腦皮質可處理高層次的認知功能，特別是反思、推理、判斷、語言等，因此，女性比較能用語言表達情緒和感覺，男性則在情緒表達能力的發展會比女性慢兩年。又由於一般訊息傳遞的路徑到杏仁核的速度要比到前腦快，杏仁核又比前腦古老而原始，常與保命有關，所以男性有時常容易依直覺或情緒而衝動，產生立即反應，是有其生存戰術意義的。由此可以解釋為何男性衝突或立即的反應較女性多，而男性在年輕的時候往往不太懂得如何表達情緒，像是愛上女性的時候，總不知如何用語言來表示。因此，我們絕對有理由相信在吃相同的食物時，可能男女所產生的體會與表達等反應也可能不太一樣喔！如前所述，女性在記憶香氣的嗅覺辨識上因其語言能力較佳而有較好的表現，即為明證。

3.3.4 感官的心理印象與心理效應

　　如前所述，在人類的所有感官中，嗅覺可以直通大腦皮質與杏仁核，因此可以喚起記憶、引發情緒反應，甚至產生情感的連結，味覺則與食物的營養與否，有毒與否等演化意義相聯繫，兩者都具備相當明確的生理基礎，讓我們得以瞭解從嗅覺與味覺而來的心理現象成因。至於觸覺與聽覺提供的是飲食過程中物理性舒適與否的感覺，也是從生理的反應而引發心理的認知。但上述的感官都涉及較多的生理反應，其心理現象的產生都帶有許多生理機制，因此都不及視覺所引發的心理現象來得更具明確的心理效應。就以視覺所見的顏色來說，也許是生活經驗的制約所致，不同食物的顏色給予人的心理印象往往是不太一樣的（表 3-16），但大體上都能與生活經驗相聯繫。比如食物以正色（紅、橙、黃、綠、藍、靛、紫等）較能夠引起人的食慾，也比較不會覺得有問題，通常介於正色之間的暗顏色會比較受到質疑。例如：暗黃綠色的食物通常與嘔吐物或排泄物的顏色聯想在一起而給人有髒的印象；同理灰色、暗黃色、暗橙色、深褐色亦然，而明亮的色澤通常會得到比較好的評價，例如：奶油色、粉紅色、淡黃綠色等。一般而言，不同顏色也代表了不同的意義，以生活經驗來看，藍色象徵深沈的大海與水，具有冰冷的意義，許多冰店或冷飲店的內部裝潢愛用淡藍與白色，讓顧客一進來就感覺到清涼。綠色象徵枝繁葉茂的大樹等植物或蔬菜，代表了新鮮、舒適、青春與鎮定等意涵；橙色與紅色都屬於暖色系，象徵火的光亮與顏色，因此代表著溫暖與熱情等。當然也有例外的時候，比如說沒有人在喝咖啡或熱巧克力時看到暗褐色就皺眉頭，那是因為大家已經接受咖啡與巧克力的暗褐色，依經驗其風味在此顏色下仍為大部分人所喜愛。又好比大家吃咖哩飯的時候，也沒有被咖哩的暗黃綠色所嚇到，一樣是吃得津津有味。

　　當然，顏色的心理印象並非絕對的，同一個顏色對不同的人固然會有不同的意義，對不同的國家來說，不同的顏色所代表的意義差異也頗大。就以紅色為例，在中國通常是代表吉祥，但對許多國家而言紅色常與鮮血聯想在一起，因此常代表危險而作為警示。白色一般代表純潔與和平，歐美婚禮中的新娘禮服就常以白色為基底，但對中國而言常用來作為喪葬時的孝服卻是非黑即白。再如紫色，對儒家文化來說紫色是不吉的，子曰：「惡紫之奪朱也，惡鄭聲之亂雅樂也，惡利口之覆邦家也。」孔子認為紅色為正，紫色為邪，有些人覺得孔子未免對紫色有偏見，當然若以現代科學來分析，也許孔子的想法也沒有錯，畢竟以光線的波長來說，波長越短的光對人體的傷害可能就越大，越容易造成 DNA 的損壞，因此，紫色雖然好看但卻隱含著傷害。即使如此，中國傳統還是把紫色作為皇室尊貴的象徵，日本皇室也是如此，無獨有偶地，某些歐洲的皇室貴族也以紫色為高貴的象徵，在基督教，紫色代表的

是至高無上、來自聖靈的力量，猶太教大祭司的服裝也常用紫色。接著以藍色為例，西方人常以藍色代表憂鬱，但在澳洲則是忠實的意思，在巴西代表冷淡，在葡萄牙是嫉妒，在義大利為驚駭，對法國人而言，藍色代表了生氣。通常最令人感到愉快的顏色範圍是橙紅色到橙色，但許多文獻還是舉例證明了宗教、文化乃至生活經驗都會影響人們對顏色的看法。顏色對心理確實會產生影響也有跡可尋，至少許多餐點的外觀色澤若是落在表 3-16 正面敘述的顏色區域時，總是比較受到歡迎的。

表 3-16　不同的食物顏色給予人的一般心理印象

顏色種類	心理印象	顏色種類	心理印象
白色	營養、衛生、清爽、柔和、純潔、潔淨、冰雪、清晰、透明	黑色	濃郁、滋補、成熟、安寧、莊重、壓抑、悲感
紅色	甜、滋養、新鮮、味濃、果實甘美、成熟、熱烈、鮮花	粉紅色	甜、柔和
橙色	香甜、滋養、味濃、美味、愉悅、活躍、芳香、健康、溫暖	暗橙色	不新鮮、硬、暖
黃色	滋養、美味、光明、希望、活躍、歡愉、豐收	暗黃色	不新鮮、難吃
綠色	新鮮、安全、舒適、青春、寧靜、鎮定	暗黃綠色	髒
藍色	冰冷、智慧、開創、深邃、清爽、傷感、憂鬱	黃綠色	清爽、新鮮
紫色	溫柔、高貴、豪華、悲哀、神祕、不祥	淡黃綠色	清爽、清涼
紫紅色	濃郁、甜、暖	深褐色	難吃、硬、暖
奶油色	甜、滋養、爽口、美味	灰色	髒、難吃

　　由於社會禁忌、宗教限制、群體回饋、語言使用與產品認知等文化因素都會在心理層面對消費者造成影響，但這些因素都需要相對長期的操作才會對感官品評形成實質的作用。一般感官品評所討論的心理效應多半是如表 5-1，期望誤差、習慣誤差、刺激誤差、邏輯誤差、光圈效應、對比效應、集中趨勢誤差、模式效應、時間誤差、位置誤差等。以期望誤差為例，如果提早知道某些品評樣品的資訊，像是特別香臭或成分濃度等，則品評員的心中便會有所期待，當實際的樣品與期待不相符合時，所給予的評價便不甚客觀了。當然，除了上述心理效應的影響外，執行感官品評人員若有暗示的行為，也會影響品評員，使品評員產生期望誤差，只是這個暗示帶有工作人員的個人好惡，而非客觀資訊的預先披露。另外，品評過程若有太

多無關的資訊分散品評員的注意力，像是工作人員聊天聲音過大，周邊已做完品評的人討論結果的訊息干擾了品評員而造成其注意力不集中，也會讓結果產生落差。此外，順序效應與位置誤差有點類似，但不太相同，就是當設計實驗時，如果讓某個樣品被品評的順序始終在另一個樣品的前面或後面，則此設計並非完全隨機，故品評員對這 2 個樣品的評價將會因順序效應而產生偏差。

　　一般科學家或心理學家都將研究重點放在生理如何影響心理，或者嘗試找到心理現象的生理基礎，然而以下這個發現則是反過來從心理影響生理的案例，作為本節的小結，以提供大家思考與討論。「味覺滿足產生的心理作用是否也會反過來影響生理呢？答案是肯定的。」為證實此一研究，英國 BBC「食物的真相」節目製作群與同名書籍作者兼製作人 Jill Fullerton-Smith 特地到西印度群島的格瑞那達安排了一個實驗，實驗的內容是將砍甘蔗的工人分成 3 組，然後每 15 分鐘提供一次飲料，並測定完成相同工作量的時間。結果發現只喝水的第 1 組工作進度遙遙落後，而喝含糖飲料的第 2 組工作完成時間卻與只用糖水漱口並補足相同水量的第 3 組幾乎一致，結果印證了只要有碳水化合物刺激口腔，即使沒有被消化吸收也會有效的結論。然而更進一步的研究採用阿斯巴甜這種以胺基酸為基礎的甜味劑替代糖，則證明接受碳水化合物刺激的部位是在味蕾，而非口腔黏膜的微量吸收的途徑刺激大腦產生的生理作用。

　　一般而言，甜味被視為身體獲得碳水化合物的能量來源的識別指標，但大部分的直覺是吃到甜味的東西意味著獲得了能量，因此當身體若是缺乏能量而感到疲勞，則含糖的甜味食物要吃下肚，確實提供能量以解決身體的疲勞，才能工作更長一段時間。但實際的研究並非如此，答案竟然就是望梅止渴的「感甜止累」版，也就是只要以糖水漱口而不用喝進肚子裡也會有效降低疲勞、振奮精神。舉例來說，讓運動員喝了加糖飲料之後表現會變好也許是理所當然，但以等量的糖分直接注射到血管後卻沒有效果，也許有人會說太快進入血液會使胰島素作用，反而使血糖快速降至一般水平，而腸胃道吸收速度慢，反而提供糖分的時間可以較長，因此效果較好。另一項研究則讓自行車選手將含糖飲料與無糖飲料以含在嘴裡 5 秒鐘後吐出的方式進行實驗，且加糖飲料的糖量低至閾值以下，選手甚至在味覺上難以知道哪一杯是有含糖的。換言之，就算嘴裡殘存的糖量，應該也不足以多到可以補充身體的能量；照理來說，加糖與不加糖的選手表現應該不會有差別，但結果卻是加糖飲料組的表現明顯有進步，顯然口腔內的感覺細胞可偵測碳水化合物的存在，進而使大腦調整勞累感。

3.4 食品感官特性的交互作用及其應用

　　食品的感官特性都會受到生理因素影響，其中最常見的就是適應效應(adaptation effect)，如嗅覺的「入鮑魚之肆，久而不聞其臭」，眼睛的亮適應與暗適應等。又如溫度對於飲食經驗有相當大的影響，因為溫度不足時，有些香氣無法被催發出來，且冷、熱口感與餐點的搭配會與味覺相互作用產生令人愉悅的舒暢感或平衡感。人的年齡狀態與生理狀態的改變，總是會影響我們對各種感官刺激的反應，年紀輕的時候較敏感，中老年的時候因老化而變得遲鈍，生理狀態不佳或荷爾蒙作用時，如生病、女性月經週期或妊娠期間；飲食的喜好也會有所改變，男生與女生的客觀生理狀態也不同，面對同樣食物的評價也因此而有差異。又在上述生理因素的影響下，食品感官特性仍會有許多交互作用，常見的有對比增強現象、對比抑制現象、變調現象、相乘作用、阻礙作用等（表 3-17）。實際在進行感官品評時，生理因素往往是要被控制的條件，而交互作用則是被觀察的結果，如果實驗的過程中沒有妥善地控制好生理因素，則待測樣品中可能有許多感官的交互作用就無法被明確的察覺出來。例如：對比增強現象最生活化的例子就是吃西瓜的時候加一點點食鹽，就可以使西瓜嚐起來感到更甜，但如果有 2 個西瓜樣品，一個有加一點點食鹽，溫度為 5°C，另一個則不加食鹽，溫度為 25°C，由於溫度降低會使閾值提高，溫度提高則使閾值低；換言之，低溫的時候比較不甜，溫度高的時候比較甜，則此時溫度因素可能會使對比增強現象較不顯著。但反之，若上述西瓜樣品加鹽者在 25°C 而不加食鹽者在 5°C 被品嚐，則會讓對比增強現象更為顯著，惟甜度感受雖然在溫度高時較為增加，但消費者喜好卻不見得更佳，因為西瓜能夠在冰涼的時候被享用，其清涼爽口的快感也是消費者所重視的，因此感官品評時務必要盡可能控制好與生理因素有關的條件，便是這個道理。

表 3-17　影響五官感覺的生理因素及其交互作用

因素與作用	內容	舉例
適應效應	人的各種感覺器官對某種刺激的感應程度，會隨著時間產生改變，當某種刺激持續一段時間，接受該刺激的感覺器官敏銳程度會逐漸降低，就是絕對閾值或差異閾值會隨之增大，這時刺激強度必須提高，才能產生感覺經驗	剛剛進入出售新鮮魚品的水產魚店時，會嗅到強烈的魚腥味，隨著在魚店逗留時間的延長，能感受到的魚腥味漸漸變淡，對長期工作在魚店的人來說，甚至可以忽略這種魚腥味的存在
溫度	理想的食物溫度因食品的不同而異，以體溫為中心，一般在 ±25~30℃ 範圍內。熱菜的溫度最好在 60~65℃ 範圍內，冷菜的溫度最好在 10~15℃ 範圍內	在 35℃ 的氣溫下，6℃ 左右的啤酒更顯的可口。溫度由常溫降至 0℃ 時，不論酸、甜、鹹、苦等呈味物質的閾值都會提高，變得較不敏感
年齡	隨著人的年齡不斷增長，各種感覺閾值都在升高，敏感程度下降，對食物的嗜好也有很大的變化	幼兒喜歡高甜味，初中生、高中生喜歡低甜味，以後隨著年齡的增長，對甜味的要求逐步上升
生理狀態	人的生理週期對食物的嗜好有很大的影響，許多疾病也會影響人的感覺敏感度，不同性別的生理狀態亦不相同，男女生的嗜好與感官評價也會有差異	平時覺得很好吃的食物，在特殊時期（如婦女的妊娠期）會有很大的變化
對比增強現象	當 2 個刺激同時或連續作用於同一個感受器官時，由於一個刺激的存在造成另一個刺激增強的現象，稱為對比增強現象	在 15g/100mL 濃度蔗糖溶液中加入 17g/100mL 濃度的氯化鈉後，會感覺甜度比單純的 15g/100mL 蔗糖溶液要高
對比抑制現象	與對比增強現象相反，若一種刺激的存在減弱了另一種刺激，稱為對比抑制現象	例如：糖醋排骨，糖的存在使醋的酸味受到緩和
變調現象	當 2 個刺激先後施加時，一個刺激造成另一個刺激的感覺發生本質的變化的現象，稱為變調現象	嚐過食鹽或奎寧後，即使再飲用無味的清水也會感覺有甜味。先吃墨魚乾後再吃蜜柑，則蜜柑會苦
相乘作用	當 2 種或 2 種以上的刺激同時施加時，感覺水平超出每種刺激單獨作用效果更強的現象，稱為相乘作用	20g/L 的味精和 20g/L 的核苷酸共存時，鮮味明顯增強且其增加的強度超過各自單獨存在的鮮味相加，因此稱為相乘，亦即 $[A+B] > [A] + [B]$
阻礙作用	由於某種刺激的存在導致另一種刺激的減弱或消失，稱為阻礙作用或拮抗作用	在食用神秘果後，再食用帶酸味的物質，會感覺不出酸味的存在，反而產生甜味感

3.4.1　基本味覺的交互作用及其應用

　　原則上，甜、鹹、酸、苦、鮮等五味之間會有許多交互作用，若以量多為主而量少為副的概念進行粗略的成分搭配，常見的味覺變化與交互作用，如表 3-18 所示。其中，比較有趣的應用是雞尾酒，根據生活經驗，雞尾酒的風味誘人，使人常常在不知不覺中喝醉，其原因可能是雞尾酒中的酸味物質可以凸顯糖液的甜味，酒精成分對甜味的提昇更有相乘效果而顯得好喝，酸味同時又能使酒精風味降低令人失去戒心。所以許多人往往在喝雞尾酒的時候並不覺得自己喝了很多，心理沒有防備地一杯接著一杯，累積到最後竟出乎意料地醉了，這就是充分利用交互作用的例子。

　　甜味在大部分的狀況下都傾向於削弱鹹、酸、苦三種味道，但適當搭配鹹味或酸味，卻可使含糖產品的甜味經對比增強作用導致感絕不死甜（呆板的甜），蜜餞就是其中最典型的應用。此外，一般大都應用對比增強作用，但有時應用對比抑制作用卻不見得是壞事。例如：多數人不喜歡苦味且少許苦味還會抑制鹹味（有此一說），但以滷茶葉蛋為例，有了茶葉裡的少許苦味物質，反而可使茶葉蛋的鹹被削弱一些，加上茶葉的清香，就變得不那麼死鹹（呆板的鹹），如此又比一般的滷蛋、鹹蛋更引人垂涎。

　　表 3-18 有較多的實際應用為例，從表中也可以看出食鹽會使酸味降低，而酸度較高也可以使鹹味降低，但酸度較低時，反而有可能會凸顯鹹味，顯示兩種或兩種以上的味道之間的關係並非絕對，這與呈味物質的本身特性有關外，也與兩者之間的濃度對應有關。圖 3-43 可知酸、甜、苦、鹹等 4 種基本味覺的交互作用受到其他因素的影響，存在著許多不確定性，基本上在高濃度或高強度時，4 種基本味覺之間是相互削弱的；低濃度或低強度時，在許多情況會有較多的增強效果而中濃度或中強度時則各種效果都有。圖 3-43 是綜合許多研究所歸納整理出較有可能的變化通則，故並非絕對的定律，有例外時仍應以實際狀況分析。好比說不同種類的食品，通常都具有酸甜適中的糖酸比可供參考，就像烹調用的糖醋汁是以 0.1%醋酸溶液添加 5~10%砂糖而成，由此估算其糖酸比在 50~100 之間，以此酸甜味製作糖醋排骨較為可口，亦即在此糖酸比之下，對大多數的消費者而言都是適口性較高的配方組合。但如依表 3-19 中所顯示的通則：「糖濃度為 10%時，糖酸比在 29~40 之間，口味酸甜相當」就與上述糖醋汁稍有不同，基本上糖濃度範圍就稍有差異了。事實上由於不同種類的食品具有不同的風味，且其所含的糖與酸的種類及濃度都不相同，因此不同種類食品的最適糖酸比範圍本來就會有些差異。表 3-19 只是稍舉一例做為參考，若從這個範圍向上或向下延伸進行不同配方之感官品評測試，相信應該可以較為快速找到最適糖酸比配方。

表 3-18 常見基本味覺之間的交互作用及其應用

主要味覺	成分搭配 主（量多）＋副（量少）	味覺變化	交互作用	應用
甜	砂糖液＋食鹽液	甜味增加	對比增強	例如：紅豆甜湯或西瓜加鹽提味，15%蔗糖液加 0.18%食鹽的甜味比 15%蔗糖液強
	砂糖＋酸液（某些有機酸）	甜味增加	對比增強	例如：糖果調味，也有可能是酸造成砂糖分解成葡萄糖與果糖的緣故，因果糖甜度較蔗糖更高，但一般調味產生的對比增強現象與此無關
	砂糖液＋酒精溶液	甜味增加	相乘	雞尾酒
鹹	食鹽液＋酸度較高	鹹味減弱	對比抑制	例如：1~2%NaCl+0.05%醋酸，或醃漬食品、泡菜、調味鹹酸梅、鹹魚置入醋液等
	食鹽液＋酸度較低	鹹味增加	對比增強	例如：1~2%NaCl+0.01%醋酸，或吃蚵仔麵線時加幾滴醋調味會感覺更夠味
	食鹽液＋肌核苷酸液	鹹味減弱	對比抑制	烹煮菜餚調味，或鹹魚（含 20~30%食鹽，因同時含有肌核苷酸，故鹹味比單純只含食鹽要弱）
	食鹽＋砂糖液	各自保留而產生複雜的味道	-	涮涮鍋
	食鹽＋苦味（如咖啡因）	鹹味減弱或不影響	對比抑制 (-)	需鹹味時，應盡量避免含苦味的食材或成分的加入，但想淡化或柔和鹹味時則可酌量添加，如茶葉蛋的鹹，因茶葉的少許苦味變得較不死鹹（但也有資料認為食鹽與咖啡因兩者之間不相影響）
酸	酸液＋砂糖液	酸味減弱	對比抑制	糖醋排骨
	酸液＋食鹽液	酸味減弱	對比抑制	柚柑加微量食鹽即可使酸味減弱且甜味增加，或醋飯（有資料顯示醋酸配多量食鹽使酸味減弱，配少量食鹽反而令酸味增加）
	酸液＋咖啡因	酸味增加	對比增強	應盡量避免也較少如此應用，多半還會加上其他味道（如甜味）加以調和
苦	苦味液＋砂糖液	苦味減弱	對比抑制	咖啡加糖
	苦味液＋食鹽液	苦味增加或不影響	對比增強 (-)	盡量避免，除非還能加入其他味道，如糖或醬油等予以調和（有資料顯示食鹽的鹹味對咖啡因的苦味並無影響，但也許食鹽對其他苦味物質仍具有對比增強的作用）
鮮	味精溶液＋肌核苷酸液	鮮味增加	相乘	熬湯時調味
	味精溶液＋食鹽液	鮮味增加	對比增強	燉汁時調味
非味覺	酒精溶液＋酸液	酒精風味減弱	對比抑制	雞尾酒或水果酒中酸-醇比例之調和作用

表 3-19　糖濃度為 10%時，糖酸比對口味的影響

糖類濃度(%)	酸濃度(%)	糖酸比	口味
	0.85~0.60	12~17	酸味強烈
	0.60~0.45	17~22	酸味突出
10	0.45~0.35	22~29	酸
	0.35~0.25	29~40	酸甜相當
	0.25~0.10	40~100	甜味突出

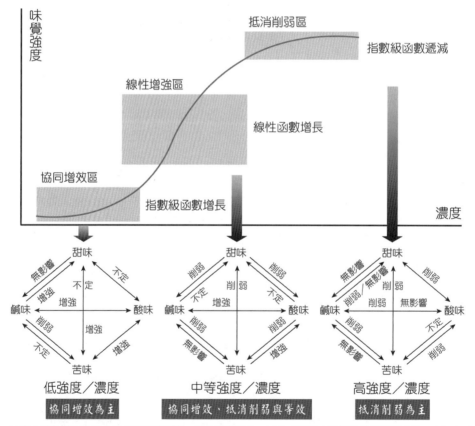

味覺之間的相互作用由於多種因素影響，許多難以確定。以上示意圖也僅僅提供當兩種味覺元素混合時，所發生的最有可能之變化。

■ 圖 3-43　不同強度或濃度下四種基本味之間的交互作用

3.4.2 不同感官間的交互作用

　　一般來說，食品的整體風味是以嗅覺與味覺為主體，貢獻最大，因此大部分的人都會認為兩者之間的交互作用密切，但根據研究顯示嗅覺與味覺的相互影響會隨著香氣物質與呈味物質之間的組合而有相當不同的差異。例如：阿斯巴甜對橘子和草莓溶液中的果香皆具有增強效果，但對橘子溶液的效果比對草莓更佳。草莓香氣可使甜味增強，但花生油的氣味就無效。一般而言，揮發性風味物質對食鹽的鹹味往往具有一些抑制作用。二氧化碳產生的化性觸感也會提供食物不一樣的風味感受，首先是對甜味的抑制，通常碳酸飲料失去二氧化碳氣體後會顯得太甜，其次便是二氧化碳到鼻腔對嗅覺也會產生抑制作用。有些香氣物質本身在揮發前溶於水中被味蕾所接觸可能會產生味覺，而入口後該物質經口腔的體溫催發再經鼻後回至鼻腔被嗅聞（鼻後嗅覺）又會形成另一種有別於入口前的香氣的風味，因此只要會影響此香氣物質於味蕾的呈味狀況都有可能同時對鼻後嗅覺產生影響。換言之，實際的交互作用情形可能比我們想像的還要複雜。

　　視覺與嗅覺、味覺的交互作用也是特別的，畢竟嗅覺與味覺是由化學物質與感覺受器結合而產生作用，再加上呈味物質本身可能具有香氣或產生鼻後嗅覺，而香氣物質也可能會於味蕾產生味覺，因此，兩者之間有交互作用也比較容易理解。然而，視覺卻是光線於視網膜刺激產生的影像，並非化學物質的直接作用，也不像鼻腔與口腔還可以有管道相通，但正如本章上一節所述，視覺的心理印象具有相當大的心理效應，而這樣的效應與嗅覺或味覺相連結便會產生交互作用。要確認視覺是否會與嗅覺、味覺產生交互作用其實相當簡單，只要在感官品評進行時實施盲測，盡可能不讓消費者有機會看到樣品進行測試，之後再與可見到樣品的測試之結果比對即可。若視覺沒有交互作用，盲測與看到樣品之測試結果在統計上不會有顯著差異。通常在消費者測試時，消費者多半會認為食物的顏色越深，風味強度就越高；例如：深色的蔗糖溶液明明比淺色的蔗糖溶液濃度低了 1%，品評員對深色的樣品給予的甜度分數仍會高 2~10%。大多數的人都相信自己可以很輕易地藉由外觀、風味與口感便將脫脂牛奶與全脂牛奶，甚至 2%的低脂牛奶區分開來，殊不知許多人在感知牛奶的脂肪含量是藉由外觀視覺來進行判斷。好比說受過訓練的描述性品評員可以很快速地藉由外觀顏色、風味與口感便能夠區分出脫脂牛奶與 2%的低脂牛奶，但是當視覺的線索被移除後，其鑒別區分的能力就明顯地下滑了。有學者發現當白酒品評時若故意混入了紅色，品評員竟然使用了較多紅酒的敘述語。食物的顏色如果符合既定印象裡的典型顏色，品評員正確識別出其風味的次數就會增加，至於其他與顏色相關的心理印象與心理效應在前一節已有討論，在此不再贅述。

相關研究顯示，人總是對食品感官的刺激進行整合而做出反應的。換言之，感官之間的交互作用是存在的，即使是強調客觀而受過訓練的品評員往往也避免不了會受到視覺印象的影響，甚至於觸覺、聽覺的共同作用而使認知產生偏差(bias)。由於人類對於食品感官刺激的綜合印象具有整合能力，因此相關整合的連結越緊密，先前的所談的獎賞效應、古典制約乃至於各種生理與心理效應之間的互動與交互作用就越複雜。這也說明許多有關感官之間交互作用的研究，常常會出現矛盾或對立的情況也就不足為奇了。也許本節所舉的相關例證在日後經過科學發展出更進步技術、儀器與設備，採用較智慧的觀念與精密的實驗設計，矛盾就可以解開並得到更具說服力的結果，屆時將有利於我們隨心所欲地應用了。

3.4.3　其他相關應用

關於食品感官特性交互作用的應用，目前最為人所關心的議題是如何降低食鹽或鈉的使用(sodium reduction)，但仍能維持其鹹味或鮮味（常用的味精也含鈉）與其他風味之間的調和。其出發點是飲食中的鈉含量與血壓的升高等心血管疾病有著相當密切而顯著的因果關係，因此為了健康，又希望能夠維持美味，如果能找到顯著對比增強效果的調味組合，便可以較少的食鹽或味精，提供等效的鹹味或鮮味；因此低鈉鹽與高鮮味精的開發便是其中已商業化的成功應用案例。其實，更早之前高效甜味劑的開發，也有同樣的概念，由於簡單醣類的攝取量越多，對血糖的控制以及能量代謝相關的疾病都有一定的影響，如何能夠降低糖的用量又能夠維持其甜味與其他風味、口感的搭配，直到現在都還是熱門的研究課題。雖然目前已有許多合法的高效甜味劑可供使用，但有許多甜味劑都並非自然界普遍存在的人工合成化學物質，對消費者的健康與安全而言仍存有疑慮，因此利用最新的技術快速找到安全、有效且性質穩定的替代品，將會是許多學者與廠商持續關注的焦點。近年來，由於科學家對味覺與嗅覺的研究有大幅度的進展，已逐漸掌握感覺接受器的類型及其基因序列，許多科學家探討甜味劑如何產生甜味是從化學結構是否具備一定的規則著手，發展了 AH-B 模型，之後的相關研究又加上了 X，甚至又發現更多的規則。其概念是甜味劑分子構造與官能基必須與特定的感覺接受器相結合，那麼理論上化學結構應該會有一個規則可循，例如：在 AH-B＋X 模型裡，AH 是提供氫鍵和感覺接受器接合的位置，B 是和感覺接受器形成離子鍵的陰離子基團(anion group)，X 則是提供凡得瓦爾力以增加疏水基之間的作用力。

然而，找出化學模型可以提供規則以進一步開發甜味劑固然是重要的，但是若能從現有的天然食材成分直接與甜味感覺接受器進行反應來篩選，那麼包含原本沒

有甜味但是能與甜味物質相結合而產生交互作用使原本甜味更加顯著的物質，也可以用這樣的方式進行測試，不再侷限於單一分子構造吻合的這一個概念。由於科技的進步，這樣的工作甚至可以採用篩選新藥用的塑膠陣列製成人工味覺細胞來進行甜味物質與感覺接受器結合的反應測試，我們可以藉由觀察哪些形式的人工味覺細胞產生了反應來找到有用的分子，如此便擺脫過去以品評員試吃的試誤方式(trial and error)，大幅加快篩選速度。相同的原理也可以進一步適用於其他的風味物質的篩選，美國的 Senomyx 公司則是這領域的佼佼者，該公司擁有一座由 50 萬個人工合成物和天然化合物所組成的分子庫，有了特異性或專一性快篩生物技術的幫助，如此大海撈針的工作不再像以前那樣艱難困苦。這樣的篩選系統如上所述還可找到本身沒有味道，但卻能與糖或甜味劑一起和感覺接受器作用來加強甜味的分子，而該公司也積極開發食鹽的替代品或鹹味促進劑。另外，美國的 Redpoint Bio 公司則是利用類似但稍微不同的方法來尋找苦味抑制劑，如果能成功將苦味抑制，則有一些原本不太好吃的食物也能變得可口許多。相信在不久的將來，科技的進步將使感官科學與其他領域的先進技術結合，帶給人們更健康、安全而美味的更佳選擇。

瞭解食品感官的交互作用除了可以應用在產品研發、生產製造以及調味料的開發外，若能善用感官品評技術為工具對於更為複雜的餐飲搭配也能有所幫助。一般而言，餐酒之間的搭配最為人所津津樂道，例如：「紅肉配紅酒、白肉配白酒」就是最廣為餐飲系學生所熟記的口訣，但實際的應用還更加的豐富而多元，此處所說的白酒是指西方的白葡萄酒，而非中國的白酒，例如：茅臺、高粱等，千萬要小心別誤用。基本上，西餐的葡萄酒佐餐在飲食文化發展的漫長時間裡，經過許久的經驗傳承，已有一定的搭配模式最為大多數的人所接受（如表 3-20），原則上分為白葡萄酒、紅葡萄酒、氣泡酒與甜酒四個系列；其中白葡萄酒又可分為酒體輕盈而乾、甜，以及果香濃郁等三大類，而紅葡萄酒則可分為酒體輕盈、酒體中等與酒體厚重等三大類，各種葡萄酒皆有適合佐餐的食物種類，例如：白蘇維濃(Sauvignon Blanc)是屬於酒體輕盈的白葡萄酒，適合搭配綠色蔬菜、燒烤蔬菜、碳水化合物（例如：麵包）與魚類等，而卡本內蘇維濃(Cabernet Sauvignon)則是屬於酒體厚重的紅葡萄酒，適合搭配硬質乾酪、紅肉與燻肉等。

此外，佐餐的酒還可以用「醬汁」的概念來帶入思考，其實就好比中餐食物也有很多發酵而成的醬料搭配一樣（例如：豆瓣醬、醬油、紅麴等），如此就可以理解西餐的葡萄酒為何有如此多的佐餐模式，而每道菜的佐餐酒提供量也只要夠用即可。換言之，基本原則是輕盈的酒多半配合清淡的菜餚，濃厚的酒可以配合重口味的餐點，以避免重口味的菜壓過了酒的清香或者濃厚的酒蓋過了清爽食材的滋味而讓相互配合的某一方失去的應有的風味而顯得浪費。

表 3-20　各類葡萄酒佐餐搭配一覽表

相互搭配	白葡萄酒系列			氣泡酒系列	紅葡萄酒系列			甜酒系列
	酒體輕盈乾(dry)	甜	果香濃郁		酒體輕盈	酒體中等	酒體厚重	
	Sauvignon Blanc, Pinot Grigio, Albariño, Grüner V.	Riesling, Chenin Blanc, Moscato.	Chardonnay, Oaked Whites, Viognier.	Champagne, Franciacorta, Prosecco, Cava	Pinot Noir, Grenache, Pinotage, Gamay.	Sangiovese, Merlot, Cab. Franc, Tempranillo	Cabernet Sauvignon, Shiraz/Syrah, Zinfandel, Mourvèdre, Aglianico	Port & Tawny Port, Sherry, Late Harvest, Tokaji
綠色蔬菜	Yes			Yes				
燒烤蔬菜	Yes		Yes		Yes			
軟質乾酪		Yes		Yes				Yes
硬質乾酪				Yes		Yes	Yes	
碳水化合物	Yes	Yes	Yes	Yes	Yes	Yes		Yes
魚類	Yes			Yes				
海鮮			Yes		Yes			
白肉			Yes		Yes	Yes		
紅肉						Yes	Yes	
燉肉		Yes				Yes	Yes	Yes
甜點		Yes						Yes

　　當然，佐餐的搭配組合邏輯主要有兩大類模式，一是強化，另一種則是互補。強化模式主要希望更加凸顯原有的風味，亦即酸者更酸，甜者更甜，苦者更苦但要苦得有層次而令人回味無窮（例如：回甘）；而互補模式主要目的在使風味更有層次、更加豐富，也在平衡味蕾，以免一味死甜、死鹹而過膩，但要小心補過了頭而產生的相消，或分散、轉移了對食材原有的風味的注意力。例如：紅肉配紅酒時，紅酒的單寧與酸產生的適度收斂作用可以解紅肉的膩，也能與蛋白質與油脂的鮮香、醇厚風味達成平衡，時而釋放、時而收斂，讓味蕾與嗅覺不致於過度疲乏。

　　其他大眾熟知的經驗公式，還有「藍黴乾酪配甜白葡萄酒」、「冰淇淋配 PX 雪莉酒(Pedro Ximénez Sherry)」、「巧克力配紅寶石波爾多酒(Ruby Por)」、「乳製品甜點配茶色（或金黃色）波爾多酒(Tawny Port)」、「沙拉配玫瑰紅酒(Rosé)」、「魚子醬與生蠔配香檳或氣泡酒」。至於大多數的中式料理或日式料理，可選配酒體輕盈或甜白葡萄酒。由於現代的創意料理變化相當多元，各式中、西料理乃至分子烹飪常常打破傳統的廚藝窠臼創新菜色，食材的融會與交流使得原先的經驗公式便不足以應付了。例如：以穀類發酵而成的威士忌(whisky)原來為西方的酒款，如何與中餐配伍，便有別於既有的西餐，由於威士忌的風味不同於東方的酒款，因此，在搭配中餐菜色時，勢必要有新的嘗試，使用感官品評技術可加快嘗試的速度，在此簡單整理坊間之威士忌與中餐搭配的經驗公式於表 3-21，提供給餐飲從業者或學習者為參考。

表 3-21　威士忌與中餐菜餚搭配參考

餐酒搭配	威士忌類別(Whisky)		
	香草韻	橡木韻	蜂蜜韻
適合類別	適合含花果或風味清雅型餐點或菜餚	適合薑菇類或辛香風味型餐點或菜餚	適合有甜度或風味濃郁型餐點或菜餚
菜餚舉例	山楂鵝肝、鳳梨蝦球或桂花鹹水鴨等	蔥燒海參、辣炒牛肉或松茸獅子頭等	香酥烤鴨、九轉大腸或糖醋排骨等

　　另外，有廠商曾經力推便利超商的餐酒搭配創意組合，儼然成為新世代年輕人的另類組合，形成新一波的趨勢。由於臺灣的年輕世代的生活幾乎與便利超商密不可分，超商不僅既賣食品也賣餐點，還賣各種酒類；換言之，食品的創新行銷組合就是如何在既有的感官知識基礎下，創造美味可口的搭配組合，提高銷售業績，變成了通路商努力的方向之一。例如：水餃、滷肉飯或牛肉炒麵也可以搭配葡萄酒嗎？居然有人試過以夏多內(Chardonnay)白葡萄酒搭配水餃不加醬油，很能吃出水餃皮與餡料的滋味，如果飯後還剩餘一些白葡萄酒，用來配可口奶滋當飯後甜點也別有

一番風味；而格那希(Grenache)紅葡萄酒搭滷肉飯據說是絕配，超商的密汁豬肉也可很合；再來就是卡本內蘇維濃(Cabernet Sauvignon)配牛肉炒麵，單寧對應牛肉的油膩與蛋白質還是合拍的。只不過這樣的混搭法，似乎有點浪費了葡萄酒就是了！最後，加工食品與葡萄酒混搭還是有很多風險但也很合乎邏輯，例如：臺式牛肉乾不適合搭重單寧的紅葡萄酒（就是香辛料不合）、可口奶滋真不適合紅葡萄酒（單寧作祟），鱈魚相絲千萬不要搭任何葡萄酒（因為腥味全部被突顯出來）。但即便如此，我們還是可以利用相關的原理，嘗試不同的組合，也許會有更多意想不到的新發現呢！

感官趣聞

Principles and Practices of
Sensory Evaluation of Food

數字有顏色？大腦有神奇聯覺現象！

李怡慧／編譯

　　你知道藍色是什麼味道，而數字 123 是什麼顏色嗎？你可能覺得這個問題很奇怪，但真的有人答得出來，歐美學者近來正對這種名為「聯覺學」的神經科學大感興趣，具有這種神經聯覺的人，當他看到不同數字時，腦中就跟著浮現各種不同的顏色，還有人看到一種顏色，就會感覺到香或臭的味道。一位美國年輕人丹尼爾小時候的繪畫作品，全都是各種明亮的色彩，但你有沒有發現，只要是字母 A，他所使用的顏色就是黃色，因為只要說到字母 A，他的腦中就浮現黃色。這正是一種聯覺的現象，不同的感官感覺會相互連結，例如：數字和顏色的感覺會結合在一起，所以當一般人看到白紙黑字的 2 和 5 時，有聯覺現象的人看到的是 5 全是綠色的、2 全是紅色的。

　　加拿大神經科學專家卡涅特夫表示，有聯覺現象的大腦運作不一樣。實驗中，右邊就是聯覺知覺者的大腦，當他們聽到或看到 4 時，大腦的顏色區塊就跟著啟動，但左邊一般人的大腦就沒有反應，而每當數字改變，而右邊大腦也就跟著啟動，不同顏色的反應。好玩的是還有些人，對於相關的時間資訊會產生互相連結的空間感，因此只要看過一次歷史課本，就可以過目不忘。卡涅特夫說：「有聯覺現象的人，能真正去體會你和我所處的世界。」所以這些有複合知覺的人感覺到的世界，可能和一般人完全不一樣，有些人看到的楓樹一年四季全是紅色的，或是看到毛茸茸的小狗可能全是七彩不同顏色，世界可真是無奇不有！

2007 年 3 月 28 日東森新聞

比較貴的葡萄酒有更好喝嗎？

先看一段影片吧！

■ 圖 3-44 「Expensive wine is for suckers」
影片出處：Vox.com
https://www.youtube.com/watch?v=mVKuCbjFfIY

挺有趣的內容，又一個心理影響感官品評結果的案例喔！或許我們可以把這個歸類為消費者被價格制約後的反應吧！？如果消費者對於標價或外包裝無感，又能除去順序效應，相信同樣的酒，科學化的感官品評的結果應該都會是一樣的。那麼究竟「葡萄酒的『標價』(price)會不會影響人們對葡萄酒的評價呢？」

整理一下影片內容重點供參考：

1. 片中首先舉例的研究顯示，非專家或對葡萄酒沒有概念（或特定認知）的消費者，標價對他們沒有顯著正相關；但對專家或者有經驗的人而言就有正相關的影響了。（這個嘛！你可以說識貨的人才懂那個價值，但你也可以說這些被葡萄酒評鑑那套方法制約的人，對價格的制約是會有反應的，這點影片後面會給他神來一「比」喔！）

2. 有研究分析參加過五次葡萄酒比賽的酒獲得金牌的狀況，發現與二項分布幾乎一致；換句話說：「參賽的酒會不會得獎是機率。」（似乎意思是得獎與否，與酒的好壞關係不大，但另一個思考角度也可以是「能參賽的酒基本上已有一定程度以上的水準，在這個水準以上已很難分出勝負，因此想要屢屢獲得金牌，其實就是靠運氣，也就是機率，這意味著在別的競賽得過金牌的酒，在後續的競賽不會比別的酒有更高的得獎機率。）

3. 價格仍會影響人的心理判斷：在一個故意標價的品評測試中發現，同一種酒所標的價格越高得分也越高，且研究者還故意在最高價那支（得分最高）多加 1 克酒石酸使之喝起來像是酸敗的酒，但仍然得到最高的分數。

4. 神來一比：直接對大腦視覺內側額葉皮質(mOFC)的活動變化量進行分析（這總騙不了人了吧），結果發現同一種酒擺明標成高低兩種不同價格接受品評時，品評員在品評標價高（90 美元）的那杯酒時，mOFC 的活動變化百分比就是高於標價低（10 美元）的那杯，不過這個研究最好作了消除掉順序效應的試驗設計，不然最後數據結果還是沒有意義。

5. 一個品評員連續喝同一種酒5杯，可能會發生第1杯給的是金牌，第2、3杯只會拿到銀牌，第4杯時只會評價為銅牌，喝到第5杯時竟然沒得牌（這似乎是疲勞或邊際效益遞減的意思，但酒精這種東西本來就是這樣，麻痺人的感官，效益相當然會遞減，但令人好奇的是如果吐出來不喝下肚，結果還會一樣嗎）。

綜合以上影片透露的訊息，似乎在告訴我們食品只要不難吃就可以拿出來賣了！至於是否真能獲得絕大多數消費者喜好不見得是最重要的。因為，心理學搭配商業行銷操作有太多可能性了！產品有特色或者是能給個理由說服消費者，產品賣起來就會很順手；而科學的葡萄酒品評與分級就是先客觀篩出不難喝且有特色的商品，接著要搞好定價策略與市場區隔，至於競賽得牌、美食專家、網路評論與推薦等推波助瀾，就是要營造出理由讓消費者掏出相對應的鈔票來買單，現實就是這樣，不是嗎？

3.5　結　論

認識本章的內容是重要的，因為在後續章節的學習都與本章的核心概念相連結，那就是經由感官品評的方法，我們能否真的「知魚之樂」？「知人之好惡」？乃至「知眾人之好惡」！？其實，感官科學的研究就是在嘗試用盡一切方法想要獲取每個人大腦中對於感官刺激的好惡反應，從簡單的刺激與反應到複雜的心理過程都是食品感官品評科學家想要瞭解的，而食品廠商更是無所不用其極地想要獲取消費者大腦中儲藏的訊息與反應模式，如此才能藉以鉅細靡遺地設計食品、生產食品、行銷食品，盡可能得到消費者的青睞與忠誠，提高產品的銷售量而最終變換成收益與利潤。

如果將人類的感官與大腦的運作以高功能的電腦來比擬，那麼食品感官品評方法無疑地就是想要藉由分析品評活動過程中所有訊息進出的各種蛛絲馬跡，來擷取電腦裡的個人感官品味與風格乃至於行為反應模式資料。傳統的品評方法是藉由品評食品活動的操作以輸入各「品評員電腦」感官訊號、然後由各品評員電腦輸出表象資料，再從這些表象資料分析、反推所有品評員電腦裡隱含的訊息，萃取出有用的共通模式，並歸納出個別品評員電腦內部程式的差異型態，最後整理出一套可行的決策，以決定所品評的食品優劣與否，或該如何改進、如何行銷、如何預知市場的反應等等。但未來的世界，感官品評方法的發展也許是像電腦駭客(hacker)一樣，直接進入品評員電腦裡掃瞄其中裝載的程式原始碼，以及大腦硬碟記錄的相關訊

息，甚至於可以在不用吃真實食物的情況下，設計一個食品特質，將其味道、香氣、口感、外觀等資訊轉換成數位訊號帶入到程式原始碼中，導入硬碟記錄的相關訊息作為環境設定，在雲端測試程式最後可能的反應結果，即可百分之百預測品評員電腦在真實狀況下會產生的反應。也許有人會問，可能嗎？這不就是宗教裡講的他心通嗎？別人在想什麼，可能會有什麼反應，不用問他本人，只要對那個人觀想一下就一切了然。也許有人會說：「太扯了！這一定是神話，不可能！」

然而，真的不可能嗎？如果我們這麼想，那科學就無法進一步發展了！其實宗教裡的神話境界，現在許多科技已經達成了，想想千里眼與順風耳，我們的智慧型手機的視訊功能讓我們不需要修煉就可以人人都有千里眼、個個都有順風耳，而且確實可靠、絕非幻覺。科技發展到極致，其實與宗教的境界可以說是殊途同歸的，許多傑出但常感孤獨的科學家們想要做的事情總被當代的人視為瘋狂的神話。觀察看看我們現在生活在一個什麼樣的世界裡呢？也許我們現在可以接受一個機器人能夠感知我們的情緒，也許我們可以接受一臺正子造影能夠測得我們現在對什麼樣的食物有特別的喜好，或讓一臺 X 光機看透我們的五臟六腑找到我們可能的病灶。那麼我們為什麼不能接受可能有一個人運用了一些技巧與練習，在不用我們說話、不用我們做任何的表達的情況下，就可以準確地感應到我們的思維與快樂呢？

人類的心靈活動是複雜的，往往真實的感受與想法會受到某些制約，並不會如實地表達，可能被大腦的保護機制在有意無意之間扭曲，也可能根本就不知道如何表達。因此，傳統的感官品評方法是有許多障礙與限制的，當然也包括科學研究裡的道德限制，我們不可以未經別人同意就窺探別人的內心深處（就算經過同意，個人資料的運用與尺度的拿捏將會是相當棘手的事，因為大腦無意識領域所埋藏的秘密連當事人可能都不清楚），但大家心裡都知道若撇開了道德的約束，感官科學終極想做的事情與電腦駭客其實是沒有太大差異，用各種方法駭進我們的大腦裡頭，真正地瞭解我們面對感官刺激時的想法、心態與最終的「不二」反應，這個強大的方法或力量無疑是大得令人害怕，但是科技是如此地快速發展以致於我們有理由相信這一天很快就會到來。如果能夠有這樣的認知，如何在不逾越那條道德的紅線下發展感官科學，相信在不久的將來就會是我們必須正式面對的議題。這不是神話，這是我們為什麼要學習感官品評，就必須得盡可能清楚地瞭解感官特性，以及品評的生理與心理基礎的原因，正如本章一開始所強調的，要瞭解品評的生理與心理的基礎應該要回歸到哲學思維才不至於走偏，否則我們與電腦駭客有何差異呢？

習題

是非題

1. 香氣與味道都是由於化學的刺激所引起的生理知覺,但有時也會有心理反應的參與,因此只以儀器來客觀的判斷是有困難的,因此仍需憑藉感官來檢查。

2. 感官品評時,視覺的評價不會影響味覺、嗅覺的判斷。

3. 在甜味中加入少量鹽味,則對甜味的感覺會增強。

4. 欲引發某種感覺,所受的刺激必須超過特定的濃度,此最小濃度稱為閾值。

5. 一般而言,食品所含的香氣成分愈多,所形成的香氣愈清淡。

6. 食品入口後,除了味道及香氣之外,也會產生硬、軟、黏等口感,這些性質其實並不重要,可以忽略。

7. 吾人對風味的感覺,非常容易疲勞,持續聞著同樣氣味不久便沒感覺,稱為適應,而嗅覺的疲勞與適應往往是很難加以區分的。

8. 對同一杯咖啡,每個人的感覺都相同,沒有差異。

9. 感官品評的評價不易受生理及心理上的影響,因此相當客觀而重要。

10. 一般的味盲多是對特別的物質不具味覺能力,但對其他味道則完全正常。

選擇題

1. 茶所含的單寧以及咖啡所含的咖啡因,呈現　(A)酸味　(B)苦味　(C)無味　(D)甘甜味。

2. 食品中的物質刺激存在於舌頭上的味覺細胞而造成的感覺,稱為　(A)色　(B)香　(C)味　(D)質地。

3. 用舌頭來判斷味覺時,酸味的感覺在　(A)舌頭的兩側　(B)舌尖及兩旁　(C)舌尖　(D)有味蕾的部分都有感覺。

4. 舌頭表面的黏質蛋白因外在因素影響,而產生凝固現象,此時感覺的味道是　(A)酸味　(B)甜味　(C)澀味　(D)辣味。

5. 海帶、紫菜具有特殊的　(A)鮮味　(B)酸味　(C)苦味　(D)澀味。

6. 食物成分刺激口腔黏膜、鼻腔黏膜、皮膚、和三叉神經而引起的一種痛覺是屬於 (A)酸味 (B)苦味 (C)辣味 (D)澀味。

7. 下列何者會對感官品評造成影響？ (A)生理及精神狀態 (B)周圍環境 (C)飲食習慣與文化 (D)以上皆是。

8. 因觸覺所引起的知覺的總稱，稱為 (A)外觀 (B)質地 (C)味道 (D)色澤。

9. 分散於空氣中的揮發性物質，刺激位於鼻腔黏膜的嗅覺細胞所產生的感覺，稱為 (A)香氣 (B)味道 (C)軟硬 (D)質地。

10. 食品中的物質刺激存在於舌頭上的味覺細胞而造成的感覺，稱為 (A)色 (B)香 (C)味 (D)質地。

11. 舌頭的觸感、牙齒的觸感與韌度，以及吞嚥的難易等食感要素稱為 (A)質地 (B)香氣 (C)味道 (D)以上皆是。

12. 味精顯出的味道是 (A)酸味 (B)鮮味 (C)鹹味 (D)甜味。

13. 舌頭上特化的味覺感受器稱為 (A)舌盲孔 (B)味蕾 (C)絲狀乳突 (D)扁桃體。

14. 下列對於味覺感出與溫度關係之敘述，何者錯誤？ (A)甜味之感出在體溫附近最強 (B)苦味之感出在溫度愈低時愈強，特別在 10°C 時最敏感 (C)酸味之感出在溫度愈低時愈強，特別是接近 0°C 時最敏感 (D)鹹味之感出在溫度愈高時愈不敏感。

15. 下列何種感覺是由化學接受器(chemoreceptor)負責偵測？ (A)味覺 (B)觸覺 (C)壓覺 (D)視學。

16. 食鹽帶有鈣、鎂等離子時會呈 (A)弱苦味 (B)淡酸味 (C)澀味 (D)無味。

17. 下列何者不屬於 5 種基本味覺 (A)酸 (B)鮮 (C)辣 (D)鹹。

18. 以視覺所做的評價的總稱，在感官檢查上稱為 (A)外觀 (B)氣味 (C)味道 (D)組織。

19. 下列哪一項不是一般老人在嗅覺、味覺的改變所可能造成的影響？ (A)沒有食慾 (B)東西燒焦卻不知道 (C)吃進腐敗的食物 (D)喜歡吃較清淡的食物。

20. 老人的味覺變遲鈍的原因，下列敘述何者錯誤？ (A)味蕾細胞數的減少 (B)膳食缺鋅所導致 (C)咀嚼功能下降 (D)對基本四味的閾值上升。

21. 分散於空氣中的揮發性物質，刺激位於鼻腔黏膜的嗅覺細胞所產生的感覺，稱為　(A)香氣　(B)味道　(C)軟硬　(D)質地。

22. 下列有關味覺訊息的敘述，何者錯誤？　(A)鈉離子通道影響鹹味訊息　(B)氫離子通道影響酸味訊息　(C)氯離子通道影響苦味訊息　(D)G-蛋白活性影響甜味訊息。

23. 下列何種感覺可以直達大腦皮質區，直通杏仁核？　(A)視覺　(B)聽覺　(C)嗅覺　(D)味覺　(E)觸覺。

24. 大腦的哪個區塊是所謂的情緒中心？　(A)後腦　(B)前額葉　(C)腦幹　(D)杏仁核　(E)腦下垂體。

25. 飲食如果會產生上癮的感覺是因為刺激大腦哪個位置？　(A)伏隔核　(B)海馬迴　(C)下視丘　(D)杏仁核　(E)腦下垂體。

26. 下列有關味覺與食品呈味物質的相關性之敘述，何者錯誤？　(A)呈味物質的濃度低於閾值時，味覺感受強度與其濃度有關　(B)味覺反應的強度與食物的溫度有關　(C)舌頭上味蕾細胞藉由神經傳至大腦來辨識與感受味道　(D)酸、甜、苦、鹹味覺形成與呈味物質的化學結構有關。

27. 關於味覺　(A)辣覺是基本味覺之一　(B)味蕾是特化的感覺細胞，會再把訊息送給味覺的感覺神經末梢　(C)味蕾是味覺的感覺神經末梢特化而來　(D)味蕾是味覺的感覺神經細胞本體。

問答題

1. 一位中學生物老師在課堂上與學生進行味覺地圖的實驗，這個實驗並沒有辦法呈現味覺地圖的結果，這位老師向你尋求解釋，該如何說明？

2. 請舉例說明多層次的古典制約與食品感官品評的關連。

感官品評環境條件設置原則與品評員類型與培訓

Principles of the Environmental Controlled
Situation and the Type of Assessor for
Sensory Evaluation

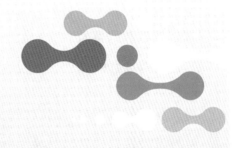

學習大綱

1. 感官品評場所的環境設置條件與組成
2. 品評員的種類與特點
3. 品評員的篩選原則與注意事項
4. 品評員的培訓原則與內容
5. 品評方法與所需之品評員人數

PRINCIPLES AND PRACTICES OF
SENSORY EVALUATION OF
FOOD

建議課程時間：4 小時

　　食品感官品評是以人的感覺為基礎，通過人的感官評估食品的各種屬性後，再經由統計分析獲得客觀結果的試驗方法。然而，由於以人的感官當作工具或儀器，很容易受外界環境的干擾而影響評估的準確性，因此，品評員在進行感官評估時，就會有隨時間而變、彼此間不同、容易有偏見及疲倦和注意力跑掉等問題。科學化品評實施的關鍵因素就是控制操作過程，藉由一些規範讓主觀感受變成客觀，減少或降低在評估食品感官品質的過程中，因品評環境和樣品製備狀況等客觀條件，及品評員的心理和生理因素與培訓後之反應等主觀條件所造成的影響。降低與減少影響的操作方式，主要透過適當的實驗設計與評估方法以及篩選或訓練品評員等手段，規範感官品評實施的關鍵過程，盡量避免樣品和品評單中存在的不確定性，保證感官品評在可控制的條件下，以較客觀的方式讓人對於感覺或刺激進行評估，提高感官品評結果的準確性和再現性。

　　保持良好的品評評估環境非常重要，因為環境條件會造成品評員心理和生理上的影響進而對樣品感官品質的評鑑產生影響。品評工作需考慮的客觀條件，例如：設置良好的感官品評環境（並非一定要有專業品評室）、準確製備樣品及符合目的的評估方案與設計，以及其他主觀條件，例如：適當的品評評估人員（品評員的篩選與訓練）所造成的影響。因此，若想進行一個客觀的科學化感官品評，就必須控制這些主要的變數。這些變數的影響與控制將使用兩個章節來介紹，本章主要以品評環境的控制及品評員的控制及訓練進行闡述，下一章則說明樣品處理與實驗設計和統計分析之原則。圖 4-1 顯示在感官品評評估流程中的影響因素與主要控制的關鍵點。

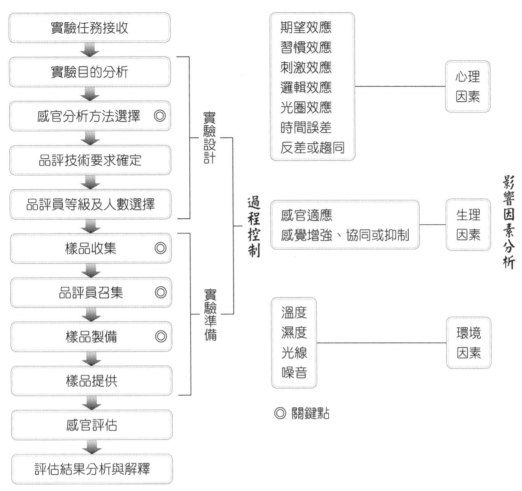

■ 圖 4-1　感官品評評估流程中的影響因素與主要控制的關鍵點

4.1　感官品評的環境設置

　　進行科學化品評時，盡可能減少品評員的偏見，要提高品評員的敏感性並消除樣品以外的所有可能的誤差，減少外界因素對品評員的干擾是非常重要的。雖然進行品評時不一定要有專業品評室，但如果能有一個為了品評工作而設計的環境是十分理想的。ISO 國際標準訂定了一系列試驗分析型品評的操作標準，而在消費者方面也訂定了在專業感官品評室操作消費者試驗的規範，這說明了專業品評室（環境控制）在品評操作的重要。如果利用感官品評試驗作為評估工具的使用頻率較低或者經濟效能低，不一定要設置專業的品評室，通常可使用臨時性的布置，將實驗桌

分割成一些小隔間，每個小隔間的桌面上都擺放尚待檢測的樣品，這樣可以防止品評員受到干擾（如圖 4-2）。專業品評室的設計須從如何能使品評員的感官發揮最好的作用、減少心理與生理相關干擾及控制最佳的樣品品質來考量。

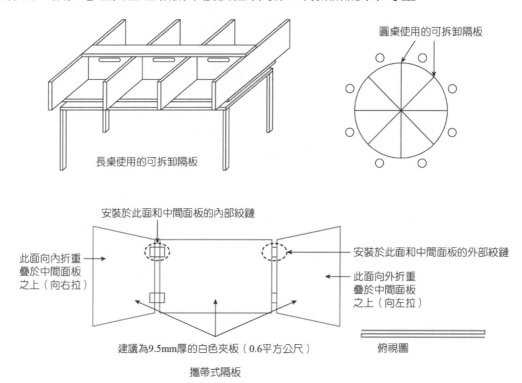

■ 圖 4-2　臨時製作的品評隔板形式與規格

一、品評小室

專業感官品評室中最重要的核心是品評小室(sensory booth)，即品評室組成的最重要的單位，品評小室通常是 6~8 個相鄰而又互相隔開的品評小間構成，單獨隔開的品評小間可以避免品評員有交談的機會。品評小間理想的空間大約是長寬各90cm，只能容納一位品評員獨自進行感官品評試驗，隔間應延伸出桌面邊緣至少50cm、高於桌面 100cm，這是為了防止品評小間鄰近之品評員的相互影響。品評小間後面的走廊應該要夠寬，至少為 122cm，供品評員自由行走。設計品評小室時基本需要考慮的重要因素是防止品評員注意力分散，所以不要安裝視聽等會分散注意力的設備，也盡量避免安裝電話。如果一定需要電話，在進行測試時須作適當的管理（拔除電話線）。

　　每個品評小間有一個小視窗，用來傳遞樣品。滑動門式（推門式及拉門式）的視窗設計使用的空間最少，而圓盤傳送帶式和麵包盒式（上下翻轉）能有效地防止樣品製備區樣品氣味的擴散及視覺方面的提示誤導，造成品評員生理及心理狀態的干擾（圖 4-3）。視窗的大小，一般約 45cm 寬×40cm 高，要盡可能減小品評員對樣品準備區的觀察。品評小間內的設施，可包含提供品評員使用的工作檯、可控制的信號系統開關（品評員按品評小間內的開關，樣品製備區相應的信號燈就會亮，向品評操作者傳遞訊息）和座椅。工作檯應足夠大，適合樣品放置盤和品評單的傳遞，工作檯的顏色建議為白色。在進行品評評估時，品評小間需要有一次性紙杯、吐液容器、衛生紙與筆等物品。配備較高級的品評小間裝有口腔清潔用的供水設施及電腦。為了避免品評員之間不必要的資訊交流，建議品評小室有入口區及出口區，並且保持一定距離。圖 4-4 為品評小室的規格與設備的詳細示意圖。

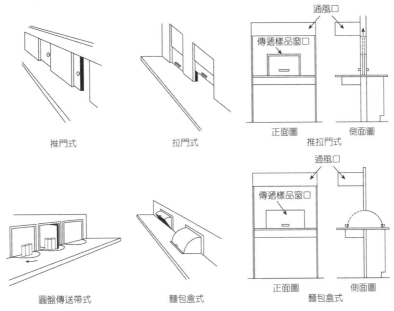

推門式　　　　　　拉門式　　　　　　推拉門式
正面圖　側面圖

圓盤傳送帶式　　　麵包盒式　　　　　麵包盒式
正面圖　側面圖

■ 圖 4-3　品評小室常見傳遞樣品窗口的樣式

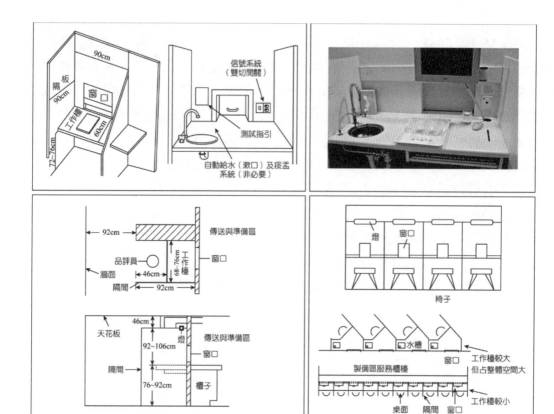

▌ 圖 4-4 品評小室的規格與設備

二、樣品製備區

　　樣品製備區是準備品評所需試驗樣品的場所。設置原則是：盡量靠近品評小室為宜且需要有一些保溫加熱、冷藏或冷凍的設備，以保證樣品能適當處理和維持適當的溫度。樣品製備區人員的出入動線須特別設計，應避免品評員在進入品評小室時會經過製備區看到製備的樣品或嗅到氣味後產生之心理與生理的影響（圖 4-5）。除了防止製備樣品時的氣味傳入試驗區所需的裝置，樣品製備區建議有以下設備：

1. 操作檯，製備樣品所需的空間。

2. 加熱裝置（例如：電爐、微波爐、恆溫箱、乾燥箱或烤箱）與天平等，製備樣品所需的設施。

3. 冰箱、冷凍及保溫裝置，保藏樣品。

4. 儲物櫃：存放試驗器皿、用具與樣品盤等。

5. 洗碗機、垃圾處理設備、垃圾筒、水槽等廢棄物處理設備。

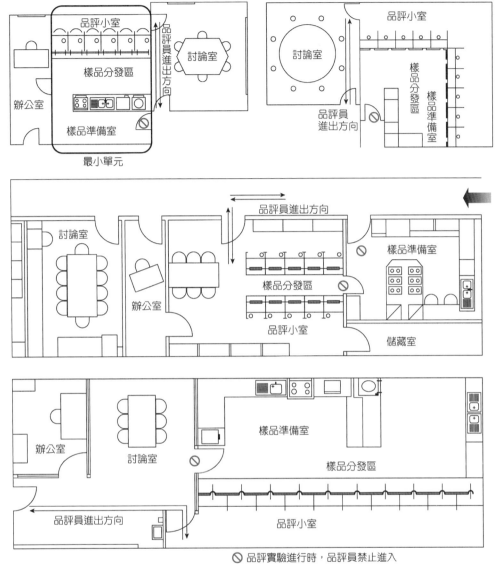

圖 4-5　各種大小之感官品評室設計示意圖與品評員出入動線管理

三、其他附屬設施

　　若條件允許，專業感官品評室也可設置一些附屬區域，例如：工作人員的辦公室、品評員的休息室或訓練室及資料處理室等。表 4-1 顯示了完整的感官品評室各單位之功能、設備及所需之照明，若品評室設置空間有限時，品評小室和樣品準備室為一個專業品評室的基本要求。

表 4-1　感官品評各單位之功能、設備及所需之照明

區域	功能	設備組成	照明之最低照度（勒克斯）
樣品準備室	對樣品進行預處理，例如：加熱、冷卻、分割、分裝秤量、標號等等	操作臺、儲物櫃、冰箱（冷凍裝置）、保溫裝置、加熱裝置、天平、水槽、廚房用具、抽風機、推車等	40~50 勒克斯，距離地面 0.8 公尺
品評小室	品評員進行品評實驗的場所，品評員需要按照要求進行品評、記錄與給分	品評小間、信號裝置、飲水機、電腦或通風機等	200~400 勒克斯距離地面 0.8 公尺
討論室或休息室	品評員進行訓練與討論的場所，也可用於教學場所或者品評員的休息室，以便進行後續實驗（如果沒有設置休息室時）	長（圓）桌、椅子、黑白板或空調等	100~200 勒克斯距離地面 0.8 公尺
數據處理室	數據處理的場所，若空間不足可以使用電腦替代	電腦及相關統計軟體或自動化評估軟體等	

註：1 勒克斯(Lux)＝1 流明／1 平方公尺

4.2　試驗區的環境條件

一、噪音的防護

　　品評室的環境噪音（特別是品評小室）應該低於 40dB（一般談話的聲音為 50~60dB），防制噪音所考慮的措施有很多面向，不應該將品評室設置在容易產生噪音來源之位置，例如：道路、樓梯口附近或大多數人員必經的路徑上等。品評室的位置應該建立在通風良好及安靜的區域，如果需要考慮外部品評員容易探尋的需求，品評室的位置最好接近中高密度的區域並且是容易到達的地方，理想上能建立在靠近建築的入口處及設定在較低的樓層。在品評實施期間，環繞品評室區域的走廊保持安靜是很有益的，一些機械系統，像空調、冷凍裝置等產生的噪音應降至最低。

　　品評室內應使用適當的吸音、光滑易於清潔且不易吸收外界物質的材料作為牆壁天花板或地面之主體，例如：木架安裝的膠合板、硬紙板等材料適於低音的吸音，軟質的纖維板、石綿、玻璃棉等材料適用於高音的吸音。牆壁應為白色或淺灰色（反射率為 40~45%），可消除由視覺效果引起的偏差及降低品評員注意力轉移。

二、恆溫恆濕及氣體排除與流通

當環境的溫度與濕度不適當，會使人體感到不快且大程度地影響嗜好和嗅覺與味覺之感官系統。品評室的設置必須考慮適宜的溫度與濕度，如果可以恆溫、恆濕，使品評員處於最舒適的環境中是最好的。一般最適溫度控制在 21~25°C 而相對溼度約在 60%。

品評室必須保持無味道，所以空氣的流通及快速排除廢氣的能力皆必須考慮，可使用一般用氣體交換器和活性碳過濾器排除異味。如果品評小室和樣品製備室緊鄰在一起而且操作過程常會處理香料等物質，為了驅逐這些氣味，建議需要裝設 1 分鐘內可置換容積 2 倍量空氣之換氣能力的空調設備，並且將品評室調整成一個較小的正壓區域，可使品評室保持清新的空氣環境。

三、光線和照明

光線的明暗決定視覺的靈敏性，不適當的光線會直接影響品評員對樣品色澤的評估，大多數感官品評試驗都採用自然光線和人工照明相結合的方式。燈光要有兩種，一種是白熾燈；另一種是試驗需要用有色光，來遮罩掉樣品本身的顏色，通常以紅光及綠光的效果較好。選擇人工照明時，以光線垂直照射到樣品面上不產生陰影為宜，避免在逆光、燈光晃動或閃爍的條件下進行品評。

事實上，要使用有色光來遮罩掉樣品本身的顏色需要很多條件搭配，最重要的是品評小室的環境不能太亮，也就是自然光線是否可以控制，扮演了一個有色光是否能遮罩樣品的重要因素之一。整個環境太亮，即使使用紅光或綠光等有色光來遮罩樣品的顏色也是無效的，如果環境尚無法達成遮罩樣品的效果，可以考慮使用具有濾光及濾色功能的眼鏡，不過這需要特別製作。表 4-2 為感官品評環境重要因子的控制原則。

表 4-2　感官品評環境重要因子的控制原則

因子	控制作法
環境	給品評員創造一個安靜不受干擾的環境，品評小室的空間不宜太小，避免品評員有壓抑的感覺
位置	以方便性來說，品評小室應緊鄰樣品準備區，以便提供樣品。2 個區域為了考慮減少氣味和噪音等干擾因素可隔開。為了避免對評估結果帶來偏差，不允許品評員進入品評小室時穿越準備區
溫度和相對濕度	品評小室的溫度與相對濕度應可控制，除非樣品評估有特殊要求，否則品評小室的溫度和相對濕度都應讓品評員感到舒適
裝飾	品評小室牆壁和內部設施的顏色應為中性色，建議使用乳白色或中性淺灰色（地板和椅子可適當使用暗色）
照明	品評室照明的來源、類型和強度非常重要，應具備均勻、無影、可調控的照明設施
噪音	品評室應控制噪音，宜使用降噪地板，最大限度地降低因步行或移動物體等帶來的噪音。應限制音量，特別是應盡量避免能使品評員分心的談話和其他干擾
氣味	品評室應盡量保持無味，可利用形成正壓的方式減少外界氣味的侵入。避免無關的氣味汙染測試環境，品評小室內的設施（例如：椅子）也不應散發氣味干擾，應盡量減少使用織物，因其容易吸附氣味
器具	與樣品接觸的容器應要能適合所盛裝的樣品，容器表面無吸收性並對測試結果無影響，顏色盡量使用白色的容器且可使用已規定的標準化的容器
用水	應保證供水質量，建議使用蒸餾水

4.3　感官品評室的人員設置

　　感官品評室除了硬體環境的設置外，相關人員對感官品評的知識管理和操作方式影響了感官品評分析實驗的成敗。ISO 國際標準在 2006 年訂定了感官品評室人員的配置工作項目與職責(13300-1)以及品評員招募與訓練(13300-2)的規範。國外許多大型食品公司或相關顧問機構皆已經建立這樣的制度，國內相關領域及食品產業尚未進展到這個階段，但是有了這個標準對於食品相關產業升級提供了一個很好的基礎及準則。

4.3.1　感官品評室實驗室人員

表 4-3 為感官品評室實驗室人員職務、職責、工作項目及能力要求。ISO 國際標準在感官品評室實驗室人員設置，主要分為 3 級，分別是品評室管理人員(sensory manager)、感官分析師(sensory analyst)與品評小組技術員(sensory technician)。其中最重要的核心職務是感官分析師，感官分析師需要有管理、專業技術及領導能力，其主要的職責為實驗室相關人員的管理與溝通及實驗統籌、監督與分析（圖 4-6）。其實從這個觀點可以知道感官分析師必須瞭解所有感官品評的專業知識與操作，這樣專業的養成十分不容易，除了知識外，實務經驗的累積也非常重要。

這樣的標準，對於感官品評的教育目標及人才培育提供了一個明確的方向，也對於感官品評實驗室認證開啟了一扇窗。

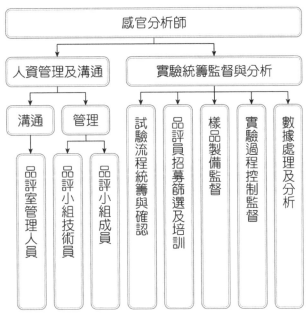

圖 4-6　感官分析師的主要職責

表 4-3　感官品評室實驗室人員職務、職責、工作項目及能力要求

工作項目	能力要求
品評室管理人員：負責行政管理與經濟預算 1. 與所有使用感官品評技術部門之其他部門保持聯繫 2. 組織管理部門的各項活動 3. 對感官品評分析要求的可行性，提出建議 4. 監督指導感官品評估工作 5. 提供與資料進展報告、策劃和管理研究活動 6. 設計與實施新的研究方法 7. 資源規劃與開發 8. 維護和改善標準操作程序	**管理能力** 1. 組織與策劃能力 2. 行政能力（預算匯報計畫修改能力） 3. 商業和環境知識 4. 產品生產包裝儲藏與分發技術知識 5. 人為受試產者的倫理和需要知識 6. 健康安全要求知識 **研究與技術能力** 1. 產品研發與配方設計 2. 產品生產包裝的技術知識 **感官分析能力** 1. 感官分析理論知識 2. 感官分析方法知識 3. 感官分析數據收集與分析方法知識 **其他能力** 1. 溝通與聯絡能力 2. 語言和文字表達能力 3. 人際交往能力 4. 瞭解團隊合作目能激發團隊活力的能力
感官分析師、品評小組帶領者：專業技術人員員責負責涉及實施感官研究分析與解釋感官數據 1. 設計與實施新的研究方法 2. 資源規劃與開發 3. 完成管理人員指派任務 4. 招聘選拔與訓練品評訓練員 5. 選擇感官品評程序並進行實驗設計與分析 6. 確定感官品評小組的特殊需要 7. 監督品評小組準備到感官品評實施的所有階段 8. 培訓下屬獨立完成日常工作 9. 制定感官品評日的研究程序表 10. 設計與實施新的研究的研究方法 11. 分析與數據處理並提交報告	**管理能力** 1. 組織與策劃能力 2. 行政能力（預算匯報計畫修改能力） 3. 商業和環境知識 **研究與技術能力** 1. 產品知識 2. 技術知識 3. 專業背景 4. 統計學知識 **感官分析能力** 1. 感官分析理論知識 2. 感官分析方法知識 3. 擔任品評小組組長或感官品評實施與完成 4. 感官品評的設計與實施提交 5. 感官品評結果解釋與報告提交 **其他能力** 1. 人際交往能力 2. 瞭解團隊合作目能激發團隊活力的能力 3. 良好的決策能力 4. 接受過心理學的訓練 5. 團隊領導能力
品評小組技術人員：具體操作人員，複檢感官品評前樣品製備及品評後續工作（如廢藥物處理） 1. 實驗室的準備 2. 待測樣品的製備與安排 3. 樣品的編碼 4. 品評估單的準備 5. 滿足品評員在整個品評過程中的需要 6. 感官品評的準備與實施 7. 數據的登錄與審核 8. 感官樣品與其他材料備份 9. 廢棄物的處理	**研究與技術能力** 1. 實驗室操作規則與安全知識 2. 食品衛生知識 **感官分析能力** 1. 感官品評的理論知識 2. 遵守操作規則 **其他能力** 1. 有工作熱情 2. 可靠並有責任感 3. 員職業道德 4. 良好時間觀念 5. 應變能力 6. 良好衛生能力 7. 良好記錄能力

4.3.2　品評員類型（一）：依照訓練程度分類

品評員按照相對應的訓練程度，可分為以下幾類：

1. 消費者型品評員(consumer assessor)：這類型品評員由各階層的消費者代表組成，他們僅從自身主觀的期望評估是否喜歡所受驗的產品或分類其喜歡程度，而不對產品的具體屬性或屬性間的差別或強度做出評估但可以藉由適當的誘導引發消費者對感官屬性的感知。

2. 經驗型品評員(experienced assessor)：要瞭解食品感官品評的相關知識，瞭解每個操作方式與步驟的原因。更進一步建議通過篩選試驗中的相關測試並經過適當的訓練使其具有一定分辨差別能力，這類型品評員通常從事差異分析試驗(discrimmation test)。

3. 訓練型品評員(trained assessor)：從經驗型品評員中透過進一步篩選和訓練而獲得的具有描述產品感官品質特性及分辨特性差別的能力，專門從事產品品質特性的評估。

4. 專家型品評員(expert assessor)：專門從事產品質量控制，評估產品特定屬性與該屬性標準之間的差別和評估優質的產品。

每類型品評員所需要的必要條件及可能應用的試驗類型，如表 4-4 所示。

各類型的品評員定義及其在各種感官試驗所扮演的角色非常明確，實務上最常看到錯誤使用的狀況是：在一個試驗中混合使用兩種以上類型的品評員進行評估或者使用錯誤的品評員類型去進行相關測試。例如：使用訓練型品評員去進行消費者試驗，其所持的理由是這些訓練型的品評員本身也是消費者，這樣的錯誤觀念來自於對各類品評員定義沒有深入瞭解所造成的。

表 4-5 為訓練型品評員和消費者型品評員應用在感官屬性及喜好性上本質的不同，從本質上就可以知道兩種類型的品評員不能混用在同一種試驗中。訓練型品評員不能視為消費者來評估喜好性，其理由是他們被訓練來使用一些評鑑技術詳細的評估產品，例如：訓練型品評員可能在評估產品時使用特別的方式，為了增加敏感性，或者評估樣品屬性的強度是在咀嚼過程中不同階段。這些訓練型品評員學習產品的屬性和評估的技巧皆不同於消費者。另一方面，訓練型品評員在訓練過程中所獲得的知識，導致他們評估產品特徵時在概念與實際上皆會不同於消費者。基於上述許多狀況，訓練型品評員不能保證能夠提供與消費者相同的反應，所以訓練型品評員不能進行消費者試驗。

表 4-4　各類型品評員所需要之條件

試驗類型	品評員類型	必要條件														
		生理心理因素					評估水平		表達水平			嗜好	專業水平		
		興趣	知識水平	協調性	經驗與培訓	辨別能力	穩定性	精確性	特性數量化能力	語言表達能力	記憶力		樣品特性分析的能力	判斷優劣特性的能力	生產加工知識
差異分析	有經驗或訓練型品評員	○	○	×	×	○	○	○或+	○	×	×	○	×	×	×	×
描述分析	訓練或專家型品評員	○	○	○	○	○	○	○	○	○	○	○	×	○	○	○
情意分析	消費者品評員	○	○	×	×	×	×	○+	○+	○或+	○或+	+	○	×	×	×

註：○表示「必需」、+表示「需要」、×表示「不必要」

事實上，品評員被訓練的越精良，越遠離消費者的反應，常常看到許多品評操作者在品評單上，先要求品評員評估這 2 個產品是否有差異或哪個味道較強，然後再比較喜歡哪個樣品，這是不恰當的。從媒體上也會聽到由專家(expert)或訓練型品評員進行品評評估，說明消費者可能喜歡那類產品的風味，這樣的敘述也是不適當的，因為專家或訓練型品評員被訓練評估某類型的產品屬性的定義及評估方式不等同於消費者真實的反應與認知，所以也無法定義消費者喜歡的是什麼產品屬性。

表 4-5　訓練型品評員和消費者型品評員之間的差異比較

品評員型態	喜歡程度或喜好性	感官屬性
訓練型品評員	不應該提供任何消費者資訊	技術性的，評估單一或詳細的屬性（在最少的偏差狀況下）
消費者型品評員	這是唯一能夠提供喜歡程度或喜好性資訊的品評員	能夠提供屬性的資訊，但需要注意數據解釋是必須且小心的，因為有很多偏差會影響結果（例如：可能的誤解、背景資訊的影響等）

4.3.3　品評員類型（二）：依照 ISO 國際標準分類

感官品評員按照 ISO 國際標準分類法，可分為以下幾類：

試驗分析型品評員(analytical assessor)之特徵是能對樣品之間的微妙差異具高敏感性，重複同樣檢驗時仍可做出相同結果，並準確無誤地用文字表達其判斷的結論。此類型品評員必須具備一定的條件，通常需經過適當的篩選和訓練，主要的工作是評估樣品感官特性的差異與強度。根據 ISO 國際標準分類法，一般可將此類型品評員再細分為初級品評員(initiated assessor)、優選品評員(selected assessor)、專家型品評員(expert assessor)和具備專業知識的專家型品評員(specialized expert assessor)四級，這四種類型的品評員能力要求與差異可參考表 4-6。

一般來說，初級品評員可以用於評估差異分析試驗，而優選品評員、專家品評員和具備專業知識的專家型品評員可以評估差異分析和定量描述分析試驗(quantitative descriptive analysis)。感官品評訓練程度分類和品評方法（試驗分析型品評員）分類所定義之品評員類型的關係，如圖 4-7。

表 4-6 各種品評員類型定義及能力要求

類型	定義	能力要求	檢驗方法	在優選品評員水平基礎上所需的能力	利用這些品評員的優勢
品評員	參加感官分析的人員		消費者分析		
準品評員	尚未滿足特殊判斷準則的人員（未培訓與訓練）	1. 味覺、嗅聞、視覺、聽覺等感官能力良好 2. 需要有興趣、時間、理解能力和描述能力	篩選品評員的相關檢驗分析		
初級品評員	已經參與品評測試的人員	1. 感官分析基礎知識 2. 一般感官品評能力 3. 差異檢驗的能力	差異分析試驗		
優選品評員	挑選出具備從事感官檢驗能力的品評員	1. 感官分析系統知識 2. 一定的感官品評經驗 3. 較高的感官品評能力 4. 差異檢驗的能力 5. 量值估計的能力 6. 描述分析的能力	差異分析試驗 描述分析試驗		
專家品評員	具高度感官敏感性和對感官方法員豐富經驗的，對各種產品能做出一致且可重複的感官評估	1. 特定領域產品知識 2. 豐富的感官品評經驗 3. 專業的感官品評能力 4. 優選品評員的品評能力 5. 長期感官品評記憶能力 6. 特定領域產品描述能力	差異分析試驗 描述分析試驗	在一段時間內或從一個時期到另一個時期內，具有良好一致性的判斷力，有長期良好的感官記憶	在相關專業領域內具廣泛的經驗，有高度的確認和評估感官性質的能力。具有對參考標準的識別、產品問題解決的推理能力，良好的描述和報告結論能力及採取適當行動的能力
具備專業知識的專家型品評員	員備產品生產或加工行銷領域的專業經驗，能夠對產品進行感官分析，能評估或預測原料、配方、加工、儲藏、老化等方面相隨變化會對產品的影響		差異分析試驗 描述分析試驗	僅需較少的品評員就可做出一定可靠性的結論，長期的感官記憶和精業的經驗可以識別細微的特性（例如組污染），專家品評小組的證據更有有說服力	對所有判斷、評論和評估員有完全的責任目對於感官方面的合同或法規要求、提出面的合同或法規要求、提出建議。在評估的早期階段，提出是否需要改變配方或加工方法，預測整個產品在生產和儲藏時的變化，預測由原料、加工、儲藏等方面引起產品變化的實際結果

註：專家型品評員和專家是不同的

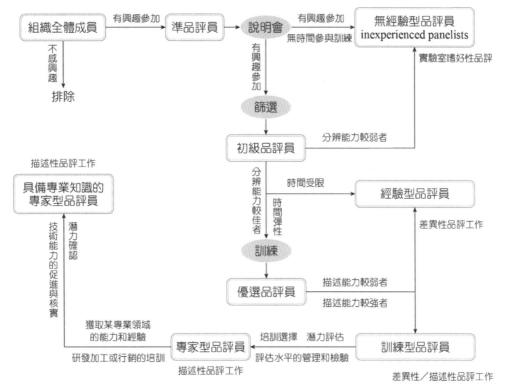

圖 4-7　感官品評訓練程度和品評方法分類所定義之品評員類型的關係

　　消費者型品評員不需要具備特別的感覺敏感性，可任意的由未經訓練的人組成，組成方式必須在統計學上能代表消費者總體，以保證試驗結果具有代表性和可靠性。篩選品評員時應注意無感官缺陷以及根據實驗目的考慮族群差異（年齡、性別、文化水準、生活習慣、經濟狀況），來評估食品的喜好性和可接受性，食品特性的感受、食用後的情緒及購買意圖等。此外，專家型品評員和具備專業知識的專家型品評員和我們一般所說的專家在定義上是不同，如表 4-7。

表 4-7　專家型品評員和專家的不同

訓練型品評團	專家
使用標準化的語言進行感官評估，品評員間對食品屬性的特徵與強弱有一定共識	使用主觀的語言表達感受，專家間對食品屬性的特徵與強弱的共識不明確
品評員需被篩選和訓練	專家的形成主要藉由經驗的累積，無標準訓練方式
訓練型品評員不能測定消費者接受性	藉由自身經驗及觀察說明消費者的感受與認知
品評員的表現需要監控	沒有監控他們的表現

要成為各種分類的品評員標準，其所有的過程都需要經過適當及嚴謹的篩選、培訓、考核、訓練與維護等程序，才有可能使品評員的評鑑達到期望的品質並客觀的完成評估工作。圖 4-8 為感官品評從篩選、培訓、考核、訓練品評員到維護品評小組流程與評估方法，這些程序的進行方式與注意事項，將在幾個章節中進行說明。本章主要針對篩選與培訓作詳細的說明，品評員的考核與訓練請參考第 8 章描述分析試驗。

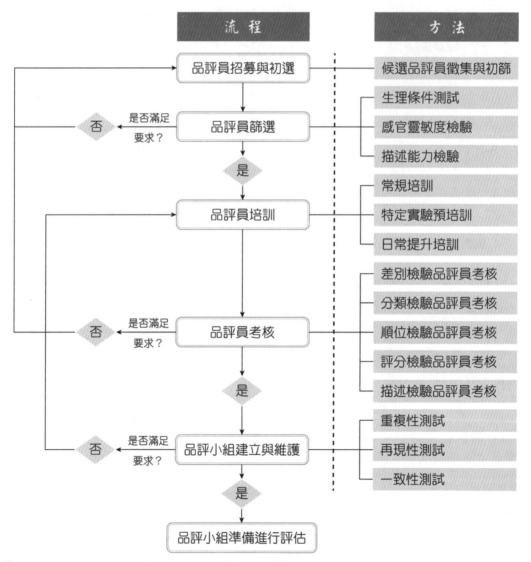

▎圖 4-8　感官品評從篩選、培訓、考核、訓練品評員到維護品評小組流程與評估方法

4.4 品評員的篩選

品評員篩選的目的就是通過一定的方法，瞭解參加篩選之準品評員(navie assessor)在感官品評上的能力，來決定品評員適合參加哪種類型感官品評試驗或不符合條件而淘汰。在篩選品評員之前，必須清楚以下幾點：(1)不是所有準品評員都符合候選品評員的要求。(2)大多數人不清楚他們對產品的感官能力。(3)每個人感官評定能力未必是一樣的。(4)所有人都須經過指導才會知道如何正確進行實驗。

參加篩選試驗的人數要多於預定候選品評員的人數 2~3 倍為宜，除了針對感官品評實驗的興趣外，篩選試驗通常包含基本識別試驗（基本或氣味識別試驗）和差異分析試驗（通常使用三角測試法；triangle test）。有時根據需要也會設計一系列試驗來多次篩選，挑選出適當的人數或者將初步選定的人員分組，進行相互比較。有些情況下，也可以將篩選試驗和訓練內容結合起來，在篩選的同時進行人員訓練。

4.4.1 不同類型品評員的篩選

不同類型的感官品評試驗所使用的篩選方法也不盡相同。

1. 差異分析試驗品評員的篩選：差異分析試驗品評員的篩選目的，是為了確定品評員是否具有區別不同產品間感官性質差異的能力，以及區別相同產品某項特性程度差異大小的能力。篩選工作可以通過感覺匹配測試(matching test)、感覺察覺測試(detection test)和感覺區分測試(distinction test)來完成。

2. 定量描述試驗品評員的篩選：描述試驗品評員的篩選，目的是確定品評員對感官特性及其強度是否具有進行區別的能力，對感官特性進行描述能力與抽象收納的能力。篩選工作可以通過敏感性測定(sensitivity test)、感覺匹配測試、感覺察覺測試、感覺區分測試、感覺描述能力測試(descriptive ability test)及面試等形式逐步完成。

3. 消費者品評員的篩選：消費者品評員的篩選主要是以消費者會對產品消費或平常食用頻率的高低作為篩選的標準。

4.4.2 初步品評員篩選的原則

在品評員的篩選過程中可分為幾個階段，需要依序進行。第一個階段主要是針對品評員的動機興趣、生理和心理狀況等做一個綜合評量，通常設計一個問卷進行相關資訊的收集。通過第一階段的人員，就可進行感官能力、理解能力和描述能力等第二階段的測試，通過上述測試者就可以稱為「準品評員」。表 4-8 為第一階段品評員篩選的項目與內容。其詳細內容如下：

1. 出席率

篩選品評員時需要考慮品評員的出席率，品評員是否能在培訓和訓練期間保證參與，是考慮能否納入候選品評員非常重要的條件之一。由於在訓練過程中，品評員需要藉由討論互動取得共識，因此能夠有 100%出席參與率是最好的。如果真的無法全程參與，保證80%以上的出席率且前面幾次培訓（通常是取得共識的重要時期）必須參加，否則考慮不予以錄取。品評員如果不能準時出席將會影響別人的時間，又可能引起樣品耗損和降低試驗設計的完善性，經常出差且承擔重要工作而繁忙的人員或主要幹部（長官），不建議被納入候選品評員。

2. 健康狀態

一般在篩選品評員時，需考慮其健康狀況，包含：
(1) 個人衛生狀況良好，無明顯個人氣味或特殊習慣（例如：一定要噴香水或濃妝豔抹才出門或易流汗體質而產生體味等），否則不建議被納入候選品評員。
(2) 戴假牙者不太適合進行食品質地的評估。
(3) 不能有任何感覺方面的缺陷。
(4) 對評估食物樣品中的成分過敏者，必須淘汰，但感冒或某些暫時狀態，不能作為淘汰成為候選品評員的理由。

3. 個性

品評員需要客觀的評估樣品，所以必須對感官品評的工作能顯示出興趣與積極性，因此品評員在個性上需要能夠專注且認真致力於花費精力的工作。

4. 表達能力

如果篩選品評員的目的是為了進行描述分析試驗，候選品評員的表達和描述能力顯得特別重要，這種能力可以利用面試及篩選中的表達測試得知。如果有相關描述食品經驗或者對語言表達能力特別關注的人，應該優先考慮。

5. 對樣品的態度

在篩選品評員時，可藉由問卷的方式確定被招募之人是否對某些樣品會有厭惡感（可能由於過去不佳的經驗而不敢吃），特別是未來可能被評估的產品。但在品評單設計或瞭解的過程需要有技巧，不能讓準品評員對於未來要評估的樣品有所連接，品評員如果不能客觀的進行評估的工作，那會對品評的結果產生偏見。

6. 知識和才能

候選的品評員必須有能力表達及顯示自己對刺激的感覺，並瞭解科學化品評方式與規範，也需要有一定程度的分析能力及集中精力和不受外界影響的能力（透過篩選測驗的過程可以瞭解），如果過去對檢測的產品有相關經驗或瞭解專業知識者更佳（這個只能透過背景間接瞭解）。

7. 其他

其他考慮的因素有：年齡和是否吸菸等。候選品評員是否有吸菸習慣並不能成為淘汰之理由，但必須要求候選品評員在進行評估的 30 分鐘前不吸菸。吸菸太久者通常味覺可能喪失，可藉由閾值測試(threshold test)進行篩選，決定是否可納入候選品評員。

隨著年齡的增長，感官回復能力會逐漸下降，但人的經驗與表達能力、注意力和配合度等通常隨著年齡的增加而逐漸穩定或較佳，因此在選擇候選品評員時，以 20~40 歲者較好。在進行品評評估時，使用內部品評員作為候選品評員，職位高者如果在公司內部組織文化上會產生指導效應，應該避免參與品評的工作，建議不要納入為候選品評員。

一般在篩選品評員時，應注意以下幾個方面的問題：

1. 在篩選進行時，可考慮使用與正式感官品評實驗相類似的實驗材料，這樣可以使參加篩選的品評員熟悉今後實驗中將要接觸的樣品特性，也可以減少由於樣品間差距而造成人員選擇的不適當。然而，這樣的考量不能讓品評員事先知道而產生偏差或先入為主的概念。

2. 在篩選過程中，各種試驗所選取的濃度與難易，要以「大多數人能夠分辨出差別或識別出味道，但其中少數人員不能正確分辨或識別」為原則。

3. 篩選試驗進展的標準和所需求之品評員，應要使用有效的數據作為通過與否的判斷標準，達到篩選目的。

原則上這裡所說明的品評員篩選，主要以進行描述分析試驗等方法，將品評員視為儀器所做的說明的規範，消費者型的品評員也需要篩選，只是考慮的重點有所不同。消費者品評員的篩選重點主要在於產品的使用頻率，相關重點說明將在第 7 章消費者測試中詳述。

表 4-8　第一階段品評員篩選的項目與內容

項目	內容
1. 興趣和動機	對感官品評工作的興趣和動機將關係到日後是否能認真學習與正確操作等基本因素，需掌握候選品評員在這方面的情況。一個對品評有興趣的品評員能更有效率且其主動的在測試中發揮最大的效用，應該促使品評員覺得品評是一個重要的工作，這樣可以使品評工作有效率且以精確方式完成
2. 品評員的可用性	準品評員應能參加培訓和往後的評估工作，出勤率至少要達到 80%，經常出差或工作繁重的人，不宜參加品評工作
3. 對評估樣品的態度	應瞭解準品評員是否對某些評估對象（例如：食品或飲料）感到厭惡，特別是對將來可能的評估樣品（例如：食品或飲料）的態度，同時應瞭解是否由於文化上、種族上、宗教上或其他方面的原因而禁忌某種食品
4. 知識和才能	如果只要求準品評員評估一種類型的產品，可以從掌握這類產品各方面知識的人中挑選；不過，有時因為經驗不同，也容易造成先入為主的觀念。所以篩選時要謹慎之
5. 健康狀況	準品評員健康狀況應該良好，無過敏或疾病，不應服用那些會影響其對產品感官特性真實評估能力的藥物。戴假牙者，不宜擔任某些質地特性的感官評估，但感冒或某些暫時狀態（例如：懷孕等），也不應成為淘汰而變成候選品評員的理由
6. 表達能力	在描述性試驗時，品評員的表達和描述感覺的能力特別重要，這種能力可在面試和篩選試驗中發掘出來。在選拔描述試驗的品評員時，特別重視這方面的能力
7. 個性特點	品評員應在感官品評工作中表現出興趣和積極性，能專心一致的致力於需要花費大量精力的工作，能準時參加評估工作，並能採取認真負責的態度。品評員的努力程度會決定是否能分辨出一些細微的差異或是對自己的感覺進行適當的描述
8. 其他情況	某些指標，例如：現在的職業以及過去感官品評的經驗或瞭解是否有吸菸、飲酒、飲茶或噴香水的習慣，這些指標也可記錄，但不能作為淘汰其成為候選品評員的理由

4.4.3　內部品評員的控制

　　實務上，企業在操作感官品評測試時，品評員大多來自於組織內部，例如：研究機構內部成員、公司的各部門職員。當有感官品評需求時，由品評操作人員或感官分析師將人員召集起來開展品評評估工作，有條件的企業或單位可通過外聘來組織感官品評小組。然而，除非有特殊目的，不建議將外部品評人員和內部品評人員相混組成，應維持他們的獨立性。表 4-9 為內外部品評小組的優缺點比較。

　　內部品評員的使用有很多好處，例如：方便、品評員流動性不高與經濟等等優點，但也衍生了許多問題，導致錯誤操作感官品評而使得結果失真。常看到最大的問題是製備樣品的人員和品評員為同一批人或有所重疊、品評員人數不足、品評員訓練與考核不足、職位高者參與品評工作、內部品評環境控制差及操作品評者的觀念不清與放棄堅持等。當然，這樣的問題並不單純是操作品評者或者感官分析師的責任，和公司的文化與長官是否支持有極大的關係。內部品評小組由於經常參與品評工作，經驗得到累積，對樣品的評估方式與水平會發生變化，品評操作人員必須注意到此類型的品評員進行消費者測試時是否會導致結果失真。有關對於消費者測試如何正確解讀，請參考第 7 章。一般來說，在進行預開發產品概念篩選時，盡可能涵蓋行銷、品管、生產、研發、業務等人員進行品評，但品評涉入應該是產品概念的確認，而參與篩選工作的人員建議不要做為正式品評時品評員中的一員，因為他們已經知道過多的產品資訊。

　　內部品評小組進行品評時需自願協助評估工作，不能由上級命令來參加評估工作，而品評工作不能成為品評員工作上額外的負擔。當然，可以研議規範和一些制度來達到進行感官品評時所需要的軟硬體環境。長期觀察下來，公司的文化是決定能否將感官品評技術涉入於產品開發的過程，高階主管必須對感官品評技術有正確的認知，不瞭解此技術對於產品開發的助益或觀念錯誤，是很難正確使用感官品評技術而產生助益的；公司本身是中小型食品業者及老闆具有決定權之企業文化，也很難導入品評制度。品評制度的導入是希望此工具能提供業者在產品研發與行銷上的不同面向，藉由專業品評操作人員的設計與操作，能夠正確的實施感官品評，並結合統計分析，精準與正確的幫助業者在產業布局與產品行銷等決策上提供一個客觀的決策評估工具。因此，高階主管認知與承諾、執行團隊的組成與知識都影響了企業實施品評的結果與應用。

表 4-9　內外部品評小組的優缺點比較

因子	內部品評小組	外部品評小組
成本	間接成本，成本較低，一般不用支付品評員酬金，可用適當的獎品禮物作為酬謝	直接成本，成本較高（招募消費者的費用和品評員的酬金）
篩選	選擇面向較窄，特別是在一些小型企業，由於受到員工人數的限制，更新品評小組成員較為困難	選擇面廣，可廣泛招募篩選優秀的品評員，對品評小組成員的更新較容易
自由時間	由於工作時間的限制，品評員很難在上班時間隨時配合去參加品評	充足，只要在招募時商議好參與的時間與頻率，就可保證品評按照計畫進行
保密程度	對品評內容和品評結果保密性較高	對品評內容和品評結果保密性較差
管理	方便，品評員流動性不高，但是一旦品評員不符合品評要求，很難在不傷害同事的自尊心和同事關係的情況下，將品評員從品評小組中開除	需花費更多的時間和精力，而且由於難以控制的因素（搬家、工作調動、生育等），導致品評小組人員流動性較高
評估	由於品評員對產品生產加工配方比較熟悉，所以評估時容易受這些因素影響	對評估產品的主觀意見較少

4.4.4　篩選品評員的測試

品評員篩選之第二階段的測試，包含了對品評員的感官功能、感官敏感及描述和表達感官能力做檢測。所有的品評員應該具有正常的感覺功能，候選品評員需要經過各種感官功能的檢驗，以確定感官功能是否正常。

一、感官功能測試

感官功能測試(sensory function test)當然涵蓋了 5 種感官，視覺感官測試主要檢測是否有色盲，可以用色盲的測試冊或是用顏色板來進行測試，篩選時的處理較為簡單。聽覺測試主要檢測兩耳是否能正確聽到聲音，嗅覺測試主要檢測是否聞到味道，使用具有香氣的物質，包括熟悉的或不熟悉的，或用單體測試亦可。觸覺測試主要利用各種不同粗糙程度的表面來測試是否有感覺，味覺測試主要檢測基本味道，隨機提供給品評員並要求品嚐後做紀錄。表 4-10 為四種基本味道感官功能測試的建議濃度。

表 4-10　四種基本味道感官功能測試的建議濃度

基本味道	參考物質		濃度(g/L)
酸	DL 酒石酸（結晶）tataric acid	M=150.1	2
	檸檬酸（一水化合物結晶）citric acid	M=210.1	1
苦	鹽酸奎寧（二水化合物）quinine dihydrochloride	M=196.9	0.020
	咖啡因（一水化合物結晶）caffeine	M=212.12	0.200
鹹	氯化鈉 sodium choride	M=58.46	6
甜	蔗糖 surcose	M=34.23	32

註：　1. M 為物質的相對分子質量
　　　2. 酒石酸和蔗糖溶液需在試驗前幾小時配製

二、感官敏感度測試

在說明感官敏感度(sensory sensitivity)之前須要說明什麼是感覺閾值(stimulus threshold)，因為敏感度與感覺閾值呈現反比關係。所謂的閾值通常採用美國檢驗與材料學會(ASTM)的定義，即低於一個濃度範圍時，某物質的氣味和味道在任何情況下都不會察覺到；而高於該範圍時，任何具有正常嗅覺和味覺的個體，會很容易地察覺到該物質的存在，這個濃度範圍稱為閾值。這樣的概念是利用心理物理測量(psychophysical measurement)來解釋，也就是外在的物理刺激強度與個人感覺之間，成一種對數的關係，也稱為費欽納定律(Fechner's law)。費欽納定律只適用於中等刺激強度範圍，刺激強度逐漸增強，感覺大小隨之上升，刺激強度達到極限時，感覺大小則維持不變。換言之，閾值即為能辨別出物質存在的最低濃度，會因個體生理狀況不同而有所差異。

閾值對於感覺來說不是一個常數，它只是從完全不能感知到有所感覺的一個轉變點，會隨著人的心理與生理變化而變化，所以閾值應該考慮的是一個數值的範圍而不是單一個點。閾值的高低取決於測量的方法與條件，方法中有微小的變動都會影響閾值的高低。事實上，個體閾值的測定並不穩定而群體的平均閾值才是比較可靠的結果。表 4-11 為幾種測量閾值方法，最適合測定品評小組閾值的方法是美國材料試驗協會(ATSM)的遞增必選法(ascending forced choice)。以遞增必選法為例，要檢測某個品評小組的團體閾值時，測試者的結果必須連續兩次選擇正確之濃度反應才能當作其個體閾值而小組的團體閾值是個體閾值的幾何平均值。個體閾值則是剛開始連續正確判斷與上一次錯誤判斷濃度的幾何平均值，表 4-12 為一般閾值測試實施方式的準則。

表 4-11　幾種閾值測量方法

方法名稱	操作方法	閾值評估	引用
遞增必選法 ascending forced choice	3-強迫選擇法 (3-AFC)	計算個體閾值的幾何 平均值	ASTM E679-79
	2-強迫選擇法 （2-AFC 進行五 重複）	下一個濃度確認後的 最低正確濃度	Stevens et al., 1988
半遞增配位比較法 semi-ascending paired difference	評估與控制樣品 的不同	使用 t 檢定評估「控制樣 品減去空白試驗」是否 具有顯著差異	Lundahl et al., 1986
隨機轉換上下法 adaptive up-down transformed response rule	2-強迫選擇法 (2-AFC)	在水平遞增序列中，有 一個不正確的反應；在 遞減序列中，有兩個正 確反應後的反應平均值	Reed et al., 1995
雙隨機樓梯法 double random staircase	是／否	反轉點的平均值	Cornsweet 1962
CHARM 分析法	是／否	在遞減濃度序列中，無 反應處	Acree et al., 1986

表 4-12　閾值測試實施方式的準則

步驟	實施步驟
1	獲得已知純度測試的化合物（注意來源與批號）
2	選擇及獲得相關的溶劑、載體或者食品或飲料系統
3	設定測試化合物可能的濃度或稀釋的比例（例如：1/3、1/9、1/27）
4	開始進行小規模測試去探尋接近的閾值範圍濃度
5	選擇及決定稀釋的比例
6	招募及篩檢品評員數（希望能大於 25 人）
7	建立測試程序及品評單的內容
8	測試的操作方式（指令）

　　呈味物質的閾值測量都是需要許多人參與閾值測試，當半數以上的測試者感覺到的最小濃度，即刺激反應出現率達到 50% 的數值，即為呈味物質的閾值濃度（絕對閾值）。測量閾值至少需要一次的重複試驗，一般狀況下，閾值會因為重複測試而下降，因為品評員已經熟悉樣品與測試的技巧。如果閾值下降超過 20%，需要持續

進行重複試驗至閾值穩定為止，才算是品評小組最後的團體閾值。閾值只是一個統計學的概念，理論概念可能不存在，由於閾值濃度的高低是依賴測定條件與測試者，所以不能作為生理學意義上的固定點。閾值之種類基本上有 4 種：

1. 絕對閾值(absolute threshold)：引起感覺所需感官刺激的最小值，刺激產生的物質反應不能夠被確定。表 4-13 為不同感覺絕對閾值的描述。

2. 識別閾值(recognition threshold)：感知到可以對感覺加以識別之感官刺激的最小濃度。

3. 差異閾值(difference threshold)：能感知到刺激強度差別的最小濃度差。

4. 臨界閾值(terminal threshold)：刺激量增高至還能感覺到差別的最大值，超過此值就不能感知刺激強度的差別。

其中，差異閾值又稱最小可覺差(just noticeable difference, JND)，不是一個恆定值，會隨一些因素而變化。通常利用三角測試法來評估，兩兩不同濃度的溶液讓品評員挑選，答對率未達顯著性差異者之最高濃度差為之。德國生理學家韋伯發現在一定範圍內，差異閾值會隨刺激量的變化而變化，且差異閾值與刺激量的比值為一常數 K。例如：對於 50 克的重物，如果其差異閾值是 1 克，那麼該重物必須增加到 51 克，我們才剛能覺察出稍重一些；若對於 100 克的重物，則必須增加到 102 克，我們才剛能覺察出稍重一些。視覺的韋伯分數是 1/100，聽覺的韋伯分數是 1/10，重量感覺的韋伯分數是 1/30。韋伯公式的使用範圍僅限於中等強度的刺激，在其他範圍內 K 值不恆定。在刺激強度較低時（接近絕對閾值），K 值迅速變大。表 4-14 為各種閾值之定義。

感官敏感度是指認得感覺器官對刺激的感覺、識別和分析能力，通常用閾值高低評估。敏感性會因為個體生理狀況不同而有不同能力，人類對氣體最為敏感，然後是味道，在味道中則以對苦味最敏感，甜味最不敏感（敏感度：苦＞酸＞鹹＞甜）。敏感度受到先天和後天因素的影響，在不利條件下感覺的敏感性會降低或喪失，但透過訓練或強化，人的某些感覺會讓敏感性增大。

表 4-13　不同感覺絕對閾值的描述

感覺種類	絕對閾值
視覺	在晴朗的黑夜裡，可以看見 48 公里以外的燭光
味覺	在 2 加侖（7.6 公升）水中加入 1 茶匙（15 公克）的白糖，可以嚐出甜味
嗅覺	1 滴香水擴散到 3 個房間，可以聞出香味
聽覺	在極安靜的室內，可聽到 6 公尺外手錶的滴答聲
觸覺	可以感覺到從 1 公分高的距離落在面頰上的蜜蜂翅膀
溫冷覺	皮膚表面 2 種物品的溫度差異為攝氏 1 度時，即可察覺

表 4-14　各種閾值之定義

閾值型態	定義
感覺閾值	感官或感受體對所能接受感覺範圍的上下限和這個範圍內最微小變化感覺的靈敏度
絕對閾值	剛剛能引起感覺的最小刺激量和剛剛導致感覺消失的最大刺激量，稱為絕對感覺的 2 個閾值。低於該下限值的刺激稱為閾下刺激；高於該上限值的刺激稱為閾上刺激。閾下刺激或閾上刺激都不能產生相應的感覺
識別閾值	感知到可以對感覺加以識別之感官刺激的最小值
差異閾值	感官所能感受到「刺激的最小變化量」，英文術語又稱為 JND (just-noticeable-difference)。受試者接受兩種不同強度的刺激，其中一個保持不變，稱為標準刺激；另一個給予微量變化，稱為比較刺激；當受試者某一個感覺器官，在辨別標準刺激與比較刺激時，最小可察覺之差異稱之。它不是一個恆定值，會隨一些因素的變化而變化
臨界閾值	感官所能感受到刺激的最大值，超過此值就不能感知刺激強度的差別
消費者拒絕閾值	添加某個物質到某個樣品中，消費者喜歡程度開始拒絕的那個點（濃度）稱為消費者拒絕閾值(consumer rejection threshold)

　　一般味覺敏感度的測定可以利用幾何平均值的方式稀釋四種已知濃度的基本味道，然後依照濃度遞增的順序給予品評員，要求品評員品嚐後記錄（表 4-15）。也可以使用算術平均值的方式做系列稀釋（表 4-16），這樣稀釋濃度間的差異較小，可以用於味覺敏感度的精確測定。

表 4-15　利用幾何平均值稀釋四種基本味道測試味覺敏感度的建議濃度

稀釋液	成分		試驗溶液濃度(g/L)					
	儲備液 (mL)	水 (mL)	酸		苦		鹹	甜
			酒石酸	檸檬酸	鹽酸奎寧	咖啡因	氯化鈉	蔗糖
G6	500	稀釋至 1000	1	0.5	0.010	0.100	3	16
G5	250		0.5	0.25	0.005	0.051	1.5	8
G4	125		0.25	0.125	0.0025	0.025	0.75	4
G3	62		0.12	0.062	0.0012	0.0012	0.37	2
G2	31		0.06	0.030	0.0006	0.006	0.18	1

表 4-16　利用算術平均值稀釋四種基本味道測試味覺敏感度的建議濃度

稀釋液	成分		試驗溶液濃度(g/L)					
	儲備液 (mL)	水 (mL)	酸		苦		鹹	甜
			酒石酸	檸檬酸	鹽酸奎寧	咖啡因	氯化鈉	蔗糖
A9	250	稀釋至 1000	0.50	0.250	0.0050	0.050	1.50	8.0
A8	225		0.45	0.225	0.0045	0.045	1.35	7.2
A7	200		0.40	0.200	0.0040	0.040	1.20	6.4
A6	175		0.35	0.175	0.0035	0.035	1.05	5.6
A5	150		0.30	0.150	0.0030	0.030	0.90	4.8
A4	125		0.25	0.125	0.0025	0.025	0.75	4.0
A3	100		0.20	0.100	0.0020	0.020	0.60	3.2
A2	75		0.15	0.075	0.0015	0.015	0.45	2.4
A1	50		0.10		1	1	30	16

三、感覺匹配測試

　　表 4-17 為味覺與嗅覺匹配測試所建議的物質與濃度。這些物質與濃度都高於一般閾值水平以上，每個樣品都編上不同隨機的三碼，向準品評員提供每種類型的一個樣品並要求他們熟悉這些樣品的感覺；然後，再向他們提供一系列編有不同三碼但與先前樣品類型相同的測試組合，要求品評員與原來的樣品進行匹配並且描述，配對的正確率小於 80%不能被選為優選品評員。

表 4-17　味覺與嗅覺匹配測試所建議的物質與濃度

類型		材料	溶解在水中濃度(g/L)	備註
味道配對	甜	蔗糖 sucrose	16	
	酸	檸檬酸 citric acid 酒石酸 tartaric acid	1	
	苦	咖啡因 caffeine	0.5	
	鹹	氯化鈉 sodium chloride	5	
	澀	槲皮素 quercitin	0.5	
		硫酸鉀鋁（明礬） potassium aluminum sulfate (KAl(SO$_4$)$_2$)	0.5	
		單寧酸 tannic acid	1	不太容易溶解於水
	金屬味	硫酸亞鐵 ferrous sulfate, hydrated (FeSO$_4$ 7H$_2$O)	0.01	1. 為了避免該溶液由於氧化導致外觀黃色，需新鮮配製 2. 如果黃色發生，需使用密閉不透明的容器提供此溶液
物質		材料	溶解在酒精中濃度(g/L)	備註
氣味測試	新鮮檸檬氣味	檸檬醛 citral (C$_{10}$H$_{16}$O)	1×10^{-3}	使用酒精溶解但稀釋溶液時，需要使用水稀釋，使溶液中的酒精含量不會超過 2%
	香草氣味	香草醛 vanillin (C$_8$H$_8$O$_3$)	1×10^{-3}	
	百里香氣味	百里酚 thymol (C$_{10}$H$_{14}$O)	5×10^{-4}	
	花香味	醋酸苯酯 benzyl acetate (C$_6$H$_{12}$O$_2$)	1×10^{-3}	

四、感覺察覺測試

表 4-18 為察覺測試所建議的物質與濃度，察覺測試的目的是察覺某一特性並且區別兩樣品，測試方式是將水和檢測的樣品，利用差異分析試驗中的三角測試法進行，看品評員是否能正確選出被檢測的樣品。品評員經過幾次的重複測試，若不能正確地察覺出差異，表示該品評員不適合差異分析試驗。

表 4-18　察覺測試所建議的物質與濃度

材料	室溫下的水溶液濃度	備註
咖啡因 caffeine	0.27g/L	左側各物質的濃度皆比閾值濃度高一點
檸檬酸 cirtic acid	0.60g/L	
氯化鈉 sodium chloride	2g/L	
蔗糖 sucrose	12g/L	
順-3-己烯-1-醇 cis-3-hexen-1-ol	0.4mg/L	

五、感覺區分測試

區分測試的進行方式是將四種不同特性強度的樣品，以隨機的順序提供給準品評員，要求品評員按照強度的遞增順序將樣品進行排序。每種特性強度的四個濃度必須以相同順序提供給所有的品評員，這樣每位品評員排序結果才能比較。如果品評員將順序排錯一個以上，表示該品評員不適合做為順位法的優選品評員。表 4-19 為區分測試所建議的物質與濃度。

表 4-19　區分測試所建議的物質與濃度

檢驗類型	材料	室溫下水溶液濃度或特性強度
味道辨別	檸檬酸　citric acid	0.1g/L、0.15g/L、0.22g/L、0.34g/L
氣味辨別	乙酸異戊酯 isoamyl acetate	5ppm、10ppm、20ppm、40 ppm
	丁香酚 eugenol	0.03g/L、0.1g/L、0.3g/L、1g/L
質地辨別	某一特性具有代表性產品	硬度從軟到硬或滑順感從弱到強
顏色辨別	同一系列色塊或顏色溶液	顏色強度可從強到弱（例如：從暗紅到淺紅）

註：其他適當的產品具有梯度的特徵皆可以使用

六、感覺描述能力測試

提供 5~10 種不同氣味的樣品作為評估品評員對於氣味描述刺激能力的檢測。這些樣品最好和正式評估的產品要有所聯繫，且需要包括容易識別的樣品及一些不常見或較少使用的樣品，其刺激的強度要在識別閾值之上，不要高出實際正式要評估的產品濃度太多。嗅覺刺激的樣品，在不同濃度會有不同的氣味感覺，使用上要謹慎選擇。品評員一次接受一個產品，要求品評員描述刺激的感覺，在初次評估之

後，品評小組帶領者可以透過一次討論，以便引出更多的評論來充分顯露品評員描述刺激的能力。品評員描述的感覺按照準確描述（5 分）、僅能在討論後才能有較好描述（4 分）、和產品訊息有聯想的（2~3 分）及描述不出但有寫基本特性的（1 分）（例如：甜味的）給予分數，品評員在氣味描述檢驗的得分應為滿分的 65% 以上，否則不宜做這種類型的試驗。表 4-20 為 ISO 國際標準在氣味描述測試建議使用的嗅覺物質。質地描述測試的標準，也和氣味描述測試相似，就不在此贅述，表 4-21 為 ISO 國際標準在質地描述測試建議使用的物質。

表 4-20　氣味描述測試建議使用的嗅覺物質

材料	由氣味引起的通常聯想物名稱
苯甲醛 benzaldehyde	苦杏仁 bitter almonds、櫻桃 cherry
辛烯-3-醇 octen-3-ol	蘑菇香 mushroom
乙酸苯-2-乙酯 phenyl-2-ethyl acetate	花香 floral
二烯丙基硫化物 diallyl sulfide	大蒜 garlic
樟腦 camphor 1,7,7-trimethylbicyclo[2.2.1]heptan-2-one	樟腦丸 camphor、藥味 medicine
薄荷醇 menthol	薄荷 peppermint
丁香酚 eugenol	丁香 clove
茴香腦 anethol	八角 aniseed
香草醛 vanillin	香草 vanilla
β-紫羅酮 β-ionone	紫羅蘭 violets、覆盆子 raspberries
丁酸 butyric acid	酸敗的奶油 rancid butter
乙酸 acetic acid	醋 vinegar
乙酸異戊酯 isoamyl acetate	水果 fruit、香蕉 banana、桃子 pear
二甲基噻吩 dimethylthiophene	經燒烤的洋蔥 grilled onions
己烯醛 hexenal	青草味 grass

註：可以使用食品產物，例如：辛香料、萃取物或人工香精，選擇的物質應該符合當地的需求且不能夠受到其他味道的汙染

表 4-21　質地描述測試建議使用的物質

材料	質地通常聯想物的名稱
橘子 orange	多汁 juicy、果粒 cellular particles
早餐麥片 breakfast cereal	酥脆 crispy
梨子 pear	沙沙感 gritty
粗砂糖 granulated sugar	結晶 crystalline、粗糙 coarse
鮮奶油 marshmallow topping	黏密 sticky、滑順 smooth
栗子泥 chestnut puree	糊醬狀 pasty
粗小麥粉 semolina	顆粒感 grainy
雙倍奶油 double cream	油膩的 unctuous
食用明膠 edible gelatin	膠質感的 gummy
玉米馬芬蛋糕 corn muffin cake	易碎的 crumbly
奶油太妃糖 cream toffee	黏牙 tacky
魷魚 calamary(squid)	Q 彈 elastic、耐嚼 rubbery
芹菜 celery	纖維 fibrous
生蘿蔔 raw carrot	硬脆的 crunchy、硬 hard

4.5　品評員的培訓

　　經過篩選完後的品評員（準品評員）變成候選品評員，候選品評員經過適當的培訓後變成初級品評員和優選品評員。成為候選品評員時，要教導品評員評估時所需要有的態度與認知，如表 4-22。根據實驗目的和方法的不同，品評員所接受的訓練與其訓練程度也不相同，但基本態度與認知是相同的。

一、品評員訓練的目的

　　品評員訓練的目的，主要包含下面 4 點：

1. 提高和穩定品評員的感官敏感度：藉著感官品評中的各種評估方法，給予品評員刺激，運用感官的能力，減少各種因素對感官敏感度的影響，使品評員的感官經常保持在一定的水平之上。

表 4-22　品評評估參與者指引

項目	指引與認知
1	保持正常的生理與心理狀態
2	要有正確的認知，包含彼此之間不同的感官反應沒有對錯之分，瞭解個人間會因性別、年齡、敏感度等因素而有感官反應的差異，瞭解感官特性間的交互作用，瞭解個人經驗不代表全體及可能隨時間而變化，認知標準樣品的重要性
3	知道品評評分方式
4	知道缺失及可能強度的範圍
5	充分的品嚐食品（變成專業，不要膽小）
6	注意風味的順序
7	專心，清楚你的感覺及阻絕其他的分心
8	不要太緊張，不要被分數的中間值吸引
9	不要改變主意，通常你的第一印象是非常有價值的，特別在香氣上
10	評估之後檢查你的分數，能夠得到如何評估的反饋
11	誠實的面對你自己，面對其他的意見，請堅持你的信念但也需要尊重其他品評員的感受並勤於溝通
12	練習。自我訓練自己的感官系統及學習感官特性描述語定義並熟悉可能的描述語，變成有經驗或專業是一個緩慢的過程，需要忍耐
13	專業。避免非正式的嘲笑與自我堅持，適當的實驗控制
14	在參與測試前半小時，不要抽菸、喝飲料或吃東西
15	不要使用化妝品、乳液、面霜、有香氣的肥皂與護手霜
16	品評過程中，不與品評員討論內容及不能要求品評小組帶領者給予標準答案
17	瞭解品評中感官疲乏時恢復的小技巧。外觀疲乏時，可以轉移眼睛的聚焦幾分鐘再進行。氣味疲乏時，可嗅聞自己的手臂（但必須是無保養品或其他塗抹物的影響）或其他平淡氣味物品。風味疲乏時，可以用水漱口或者自行間隔時間後再評估

2. 降低品評員品評評估結果之間的偏差：品評小組訓練後最小的要求就是所有品評員對於所評估樣品之間的感官特性趨勢能夠一致，如果能夠統一評分的標準更佳。為了達到此一狀況，訓練品評員時，需要所有候選品評員都要到齊並介紹實驗目的、評估的過程與程序及品評單的使用方式。評估的過程與程序要和候選品評員確認樣品品嚐的方法（勺子、叉子、杯子或吸允）、品嚐的量、品嚐時間的長短及品嚐後樣品處置（吞嚥或吐出）等評估方式統一。

3. 熟悉樣品感官特性並希望所有的品評員對於感官特性的理解與評估能趨近於一致。

4. 降低外界因素對品評評估結果的影響：經過適當的訓練後，品評員能增強抵抗外界干擾的能力並將注意力集中於試驗中，在不同的場合及不同的試驗中獲得均一而可靠的結果。

二、品評員訓練的方法

品評員的培訓上，可分為認識感官特性的培訓、接受感官刺激的培訓、感官檢驗設備以及品評方法的培訓。在接受感官刺激的培訓方面，應教授品評員使用哪些技巧或方法，可以降低感覺疲勞，以便具有品評較多樣品的能力。液態食品的品評應該小量的吸吮並且在口中維持 2~3 秒，在品評下一個樣品之前應該讓嘴巴休息至少 15 秒（如果刺激物強度強，應該休息更長）。固態食品比較難去定義在口中維持的時間，但可以透過品評員的討論達成一個在口中停留的共識。另外，該食用多少、咀嚼的次數及是否可以吞下等等因素，最好需要討論達成一致。評估香氣時，訓練品評員把一個盛有氣味物質的小瓶放在張開的口旁，迅速地吸入一口氣並立即拿走小瓶，閉口，放開鼻孔使氣流通過鼻孔流出（口仍閉著），或者使用啜食技術，用湯匙把樣品送入口中並用勁吸氣，使液體雜亂地吸向咽壁，氣體成分通過鼻後部達到嗅味區。迅速吸氣以評估香氣的方式已經廣泛被使用，而啜食技術則要經過長時間學習才能學會正確使用。

1. 差異分析試驗的品評員的培訓

差異分析試驗的品評員通常被定義為有經驗的品評員，所謂有經驗的品評員基本上就是理解感官品評的基本概念，特別是品評操作的內涵。差異分析試驗的品評員最重要的是讓品評員正確瞭解要評估的感官特性。除此之外，每次實驗進行開始時，要認真向品評員講解試驗進行的程序與正確步驟，並且要求品評員閱讀品評單上所有的實驗程序。

2. 描述分析試驗的品評員的培訓

在訓練過程中，根據品評員的表現與反應，可隨時機動變更訓練計畫。如果對於某感官特性，品評員的表現不一致，可以準備一些差異比較大的樣品，讓品評員對這些樣品進行區別和描述；藉由標準品的品嚐確認、討論及反覆的評估等步驟，經過一定時間的訓練，使品評結果趨近一致。如果品評員對某感官特性的表現已經趨近一致，可以準備一些差異比較小或甚至相同的樣品，確認這些相近的樣品得到的評估是否相近，如此可以確認品評員對此特性的認識與感知是否一致。

在訓練開始階段，應嚴格要求品評員在實驗前不接觸或避免有氣味的化妝品或洗滌劑，應該避免感覺器官受到強烈刺激的行為，例如：喝酒、喝咖啡、嚼口香糖與吸菸等。在實驗前 30 分鐘內，不要接觸食物或有香味的物質。如果在這個過程，品評員有感冒或過敏等症狀，應立即通知品評小組帶領者，品評小組帶領者根據訓練的階段與狀況，決定是否讓品評員繼續參與實驗。每次訓練過程中，要討論品評員的結果，希望能將不同的觀點透過討論，使意見達成一致，這樣的過程有助於評估的結果外，也可提高品評員的描述與表達能力。已經接受過訓練的品評員，若一段時間內未參加品評評估工作，需要重新接受簡單的培訓且經過確認之後，才能再參加感官品評工作。

3. 訓練過程中應注意的問題

有些品評結果不好，可能是由於品評員的態度不好。訓練過程中應留意品評員的態度、情緒與行為的變化，降低品評員對實驗失去興趣或精力不集中等問題。如果不能及時發現，可能對實驗結果有嚴重的影響。例如：品評員可能在剛開始進行品評的時候表現很好，熟悉後心裡覺得品評很容易，在後續的試驗中注意力就會喪失。所以讓品評員保持平穩的心理與生理狀態，品評小組帶領者就扮演了重要的角色，他要有能力激勵品評員，讓品評員按照指示完成實驗。參加訓練的品評員需要比最終參與實驗的品評員多，最好是 2~3 倍，以防止因為疾病、喪失意願或臨時事件等因素而影響實驗的進行。有類似情況發生，最好經過適當的評估來決定是否讓他參與正式的品評測試。每次實驗前，品評小組帶領者都要合理部署並且在訓練及正式評估過程中靈活運用，這樣才能有效率的達到科學化品評的目的。

在進行品評員訓練時，要求品評員學習評估產品的感官品質或特徵標準，盡量統一品評員的評判尺度；品評小組帶領者認為品評員的訓練達到一定水平時，需要對產品進行試評。試評的目的是讓品評員熟悉正式評估時所使用的方式以及評估品評員是否對所要評估之特徵是否有一致性，瞭解各品評員的試評結果偏差是否在可接受的範圍內。如果試評偏差在是否範圍之內，則可進行正式評定；如果試評偏差沒有在可接受的範圍之內，需要重新訓練。

三、優選品評員的考核

品評員的考核主要是檢驗候選品評員在評估時是否達到正確性、穩定性與一致性。所謂的正確性是指品評員是否能夠將評估的樣品正確分類、區別、排序評分等，穩定性則是評估對同一組樣品先後評估後所呈現的再現程度，一致性是考察品評員

之間是否對同一組樣品做出了一致性的評估。該如何進行品評員考核的評估，請參考第 6 章差異分析試驗與第 8 章描述分析進階內容的部分。

品評員經過培訓後，如果通過考核，就是優選品評員，優選品評員基本上是可以進行描述分析和差異分析試驗（無法進行該測試樣品的消費者測試）。如果培訓後，某些考核沒有通過，也可進行差異分析試驗。邏輯上，品評員經過考核後成為優選品評員，如果有段時間沒有進行感官品評工作，再次進行品評時，應進行相關測試確認是否還具有穩定性、正確性和一致性。

必須瞭解，這邊所指各種不同程度之品評員的概念都是根據案例去做區分的，換言之，一個在起司樣品描述測試通過考核的優選品評員，不代表他不經過訓練能評估其他的產品。要評估其他的樣品，仍然要經過訓練，但由於他的經驗及能力，訓練時間將會大幅縮短。

4.6 品評方法與品評員人數的關係

品評員訓練的精良程度與測試所需品評員數目的多少有一定的關係，各種感官品評測試建議所需品評員之最小數目可參考表 2-10。感官品評描述分析的品評員人數需要多少一直有各種不同的說法，因為操作定量描述分析試驗在工業上非常昂貴而且超過 12 位品評員很難訓練一致。很明顯的，品評員人數越少越容易訓練。品評學家做過許多研究，一般認定的標準是以優選品評員 6~15 人進行定量描述分析試驗，Heymann 的研究已經確認操作定量描述分析試驗的優選品評員至少 8 人，最好 10 人，已經足夠獲得穩定的結果，確認這樣的訊息對於節省金錢與時間有所幫助。

在差異分析試驗方面，證明產品相似性(similarity)所需的品評員人數較多，人數的多少和所設定的統計 α 與 β 值以及所設定之相似程度高低有關；證明產品異同性(same-difference test)所需的品評員人數較少。如果使用初級品評員進行差異分析試驗，所有的品評員皆需要初級，不可以混搭。差異分析試驗可分為非專一性測試（例如：三角測試法與二三點測試法；duo-trio test）和專一性測試（n-強迫必選法；n-alternative forced choice）兩類。使用專一性測試的方法，品評員人數即使很少，也可以達到統計的檢測力，非專一性測試的差異分析試驗，除了四分測試法(tetrad test)外，一般需要達到一定的品評員數目（例如：30 人以上）才能達到統計的檢測力。

消費者品評員所需要的人數依照實驗目的是屬於產品開發（終端），還是產品行銷範疇而有所不同。另外，不同場所進行之消費者試驗所需人數也有所不同。Chambers & Basker Wolf 指出使用 100 位消費者在小型的消費者試驗是適當的，而Moskowitz 指出 40~50 位品評員足夠獲得穩定的接受性測試之結果，Meilgarrd 指出中心位置測試(central location test)進行之消費者測試，典型上需 50~300 人，家庭使用者測試(family use test)，典型上需進行 3~4 個城市且每個城市需要 75~300 人。Stone & Sidel 建議實驗室測試(laboratory test)每個產品需要 25~50 位的消費者，中心位置測試每個產品需要 100 位的消費者，家庭使用者測試需要 50~100 個家庭進行測試。Hough 發現不同國家且廣泛評估各種產品所進行超過 108 個消費者接受性測試結果之標準誤差(standard error)皆相近，因此利用了統計的假設，考慮了 α 值、β 值、標準誤差和樣品間的平均差之比例，來計算進行接受性測試時所需的消費者品評員人數。例如：在標準誤差 0.23 下（經研究為消費者品評測試結果一個適當的數值），α值為 0.05，β 值為 0.1 及樣品間的平均差之比例為 0.1（樣品的平均差除以評分表數值之差，0.8/8=0.1）時，計算消費者測試所需之品評員為 112 人。其他的條件下所需的人數，請參考附件 11。消費者品評員人數應該需要多少，其實從過去的研究至今日有一直在增加人數的趨勢。未來，由於網路收集資料工具的發達以及瞭解消費者區隔(consumer segmentation)的需求越來越大，消費者測試所需要的人數會越來越多。

最近幾年，訓練型品評員和消費型品評員之間的差異有越來越模糊的趨勢，特別是品評科學家想要瞭解在什麼狀況下他們不同，而什麼情況下是相同的。消費者能做一些傳統訓練型品評員任務嗎？這樣的趨勢在未來會更明顯看到相關的研究。這樣的趨勢顛覆了過去在訓練型品評員和消費者型品評員的想法但這並不是說不需要訓練，就可以做所謂儀器能做的評估（例如：感覺強度）。所有新方法或趨勢的背後都有一定哲學基礎，而且所有的步驟或作法都是環環相扣的，不是用簡單的結論或現象就可以說明的。沒有這樣的前提，一切品評方法都是誤用且都不是正確及科學化的。詳細內容請參考第 7 章與第 8 章。

習 題

是非題

1. 為防止個人喜好的偏差，導致錯誤的判斷，感官檢查常召集一定的人數，組成品評小組來進行。

2. 任何人都可擔任感官檢查的品評員。

3. 進行感官檢查時，可以最方便方式行之，不必依目的選擇品評方法。

4. 感官檢查時，用視覺無意義，故常不被利用，而只以味覺測試，因此品評員的視覺好壞並不重要。

5. 評定米食製品品質好壞的品評員，應事先受過訓練。

6. 同一個人，不會因環境或身體狀況等種種條件的影響，而對刺激有不同的感受。

選擇題

1. 品評室的溫度一般以下列何者為最適當？　(A)10℃　(B) 20℃　(C) 30℃　(D) 40℃ 左右。

2. 品評小組在管理上，下列何者是錯誤的？　(A)參加者是出於自己的興趣　(B)品評工作成為一天的輕鬆時段　(C)發現品評員辨別能力差時，應妥善處理　(D)感冒生病時仍參加品評。

3. 品評室的環境應　(A)鄰近交誼廳　(B)預防不相關的氣體進入品評室　(C)最好保持室內空氣負壓　(D)與樣品調理區同處，不隔開。

4. 下列何者為設置品評室不必考慮的因素？　(A)容易到達　(B)遠離交誼廳　(C)避開休息室　(D)播放音樂。

5. 感官檢查如採嗜好型差異分析試驗，要用　(A)訓練良好的品評員　(B)有經驗型品評員　(C)普通消費者　(D)專家型品評員。

6. 專業品評室通常包含：(a)測試小間(test booth) (b)準備區域 (c)辦公室 (d)儲藏室 (e)品評員準備室 (f)討論室 (g)數據處理室，如果你公司的空間有限，請問建立一個品評室的基本需求？　(A)abfg (B)abf (C)ab (D)abdef。

7. 關於專業品評室的設置原則，下列敘述何者錯誤？ (A)品評小室緊鄰樣品準備區，2個區域應該隔開，以減少氣味與噪音之干擾；不允許品評員或離開品評小室時穿過準備區 (B)品評小室需開窗口傳遞樣品，窗口的設計應該保證品評員看不到樣品準備與編號的過程 (C)品評小室中設置電腦，電腦需要調整到適當的高度，令人感覺舒適的位置並可以使用螢幕保護程式 (D)品評小室為了保持氣味清新，可以使用正壓的方式，防止氣體進入。

8. 感官檢查時，品評員必需具備的正常感官是 (A)味覺 (B)嗅覺 (C)視覺與觸覺 (D)以上皆是。

9. 感官檢查如採分析型差異分析試驗，要用 (A)無經驗型品評員 (B)有經驗型品評員 (C)普通消費者 (D)無限制。

10. 下列哪一項不會影響品評的結果 (A)品評員健康 (B)品評員心理 (C)品評的時間 (D)品評員學歷。

11. 感官檢查如採描述性分析試驗，要用 (A)訓練型品評員 (B)有經驗型品評員 (C)普通消費者 (D)無經驗型品評員。

12. 感官檢查如採用嗜好型試驗時，品評員人數是 (A)4~5 人 (B)6~10 人 (C)30~40 人 (D)60 人左右。

13. 感官檢查品評前半小時，品評員最不宜做的動作為 (A)吸菸 (B)靜坐 (C)如廁 (D)看書。

14. 下列何者會對感官檢查造成影響？ (A)生理及精神狀態 (B)周圍環境 (C)飲食習慣與文化 (D)以上皆是。

15. 業界在招募品評員時，可使用內部招募與外部招募兩種方式，下列何者不是內部招募所面臨之優點或缺點？ (A)保密性較佳 (B)隨著時間的增加品評員穩定性增加 (C)影響判斷與產品發展 (D)容易在訓練期間離開。

16. 下列何者不是用於測試品評員味覺的標準溶液？ (A)酸 (B)甜 (C)苦 (D)辣。

17. 關於品評員方法對應品評員訓練精良的程度（從精良到不精良）之配對，下列選項何者為最佳的答案？ (A)定量描述分析＞差異分析試驗＞消費者測試 (B)定量描述分析≧差異分析試驗＞消費者測試 (C)定量描述分析＞差異分析試驗≧消費者測試 (D)定量描述分析＝差異分析試驗＞消費者測試。

18. 下列的幾個程序為品評員選擇與訓練的流程，請依照正確的步驟排列出：(a)訓練無經驗之品評員(naïve assessors)變成有經驗品評員(initiated assessors) (b)利用相關的測試篩選有經驗品評員變成優選的品評員 (c)將被選擇的品評員變成專家型品評員(expert assessors) (d)招募、篩選與檢測 (e)追蹤表現。 (A)adbec (B)dabec (C)dabce (D)adbce。

19. 關於品評員的招募與篩選，下列敘述何者錯誤？ (A)感冒或暫時的狀況不可以成為排除品評員變成候選人的理由 (B)假如最後的實驗需要品評員 10 人進行評估，可能需要招募 40 人進行篩選，然後選擇 20 人進行訓練 (C)被招募者的動機、興趣對食品的態度、溝通能力背景與知識都是招募時所需考慮的因素 (D)消費者是不需要篩選的。

20. 關於品評員的篩選，下列敘述何者不適當？ (A)品評員篩選的過程，依照目的不同，可以進行基本辨識試驗、差異分辨試驗、感官功能測試、靈敏度測試及表達能力測試等 (B)進行消費者試驗時，若需使用目標消費者，可以用消費頻率與次數來作為篩選的指標 (C)進行基本氣味識別試驗，一定要全部答對或識別出來氣味，才能被篩選進入 (D)進行味覺的鑑別能力，通常是使用蔗糖、檸檬酸、食鹽與咖啡因水溶液來檢測甜、酸、鹹、苦。

21. 下列感官測試，何者與品評員篩選測試較無關？ (A)味覺測試 (B)聽覺測試 (C)視覺測試 (D)觸覺測試。

22. 一個適合的品評員要能遵循品評員的互動守則，下列何者有誤？ (A)認知感受沒有對錯之分 (B)瞭解個人差異如性別、年齡、敏感度 (C)尊重別人感受，勤於溝通 (D)隨時與主持人及其他品評員討論結果。

23. 現今品評概念採用無經驗型品評員進行消費者測試，品評員人數至少應該要多少為宜？ (A)30 人 (B)50 人 (C)100 人 (D)200 人。

24. 關於品評過程中所造成的疲乏，下列敘述何者不適當？ (A)外觀疲乏時，可以轉移眼睛的聚焦幾分鐘後再進行 (B)氣味疲乏時，可嗅聞自己的手臂或其他平淡氣味物品 (C)風味疲乏時，可以用水漱口或者自行間隔時間後再評估 (D)一直刺激是喚醒疲乏的一種方式。

25. 下列哪個狀況，不是在初步篩選品評員時所需要考慮的因素？ (A)健康狀況 (B)配合的可能性 (C)個性特點 (D)職位與身分。

問答填充與實驗題

1. 感官品評環境設施應具備哪三種空間，並應注意哪些環境因素？

2. 試述篩選品評員考慮的基本條件及感官條件？

3. 感官品評有哪四種類型品評員？

4. 請敘述說明何謂「專家型」與「經驗型」品評員？

5. 何謂感官品評？感官品評所用的品評員分那幾種？各有何特性？

6. 試問試驗分析型感官品評員如何篩選？

7. 完整的感官品評空間需具備＿＿＿＿室、＿＿＿＿室、＿＿＿＿室及數據處理室。

8. 東光大學想要成立品評室，他們完全沒有相關設備，請幫他做含有 6 個品評小室的品評室規劃並且說明為什麼要這樣設計，還有其他品評室該注意的事項。

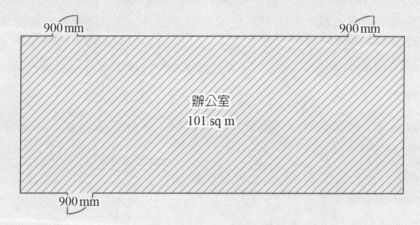

5 CHAPTER

感官品評樣品處理、實驗設計與統計分析原則

Sample Preparation and the Principle of
Experimental Design and Statistics
for Sensory Evaluation

學習大綱

1. 感官品評所涉及的心理誤差與誤差之控制
2. 樣品製備原則與相關注意事項
3. 感官品評的實驗設計
4. 感官品評的品評單設計與原則
5. 感官品評數據與統計原則
6. 感官品評所涉及的評估方法

PRINCIPLES AND PRACTICES OF
SENSORY EVALUATION OF
FOOD

建議課程時間：4 小時

感官科學的核心是人的感受，人的感受會受到心理、生理及環境等多種因素的影響，瞭解何種狀況或環境會對心理與生理產生良好或不良的影響，對於科學化品評能否正確的實施是十分重要的。因此，規範感官品評的環境與品評實施的過程，可以有效的控制或降低影響感官品評的非實驗因素（主觀因素），保證品評在可控制的條件下，進行科學化的感覺測量過程。上一章我們介紹品評的環境設置原則，主要是控制生理上可能造成感受的不良反應，本章所要說明的是樣品製備原則及實驗設計原則，主要控制心理上可能造成對品評評估的不良反應。心理測量的誤差特性大多是間接性，不能直接測量，所以多半採用心理實驗的方法，在測量上常是僅測量一組就推斷總體或推斷個人與該組間的關係。重複的測量可能會因為重複過多而產生疲勞，所以心理實驗的方法和傳統自然科學的測量有很大的不同。表 5-1 為一般人在進行感官品評可能產生的心理誤差及如何進行誤差的控制的作法，降低這些誤差需要使用適當的方法與程序。

5.1 品評時間的考量

人類的感官敏感度或感官反應，不論是訓練型品評員或消費者都會隨著時間的不同而有所不同，只是訓練型品評員因為經過一定的培訓，他們的反應變化起伏不會太大。許多書上都會做類似的敘述，在一週中，人的感官敏感度在星期二最高而星期五次之，其餘幾天較差。在一天中，上午 11:00~12:30 及午後 1:30~2:30，人的感官敏感度最高，其餘時間次之。也有書上說明，一般認為上午 9:00~11:00 和下午 3:00~5:00 適宜從事感官分析工作，不宜在剛上班和鄰近下班的時間及生物鐘處於臨界或低潮期的時間從事感官分析工作。這些類似的敘述其實並沒有錯誤，但不是說只能在這些時間或在這些準則下才能進行感官品評。瞭解感官反應隨著時間不同的目的，其實是希望在進行感官品評分析時，感官品評操作者知道如何設計及適當的進行感官評估，來降低因時間不同而造成的誤差。可以想想，如果某研究者進行一個 60 人次的消費者品評測試，其操作模式是從 9:00~16:00 之間，以自願招募品評員的方式進行，讓品評員陸陸續續在這段時間來進行評估，肯定會比在某個時段，集中品評員（例如：在學校環境，集中一個班級的學生）一起進行評估來的適當。要強調的是，操作一個科學化品評一定要有良好的知識觀念與堅持，建立符合科學化的環境，不是收集多少人數、不問過程且便宜行事就可以達成的。

表 5-1 感官品評可能產生的心理誤差及如何進行誤差的控制

誤差	矯正作法
期望誤差效應	**情況** 品評評估的過程中，假使樣品的訊息會導致偏差，大多是帶有預設的期望所致。例如：品評員知道要品評飲料的糖含量，會對甜味的判定產生偏差。訓練良好的品評員不應受到樣品訊息的影響，但實際上品評員仍不知道應該如何調整才能抵銷由於期望所產生的自我暗示及對其判斷所產生的影響 **矯正作法** 期望誤差會直接破壞品評測試的有效性，必須對樣品的原料或相關資訊保密並且不能在測試前向品評員透露過多的消息。樣品應被編碼 3 碼，呈遞給品評員且樣品提供次序應該是隨機的，不要提供品評員一些預期的資訊。例如：招募品評員時，告知品評員評估時間約 10 分鐘但實際上卻要評估 20 分鐘，品評員就可能產生期望誤差而造成評估的影響
習慣誤差效應	**情況** 人的習慣常會導致偏差，在品評評估的過程中，提供的刺激產物為一系列微小的變化時，品評員會給予相同的反應而忽視了這種變化的趨勢，無法察覺偶然錯誤的樣品。有些品評員習慣於使用評分標準中的 2 個極端來評分，而有些品評員僅習慣用評分標準中的中間部份來評分，這都對樣品的評估產生了一定的影響 **矯正作法** 習慣誤差是常見的，必須通過改變樣品的種類或者提供摻合樣品來控制，評估樣品的品評員的人數越多，會減少評分標準所導致習慣誤差的影響
刺激誤差效應	**情況** 刺激誤差的產生原因於品評過程中一些不直接相關的因素，例如：容器的外型或顏色可能會影響品評員的感受，即使完全一樣的樣品，品評員也會認為它們有所不同。還有，品評員的反應會影響到其他品評員 **矯正作法** 所有樣品的外觀、大小、容量盡可能的一樣，所使用的相關容器顏色也最好一致並建議以白色為主。防止品評員被其他人臉上的表情及口頭表達導致影響對樣品的感受，因此能在專業品評室進行品評測試最能避免誤差，若沒有品評室，測試的地方應避免干擾、噪音和其他事物的影響
邏輯誤差效應	**情況** 邏輯誤差通常和刺激誤差有緊密的關聯。例如：2 杯草莓汁，1 杯比較紅，品評員會認為那杯較紅的草莓汁風味比較強；或是顏色越深的蛋黃醬，被認為越不新鮮。知道這些類似的訊息會導致品評改變結論而忽視自身的感覺 **矯正作法** 必須通過保持樣品的一致性以及通過用不同顏色的光線等方式來掩飾樣品顏色，減少可能產生的差異，有些特定邏輯誤差不能被掩飾但可以通過其他途徑來避免
光圈效應	**情況** 品評員對於某種品質，或一個物品的某種特性一旦有非常好的印象，在這種印象的影響下，品評員對這個物品的其他品質，或這個物品的其他特性也會給予較好的評價。例如：某個口味的巧克力受到消費者的喜歡，若其他巧克力的口感與甜味強度等特性與之相似，也會被劃分到較喜歡的級別中 **矯正作法** 如果允許，一次僅評估一種特徵來消除此影響；樣品的品牌與包裝等資訊，在評估的過程中皆須要向品評員保密或者不能讓品評員看到，以減少此效應

表 5-1　感官品評可能產生的心理誤差及如何進行誤差的控制（續）

誤差	矯正作法
對比效應	**情況** 所有的品評員先評估口味較濃的樣品，再評估口味較淡的樣品，會對口味較淡的樣品給予強度較低的評分 **矯正作法** 樣品呈遞給品評員次序應該是隨機的且樣品的提供數目需要考慮，以降低這類誤差。另外，定量描述分析試驗則透過品評員的培訓來降低此種誤差的影響
群體效應	**情況** 在一組比較相近的樣品中摻雜一個比較不同的樣品，會降低這個不同樣品的某些特性，群體效應的刺激和對比效應是相反的 **矯正作法** 類似於對比效應的作法
集中趨勢誤差效應	**情況** 樣品遞送的過程中，位於中心附近的樣品會比那些在末端的更受歡迎。進行三角測試時，從 3 種樣品中挑選出 1 種不同的樣品，如果品評員無法真實辨別，位於中間的樣品容易被品評員選擇出來。另外，標示法容易受到集中趨勢誤差的影響 **矯正作法** 樣品呈遞給品評員的次序應該是隨機的。消費者測試，在標度的選擇上應選擇 9 分法；描述分析試驗則透過標準樣品進行培訓且追蹤品評員結果
模式效應	**情況** 品評員在進行品評評估時，可能會利用一切可用的線索，很快地偵測出樣品呈送的任何模式 **矯正作法** 樣品呈遞給品評員次序應該是隨機的
時間誤差效應	**情況** 品評員對樣品的態度會從對第一個樣品的期待、渴望，到對最後一個樣品的厭倦、漠然；在一般情況下，第一個樣品會格外的受歡迎或被拒絕。在一個短時間的測試，品評員會對第一個樣品產生偏差，而長時間的測試會對最後一個樣品產生偏差。在一個系列過程中，對第一個樣品的偏差往往比後面幾個樣品更為明顯 **矯正作法** 樣品呈遞給品評員的次序應該是隨機的，樣品的提供數目及評估的時間需要考慮，以降低這類誤差
位置誤差效應	**情況** 由於位置的關係，通常品評員會在一系列產品中的第二個產品給予較高或低的分數 **矯正作法** 樣品提供的可能組合呈送次數應相同，品評員對每一個樣品在每個位置所給予的分數高低的差異就會被平均而降低位置效應的影響

5.2　品評樣品製備原則與相關注意事項

　　樣品製備的方式、呈送至品評員的方式，對感官品評試驗能否獲得準確而可靠的結果有重要影響。因此，對於樣品所有的操作都應該標準化，以排除不同處理產生的影響。

5.2.1　常用的器皿和用具

　　食品感官品評試驗所用器皿在進行同一批試驗時，最好外形、顏色和大小相同，器皿本身應無氣味或異味。清洗試驗器皿和用具時，應慎重選擇不會遺留氣味的洗滌劑。建議使用無花色的白色器皿，器皿的選擇，除了方便外，還要考慮品評員平常吃這個食物所使用的習慣。如果使用非丟棄式的器皿，建議採用玻璃器具或瓷器材質，適合熱食的使用但清洗上麻煩。實務上，使用塑膠製且含蓋子的丟棄式器皿比較方便，但進行熱食的品評要特別注意使用的材質是否會因為高溫或保溫的過程中產生氣味。固態物體可以使用紙製的器皿但液態食物建議使用塑膠製器皿，因為紙製器皿內部有食用蠟，紙製的材質（毛細孔）有可能吸收相關食品的風味，須盡量避免。有些特定的食品需要使用特定器皿，例如：葡萄酒有標準品評杯（NFV09-110號品酒用玻璃杯；ISO 杯），由法國標準化協會制定；進行葡萄酒的品評時，不論是以品質或喜好為品評目的，都建議使用國際標準杯，把外在因素及干擾降到最低，讓不同的品評者有同樣的條件可以做酒類的評估。ISO 杯杯身長可以儲存香氣，小巧且方便攜帶，一般建議的量為 30mL(1oz)；還有一種稱為 Pro-Tasting 專業品酒杯，在聞香及觀色都有更好的修正，接觸面積大容易釋放香氣，漏斗形狀易於觀察透明度及酒緣，30mL 處有個轉折線而且堅固，如圖 5-1 即為葡萄酒品評常使用的酒杯。茶葉的品評也有國際評鑑杯，包含了審茶杯、杯蓋及審茶碗（茶海），材質為白瓷，標準規格容量為 150mL。在進行茶葉品評時，如果是以茶葉品質為目的，建議使用評鑑杯來進行，若以消費者喜好為目的，就不一定要使用評鑑杯了，這個差別主要來自於飲食文化的差異。

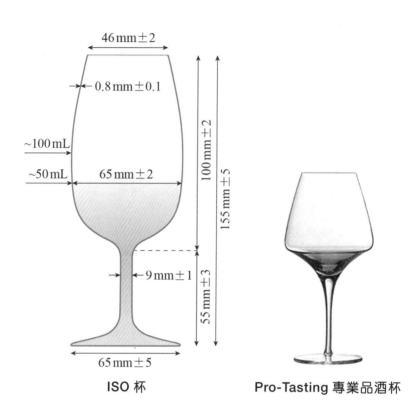

ISO 杯   Pro-Tasting 專業品酒杯

▋ 圖 5-1 葡萄酒品評常使用的酒杯

5.2.2 樣品製備

　　大多數試驗所使用的樣品都是可直接用於感官分析，不需要添加其他物質。少部分的樣品則必須經由稀釋或載體才能食用。所謂的載體是指被品嚐食品的基質或傳送的工具，通俗的來說就是伴隨所品嚐的食品一起被吞嚥的其他任何食品或基質。以蜂蜜來說，應該品評原味，還是品評加水稀釋的蜂蜜（水在這裡的角色就是載體），這是一個值得思考的問題。如果目標是品質檢驗，也就是主要進行描述分析(descriptive analysis)或差異分析試驗(discrimination test)時，這時可能品評原味的蜂蜜較適當。但如果品評目標是單純地進行消費者測試(consumer test)，這時可能按日常消費習慣提供試驗樣品，也就是使用稀釋後的蜂蜜飲料進行品評比較適當。如果評估的目標是想要瞭解消費者喜歡或不喜歡蜂蜜的哪些感官特性，因此同時要進行描述分析試驗和消費者測試，這時考慮要評估未經稀釋的原味蜂蜜但作法上可以不一樣。例如：進行定量描述分析試驗可以要求品評員直接喝蜂蜜，但消費者測試也許還是需要考慮使用載體（例如：吐司）讓品評員進行品評。

一、可直接感官分析的樣品製備

由於生理與心理等因素，提供給品評員的樣品量，對品評員評估的結果會產生很大的影響。因此，樣品提供的量須要考慮到品評試驗的目的而且應考慮到樣品的特性及品評員在感官和精神上疲勞等影響因素，最大的原則是提供品評員的樣品並須充足、均勻且能真實的反應產品特性。如果評估是樣品的味道，通常最多不超過 6~8 個樣品。對於味道很重或帶有強刺激感官特性（例如：辣味）的樣品、苦味物質或者含油脂很高的食品，每次只能提供 1~2 個。對於只進行視覺評價的產品，每次可提供的樣品數就可以高達 20~30 個。

呈送給每個品評員的樣品量應隨著試驗方法和樣品種類的不同而不同。差異分析試驗所提供的樣品在外觀、大小及容量皆須一致，每個樣品的量一般來說要控制在液體 30mL，固體 28g 左右為宜。消費者品評測試的樣品量可能要比差異分析試驗高一倍，而描述性分析試驗的樣品量則可依實際情況而定。同次試驗所給予品評員的樣品量必須全部都一樣，樣品的大小在品評試驗中也需要被考量，樣品的大小的差別可能會導致不同結果，特別是質地的強弱。研究發現就算品評員沒有察覺樣品大小的差異，還是會影響品評員對質地的評估，因此決定樣品呈送的大小也應該考慮。

樣品的一致性是指樣品除了所要評估的特性外，其他特性也應該完全相同（包含樣品含量的多少）。樣品在其他感官品質上的差別會造成對所要評估特性的影響，甚至會使品評結果完全失去意義。例如：差異分析試驗對於樣品的一致性非常重視，特別是當樣品的外觀在品評評估中不是變量時。外觀微小的差異不能夠一致，就只能建議使用差異分析試驗中 A 非 A 測試法(A, not A method)進行評估。如果品評員還是可以記得外觀的差異，這個方法也不適用，需要想其他的方法遮蔽顏色或外觀的效應了。

二、不能直接感官分析的樣品製備

ISO 對於不能直接感官分析的樣品製備原則訂有標準，這裡指的不能直接感官分析的樣品，泛指香精、調味品、糖漿與高濃縮萃取物等食品風味濃郁且易產生味覺疲勞或物理狀態（黏度、顏色、粉狀形態）等原因而不能直接進行感官分析的樣品，但並不包含像茶、咖啡或傳統沖泡中草藥或湯劑的產品。不能直接感官分析的樣品需根據評估的目的進行適當的稀釋（使用載體），可與化學組成分確定的某一物質進行混合，或將樣品添加到中性的食品載體中。稀釋的方式需要謹慎的選擇，而後按照直接感官分析的樣品製備方法進行製備與呈送。

這種樣品製備原則是必須使用載體，才能夠直接評估其感官特性。載體的使用可能會降低樣品的控制程度和一致性，因此樣品的載體特性應該要在口中能同樣均勻分散樣品，且為常使用的物質。載體必須沒有強的風味、不影響樣品的性質或者載體風味與樣品具有一定適合程度，並且使樣品發揮其應有的作用、製備時間短、具有簡便性、載體溫度與樣品品嚐溫度不能衝突等特徵。雖然載體的使用可能會使被評估的食品複雜化，但它的使用可避免可能對於消費者毫無意義的差異。

以香草萃取物為例，可以將此萃取物進行下列方式的製備：

1. 和水混合成溶液：載體是一種化學標準物質或溶劑，對樣品的特性會比較有專一性且製備上方便。進行此方式時，根據測試的目的決定好稀釋倍數與最適化的溫度後，將均勻定量的樣品用一種化學成分確定的物質（例如：水、乳糖、糊精等）稀釋或在這些物質中分散樣品。每一試驗系列的每個樣品使用相同的稀釋倍數或分散比例。由於這種稀釋可能會改變樣品的原始風味，因此配製時應避免改變其所須測定之特性。選擇最適宜試驗濃度或是確定最低有效濃度，可以用三角測試法(triangle test)或成對比較法(paired comparision test)進行確定。

2. 加入熱牛奶或加入一種食品基質中：這種方式是將一個樣品加入某種食品基質中（例如：牛奶、油脂、米、麵、麵包、乳化劑等），這類載體食品要容易取得，才可以保證試驗結果的重現性。載體食品材料的使用，可能會造成特性上很大差異，不可能有一通用載體，加入的過程必須標準化而且在選擇樣品和載體混合的比例時，應避免二者之間的拮抗或協同效應。例如：將牛奶倒於早餐穀物食品上，所傾倒的量（樣品／載體比例）、傾倒時間和品嚐時間的間隔對於所有樣品必須是相同的。

3. 香草萃取物加入冰淇淋的基底製作成冰淇淋或添加在巧克力牛奶中當香料：樣品與其他風味競爭，最重要的考量是在同一檢驗系列中評估的每個樣品使用相同的樣品／載體比例，製備樣品的溫度也需要謹慎考量。

三、樣品提供溫度

樣品應提供的溫度為何，可朝幾個方向考慮：(1)同一次試驗樣品的溫度需要一致、(2)試驗樣品平時食用的溫度為何，這個溫度應是該食品最好吃的溫度，也是最容易檢測出品質間差異的溫度、(3)試驗樣品容易保持的溫度、(4)不易產生感覺疲勞的溫度、(5)不會使樣品產生變性的溫度。操作品評試驗時應規範呈送的溫度及保溫方法（例如：水浴鍋、加熱裝置、保溫箱、冰箱、冷凍櫃等）與時間。以紅葡萄酒

和白葡萄酒為例，通常紅葡萄酒的適飲溫度要比白葡萄酒高，因為紅葡萄酒的口感比白葡萄酒厚重，需要較高的溫度才能顯現出酒香氣（表 5-2）。熱的飲料，例如：咖啡或熱巧克力，一般認為提供的溫度介於 70~85 度之間，可以讓消費者感受到感覺上的滿足，但這個溫度範圍可能有燒燙傷的潛在危險。Brown & Driller 研究指出咖啡最佳飲用溫度在 60±8.3 度之間，而在此溫度之上，愈接近所能忍受的高溫上限愈好（每個人所能忍受的高溫各自不同）。為了品評試驗標準化的控制，還是必須指定一個最佳的溫度進行品評。

表 5-2　紅白葡萄酒適合飲用溫度

溫度	葡萄酒類型	酒款
17~18°C	酒體結實、厚重的紅酒	卡本內蘇維濃(Cabernet Sauvignon)、波爾多酒款(Bordeaux)、金粉黛(Zinfandel)紅酒
14~16°C	酒體輕盈至中等的紅酒	勃根地酒款、黑皮諾(Pinor Noir)、美洛(Merlot)
12~13°C	甜美，充滿果味的紅酒	薄酒萊新酒(Beaujolais)
11°C	酒體厚重及浸泡橡木桶的白酒	勃根地(Burgundy)、過桶的夏多內(Chardonnay)
9~10°C	酒體輕盈至中等的白酒	一般夏多內(Chardonnay)、雷司令(Riesling)、灰皮諾(Pinor Gris)、白蘇維濃(Sauvignon Blanc)、夏布利(Chablis)、波爾多白酒
6~8°C	甜酒及氣泡酒	香檳(Champagne)、卡瓦(Cava)

註：參考 Wine & Taste 品迷網

5.2.3　口腔的清潔

　　感覺之間存在著各種不同的關係，例如：味覺除了協同效應與拮抗效應外，還存在著變味現象和對比現象，這都會造成品嚐上的錯覺。在進行感官品評時，品評員在進行新樣品的評估前，需要充分清洗口腔直至口中的餘味全部消失，減少感覺之間的傳遞效應(carry-over effect)。通常使用清水（無味、無泡沫、無嗅，不影響檢驗結果）進行沖洗。然而，水在某些樣品的評估過程中，清潔的效果並不好，因此可以根據被檢測樣品的特性來選擇沖洗或清洗口腔有效的輔助劑。推薦可以使用的輔助劑有加鹽的蘇打餅乾、米飯、迷你胡蘿蔔、新鮮饅頭或淡麵包等，ISO 國際標準也指出稀釋的檸檬汁或不加糖的濃縮蘋果汁，對具有濃郁味道或餘味較大的樣品可作為輔助劑之用。使用這些輔助劑時須考慮品評員對輔助劑有無喜好或厭惡，以迷你胡蘿蔔來說，很多品評員可能不會食用，使用此物質當輔助劑就可能會失去效

果。然而，對於美國的品評員，由於他們平常有食用生菜沙拉的習慣，使用迷你胡蘿蔔作為輔助劑較亞洲的品評員適當。此外，實務上使用的蘇打餅乾，在餅乾質地的考量（是否不會黏牙或易沖洗）比風味上有鹽或無鹽來的重要。換言之，一個合格的品評操作者，需要有效的應用許多知識於品評操作，減少生理及心理誤差。

5.2.4 樣品編號原則與方法

樣品編號建議使用 3 位數字代碼進行盲標示，以減少偏見效應。樣品編號如果使用一個字母或 1 到 2 位的阿拉伯數字編號時，可能會導致品評員去尋找暗示。在某些試驗中，同一樣品需要編幾個不同號碼（差異分析試驗或試驗重複）或因為品評環境的關係，每位品評員評估相同產品的 3 碼皆不同（通常沒有品評室，且又同時進行較多人的品評試驗時建議使用），以防止不要的偏差產生。

表 5-3 為決定樣品編號的方式，傳統的方式使用亂數表（附件 2），現在也可以使用 APP，如果要大規模的產生，可以使用 Microsoft EXCEL 的函數或使用網路工具產生。希望操作人員務必使用這些工具產生 3 碼，不要自行產生 3 碼，因為自行產生常常都會有自己的習慣或邏輯，這樣在某些狀況會造成偏差產生。在容器上進行編號標記時，可使用白色標籤或油性墨水筆直接標記。此外，如果有多人製備樣品而且使用油性墨水筆進行 3 碼標記，字跡不同對品評員的影響不大但千萬要使用相同顏色的墨水筆才行。

表 5-3　樣品編號的決定方式

編號	產生方式
1	亂數表（參考附件 2）
2	iOS 或 Andorid APP 程式
3	使用 Microsoft Excel 的函數 RAND 或使用 RANDBETWEEN（2007 版本以上） 在儲存格上鍵入函數=RAND()*1000，將儲存格格式更改數值到小數點 0 位。使用此函數會產生三碼但形成的方式不是真正的亂數，但試驗若要好多的 3 碼數字，是很實用的工具，但也有一個缺點，就是產生的三碼可能會重複。 RANDBETWEEN 使用方法為，RANDBETWEEN(Bottom,Top) 例如：RANDBETWEEN(100,999)
4	相關網站，例如：RANDOM.ORG (http://www.random.org/integers/)

| 5.3 | 實驗設計 |

5.3.1 實驗設計的基本原則

　　為何要實驗設計，其中心思想就是為了要降低各種型態誤差所造成的影響。透過設計，能最大限度地縮小隨機性的誤差，提高實驗效率，也可以使實驗數據獲得有效的統計分析。通常實驗設計可以分為處理結構和設計結構 2 個部分，處理結構就是在預備進行感官品評中，選擇一系列之樣品與處理方法（測試方法，例如：消費者測試或定量描述性測試等）；設計結構則是將實驗單位組織起來並定義之。一般實驗設計就是將此 2 種結構，透過隨機處理的方式將它們聯繫在一起而組成之，基本上，進行實驗設計時要考慮重複、隨機化及局部控制三大原則。

一、重複原則

　　重複(replicate)是指在試驗中每種處理效應(treatment)至少進行 2 次以上，是估計和減小隨機誤差的基本手段。實驗誤差指的是研究對象不可能解釋的自然變異，應該向研究對象群體抽取幾個試驗單位進行測量，才能有效正確的估計實驗的誤差。所以一個實驗單位進行一次測量或者同一個試驗單位進行重複測量都不能正確估計實驗誤差，對於設計的實驗進行統計是希望對實驗誤差有正確的估計。

　　在感官品評中，如果把人當做儀器使用，也就是進行試驗分析型的感官品評，主要是希望評估產品感官特性的感覺強度。這個實驗的研究對象是被評估的產品，所以想要估計的是整個產品的實驗誤差，在實驗進行時只取同一批次、同一包裝或同一天的樣品都是錯誤的，即使使用很多品評員進行評估，都只是進行測量的誤差（品評員和品評員間的差異）而非實驗誤差。換言之，產品本身沒有重複，只是確認測量方法的重複，這是常見到的錯誤。如果採用評分法且用訓練型的品評員進行每個產品進行強度或品質好壞等評分，這時候的重複應該為產品。

　　然而，如果把人當做工具使用，也就是進行消費者測試，瞭解的是消費者對產品的接受度或喜好性，此時研究對象是人對產品喜歡的感覺而不是產品的本身，所以這個時候品評員的人數就是實驗的重複。至於差異分析試驗，例如：三角測試法等，實驗的目的是說明品評員對同時提供的兩產品間是否有差異，是人對產品的感覺而不是產品的本身，所以這個時候品評員的人數就是實驗的重複。表 5-4 為儀器、感官分析或問卷調查的樣品單位與子樣本的數目與重複關係。

表 5-4　儀器、感官分析或問卷調查的樣品單位與子樣本的數目與重複關係

應用	樣品大小(樣品單位數目)	每個單位子樣本數目	子樣本是否為重複
常規儀器分析	1~4	2~4	否
偏差或精確的評估	4~8（根據變異與信心水準不同）	1~4	否
品評差異分析試驗	2~5	10~20	是／否
品評屬性測試(描述分析)	2~6	10~20	否
消費者喜好性試驗	2~6	30~100	是
消費者問卷調查	50~500	1	否

二、隨機化原則

　　隨機化原則就是在實驗中，將處理效應和重複效應平均的被安排在特定的空間與時間中，以保證實驗條件的均勻性，不會局部集中而產生偏差。在感官品評中，樣品和品評員是品評測試 2 個主要的處理效應。呈送給品評員的樣品順序對感官品評結果主要的影響來自於次序效應(order effect)和位置效應(position effect)。比較 2 個與提供順序無關的刺激時，常常會過低或過高的評估第二次的刺激，如果每個品評員提供的順序都一樣，可能會造成統計上的型 I 誤差(type I error)或型 II 誤差(type II error)（關於此兩種誤差的定義，請參考第 6 章差異分析試驗進階部分）。另一個情況是品評員在比較難判斷樣品間的差別時，往往會多次選擇放在特定位置上的樣品。例如：進行三角測試法時，會傾向選擇放在中間的樣品與其他二個位置的樣品不同，而使用 5 中取 2 測試法(two out of five test)，會傾向選擇放在兩端的樣品。隨機化的原則主要是將樣品呈送的次序進行隨機處理或者將品評員隨機或平均的分配到特定組裡，將品評員不能控制的變異隨機的分配在處理組中，消除這些變異所帶來的影響。

三、局部控制

　　局部控制是在實驗時採取一定的技術措施，減少非試驗因素對試驗結果的影響。局部控制通常是指將可控制的因素進行區集化(blocking effect)的手段，其邏輯是藉由區集化後，區集和區集間的實驗材料可以不同，但同一區集內的實驗材料應該是相同的，這樣可以對實驗中的處理效應產生相同的影響，使得任何 2 個處理效應在同一組內的差異與在所有區集間產生的效應差異都是一樣的。在感官品評的實驗中，如果將品評員區集化，就是消除了品評員對實驗變異的影響，而被品評員評估的產品可以看作處理效應。常用感官品評實驗設計方法，如表 5-5 所顯示。

表 5-5　感官品評實驗設計常用方法

統計方法	應用範圍	具體操作
完全隨機設計	分析單一因素對實驗的影響	比較多種樣品的差異時，每個品評員只隨機品嚐其中的一種
隨機完全區集設計	分析產品和品評員兩種因素對實驗的影響	每個品評員要品嚐完所有的產品，而且收到樣品的順序是隨機的
平衡不完全區集設計	品評樣品數量太多時使用	品評員只品嚐多個樣品中的其中幾個，每個品評員得到的樣品組是隨機的，並且組內樣品的呈送順序也隨機
裂區設計	分析產品間差別，同時分析品評小組之間的差異	每位品評員皆需品嚐所有樣品，每位品評員得到的樣品組是隨機的，並且組內樣品的呈送順序也隨機
拉丁方塊設計	研究產品因素而且要控制其他 2 個已知因素對實驗的影響	按照拉丁方塊設計的表格進行

5.3.2　感官品評實驗設計常見方法

一、完全隨機設計

在感官品評中，將所有樣品呈送順序打亂，為了降低人為或無法控制的誤差，最簡單的方法就是保證樣品呈送的順序完全隨機。完全隨機設計(completely randomized design, CRD)只考慮單一因素對實驗的影響。將全部樣品隨機分給所有的品評員，讓每位品評員評估一個樣品。在感官品評實驗中，通常有 2 種用途：(1) 分析產品間差異之情況，品評員隨機收到一種（組）產品並進行評估（評分），例如：差異分析試驗中的三角測試法為例，將 6 組樣品由 6 位不同的品評員來檢驗。(2)分析不同地區的人群對同一種產品的評估是否有差異，例如：在百貨公司進行消費者測試時，由於評估時間及準確性的考慮，只讓品評員評估一種產品。此實驗設計用於一種樣品評估或品評員不能品嚐多種樣品的情況，例如：產品的風味太強導致品評員品嚐完一種產品後，會影響其他產品的評估或者品嚐完所有產品需要花費長時間等狀況下，都很適合使用完全隨機設計之方法。其缺點是需要大量的品評員及無法考慮品評員之間差異對實驗所造成的影響。

完全隨機設計不能使用順位量表（順位法，ranking test）作為評分尺度，因為若使用順位量表，品評員至少要評估 2 個以上的樣品，不符合完全隨機設計的精神。一般建議完全隨機設計最好使用等距量表或比率量表，而單一變項數目（例如：樣品），可以使用單因子變異數分析(one-way ANOVA)的統計方式進行處理（表 5-6）。

至於上面所舉例的差異分析試驗是名稱量表，統計方式請參考第 6 章差異分析試驗。

表 5-6 完全隨機設計的變異數分析表

差異來源	各離差平方和的計算公式	自由度	F 值
總和	$SS_{總和} = \sum x^2 - \dfrac{T^2}{N}$	$N-1$	-
因素	$SS_{因素} = \dfrac{T_a^2}{n_a} + \dfrac{T_b^2}{n_b} + \cdots + \dfrac{T_k^2}{n_k} - \dfrac{T^2}{N}$	$k-1$	$F = \dfrac{SS_{因素}/(K-1)}{SS_{誤差}/(N-K)}$
誤差	$SS_{誤差} = SS_{總和} - SS_{因素}$	$N-k$	-

註：x 為每個數據的值、T 為所有數據值的總合、N 為所有數據數目、k 為水平數、$T_a \cdots T_k$ 為每種水平下的評分總和、$n_a \cdots n_k$ 為每種水平下的數據數目

二、隨機完全區集設計

隨機完全區集設計(randomized complete block design, RCBD)是最常使用的實驗設計法，考慮了產品因素及品評員對實驗結果的影響（品評員間的差異），能更精準的估計實驗誤差。其方式為每位品評員要品嚐完所有的樣品，而且每位品評員收到的樣品順序是隨機的；樣品在這裡可視為「處理效應」而品評員視為「區集效應」，因此這樣的設計，每個區集內所有的處理是在相同條件下進行比較的，每位品評員評估了所有的樣品，可稱為完全區集(complete block)（表 5-7）。如果品評員要評估產品的數量不多，不會引起感官疲勞，這時可以使用隨機完全區集設計，隨機呈送樣品，可以減少樣品呈送順序所引起的誤差。Stone & Sidel 指出感官品評試驗中存在次序效應及傳遞效應，所以樣品呈送狀態應採用平衡區集設計(balanced block design)較好。平衡區集設計是指樣品的提供次序也平衡的，也就是樣品在每個位置上出現的次數相同而且樣品對出現的順序也是相同的。

表 5-7 隨機完全區集設計

品評員	樣品提供順序			
	1	2	3	4
J1	B	A	C	D
J2	C	B	A	D
J3	B	D	C	A
J4	A	B	D	C

註：品評員視為區集效應，區集內所有的處理是在相同條件下進行比較，此例不是平衡區集設計

　　隨機完全區集設計的優點是如果確定不同品評員對於評分尺度的理解不一致（有些品評員可能只會使用部分評分尺度而有些會用全部評分尺度進行評估）但將品評員視為區集，所有樣品都是在品評員內進行，品評員間的變異就被分離出來，不會影響產品間的效應，使用此種實驗設計可以有效地發現產品間的差異。事實上，不是只有品評員可以視為區集效應，描述分析中的重複變項可被視為一種區集效應，詳細的內容請參考第 8 章描述分析試驗。

　　實驗使用的評分尺度如果是等距量表（評分法），就應該使用非重複性測量的雙因子（產品和品評員）變異數分析(two-way ANOVA)。而在消費者測試 9 分法(9-point hedonic test)，若使用隨機完全區集設計，仍可使用單因子變異數分析，因為不需考慮品評員間的差異，如表 5-8，實驗若使用順位法，則使用 Friedman 檢驗進行分析。

表 5-8　隨機完全區集設計的變異數分析表

差異來源	各離差平方和的計算公式	自由度	F 值
總和	$SS_{總和} = \sum x^2 - \dfrac{T^2}{nk}$	$nk-1$	-
產品	$SS_{產品} = \dfrac{T_a^2 + T_b^2 + \cdots + T_k^2}{k} - \dfrac{T^2}{nk}$	$k-1$	$F = \dfrac{SS_{產品}/(k-1)}{SS_{誤差}/[(k-1)(n-1)]}$
品評員	$SS_{品評員} = \dfrac{T_1^2 + T_2^2 + \cdots T_n^2}{k} - \dfrac{T^2}{nk}$	$n-1$	$F = \dfrac{SS_{品評員}/(n-1)}{SS_{誤差}/[(k-1)(n-1)]}$
誤差	$SS_{誤差} = SS_{總和} - SS_{產品} - SS_{品評員}$	$(k-1)(n-1)$	

註：x 為每個數據的值、T 為所有數據的總和、k 為產品數目、n 為品評員數目、$T_a \cdots T_k$ 為每種產品下的評分和、$T_1 \cdots T_n$ 為每位品評員的評分和

三、拉丁方塊設計

　　品評實驗除了產品的因素，有時會有另外 2 個已知的因素或者是說已知的誤差來源對實驗結果造成影響。例如：一個實驗要分成幾段完成，實驗階段和品嚐順序可以作為影響實驗結果的 2 個變項，因為品評員的品評結果會隨著實驗階段不同而不同，不同的品嚐順序得到結果也可能不同，所以需要使用拉丁方塊設計(latin square design)。

　　拉丁方塊的列項和直項分別代表實驗所需要控制的 2 個變項，而且它們應該具有相同的水平數。換言之，每一行與每一列所有的樣品都需出現一次，這種實驗設計的精確度高但不能有太多的樣品數（表 5-9）。如果今天預計評估 6 個樣品，採用 60 位品評員的消費者測試，可以進行 6×6 的拉丁方塊設計，然後重複 10 次。拉丁

方塊設計應該使用有交互作用的雙因子變異數分析進行統計（表 5-10）。附件 12 為感官品評最常使用的樣品數之幾種拉丁方塊組合，可以方便使用。

表 5-9　拉丁方塊設計

品評員	樣品提供順序			
	1	2	3	4
J1	A	B	C	D
J2	C	D	A	B
J3	D	C	B	A
J4	B	A	D	C

註：已知的誤差來源為樣品提供順序及品評員

表 5-10　拉丁方塊設計的變異數分析表

差異來源	各離差平方和的計算公式	自由度	F 值
總和	$SS_{總和} = \sum X^2 - \dfrac{T^2}{t^2}$	$t^2 - 1$	
直項 （品評員）	$SS_{直項} = \dfrac{\sum T_r^2}{t} - \dfrac{T^2}{t^2}$	$t - 1$	$F_{直項} = \dfrac{SS_{直項}/(t-1)}{SS_{誤差}/[(t-1)(t-2)]}$
列項 （樣品順序）	$SS_{列項} = \dfrac{\sum T_C^2}{t} - \dfrac{T^2}{t^2}$	$t - 1$	$F_{列項} = \dfrac{SS_{列項}/(t-1)}{SS_{誤差}/[(t-1)(t-2)]}$
樣品	$SS_{樣品} = \dfrac{\sum T_t^2}{t} - \dfrac{T^2}{t^2}$	$t - 1$	$F_{列項} = \dfrac{SS_{樣品}/(t-1)}{SS_{樣品}/[(t-1)(t-2)]}$
誤差	$SS_{誤差} = SS_{總和} - SS_{直項} - SS_{列項} - SS_{樣品}$	$(t-1)(t-2)$	

註：　x 為每個數據的值、T 為所有數據的總和、t 為產品數目、T_r 為每直項的評分和、T_c 為每列項的評分和、T_t 為每樣品的評分和

四、裂區設計

　　感官品評測試有時想要探討幾組不同品評員對相同的產品進行評估，就會使用到裂區設計(split plot design)。最常見的例子是，同時比較 2 個不同地區的品評員或者兩組訓練良好的品評團對相同幾種產品間的評估差異，一方面想要瞭解產品間的差異，同時也想要瞭解品評員間的差異。使用此實驗設計時，需要注意每位品評員評估產品的順序應該是隨機的，而且組內產品呈送的順序也是隨機的。定量描述分析試驗中有時會想要比較產品間和重複間的差異，就會使用裂區設計，詳細的內容請參考第 8 章描述分析試驗。

五、平衡不完全區集設計

　　如果品評實驗中有太多的樣品而實驗目的不需要用訓練精良的品評員進行評估，一次品嚐完所有的樣品將會給品評員帶來感官疲勞，這時候可以採用平衡不完全區集設計(balanced incomplete block, BIB)，每位品評員只需要品評部分樣品但實驗完成時，每個樣品被評估的次數達到相同且每對樣品出現的次數也相同，使整個實驗達到平衡。在平衡不完全區集設計的實驗中，分區的出現順序是隨機的，每位品評員在一個分區內收到的樣品也是隨機的。

　　平衡不完全區集設計有特定的設計表，設計時要考慮 5 個基本的參數：

t： 處理數，在感官品評實驗中，通常是樣品數

k： 區組大小，也就是每個區組所包含的處理數；在感官品評實驗中，即是每個品評員所需評估的樣品數

r： 每個處理在實驗中的重複次數（樣品被重複評估的次數）

b： 實驗中的區集數，也就是品評員的人數

Λ： 任意 2 個處理配對在同一區集中出現的次數或任意 2 個配成對的樣品被同一品評員評定的次數

$$\Lambda = r(k-1)/(t-1)$$

平衡不完全區集設計，需要滿足 bk＝tr 及 Λ(t－1)＝r(k－1)，否則實驗就不可能達到平衡。完成平衡不完全區集設計實驗操作者需要計算出品評員的數目，利用 b（需要為整數）＝tr/k 來計算需要的品評員人數。其中 t 為樣品數量，r 為樣品被重複評估的次數，k 為每個品評員評估的樣品數。

　　為了達到足夠的品評員，在 BIB 的基礎上可以重複進行多次。通常採取兩種方式：(1)BIB 中的分區數較少（例如：4~5 個），可以使用較少數量品評員，讓他們多次來品評，直到每位品評員品評完基本 BIB 中所有分區的樣品組為止。(2)BIB 中的分區數較多，需要較多的品評員，讓每位品評員只品評一個分區中的樣品組。如果樣品多，平衡不完全區集設計會使得整個試驗的品評員變得很多且花的時間很會長，所以樣品數量過多時，不會造成品評員感覺疲勞的狀況下，建議仍採隨機完全區集設計。表 5-11 為平衡不完全區集設計 8 個樣品，4 個區組之範例。

表 5-11　平衡不完全區集設計範例（8 個樣品，4 個區組）

區集	\multicolumn{8}{ t=8, K=4, b=14, r=7, Λ=3 樣品 }							
	1	2	3	4	5	6	7	8
1	×	×	×	×				
2	×	×			×	×		
3	×	×					×	×
4	×		×		×	×		
5	×		×				×	×
6	×			×	×			×
7	×			×		×	×	
8		×	×	×				×
9		×	×			×	×	
10		×		×	×	×		
11		×			×		×	×
12			×		×	×		×
13			×	×			×	×
14					×	×	×	×

　　平衡不完全區集設計需要用較多的品評員才能與隨機完全區集設計獲得相同的評估結果數。平衡不完全區集設計中，區集設計的樣品組都不完全一致，所以在準備樣品的過程中將會變得很複雜，其數據分析仍使用變異數分析來進行統計。

六、其他實驗設計方法

　　除了上述常見的實驗設計外，在感官品評試驗中還會使用一些小技巧，減少品評員心理和生理的誤差，最常使用的方式之一就是設計暖身樣品(warm up sample)。所謂的暖身樣品就是在品評員進行的品評測試中重複一個樣品，這個重複樣品會第一個提供給品評員進行評估但品評員本身並不知道此樣品是暖身樣品，以為實驗已經正式開始。暖身樣品的好處就是不管品評員在品評之前處在什麼樣的生理及心理狀態或者品評員之前是否有品評經驗，藉由這個方式可以讓品評員專心、熟悉測試、調整生理及心理狀態到一個穩定的狀況且可以降低傳遞效應。暖身產品的使用通常是在控制環境的狀況下（例如：感官品評室），進行描述分析試驗時被設計使用。暖

身樣品的手段不是必須的，使用時須要考慮加入暖身樣品後，品評員品嚐的樣品數目是否會造成感覺疲乏或造成將品評時間拉長而產生不良的生理及心理反應。暖身樣品所評估的數據永遠捨棄，不列入計算。表 5-12 為具有暖身樣品的實驗設計，這個實驗是要進行 8 個樣品的感官品評測試，分成兩梯次進行，每梯次 4 個樣品但品評員品評時會認為他們評估 5 個樣品。每梯次的第一個樣品是暖身樣品，要是從另一個梯次的最後一個樣品重複而來的，而每個樣品的三碼編號皆是不同的。這樣的設計常使用在內部品評小組進行感官品評測試時，因為對於降低人為所造成的偏差最有幫助，當然，在樣品的製備上就相對複雜了。

表 5-12　具有暖身樣品描述分析試驗設計與範例

品評測試：描述分析試驗										
品評員：9 位		重複：重複 1			時間：2014/5/18				地點：食品感官品評室	

代號 \ 品評員	第一梯次						第二梯次				
	1	2	3	4	5		6	7	8	9	10
J1	G	H	A	E	C	至少休息20分鐘	C	D	B	F	G
	763	410	887	748	384		832	240	157	517	128
J2	B	A	F	G	D		D	C	E	H	B
	231	553	278	182	945		944	503	991	550	830
J3	E	B	H	C	F		F	A	D	G	E
	749	580	194	815	950		643	567	221	613	292
J4	A	F	G	E	H		H	D	C	B	A
	794	664	466	180	170		824	835	467	592	145

註：其他品評員的樣品計畫省略

5.4　品評單的設計原則

　　品評單正確及適當的設計也是感官品評科學化被實施一個非常重要的一環。很多人都使用問卷調查法的心態，去使用別人設計的品評單，認為這樣的品評單應該是被驗證過的；然而，這樣的作法有待商榷，因為沒有考慮到所處的品評環境可能不同，需要適當的調整品評單來有效的控制環境、心理與生理三大因素對品評結果的影響。以消費者試驗為例，常常看到許多如表 5-13 的消費者品評單設計，從形式上來看沒有什麼問題，但如果把生理和心理因素考慮進去，像這樣的品評單就不是

很適當。首先，這樣的呈現，除了嚴重懷疑沒有適當的實驗設計外（樣品編碼不是手寫，是打字且順序是一樣的），如果品評單按照順序進行評估，這種品評單的方式會讓消費者 1 個產品吃了好多次，造成味覺的疲乏。較適當的設計應該是 1 個樣品 1 張品評單並且問完所有的項目，獨立的品評單才容易根據實驗設計去提供每位品評員不同的樣品順序。正確品評單的範例可參考第 6 章差異分析試驗及第 7 章消費者測試。

表 5-13　消費者品評單的錯誤設計範例

樣品編碼	非常不喜歡	有點不喜歡	稍微不喜歡	沒有喜歡與不喜歡	稍微喜歡	有點喜歡	非常喜歡
您對產品的整體喜歡程度							
123							
564							
965							
265							
您對產品整體風味的喜歡程度							
123							
564							
965							
265							

品評單的設計不能透漏過多的訊息或帶有誘導性的內容去間接影響品評的結果。品評單中問題的簡單或困難與評估的指標多或少，要根據試驗的目標與測試的方式審慎的評估，特別是消費者測試。在實驗室的控制狀態下，通常可以問較多的問題指標；然而，如果在賣場等環境，指標應該越少越好。在進行感官品評評估時，必須對品評員如何進行評估作出明確的要求和規定，這些知識與概念，在品評操作者設計品評單時，必須完整正確的應用；通常需要考慮評估的順序、評估的種類、評估的方式與可能涉及的動作。以評估順序來說，哪一種產品質特性需先評估，那些特性應該較後評估，需明確定義出順序；在食品的評估上，通常是以外觀、氣味、風味、質地、餘味這樣的順序進行感官特性的評估。評估上必須考慮品評員是否能瞭解所要評估的感官特性，常常看到的錯誤是在消費者品評測試中使用了太難的詞語，或是這個詞語在所有品評員中對其含義並沒有統一的見解。由於描述分析試驗所使用的是訓練精良的品評員，所以評估的方式（例如：用叉子取樣品入口中、品

評單量表的使用方式等）與可能涉及的動作（例如：口中咀嚼多久或次數、樣品品嚐的大小或數量、樣品吞嚥或吐出等）須明確的定義。但在進行消費者測試時，應該以消費者食用的方式進行評估較為適當，不宜定義太多評估方式。

在試驗分析型的實驗中，一般都要求品評員吐掉產品不要吞嚥，主要的原因是為了減少樣品在口中的殘留及降低感官疲乏的機率，但這樣的作法並不適用於消費者測試。進行消費者測試時建議品評員吞嚥產品，這樣比較符合消費者平常食用產品的狀態以及避免產生不良的心理效應（要求消費者吐出可能會讓消費者認為該東西不能食用）。當然，也不是說只要試驗分析型的測試，要求品評員吐掉產品會比較好，或者消費者測試就不要吐掉，完全要看實驗的目的或樣品的屬性。例如：咽喉的灼燒感是評估辣椒產品很重要的特性，由於感受太強烈，建議吐掉產品；而黏濁感是評估巧克力產品重要的特性，這時候只有吞嚥才能正確的評估。

使用哪種評分方式來客觀收集或喚醒品評員的感受是在設計品評單時需要很嚴謹的考量，因為評分尺度對於品評員所需要的訓練程度與統計分析及應用性有決定性的影響，也會影響試驗的經濟性、結果獲得的時間及應用性。表 5-14 為選擇或發展評分尺度的原則。

表 5-14　選擇或發展評分尺度的原則

項目	原則
1	評分尺度應該是有效的且可測量所要評估之屬性或需達成研究目標所需要測量之表現特徵
2	評分尺度應該明確而不含糊並且容易被品評員瞭解；問題和反應項目也應該容易的被品評員瞭解，有需要的話可提供品評員參考標準、描述語言的定義及物理強度標準
3	評分尺度應該容易使用，消費者測試的品評員不應該被訓練能輕易使用該評分尺度
4	評分尺度應該沒有任何偏差。不允許由人為關係造成評分尺度上文字與數目的偏差，不平衡的評分尺度會導致偏差
5	評分尺度應該對差異有敏感性，屬性評估的數目和評分尺度的長度或複雜性將會影響測量差異的評分敏感性
6	評分尺度應該考慮到終點效應(end effect)
7	評分尺度應該能夠反應至預期設定之統計分析

5.5　感官品評數據統計分析原則與方法

　　統計分析在感官品評中扮演了重要的角色，適當的統計分析將幫助實驗操作者以不同角度去觀察所收集的資料，可提高感官品評的實用性。感官品評在數據的收集上，依照評估的方法與目的等不同，常用 4 種資料測量方式，包含名稱量表、順位量表、等距量表與比率量表，也因此感官品評數據會使用到很多不同的統計方法，這和儀器分析通常僅使用等距量表與比率量表有明顯的不同。根據品評評估方式及數據資料的特徵，在統計方法的選擇上可以使用參數分析(parametric statistics)或無參數分析(non-parametric statistics)，參數又可稱為母數，例如：平均值或標準差等稱之。要進行參數分析時，例如：使用 t 檢定(t-test)或 F 檢定，樣品必須是從常態分布(normal distribution)的總體中抽取的，而且變量須為同質性的前提下進行分析。若分布的資料不是常態分佈，可使用變數轉換將資料轉換（transformation，例如：倒數或取 Log）為常態分佈。無參數分析通常是在整體資料不符合常態分佈且總體分布不確定時，用來檢驗數據是否來自同一個整體的假設檢驗方法，適用在當總體分布不明、個別數據偏離過大、偏態狀況等。統計上常使用的卡方分析(chi-square test)就屬之。不強調資料分布且收集的資料都是計數資料。在無參數分析中，根據樣品的順序統計量來進行順序檢驗，此種資料為有序資料，可使用 Friedman 測試等統計方法。

　　表 5-15 為感官品評及儀器分析測試之測量方式、數據形式及資料分布的整理，可以結論出差異分析試驗與順位法等資料分布，須採用無參數分析，所收集的資料通常來自於名稱量表（相同或不同）或順位量表（從最喜歡排到最不喜歡），詳細的統計方式將於第 6 章差異分析試驗及第 7 章消費者測試等章節詳細敘述。而其他測試的資料分布方式（儀器分析或感官品評中使用訓練型品評員的方法）為接近常態分布或為常態分布，收集的資料來自於等距量表或比率量表，可以採用參數分析，詳細的統計方式將於第 7 章消費者測試及第 8 章描述分析試驗等章節詳細敘述。

　　感官品評測試中，使用同樣的品評員去評估樣本，稱為相關樣本檢測，很多的品評方法與手段都屬於這種，例如：消費者測試或差異分析試驗等。採用不同品評小組去評估樣本，稱為獨立樣本檢測，一個產品在不同地區或不同市場進行評估時，採用不同品評員進行感官品評時，為獨立樣本數據。

表 5-15　感官品評及儀器分析測試之測量方式、數據形式及資料分布

測試	資料方式	測量方式	形式	分布
差異分析試驗	單變量計數	名稱量表	離散形式	二項式分布、卡方分布
描述分析試驗	多變量計分	等距量表	連續形式	接近常態分布
順位法	單變量	順位量表	離散形式	非常態分布
消費者測試（9分法）	單變量計分	等距量表	連續形式	接近常態分布
量值估計法	相對於參考點之單變量計分	比率量表	連續形式	接近常態分布
時間強度分析	隨時間改變之單變量計分	等距量表、比率量表	連續形式	接近常態分布
心理物理效應	隨控制刺激之計分強度	比率量表	連續形式	常態分布
調查資料	單變量計數	名稱量表	離散形式	二項式分布、卡方分布
儀器分析	單變量計分	等距量表	連續形式	接近常態分布
	單變量計分	比率量表	連續形式	常態分布

　　表 5-16 為感官品評統計方法簡介和應用範圍。利用感官品評技術當作產品開發工具時，測試的目標希望是能夠真實的找出產品的喜歡程度或差異的真實狀況，作為產品開發、品管及行銷決策的工具之一。使用統計分析中多重比較探討兩兩處理間之個別差異性時，建議使用比較保守的統計方法。多重比較的統計方法根據資料形式與樣品獨立或相關樣本的不同，已經發展出不同檢測方法，如表 5-17 與 5-18 所示。在等距量表或比率量表的顯著測試中，通常以 Fisher 的最小顯著差異測試(LSD)最常使用；然而，在感官品評的統計分析中，比較建議使用 Tukey's HSD 等較保守的統計方式進行分析，以確認樣品間真實的差異。

　　除了傳統的統計方法外，感官品評也大量使用多變量分析(multivariate statistical analysis)依產品特性之異同進行分類，提供感官研究非常有價值的資訊。多變量分析具有簡化數據、分類（對產品、特性或品評員分類）及瞭解關係等功能。圖 5-2 為感官品評測試，依照試驗所收集的資料及測試目標來說明各種統計方法的正確使用的時機。

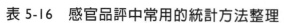

表 5-16 感官品評中常用的統計方法整理

	統計方法	方法簡介和應用範圍	測試方法應用
非參數分析 nonparametric tests	二項式分布		差異分析試驗
	卡方分析檢定	用於差異分析試驗，檢驗每一類別事件的實際頻率數與某理論頻率數之間是否存在顯著性差異	差異分析試驗及檢定實驗設計是否適當
	McNemar 檢定	用來判定實驗前後是否發生顯著性的變化	剛剛好法（2 樣品）
	Friedman 檢定	分析順位法數據的一種非參數方法	順位法
	Spearman 相關檢定	估計 2 個變量之間相關程度的一種非參數方法，母數用於順位法或評分法數據存在離群值(outlier)之情況，品評中主要用於考核品評員的穩定性	順位法
參數分析 parametric tests	單一樣本 t 檢定	檢驗某一變量的整體平均值和既定的檢驗值之間是否存在顯著性的差異	評分法
	獨立樣本 t 檢定	分析 2 個不同的品評小組（或 2 個不同的消費群）對同一個產品的評估是否一致	評分法
	配對樣本 t 檢定	品評員用同一種標示法對兩種產品進行評估，判定某感官特性上是否存在明顯的差異	評分法
	單因子變異數分析	品評員用同一種標示法對兩種以上的產品進行評估，判定某感官特性上是否存在明顯的差異	消費者 9 分法
	非重複測量的雙因子變異數分析	品評員品評產品，同時分析產品和品評員 2 個因素對實驗的影響，用來判定產品間在某感官特性上是否存在明顯的差異及品評員的評估是否一致	評分法
	重複測量的雙因子變異數分析	在有重複數據的單個實驗中對 2 個實驗因素進行分析	定量描述分析
多變量分析 multivariate statistics analysis	集群分析 cluster analysis	根據研究對象的特徵對研究對象進行分類，可對產品感官特性、品評員或消費者進行分類。品評主要應用在對消費者的評分趨勢進行分類，為外部喜好性地圖中的一個步驟	描述詞篩選、產品區分、消費者接受性與喜好性測試
	主成分分析 principal component analysis	將多個變量轉化為少數幾個綜合指標的多元統計分析方法，研究感官特性及產品間的關係或品評員評估是否一致，是一個非常有用的多變量統計分析工具	描述詞篩選、產品區分、消費者接受性與喜好性測試
	部分最小平方方法 partial least square regression	一種具有預測功能的多變量分析的方法，可將儀器分析和感官特性的數據結合，瞭解兩者之間的關係，也可瞭解消費者喜歡程度和感官特性之間的關係	感官-儀器的相關性和感官-消費者的相關性
	回歸分析 regression	研究一個或多個變量變動時對另一個變量影響程度的方法，可用數學關係式表示多個變量之間的關係	感官-儀器的相關性、特性感覺強度預測

表 5-17　名稱量表與順位量表之顯著測試方法

	檢測方法	數據組別數	組別類型	應用
名稱量表	二項式分析 Binomial test	2 組	獨立	差異分析試驗
	卡方分析 Chi-square test	2 組(含以上)	獨立	比例（消費者調查、剛剛好法與差異分析試驗類別比例的比較）、分布（樣品組別次數比例的比較）
	麥氏考驗 McNemar test	2 組	相關	測試前後的比較（品評員的評估以及利用剛剛好法比較 2 個樣品的最適化確定）
	考克蘭 Q 值 Cochran's Q test	2 組以上	相關	多重選擇比較（選擇適合項目法；CATA）
順位量表	等級和檢定 Rank sums test	2 組	相關	2 組順位量表評分
	傅萊得曼檢定 Friedman test	2 組以上	相關	2 組以上群組順位量表評分
	曼－惠特尼 U 考驗法 Mann-Whitney U test	2 組	獨立	2 群組順位量表評分
	克－瓦二氏檢定 Kruskal-Wallis test	2 組以上	獨立	2 組以上群組順位量表評分
	威爾卡森檢定 Wilcoxon test	2 組	相關	成對評分
	符號檢驗 Sign test	2 組	相關	成對評分

表 5-18 等距量表與比率量表之顯著測試方法

測試	相對檢測力	優缺點	使用建議
最小顯著差異性檢測 Fisher's protected least significant difference test	高且自由	1. 計算方法簡單 2. 型 I 錯誤機率增加 3. 樣本數目不用處理也可進行 4. 統計結果比較不可信賴(實驗組數多時)	儀器分析
鄧肯氏多變域檢測 Duncan's New Multiple Range Test	高且所有成對比較檢定	1. 具有高檢定力，尤其微小差異 2. 對探索性研究並不理想	
Newman-Keuls 檢測	中間且所有成對比較檢定	1. 處理之樣本數需要相同 2. 比 Tukey 方法更有檢定效力 3. 型 I 錯誤之機率大但降低型 II 錯誤 4. 對於微小但是顯著性的差異容易發現 5. 無法執行複雜比對	
Bonferroni LSD 檢測	中間且所有成對比較檢定	1. α 值不擴增 2. 針對控制組與不同之處理組進行比對 3. 處理之樣本數目必須相同 4. 所有之對照組群由研究者加以定義 5. 對於探索性的研究無法使用	
Tukey's HSD 檢測 Honestly significant difference test	低且所有成對比較檢定	1. 處理之樣本數目不同時，可以採用 2. 在複雜數據群無意義時，對於研究之差異確認性比較十分有用 3. 降低型 I 錯誤之風險但對於降低型 II 錯誤的風險，不如其他技術 4. 無法執行複雜比對 5. 對於探索性的研究無法使用	
Scheffe 檢測	低且比較保守，所有成對比較檢定	1. 對探索性的數據分析與已發展完成的原理都適合使用 2. 原始數據加以結合後也可以進行比對 3. 臨界值最大，最不容易顯著（較不容易犯型 II 錯誤） 4. 處理樣本數目必須相同，也可用於樣本數目不同非常態分佈上 5. 對試驗比對的用途不大	品評或消費者測試

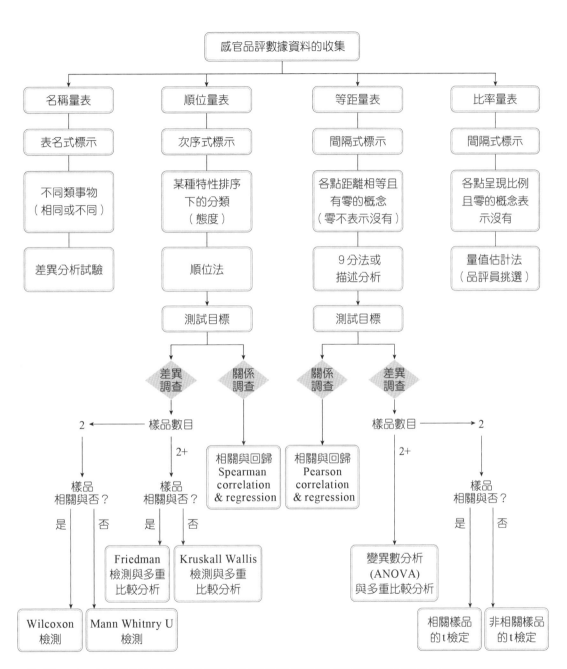

圖 5-2　依照試驗所收集的資料及測試目標來說明各種統計方法的正確使用的時機

5.6　感官品評數據收集方式

　　利用表 5-19 的感官品評實施細節的檢核表進行檢核。在進行感官品評實驗前，品評操作者必須先完成樣品計畫與品評單並且列印成文件；然後，根據實驗目的招募品評員並藉由適當的方式進行篩選、訓練或實施測試步驟，收集數據後進行統計分析。這是一個繁瑣複雜的過程，常常會產生錯誤，造成許多不可彌補的影響。如果沒有專業品評室與專業評估軟體對這些過程進行操控，上述的繁瑣過程是唯一採用及建議的方式。如果機構或單位有專業的品評室，可考慮使用自動化品評評估軟體，將感官品評測試中大部分的過程皆在自動化且標準化的模式下進行，可以節省許多時間，也可以降低資料輸入中的錯誤及品評員評估時的遺漏。當然使用自動化品評評估軟體也有其缺點，最大的問題就是可能須教導品評員使用此系統，分散了品評員的注意力而影響品評表現。

　　Compusense Five 是這類軟體中的翹楚，雖然軟體操作介面是英文但評估者端可以支援多國語言，包含正體中文，其他軟體，像 FIZZ 和 SIMS2000 皆不支援中文。亞洲國家直到 2011 年，中國標準化研究院首先開發了第一套中文（簡體中文）的自動化感官品評評估軟體－輕鬆感官分析；2013 年臺灣樞紐科技顧問有限公司也發展了全中文化介面的 MakeSense，為臺灣食品感官品評領域進入了一個新的里程碑。

　　這類軟體的主要功能包含實驗設計、問卷的產生、品評員的管理、樣品代碼的生成、數據的收集、自動統計分析與自動產生報告，還可以搭配問卷調查使用及突破紙本品評單的限制（例如：品評評估問題一題題出現）等，功能十分方便與強大。表 5-20 為目前主要商業化的感官品評：自動化評估軟體名稱與開發公司。

表 5-19 感官品評實施細節檢核表

檢驗對象	檢驗類型
品評員	**實施計畫**
招募	品評員報到
聯繫方式	味覺清除
管理層批准	指令
篩選	對於技術人員
接收通知	對於品評員
動機	品評單
培訓	說明
樣品	標度類型
大小和形狀	品質用語
體積	固定用語
裝載器具	編碼
準備溫度	隨機化、均衡化
最大保存時間	品評小室準備
試驗區域	鉛筆
品評員的隔離	紙巾
溫度	清潔口腔用具
濕度	清掃
光照條件	布置安排（要求安全風險）
噪音（聽覺）	品評員的任務報告
背景氣味、清潔處理、正壓	
可接近性	
安全性	

表 5-20　商業化的感官品評自動化評估軟體

軟體名稱	開發公司	網站
Compusense Five	加拿大 Compusense 公司	www.compusnse.com
FIZZ	法國 Biosystemes 公司	www.biosystemes.com
SIM2000	美國 Sensory Computer Systems 公司	www.sensorysims.com
EyeQuestion	荷蘭 Logic8 公司	eyequestion.nl
Tastel+	法國 ABT Informatique 公司	www.abt-sensory-analysis.com
輕鬆感官分析	中國標準化研究院	www.cnis.gov.cn
MakeSense	臺灣樞紐科技股份有限公司	www.e-sinew.com

　　感官品評沒有適當的統計分析，會降低品評的應用與實用性，表 5-21 是專門分析感官數據的軟體。XLSTAT 是由法國 Addinsoft 公司專門為感官品評領域所設計的統計軟體，此軟體和 Microsoft EXCEL 結合能自動產生各式圖表，非常容易使用且價格並不昂貴，本書所介紹的一些電腦統計方法就是以此軟體為基礎。除了基本統計及感官品評領域常使用的多變量分析，例如：泛用型普氏分析(generalized procrustes analysis, GPA)、外部喜好性地圖(external preference mapping)與懲罰分析(penalty analysis)等，還可以進行統計檢測力、實驗設計、時序分析、品評員的表現及產品開發使用的聯合分析(conjoint analysis)等功能，功能十分強大與完整。這套軟體在臺灣由皮托科技有限公司代理。Senstools 可以獨自分析，也可和 Compusense five、EyeQuestion 和 Logic8 結合，彌補這些自動化品評評估軟體在統計上的不足。Unscrambler X 這套軟體主要用來進行多變量分析，可幫助操作者找出關鍵的感官特性，非常強大。此軟體的缺點就是對感官品評所需應用的統計來說，能分析的部分比較不全面，目前在臺灣由樞紐科技顧問有限公司代理。

表 5-21　幾款專門使用於感官分析數據之軟體

軟體名稱	發展廠商	特色	網頁
XLSTAT	法國 Addinsoft 公司	附加在 Microsoft Excel 及可操作基礎的統計分析與各種多變量分析	www.XLSTAT.com/en/
SENSTOOLS	荷蘭 OP & P Product Research	可以單獨操作也可以和 Compusense Five 結合	www.senstools.com/
UNSCRAMBLER X	挪威 Camo 公司	多變量分析與實驗設計的分析工具，特別用於分析感官品評實驗中品評員的表現	www.camo.com/index.html

5.7 感官品評方法簡介

　　品評的方法涉及到心理與生理的反應，如何適當地收集與測量感覺的反應是方法發展與使用最重要的考量。如果方法使用不正確，或者方法使用的前後，對哲學基礎沒有考慮，都會造成極大的誤差而導致品評結果無法正確評估。許多人把品評方法當作一個形式或是問卷調查的一種模式都是不正確的。品評方法的使用須考慮的因素，包含所要探討的問題點、實驗目的、品評員的訓練程度、品評員的人數、資料收集的環境（戶外或室內）、希望產生的結果、所能忍受的操作的時間及統計分析的使用。

　　早期品評方法的研究主要以心理物理測量中的韋伯-費希納定律(Weber-Fechner law)為基礎，探討刺激強度與強度改變多少能被檢測及強度和品評反應之間的關係，而產生了一系列的品評方法（表 5-22）。隨著閾值理論(threshold theory)的發展，一種新的心理物理法，訊號偵測理論(signal detection theory)也被應用到了品評的方法上。目前品評方法的主流仍然以韋伯-費希納定律為基礎發展，至於賽斯通訊號偵測理論在品評方法的應用，解決了一些韋伯-費希納定律無法探討或解決的缺點，但也產生了新的問題。由賽斯通訊號偵測理論發展出來的方法非常複雜，不適合產業界操作，詳細內容請參考第 6 章差異分析試驗。關於此兩種心理物理測量方法的比較，請參考表 5-23。

表 5-22　以感覺刺激強度為探討主軸的品評評估方法

問題	心理物理學研究	品評評估範例
刺激強度多少能被檢測	絕對閾值的測量	閾值、風味貢獻研究、稀釋方法
改變強度多少能夠被檢測	差異閾值的測量	差異分析試驗
理化強度和品評反應之間的關係	差異閾值探討尺度或直接數字反應或非直接尺度之測量	描述分析的感官屬性強度
2 個刺激間匹配的關係	調整程序、折衷關係	調整成分到匹配或最適化

表 5-23 韋伯-費希納定律與賽斯通訊號偵測理論基本比較

韋伯－費希納定律 Weber-Fechner law	訊號偵測理論 signal detection theory
外在的物理刺激強度與個人感覺之間會形成一種對數的關係，稱為費希納定律 Fechner's law。刺激強度逐漸增強，感覺大小隨之上升，刺激強度達到極限時，感覺大小則維持不變	個體對其訊號是否做出正確反應，除訊號本身強度外，與個人情緒、動機、主觀經驗及干擾訊號等因素，有密切關係。個人感覺經驗的產生，有時在無法確定刺激存在時，也會產生反應
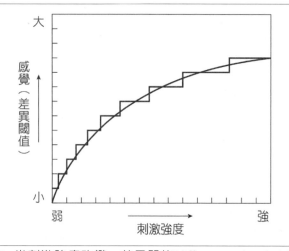	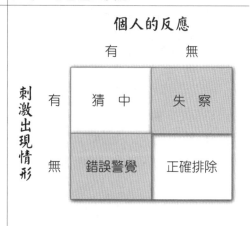
1. 當刺激強度改變，差異閾值(difference threshold)隨之改變，例如：在暗室打開一盞燈，只有 1 個小燈泡發出亮光，會覺得比暗室亮很多。繼續打開第 2 盞燈，卻不覺得室內亮度增加 1 倍，再打開第 3 盞燈，覺得比 2 盞燈稍亮，但不是第 1 盞燈 2 倍亮度 2. 心理物理學者史帝文斯 Stevens 認為，費希納定律不適用於各種感覺 3. 韋伯定律 Weber's law：發現人類各種感覺，其差異閾值與標準刺激之間，成比例關係。以判斷重量大小為例，讓受試者閉上眼睛，用手比較 2 個物體的重量。假如 100g 為標準刺激，受試者在 103g 時，恰好能夠辨別這兩者的差異，則 3g 為差異閾值；假如標準刺激為 200g，受試者在 206g 時，才能辨別兩者差異。重量 100g 時，只須加上 3g，即可感覺其差異重量；200g 時必須加上 6g，始感覺其差異；重量增 500g 時則必須加 15g，才能察覺兩者之間的差異。韋伯定律適用於人類，但不同感覺的韋伯分數並不一致。韋伯定律只能適用於中等強度的標準刺激，標準刺激太弱或太強時，就不適用	假設參加迎新舞會，在吵雜會場彷彿聽到有人叫你，可能會做出四種判斷： 1. 猜中(hit)：在吵雜聲中有人叫你，你判斷有人叫你 2. 失察(miss)：在吵雜聲中，真的有人叫你，你判斷沒有人叫你 3. 錯誤警覺(false alarm)：在吵雜聲中，沒有人叫你，你判斷有人叫你 4. 正確排除(correct rejection)：在吵雜聲中確實沒有人叫你，你也判斷沒有人叫你

感官品評的方法從早期的理論研究開始，逐步改進到探討如何應用在產業界並得到科學的結果。剛開始感官品評的方法主要探討產品原料品質控制與研究，逐漸的應用到消費者嗜好調查，這些方法包含了差異分析試驗、定量描述分析試驗及快感測試等。而以資料的形式來分析，也可分為順位法、分類法、分等法、評分法與量值估計法(magnitude estimation scale)（表 5-24）。每種方法根據他的難易程度與評估的模式，需要考慮品評員是否需要訓練及訓練所需的程度，造成了不同方法的難易度、實用性與時間性。這裡特別要說明分類法與分等法，常常在實務上看到使用，然而，這 2 個方法使用時，應該要用專家型品評員(expert assessor)（不是專家）而且不能使用在所有的食品當中，因為不是所有的食品有分類與分等的標準。換言之，實務上的使用是不符合科學化而會造成偏差。要進行食品的分類與分等，應該使用描述分析試驗（評分法），評估感官品評的強度，再利用多變量分析達到所要的目的。

近幾年來，品評測試由消費者嗜好調查又開始發展到消費者行為與產品行銷的應用，這樣的發展造成了許多本質的改變，例如：資料收集的統計方式從傳統的統計分析推展到多變量分析。多變量分析的加入也開始顛覆了許多傳統品評技術的觀念並且開展了許多新的應用，最大的改變在於使用未訓練的消費者品評員來進行感官特性的評估，因為有適當的多變量分析方法（泛用型普氏分析；generalized procrustes analysis）可以標準化每個品評員所產生的變異。也因為多變量分析應用到感官品評的領域上，品評學家發展出各種方法利用消費者品評員來探討產品的特性，大幅的增加產業應用性。這些新的方法最近幾年發展蓬勃（表 5-25），目前以選擇適合項目法(check-all-that-apply method; CATA)被大量的研究及探索各種產品之感官特性，但是目前仍然沒有定論這些方法是否能取代傳統的定量描述分析，需要更多的時間發展與研究。但這些方法的產生，確實提供了產業界比較可行且客觀的快速方法，進行產品特徵的描述。詳細內容請參考第 8 章。

表 5-24 傳統感官品評資料收集方式在樣品數、品評類型、統計分析與適用範圍的比較

方法名稱	適用範圍與特點	評估食用樣品數	品評員的類型與人數	差別來源	結果統計
順位法	1. 對樣品初篩簡單有效的方法 2. 每次只能對一個特性或整體印象進行評估	通常 3~6 個	1. 感官特性或整體印象排序,需 12~15 名優選品評員 2. 偏好順序,至少 60 名消費者	整體或單一特性	Page 檢定 Spearman 檢定 Friedman 檢定
分類法	1. 對樣品評分有困難時,可用來區分大致優劣與級別 2. 鑑定產品的缺陷	多個樣品	多名優選或專家品評員參與品評,結果具有統計意義	整體	頻率分析
分等法	產品品質評估	多個樣品	多名優選或專家品評員參與品評,結果具有統計意義	整體	評分加權 頻率加權
評分法	1. 應用廣泛 2. 可用於不同系列樣品間的比較	通常 3~6 個	1. 試驗分析試採用 2. 多名優選或專家品評員參與品評,結果具有統計意義 3. 情意分析測試採用消費者型品評員,至少 60 名消費者	整體或單一特性	加權平均
量值估計法	1. 提供產品特性強度的量值 2. 可用於不同系列樣品間的比較	最多不能超過 8 個	1. 試驗分析測試採用多名優選或專家品評員參與品評,結果採用有統計意義 2. 情意分析測試採用消費者型品評員,至少 60 名消費者	單一特性	變異數分析

表 5-25　新興的感官品評分析方法整理

方法	評估方式	詞彙	統計方法	限制
挑選法 (sorting)	根據相似性和相異性分類樣品	品評員誘導或研究者提供	多向度量尺法 (multidimensional scaling, MDS)	所有的樣品應該一同被評估
瞬間法 (flash profiling)	一系列被選擇的屬性進行樣品排序	品評員誘導	泛用型普氏分析、集群分析	所有的樣品應該一同被評估
桌布法 (N apping)	根據樣品的相似性和異同性,將樣品放在一個 2 維的地圖(桌面)的位置	品評員誘導	多因子分析 (multi factor analysis)、泛用型普氏分析	所有的樣品應該一同被評估,對於消費者比較困難去理解
選出適合的項目 (check-that-apply question)	從一系列的項目選擇適當的項目來敘述這些樣品的項目	研究者提供	考克蘭 Q 值 Cochran's Q、多因子分析、多重對應分析 (multiple correspondence analysis)	不建議評估非常相近的樣品,屬性設計可能影響評估反應甚鉅
強度評分法 (intensity scale)	使用分數尺度來評估樣品一系列屬性強度	研究者提供	變異數分析、主成分分析 (principal component analysis)	在消費者的反應上缺乏一致性
開放式問題 (open-ended question)	詞語敘述樣品	品評員誘導	卡方分析、多重對應分析、內容分析法 (content analysis)	分析詞語的描述非常困難
期望屬性引誘 (preferred attribute elicitation)	使用結構性尺度根據重要性及產品等級來排序屬性	品評員誘導	泛用型普氏分析	品評員討論是必要的,所有的樣品應該一同被評估
極性品評定位法 (polarized sensory positioning)	評估樣品與一系列固定參考物整體的不同	原始的方法上沒有收集,可能被品評員誘導	主成分分析、多向度量尺法	需要穩定且容易取得的標準品,參考物的選擇可能會影響到結果
成對比較法 (paired comparison)	樣品一系列屬性的配位比較	研究者提供	最小平方對數回歸法 (least squares logarithmic regression)	複雜的實驗設計

習題

是非題

1. 當品評味道強烈的食品之品質差異時，每次品評前都應漱口。

2. 感官檢查採三角測試法，在調配樣品時，僅允許其所要探討的某一個變因存在，其餘條件則應盡量一致。

3. 品評室的照明度並不影響品評結果。

4. 品評較油膩的食品時，一般應先以溫水漱口後，再品評另一個樣品。

5. 品評員不應在吸菸、吃口香糖及吃零食後的 20 分鐘內進行品評。

6. 最適當的品評時間是在午餐前一小時，避免於用餐後一小時內進行。

7. 鑑定食品的味道時，應將試料潤濕舌頭全部表面，同時要攪動舌頭，才能作正確判斷。

選擇題

1. 品評的最適時間是　(A)午餐前一小時　(B)午餐後一小時　(C)吃過點心半小時　(D)午睡後半小時內。

2. 下列何者不會對感官檢查結果造成影響？　(A)生理及精神狀態　(B)周圍環境布置　(C)飲食習慣與文化　(D)空調溫度 20~25℃。

3. 感官品評時樣品的編號下列哪一種最適當？　(A)甲、乙、丙　(B)NO1、NO2、NO3　(C)A、B、C　(D)231、258、187。

4. 有關感官品評分析之敘述何者正確？　(A)樣品依順序標號　(B)熟食樣品的溫度不需控制　(C)品評室須將樣品調理區與品評試驗區分開　(D)需訓練品評員，其篩選不需有任何限制。

5. 下列感官品評的使用容器何者最佳？　(A)紅色品評碗　(B)橙色品評碟　(C)黃色品評盤　(D)白色品評杯。

6. 關於葡萄酒溫度的敘述，下列何者正確？　(A)葡萄酒通常越甜溫度越低，酒精度越高溫度越高　(B)紅酒飲用的溫度通常要比白酒高而白酒飲用的溫度和氣泡酒相同　(C)黑皮諾(Pinor Noir)飲用時的溫度要比夏多內(Chardonnay)高　(D)酒體年輕，飲用溫度可以高一點，酒體老則需要冰涼一點。

7. 關於科學化品評的敘述，下列何者錯誤？ (A)呈送給品評員的樣品順序對感官品評結果產生影響，主要影響可分為次序效應(order effect)和位置效應(position effect) (B)暖身樣品(warm-up sample)、樣品提供品評員的順序不同及清潔口腔都是為了減少傳遞效應 (C)樣品均質的提供品評員是科學化品評控制誤差發生的一個手段，固態食品有時不容易呈現均質，在品評員品嚐足量的狀況下，提供樣品時越小越好 (D)差異分析法和消費者測試實驗的重複是品評員的人數。

8. 感官品評可能產生的心理誤差，下列的配對敘述，何者正確？ (A)品評員對樣品的態度會從對第一個樣品的期待、渴望到對最後一個樣品的厭倦、漠然，在通常情況下，第一個樣品會格外的受歡迎或被拒絕，這是位置誤差所造成的現象 (B)樣品遞送的過程中，位於中心附近的樣品會比那些在末端的更受歡迎，這是集中趨勢誤差所造成的現象 (C)品評員對於某種品質，或一個物品的某種特性一旦有非常好的印象，在這種印象的影響下，品評員對這個人的其他品質，或這個物品的其他特性也會給予較好的評價，這是群體效應所造成的影響 (D)在一組比較相近的樣品中摻雜一個比較不同的樣品，會降低這個不同樣品的某些特性，這是對比效應所造成的影響。

9. 關於品評用具，下列敘述何者錯誤？ (A)評飲葡萄酒使用 ISO 杯的優點是使香氣、口感可以避免杯子造成的差異 (B)茶葉品評也有國際評鑑杯，包含了審茶杯、杯蓋及審茶碗（茶海），材質為白瓷，標準規格容量為 150ml (C)即使飲食文化有差異，為了達到統一，只能使用特定標準的器具 (D)一般品評建議使用無花色的白色器皿。

10. 感官品評準備樣品時，熱食食品的溫度應該控制在 (A)1~2℃ (B)4~10℃ (C)20~25℃ (D)40~66℃。

11. 感官品評不必考慮的條件是 (A)品評室驗的環境配合 (B)品評員的配合 (C)樣品的處理 (D)天氣的陰晴。

12. 為不影響品評結果，應該 (A)在試驗前與品評員談論樣品並暗示 (B)樣品之供評先後次序不特別設計 (C)讓品評員知道，不論品評結果如何，都很樂意他加入 (D)樣品以 A、B、C 或 1、2、3 編號。

問答題

1. 依你目前的認知，如果你是某廠商的研發人員想要開發一個新產品，已經設定好要將感官品評實驗放入產品從開發到販售的評估當中，請你提出一個方案，說明品評（包含方法、品評員、執行方式等等）如何導入所有過程。

2. 感官品評有三個主要的方法類型，請完成下列表格。

方法類型	品評員類型	品評所需人數	測試方法使用的評分類型	可能的產業應用	根據產業的應用上，請舉實例
差異分析試驗	(1)	(4)	(7)	(10)	(13)
描述分析試驗	(2)	(5)	(8)	(11)	(14)
消費者測試	(3)	(6)	(9)	(12)	(15)

3. 某生想要做奶茶的描述性試驗，他找了杏仁奶茶、茉香奶茶、伯爵奶茶、烏龍奶茶、麥香奶茶及咖啡奶茶等 6 個樣品，開始設計實驗計畫，設計如下。

樣品代碼	杏仁奶茶 147	茉香奶茶 253	伯爵奶茶 456	烏龍奶茶 666	麥香奶茶 315	咖啡奶茶 365
品評員	樣品供應順序					
張三	1	2	6	3	5	4
李四	2	3	1	4	6	5
王五	3	4	2	5	1	6
麻六	4	5	3	6	2	1
八婆	5	6	4	1	3	2
黃一	6	1	5	2	4	3
張三弟	3	4	2	5	1	6
王五哥	2	3	1	4	6	5
八婆妹	1	2	6	3	5	4
李四姊	5	6	4	1	3	2
黃一嫂	6	1	5	2	4	3
麻六弟	4	5	3	6	2	1

(1) 請說明此實驗設計屬於哪種設計？

(2) 請說明樣品處理，應如何操作才能達到測試結果的客觀及準確性　(A)樣品溫度　(B)樣品的量　(C)容器器皿　(D)如何降低傳遞(carry-over)效應　(E)贈品。

(3) 請問上述的品評員需要訓練與否？是否需要做重複？

4. 某生想要做年輕人對於可樂的嗜好性分析(consumer test)，找了(A)可口可樂、(B)健怡可口可樂、(C)百事可樂、(D)可口可樂香草口味、(E)ZERO 可口可樂及某不知名牌子的可樂(f)等 6 個樣品，開始設計實驗計畫，設計如下：他去家樂福買可口可樂、百事可樂、ZERO 可口可樂、可口可樂香草口味、健怡可口可樂，買回後放在室溫下保存。接著，他去某家雜貨店買不知名牌子的可樂，由於擔心品質不佳，所以買回後放入冰箱，希望能夠保存久一點。然後他想到要準備禮物，於是隨手買了雪碧，準備當品評完後的禮物餽贈。樣品買回後，他回實驗室設計他的品評計畫如下表。

每個樣品 8 ml						
樣品代碼	可口可樂	健怡可口可樂	百事可樂	可口可樂香草口味	ZERO 可口可樂	不知名牌子
	11	21	31	49	51	213
品評員	樣品供應順序					
A	1	2	3	4	5	6
B	2	3	4	5	6	1
C	3	4	5	6	1	2
D	4	5	6	1	2	3
E	5	6	1	2	3	4
F	6	1	2	3	4	5
G	1	2	3	4	5	6
H	2	3	4	5	6	1
I	3	4	5	6	1	2
J	4	5	6	1	2	3
K	5	6	1	2	3	4
L	6	1	2	3	4	5

某生於正式品評前一個小時前從各個儲藏的地方製備樣品，裝入黑色的品評杯後，放在品評桌上，等著品評員來品評。一位媽媽帶了一位 7 歲的小朋友來參加品評而該生也同意，小朋友好高興因為覺得很新奇而且有東西可以吃。請問，如果你是指導老師，請你說明某生所犯的錯誤，並給予改正。

5. 請列舉說明食品感官品評的樣品處理原則主要有哪些（至少五項）？

6. 名詞解釋：(1)隨機完全區集設計、(2)拉丁方塊設計，兩設計有什麼不同？

7. 為什麼樣品製備要求一致性？一致性是指什麼？

8. 影響樣品製備和呈送的因素有哪些？

9. 不能直接進行感官品評食品可採取哪些措施進行品評？

10. 請說明食品感官品評實驗設計的選擇原則和品評單設計原則。

差異分析試驗

Discrimination Test

學習大綱

1. 異同試驗與相似試驗
2. 各種差異分析試驗的原理、操作與使用時機及所需的品評員數
3. 猜測模式與賽斯通模式
4. 差異分析試驗的三種統計分析
5. 成對比較、順位法與評分法的比較
6. 品評員多次（重複）檢測樣品的分析與統計（進階學習）
7. 差異分析試驗與檢測力關係（進階學習）
8. 差異程度測試（進階學習）
9. 連續性試驗（進階學習）

PRINCIPLES AND PRACTICES OF
SENSORY EVALUATION OF

FOOD

建議課程時間：5 小時

差異分析試驗(discrimination test)屬於試驗分析型方法的一種，廣泛的使用在許多食品公司研發或品管部門；差異分析試驗的品評員通常需要瞭解品評的過程（有經驗的品評員）或經過一定的培訓（訓練型品評員），以便熟悉品評操作方式或瞭解某種感官特性，應用在樣品的差異分析上。差異分析試驗常用的方法可分為成對比較法(paired comparison test)、方向性對比法（directional paired comparison test；又稱為 2-選項必選法，2-AFC）、三角測試法(triangle test)、二三點測試法(duo-trio test)、5 中取 2 測試法(two out of five test)及四分測試法(tetrad test)等，這些方法只能呈現差異之方向而無法表達差異之程度。想要瞭解差異程度，如果品評員訓練精良，可以使用評分法(scaling test)或比例法(ratio test)評估；或者使用無經驗型或有經驗型品評員，操作差異程度測試（degree of difference test, DOD；請參考本章品評專業講座三）。經由較易募集的無經驗型品評員，進行差異分析試驗，需特別注意品評員人數是否充足（要比使用有經驗型品評員人數多），以及方向性對比法所評估之問題是否適當（品評員是否理解或誤解描述特性）。

差異分析試驗可細分為非專一性測試(non-specified test)和專一性測試(specified test)。非專一性測試係指比較 2 個樣品全部的感官特性之差異（非單一感官特性），像是成對比較法、三角測試法、二三點測試法及 5 中取 2 測試法等等皆屬之；而專一測試是指品評員針對產品某感官特性（例如：甜味）進行比較，如 n-選項必選法(n-alternative forced choice, n-AFC)。差異分析試驗操作雖然簡單，但一般開發人員不易闡釋測試結果，故使用差異分析試驗時，首先要探討幾個問題；包含想要探討的目的、應該選擇或使用什麼方法；進一步瞭解如何進行測試操作及如何分析這些結果資料。

本章主要介紹各種差異分析試驗方法的應用範圍與使用時機，可應用在幾個方面，包含：(1)確定樣品之間的差異是否來自於成分、加工過程、包裝與儲藏條件的改變。(2)確定樣品是否存在總體之間的差異。(3)確定 2 個樣品是否可以相互替代。(4)篩選和培訓品評員，且監督品評員對評估樣品的區分能力。除了前述幾種方法外，尚有一種常用在評估樣品數目較多之專一測試的差異分析法－順位法(ranking test)，通常會要求品評員將評估的樣品從最甜排列至最不甜或是口感從最綿密排列到最不綿密。實務上，順位法最常使用於瞭解消費者喜好性的分析，它的評估方式是要求品評員從最喜歡的樣品排列至最不喜歡的樣品，並進一步透過統計分析來瞭解消費者對於樣品的喜好是否有顯著的差異。詳細資訊請參考第 7 章，表 6-1 為常用差異分析方法與應用之重點整理。

表 6-1　幾種差異分析方法及應用

方法	成對比較法	2-選項必選法	三角測試法	3-選項必選法	二三點測試法	四分測試法	A 非 A 測試法
樣品提供之組合	4 AB, BA AA, BB	2 AB, BA	6 ABB, AAB, ABA BAB, BBA, BAA	3 ABB, BAB, BBA 或 AAB, ABA, BAA	平衡參照模式=2 R_{AAB}, R_{ABA} 固定參照模式=4 R_{AAB}, R_{ABA} R_{BAB}, R_{BBA}	6 AABB,ABBA,BBAA, BABA,ABAB,BAAB	2^n
適用範圍與特點	簡單且不易產生感官疲勞；當檢驗樣品增多時，要比較的樣品數目很大，甚至無法一一比較	明確知道要比較的感官特性間之差異	當 2 個樣品在視覺上沒有差異時，應用最廣的一種差異果分析法 品評大量樣品時，經濟性差；品評風味強烈的樣品時，易成對比較檢驗更易受感官疲勞的影響；很難保證兩個樣品完全一樣	明確知道要比較的感官特性間之差異	當 2 個樣品在視覺上沒有差異時，和 3 角測試法想比統計上的有效性較低但受感官疲勞的影響較 3 角測試法低；對於有餘味不如成對味的樣品檢驗比較檢驗	容易造成感官疲乏的樣品不適用	此方法當僅可找到少量的（如 10 個）優選品評員時適用於之，多用於視覺、嗅覺聽覺、味覺檢驗
樣品提供方法	同時	同時	同時	同時	同時或循序（先給 R 在給一對樣品）	同時	循序
期待結果	決定是否兩 2 個樣品不同但無法知道不同的方向	決定哪個樣品在某個感官特性是否有較高的強度感受	決定是否 2 個樣品不同但無法知道不同的方向	決定哪個樣品在某個感官特性是否有較高的強度感受	決定是否 2 個樣品不同但無法知道不同的方向	是否 2 個樣品不同或某個感官特性是否有較高的強度感受	決定是否 2 個樣品不同但知道不同的方向

表 6-1 幾種差異分析方法及應用（續）

方法	成對比較法	2-選項必選法	三角測試法	3-選項必選法	二三點測試法	四分測試法	A 非 A 測試法
應用	確定兩種樣品中更偏愛哪一種；培訓或選擇品評員	專一性的方法	用於品評樣品間的細微差別；當能參加檢驗的品評員數量不多時；建議使用培訓或選擇品評員或檢查品評員能力	專一性的方法，統計檢測力高	用於確定被檢測樣品與對照樣品之間是否存在感官差別；尤其適用於品評員很熟悉對照樣品的情況	很少的品評員可以得到很好的統計檢測力是此方法的特點；較小的樣本量可用於實現與三角測試相同的性能	特別適用於-無法取得完全相同的樣品之差別檢驗。也適用於敏感性檢驗。
猜測機率	50%[1]	50%	33.3%	33.3%	50%	33.3%（非專一）16.7%（專一）	10%
品評員數	建議 7 位以上專家；或 20 位以上優選品評員；或 30 位以上初級品評員	品評員的人數對結果的判定影響不大	建議 6 位以上專家；或15 位以上優選品評員或25 位以上初級品評員；人數不足時，可重複評價	品評員的人數對結果的判定影響不大	建議至少 32-36 初級品評員，人數不足時，可重複評價	僅需要三角測試法人數的 1/3	建議 7 位以上專家；或 20 位以上優選品評員；或 30 位以上初級品評員
統計方式	二項式分布（查表法）、卡方分析與 Z 檢定	二項式分布（查表法）、卡方分析與 Z 檢定	二項式分布（查表法）、卡方分析與 Z 檢定	二項式分布（查表法）、卡方分析與 Z 檢定	二項式分布（查表法）、卡方分析與 Z 檢定	二項式分布（查表法）、卡方分析與 Z 檢定	卡方分析
備註	可用於相似性測試		可用於相似性測試		可用於相似性測試	可用於相似性測試	

1. 成對比較法的 50%的機率是數學或理論上的而實際上並不是 50%，只是接近 50%
2. 相似性測試是證明某些情況下兩個產品之間不存在差異；例如:用一種新的成分代替價格升高或貨源不足的老成分而發生的成分變化或使用新設備代替原來老設備的加工的變化；品評員人數是否足夠驗證相似性測試的結論是正確的結論是非常重要的考量因素；測試人數通常至少要原來各方法的 2-3 倍以上為佳

要瞭解 2 個或 2 個以上的樣品在某些感官指標是否具有差異且想明確知道差異程度的大小，品評員通常要經過嚴格的訓練，確認品評員間對於這個感官指標的認知一致且在評估量表的使用上趨勢相同或一致。這個指標可以是一個單獨的指標（例如：甜度）或者是相關聯指標的綜合反映（例如：新鮮程度）或整體評價（例如：整體風味強度）。除了喜好性試驗外，進行其他試驗之品評員都需要經過一定的訓練，能夠理解識別並遵守規定之程序來進行產品的評估，才能保證試驗的有效性。這個方法一般稱為評分法，將會在第 8 章描述分析的章節中做詳細介紹，不做專章的介紹，因為僅是評估特性指標的數目不同。表 6-2 為差異分析中順位法與評分法應用的重點整理。

利用差異分析試驗不能鑑別出產品間明顯的差異並不意味著樣品就是相似的。有些時候實驗的目的是為了確定兩種樣品是否不同，比方說食品工廠的某一個產品找了兩家以上的代工廠代工，即使配方相同，也無法保證味道會相同，這時候就必須使用差異分析法的相似性測試(similarity test)驗證，確保品質的穩定。又比方說某冰淇淋工廠要換一個較便宜的原料取代原來的乳粉，在實驗的假設應該是希望新配方的味道和原配方的產品相似而不會是新舊配方的口味是否異同。相似性測試在品評員人數的使用上與異同性測試(same-different test)有很大的不同，異同性測試所需求的品評員人數較低，而相似性測試一定要有足夠的品評員人數，實驗才會具有代表性，這個原因將會在後面詳細說明。國際標準組織(International Standard Orangization, ISO)已經詳細定義了一些差異分析試驗之相關標準，本章將在綜合國外書籍與國際標準後做詳細的說明。

表 6-2　差異分析試驗中順位法與評分法應用的重點整理

方法	適用領域及方法總結	品評員人數	統計方法
順位法	通常評估 3~6 個但不多過 8 個樣品，對某單項指定的感官指標進行排序；順位法中的兩樣品必須存在先後次序，方法較容易但結果不如評分法的應用性廣。可作為其他較複雜試驗的預備試驗或對樣品進行分類與篩選	建議至少 15 位以上初級品評員	Friedman 測試法及查表法
評分法	通常評估 3~6 個但不多過 8 個樣品，對某單項指定的感官指標強度或差異進行評分；使用的標度可以是等距標度或比例標度。所有的樣品可以一起比較，和其他方法不同的是此種評分方式是一種絕對性的評估。樣品的評估順序可使用拉丁方塊實驗設計進行隨機排列；當產品呈送的樣品過多時（例如：7~15 個），可導入平衡不完全列分試驗等實驗設計於試驗中進行評估	建議 9~12 位優選品評員並進行重複試驗	t-檢定或變異數分析測試

　　進入差異分析試驗的介紹之前，先簡單說明反應偏差(response bias)在差異分析方法的一些問題及影響。反應偏差的定義是對某種反應有所偏好，而無視於實際刺激的情況，這是差異分析方法的基本問題。假如樣品的差異夠大，不會有反應偏差的問題存在，但如果 2 個樣品差異太小，且要求品評員去做一個不確定的評估時，就會有反應偏差的問題。感官品評中的反應偏差，不外乎品評員的「求好心理」，以能選擇正確為目的。

　　另外，準則的變化(criterion variation)（例如：嚴格或鬆懈，相同或異同）也會導致心理趨勢的偏差。強迫選擇程序(froced choice)可以被使用來穩定決定的準則，降低反應偏差，這就是為什麼大多的差異分析試驗，都被設計成強迫選擇法。另外，從統計的角度來看，所有常規方法的假設檢驗都有一個必選。強迫選擇法至少有 3 個重要特徵：(1)準則的兩邊必須存在在強迫選擇程序當中；假如比較樣品差異本身的不同，可使用相同或不同；如果比較樣品間差異之距離，可使用強弱或不同。(2)品評員必須被告知這被評估的樣品，被包含在準則的兩邊。(3)反應必須清楚地被區分定義，「不知道」或「不確定」這樣的反應是不被允許的。常用的標準差異分析試驗，例如：2-選項必選法(2-alternative forced choice, 2-AFC)、3-選項必選法(3-AFC)、三角測試法及二三點測試法都是屬於強迫選擇法，屬於無反應偏差的方法。

　　反應偏差和敏感性是獨立的，所以在品評測試中也會有方法伴隨反應偏差，例如： A 非 A 測試法。反應偏差會影響測試的檢定力，於本章後半部介紹之。另外，在進行差異分析試驗前，一定要瞭解樣品的特性，選擇適用的評估方法。不可以同時進行數種的差異分析檢測，換言之，同樣的樣品不宜進行數種差異分析試驗。

6.1 差異分析試驗

6.1.1 成對比較法及方向性對比法

　　成對比較法僅能應用於均質的產品，以隨機順序同時給予品評員 2 個樣品，要求品評員對這 2 個樣品進行比較，判定整個樣品或者某些特徵強度是否相同或不同的一種評價方法，稱為成對比較法(paired comparison test)。其中，專一性的成對比較法，又稱為方向性對比法(directional paired comparison test)，也叫 2-選項必選法(2-AFC)。決定採取哪種形式的檢驗，取決於研究的目的。進行成對比較法時，一開始就應分清是使用專一性的方法，還是非專一性的方法。如果研究人員知道 2 種樣

品在某一特定感官特性上存在差異為品質重點，那麼就應採用方向性對比法，屬於專一性的方法。如果檢驗目的只是關心 2 個樣品是否不同或品評員不清楚樣品間何種感官特性不同，使用成對比較法；如果想具體知道樣品某特性差異，比如哪一個樣品更受歡迎或者甜味強度較強，則使用方向性對比法。

　　成對比較法是最簡便執行且應用最廣泛的感官檢驗，此方法的特性在於比較時品評員不容易產生味覺疲乏，故常被應用於食品的風味檢驗。它也可分為非喜好性與喜好性測試。在喜好性測試中，一定是採用方向性對比法瞭解 2 種樣品間，哪一種更受消費者喜好。非喜好性測試中，除了可評估樣品是否相同或不同外，也常被用於品評員篩選、考核與訓練。ISO 國際標準在這個方法，只定義了方向性對比法而且只限使用在非喜好性的測試上。

一、方法特點

1. 成對比較法

　　品評員每次得到 1 對樣品，被要求回答樣品是相同或不同。樣品（樣品 A 和樣品 B）的呈送順序可能有四種組合，分別為 AA、BB、AB、BA。其中 AA、BB 這 2 種次序是必須的，因為幾乎所有的品評員都會對樣品的差異存在著期望，會預期樣品是有差異的；這四種順序應在品評員中進行交叉隨機處理。品評員的任務是比較 2 個樣品，並判斷它們是相同或不同，這樣的評估比較容易進行，品評員只需理解品評單中所描述的任務並不需要接受評價特定感官特性的訓練。一般要求 50~200 名品評員來進行試驗。在同一個試驗中，選擇的品評員要麼都接受過訓練，要麼都沒接受過訓練，不能有受過訓練和沒有沒受過訓練的品評員混雜。成對比較法的對立假設(Ha)為「樣品間可覺察出不同」，而且品評員可正確指出樣品間是相同或不相同的概率大於 50%，因此檢驗只表明品評員可辨別 2 種樣品，並不表明某種感官特性方向性的差異。樣品有逗留不去的因素（味道或顏色）或不容易取得是這個評估方法被使用的最佳時機。

2. 方向性對比法

　　品評員每次將會得到一對樣品，並要求回答這些樣品在某一特性方面（比方說是甜度、酸度、紅色強度等等）是否存在差異，通常會要求品評員識別出某一感官特性程度較高的樣品。樣品的呈送順序有 2 種，AB 或 BA，且呈送順序應該具有隨機性；方向性對比法容易操作，因此即使是沒有受過培訓的人，仍可以參與但必須熟悉要評估的感官特性。如果要評估的是某項特殊特性，品評員必須清楚樣品所要

評估之特性的含義，因此品評員須是有經驗或經過一定訓練，能識別指定的感官特性且知道如何執行品評單所描述的任務。方向性對比法的對立假設(Ha)是：品評員能夠根據指定的感官特性區別樣品，那麼在指定感官特性程度較高的樣品，被選擇的概率會大於 50%，該結果可指出樣品間指定特性存在差異的方向。使用此方法必須保證 2 個樣品只能在單一所指定的感官特性有所不同，否則不適用。例如：增加蛋糕中的糖分量，會使蛋糕變得比較甜，但同時會改變蛋糕的色澤和質地，在這種情況下，方向性對比法並不是一種很好的區別檢驗方法。

方向性對比法具有強制性，通常是不允許出現「無差異」的結果，因此要求品評員「強制選擇」，可以增加得出有效結論的機會，即「顯著結果的機會」。這方法的缺點是鼓勵品評員去猜測，不利於品評員忠誠地記錄「無差異」的結果，出現無差異選項（A 等同與 B）的這種情況時，實際上等於減少了品評員的人數。

二、實驗設計與品評單的形式與作法

根據實驗目的決定要用什麼品評方法進行品評實驗後，一定要事先完成實驗設計及品評單。進行差異分析試驗時，樣品的量或體積與盛裝的容器應該一致，避免品評員能以樣品提供的形式，得出樣品有關性質之結論。樣品被評估時的溫度也需要相同，通常會以該樣品在正常使用時的溫度，作為提供標準。品評員應該詳細被告知他們是否需要吞嚥或吐出樣品，或者是根據他們的喜好方式進行，但所有的過程必須一致。

品評員數目的多寡在每個品評試驗中皆需考慮，如何正確決定品評員的數目可以參考本章後面「差異分析試驗與檢測力關係」的內容。測試時，使用品評員之數目越多，將會增加檢測樣品微小差異之可行性。如果執行異同測試，品評員的數目典型上至少需要 24~30 人；若執行相似測試，品評員的數目至少要 60 人以上或更多。ISO 國際標準建議，用成對比較法執行異同測試不得低於 18 位品評員，而執行相似測試不得低於 30 位品評員。

在任何品評試驗，我們都希望評估的結果是具獨立性的；然而，有的時候品評員十分不容易招募，因此 ISO 國際標準也說明如果品評員不足時，執行異同測試可以考慮要求品評員重複進行樣品的評估，但相似測試盡量避免使用重複測試。若要要求品評員進行重複一次，以達到所需的品評員人數，需要所有的品評員皆進行重複，不能有些品評員有重複而有些沒有。關於差異分析試驗進行重複測試的分析方法，可以參考本章後面「品評員重複檢測樣品」的內容。

表 6-3 是成對比較法之樣品計畫，由於比較 2 個樣品是否有差異，有四種提供樣品的順序(AA、BB、AB、BA)；每個樣品必須提供 2 組樣品代碼，主要是給 AA 和 BB 這兩組順序使用。表中的組合方式就涉及實驗設計，即決定品評員要提供哪種組合方式的樣品；如何決定組合方式的方法，最簡單的方式是使用亂數表決定，也可使用軟體或相關資源，產生拉丁方塊(latin square design)或使用均衡區間設計(balance block design)等實驗設計（參考第 5 章）。也有品評操作人員自己隨機拿樣品的組合，但因為每個人所謂的隨機都還是會有習慣性，並不建議此種使用方法。很多書上會強調四種組合出現的機率要一樣，事實上出現機率不相等不容易造成結果偏差，除非該測試執行之品評員人數不足。

表 6-3　成對比較法之樣品計畫

實驗方法：成對比較法中

時間：2016.7.7　　　　　　　　　　品評人數：20 名　　　　地點：某間教室

樣品 A：某加工茶葉產品（7-11 購買）　　代碼：386、154

樣品 B：某加工茶葉產品（全家便利店購買）　代碼：789、573

組合方式：(1)AA(386/154)　(2)BB(789/573)　(3)AB(386/789)　(4)BA(789/386)

品評員代號	組合方式	樣品提供	品評員代號	組合方式	樣品提供
J1	1	386/154	J11	1	386/154
J2	4	789/386	J12	4	789/386
J3	3	386/789	J13	4	789/386
J4	2	789/573	J14	2	789/573
J5	4	789/386	J15	3	386/789
J6	2	789/573	J16	1	386/154
J7	1	386/154	J17	1	386/154
J8	3	386/789	J18	3	386/789
J9	3	386/789	J19	2	789/573
J10	2	789/573	J20	4	789/386

註：此樣品計畫只是範例，品評員人數可能不足

　成對比較法之品評單如表 6-4 表所示，2 個樣品應該同時提供給品評員，品評員應該和品評單所示的方向（由左而右）進行品評，可以重複品嚐每個樣品。每對樣品必須獨立使用一張品評單，假如品評員要進行超過一次以上的測試，每對樣品所評估完的品評單與樣品要完整回收，千萬不能讓品評員回去前次品評的樣品，或

修改前次所確認的答案。在進行差異性試驗時，不應同時問喜好程度、接受性或差異量大小等問題，這些可能會造成品評員評估的偏差。表 6-5 與表 6-6 分別為方向性對比法之樣品計畫與品評單，而圖 6-1 顯示了成對比較法之樣品提供示意圖。

表 6-4　成對比較法品評單

成對比較法品評單

品評員：　　　　　　　　　　　　　　　　　　　　　　　　　　　日期：2016.10.27

本試驗共有 2 個樣品，請品評後在適當的選項上畫○，確認此 2 個樣品是否相同或相異。在開始此試驗之前，在您面前會有下列物品：1 杯白開水、1 個吐杯、衛生紙 1 疊、蘇打餅乾 1 片等，若您有缺少物品或任何問題，請舉手告知服務員，以便為您服務。

進行試驗的評分方式：

1. 在開始此試驗之前，請先吃一口餅乾在口中咀嚼後吐出，再用白開水漱口至口中沒有其他味道。品嚐新樣品前，請重複此一步驟。
2. 請由左至右的順序開始評估，評估時請打開樣品的蓋子，喝下適量的樣品，盡量使樣品充分與口腔接觸後；瞭解味道後，在適當的的號碼上畫○。

　　　　　　　　　相同　　　　　　　　　　　　　　　　不同

表 6-5　方向性對比法之樣品計畫

實驗方法：方向性對比法　　　　地點：食品感官品評室　　　時間：2016.10.27
品評員：18 人　　　　　　　　　編號：DON2011-2
樣品 A：百事可樂寶特瓶(369)　　樣品 B：可口可樂寶特瓶(891)
樣品順序：(1)AB(369/891)　　(2)BA(891/369)

品評員	提供順序	代號	品評員	提供順序	代號
J1	1	369/891	J11	1	369/891
J2	1	369/891	J12	1	369/891
J3	2	891/369	J13	2	891/369
J4	2	891/369	J14	1	369/891
J5	1	369/891	J15	2	891/369
J6	2	891/369	J16	1	369/891
J7	2	891/369	J17	2	891/369
J8	1	369/891	J18	2	891/369
J9	2	891/369	J19	1	369/891
J10	2	891/369	J20	1	369/891

註：此樣品計畫只是範例，品評員人數可能不足

表 6-6　方向性對比法品評單

方向性對比法品評單

品評員：　　　　　　　　　　　　　　　　　　　日期：2016.10.27

本試驗共有 2 個樣品，請品評後在適當的號碼上畫○，確認哪個比較甜。在開始此試驗之前，在您面前會有下列物品：1 杯白開水、1 個吐杯、衛生紙 1 疊、蘇打餅乾 1 片等，若您有缺少物品或任何問題，請舉手告知服務員以便為您服務。

進行試驗的評分方式：

1. 在開始此試驗之前，請先吃一口餅乾在口中咀嚼後吐出，再用白開水漱口至口中沒有其他味道。品嚐新樣品前，請重複此一步驟。

2. 請由左至右開始評估，評估時請打開樣品的蓋子，喝下適量的樣品，盡量使樣品充分與口腔接觸；瞭解味道後，在適當的號碼上畫○。

■ 圖 6-1　成對比較法之樣品提供示意圖

369　　　　　　　　　　　891

6.1.2　三角測試法

　　三角測試法是差異分析試驗中最常使用的一種方法，是由美國 Bengtson 及其同事提出。在檢驗中，同時提供三個編碼樣品，其中有 2 個編碼是相同的樣品，要求品評員挑選出其中一個樣品不同於其他 2 個樣品的檢驗方法。此檢驗法可確定 2 個樣品間是否有可覺察的差異，但不能表明差異的方向。三角測試法是一個有難度的檢驗，因為品評員在評估第三個樣品前，必須對前 2 個樣品的感官特性進行回憶才能做出判斷。這個測試法通常應用在不知道差異為何的 2 種樣品，如果樣品具有強烈的攜帶效應(carry-over effect)或口齒留香的特性，並不適用於此方法進行評估。三角測試法常被應用在以下幾個方面：(1)確定產品的差異是否來自成分、加工、包裝和儲存期的改變。(2)確定 2 種產品之間是否存在整體差異。(3)篩選、培訓和檢驗品評員，以提高其發現產品差異的能力。三角測試法有一些缺點，包含：(1)與成對比較法相比，風味較強的樣品採用此法容易導致味覺疲乏。(2)如果樣品間的差異是已知的，和其他測試相比，統計上有較少的效益。(3)這方法只能使用在樣品非常均勻的狀況，樣品的溫度、供應的量要完全一致，以避免存在一切人為因素帶來的外部差異而對品評員造成強烈暗示。(4)評估較多數目的樣品時，缺乏經濟效益。

一、方法特點

　　三角測試法是一種專門的方法，用於檢驗 2 種樣品之間是否有差異，而且適合於樣品間細微差異的鑑定，如品質管制和仿製產品。其差異可能與樣品的所有特徵或者與樣品的某一特徵有關；能夠參與評估之品評員人數不是很多的時候，可選擇此法。三角測試法的無差異假設是當樣品間沒有可覺察的差異時，做出正確選擇的概率為 1/3。因此，此法的猜對率僅為 1/3，相較於成對比較法和二三點測試法 1/2 的猜對率，被猜對的概率低得多。這裡的概率說明此方法只需要較少數量的正確選擇就可以達到統計的顯著性，但不意味著此方法的敏感度較高。事實上，成對比較法的敏感度較三角測試法及二三點測試法高。參與品評的人數多少要因任務而異，三角測試法通常要求品評員在 20~40 人之間。樣品如果差異非常大很容易被區分出來，約 12 位品評員即可，而試驗目的是檢驗 2 種產品是否相似時（是否可以相互替換），要求的品評員人數則為 50~100 人之間。此法通常需要使用有經驗的品評員（至少具有感官品評的知識及熟悉品評的操作），因為此方法有一定的難度，主要原因是品評員在評估第 3 個樣品時需要對前面 2 個樣品的感官特性進行回憶後，才能夠做出判斷。ISO 標準建議三角測試法品評員於異同測試不低於 18 位，而相似測試不得低於 30 位。

二、實驗設計與品評單的形式與作法

　　在三角測試法中，每次隨機呈送給品評員 3 個樣品，其中 2 個樣品是一樣的，一個樣品則不同；為了使 3 個樣品的排列次序和出現次數的機率相等，可能的組合有 6 種，分別是：BAA、ABA、AAB、ABB、BAB 和 BBA。在實驗組合中，此六種組合盡量要求被呈送的機會相等，特別是試驗需求品評員人數較少時（表 6-7）；品評員人數較多且不是 6 的倍數時，建議提供之順序在 2As 和 2Bs 上取得平衡。表 6-8 為三角測試法品評單。品評員進行評估時，每次都必須從左到右的順序品嚐樣品。品評過程中，允許品評員重新評估已經做過的樣品，找出與其他不同的樣品。此外，使用此方法時，品評員不能以提供樣品的形式得出樣品有關性質之結論，所以樣品的顏色或外觀不同，需要利用濾光器或其他顏色光源遮蔽外觀之差異。其他樣品提供的注意事項、品評員人數或品評單等相關原則，如同成對比較檢驗法所述。為了獲得更有多可能有用的資訊，在三角測試法品評單最後可以問品評員「為什麼選擇該樣品與其他 2 個不同」，如果最後統計結果說明 2 個樣品存在顯著差異時，可以根據品評員所寫的理由粗略瞭解樣品存在差異的原因。圖 6-2 為三角測試法之樣品提供示意圖。

表 6-7 三角測試法之樣品計畫

實驗方法：三角測試法

時間：2016.7.7　　　　　　　　品評人數：30 名　　　　　　　地點：某間教室

樣品 A：運動飲料大瓶裝（7-11 購買）　　　　　　　　　　　代碼：617、569

樣品 B：運動飲料小瓶裝（全家便利店購買）　　　　　　　　代碼：891、573

組合方式：　(1)AAB(617/569/891)　　(2)ABA(617/891/569)　　(3)BAA(891/617/569)
　　　　　　(4)ABB(617/891/573)　　(5)BAB(891/617/573)　　(6)BBA(891/573/617)

品評員	組合方式	樣品提供	品評員	組合方式	樣品提供	品評員	組合方式	樣品提供
J1	1	617/569/891	J11	1	617/569/891	J21	6	891/573/617
J2	4	617/891/573	J12	6	891/573/617	J22	1	617/569/891
J3	3	891/617/569	J13	3	891/617/569	J23	4	617/891/573
J4	2	617/891/569	J14	4	617/891/573	J24	2	617/891/569
J5	5	891/617/573	J15	2	617/891/569	J25	5	891/617/573
J6	6	891/573/617	J16	1	617/569/891	J26	6	891/573/617
J7	5	891/617/573	J17	6	891/573/617	J27	1	617/569/891
J8	3	891/617/569	J18	5	891/617/573	J28	3	891/617/569
J9	2	617/891/569	J19	3	891/617/569	J29	4	617/891/573
J10	4	617/891/573	J20	2	617/891/569	J30	2	617/891/569

註：此樣品計畫只是範例，品評員人數可能不足

表 6-8 三角試驗法品評單

三角測試法品評單

品評員：　　　　　　　　　　　　　　　　　　　　　　　　　日期：

說明：

1. 以下共有 3 個樣品，請由左至右開始評估，請打開樣品的蓋子，喝下適量的樣品，盡量使樣品充分與口腔接觸；瞭解味道後，選出每組樣品中味道與另 2 杯不同者。

2. 品嚐新樣品前，請先漱口，請重複此一步驟。

3. 若有需要服務員增加漱口水、清理吐杯水、其他需求或完成本次品評等時，請舉手告知服務員。

617　　　　　　　569　　　　　　　891

■ 圖 6-2 三角測試法之樣品提供示意圖

6.1.3 二三點測試法

　　二三點測試法是由 Peryam 和 Swartz 於 1950 年所提出。此方法是同時提供品評員一個參照樣品(R)及要評估的 2 個樣品，要求品評員由 2 個樣品中選擇出與參照樣品不同的樣品，這種方法也被稱為一二點測試法。Stone 與 Sidel 建議（非推薦）在給品評員評估之樣品對前，就把參照樣品移走；這種把參照樣品先移走的作法，讓品評員在做出判斷前無法再根據需要回頭去參考參照樣品，這種作法使得整個測試看起來是一個記憶測試。二三點測試法的目的是區別 2 個同類樣品是否存在感官差異，但品評員只知道樣品可覺察到差異，而不知道樣品在何種性質上存在差異。這個方法適合當品評員對該評估樣品之感官特性非常熟悉時使用且品評員較熟悉的樣品可作為參照樣品；然而，假如樣品的餘味過強，與成對比較法與 A 非 A 測試法相比，這個測試較不適當。

一、方法特點

　　此方法是三角測試法的一種替代法。方法比較簡單，容易理解，但從統計學上來看不如三角測試法具有說服力，精度較差（猜對率為 1/2），故此方法常用於樣品數量少不易取得或風味較強、刺激較烈和產生餘味持久的樣品檢驗，以降低品評員之評估次數及避免味覺和嗅覺疲勞。另外，外觀有明顯差異的樣品不適宜此法。二三點測試法具有強制性，試驗中已經確定知道 2 個樣品是不同的，當兩樣品區別不大時，不必像三角測試法去猜測。

二、實驗設計與品評單的形式與作法

　　二三點測試法有 2 種形式：一種是固定參照模式(constant reference)；一種是平衡參照模式(balanced reference)。固定參照模式，樣品可被區分 2 組，例如：A（參照樣品）A&B 與 A（參照樣品）B&A，應在所有的品評員中交叉平衡，如表 6-9 所示。平衡參照模式，樣品可區分 4 組，如：A（參照樣品）A&B、A（參照樣品）B&A、B（參照樣品）A&B 與 B（參照樣品）B&A，應在所有的品評員中交叉平衡，如表 6-10 所示。固定參照模式的品評員最好經過培訓且對參照樣品很熟悉，以專家型品評員為佳；如果測試的樣品是當前市場所供應的樣品，這種方式是合適的，因為此法它具有強化參照樣品的感官特性和增加發現那些具有感知差異樣品的機會；特別是當樣品配方（原料供應來源或成本考量等）需改變，盡量讓最少的消費者感覺到這樣的變化，而使用固定參照模式的實驗設計可以增加感知差異的可能性。表 6-9 的情境就是三皇生物科技股份有限公司（生活泡沫綠茶發行商）研發單位要評

估一個新的市場競爭品（○○綠茶），可能模仿其味道，而考慮採取相關保護措施，由於未來進行的品評員都來自公司內部，對生活綠茶產品熟悉，便以熟悉的樣品作為二三點測試法的參照樣品。

假若品評員對測試的 2 種樣品都不熟悉，又沒有接受過培訓時，此時建議使用平衡參照模式。一般來說，二三點測試法最少需要 16 位以上的品評員；然而，研究發現品評員低於 30 位，統計上型 II 誤差(type II error)發生的機率較大，因此建議品評員人數應高於 30 位，正確區分樣品的能力較佳。此外，使用平衡參照模式，所要求品評員的人數要較多。ISO 標準建議實施異同測試不低於 24 位品評員，而實施相似測試不低於 36 位品評員。表 6-11 為二三點測試法之品評單，雖然樣品計畫中參照樣品寫 Ra（來自 A 樣品）或 Rb（來自 B 樣品），但在品評的容器上只能標 R，也就是不能給品評員對於參照樣品的任何提示，這點需要注意。

表 6-9　二三點測試法固定參照模式之實驗計畫

實驗方法：二三點測試法　　　地點：某間教室　　　　時間：2016.10.27
品評員：20 人　　　　　　　　編號：DON2011-5
樣品 A：生活泡沫綠茶寶特瓶(147)　　樣品 B：○○綠茶(298)
樣品順序：(1)RaAB(147/298)　(2)RaBA(298/147)

品評員	提供順序	代號		品評員	提供順序	代號	
J1	1	Ra	147/298	J11	1	Ra	147/298
J2	2	Ra	298/147	J12	2	Ra	298/147
J3	1	Ra	147/298	J13	1	Rb	147/298
J4	2	Ra	298/147	J14	2	Rb	298/147
J5	2	Ra	298/147	J15	2	Ra	298/147
J6	1	Ra	147/298	J16	1	Rb	147/298
J7	2	Ra	298/147	J17	2	Rb	298/147
J8	1	Ra	147/298	J18	1	Ra	147/298
J9	2	Ra	298/147	J19	2	Rb	298/147
J10	1	Ra	147/298	J20	1	Rb	147/298

註：此樣品計畫只是範例，品評員人數可能不足

表 6-10　二三點測試法平衡參照模式之實驗計畫

實驗方法：二三點測試法　　　　　地點：某間教室　　　　時間：2016.10.27
品評員：20 人　　　　　　　　　　編號：DON2011-4
樣品 A：生活泡沫綠茶寶特瓶(469)　　樣品 B：生活泡沫綠茶鋁箔包(887)
樣品順序：(1)RaAB(469/887)　(2)RaBA(887/449)　(3)RbAB(469/887)　(4)RbBA(887/449)

品評員	提供順序	代號		品評員	提供順序	代號	
J1	1	Ra	469/887	J11	3	Rb	469/887
J2	2	Ra	887/449	J12	2	Ra	887/449
J3	3	Rb	469/887	J13	3	Rb	469/887
J4	4	Rb	887/449	J14	4	Rb	887/449
J5	2	Ra	887/449	J15	2	Ra	887/449
J6	1	Ra	469/887	J16	1	Ra	469/887
J7	4	Rb	887/449	J17	4	Rb	887/449
J8	3	Rb	469/887	J18	1	Ra	469/887
J9	4	Rb	887/449	J19	2	Ra	887/449
J10	1	Ra	469/887	J20	3	Rb	469/887

註：此樣品計畫只是範例，品評員人數可能不足

表 6-11　二三點測試法品評單

二三點測試法品評單

品評員：J1　　　　　　　　　　　　　　　　　　　　　日期：2016.10.27

本試驗提供 3 個樣品，最左邊的樣品為 R，請從另外 2 個樣品中，選出味道與代號 R 味道不同者，請在味道不同的樣品的號碼上畫○。在開始此試驗之前，在您面前會有下列物品：1 杯白開水、1 個吐杯、衛生紙 1 疊、蘇打餅乾 1 片等，若您有缺少物品或任何問題，請舉手告知服務員以便為您服務。

進行試驗的評分方式：

1. 在開始此試驗之前，請先吃一口餅乾在口中咀嚼後吐出，再用白開水漱口至口中沒有其他味道。品嚐新樣品前，請重複此一步驟。

2. 請由左至右開始評估，評估時請打開樣品的蓋子，喝下適量的樣品，盡量使樣品充分與口腔接觸；瞭解味道後，在適當的的號碼上畫○。

　　　　　　　469　　　　　　　　　　　　　　　　887

6.1.4　5 中取 2 測試法

同時提供給品評員五個已經隨機順序排列的樣品，其中 2 個是被視為相同的樣品，另 3 個樣品被視為相同。要求品評員將這些樣品按相同的樣品分成兩組的一種檢驗方法，稱為 5 中取 2 測試法。

一、方法特點

由於要從 5 個樣品中挑出 2 個相同的產品，這個試驗易受味覺疲勞和記憶效果的影響，並且樣品量消耗較大，一般只用於視覺、聽覺、觸覺方面的試驗，較少用來進行味道（味覺）或香氣（嗅覺）的檢驗。另一方面，這個方法的優點是同時選對 2 個正確樣品的機率很低。從統計學上講，在這個試驗中正確答對的概率僅有 1/10 的猜對率，統計上更具有可靠性。品評人數不是要求很多，通常只需 10 人左右或稍多一些。該方法在測定上更為經濟，統計學上更具有可靠性，但在評估過程中，和三角測試法相似，容易導致味覺疲乏；建議使用在視覺、聽覺與觸覺的應用。

二、實驗設計

此檢驗方法可識別出兩樣品間的細微感官差異。在每次評定的試驗中，樣品呈送的順序，可能的組合有 20 個，如：AAABB、ABABA、BBBAA、BABAB、AABAB、BAABA、BBABA、ABBAB、ABAAB、ABBAA、BABBA、BAABB、BAAAB、BABAA、ABBBA、ABABB、AABBA、BBAAA、BBAAB、AABBB。

6.1.5　A 非 A 測試法

品評員先熟悉樣品 A 後，再將一系列樣品分別呈送給品評員，呈送的一系列樣品中有「A」，也有「非 A」。要求品評員對每個樣品做出判斷，哪些是 A，哪些是非 A，這種檢驗方法被稱為「A 非 A 測試法」(A, not A test)。這種是與否的檢驗法，也稱為單項刺激檢驗法。此試驗適用於確定原料、加工、處理、包裝和貯藏等各環節的不同，所造成的 2 種產品間存在的細微感官差異，也適用於確定品評員對樣品特性的靈敏性。這個方法特別適用於外觀顏色有微小差異及餘味強的產品。

一、方法特點

在試驗前，應讓品評員能夠清楚地認識與識別樣品 A，必要時也可以讓品評員對非 A 做體驗。試驗時，品評員先評估第一個樣品，然後撤掉該樣品，接著再評估

第二個及後續的樣品，要求品評員指明這些樣品感覺上和第一個樣品是相同還是不同。此試驗的結果只能表明品評員可覺察到樣品的差異，但無法知道樣品品質差異的方向。

二、實驗設計

樣品對的組合會有 4 種可能的呈送順序，如 AA、BB、AB、BA（此時 B 為非 A 之意思），這些順序要能夠在品評員之間交叉隨機化。在呈送給品評員的樣品中，分發給每個品評員的樣品數應相同，但樣品「A」的數目與樣品「非 A」的數目不必相同。每次試驗中，每個樣品要被呈送多次。另外，樣品每次出示的時間間隔很重要，一般是相隔 2~5 分鐘。每次評估的樣品數量將視品評員的生理疲勞程度而定，受檢驗的樣品數量不能太多，應以增加品評人數來增加品評結果可靠性。品評員必須經過訓練，能夠理解品評單所描述的任務，基本上建議使用初級品評員或優選品評員，且參加品評的所有品評員應具有相似的水平與檢驗能力。這個方法使用專家型品評員應為 7 位以上，使用優選品評員需 20 位以上，初級品評員需 30 位以上。表 6-12 為 A 非 A 測試法的結果記錄方式。

A 非 A 測試法的記錄結果應該使用卡方分析(chi-square test)來計算 A 和非 A 的選擇總和是否有顯著差異。當樣品總數（所有回答數 N33）小於 40 或 Nij（如 N11）小於 5 時，建議使用葉氏(Yates)連續校正卡方檢定；若當樣品總數（所有回答數 N33）大於 40 或 Nij（如 N11）大於 5 時，使用傳統卡方分析計算。至於何謂葉氏連續校正，於本章後面敘述。

A 非 A 測試法也非常適合使用訊號偵測理論 R 指數來進行統計分析，請參 6.2.8 節。

表 6-12　A 非 A 測試法的結果記錄方式

樣品數 判別數		A 或非 A 的樣品數		累計
		A	非 A	
判別為 A 或非 A 的回答數	A	樣品本身為 A 而品評員也認為是 A 的回答總數 N11	樣品本身為非 A 而品評員認為是 A 的回答總數 N12	第一列回答數總和 N13
	非 A	樣品本身為 A 而品評員認為是非 A 的回答總數 N21	樣品本身為非 A 而品評員也認為是非 A 的回答總數 N22	第二列回答數總和 N23
累計		第一行回答數總和 N31	第二行回答數總和 N32	所有回答數 N33

6.1.6　四分測試法

四分測試法(tetrad test)是一個新的方法，最近幾年有了比較完整的研究，2011年 ASTM 國際委員會 E18 已經將此方法納入其標準。此法可以進行非專一性測試和專一性測試，此法總共提供品評員 4 個樣品，每次提供品評員 2 個樣品，提供 2 次後要求品評員將 4 個樣品，根據樣品的相近程度挑選成 2 組。也可以 1 次提供品評員 4 個樣品要求他們依照由左到右的方向依序品評後，挑選出哪 2 個樣品為相近成為一組，其可能的組合有 6 個，包含 AABB、ABAB、ABBA、BBAA、BABA、BAAB，從統計學來說，四分測試法在非專一測試上正確答對的機率為 1/3 的猜對率而在專一測試上正確答對的機率為 1/6（比較 2 個樣品何者較甜，先從 4 個樣品挑一個比較甜的機率為 1/2，再從 3 個挑一個較甜樣品的機率為 1/3，整體機率為 1/6）。

這個測試優點是只需要很少的品評員就可得到很好的統計檢測力。如果以猜測機率都是 1/3 的方法來說，在相同的假設下，3-選項必選法(3-AFC)所需的品評員數最少，其次為四分測試法，而三角測試法所需的品評員數最多。此外，相同的品評員分別檢測三角測試法及四分測試法，四分測試法中品評員正確回答的比例會高於三角測試法，四分測試法所需要的品評員大約只要三角測試法的 1/3。當然，如果產品是高芳香性的產品或食品，四分測試法將會失去價值，因為可能容易造成嗅覺或味覺疲乏，或者造成記憶樣品區別的負荷大增。

6.1.7　差異分析試驗的一些提醒

表 6-13 為差異分析試驗的操作指南。不同感官品評試驗應該獨立，在進行差異分析試驗後，常常會利用相同的品評員來詢問喜歡哪個樣品，這是不正確的作法。雖然差異分析試驗可以使用無經驗的品評員進行測試，好像符合消費者測試中實驗的需求，然而，2 種測試方法評估的思惟不同。差異分析是在區別產品的思維中進行評估而消費者測試卻是將評估的產品視為一個整體，進行喜好性的分析。這樣的作法提供了消費者過多的資訊，在進行產品區別的經驗後，進行喜好性的評估可能會有偏差（主要是光圈效應的影響）。

6.1.8　差異分析試驗的品評員

差異分析試驗根據檢測方法的難易程度，雖然可以使用無經驗的品評員或有經驗的品評員（不可混用），但還是有一些基本需要注意的事項。品評前不能做什麼事情或者品評員應該要有的認知，需要在實驗進行前就告知，例如：感冒或睡眠不足

的品評員不應該參加測試。實驗正式進行前，一定要向品評員講解本次實驗正確步驟並要求品評員讀完品評單的指導說明，讓品評員理解整個的實驗進行流程。如果為無經驗的品評員，品評小組帶領者還要向品評員講解感官品評的基本概念與基本使用術語的定義與內涵。如果評估涉及到感官特性，一定要確認所有的品評員瞭解所評估感官特性真實的意義（例如：甘甜味），也許要透過標準品及簡單的訓練來達到品評員瞭解的目的。此外，品評小組帶領者必須充分的瞭解各種差異分析試驗的優缺點、使用時機與限制，挑選一個適當的方法進行評估（表 6-14）。

表 6-13　差異分析試驗操作指南

項次	步驟
1	準備品評實驗設計單(樣品計畫，參考表 6-3,6-5,6-7,6-9 或 6-10) (1)填入預定評估的 2 個樣品名稱在樣品計畫的頂端並定義何者樣品為 A、何者樣品為 B，但僅品評操作員知道所定義的樣品 (2)填入品評員數目，給每個品評員一個編號 (3)創造樣品的排列方法 (4)決定樣品排列的順序 (5)安排隨機三碼到每個樣品並安排給每個品評員
2	在品評杯上寫上樣品計畫已預設的樣品代碼，其中二三點測試法中有參照樣品 R，品評杯上僅能夠寫上 R，不能寫上 Ra 或 Rb，也不能使用不同顏色的筆來做區分
3	準備品評時，品評單上必須填上日期、品評員代號、樣品的代碼（必須根據實驗設計單上安排的順序）（參考表 6-4,6-6,6-8,或 6-11）
4	準備樣品：事前已經設定好三碼的品評杯中放入樣品，注意樣品的提供量與外觀皆須盡量一致，然後加上蓋子
5	根據樣品計畫的安排，依照順序將樣品放在要給予品評員的品評盤上（這個步驟需要有人協助，一個人唸出樣品計畫單上樣品被設定提供的順序，另一個人根據所聽到的順序挑選樣品並進行擺放），同時也放置品評單和漱口的水杯在盤上，重複檢查樣品放置的順序
6	提供樣品給品評員進行評估，品評員圈選三碼時，請使用原子筆而不要使用鉛筆
7	根據實驗設計單的原始安排，進行品評單結果的解碼（品評員是否正確選擇）：解碼（評估是否正確選擇）是簡單且有順序的，為了分析資料，必須將品評員圈選的結果數字化（計算正確答對的品評員數目）
8	分析資料（建議使用查表法或修飾卡方分析）

　　進行差異分析試驗時需要考慮該方法所需之最小品評員數目，評估才會有意義。所以進行評估時最好使用獨立的品評員（也就是每位品評員只進行測試 1 次，

讓品評員進行重複實驗是非常不得已的狀況），但是可以分次分日來累積所需之品評員數，不用所有的品評員同時聚在一起進行評估。在實務上，這樣進行也會比較容易與可行。

表 6-14　常用差異分析試驗使用時機與限制

測試方法	使用時機與限制
成對比較法	**適用情況** 當樣品有延遲效應、供應不足或不適合使用三角測試法或二三點測試法時，最適合使用
三角測試法	**適用情況** 1. 特別適用在產品開發中，成分、加工等因素改變導致樣品可能改變但不知道改變的特徵是什麼 2. 產品均質化程度越高越適用 3. 用來訓練及篩選品評員 **使用限制** 1. 容易造成感官疲勞或傳遞效應強的樣品不適用 2. 樣品外觀與質地些微不同，不適用此法
二三點測試法	**適用情況** 1. 和成對比較法相比，有參考物可以降低品評員的疑惑 2. 品評員熟悉其中某樣品時特別適用 **使用限制** 餘味強的樣品用此方法比成對比較法來的較不適合
5 中取 2 測試法	**適用情況** 由於記憶效應也是影響此方法適用與否的重要因素，這個方法通常用於視覺、聽覺、觸覺是否相同的檢測 **使用限制** 1. 容易造成感官疲勞的樣品不適用 2. 比較少用在風味的檢測上
A 非 A 測試法	**適用情況** 1. 當樣品外觀與餘味有變化時，最適合使用 2. 相似重複的樣品不容易獲得也十分適用
四分測試法	**適用情況** 特別適用在能進行評估之品評員人數較少時，可使用專一及非專一測試 **使用限制** 高芳香性或容易造成感官疲勞的樣品不適用

6.2 差異分析試驗的統計

差異分析試驗有 2 種不同的理論模式，猜測模式(guessing model)與賽斯通模式 (Thurstonian model)。這 2 種模式分別從不同的觀點去分析資訊，所以 2 種模式天生來說就是不相容而且各有優點與缺點。使用者實務上應該選擇其中一種使用，而產業界的使用者建議是選擇猜測模式。

6.2.1 猜測模式

猜測模式的假設是將品評員區分為兩群，一群為真正鑑別者而另一群為非真正的鑑別者（包含猜對者和猜錯者）。真正鑑別者的是指在任何情況下總是能夠答對正確的答案，而猜對者是在某個特定的機率下才會答對（以二三點測試法為例，猜對機率 Pg＝0.5）。例如：4 位品評員使用二三點測試法進行檢測，評估的結果為 3 位答對而 1 位答錯，實際上，那 1 位答錯的真實狀況就是猜錯者，而二三點測試法猜錯的機率為 0.5，也就是說猜對的機率也為 0.5。換言之，3 位答對中有 1 位是猜對者，實際真正的鑑別者只有 2 位。為了評估真正鑑別者比率(Pd)就必須瞭解正確答對者的比率(Pc)及猜對者的比例(Pg)，使用下列的公式表示之：

$$Pd = Pc - \frac{Pg}{1 - Pg}$$

從此公式可知道真正鑑別者的比率和正確答對的比率是一個線性連結，依賴猜對者的比例。這裡要說明一點是這裡的真正鑑別者，和感官品評小組中具有穩定能力的品評員不能做關聯。猜測模式的真正鑑別者不用於挑選出任何一個個體，因為實務上我們不知道誰才是真正的鑑別者而且應用這個模型時也沒有必要知道誰是真正的鑑別者。該模型的目的只是估計在一段時間於區別狀態下，能做出正確回答者之最可能的比例而不是偶然正確回答的人。

猜測模式這個方法雖然簡單並且容易解釋結果。但是也有一些問題，最被討論的問題是使用相同猜測機率之不同的方法可能會導致不同的結果。例如：同一組品評員使用 3-選項必選法評估樣品差異，其顯示產品間有顯著性差異，但使用三角測試法可能的結論卻顯示沒有顯著性差異，但兩者猜對率同為 1/3。三角測試法無法將不容忽視的差異檢測出，這原因可能來自於幾個方面：(1)統計檢定力不足（品評員不夠）。(2)品評員評估的方式：品評員在三角測試法和 3-選項必選法的鑑別方式不同；三角測試法的鑑別者需要根據 3 種產品的比較並辨別出這些察覺到的差異中

哪 2 個差異最小而做出正確的判斷，但 3-選項必選法的鑑別者需要正確的選擇最強或弱項的特性，而不用比較每對的相對差異。(3)Gridgeman 極性反論(Gridgeman paradox)：3-選項必選法（猜對率 1/3）的結果選擇正確之品評員人數會高於三角測試法（猜對率 1/3），同樣的 2-選項必選法選擇正確之人數也會高於成對比較法。3-選項必選法選擇正確的人數會高，是由於品評員對感官特性的知識幫助了正確判斷與涉及到撒去策略(skimming strategy)。從以上的敘述可知，使用猜測模式分析之差異分析試驗的結果必須視為方法專一，也就是說不能直接解釋不同方法間的差異。表 6-15 為認知策略的類型及對應的方法，而圖 6-3 解釋了為何距離比較策略(comparison of distance strategy)會比撒去策略的檢定力弱。

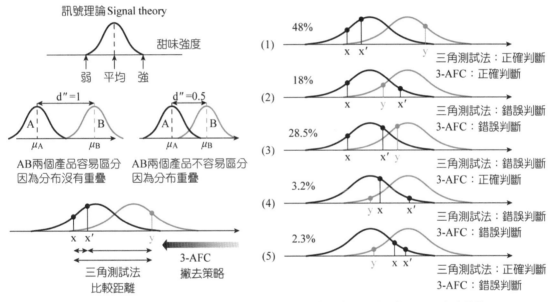

撒去策略的檢定力(3-AFC, 76.5%)通常會比距離比較策略的檢定力（三角測試法，50.3%）來的強，因為不會失敗檢測到不容忽視的差異

▌圖 6-3　為何距離比較策略會比撒去策略的檢定力弱

表 6-15　認知策略的類型及對應的方法

認知策略		類型	方法
距離比較策略		非方向性差異分析試驗（無反應偏差）	三角測試法、二三點測試法
撒去策略		方向性差異分析試驗（無反應偏差）	n-選項必選法
其他策略	類似距離比較策略	非方向性差異分析試驗（有反應偏差）	成對比較法
	類似撒去策略	有反應偏差	A 非 A 測試法

6.2.2 賽斯通模式

賽斯通模式(Thurstonian model)應用在差異分析試驗會使 Gridgeman 極性反論在不同方法所產生的矛盾問題獲得解決，但此模式所獲得的結果非常不直接而不容易解釋。我們用飲料的甜味來解釋賽斯通模式，假如我們喝飲料幾次，對飲料甜味的強度感覺不會完全相同，而有強弱的變化，累積所喝這飲料甜味的強度的感覺會形成一個分布（通常是常態分布），這也就是訊號偵測理論(signal detection theory)。這個變化來自於幾個原因：(1)神經系統神經元自發放電所產生的隨機雜訊。(2)甜味物質鍵結味蕾的甜味接受器每次會有些微的不同。(3)飲料中的甜味物質分布也不一定均勻分配。(4)我們每次所喝的飲料量也有些許不同。換言之，訊號偵測理論的基本假設是人對於某一信息反應正確與否，不僅是決定於刺激本身的強度，同時也與背景中的其他刺激、當時個體的動機及個體主觀經驗所設定的標準等因素有關。也就是說，在感覺判斷的時候，同時能考慮「感覺」與「非感覺」因素的影響，「感覺」因素影響人類的敏感度(sensitivity)，而「非感覺」因素影響受試者的決策與反應；不管受試者採取哪種決策的態度，敏感度最後終能獨立測量出來。就味覺的訊號偵測而言，當沒有任何訊號出現時，受試者舌頭所感受到的只是干擾作用的背景（所謂的噪音，noise）而已，但是干擾作用背景的能量能隨環境的改變而改變，因此形成了一個干擾作用背景能量的分配（稱為 N 分配）。然而，當味覺的訊號(signal)出現，受試者味蕾所感受到能量的強度是干擾背景的能量強度加上訊號的能量強度，如果訊號能量的強度保持固定不變，訊號出現的能量分配（即 SN 分配）是等於把 N 分配沿著強度的方向移動一固定的距離，而移動的距離的大小由訊號的強度的大小來決定。賽斯通模式是利用訊號模式分析正確答對的比率(Pc)，2 個產品重疊分布間的距離（干擾作用的背景分布與訊號分布的分離程度）為 d"值，稱為感覺辨別力(sensory discriminability)，表示產品差異的大小。d"值越大表示產品差異越大，而 d"值為 0 表示產品不可區分（沒有不同）；這個 d"值在猜測理論上是不存在的。

賽斯通模式除了數據解釋困難和溝通，所以無法對大多數產品研究人員提供有效的決定方案，也無法回答食品再次品嚐後的一些狀況。例如：在進行味覺檢測時，品評員品嚐特定食品的次數通常沒有限制，但再次品嚐與品評員第一印象在程度上會有差異，而訊號模式是給定刺激所期望體驗分布的瞬間採樣，這個部分還存在一些問題。目前賽斯通訊號檢測模式用於差異分析試驗是以美國加州大學戴維斯分校 O'Mahony 教授等學者為首，使用 R-指數(R-index)的統計分析方法，將此方法用在食品品評的應用。表 6-16 為猜測模式和賽斯通模式之比較。

　　賽斯通模式的發展推動了方法間的比較,但在實務上對某產品進行檢驗計畫中包含不同差異分析方法的比較是相當少見的,產業界通常只需要使用一種區別檢驗方法(但須注意方法使用限制)而且對於這種方法結果和解釋能夠熟悉及覺得舒適即可。雖然越來越多研究顯示使用賽斯通模式去分析差異分析試驗的資料比猜測模式來的適當,本章所講述的差異分析試驗的統計方式仍以猜測模式為主,因為結果比較容易解釋計算與溝通並且實務上廣泛地使用。

表 6-16　猜測模式和賽斯通模式之比較

模式	猜測模式 guessing model	賽斯通模式 Thurstonian model
計算 方式	1. 簡單模式,假設主題為真正鑑別者(Pd)與猜測者(Pg) 2. 主題相關 3. 不需要特別的軟體	1. 進階模式,產品的感知具有某種分布狀況(通常為常態分布) 2. 產品相關 3. 需要特別的軟體提供 d″
評估 參數	1. 猜測者 Pg 的比例 2. 計算真正鑑別者的比例 3. 涉及到正確答對的比率(Pc)及猜對者的比例(Pg)的線性關係	1. d″訊噪比(signal to nosie ratio)的統計評估 2. 主要計算 2 個產品感知之平均分布距離根據訊噪比 3. Pc 和 d″心理測量學的功能
其他 特徵	1. 假如明確定義,檢定力強 2. 不穩定(方法專一) 3. 容易解釋和溝通 4. 已經有好的結果統計表格提供給使用者 5. 對商業比較有用	1. 檢定力強 2. 穩定(非方法專一) 3. 比較困難解釋和溝通 4. 沒有好的結果統計表格提供使用者 5. 對商業應用比較沒有用
統計 方式	1. 二項式定理 2. 卡方分析 3. Z 檢定	R 指數(R-index)

6.2.3　二項式分布基本概念

　　所謂二項式分布是指當每次試驗只有 2 種結果(成功或失敗)時,若有重複 n 次獨立試驗,每次試驗成功的機率皆為 p,試驗失敗的機率皆為 $q = 1 - p$,此時所有幾次成功或失敗試驗之組成分布稱之。猜測模式為基礎之差異分析試驗所收集的資料非常接近二項式分布(binomial distribution)。

1 個硬幣若 1 個人丟，得到正面(H)的機率 p＝1/2，得到反面(T)的機率 q＝1/2；總機率可寫成此方程式$(p+q)^1 = p+q$；1 個硬幣若 2 個人丟，得此硬幣 2 次得到正面 HH 的機率為 p^2，2 次得到一正一反(HT/TH)的機率為 2pq，得到 2 次反面(TT)的機率為 q^2；總機率可寫成此方程式 $(p+q)^2 = p^2 + 2pq + q^2$

假設某事件的發生率為 p，試驗做了 n 次。n 次中，某事件發生 x 次的機率為

$$b(x;n,p) = c_x^n p^x (1-p)^{n-x}$$

通常我們把 n、p 固定，讓 x 變動，以研究其機率變動的情形。若把它套入差異分析測試的情境中，公式中的 n 為品評員人數（判斷總數），X 為正確判斷的人數，p 為檢測方法猜對的機率而 q 為檢測方法猜錯的機率 q＝1－p

運用到實際狀況，若 2 種產品（A 和 B）使用方向性對比法測試甜度的差異，此測試的虛無假設(null hypothesis) H_0＝A 和 B 產品在甜味上沒有差異而對立假設 (alternative hypothesis)H_a＝產品 A 比 B 甜（A 和 B 產品在甜味上有差異）

若 10 位品評員中有 7 位認為 A 產品比較甜，發生的機率為

$b(7;10,1/2) = p^{10} + 10p^9 q^1 + 45p^8 q^2 + 120P^7 q^3 = 1/2^{10} + 10(1/2)^9 (1/2)^1 + 45(1/2)^8 (1/2)^2 + 120(1/2)^7 (1/2)^3 = 0.172$（這個機率值已經大於 0.05）

上面的結果顯示沒有拒絕 H_0，所以 A 產品和 B 產品在甜味上沒有顯著性的差異。換言之，10 位品評員中有 9 位認為 A 比較甜其機率為 0.010742，但有 8 位認為 A 比較甜時，其機率為 0.0546，已經大於 0.05。這也說明表 6-17 品評員 10 人使用方向性對比法或是猜對率為 1/2 的方法評估 2 樣品，為何最小正確評估之品評員數為 9 位才會達到顯著性差異，查表法所獲得的值就是這樣算出來的。

6.2.4　查表法的使用方式

計算二項式分布的機率非常的複雜，因此，1978 年 Roesseler 對差異分析試驗建立了「最小正確之評估品評員數」，稱為「Roesseler 查表法」（表 6-17），來判斷差異分析試驗的結果，使用上非常方便。然而，在進行查找最小正確之評估品評員數之前，先要決定評估的狀況是屬於統計中的單尾測試（one-tailed test，結果有標準答案，有方向性），還是雙尾測試（two-tailed test，這結果無標準答案，無方向性），如表 6-18 所示，以下面的例子來做解釋。

表 6-17　各種差異分析試驗之最小正確品評員評估數

品評員人數	成對比較（單尾）／二三點測試法		成對比較（雙尾）		三角測試法		5 中取 2 測試法	
	測試機率 1/2		測試機率 1/2		測試機率 1/3		測試機率 1/10	
	0.05	0.01	0.05	0.01	0.05	0.01	0.05	0.01
7	7	7	7	-	5	6	3	4
8	7	8	8	8	6	7	3	4
9	8	9	8	9	8	7	4	4
10	9	10	9	10	7	8	4	5
11	9	10	10	11	7	8	4	5
12	10	11	10	11	8	9	4	5
13	10	12	11	12	8	9	4	5
14	11	12	12	13	9	10	4	5
15	12	13	12	13	9	10	5	6
16	12	14	13	14	10	11	5	6
17	13	14	13	15	10	11	5	6
18	13	15	14	15	10	12	5	6
19	14	15	15	16	11	12	5	6
20	15	16	15	17	11	13	5	7
21	15	17	16	17	12	13	6	7
22	16	17	17	18	12	14	6	7
23	16	18	17	19	13	14	6	7
24	17	19	18	19	13	14	6	7
25	17	19	18	20	13	15	6	7
26	18	20	19	20	14	15	6	8
27	19	20	20	21	14	16	6	8
28	19	21	20	22	15	16	7	8
29	20	22	21	22	15	17	7	8
30	20	22	21	23	16	17	7	8
31	21	23	22	24	16	18	7	8
32	22	24	23	24	16	18	7	9
33	22	24	23	25	17	19	7	9
34	23	25	24	25	17	19	7	9
35	24	25	24	26	18	19	8	9
36	24	26	25	27	18	20	8	9
37	25	27	25	27	18	20	8	9
38	25	27	26	28	19	21	8	10
39	26	28	27	28	19	21	8	10
40	26	28	27	29	20	22	8	10

表 6-17　各種差異分析試驗之最小正確品評員評估數（續）

品評員人數	成對比較（單尾）／二三點測試法		成對比較（雙尾）		三角測試法		5 中取 2 測試法	
	測試機率 1/2		測試機率 1/2		測試機率 1/3		測試機率 1/10	
	0.05	0.01	0.05	0.01	0.05	0.01	0.05	0.01
41	27	29	28	30	20	22	8	10
42	27	29	28	30	21	22	9	10
43	28	30	29	31	21	23	9	10
44	28	31	29	31	21	23	9	11
45	29	31	30	32	22	24	9	11
46	30	32	31	33	22	24	9	11
47	30	32	31	33	23	25	9	11
48	31	33	32	34	23	25	9	11
49	31	34	32	34	23	25	10	11
50	32	34	33	35	24	26	10	11
60	37	40	39	41	28	30	11	13
70	43	46	44	47	32	34	12	14
80	48	51	50	52	35	38	14	16
90	54	57	55	58	39	42	15	17
100	59	63	61	64	43	46	16	19

註：1. 品評員人數小於 100 時，而實際品評員數無顯示在表格中，最小正確之評估品評員數可用內差法求得之（無條件進位）

2. 品評員人數超過 100 時，可以使用下列公式求得近似值

$$X = \sqrt{np(1-p)}z + np + \frac{1}{2}$$

式中 n 為品評員人數，X 為正確判斷的最小人數；單尾測試時，z 在概率(α)等於 5%為 1.64，概率(α)等於 1%為 2.33；雙尾測試時，z 在概率(α)等於 5%為 1.96，概率(α)等於 1%為 2.58。評估方法的機率為 1/2（成對比較法和二三點測試法），表中未出現的值(X)，可由公式

$$X = \frac{(z\sqrt{n} + n + 1)}{2}$$ 計算得到。

評估方法的機率為 1/3（三角測試法和非專一性的四分測試法），表中未出現的值(X)，可由公式

$$X = 0.4714z\sqrt{n} + \left[\frac{2n+3}{6}\right]$$ 計算得到。

評估方法的機率為 1/10（5 中取 2 測試法），表中未出現的值(X)，可由公式 $X = \frac{3z}{10}\sqrt{n} + \frac{n+5}{10}$ 計算得到。

例 2 個樣品（糖度分別為 7%及 8%），欲知何者較甜，利用 60 位品評員進行方向性對比法的品評試驗，結果有 38 人認為 8%樣品較甜。在 5%顯著水準下，是否有達到顯著差異？

↘**答**：

　　如果這 2 個樣品是純蔗糖水，這個結果應該可以預測 8%的純蔗糖水理論上應該比 7%的純蔗糖水甜，屬於有標準答案之情況，使用檢測法中的單尾測試（結果有方向性）。查表發現，在 p＝0.05 時，60 位品評員最小正確評估之品評員數為 37 位（查表值），而檢測結果 38 位（實驗值）認為 8%樣品較甜，實驗值大於查表值，因此在 p＝0.05 時，此兩樣品在甜度上有顯著性的差異。換言之，實驗證實在 5%的顯著水準下，8%純蔗糖水被喝時所感覺的甜度是比 7%純蔗糖水被喝時所感覺的甜度較甜。

　　如果這 2 個樣品是不同樣品（含 8%葡萄糖的葡萄糖水、含有 6.5%蔗糖混 0.5%果糖的混合糖水），屬於沒有標準答案（無法預測哪個較甜）的情況，使用檢測法中的雙尾測試，在 p＝0.05 時（如果是單尾測試，實際為 p＝0.025），60 位品評員最小正確之評估品評員數為 39 位（查表值），而檢測結果 38 位（實驗值）認為 8%樣品較甜，實驗值小於查表值，因此在 p＝0.05 時，此兩樣品在甜度上沒有顯著性的差異(p>0.05)。換言之，實驗證實含糖 8%的樣品和含糖 7%的樣品是一樣甜的。

表 6-18　單尾測試和雙尾測試的使用時機

型態	單尾測試	雙尾測試
情境	確認試驗目標樣品某特性較強；例如：確認 7%的蔗糖水比 6%蔗糖水甜	確認試驗目標樣品間某特性哪一個比較強；例如：確認 7%的蔗糖水比 3%濃縮果汁汽水何者較甜
虛無假設	樣品 A 和樣品 B 間沒有差異	樣品 A 和樣品 B 間沒有差異
對立假設	樣品 A＜樣品 B 或樣品 A＞樣品 B	樣品 A≠樣品 B（可能是樣品 A＞樣品 B；也可能是樣品 A＜樣品 B）

例 品評員 120 人，利用二三點測試法去檢測 AB 2 個樣品，在 p＝0.05 決定有顯著差異時，需要多少人答對？

↘**答**：

$$X = \frac{1.64\sqrt{120} + 120 + 1}{2} = 69.4 = 70 \text{ 人}$$

使用差異分析試驗來比較 2 個樣品是否有顯著性差異時，最需要考慮的是選擇使用的方法、操作的方式及品評員的人數。查表法雖然簡單且容易使用，但實務上有許多的限制，比方說當沒有專業品評書籍時，利用 google 等搜尋引擎也找不到查表法等所需要的工具。因此，除了使用查表法進行結果判別外，差異分析試驗還可以使用下列任何一種的統計方法進行分析。此外，差異分析試驗中的 A 非 A 測試法並不適用查表法（二項式分布）進行統計分析。

6.2.5　調整過後的卡方檢定

卡方分布（x^2 分布）是統計學中的一種機率分布數據，可以比較差異分析檢驗中答對與答錯的數目來分析樣品是否有顯著性的差異，通常是以觀察次數(observed frequency, O)及期望次數(expected frequency, E)的比較來進行檢定。將所有類別之|(O－E)^2|/E 進行加總，即算得檢定用的統計量 x^2 值，再依照自由度(degree of freedom)與顯著水平的要求，對照「卡方分布表」，判定 x^2 值是否落於拒絕區域。

差異分析試驗所使用的卡方檢定和傳統卡方檢定不同的地方在於修正常數 0.5 作為連續性的校正，這種方法叫做葉氏(Yates)連續校正卡方檢定(Yates continuity correction)，連續性的校正是在自由度 df＝1 時使用。葉氏連續校正卡方檢定，公式如下：

$$x^2 = \left[\frac{(|O_1 - E_1|)^2 - 0.5}{E_1}\right] + \left[\frac{(|O_2 - E_2|)^2 - 0.5}{E_2}\right]$$

O_1：品評員正確的選擇數或選擇 A 樣品的品評員數

O_2：品評員不正確的選擇數或選擇 B 樣品的品評員數

E_1：正確選擇的期望值＝總觀察次數(n)×正確選擇機率(p)

　　p＝1/2 為成對比較法、二三點比較法等；p＝1/3 為三角測試法及非專一性的四分測試法；p＝1/10 為 5 中取 2 測試法；p＝1/6 為專一性的四分測試法

E_2：不正確選擇的期望值＝總觀察次數(n)×不正確選擇機率(q)

　　q＝1－p；q＝1/2 為成對比較法、二三點比較法等；q＝2/3 為三角測試法及非專一性的四分測試法；q＝9/10 為 5 中取 2 測試法；q＝5/6 為專一性的四分測試法

||：為絕對值，永遠為正數；0.5 為校正常數

統計分析的程序，首先為假設檢定

虛無假設 H_o：正確的選擇數和不正確選擇數是 50:50（正確選擇數和不正確選擇數
　　　　　　沒有差異）

對立假設 H_1：正確的選擇數＞不正確的選擇數（正確選擇數和不正確選擇數有差異）

　　然後，計算卡方檢定後，查卡方分析表（附件 7）

　　在自由度 df＝1（自由度＝樣品數－1，不論使用何種差異分析試驗都是比較兩樣品）且 p＝0.05 下，雙尾測試，卡方分析查表值為 5.02；單尾測試，卡方檢定查表值為 3.84；若 x^2 計算值（實驗值）大於 x^2 查表值，表示比較的 2 個樣品有顯著性的差異。

例 | 44 位品評員進行星巴客和 85°C 所販售的咖啡的味道是否相同，研究人員利用成對比較法及三角測試法做檢測，其中成對比較法有 28 位品評員答對，而三角測試法有 17 位品評員答對，請分析這結果並說明你的結論。

↘答：

44 位品評員做成對比較法，有 28 位品評員能夠正確選擇，帶入公式為

$$X^2 = \frac{(|28-22|)^2 - 0.5}{22} + \frac{(|16-22|)^2 - 0.5}{22} = 3.22$$

在成對比較法上，能正確選擇及不正確選擇的機率分別是 1/2，所以
E_1（正確選擇）＝E_2（不正確選擇）＝44×0.5＝22
查卡方分析表（附件 7）得知(df＝1) x^2＝3.84（p＝0.05，單尾測試）；計算值 3.22 比查表值 3.84 小，表示 2 樣品沒有顯著性差異(p＞0.05)。換句話說，星巴客和 85°C 咖啡口感是相同的。

44 個品評員做三角測試法，有 17 個品評員能夠正確選擇，帶入公式為

$$X^2 = \frac{(|17-44\times\frac{1}{3}|)^2 - 0.5}{44\times\frac{1}{3}} + \frac{(|27-44\times\frac{2}{3}|)^2 - 0.5}{44\times\frac{2}{3}} = 0.504$$

在三角測試法上，能正確選擇及不正確選擇的機率分別是 1/3，所以
E_1（正確選擇）＝44×1/3＝14.67
E_2（不正確選擇）＝44×2/3＝29.33

查卡方分析表（附件 7）得知（自由度 df=1） $x^2 = 3.84$（p＝0.05，單尾測試）；計算值 0.504 比查表值 3.84 小，表示 2 樣品沒有顯著性差異(p＞0.05)。換句話說，星巴客和 85°C 咖啡味道是相同的。

修正過的卡方檢定可以用來分析各種差異分析試驗的結果，而傳統卡方檢定只能用來決定實驗設計提供的樣品順序是否會顯著影響結果。下面的例子是要求 108 位品評員用三角測試法來檢測 2 個樣品間是否呈現顯著性的差異，結果指出共有 66 位品評員能夠正確選出不同的樣品，其中樣品提供順序的次數與品評員相對答對的個數，如表 6-19 中所示，可以利用卡方分析來瞭解樣品提供順序的影響。

表 6-19　利用卡方分析檢測實驗設計是否適當

提供順序	品評員答對的個數(O)	實驗提供的次數	期望答對的數目(E)	O－E	$|(O-E)|^2/E$
AAB	11	15	15×(66/108)	1.833	0.365
ABA	6	17	17×(66/108)	-4.389	1.855
ABB	12	21	21×(66/108)	-0.833	0.054
BAA	12	22	22×(66/108)	-1.444	0.154
BAB	15	19	19×(66/108)	3.389	0.990
BBA	10	14	14×(66/108)	1.445	0.242
總計	66	108			3.660

從上表可以知道經過計算的卡方分析之實驗值為 3.66，而查表值（附件 7，df＝5，6 種提供順序 6－1＝5）在 p＝0.05，單尾測試下為 11.07。換言之，在 5%顯著水準下，該樣品提供的順序不會對結果有顯著影響，也可以說這個實驗設計是適當的。

6.2.6　Z 檢定

當使用修飾後卡方檢定分析差異分析試驗的結果非常接近顯著水準時，或者評估差異分析試驗的品評員人數較多時（通常品評員大於 30 人），可使用 Z 檢定來確定樣品間是否真的有無差異。

$$Z = \frac{X - np - 0.5}{\sqrt{npq}}$$

X：正確反應的數目

n：總品評員數

p：正確反應的機率（三角測試法及非專一性四分測試法 p＝1/3，二三點或成對比較法 p＝1/2）

q：錯誤反應的機率 q＝1−p

查閱 Z 檢定表（常態分布下曲線的面積，如附件 6）來確定選擇的概率。

> **例** 44 位品評員進行星巴客和 85°C 咖啡的味道是否相同的測試，研究人員利用三角測試法做檢測，有 17 位品評員答對，請分析這結果並說明你的結論。

↘答：

$$Z = \frac{17 - 44 \times \frac{1}{3} - 0.5}{\sqrt{44 \times \frac{1}{3} \times \frac{2}{3}}} = 0.586$$

查附件 6 標準常態分布分配發現，假設在 5% 的顯著水準下，概率 Z 為 0.586 之概率為

$$\frac{0.586 - 0.5}{0.6 - 0.5} = \frac{x - 0.7088}{0.7422 - 0.7088}，\quad x = 0.7375（左尾機率之面積分布）$$

$$1 - 0.7375 = 0.2625 > 0.05$$

由上面式子所推演出的統計結論為：星巴客和 85°C 咖啡的味道沒有顯著差異(P＞0.05)。

利用這樣的方式判斷，在單尾測試時，z 檢定表概率(α)等於 5%，z 值為 1.64；在概率(α)等於 1%，z 值為 2.33。在雙尾測試時，z 在概率(α)等於 5%，z 值為 1.96；在概率(α)等於 1%，Z 值為 2.58。換言之，上例中 Z 計算值 0.586 比查表值 1.64 小（有標準答案，所以考慮單尾測試），所以在 p＝0.05 時，結果顯示 2 樣品沒有顯著性差異。

6.2.7 3 種統計分析方式使用建議

差異分析試驗 3 種統計分析方式以查表法最方便，但如果沒有品評書籍，幾乎很難從其他管道取得該檢查表。在實務上可以學習以調整過後的卡方檢定為差異分析試驗的主要統計方式，因為在大部分的狀況下(p＝0.05)，都是與自由度 df＝1 時，

卡方分析表的數值 3.84（單尾測試）或 5.02（雙尾測試）做比較。因此，只要記住這 2 個數值，然後稍微計算一下，即使沒有品評書也可以立刻獲得正確的判斷。至於 Z 檢定這個複雜的統計，主要的使用時機是在特殊狀況時使用（例如：品評員人數過多或品評人數不足時，要求品評員進行重複測試）。表 6-20 為差異分析試驗 3 種檢測分析方式比較。

表 6-20　差異分析試驗 3 種統計分析方式比較

方式	二項式定理（查表法）	修飾卡方檢定	Z 檢定
分布	二項式分布	卡方分布	常態分佈
優點	簡單直接，100 人以內可直接查表或使用內差法獲得最小正確評估之品評員數	統計使用一般卡方分析表，一般統計書及網路等來源可以發現此表單。在一般狀況下（95%信心水準下），決定兩樣品是否有顯著性差異，可記憶 3.84（單尾測試）或 5.02（雙尾測試）來檢驗是否樣品間有顯著差異	使用一般 Z 檢定表，一般統計書及網路等來源可以發現此表單。當品評員人數不足時，品評員可重複評價樣品並使用此方法評估樣品間是否存在差異。此方法在 3 個方法中檢定效率較佳
缺點	表單只有專業品評書才有，一般統計書及網路等來源無法發現此表單，實驗時若沒有品評書在旁邊無法得到結果。超過 100 人時，需要帶入特殊公式	需要計算，當計算值非常接近查表值時，要判定是否真實有顯著性的差異，需使用 Z 檢定來驗證	計算與查表皆複雜

6.2.8　訊號偵測理論的測量-R 指數

如果食物在口中的食用過程應用訊號偵測理論進行測量、可以明確的知道由於反覆的品嚐食物，口腔環境的變化和牙齒的波動及神經系統等作用會引起感知強度的輕微變化，因此食用過程中，食物感官特性的感知是變化的。在食用的過程中，我們可能不會注意此微小的變化但是這樣的變化會大大影響差異分析測試的表現與結果。傳統以猜測理論為基礎的差異分析試驗是基於猜對的機率與二項式分布來進行產品間的異同而沒有考慮上述變因所帶來的影響。這是訊號偵測理論和猜測理論最大差別。

訊號偵測理論通常以 R 指數 (R-index)來進行統計。R 指數是一個被估計的機率，是指訊號偵測中接收者操作特徵曲線之比率（receiver operating characteristic curve，或者稱 ROC 曲線），也就是能夠正確識別目標刺激（信號：S）與第二刺激

成對出現（雜訊：N）之機率。換言之，如果將 R 指數應用在差異分析的檢測，可以表示兩樣品間差異程度的大小，也就是區別配對樣品的機率。

　　R 指數的使用有許多優點，首先它是最強大的非參數統計之一。研究發現當數據的分佈完全是常態分佈時，t 檢驗的功能要比 R 指數略強，而對於那些接近常態分佈的數據，這 2 個檢驗之間的功效是相似的。在正常狀況下，研究人員對於數據是否是常態分佈的假設不會驗證且通常消費者測試的數據分布是偏斜分布或雙峰分布，這種情況下使用 R 指數進行分析比 t 檢驗更合理；R 指數統計信息沒有分佈且更穩定，可以用於順序測量，而不是等距測量。嚴格來說，消費者測試 9 分法認為是順序尺度而不是等距尺度。因此，使用 t 檢驗／變異數分析進行 9 分法的統計並不一定合理；此外，R 指數顯示了 2 種產品可區分之可能性的估計值，不受決策標準或數據類別的影響，不同方法間的結果就可以做比較，可以長期累積數據；這是猜測理論無法達成的。R 指數的缺點是測試和收集數據非常耗時及分析結果無法顯示 2 種刺激之間差異的方向。

　　R 指數為 0.5（猜的機率各為一半）表示品評員很難區分這 2 種刺激；若 R 指數為 1，表示品評員能夠完美區分這 2 種刺激；R 指數的值在 0.5 到 1 之間，值越高則表示區分能力越好。這個數據被計算並不是從成對測試中所獲得，它們被獲得來自於分類協議（在品評科學上，常稱為 A 非 A 測試法而在心理物理學上是使用是和否表示之）。

　　用訊號偵測理論進行差異分析測試，我們先要假設一個樣品為正確識別目標（信號：S），另一個樣品為雜訊目標（雜訊：N）；通常我們設定可能被認定較強屬性的樣品為正確識別目標而較弱的樣品為雜訊；品評員對此 2 個樣品熟悉之後，可以要求他們評估一個樣品，決定該樣品是下面四類當中的哪一類，信號確定(signal sure)、信號不確定(signal unsure)、雜訊不確定(noise unsure)及雜訊確定(noise sure)；以 A 非 A 測試法(A -not A test) 或相同異同測試法(same different test)在信號偵測理論應用為例，在 A 非 A 測試法，信號確定就是 A 確定，信號不確定就是 A 不確定，雜訊不確定就是非 A 不確定而雜訊確定就是非 A 確定；在相同異同測試法也是如此。在信號偵測理論下，所有差異分析測試都是使用相同統計表格（表 6-21）

　　R 指數的計算方式如下

	信號確定	信號不確定	雜訊不確定	雜訊確定	總計
正確識別目標(S)	a	b	c	d	$N_s = a+b+c+d$
雜訊目標(N)	e	f	g	h	$N_n = e+f+g+h$

$$R\text{-}Index(\%) = \frac{a(f+g+h)+b(g+h)+ch+\frac{1}{2}(ae+bf+cg+dh)}{N_S N_N} \times 100$$

在訊號偵測理論，常會看到用 d"值（感覺辨別力）表示，是指訊號平均和雜訊平均間的距離，也就是 2 個產品重疊分布間的距離，表示產品差異的大小；以 2-AFC 為例，d"值為 1，R 指數約為 76%。猜測模式和訊號偵測理論 2 個模型是不相容的，d"值雖然是較理想的統計參數但真正鑑別者比率(Pd)比 d"值更易理解和更常見；由於兩個模式都用了正確答對者的比率(Pc)，於是就有在三角測試中，真正鑑別者比率 Pd = 20%等於產品之間的距離 d"= 1.28 這樣的計算與概念

例 比較一個新來源的麵粉原料和舊有的麵粉味道上是否有差異，品管人員請了一位品評員使用訊號偵測理論分別對新和舊麵粉隨機各進行 10 次試驗得到下面結果？

↘答：

設定新麵粉原料為正確識別目標而舊有麵粉原料味道為雜訊目標

	信號確定	信號不確定	雜訊不確定	雜訊確定	總計
正確識別目標(S)	4	3	2	1	10
雜訊目標(N)	0	1	3	6	10

$$R\text{指數} = \frac{4(1+3+6)+3(3+6)+2\times6+\frac{1}{2}(4\times0+3\times1+2\times3+1\times6)}{10\times10} \times 100$$

$$R\text{指數} = \frac{86.5}{100} \times 100 = 86.5\%$$

查表 6-21 R 指數 50%百分率之臨界值表（表 6-21），n=10，在雙尾測試 p=0.05 下，臨界值為 22.54；換言之，計算出來的值為 86.5% 大於 查表值(50+22.54=72.54%)，說明新舊麵粉的味道是有顯著性差異的

表 6-21　R 指數 50%百分率之臨界值

單尾	α=0.200	0.100	0.050	0.025	0.010	0.005	0.001
雙尾	α=0.400	0.200	0.100	0.050	0.020	0.010	0.002
n	%	%	%	%	%	%	%
5	15.21	21.67	26.06	29.22	32.27	34.01	36.91
6	13.91	20.01	24.26	27.40	30.48	32.26	35.30
7	12.89	18.68	22.80	25.89	28.97	30.78	33.91
8	12.07	17.59	21.58	24.61	27.67	29.49	32.68
9	11.39	16.67	20.53	23.51	26.54	28.36	31.58
10	10.81	15.88	19.63	22.54	25.54	27.36	30.60
11	10.31	15.19	18.84	21.69	24.65	26.46	29.71
12	9.88	14.59	18.13	20.93	23.85	25.64	28.89
13	9.49	14.05	17.50	21.24	23.12	24.90	28.14
14	9.15	13.57	16.93	19.62	22.46	24.22	27.45
15	8.84	13.13	16.42	19.05	21.85	23.59	26.81
16	8.56	12.76	15.95	18.53	21.29	23.01	26.21
17	8.31	12.38	15.51	18.06	20.77	22.48	25.65
18	8.08	12.04	15.11	17.61	20.28	21.98	25.13
19	7.86	11.76	14.74	17.19	19.83	21.51	24.64
20	7.66	11.45	14.40	16.80	19.41	21.07	24.17
21	7.48	11.19	14.08	16.44	19.02	20.65	23.74
22	7.31	10.94	13.78	16.11	18.64	20.26	23.32
23	7.15	10.71	13.50	15.79	18.29	19.89	22.93
24	7.00	10.49	13.23	15.49	17.96	19.55	22.56
25	6.86	10.29	12.98	15.21	17.65	19.21	22.20
26	6.72	10.09	12.75	14.94	17.36	18.90	21.86
27	6.60	9.91	12.52	14.68	17.07	18.60	21.54
28	6.48	9.74	12.31	14.44	16.79	18.32	21.23
29	6.37	9.57	12.11	14.21	16.54	18.04	20.93
30	6.26	9.42	11.92	13.99	16.29	17.78	20.65
31	6.16	9.27	11.73	13.78	16.06	17.53	20.38
32	6.06	9.12	11.56	13.58	15.83	17.29	20.11
33	5.97	8.99	11.39	13.39	15.61	17.06	19.86
34	5.88	8.86	11.23	13.21	15.41	16.84	19.62
35	5.80	8.74	11.08	13.03	15.21	16.63	19.38
36	5.72	8.62	10.93	12.86	15.02	16.42	19.16
37	5.64	8.50	10.79	12.70	14.83	16.22	18.94
38	5.57	8.39	10.65	12.54	14.65	16.03	18.73
39	5.49	8.29	10.52	12.39	14.48	15.85	18.52
40	5.43	8.19	10.39	12.24	14.32	15.67	18.33
45	5.12	7.72	9.82	11.58	13.57	14.87	17.43
50	4.85	7.33	9.33	11.02	12.92	14.18	16.65
55	4.63	7.00	8.91	10.53	12.36	13.57	15.96
60	4.43	6.70	8.55	10.10	11.87	13.04	15.36
65	4.26	6.44	8.22	9.72	11.43.	12.56	14.82
70	4.10	6.21	7.93	9.38	11.04	12.14	14.33
75	3.96	6.01	7.66	9.08	10.68	11.75	13.89

6.3 差異分析試驗結論

本章敘述了幾種常用的差異分析試驗，它們最常使用在品評員的篩選培訓、產品的品質管制、配方調整與保存期限等問題的決定上。然而，每種差異分析試驗都有它使用上的限制，在決定使用方法之前最重要的是要決定探討的問題目標及所處環境相關軟硬體的情況（品評員的訓練度及人數、方法操作的人員數、控制試驗的環境、可容忍的檢驗時間等），來決定適當的方法，不是只會一招半式就可以闖天下的。差異分析試驗的結果不能說明 2 個樣品間差異的大小，不能使用統計分析的顯著水平或概率(p 值)得出差異大小。使用差異分析試驗評估，在品評員人數足夠、所使用的方法相同而且其他所有檢驗條件都相同的情況下可以推論，95%品評員回答正確與只有 50%品評員回答正確相比，2 樣品有較大的差異，但是無法知道差異大小。如何決定適當的方法大概可以從檢驗目的、檢出差異的精密度、經濟的觀點、品評員所受的影響及能得到的結果資訊量等，幾方面作為試驗方法選擇的考量。當然，在實際工作中還會遇到更多的現實問題，有待於進一步之探討。

許多學者對差異分析試驗的精密度和不同方法間的比較，做了一些研究與整理：

1. J.W. Hopkck 和 N.T. Gdgemen 以數學的角度比較幾種差異分析試驗的檢出率，在相同情形況下的檢出率順序是三角測試法＞二三點測試法＞成對比較法（雙尾測試）；但 Lawless 實際發現，在相同品評人數的狀況下，產品差異的檢出率以成對比較法比三角測試法、二三點測試法和評分法來的靈敏。

2. E.F. Murphy 曾對分類法、順位法、成對比較法的準確度進行比較，發現(1)如果結論是希望呈現差異的樣品數量越多，也就是方法的敏感度越高的觀點下進行比較，成對比較法最佳，其次是分類法和順位法。(b)如果是考慮有差異的樣品中，在可信度與精密度高的觀點進行比較，成對比較法和順位法 2 個方法沒有差異，而分類法的結果不佳。

3. Gacula & Siugh 指出在決定使用何種差異分析試驗時，在一種樣品類型中，如果批次差異和類型間的差異一樣大，不應該採用三角測試法與二三點測試法，而需採用成對比較法。

4. 從經濟性出發作為方法的選擇觀點，所謂經濟性是指考慮樣品的用量、品評員人數、試驗整體時間、統計處理數據的難易程度等發現，成對比較法所需的樣品用量較多、試驗時間較長，而分類法和順位法所需的時間僅為成對比較法的 1/3。

5. 從品評員所受的影響來考慮選擇試驗方法，如果今天使用複雜的方法進行評估，即使結果的精密度和敏感性很高，但品評員沒有經過良好的培訓也是枉然。一般來說，品評員培訓的需求度，以評分法＞順位法＞成對比較法。

6. 由以上結果的資訊量來說，評分法能獲得的結果資訊量較順位法和成對比較法來的多。

　　要保證差異分析試驗的有效性與可靠性，一定要認真的進行實驗設計及實驗的準備工作，因為確實使用好差異分析試驗，可以為食品產業在檢測上節省大量的時間、金錢和精力。

品評專業講座

Principles and Practices of
Sensory Evaluation of Food

一、差異分析法中，品評員多次（重複）檢測樣品的分析

　　在差異分析試驗的統計上要增加測試的檢定力，可以用 2 種方式來解決；最理想的方式是能有足夠人數的品評員來評估樣品，品評員的評估都是獨立的測試。另一種方式是採取少量且固定的品評員，藉由多次的試驗，來達到測試最終所需的品評員人數。實務上，後者的方式在業界比較容易實施，但由於相同品評小組進行多次的試驗可能會發生前後次試驗結果相互影響之狀況，因此品評學家發展出 2 種統計方法來解決少量固定品評員進行多次試驗所造成非獨立評判的問題；第一種方法為史密斯測試(Smith test)，是查表法的變形法；第二種方式稱為修飾性的 Z 檢定法(Modified Z)，是 Z 檢定的變形法。

　　史密斯測試的檢測邏輯是用一種方式判定前次試驗結果是否有影響到後面試驗結果；假如判定結果是前後次試驗結果沒有影響，可以將多次試驗視為獨立測試，可將每次的結果進行合併，再利用查表法次試驗結果來評估合併後的結果。換言之，假如檢驗結果顯示前後次試驗結果有相互的影響，史密斯測試就無法使用。此時只能使用修飾性的 Z 檢定法來進行此試驗的統計分析。

　　用一個品評小組進行兩次成對比較法之試驗結果，來說明史密斯測試的檢測；第一次試驗品評小組正確反應數為 C1，第二次試驗正確反應數為 C2，2 次之正確反應數 M 為第一次正確反應數和第二次正確反應數之總和(C1＋C2)。史密斯測試的檢測方法如下，將 M 視為實驗總數（n，總品評員數目）而 C1 或 C2 分別表示正確反應數。利用差異分析試驗之最小正確品評員評估數 Roessler 表格進行前後試驗的結果是否相互影響之評估，如果 C1 或 C2 中，正確反應數較大者大於該實驗總數顯著性要求的最小正確品評員數，表示兩次實驗之間的正確反應比例的差異具有顯著性，不能合併兩次實驗之數據，只能單獨分析各次實驗。如果 C1 或 C2 中正確反應數較大者小於顯著性所要求的最小正確品評員數，那兩次實驗之間的正確反應比例的差異就

呈現不顯著，可視為獨立測試而能合併數據。合併後之數據，再使用 Roessler 表格來判斷 2 個樣品是否有顯著性的差異。

修飾 Z(Modified Z)檢定為多次進行差異分析試驗所得之結果的另一種統計方法，公式如下

$$Z = \frac{X - np - 0.5}{\sqrt{npq}}$$

X：N 次檢測皆能正確評估之品評員人數

n：N 次檢測品評員人數之總和

p：N 次檢測正確反應的理論上機率

q：1- N 次檢測正確反應的理論上機率

查閱 Z 檢定表（常態分布下曲線的面積，如附件 6）來確定選擇的概率。

史密斯測試檢測及修飾 Z 檢定分析多次試驗的結果所得之結論是不相同的。史密斯測試是在數據可以合併的情況下，假設研究是由多位獨立的品評員所進行的，而修飾 Z 檢定的檢測是假設在分析多次試驗，品評員必須是真實的鑑別者（多次實驗的結果都是正確反應者）的數據才列入計算。換言之，修飾 Z 檢定比史密斯測試的分析假設要保守的多。因此，建議修飾 Z 檢定使用在異同性實驗的檢定上而史密斯測試使用在相似性實驗的檢定上。

例 有 35 位品評員進行 2 種不同甜味劑所作的巧克力餅乾，是否味道不同。研究人員利用二三點配對法做二重複的檢測，第一重複有 28 位品評員正確選出參考物而第二重複有 20 位品評員正確選出參考物（15 位品評員在二重複都正確選出）。

↘答：

(1) 史密斯測試的檢測發現 M＝28＋20=48；28 是 C1 和 C2 中較大的一個。檢查 Roessler 表格，二三點測試法品評員數目 n＝48 時，在 5% 的顯著水準下正確判斷的最小數目為 31，實驗值 28＜查表值 31，所以兩次的重複檢測可以視為獨立測試進行合併。因此這個實驗可以視為 70(35×2＝70)位品評員進行 2 種不同甜味劑所做巧克力餅乾的測試，有 48 位品評員答對。查表的結果顯示在 5% 的顯著水準下，最小正確品評員評估數為 43，實驗值 48＞查表值 43，結論為品評員能夠察覺到這 2 種產品間的差異(p<0.05)。

(2) 用修飾 Z 檢定來檢驗，算式如下

以上面的例題為例，X 須為 2 個重複都答對的品評員數(15)，n 為 70 (35×2)，代入公式

$$z = \frac{15 - 70 \times \frac{1}{4} - 0.5}{\sqrt{70 \times \frac{1}{4} \times \frac{3}{4}}} = -0.552$$

計算值-0.552 的負號僅表示為誤差方向，查附件 6 發現 z＝0.552，1－α=0.05，Z 值之概率為 0.2912，所以品評員不能顯著的區分這 2 個樣品。

二、差異分析試驗與檢測力關係（相似性測試與品評員數的關係）

統計學上有 2 種形式在檢測時可能發生的錯誤，其一，如果真實狀況是正確的，應用在差異分析法的案例上就是 2 個產品真實品嚐起來是一樣的味道，但是調查研究證實 2 個產品嚐起來是不一樣，這產生的錯誤就是型 I 誤差(Type I error, α risk)，這個錯誤會造成無中生有，產生一堆理論與學說。型 I 誤差可以藉由對 α 大小的選擇進行控制，即顯著水準(level of significance)，一般研究使用之顯著水準為 α＝0.05。其次，如果真實狀況是不正確的，2 個產品真實品嚐起來不一樣但調查研究證實 2 個產品嚐起來是一樣的味道，這產生的錯誤就是型 II 誤差(Type II error, β risk)，會造成真理被忽視，表示沒有發現一個確實存在的差異風險。檢定力(power)的定義就是為了避免型 II 誤差的發生，而做正確判斷的機率，即(100%－β)＝(1－β)。換言之，若所求型 II 誤差為 10%，檢定力則為 90%。若所求型 II 誤差為 30%，檢定力為 70%。此兩者的合計，必須等於 100%，即 β＋檢定力＝100%，檢定力＝1－β。

差異分析試驗通常驗證 2 種狀況會使用 2 種測試，一種為異同測試而另一種為相似性測試。例如：某糖果商想要證明他的新花生薄片脆糖產品比老產品更脆，這狀況就是一個典型的異同測試，實驗數據若表明新花生薄片脆糖和老產品無差異應被否定，則說明新花生薄片脆糖產品比老產品更脆。假如真實的狀況是無差異假設是錯誤的而實驗數據表明無差異假設應被否定，這說明完全判斷正確；然而，假如真實的狀況是無差異假設是正確的，實驗數據卻證明無差異應被否定；此時，產生了型 I 誤差。統計上，我們希望型 I 誤差能被最小化（真實的狀況是 2 個產品無差異，還是有差異並無法知道），通常設定 α 值為 0.05；在這情況下，決定多少品評員人數來評估樣品本身是否有差異並不重要。

另一種狀況是某霜淇淋廠商想要用便宜的香草香精代替原昂貴的香精但該廠商不想讓消費者察覺產品不同，利用三角測試法來檢定是否新舊產品有差異，這個實驗就是典型的相似性測試。實驗數據表明應接受無差異假設，假如真實狀況是無差異假設是正確的，2 個產品的形式沒有可察覺的差異，這說明完全判斷正確。若真實狀況，

無差異假設是錯誤的而實驗數據表明應接受無差異假設，這時型 II 誤差產生，型 II 誤差如果被最小化，則檢定力要最大化，如此才能有信心的說明產品沒有差異。統計上，α 越小，則 β 越大；換言之，α 值設定了，其實也等於 β 值被確定。設定 α 值很容易，通常設定 α＝0.05 但 β 值要設定多少會變得很困難，因為 β 值的設定要對實驗進行很多的假設，但很明確的方向是應該也要把 β 值設定小，如此檢定力才能最大化而避免型 II 誤差發生的機率。在進行差異分析檢測時，增加品評員人數進行評估，將可以降低 β 值。換言之，相似性測試要決定使用多少品評員來評估樣品是否有差異，對實驗結果的準確與否變得非常重要。如果品評員人數不足，β 值會很大，型 II 誤差發生機率大增，如此情況下，相似性測試的結果將不具有客觀性與正確性。如果品評員人數太多，β 值變小，測試結果具有客觀性與正確性但實驗成本及時間皆會增加，因此要多少品評員進行測試才適當，是測試前需要仔細考慮的問題。

食品產業在產品改造的目標都是希望不要讓產品有可被消費者感覺的變化，在利用感官品評差異分析試驗進行測試時，通常會挑選敏感度及配合度較好的品評員，使用穩定的二三點測試法進行並調整 α 值（α＝0.1，不過通常還是設定 α＝0.05），降低 β 值來拒絕一些沒有差異的產品，確保所接受的肯定是無法感覺到有差異的產品，降低把有差異的產品說成沒有差異的風險。降低 β 值的方法就是需要足夠的品評員來進行檢測，而品評員數、α 值與 β 值的關係可以用以下公式做評估

$$N = \left[\frac{z_\alpha \sqrt{P_0(1-P_0)} + z_\beta \sqrt{P_a(1-P_a)}}{P_a - P_0} \right]^2$$

N＝品評員數目，2 個 Z 值分別為 α 與 β 值所對應的累積概率，P_0 為原假設的概率值而 P_a 為選擇假設的概率值，這 2 個值是需在實驗前由實驗人員進行假定。實際上，我們不可能真實知道 P_0 這個值是多少，通常設定 P_0＝50%，也就是說 A 產品等於 B 產品的可能性為 50%。P_a 選擇假設的概率值又該為多少？對大多數的產品而言，合格測試者產品間的差異程度（$P_a - P_0$，又稱區別水平）達到 20% 能感覺差異的存在，通常聽覺與視覺的最小可察覺的差小於 20%，而嗅覺大於 20%。表 6-22 根據上述公式所計算出在一定 α 與 β 值下所需要的品評員數目。

表 6-22　估計區別水平、α 與 β 值預估所需品評員的數目

$P_a - P_0$	α＝0.05, β＝0.1	α＝0.05, β＝0.05	α＝0.05, β＝0.01	α＝0.1, β＝0.05
	N	N	N	N
10	209	263	383	208
15	91	114	165	90
20	49	62	89	48
25	30	37	53	29
30	20	25	34	19

　　由表 6-22 可知道，在檢測時，假設產品間的差異程度為 20％，在 α＝0.05、β ＝0.01 的狀況下，至少需要 89 位品評員來進行測試。也可以知道 N、α 和 β 會隨著產品的差異程度而改變，產品的差異越小，感覺到該差異所需要的品評員數量也就越多。這裡我們要說明的是品評員的人數在品評試驗中是必須考慮的重要因素之一，有人說那每次實驗把人數增多就一切無虞了，這樣做是行得通的但沒有實際的價值。從前面的內容可知道差異分析試驗很多品評員的人數都訂在 30~40 左右，我們就從這個角度來看 α 和 β 之間的風險值。假如產品間的差異程度設定在 20％而以 N＝40 來說，α 值從 0.1 降低至 0.05，β 的風險值似乎增加了 2 倍且出現型 II 誤差的比率接近 17％，比例不算大可以忍受（表 6-23）。如果用相對值來看的話，型 II 誤差和型 I 誤差的比率是 0.1671/0.05＝3.4：1，也就是說出現型 II 誤差的可能性是型 I 誤差的 3.4 倍。實務上，常常在進行品評測試之相似性測驗時常會受到外在與內部環境條件的影響，可能無法達到我們所想預計的品評人數，這也說明在相似性測試時，若品評人數無法達到需求，可以把 α 值提高導致 β 值下降。另外，讓品評員進行重複試驗也會降低 β 值。

表 6-23　設定品評員及 α 值預估 β 的風險值

N	α 值		N	α 值	
	0.05	0.1		0.05	0.1
44	0.1358	0.0672	36	0.2050	0.1111
40	0.1671	0.0866	30	0.2757	0.1606
38	0.1853	0.0981	20	0.4377	0.3900

　　總而言之，尋找差異為目標的差異性試驗必須把 α 值設小；而在進行相似性實驗前先要選擇合理的 Pd 值，然後確定較小的 β 值（α 值可以設定大一點）。那麼 α 及 β 值應該如何設定呢？α 值通常設定在 0.1~0.05 之間，通常表示差異的程度中等；在 0.05~0.01 之間，表示差異程度顯著；而在 0.01~0.001 之間，表示非常顯著。β 值的設定和 α 值相似，它只是說明差異不存在的程度。

　　Pd 的定義是指不超過一個預期可接受限制的最大不同，也就是能夠分辨差異人數的比例，或稱為鑑別者比例。在差異分析試驗通常設定 Pd<25％，表示非常小的值，能夠分辨出差異的人不到 25％；25％<Pd<35％表示中間值；而 Pd>35％為較大的值；通常我們會把 Pd 設定在中間值。另一方面，若使用雙尾測定，會使用 P_{max} 來代替 Pd。P_{max} 的定義是等同強度（2 種回答的比為 50:50）的距離，如果 2 種回答的比例是 60:40，那 P_{max} 為 0.6。P_{max}<55％表示距離較小，55％<P_{max}<65％表示距離較中等，而 P_{max}>65％表示距離較大。

　　表 6-24、表 6-25 和表 6-26 為在既定的 α、β 和 Pd 下，以猜測模式進行各種差異分析試驗所需最小的品評員數目。表 6-27 為以賽斯通模式來探討，在既定的 α、d″ 和檢測力下，各檢測方法所需要的最少品評員人數。

　　以上所有的說明都只是強調如果使用差異分析試驗之目的是在檢測產品是否相似時，選擇之方法在使用的品評員人數是否足夠決定實驗結果是否科學可信。表 6-28 與表 6-29 為進行相似性測試時，由於樣品的相似性程度不同（真實相似性程度是多少是不知道的，因此相似性程度的大小需要檢測的人自行假設），所以每種方法，在一定的品評人數下所需要多少品評員最大正確答對數來判定兩產品在相似程度上是否符合所假設的程度。

　　舉例來說，某霜淇淋廠商想要用便宜的香草香精代替原昂貴的香精，但該廠商不想讓消費者察覺產品不同，利用 60 位品評員以三角測試法進行檢定。品評操作人員把 β 值設定為 5%，並且假設能夠鑑定出樣品差異的人員至少占總數的 20%（Pd＝0.2），換言之，95% 的品評員把握不超過 20% 的人能夠鑑定出樣品的差異。60 位品評員有 19 位正確選擇，根據表 n＝60、β＝0.05、Pd＝0.2，查表 6-28 發現查表值為 21（最大正確答對數），實驗值(19)小於查表值(21)，可以得出結論 95% 的品評員最多只有 20% 的人能識別出差異。

表 6-24　在既定的 α、β 和 Pd 下，三角測試法所需要的最少品評員人數

α		β						
		0.50	0.40	0.30	0.20	0.10	0.05	0.01
	Pd＝50%							
0.10		7	8	8	12	15	20	30
0.05		7	9	11	16	20	23	35
0.01		13	15	19	25	30	35	47
	Pd＝40%							
0.10		8	10	15	17	25	30	46
0.05		11	15	16	23	30	40	57
0.01		21	26	30	35	47	56	76
	Pd＝30%							
0.10		15	15	20	30	43	54	81
0.05		16	23	30	40	53	66	98
0.01		33	40	52	62	82	97	131
	Pd＝20%							
0.10		25	33	46	62	89	119	178
0.05		40	48	66	87	117	147	213
0.01		72	92	110	136	176	211	292
	Pd＝10%							
0.10		89	125	175	240	348	457	683
0.05		144	191	249	325	447	572	828
0.01		284	350	425	525	680	824	1132

表 6-25　在既定的 α、β 和 Pd 下，二三點測試法或成對比較法（單尾測試）所需要的最少品評員人數

α		β						
		0.50	0.40	0.30	0.20	0.10	0.05	0.01
	Pd＝50%							
	P$_{max}$＝75%							
0.10		9	9	14	19	26	33	48
0.05		13	16	18	23	33	42	58
0.01		22	27	33	40	50	59	80
	Pd＝40%							
	P$_{max}$＝70%							
0.10		14	19	21	28	39	53	79
0.05		18	23	30	37	53	67	93
0.01		35	42	52	64	80	96	130
	Pd＝30%							
	P$_{max}$＝65%							
0.10		21	28	37	53	72	96	145
0.05		30	42	53	69	93	119	173
0.01		64	78	89	112	143	174	235
	Pd＝20%							
	P$_{max}$＝60%							
0.10		46	66	85	115	168	214	322
0.05		71	93	119	158	213	268	392
0.01		141	167	207	252	325	391	535
	Pd＝10%							
	P$_{max}$＝55%							
0.10		170	239	337	461	658	861	1310
0.05		281	369	475	620	866	1092	1583
0.01		550	665	820	1007	1301	1582	2170

表 6-26 在既定的 α、β 和 Pd 下，成對比較法（雙尾測試）所需要的最少品評員人數

α		β						
		0.50	0.40	0.30	0.20	0.10	0.05	0.01
	$P_{max} = 75\%$							
0.10		13	16	18	23	33	42	58
0.05		17	20	25	30	42	49	67
0.01		26	34	39	44	57	66	87
	$P_{max} = 70\%$							
0.10		18	23	30	37	53	67	93
0.05		25	35	40	49	65	79	110
0.01		44	49	59	73	92	108	144
	$P_{max} = 65\%$							
0.10		30	42	53	69	93	119	173
0.05		44	56	67	90	114	145	199
0.01		73	92	108	131	164	195	261
	$P_{max} = 60\%$							
0.10		71	93	119	158	213	268	392
0.05		101	125	158	199	263	327	455
0.01		171	204	241	291	373	446	596
	$P_{max} = 55\%$							
0.10		281	369	475	620	866	1092	1583
0.05		390	497	620	786	1055	1302	1833
0.01		670	802	963	1167	1493	1782	2408

表 6-27 以賽斯通模式來探討，在既定的 α、d"和檢測力下，各檢測方法所需要的最少品評員人數

d"	α	Power	2-AFC	二三點測試	3-AFC	三角測試法
0.5	5%	0.8	78	3092	64	2742
1.0	5%	0.8	20	225	15	197
1.5	5%	0.8	9	55	6	47
0.5	1%	0.8	128	5021	103	4441
1.0	1%	0.8	34	366	25	318
1.5	1%	0.8	16	91	11	76
0.5	5%	0.9	108	4283	89	3810
1.0	5%	0.9	27	310	21	276
1.5	5%	0.9	12	76	9	66
0.5	1%	0.9	165	6511	135	5776
1.0	1%	0.9	43	473	32	416
1.5	1%	0.9	20	117	14	100

註： 成對比較法與 A 非 A 測試法不在上表中，由於反應者的偏差，成對比較法檢定力些微較二三點測試和三角測試法高，但遠低於 2-AFC 和 3-AFC，而 A 非 A 測試法的檢定力和 2-AFC 相似

表 6-28　在相似性測試中，三角測試法之最大正確答對數

N	β	特定差異比例(Pd)，品評員最大正確答對數		
		10%	20%	30%
30	0.05	7	9	11
	0.1	8	10	11
36	0.05	9	11	13
	0.1	10	12	14
42	0.05	11	13	16
	0.1	12	14	17
48	0.05	13	16	19
	0.1	14	17	20
54	0.05	15	18	22
	0.1	16	20	23
60	0.05	17	21	25
	0.1	18	22	26
66	0.05	19	23	28
	0.1	20	25	29
72	0.05	21	26	30
	0.1	22	27	32
78	0.05	23	28	33
	0.1	25	30	34
84	0.05	25	31	35
	0.1	27	32	38
90	0.05	27	33	38
	0.1	29	35	38
96	0.05	30	36	42
	0.1	31	38	44
102	0.05	32	38	45
	0.1	33	40	47
108	0.05	34	41	48
	0.1	36	43	50

註：　表之數字根據二項分布求得，品評員低於 30 人不建議使用三角測試法檢測相似性

表 6-29 在相似性測試中，二三點測試法與成對比較法之最大正確答對數

品評員數	β	特定差異比例(Pd)，品評員最大正確答對數		
		10%	20%	30%
36	0.05	14	16	18
	0.1	15	17	19
40	0.05	16	18	20
	0.1	17	19	21
44	0.05	18	20	22
	0.1	19	21	24
48	0.05	20	22	25
	0.1	21	23	26
52	0.05	22	24	27
	0.1	23	26	28
56	0.05	24	27	29
	0.1	25	28	31
60	0.05	26	29	32
	0.1	27	30	33
64	0.05	28	31	34
	0.1	29	32	36
68	0.05	30	33	37
	0.1	31	35	38
72	0.05	32	35	39
	0.1	33	37	41
76	0.05	34	38	41
	0.1	35	39	43
80	0.05	36	40	44
	0.1	37	41	46

註： 表之數字根據二項分布求得，品評員低於 36 人不建議使用二三點測試法檢測相似性，品評員低於 30 人不建議使用成對比較法檢測相似性

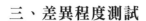
三、差異程度測試

　　產品的標準化是感官品評應用在產品品質控制的基本需求,而品質控制有 2 個層面,一個層面是測量感官特徵的變化,另一層面是定義一個產品所能容忍品質變化的限度。在標準化的作業程序中,需掌握在生產過程中產品的一些變化,包含:產品的特徵是否能夠被維持與再製、在一條生產線中典型的產品變化、生產線間產品的變化以及產品特徵中最重要的特性是否穩定或變化最多的特性為何等等。

　　前面所介紹傳統的差異分析試驗,例如:三角測試法與二三點測試法等,通常在處理均質產品間的差異非常有用,但無法有效的檢測從產品的自然變異中區分出真正操作處理所造成的變異。

　　差異程度測試,又稱為對照組的差異測試(difference from control),由 Aust 等四人於 1985 年建立,可以處理非均質產品天生變異的問題(均質產品當然也可使用此法)。產品生產、準備時間及多種成分組合等天生具有變異(不均一)下建議可以使用此方法檢測差異與否,例如:湯或小菜、烘烤食品等均質性較差的食品;當三角測試法及二三點測試法皆不適合使用時,可考慮使用此測試。此外,由於傳遞效應(carry-over effect)或味覺疲乏的影響,這個測試建議一次只能檢測 2 個樣品,不適合多樣品的測試。

　　差異程度測試可以測定的目標包含 2 個:一是測定一個及多樣品與參照樣品之間的差異是否存在,另一個是估計這些差異的大小,其方式就是將其中一個樣品設定為「標準樣品或參照樣品」來評估所有其他樣品與參照樣品差異程度的大小。應用此法的產品特性通常具有高的變異性,因此測試的邏輯是比較同一批樣品間的不同(within lot difference,控制樣品 1(C1) V.S. 控制樣品 1(C1))及比較不同批樣品間的不同(between lot difference,控制樣品 1(C1) V.S. 控制樣品 2(C2)),目的是為先建立產品的變化基線,然後再對比測試樣品(T)與控制樣品 1(C1)的不同。操作方式是提供品評員 3 對樣品,要求品評員將被評估的樣品和對照組比較,根據兩者的差異程度給予評分,得知 1 個及多樣品與參照樣品之間的差異是否存在並且估計這些差異的大小。假如控制樣品間的差異是顯著的,控制樣品和測試樣品間的不同需要去比較產品的變化基線,這時可使用 t-檢定(t-test)或變異數分析(ANOVA)去比較測試產品和控制產品間的平均分數。

　　上述的方法無法檢測測試樣品與許多正常控制樣品變異以外的情況,或者假如已經知道同一批樣品間的變化在統計上沒有顯著性的差異,不需要決定同一批樣品間的不同。Pecore 等 6 人提出了一個修正的方法,稱為 DOD-CV,仍然是提供品評員 3 對樣品,比較測試樣品 1(T1) V.S. 控制樣品 1(C1)及測試樣品 2(T2) V.S. 控制樣品

2(C2)與比較不同批樣品間的不同(C1 V.S. C2)。另一個修正的方法是提供品評員 6 對樣品，分別是 C1 V.S. C2、T1 V.S. T2、T1 V.S. C1、T1 V.S. C2、T2 V.S. C1、T2 V.S. C2，這個衍生的方法可以降低結果的風險。

　　這種差異程度測試在食品業界進行品管時，可用在品質保證、品質控制、保存期限測試等研究，不僅要確定產品間是否有差異，還希望知道差異的程度。可以使用經驗型或沒有經過訓練的品評員（但不可以 2 種類型混合），品評員數依照測試期望的有效性可以從 20 位到 50 位或更多的品評員。所有的品評員需要瞭解評估差異程度（大小）並且使用評分法，至少必須經由訓練熟悉測試方法、評分尺度意義、評估方式與標準樣品中有做為盲測試的對照組才能進行檢測。

　　樣品呈送方面，將樣品同時呈給品評員，包括標誌出來的參照樣品、其他待評的編碼樣品和編碼的參照樣品（盲樣）。品評員每次評估時都只有一對樣品，在評分尺度上可採用類別尺度、數字尺度或線性尺度，如表 6-30 之範例。

表 6-30　差異程度測試可以使用的評分尺度

詞語類別尺度	數字類別尺度	線性尺度
無差異	0＝無差異	無差異
極小的差異	1	
較小的差異	2	
中等的差異	3	
較大的差異	4	
差異大	5	
極大的差異	6	
	7	
	8	
	9＝極大的差異	極大的差異

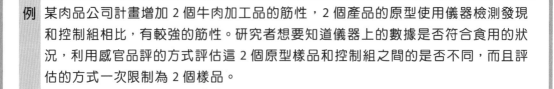

例 某肉品公司計畫增加 2 個牛肉加工品的筋性，2 個產品的原型使用儀器檢測發現和控制組相比，有較強的筋性。研究者想要知道儀器上的數據是否符合食用的狀況，利用感官品評的方式評估這 2 個原型樣品和控制組之間的是否不同，而且評估的方式一次限制為 2 個樣品。

↘答：

表 6-31 為樣品計畫，每個樣品經過一定程序烘烤後（樣品烘烤後，15 分鐘內必須進行測試），切成一定的大小（每塊厚度也相同），放置於已寫好 3 碼的白色盤子。使用 30 位品評員並進行連續 3 天的測試，3 天中的每 1 天皆進行以下的 3 種配對評估方式，品評單如表 6-32 所示。

　　控制樣品 V.S. 牛肉 A
　　控制樣品 V.S. 牛肉 B
　　控制樣品 V.S. 控制樣品

　　樣品結果計算：各樣品與參照樣品差異的平均值（表 6-33），統計分析可以使用變異數分析或 t-檢定（如果僅有一個樣品則可以用成對 t 檢定）比較各樣品間的差異顯著性。如果使用評分尺度為類別尺度且是配對的資料，則使用卡方分析。

表 6-31　差異程度測試之樣品計畫

測試樣品：烘烤牛肉 測試方法：差異程度測試	樣品 控制組 牛肉 A 牛肉 B	編碼 控制組為 C，盲樣號碼為 3 碼 500 編碼號碼小於 500 號 編碼號碼大於 500 號

品評員	第一天	第二天	第三天
1~5	C/A	C/B	C/C
6~10	C/B	C/A	C/C
11~15	C/A	C/C	C/B
16~20	C/B	C/C	C/A
21~25	C/C	C/A	C/B
26~30	C/C	C/B	C/A

品評員評估時間	
1:30：1、6、11、16、21、26 2:00：2、7、12、17、22、27	2:30：3、8、13、18、23、28 3:00：4、9、14、19、24、29 3:30：5、10、15、20、25、30

表 6-32　差異程度測試的品評單

差異程度測試品評單

品評員：	日期：2016.10.27

本試驗將接收到 2 個樣品，1 個是控制樣品 C 而另一個是編了 3 碼的測試樣品。在開始此試驗之前，在您面前會有下列物品：1 杯白開水、1 個吐杯、衛生紙 1 疊、蘇打餅乾 1 片等，若您有缺少物品或任何問題，請舉手告知服務員以便為您服務。

進行試驗的評分方式：

1. 在開始此試驗之前，請先吃一口餅乾在口中咀嚼後吐出，再用白開水漱口至口中沒有其他味道。品嚐新樣品前，請重複此一步驟。

2. 請由左至右開始評估，評估時請食用適量的樣品，盡量使樣品充分與口腔接觸。瞭解味道後，在適當的的號碼上畫〇。

0=無差異

1

2

3

4

5

6

7

8

9=極大的差異

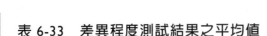

表 6-33　差異程度測試結果之平均值

品評員	盲樣品 (C/C)	牛肉 A (C/A)	牛肉 B (C/B)	品評員	盲樣品 (C/C)	牛肉 A (C/A)	牛肉 B (C/B)
J1	1	2	4	J16	2	3	6
J2	3	3	6	J17	1	2	4
J3	0	3	3	J18	1	3	8
J4	2	2	3	J19	0	4	6
J5	1	3	6	J20	3	3	4
J6	4	3	6	J21	3	2	5
J7	2	4	3	J22	3	4	7
J8	1	2	3	J23	2	2	3
J9	0	1	5	J24	2	2	5
J10	0	3	4	J25	4	4	5
J11	1	2	6	J26	0	2	2
J12	3	4	5	J27	3	2	3
J13	5	4	5	J28	3	4	4
J14	0	1	2	J29	2	1	2
J15	1	4	4	J30	1	1	2
				平均值	1.80a	2.67b	4.37c

　　上面的實驗設計為一個隨機完全區集設計(randomized complete block design)；其中，30 位品評員為區集效應(blocking effect)，3 個樣品為統計處理效應(treatment effect)，總的變化來自於 3 個部分，品評員、樣品和實驗誤差。表 6-34 為測試結果之變異數分析。變異數分析結果呈現顯著性差異(P=0.0001)，可進行事後檢定。

表 6-34　差異程度測試結果之變異數分析

來源	自由度	均方	F 值	P 值
品評員	29	3.15	2.72	0.0006
樣品	2	47.81	41.36	0.0001
誤差	58	1.16		
總計	89			

$$LSD = \frac{2.02\sqrt{2 \times 1.16}}{30} = 0.56$$

　　盲樣品的平均是 1.8（這測量稱為安慰劑影響），牛肉 A 和牛肉 B 在 p＝0.05 時，有顯著性差異。

調整平均分數變成△＝測試組之平均分數－控制樣品之平均分數

牛肉 A 與控制樣品差異為 2.67－1.80＝0.87

牛肉 B 與控制樣品差異為 4.37－1.80＝2.57

這樣移除了安慰劑影響以及瞭解控制樣品的異質性，如果長期追蹤，可以製作成品質圖表追蹤產品品質（圖 6-4）。

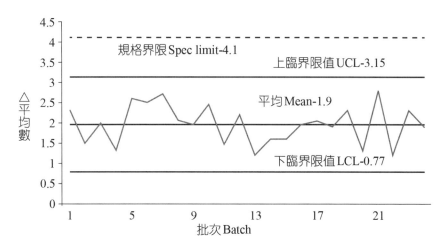

▌圖 6-4　差異程度測試結果以品質圖表示批次

四、連續性試驗

事實上，不是只有差異程度測試可以進行長期追蹤，一般的差異分析試驗也有類似的作法，稱為連續性試驗(sequential analysis)。連續性試驗就是根據選用的方法進行一系列的實驗，將實驗結果繪製成一個座標圖，橫軸是實驗次數而縱軸是正確回答的次數（正確回答輸入 1，不正確為 0）。換言之，第一次回答正確，在座標軸上輸入 (1, 1)；第一次回答不正確，在座標軸上輸入(1, 0)；第二次回答正確，就在座標軸上輸入(X＋1, Y＋1)；若第二次回答不正確，就在座標軸上輸入(X＋1, Y＋0)，以此類推（表 6-34）。然後，在所畫的的座標圖中可以經由適當的統計假設與計算，算出 2 條直線（參考下面公式）來決定接受、待觀察或拒絕（以篩選品評員為例）或差異、繼續測試或相似（以產品相異或相似為例）等三個區域，再評估所追蹤的點落在各區域來進行結論。這個方法可決定產品間是否有一個可察覺的不同，或者選擇、訓練和監測品評員。

在進行連續性試驗時，操作人員要先定義（假設）出 α 值、β 值、P_0 及 P_1，以選擇品評員來說，要接受或拒絕兩品評員，需先設定：

α 值為選擇一個不可接受的品評員可能性，通常設定 α＝0.05

β 值為拒絕一個可接受的品評員可能性，通常設定 β＝0.1

P_1 是可接受性的最大值（根據品評員答對的正確率來決定，這裡的 P_1 就是前面所說的 P_c 正確答對的比率）

P_0 是不可接受性的最大值（以三角測試法來說就是 1/3）

$$較低的線\ d_0 = \frac{\log\beta - \log(1-\alpha) - n\times\log(1-P_1) + n\times\log(1-P_0)}{\log P_1 - \log P_0 - \log(1-P_1) + \log(1-P_0)}$$

$$較高的線\ d_1 = \frac{\log(1-\beta) - \log\alpha - n\times\log(1-P_1) + n\times\log(1-P_0)}{\log P_1 - \log P_0 - \log(1-P_1) + \log(1-P_0)}$$

這四個參數是可以根據環境變化的，如果有很多品評員可以選擇，α 值與 β 值可以假定的大一點，P_0 和 P_1 的設定接近時，所需的試驗次數就會增加。以三角測試法為例，如果可接受性的最大值 P_1 從 50％增加到 67％，試驗次數就會減少。

$P_c = P_g + P_d(1-P_g)$；假設在 50％時，$P_1 = 0.67$、$P_0 = 0.33$，增加到 67％時，$P_1 = 0.67 + 1/3(1-0.67) = 0.78$。如果測試經過計算是在待觀察或繼續測試的區域，必須持續測試到接受／拒絕或相異／相似為止。

以表 6-35 為例，利用三角測試法要求 2 個品評員進行 9 天連續性的測試，評估此兩位品評員是否能真實辨別出不同，還是每次都是用猜測

表 6-35　接受或拒絕兩品評員之表示方式

次數	1	2	3	4	5	6	7	8	9
品評員 1	+	+	+	+	+	+	−	+	+
	(1, 1)	(2, 2)	(3, 3)	(4, 4)	(5, 5)	(6, 6)	(7, 6)	(8, 7)	(9, 8)
品評員 2	−	+	+	−	−	−	−	−	+
	(1, 0)	(2, 1)	(3, 2)	(4, 2)	(5, 2)	(6, 2)	(7, 2)	(8, 2)	(9, 3)

註：＋為品評員回答正確，－為品評員回答錯誤

此實驗使用三角測試法，α 設定 0.05、β 設定 0.1、$P_1 = 0.67$（50％可接受性）、$P_0 = 0.33$

$$d_0 = \frac{\log 0.1 - \log(1-0.05) - n\times\log(1-0.67) + n\times\log(1-0.33)}{\log 0.67 - \log 0.33 - \log 0.33 + \log 0.67}$$

$$= \frac{-1-(-0.02) - n(-0.48) + n(-0.174)}{-0.174 - (-0.48) - (-0.48) + (-0.174)}$$

$$d_0 = -1.601 + 0.5n$$

$$d_1 = \frac{\log(1-0.1) - \log 0.05 - n\times\log(1-0.67) + n\times\log(1-0.33)}{\log 0.67 - \log 0.33 - \log 0.33 + \log 0.67}$$

$$= \frac{-0.045 - (-1.301) - n(-0.48) + n(-0.174)}{-0.174 - (-0.48) - (-0.48) + (-0.174)}$$

$$d_1 = 2.052 + 0.5n$$

品評員 1 在第五次以後被接受，而品評員 2 在第八次以後被拒絕。

例 某食品公司利用內部員工進行差異分析試驗品評，研發組長採用二三點試驗法評估冷凍水餃儲存 1 個月與 2 個月後加熱的風味，希望瞭解可以冷凍的天數最大值。

品評員編號	1	2	3	4	5	6	7	8	9	10	11
控制樣品與 1 個月之樣品	−	−	−	＋	−	＋	−	＋	−	＋	−
	(1,0)	(2,0)	(3,0)	(4,1)	(5,1)	(6,2)	(7,2)	(8,3)	(9,3)	(10,4)	(11,4)
控制樣品與 2 個月之樣品	＋	＋	＋	＋	−	＋	＋	＋	−	＋	−
	(1,1)	(2,2)	(3,3)	(4,4)	(5,4)	(6,5)	(7,6)	(8,7)	(9,7)	(10,8)	(11,8)

註：＋為品評員可以正確分辨，−為品評員不能正確分辨

↘答：

α 值設定為 0.05，指待測樣品與控制樣品之間存在差異的可能性。β 值設定為 0.1，指待測樣品與控制樣品之間存在相似的可能性。$P_0 = 0.5$，以二三點試驗法無差異假設，假設能分辨待測樣品與控制樣品的人數不超過總人數的 40％（事實上，如果以比較嚴苛的品質標準，一般設定為 20％），

P_1 正確答對的比率 ＝ $0.4 + 0.5 \times (1 - 0.4) = 0.7$

其中 $P_d = 0.5$，$P_g = 0.4$，帶入公式可得到

$d_0 = -2.59 + 0.6n$，$d_1 = 2.59 + 0.6n$

控制樣品與 1 個月之樣品到 11 位品評員的結果才能確定待測樣品與控制樣品是相似的，控制樣品與 2 個月之樣品到 11 位品評員的結果才確定待測樣品與控制樣品是相異的。

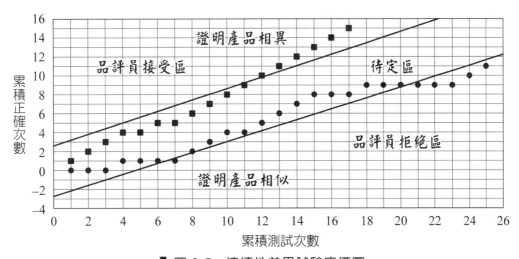

■ 圖 6-5　連續性差異試驗座標圖

習 題

是非題

1. 三角測試法與二三點測試法均可測定出樣品間的差異程度。

2. 感官品評採三角測試法，在調配樣品時，僅允許其所要探討的某一個變因存在，其餘條件則應盡量一致。

選擇題

1. 下列何種感官品評試驗最適當來決定食品的保存期限？ (A)描述分析試驗 (B)消費者測試 (C)三角測試法 (D)方向性對比法。

2. 下列感官檢查之品評結果會被品評員猜對機率高達 1/3 者為 (A)成對比較法 (B)二三點測試法 (C)三角測試法 (D)順位法。

3. 感官檢查如採分析型差異分析試驗，要用 (A)無經驗型品評員 (B)有經驗型品評員 (C)普通消費者 (D)無限制。

4. 下列哪種感官檢查法不屬於分析型？ (A)三角測試法 (B)嗜好型測試 (C)二三點測試法 (D)描述分析試驗。

5. 關於感官品評中差異分析試驗的相關敘述，下列何者為最佳答案之組合？ (a)不知道產品之特性，最好使用二三點測試法進行差異性比較。(b)產品的餘味過強時，不應該使用三角測試法進行差異性比較。(c)產品已經確認明確比較某個特性（如甜味）之差異時，可使用成對比較法中的方向性對比法進行比較。(d)產品的顏色不同時，不應該使用三角測試法進行差異性比較。 (A)abcd (B)acd (C)abc (D) abd。

6. 關於差異分析試驗的敘述，下列何種組合為正確答案？ (a)進行測試時，樣品提供的量與溫度的控制需統一。(b)二三點測試時，若品評小組對於評估的樣品其中一個熟悉，樣品的提供順序只有 2 種。(c)三角測試法的樣品提供順序有 6 種，品評員最好為 6 的倍數。(d)差異分析試驗依照測試的目的不同，品評員可以使用訓練型與消費者型之品評員。 (A)abc (B)abcd (C)acd (D)ad。

7. 關於三角測試法的敘述下列何者正確？ (A)該方法猜錯的機率為 1/3 (B)在統計上，和二三點測試法相比，有較佳的解析力 (C)該方法使用訓練型品評員探討相似測試時，品評員 20 位足夠 (D)利用該法進行保存期限測試（樣品的風味是否有改變），過程中樣品的顏色有些微的變化，對測試沒有顯著性的關係。

8. 當產品餘味(aftertaste)過強時，從下列四個差異分析試驗的評估方法選擇 2 個最適當的方法進行評估，下列何種組合為最佳？ (a)成對比較法。(b)三角測試法。(c)二三點測試法。(d)A 非 A 法。 (A)ab (B)bc (C)ad (D)cd。

9. 大毛利用成對比較法想要證明藍山咖啡比巴西咖啡酸，他使用了 30 位品評員進行測試，結果顯示只有 10 位品評員認為藍山咖啡比較酸(根據統計表顯示，在 p = 0.05，單尾測定時的絕對數值為 20，而雙尾測定時的絕對數值為 21)，請問下列敘述何者正確？ (A)此實驗結果證明 2 個咖啡的酸度沒有顯著性差異 (B)藍山咖啡較酸 (C)巴西咖啡較酸 (D)本實驗品評員人數不足，結果無意義。

10. 下列何種統計方式，不能使用在定性差異分析試驗的結果評估上？ (A)卡方分析法 (B)Z 檢定 (C)二項式檢定 (D)F 檢定。

11. 某公司發展了一系列具有保健功能的草本濃縮液，產品食用時建議使用冷水稀釋 6 倍，稀釋後的整體味道並不強。最近公司獲得客訴說某批號產品感覺比之前產品苦味的味道較強，品保為了確認這個問題，啟動了感官品評分析進行評估：(a)他找了品保及研發共 30 人進行品評試驗。(b)預計使用成對比較法進行。(c)評估方式將某批號產品與另一個批號(沒有客訴)的樣品以冷水稀釋 6 倍後進行評估。(d)以雙尾的二項式表格進行統計分析。上述所啟動的哪些步驟或說明可能不適當？ (A)a (B)b (C)c (D)d。

12. 下表消費者測試的結果，何選項敘述錯誤？ (A)本結果指出樣品 B 的喜歡程度介於「稍微喜歡」和「有點喜歡」之間 (B)本品評結果若是在產品開發初期，可以說明 B 產品值得開發 (C)若三個產品皆為工廠末端預計上市的產品，本品評結果說明 C 樣品應該捨去掉，不准上市 (D)B 產品最後上市，結果產品沒有大賣，可以說產品口味沒有問題而是行銷策略錯誤。

樣品	外觀喜歡程度	風味喜歡程度	整體喜歡程度
A	5.23b	5.23a	5.10ab
B	6.01a	5.91a	6.04a
C	4.52b	4.50b	4.23b

註： 本試驗的品評人數為 60 人，使用 9 分法：1 非常不喜歡、3 有點不喜歡、5 沒有喜歡或不喜歡、7 有點喜歡、9 非常喜歡，相同字母表示在 p = 0.05，沒有顯著性差異

13. 感官檢查如採用差異分析試驗時品評員人數是 (A)4~5 人 (B)10~15 人 (C)30~60 人 (D)60 人以上。

　　註：這題是勞動部食品分析檢驗乙級技術士考古題，該題公布答案為 B，但認為這題目出得很有問題，加個「至少」會好一點。因為(1)不同差異分析試驗需要的人數不同。(2)沒考慮是異同試驗還是相似試驗。綜合以上的想法，根據 ISO 國際標準的建議，其實最好的答案為 C。

14. 要決定新產品與目標產品沒有差異，應該要採取何種統計分析？ (A)成對比較檢定表 (B)三角相似性檢定表 (C)三角測試法檢定表 (D)Krammer 檢定表。

15. 關於差異分析法中的異同測試與相似性測試的敘述，下列何者正確？ (A)異同測試所需的品評員人數較相似性測試高 (B)異同測試證明 2 個樣品不同，就表示此 2 個樣品不相似 (C)要用一個便宜的香精取代昂貴的香精，但希望消費者吃不出來，這需要使用異同測試證明 (D)樣品的相似測試要多相似，需要實驗者自己假設，假設越相似所需要的品評員越多。

16. 關於差異分析試驗的敘述，下列何者錯誤？ (A)n-AFC（強迫選擇法），不管測試品評員的人數多與少，所對應的結果都可信 (B)三角測試法因為猜測的機率較低，所以方法敏感性較高 (C)差異分析試驗除了可以應用在品質管制上，也可用在篩選品評員，測試該品評員是否穩定度高 (D)進行差異分析試驗時，如果所需的品評員人數不足，可以要求品評員進行重複性試驗，但須使用特殊的統計方式。

17. 關於差異分析試驗的敘述，下列何者正確？ (A)在差異分析試驗的測試中，能夠答對者，都是真實的鑑別者 (B)在差異程度測試上，是使用強弱來判別差異 (C)3-AFC 的方法在樣品的提供上和三角測試法一樣，有 6 種組合 (D)差異分析試驗的方向性成對比較法可以有「一樣強」的選項。

18. 下列何者感官品評之品評結果，被品評員猜對的機率會高達二分之一？ (A)三角測試法 (B)成對比較法 (C)順位法 (D)評分法

問答與實驗題

1. 利用三角測試法檢測 A 品牌和 B 品牌鳳梨蘋果汁，發現 50 位品評員中有 24 位品評員能夠正確的定義出 A 品牌和 B 品牌鳳梨蘋果汁，

(1) 說明此實驗的結果（此實驗的虛無假設 H_0 定義於 5%顯著水準）（在 $p = 0.05$ 時，50 位品評員正確答對之最小數目為 23）。

(2) 品評小組是否能夠說明 A 品牌和 B 品牌鳳梨蘋果汁何者感官特性不同嗎？

(3) 品評小組是否能夠說明 A 品牌和 B 品牌鳳梨蘋果汁何者比較喜歡？

(4) 假如此實驗最後目標就設定需要品評員 50 位，然而最後只有 25 位品評員，是否可以要求品評員進行 2 次實驗？

(5) 用三角測試法進行比較樣品之不同，除了味道不能太強外，還有什麼特性需考慮才能使用此方法？

2. 差異分析試驗常常應用在驗證 2 個產品的味道是否相似，
   (1) 請說明在進行二三點測試法時，有 2 種樣品提供的方式，在實驗設計中並寫出樣品可能提供的方式。
   (2) 這 2 種樣品提供方式的使用時機為何？

3. 某生使用三角測試法比較靠近某科技大學附近兩家 50 嵐茶店（1 店和 2 店）所販賣的珍珠奶茶味道是否相同，他們使用微糖去冰的飲品來進行品評測試，該生最後結果製表及統計表如下。
   (1) 請說明並解釋結果（在 5%顯著水準，p＝0.05）。
   (2) 請驗證該生的實驗設計是否適當（計算到小數點 2 位），是否符合 ISO 國際標準的規範？
   (3) 這個實驗中是否需要考慮品評員人數？

順序	提供次數	正確答對次數
AAB	10	5
ABA	12	5
ABB	10	4
BAA	11	5
BAB	13	6
BBA	10	4
總數	66	29

在 p＝0.05 時品評員正確答對之最小數目

品評員數	猜對機率 0.5（單尾）	猜對機率 0.5（雙尾）	猜對機率 0.33
60	32	33	27
70	37	39	31

在 p＝0.05 時卡方分析表

自由度	df=1	df=2	df=3	df=4	df=5
臨界值	3.84	5.99	7.81	9.49	11.07

4. 蔗糖素(Splenda™)為一個現在美國流行的代糖，因為它的甜味很自然而且沒有不良的餘味（但有很強的甜餘味），然而，此產品尚未在臺灣受到矚目。某臺灣食品公司老闆對此一產品非常有興趣，於是乎想要將蔗糖素製作成和普通的糖(sugar)在甜味上沒

有差異的產品，該公司請你為品評部門員工簡單設計一個品評試驗，用現有的知識提出決策，如何做此一品評試驗？

(1) 假設已經找到和蔗糖甜味的甜度上相似的配方，若使用差異分析試驗進行分析來驗證這個配方的濃度，在成對比較法和三角測試法上 2 選 1，你會選擇哪個方法？為什麼？

(2) 承上題，根據這個實驗的目的，屬於異同測試，還是相似測試？

(3) 承上題，這個實驗進行時，假設品評員人數不足，是否可以要求品評員以重複的方式進行？

(4) 假設完全無法確定與甜味的甜度上相似的配方，請提供一種品評的方法，可以找到和蔗糖甜味的甜度上相似的配方。

5. 海綿寶寶的老闆蟹老闆正在發展新口味的美味蟹堡，蟹老闆想要利用極少的食材做出和之前一樣的美味蟹堡，海綿寶寶幫他舉辦了一個感官品評宴會，利用幾種方式來驗證新口味的美味蟹堡是否和舊口味相同。

(1) 首先聰明的海綿寶寶把所有可能差異分析試驗中常使用的方法，做了一個整理，請回答下列問題幫他完成。

分析法	成對比較法	三角測試法	二三點測試法
品評員所需人數			
品評員的型態			
被猜對的機率			
優點			
缺點			
實驗設計中樣品提供的方式有哪些			
可能的應用			
實例			
附註	請說明此方法和 2-AFC 的不同	請說明此方法和 3-AFC 的不同	

(2) 海綿寶寶使用三角測試法檢測發現 50 位品評員有 22 位能正確選出不同者，請使用查表法、卡方分析及 Z 檢定來計算此結果並詳細解釋其結果（在信心水準 95% 下評估）。

(3) 他又叫章魚哥使用成對比較法檢測，50 位品評員有 28 位能正確選出，請使用查表法說明此結果。這個結果查表時需要使用單尾測定還是雙尾測定？

(4) 派大星好吃懶做而且無腦，只找到 20 人來做測試，海綿寶寶想到了一個方法，要求這 20 人做兩次測試，最後結果整理如下，請使用 SMITH 測定及 Z 檢定來計算此結果並詳細解釋其結果。

品評員	重複一	重複二	品評員	重複一	重複二
1	$\underline{R_A AB}$	$R_B BA$	11	$R_B BA$	$R_B AB$
2	$\underline{R_B AB}$	$R_B AB$	12	$\underline{R_B AB}$	$R_B AB$
3	$R_B BA$	$\underline{R_A AB}$	13	$\underline{R_A BA}$	$\underline{R_B BA}$
4	$R_A BA$	$R_B BA$	14	$R_A AB$	$\underline{R_B AB}$
5	$\underline{R_A BA}$	$\underline{R_A BA}$	15	$R_A AB$	$\underline{R_B AB}$
6	$\underline{R_B AB}$	$\underline{R_A AB}$	16	$\underline{R_B AB}$	$R_A AB$
7	$\underline{R_A BA}$	$R_A BA$	17	$R_B BA$	$\underline{R_A BA}$
8	$R_B BA$	$R_A AB$	18	$\underline{R_A BA}$	$R_A BA$
9	$R_B AB$	$\underline{R_B BA}$	19	$R_B AB$	$R_B BA$
10	$\underline{R_B AB}$	$\underline{R_B BA}$	20	$\underline{R_B BA}$	$\underline{R_B AB}$

註：畫線為答對的

6. 在進行成對比較法時，如何確定某實驗是屬於單尾測試，還是雙尾測試，請舉例說明。

7. 某生使用三角測試法比較(A)健怡可口可樂和(B)零熱量可口可樂是否不同，該生最後製表如下。

   (1) 請說明並解釋此結果。

   (2) 請說明該生想要比較此 2 個產品是否不同而使用三角測試法是最好的方法嗎？為什麼？有何優缺點？

順序	提供次數	正確答對數目
AAB	15	11
ABA	16	6
ABB	20	11
BAA	20	11
BAB	15	13
BBA	14	10
總數	100	62

8. 中臺科大虞老師發展具有養生機能之麵條產品，這產品使用磨細的蛋殼粉加入麵條中，使麵條富含鈣，目前添加在麵條的蛋殼粉為 1.5% 和 3%，但由於蛋殼粉不溶於麵粉中，所以其成品會分布在麵條上面。他欲利用感官品評的方式來探討添加的麵條口感上是否有差異，假設麵條為同一種口味且外觀（1.5% 和 3%）無法分辨出差異，請

(1) 設計一個實驗來得到是否口感上有差異這一目的（包含方法、品評員人數、樣品提供溫度、湯麵方式或乾麵方式、含量、樣品製備及計畫等等，資訊越詳細越好）。

(2) 假若虞老師也欲比較 1.5% 和 5% 的蛋殼粉添加在麵條，口感上是否有差異，然而此時外觀可以明顯的看出不同，請問要如何設計此一實驗？

(3) 虞老師在產品發展完成後，想要以添加在麵條的蛋殼粉為 3% 的配方做成加工食品販售，他想要知道此產品的賞味期限或保存期限，從儀器分析及品評的角度，你認為賞味期限或保存期限是不是相同？如何決定之？

9. 有甲、乙二個樣品（糖度分別為 5% 及 5.5%），欲知何者較甜，利用 60 位品評員進行方向性對比法的品評試驗，結果有 45 人認為乙樣品較甜。請查表 6-17 檢測 2 種樣品測試，在 5% 及 1.0% 顯著水準下，各需幾人方達到顯著差異？是否有達到顯著差異？

10. Splenda™ 為一個現在美國流行的代糖，因為它的甜味很自然而且沒有不良的餘味，然而，此產品尚未在臺灣受到矚目。某臺灣食品公司老闆對此一產品非常有興趣，於是乎想要將 Splenda™ 製作成和普通的糖(sugar)在甜味上沒有差異的產品，該公司請你為品評部門員工簡單設計一個品評試驗，內容至少包含：濃度需要多少？要何種品評員？用何種品評方式？要多少品評員？其他注意事項等。

11. 郭老師有 2 種不同製作鳳梨酥的配方，所做出來的鳳梨酥在外型、顏色、口感上沒有太大的差異，然而郭老師希望瞭解其中 B 配方是否比 A 配方甜，想要請他的助手實施一個感官品評試驗。助手最後使用了 30 位學生實施了方向性對比法，請完成下面的問題。

(1) 請幫忙設計一個樣品計劃與品評單（實施品評地點在教室）。

(2) 樣品製備上需要注意哪些事情？

(3) 最後的結果有 21 人認為 B 比較甜？請使用查表法、修飾性卡方分析與 Z 檢定，三個方法檢測統計並且詳細說明實驗結果。

(4) 這個實驗的品評人數是否足夠？為什麼？

消費者測試

Sensory Consumer Test

學習大綱

1. 感官品評之消費者測試與限定

2. 接受性試驗：9 分法與剛剛好法

3. 喜好性試驗：順位法及其他強迫選擇法

4. 品評消費者研究與市場調查

5. 感官品評消費者測試的未來

6. 順位法評估品評員的表現：Spearman 檢定和 Page 檢定（進階學習）

7. 量值估計法（進階學習）

PRINCIPLES AND PRACTICES OF
SENSORY EVALUATION OF
FOOD

建議課程時間：6 小時

　　當食品工業要創新產品或增加市場銷售時，精確瞭解消費者喜好趨向的重要性成為一項必要的工作。在感官科學領域的消費者試驗技術，旨在藉由控制的環境下（減少心理、生理誤差）執行測試來評估消費者對產品的喜好並進行選擇與區分。然而，消費者試驗看似簡單但各種使用的評估方法都有其目的且操作模式皆不相同，該如何選擇適當的方法成為操作者最大的問題。消費者測試方法可分為定性與定量兩種方法，以定量的測試方法使用最廣且頻繁，此兩種方法特性，如表 7-1 所示。然而，這個最常使用的方法，卻常因為操作者對試驗內涵的一知半解及輕視，造成許多的誤用而衍生許多問題。最常看到的現象就是操作者以為依照研究論文的撰述方式，依樣畫葫蘆或者在未控制或不適當的環境下進行測試，如在操作時給予品評員暗示，造成品評員選擇的偏差。另一個現象就是，利用正確的品評操作方法所得的到數據，因為統計方式有限（只會單因子變異數分析但不會多變量分析的統計）而無法得到預期的結果，所以再次操作時，給予品評員強烈的暗示進而影響結果。有經驗的品評學家皆可以從呈現的結果推估出該測試的操作情況，別以為是人為的操作，所以所有的狀況或結果皆合理。感官品評技術在西方國家已成為感官科學，就是因為科學化的過程背後，有許多重要的哲學思想與原則（例如：品評操作環境的控制），操作者沒有融入這些哲學思想與原則於測試過程，感官品評所得到的結果往往有所偏差與誤用。表 7-2 為臺灣產業及研究者在操作感官品評消費者測試常見的錯誤。感官品評消費者測試的方法目前尚未有 ISO 國際標準（喜好性測試常用之順位法的標準主要應用在檢測樣品間的差異及品評員訓練成效之評估），短期內會訂定的有關標準，也只是消費者測試在感官品評專業實驗室的操作原則。本章將從幾個面向來探討感官品評消費者測試的正確觀念，希望打破過去多年來累積的錯誤。

7.1　消費者接受性：9 分法

　　消費者對於食品的接受與否必需同時考慮產品的內部因子（例如：感官特性）和外部因子（例如：包裝和品牌）2 種屬性，他們會影響了消費者購買或選擇的行為（圖 7-1）。要瞭解消費者接受性有許多的方法，例如：焦點訪談或是以實驗法評估，也可以使用問卷調查進行。感官品評領域的消費者測試主要探討產品內部因子，採用實驗法進行評估，可分為接受性測試(consumer acceptance test)和喜好性測試(consumer preference test)兩種。接受性測試主要是由消費者評估單項產品，在不直

接與其他產品比較的情況下，藉由品嚐產品後對其喜歡程度進行尺度量化；喜好性測試的目標則是從眾多產品中選擇比較喜歡的，如表 7-3 所示。兩者最大的差別是接受性試驗是測量產品喜歡或不喜歡的程度，並給予量化／比例的數據，相同產品在不同研究亦可進行比較；而喜好性試驗是從組內鑑定產品偏好的試驗，所以若不是相同試驗研究，則無法進行比較。

表 7-1　定量與定性消費者測試方法的比較

項目	定性方法	定量方法
參加試驗的消費者人數	人數相對較少	人數較多且有計畫地對消費者進行抽樣
參加試驗消費者間的影響	消費者在評估過程中可互相討論，同意相互之間干擾的狀況	消費者須獨立地進行評估工作
評估方式的方向	描述	評估與預測
注重的內容	方式和原因	內容和數量
問題的靈活性和深入性	問消費者的問題比較靈活，可以做深入的探討	問題固定有限，不適合深入探討
統計分析	評估的結果通常有主觀性，不適合進行統計分析	評估結果客觀可靠，適合統計分析
常用方法	焦點小組(focus group)順位法(ranking test)	9 分法(9-point hedonic test)與量值估計法(magnitude estimation scale test)

表 7-2　臺灣常見到在定量消費者測試相關的錯誤

誤用情況	正確情況
品評員人數不足	如果以最終產品的角度出發，消費者測試之品評員的人數，至少需要 60 人以上才能達到統計學上的檢驗力(Power)
1. 品評員型態使用錯誤 2. 使用訓練型品評員	消費者測試的品評員必須使用非訓練型的品評員且不可以用訓練型品評員本身也是消費者的想法來進行實驗，這樣有可能造成偏差，消費者測試就是要瞭解品評員的主觀反應
品評環境未控制 1. 環境吵雜 2. 集體評估時，品評員未適當分隔 3. 暗示樣品資訊	降低心理與生理反應在評估過程中所造成的偏差是科學化品評最重要的原則；在安靜舒適的環境下品評，品評員間彼此不受影響，避免品評員先入為主的觀念是品評操作重要的原則
觀念錯誤 I 消費者越喜歡，表示品質越好	產品的品質好壞與消費者喜好程度沒有必然的關係
觀念錯誤 II 1. 太艱深的詞語用於問題上 2. 問題的誤用	1. 由於消費者品評員不可以進行訓練，所以在檢驗問題上必須是消費者能夠瞭解的詞語或意義，因此，不能夠設計太艱深的問題。例如：焙炒味的喜歡程度 2. 感官品評消費者測試只能用「喜歡程度」作為唯一的問題，不能使用優良、強弱、滿意、很好、理想與接受等問題。上述的詞語都應有標準定義，評估這些詞語時，品評員應該要適當訓練
觀念錯誤 III 認為是問卷調查法	1. 感官品評是實驗法，所以需要控制實驗所可能導致的變因，例如：環境控制、品評員生理及心理狀況的控制 2. 因為是實驗法，品評檢測的環境是需要控制而且量表是被驗證過的，不需要如問卷調查法去計算信度與效度
統計的誤用與缺乏	1. 9 分法的量表是用不同的「喜歡程度」去進行評估，可以算是一種連續量表。使用平均值與單子因變異數分析(one-way ANOVA)進行計算與統計，並非像問卷調查使用之李克特量表(Likert scale)，使用卡方分析(chi-square test)進行分析 2. 多變量分析技術，如主成分分析(principal component analysis)、部分最小平方法(partial least square)、懲罰分析(penalty analysis)與喜好性地圖(preference mapping)等，已經大量使用在消費者感官品評技術，可以瞭解消費者喜歡哪些感官特性、產品的定位、產品最適化屬性特徵及不同消費族群的喜好特性等

表 7-3　感官品評消費者測試的類型與方法

目標	類型	測試方法	問題
選擇(choice)	喜好性測試	成對比較法	哪個樣品你比較喜歡
		順位法	從喜歡排序到不喜歡
等級(rating)	接受性測試	9 分法	這個產品的喜歡程度是多少
		量值估計法	這個產品喜歡程度是參考樣品的幾倍

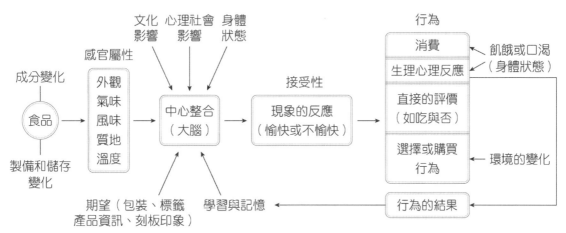

圖 7-1　消費者接受性與行為模式的關係

7.1.1 9 分法測試應該為消費者接受性，還是消費者喜好性

　　感官品評中的消費者接受性試驗最常使用 9 分法，也就是利用 9 種不同喜歡的程度讓消費者進行選擇，這個方法評估的結果到底是消費者接受性，還是喜好性常有爭議，國內幾本相關書籍都說明這個方法的結果是喜好性，而接受性的測試只能使用接受與不接受這樣的問項來評估。然而，幾乎所有國外的書籍及英文發表的品評學術文章，都直接寫 9 分法的結果為消費者接受性，這裡說的接受性為消費者對產品感官特性的接受。到底 9 分法是接受性還是喜好性？可能要分幾個層次來思考。

　　首先，從「接受」與「喜好」這 2 個名詞的涵義何者為絕對，何者為相對來思考。很明顯的「接受」為絕對的概念而「喜好」為相對的概念，比方說我們可以提供幾個一般認為非常難吃的食品給消費者，消費者可以從眾多產品中挑出喜歡哪個產品（喜好性）但這些眾多產品的味道都不接受（接受性）。基於這個理由，評估接受性與喜好性的方法上也就涉及了這樣的概念。

從量表的特性與結果呈現來思考，9 分法為 9 種不同的喜歡程度，讓消費者勾選對每個評估樣品的喜歡程度，而順位法是根據消費者對樣品的喜歡程度從「最喜歡」到「最不喜歡」或「最不喜歡」到「最喜歡」來排序。這 2 個方法表面上看起來只是量表方式呈現有所不同，但事實上這兩種量表就包含了絕對與相對的概念。先從順位法來說，如果有 6 個樣品進行排序，要完成排序的評估，一定需要 6 個樣品全部品評完後，才能進行綜合的比較。如果 6 個樣品中有某幾個樣品被置換，再進行另一次順位法的品評，兩次進行的品評結果是無法相互比較的。比方說，第一次進行排序樣品喜歡程度的順序為 A>B>C>D>E>F，而第二次或另一個實驗室進行順位法但樣品有些微不同，所得喜歡程度的順序為 A>B>G>D>H>F，你無法比較 A~H 樣品之間的關係，這樣的量表所引發的評估方式就是相對的概念。

9 分法的量表，或者使用 5 分法或 7 分法（在臺灣許多學者比較喜歡使用後兩者，其實並不建議，這個問題後面再說明），在評估時可以每個樣品獨立進行，也就是說不用所有的樣品都被品評完才進行評估。此外，9 分法量表喜歡程度的結果，通常使用平均值來顯示，可以在不同試驗中進行比較。比方說，A 實驗室使用 9 分法評估臺灣消費者對 A 牌鳳梨酥的喜歡程度，獲得結果的平均為 5.23 分，而另外一個實驗室使用 7 分法對臺灣消費者進行同樣的樣品評估，獲得平均為 3.5 分，可以客觀地比較此 2 個實驗的結果。這就蘊含了絕對的概念，當然這個前提是品評員人數、型態與評估方式都須符合科學性品評的要求。

從作法上來思考，當有 4 個樣品使用 9 分法的量表來進行消費者品評，可以有 2 個作法。一個是將 4 個樣品全部給品評員，讓他們對品評單上的問題進行勾選；另一個作法是一次提供品評員 1 個樣品，每個樣品被評估完時連同品評單一起收回，再進行下一個樣品的評估。前者的方式，品評員會可能在 4 個樣品完成評估後更改或微調第一次評估的選項，或者評估所有樣品完後再作答，這樣的方式和順位法的行為模式相似，只是評量方式不同，也就是相對的概念。後者一次提供 1 個樣品評估，讓品評員獨立進行評估，無法比較或修改量表，比較符合絕對的概念及消費者食用產品之情況。

換言之，9 分法是以產品的喜歡程度來評估消費者對產品的接受性，這裡說明的接受性是指產品感官特性的接受性，請勿擴大解釋。當使用 9 分法進行消費者接受性評估時，在樣品提供上，建議一次提供 1 個樣品，獨立進行評估（通常在專業品評室操作較容易）或者提供全部的樣品，但要求品評員不可以回頭再品嚐或進行樣品間的比較（在非專業品評室的環境進行品評，建議以此方式操作）。此外，9 分

法的評量建議不顯示數字（只顯示極度不喜歡或極度喜歡等程度的空格），以降低品評員可能因為數字大小而微調心裡所呈現的喜歡程度（當然顯示數字的作法也是正確的，有其目的，參考圖 7-3）。若評估時，將樣品全部給品評員，也沒有規範不可以回頭再吃（和單一樣品重複吃的意義不同），這樣的作法也沒有錯誤，只是這樣的模式和順位法相似。然而，使用這樣的方式進行 9 分法測試的評估，要比較不同實驗的結果，會增加得到錯誤結論的危險性，因為基本上所有強制比較的方法，在作法上都不應該被定量，差異分析測試(discrimination test)或順位法都有此種特性。

作者曾經和臺灣知名品評專家姚念周博士探討過消費者測試樣品提供的問題，他認為進行 9 分法品評時，將所有要評估的樣品一次給品評員，可讓品評員相互比較，這比較符合品評學家的需求與觀點，而一個一個給樣品的方式，比較屬於行銷學者的需求與觀點。事實上，2 個作法都沒有錯誤。如果測試目的是以產品配方調整、產品開發的觀點，通常是要決定哪個配方消費者較喜歡，評估時可以將樣品全部給品評員，且品評單可使用未標註的方格標度法或是提供有分數的方格標度法。測試的時機通常在產品上市之前，瞭解這樣的產品消費者是否喜歡，目的是比較和競品間產品的定位，樣品提供方式應該一個一個獨立給予而且品評單應使用未標註的方格標度法。如同前面所說，雖然作法不同但沒有對與錯的問題，應該要非常清楚測試的目的而選用適當的方式。想瞭解消費者接受性時應該使用 9 分法；要瞭解消費者喜好性時應該使用順位法，雖然順位法的評估方式和消費者真實食用方式是不同的且方法沒有量的大小，但可以選擇出在現有的情況下，消費者較喜歡的產品或配方。

至於臺灣已退休品評學者區少梅教授認為，接受性的測試只能使用「接受」與「不接受」的問項來評估，這樣的說法並沒有錯誤。只是當品評單中問到接受與否，消費者的心理可能會產生其他複雜的想法，就像吃到一個好吃的東西，問你喜不喜歡，你會說喜歡，但問你接不接受，可能你會有其他不同的想法了。品評是以「喜歡程度」作為評估依據，來評估消費者對產品感官特性的接受性，喜歡與否是感性且沒有理由的，但如果是接受與否，消費者在食用的過程中，不只會對樣品的感官特性進行評估且會想到其他的因素，所以這樣的評估方式，單純只用感官品評方式評估接受性可能會失真，須搭配其他外在因子的評估或市場研究比較適宜。使用感官品評評估消費者接受性僅侷限在產品內部的因子，通常包含顏色、香氣、風味、口感等特徵的接受，這些特徵的接受並不會隨產品其他外部因子而改變。圖 7-2 為食物刺激產生感覺後，測量感官特質接受性的示意圖。

也有書籍指出，接受性測試進行評估時一樣使用 9 分制量表，但將量表中的「喜歡程度」改寫為「接受程度」，用這樣的作法來評估產品感官特性的接受性是不適當的。從表面上來說，量表的設計感覺並沒有太大問題，接受程度也可以是連續性的，但接受性是一個絕對概念的話，那「有點不接受」或「有點接受」的意義就完全沒有道理了。

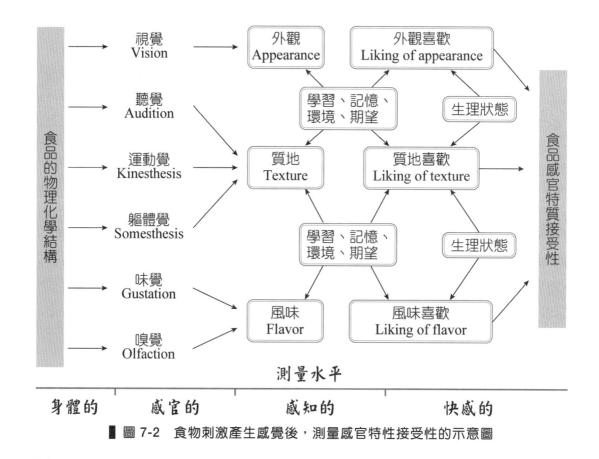

圖 7-2　食物刺激產生感覺後，測量感官特性接受性的示意圖

7.1.2　關於 9 分法測試評估消費者接受性的量表

9 分法測試的量表設計目的是反應消費者在品評完產品後，對這個產品的喜好程度進行一連串連續性的心理評估。由於消費者沒有接受訓練，所以不宜太複雜，就以 9 等份的等距量表(ordinal scale)來進行，和行銷學上常使用的李克特量表(Likert scale)，假設每個評估項目皆具同等量值之含意有所不同。等距量表的使用主要是當反應主觀間距相等時會出現等距標度，9 分法是一種平衡標度法(balanced bipolar scale)，所標明的反應選項大致有相等的間距。這些選項以 1~9 的數值進行編碼與分

析，在統計上以平均值表示之，並使用單因子變異分析評估，表示實際的差別程度，這和李克特量表結果之數值加總的概念有所不同，請勿混淆。

9 分法使用在消費者試驗且實驗方式以「喜歡程度」表示產品感官特性之接受性，目的是希望獲得每位消費者真實主觀的想法而不是要比較的結果，所以建議品評時，樣品一個一個提供給品評員或要求品評員不可回頭吃已經完成評估的產品，品評單不宜加入數字而相互比較。圖 7-3 為快感測試標度正確範例及其常見的錯誤。

9 分法所使用的標度已被品評學家長期證明在消費者試驗中的有效性與廣泛適用性。這樣的標度在心理學上就像尺規一樣的性質，沒有必要提出未經仔細構建的快感標度。在研究消費者試驗中標度的使用，經過一連串研究者的測試，從數值、語言、端點、相對參照的類別標度、整體差異類別標度與圖示標度，最後放棄使用上述的標度或數值避免受試者的偏見，而建議使用未標註的方格標度法。這也是作者為什麼建議不要加入數字於 9 分法中。

9 分法發展於美國，且成功評估美國消費者對產品之接受性，事實上，語言的使用、文化背景與環境會影響量表的使用。9 分法中所使用這些強調主體反應的形容詞來自英語國家，在其他國家是否能夠相同使用而不產生偏差需要研究，所以詞語的翻譯可能會影響到評估的結果。因此，有些學者建議使用數字或線性量表於消費者測試，以減少 9 分快感量表詞語的翻譯可能對評估結果的影響。有研究發現華人、泰國人與韓國人使用 9 分法的標度範圍小於美國人，導致評估結果過於集中或者產品間在喜歡程度上沒有顯著性差異，所以 9 分法在這些國家使用可能不是最好的方法。進一步的研究也發現，華人使用無結構的直線(unstructured line)標示法於消費者測試評估為最有效的方法，而泰國與韓國人使用 17 點結構的直線(17 point structured line)標示法為最有效的方法。儘管如此，目前大部分的研究仍然使用 9 點標度於消費者接受性試驗。

一、用英文呈現的原始 9 分法

- ☐ Like extremely
- ☐ Like very much
- ☐ Like moderately
- ☐ Like slightly
- ☐ Neither like nor dislike
- ☐ Dislike slightly
- ☐ Dislike moderately
- ☐ Dislike very much
- ☐ Dislike extremely

註： 研究者已經證實，9 分法量表不論使用橫式或直式表示，或者從「極度喜歡」或「極度不喜歡」開始為評估依據，都不會影響消費者評估結果與心理

二、未標註的方格標度法

建議

☐ 極度不喜歡	☐ 非常不喜歡	☐ 有點不喜歡	☐ 稍微不喜歡	☐ 沒有喜歡或不喜歡	☐ 稍微喜歡	☐ 有點喜歡	☐ 非常喜歡	☐ 極度喜歡

註： 只能使用喜歡程度表示之，其他的名詞（優良、強弱、滿意、很好、理想與接受等）都不對，不可以使用

可使用但有條件

1	2	3	4	5	6	7	8	9
☐ 極度不喜歡	☐ 非常不喜歡	☐ 有點不喜歡	☐ 微不喜歡	☐ 沒有喜歡或不喜歡	☐ 稍微喜歡	☐ 有點喜歡	☐ 非常喜歡	☐ 極度喜歡

註： 當有分數選項時，消費者可能會看到分數而進行調整。比方說，原本品評完後覺得可勾選有點喜歡，但看到 7 分覺得給分可能太高了而調整為 6 分的稍微喜歡，這就失去獲取消費者真實感受的目的。要使用這種量表和進行消費者測試的目的上有很大的關係。如果測試的目的是進行配方的篩選與調整（產品開發目的），通常是將測試樣品全部提供給品評員進行比較，此時這個量表可以提供分數。如果進行的測試目的是和競品比較時（產品行銷目的），此時樣品需要分次給予品評員，這時候量表設計上需要品評員第一次真實感受，則建議使用未標註的方格標度法。儘管如此，作者還是建議產品開發要對配方進行篩選和調整，使用順位法即可。

錯誤使用

☐	☐	☐	☐	☐	☐	☐	☐	☐
極度討厭	非常討厭	有點討厭	稍微討厭	無意見	稍微喜歡	有點喜歡	非常喜歡	極度喜歡

註： Dislike 這個單字從翻譯的角度翻成「討厭」和「不喜歡」是沒有問題的，但從心理學的角度上可能有問題。無意見的翻譯也是有問題的，無意見在概念上並不是一個中性詞語而是中性偏正的意涵，這樣也違反了平衡標度法的意義。這也說明感官品評量表設計不是看學術文章，然後自行翻譯就可以依樣畫葫蘆的，一定要考慮背後的哲學基礎

錯誤使用

☐	☐	☐	☐	☐	☐	☐	☐	☐
極度不接受	非常不接受	有點不接受	稍微不接受	沒有接受或不接受	稍微接受	有點接受	非常接受	極度接受

註： 「接受」和「不接受」與否不應該切分這麼細，只能是二元問項（是與否），上述的作法像是問 Yes much、Yes a little，這是沒有道理的

錯誤使用

註： 有些書說明若不識字或小孩子可以使用圖像標示法，也有研究說明除非文盲，任何狀況下都不應該使用此法，因為選擇笑臉和品評喜歡程度的選擇沒有必然關係，有時說不定是消費者喜歡這個表情而去選擇了此圖像

三、數字量表

非常不喜歡   非常喜歡

1	2	3	4	5	6	7	8	9	10
☐	☐	☐	☐	☐	☐	☐	☐	☐	☐

四、線性量表

非常不喜歡   非常喜歡

_____

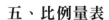

五、比例量表

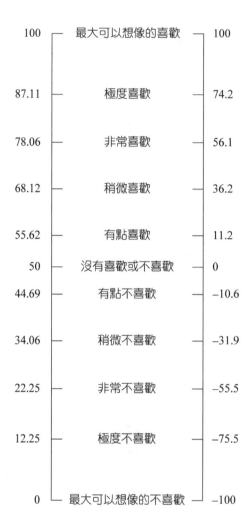

100	最大可以想像的喜歡	100
87.11	極度喜歡	74.2
78.06	非常喜歡	56.1
68.12	稍微喜歡	36.2
55.62	有點喜歡	11.2
50	沒有喜歡或不喜歡	0
44.69	有點不喜歡	−10.6
34.06	稍微不喜歡	−31.9
22.25	非常不喜歡	−55.5
12.25	極度不喜歡	−75.5
0	最大可以想像的不喜歡	−100

註： 上圖是兩種形式（100 點或 200 點）的量值估計量表，又稱為標記情緒尺度評分(labeled affective magnitude scale; LAM)，藉以測量產品的絕對喜歡程度，其中以「＋100/−100」表示「最大可能喜歡(greatest imaginable like)／最大可能不喜歡(greatest imaginable dislike)」，這個方法在可信度、差異的靈敏性與方便使用的特性皆媲美 9 分法，且在較受歡迎的產品的品評上有更好的區別能力，9 分法在區別能力上有更好的表現

▌ 圖 7-3　快感測試標度正確範例及其常見的錯誤

臺灣很多研究者喜歡使用 7 分法作為消費者品評之量表。其原因是在語言的定義上很多人認為「非常不喜歡」比「極度不喜歡」還要不喜歡，為了避免困擾所以截掉「極度不喜歡」的類別。其實，不論「非常不喜歡」或「極度不喜歡」的類別位置誰前誰後多不會影響接受性判斷為不接受之結果。事實上，研究發現在消費者試驗中，食品間的區別與可靠性傾向增加到 11 個類別，最後 9 個類別為現在使用的標準，只是因為當年 9 個類別的所占紙的版面大小比較適合列印。在消費者測試，採用去除選項或截去端點的方式來簡化標度會引起不良的結果，因為受試者往往會自然傾向於避免端點類項，以防止後面檢驗出現更強或更弱的現象，若將 9 點標度截為 7 點標度，可能使品評員實際上只能得到 5 點標度的作用，所以避免截去標度點的量表。

7.1.3 消費者測試中感官特性的選擇

消費者品評測試在過程中，操作者常常遇到的問題是想要知道消費者喜歡這個產品的原因，於是就加入了一些感官特性來進行喜歡程度之評估，這樣的作法也衍生了一些問題。首先，想要知道消費者喜歡的原因最好的方式就是使用多變量分析(multivariate statistical analysis)統計，結合兩組的評估數據（例如：儀器物化分析或描述分析與消費者接受性結果）來瞭解消費者喜歡產品的原因。統計使用部分最小平方法(partial least square, PLS)結合 9 分法與描述分析或儀器分析的客觀數據，可以瞭解消費者喜歡或不喜歡哪些感官特性或食品品質，有效地應用在產品開發和產品定位方向確認與將口味飲食文化科學化。也可以根據消費者對產品喜好的分數，使用集群分析(cluster analysis)進行消費者的分類，再與使用描述或物化分析數據所分析之主成分分析法進行結合，得到外部喜好性地圖(external preference mapping)，瞭解不同消費族群喜歡的產品感官特性，作為產品研發與行銷之應用。然而上述的方法非常專業且十分耗時，並非一般非專業品評研究者或一般業者能夠在短期內實施。

事實上，一些品評學家傾向不問消費者關於樣品屬性的問題，只問整體喜歡程度，背後的哲學基礎是認為消費者無法提供實用的產品方向，因為消費者要瞭解樣品屬性與評估分數的意義是非常困難的。然而，大部分的品評學家或很多非以感官品評領域為主的研究者或食品相關業者傾向選擇一些感官特性來進行喜歡程度的評估，通常以外觀、顏色、氣味、風味、質地與餘味等集合名詞進行評估。這些集合名詞可能讓消費者評估的重點不同，但這也比使用一些並非每位消費者能夠認識、瞭解與定義的感官特性，例如：回甘、澀味等詞語要來的要適當。至於哪些感官特

性適當，可以利用焦點小組座談的方式從消費者取得詞彙或選擇基本味（酸、甜、苦、鹹、鮮）及一些常用的軟、硬、咀嚼等口感。然而，這樣的作法要知道產品調整的方向通常是不容易的，在大多的情況只能使用迴歸分析瞭解，產品在外觀、氣味、風味與質地上何者對於消費者的喜歡程度有較關鍵性的影響。千萬切記評估消費者不懂的詞語，即使可以收集到數據，也毫無意義可言。

7.1.4 消費者測試的品評員

品評人數的多寡對於科學化品評的結果是否能夠被準確客觀地評估，是一個很重要的因素。表 7-4 為各種消費者測試建議的品評員人數，可以發現消費者試驗從早期發展至現今所需的品評人數有逐漸增加的趨勢。目前認為在評估最終產品且以產品開發的角度來說，使用 60 位消費者進行品評試驗是最低下限，當然不是說消費者評估人數越多就越好，畢竟要考慮到經濟上的價值，如果在經費支持上沒有問題，通常建議召募約 100 位消費者進行評估是較好的選擇。許多最終產品的消費者測試，使用的品評員只有 20~30 位或者使用訓練型品評員(trained panelists)，感覺他們比較專業而使用較少的品評員數目，來評估消費者試驗，這些都是不適當的操作方法，特別是後者的問題更加嚴重。如果進行品評的目的是產品行銷，所需召募的消費者人數就要更多，可能需要高達 200~300 位。在以行銷為目的消費者品評上，常常有研究者設計性別、年齡範圍、學歷等等因子於品評單上來瞭解消費者喜好反應與這些因子的關係。這些因子如果要準確客觀的被評估，在操作設計上每項因子也必須被考慮達到最低下限的品評員 60 位左右參與才有意義。例如要探討男女對某產品的風味喜好程度是否有所不同，這個結果如果要客觀與準確，在設計時就要至少招募男女各 60 位消費者，共計 120 位以上的品評員。

這麼多的品評員，在產業界上哪有可行性？特別強調這裡所謂的 60 位最低下限的品評員人數是以產品開發的角度且評估最終產品為目的。若在產品開發期間，可用內部品評員且不要使用這麼多的人數，這樣的結果通常只是提供操作者一個方向，例如：哪些產品開發較差需要放棄掉，其結果是無法無限上綱反應最終產品的狀況。但切記不能變為產品最終端時判斷的準則。

表 7-4　不同消費者測試型態建議的品評員人數

消費者測試型態	品評人員數	參考文獻
焦點族群 focus group	8~12 人（10 人理想）	ASTM, 1979 Chambers & Smith, 1991 Sokolow, 1988
實驗室測試 laboratory test	50~100 人 25~50 人（建議 40 人）	IFT/SED, 1981 Stone & Sidel, 1993
集中場所測試 central location test	100 人 50~300 人	Stone & Sidel, 1993 Meilgaard Civille & Carr, 1991
家庭場所測試 home use test	50~100 人 75~300 人	Stone & Sidel, 1993 Meilgaard Civille & Carr, 1991

　　消費者品評的重點就是品評小組的組成要能代表研究的目標族群，所謂的目標族群，廣義來說就是可能會吃到這個產品的人，而較狹義的定義是指時常吃或可能購買這產品的族群。這樣的定義主要是從產品開發的角度，只要可能會吃這個產品的人就視為消費者。目標族群所得的結論是否普遍化也是消費者品評試驗的另一個關鍵。如果是全新的產品，必須篩選潛在的消費者，篩選這些品評員最好的方式就是建立一個使用頻率或者產品使用意象的問卷。一般來說，有 4 種主要類型的消費者品評小組，分別是雇員品評小組、長期客觀的品評小組、集中區域的品評小組（例如：學生）與家庭使用的品評小組。後面 2 個是根據產品放置類型的不同所區分，通常是隨意挑選消費者進行測試。這些類型中的每一種類型都有其可靠性，通常在產品開發與優化的過程中，需要包含 2 種以上類型組合的品評小組的品評結果進行最終的決策。

　　表 7-5 為不同消費者測試型態之特徵。實務上，產業界在產品開發階段做消費者品評，通常在實驗室進行，也就是使用雇員品評小組。雇員最大的問題就是比產品最終的消費者還要熟悉產品，以致可能產生許多先入為主的想法。雇員與目標消費者的回答可能不相同，基本的原則是利用雇員的品評結果不能來評估最終的產品，但可以在產品開發期間將評估結果差的產品清除掉。雇員品評的結果不能用來評估最終的產品，這個概念很重要，特別是許多工廠常常發生行銷人員由於不懂品評而會無限擴大研發部門所做的品評結果，導致許多不必要的誤會。

表 7-5　不同消費者測試型態之特徵比較

項目	實驗室場所	集中場所	家庭場所
品評員類型	雇員或當地居民	普通消費者（普遍群眾或經過挑選的群眾）	員工或普通消費者
品評員數量	25~50	100 個以上	50~100
樣品數量	少於 6 個	最多 5 個或 6 個	1~2 個
檢驗類型	喜好性與接受性	喜好性與接受性	喜好性與接受性和使用頻率與市場訊息
優點	條件可控制，反饋迅速，品評員有經驗，費用花費少	品評員人數多，沒有員工的參與	環境接近食用環境，結果反映直接豐富，能獲得整個家庭的觀點，包括市場訊息、價格、使用頻率等
缺點	過於熟悉產品，資訊有限	訊息量有限，測試時間不能太長及不能有不愉快的測試內容，需要大量的品評人員	可控制性較差，花費較高，費時

　　相似的狀況也發生在學校或研究者，他們招募學生或職員作為品評員，屬於集中區域的品評小組，但這些人在產品品評試驗中，可能是狹義的目標消費者，也可能是廣義的目標消費者，進而引起品評結果是否適切之討論。曾經就有學者爭論喝傳統中國茶的人不會是年輕族群（學生），當進行消費者品評時用學生當作品評員是有問題的，結果會失真。事實上，如果品評結果是從研究當地飲食文化的觀點或產品開發過程的角度來看，品評的結果不會有問題，他們可以視為廣義的目標消費者。因為學生是可能會吃到這個產品的人，也許他們平常很少喝傳統中國茶但在他所生長的環境與文化下，就算第一次品嚐到這個產品，他們是不是會接受，這是從產品開發的角度上所要關心的問題。然而，如果這個消費者試驗是從產品行銷的角度或產品開發的終端上進行測試，那使用學生或年輕族群作品評員評估傳統中國茶，當然在結果上就需要小心解釋。這個和雇員品評小組不同的狀況是，在學校用學生做品評員，只要操作適當，不會對產品有先入為主的觀念，只要人數足夠，品評所得的結果是科學化的。所以，研究者可不可以用學生或特定對象（非專家或對品評產品熟悉者）做消費者品評，這個問題完全看其應用的目的與範圍，沒有對與錯。這個問題也會在產業中遇到，行銷部門的人員常否定研發部門所進行的品評不是具有代表性，因為不是目標消費者。這樣的說法也是很有問題的。目標消費者的創造及定義是行銷人員的責任，而研發人員所進行的品評是以產品開發為角度，他們所開

發的食品應該適合銷售市場所有人吃而且是喜歡吃為目標；但喜歡吃和購買意圖雖有高度相關性，但因為市場選擇性太多，購買意圖轉變為購買力或銷售力，通常仍是以行銷策略是否適當為主要影響。

　　如果集中場所的品評試驗地點是購物中心或者商業中心，在執行消費者測試時，不是去擺個攤子在吵雜的地方實施，通常建議是要租一個房間，控制好品評的環境，最好在測試前也不要透漏是哪家企業在進行測試。選這樣類型的集中場所進行品評的目的只是更真實地找到目標消費者。還有，要謹慎考慮實驗設計，不要問太多的問題，不要進行太多的樣品，不要太複雜的測試，耗費消費者太多的時間。如果實驗需要，可以使用特殊的實驗設計，原則上，測試時間越短越好，因為如果問題太多或者時間太長，消費者通常不會有耐心，會增加實驗的誤差。集中場所需之消費者數目較多的原因是因為測試目的是以食品行銷為主外，藉由人數的增加來減少測試環境控制不佳等誤差所造成的變異性。

　　家庭場所的消費者試驗是讓消費者在自然的狀態下評估樣品，所能提出的問題也比較多，可以獲得較多的訊息，例如：獲得整個家庭對產品的意見。家庭場所的消費者試驗耗時且花錢，也比較無法掌握參與者如何進行評估且樣品的製備及傳遞上也比較困難。家庭場所的測試產品通常會使用尺寸和外型包裝等同於正式產品銷售時所使用的容器，但需要把產品訊息等等銷售時所需的內容給省略掉，且容器上仍需要提供三碼、使用指引及產品成分和詢問問題的聯繫電話。家庭場所試驗通常只檢測 2 個樣品，例如：自己的產品和主要競爭品。測試時若給予參與測試人員所有的樣品及品評單，雖然成本較低但實驗風險很大，例如：品評單錯填等問題產生。比較好的操作方式是參與人員到指定的地方領取一個樣品及品評單，評估完成後再歸還容器及品評單，然後再領取第二個樣品，這樣測試人員可以和參與人員直接面談瞭解評估的過程及相關問題。從這個的角度可以知道家庭場所的測試人員是需要經營的。

　　很多研究者會使用專家或熟悉樣品者來進行消費者品評，品評結果分數較高的就稱為有較好的品質，這是完全錯誤的概念。消費者喜歡與否和產品品質沒有必然的關係。此外，專家或熟悉樣品者做消費者品評的品評員，除了無法完全擺脫先入為主的概念，品評產品的方式可能也會和消費者不同，這在消費者試驗科學化操作過程中非常忌諱的，產生的結果是錯誤且無意義的。

7.1.5 消費者測試的操作與實驗設計

表 7-6 為消費者測試進行的建議步驟，感官品評實驗設計的原則在前面的章節已經詳細介紹，這裡只針對在消費者試驗中常見的一些錯誤與問題做相關的闡釋。首先，在樣品的數目與選擇，消費者試驗的樣品一定要有代表性而且由於消費者的特性，在樣品數目的評估上最多不超過 6 個較為適當。在選擇消費者試驗的樣品時，可以依據儀器分析或描述分析所評估的產品特性，選擇不同特性的產品做評估。如果消費者試驗的目的，只是產品開發的評估或是提供一個開發方向，1 個以上的樣品即可進行。如果消費者試驗，希望其結果應用可以利用多變量分析，比方說使用內部喜好性地圖(internal preference mapping)知道產品與消費者之間的關係與產品定位，或使用外部喜好性地圖(external preference mapping)或部分最小平方法，瞭解產品特性與喜好程度之間的關係，此時建議至少必須 4 個以上的樣品進行評估，否則操作多變量分析無太大的意義（因為 3 個樣品可以很輕易地用肉眼知道樣品特徵之強弱，不需要使用多變量分析方法進行分類）。如果消費者試驗有 8 個或更多個樣品，實驗設計大致有兩種方式可進行。第一種方法是將 8 個產品，隨機分為 2 批，每批 4 個樣品並且至少 60 位消費者進行評估，這時可能會碰到一個問題，每批 60 位消費者是否要相同呢？或者說相同是否更好？其實，2 批測試的消費者可以不同，因為消費者試驗的原理是收集每位消費者主觀的反應，根據科學的操作方法變成客觀，即使同一位消費者，做相同樣品時反應也不一定相同，因此只要品評員為隨機招募且人數足夠，兩批所得到的結果必定趨近於真實值。儘管如此，在統計學上這兩批的結果是否可以合併分析，就需要看統計原理與應用方向。消費者試驗的結果是比較樣品間之特性是否有顯著性差異或是瞭解喜好程度與產品特性關係，此時兩批的結果可以合併；若是使用喜好性地圖進行分析，由於涉及每位消費者與樣品的關係，則兩批結果就需要獨立分析。另一種方法，就是使用平衡不完全區間設計(balanced incomplete block design)，比方說 8 個樣品隨機挑選 6 個給品評員品評，每個品評員品評的 6 個產品不一定相同。這樣的實驗設計必須靠統計軟體（例如：XLSTAT）及一些基本假設來決定每個品評員所要評估的樣品。但這種設計的好處是不用招募 2 次以上的品評員，但也無法使用喜好性地圖來評估產品與品評員的關係。關於平衡不完全區間設計，請參考第 5 章。

表 7-6　消費者測試進行的建議步驟

步驟	實施措施
1	取得樣品並且與客戶確認測試目的、細節、時間表和篩選消費者條件（例如：產品使用頻率）
2	決定測試條件（樣品大小、體積、溫度等）
3	逐步寫下品評員所須遵守的操作方式並設計品評單（9 分法或量值估計量表），進行接受性試驗時，請一個樣品獨立 1 張品評單
4	招募潛在的消費者並進行消費者篩選
5	將樣品分配隨機三碼，設計實驗計畫並完成樣品計畫
6	將三碼標示於樣品的杯子／盤子上
7	品評單上填上品評員代號及樣品代碼（建議勿給品評員自己填寫）並依照樣品計畫所排定的樣品順序，將品評單依序排好
8	測試樣品依照樣品計畫的順序放置於塑膠盤上
9	進行測試時，可使用成對測試（將樣品與品評單一次給予品評員）或者連續單一測試（樣品與品評單一個一個依序遞送）進行
10	分析測試結果，傳達並解釋結果給客戶或終端使用者

　　在產品評估的方式考量上，由於消費者試驗是由未受訓練的品評員進行評估，所以要依照消費者的習慣去進行測試。常常看到許多操作者不明究裡要求消費者品評員評估樣品後，如同訓練型品評員的方式要求吐出樣品，感覺這樣才是專業，這是完全錯誤的操作。要求消費者這麼做，會影響其心理狀態，這是科學化品評操作的忌諱之一。

　　在環境方面，若消費者試驗的設定是尋找目標消費者進行評估，可以在百貨公司等地方進行，但在進行品評時，仍然要控制環境，減少生理與心理所造成的偏差，最好要租借會議室進行品評而不是隨便擺個攤位進行。擺個攤位進行的方式只能稱是試吃體驗，完全不是科學化品評的概念。

　　消費者試驗必須考慮提供給消費者多少訊息的量，研究學者發現當消費者沒有接受到任何訊息以及被提供一些訊息去評估一個產品的屬性時，評估的分數是不同的，降低品評員先入為主的概念在品評的操作是重要原則。許多操作者在招募品評員時常犯下一些錯誤，比方說，使用代糖取代冰淇淋的蔗糖進行消費者品評，在招募廣告上就只能寫「冰淇淋」品評而不要寫「低熱量冰淇淋」、「健康冰淇淋」或「代糖冰淇淋」品評等訊息，因為多餘的資訊會對品評的結果有不良的影響。還有一個狀況也常發生，就是研究者同時在進行定量描述分析方法的訓練與消費者試驗，參

與描述分析試驗的品評員，也參與消費者品評，這是不適當的。無論描述分析試驗訓練完成與否，皆不宜參加相同類型樣品的消費者試驗。

目前一個仍在爭論的問題就是關於使用怎樣的操作方式獲得消費者反應較適當；常見有 3 種（表 7-7），第一種形式為相互比較的操作方式，品評員評估產品一個完後接著一個（成對比較盲測），然後再填寫品評單。這個品評單評估提供了一個產品比較的方向，品評員所給予的分數是相對的。這種設計稱為成對測試(paired comparison design)，可以敏感地偵測到感官間的不同，統計分析使用成對樣本 t 檢定（paired t-test，其假設樣品間的不同是常態分布）。這樣的操作設計常被爭論的點是樣品間的不同被擴大，但好處是測試的經濟成本較低而且所需要的品評員測試人數會比較少。第二種方式為連續單一測試(sequential monadic design)的設計，每個樣品被單獨評估（單一產品盲測），樣品與品評單都是一個一個提供，這個設計的假設前提示是品評員能夠提供絕對的判斷。品評員的評估是相鄰的一個接一個，品評員所給予的分數特性仍然如同相互比較，所以資料的統計分析仍然使用成對樣本 t 檢定。最後一種設計是單純的單一測試(monadic design)，每個樣品藉由不同的品評員被完整的評估，這樣的結果分析使用獨立 t 檢定。其實 3 種操作設計針對產品測試而言都是可以的，各有各的哲學基礎。有人認為單純的單一測試，就產品最適化而言是最好的方法，因為產品間的關係（這會發生在成對比較盲測上）被消除，這樣的方式也比較可模擬真實的狀況，可以得到正確且可操作的資訊，但是此測試花費很高（表 7-8）。Gacula 認為使用單一測試所得到的分數會比成對比較方式高，這現象稱為回歸效應(regression effect)，使用單一測試要小心地解釋數據，因為可能會提供一個誤導的接受數值。如果產品的風味很強（例如：酒精含量高）導致抑制了味蕾，使反應者無法測試第二個產品時，可以使用此種設計方法。連續單一測試的使用，主要是為了降低成本，大部分的狀況使用此種設計可運作很好，它有許多單一測試的優點但也有成對比較測試上產品間關係的存在。使用連續單一測試，品評員評估所產生的分數會較低（表 7-8），所以使用不同操作方式進行評估的數值是無法相互比較的。

表 7-7 消費者測試中常見之三種不同操作方式

成對測試操作	連續單一測試操作	單一測試操作
（相同品評員） 測試樣品 1 不填寫品評單 ↓ 測試樣品 2 不填寫品評單 ↓ 填寫消費者試驗品評單 ↓ 分析消費者試驗結果	（相同品評員） 測試樣品 1 填寫品評單 ↓ 移除測試樣品 1 ↓ 測試樣品 2 填寫品評單 ↓ 移除測試樣品 2 ↓ 分析消費者試驗結果	品評員 1 測試樣品 1 填寫品評單 ↓ 移除測試樣品 1 ↓ 品評員 2 測試樣品 2 填寫品評單 ↓ 移除測試樣品 2 ↓ 分析消費者試驗結果

表 7-8 連續單一測試與單一測試兩種操作方式之比較

項目	連續單一測試	單一測試
產品效應	有產品效應但是平衡的 （主要來自平衡區間測試消除）	完全被消除
真實生活模擬	較不真實	較真實
整體喜歡程度分數	低（設定通過標準要較低）	高（設定通過標準要較高）
群集分析區分消費者	可以	無法
區分性	高	低
價格	花費低	花費高

那到底該使用哪種測試？有學者指出使用成對測試用來處理刺激的選擇，而使用連續單一測試處理產品間的評估。成對測試的相對喜好的選擇並不能反應市場的成功，因為沒有辦法指出這 2 個樣品中哪一個在市場上有更好的機會，因此盡量不要使用成對測試去評估市場的適切性。另外，次序效應(order effect)對分析樣品有顯著影響時，應該使用單一測試。換言之，當品評應用在新產品開發時，要選擇那個產品適合繼續發展下去，建議應該使用成對測試，而如果評估競爭品和自身產品間的比較，建議使用連續單一測試。

任何一個品評試驗所要考慮的，包含試驗目標、品評員形式、品評員人數及實驗設計（含樣品計畫與品評單）。設計消費者試驗的樣品計畫至少需要有 60 位以上

的消費者，可以用隨機(random design)或拉丁方塊(latin square design)等實驗設計方式直接套用樣品供應順序（關於不同樣品數之拉丁方塊的使用可以參考附件 12，而實驗設計可參考第 5 章）。表 7-9 為消費者品評單與問卷設計之建議實務，而表 7-10 與表 7-11 為提供 6 位品評員之拉丁方塊的樣品供應順序與品評單，進行 60 人時，將此方塊順序反覆 10 次即可。其中，表 7-11 品評單範例中只有顯示消費者接受性（9 分法）的範例，而消費者喜好性（順位法）的範例，請參考圖 7-11；從品評單一開始的敘述中可知，此次測試要同時想要進行兩種試驗方法，如果要同時評估 9 分法與順位法，要先進行 9 分法再進行順位法的評估而且兩組不同的標示法不應該放在同一張品評單上。

表 7-9　消費者品評單與問卷設計之建議實務

品評單設計	
1	保持品評單所問的問題簡潔，達到研究目標
2	下面 3 種狀況「整體喜歡程度」應該被放在相關問題的最前面 (1)僅評估一個樣品 (2)整體喜歡程度是最重要的問題 (3)感官特性的影響不需要瞭解 下面 2 種狀況「整體喜歡程度」應該被放在相關問題的最後面 (1)在多產品測試中，需要瞭解反應者對感官特性問題的影響 (2)測試產品需要時間評估
3	建議感官特性的問題，依序為外觀、香氣、風味、質地、餘味喜好之順序
4	問題措辭應該平實並且鼓勵消費者反應
問卷設計	
1	保持問題清楚且所有的形式相似，避免困擾。評分的方向應該一致
2	使用方向性的問題去引導可察覺的差異且能夠區別產品
3	過分闡述會產生矛盾
4	不要過分推估反應者的能力能夠回答特別的問題，特別是涉及到回憶或推估，例如：當你準備食物時通常你會使用多少鹽
5	避免使用雙重否定
6	問題應該是能付諸實施的，可以使用特別的行動修正產品
7	問題應該簡單、直接並且鼓勵消費者反應
8	問題不要引導回答，最好可以經過前測
9	考慮「個人隱私問題」在此研究是否必要且重要，例如你家庭的收入，反應者可能會對此問題覺得突兀且可能拒絕回答

表 7-10　6 個消費者測試的樣品供應順序設計範例

測試名稱：消費者測試　　　　測試人員：60 人　　　　　測試地點：食品感官品評室
樣品 1：海尼根烏龍茶（全糖），編號 179　　　樣品 4：海尼根紅茶（微糖），編號 663
樣品 2：海尼根烏龍茶（微糖），編號 945　　　樣品 5：海尼根綠茶（全糖），編號 300
樣品 3：海尼根紅茶（全糖），編號 740　　　　樣品 6：海尼根綠茶（微糖），編號 142

樣品提供順序	1	2	3	4	5	6
J1	179	945	142	740	300	663
J2	945	740	179	663	142	300
J3	740	663	945	300	179	142
J4	663	300	740	142	945	179
J5	300	142	663	179	740	945
J6	142	179	300	945	663	740

註：這裡只是範例，如果預計測試人數為 60 人，樣品計畫要製作至少 60 人

表 7-11　消費者測試的品評單範例（9 分法）

品評員＿＿＿＿＿＿＿＿
本試驗進行方式分為二個部分，第一部分：樣品會分次遞送給您，請勾選樣品的喜歡程度；第二部分：請您從提供的樣品中，依照「最喜歡」的樣品排序至「最不喜歡」。

第一部分：接受性試驗

在您面前會出現下列物品：1 杯白開水、1 個吐杯、衛生紙 1 張、1 片蘇打餅乾等，若您有缺少物品或任何問題，請舉手告知服務員您的需要，以便為您服務。

進行試驗的評分方式：

1. 在開始此試驗之前，請先吃一口餅乾，然後用白開水清潔口腔至口中沒有其他味道。
2. 請打開樣品，進行外觀與顏色的觀察；在聞香後，將樣品送入口中，依序對樣品的喜歡程度勾選，並且接續其他問題。請根據你最直接的感受於下表最適當的位置打「√」。
3. 請在嚐每一個樣品之前，請重複 1.的步驟。

樣品＿＿＿＿＿＿＿＿＿＿＿＿＿＿	極度不喜歡	非常不喜歡	稍微不喜歡	有點不喜歡	沒有喜歡或不喜歡	有點喜歡	稍微喜歡	非常喜歡	極度喜歡
1. 您對這產品整體喜歡程度	□	□	□	□	□	□	□	□	□
2. 您對這產品顏色喜歡程度	□	□	□	□	□	□	□	□	□
3. 您對這產品整體風味喜歡程度	□	□	□	□	□	□	□	□	□
4. 您對這產品整體口感喜歡程度	□	□	□	□	□	□	□	□	□
5. 您對這產品整體餘味喜歡程度	□	□	□	□	□	□	□	□	□

7.1.6 消費者接受性統計與結果的觀念解析

感官品評的評估結果上常常也可顯示出操作者是否依循科學化品評的實驗設計與操作原則，臺灣許多研究報告利用 9 分法進行整體喜歡程度的結果高達 7~8 分，這樣的結果並不是不可能，只是在大部分的狀況都是操作者在品評過程中某些行為導致對品評員的強烈暗示，或沒有控制好品評環境所造成的。消費者測試時隨機招募品評員且實驗過程中控制了品評員生理與心理因素所造成的誤差，評估出來的結果，客觀的數據分布應該會接近常態分布，也就是大部分的樣品的喜歡程度應該介於「稍微不喜歡」到「稍微喜歡」之間（4~6 分之間）；如果平均高於 7 分，可以想想 60 位品評員在這個樣品的評估上的分布，大部分品評員要給 7 分以上，其可能的機率有多大呢？很小吧（當然評估結果也和實驗使用成對測試或單一測試有關）。很多研發部門會訂定 9 分法結果之平均值 7 分以上產品才可以開發，這是一個危險且很難達到的目標，也是一個只知其一不知其二的錯誤概念。這個目標可能在美國等西方國家可以達到，但在亞洲國家的消費者使用 9 分法的標度範圍通常小於美國人。同樣的道理，不是太好吃的樣品也不是很容易在 3 分以下。換言之，如果產品的喜歡程度平均僅有 1~2 分，這產品大致可以判斷不被消費者所接受。另外，一個產品的接受性如要高達 7~8 分之程度才能開發，那還要行銷部門嗎？（詳細觀念請參考第 2 章）

有些人會質疑，9 分法在大部分的情況下符合科學化品評，其喜歡程度的範圍在「稍微不喜歡」到「稍微喜歡」之間，那不是應用性極低？其實，這是觀念上的錯誤。首先，很多人進行一次品評，就想同時說明產品開發會不會被消費者接受，進而衍生產品如何行銷或者決定可不可以量產，這樣的觀念是很有問題的。沒有人告訴你產品的喜歡程度要是「有點喜歡」以上的接受性才有價值開發與販賣，也不是說產品的喜歡程度低於「稍微不喜歡」就不可以開發，包裝、行銷、品牌、文化與消費者習慣等都會影響產品生命週期。品評的目標必須清楚才能適當且正確的設計實驗與品評，而且品評試驗做出來的結果只能在原本設定的目標下做解釋或評估，不能被無限放大應用。感官品評的結果只是提供你一個判斷的依據，擴大解釋推論與應用將會使這個科學的評估工具失去其意義。另外，統計能力的薄弱，也是造成應用性大幅降低的主因。大部分的業者或研究者只會使用變異數分析(analysis of variance; ANOVA)統計平均值間的差異，這是不夠的，專業的品評必須結合多變量統計分析才能夠完整的分析消費者試驗。消費者試驗該如何統計可以有不同的應用，如圖 7-4 所示。

利用喜歡程度來表示產品的接受性可能不是那麼直接，有學者建議使用接受性指數(Index of acceptance, IA)來表示產品的感官接受性。

$$IA = \frac{M}{9} \times 100$$

M：產品評估之平均值，而公式中除以 9 是因為使用 9 分法

　　假若某產品消費者整體感官接受性為 4.5 分，產品是否能夠研發或販賣，可以配合頻率分析(frequency analysis)或內部喜好性地圖進行進一步的評估來判斷。頻率分析是一個初步的判斷方法，主要是看消費者在 1~9 分的數據分布是呈現單峰或雙峰。例如：消費者整體接受性為 4.5 分並在 4~5 分之間呈現單峰，這個產品顯示大部分的消費者都偏向「稍微不喜歡」，如果有更好的選擇可以捨棄這個產品，或者利用其他的品評方法來瞭解是否可以促進產品風味、口感等，增加產品接受性。如果沒有更好選擇或者無法對產品改進，並不說明這產品不能販售，它可能需要透過其他外部因素增加產品的價值，例如：包裝、功能性強調、行銷等等。當然這可能需要教育消費者及投入較大量的時間與金錢，這就看經營者的策略與理念。如果數據呈現雙峰，表示有部分消費者給予高分而有部分的消費者給予低分，產品銷售策略只要鎖定給予高分的消費目標族群，至於如何鎖定就需要透過問卷調查設計及結合其他測試去瞭解，消費目標族群被鎖定對於產品定位、行銷與通路的選擇都有幫助。頻率分析的優點就是簡單與快速的統計分析，但無法精確與同時評估所有產品之關係且在結果判斷上需要有經驗。如何做頻率分析，可以使用 Microsoft EXCEL 軟體中的函數 Frequency 或者樞紐分析進行。

　　另一個方法為內部喜好性地圖(internal preference mapping)，所謂的內部喜好性地圖通常是將消費者整體喜歡程度的數據，利用主成分分析法(principal component analysis, PCA)評估品評員和產品間之關係，這個技術對於產品研發與行銷皆有幫助。相關詳細的應用請參考海尼根茶飲的例子。主成分分析的原理是希望用較少的變數（所謂的主成分）去解釋原始資料的大部分變異，或者說將許多相關性很高的變數轉化成彼此獨立的變數，這些新的獨立變數為原有變數之線性組合，稱為主成分。關於主成分詳細的資訊，於第 8 章再加以說明。此外，這個統計的結果稱為內部喜好性地圖（不是內部接受性地圖），其原因就是統計的原理是相對比較的概念。

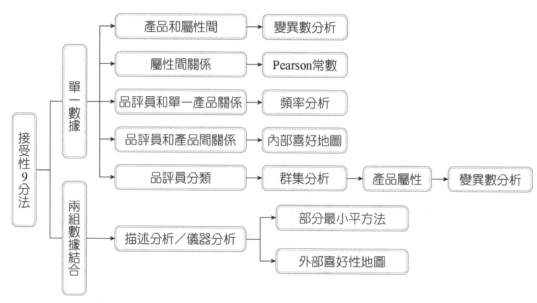

▌圖 7-4　消費者試驗九分法可以進行的統計分析與應用

　　喜好性地圖在感官品評的應用上有 3 種（表 7-12），內部喜好性地圖探討品評員和產品喜歡程度間的關係；另外兩種喜好性地圖－外部喜好性地圖(external preference mapping)與延伸喜好性地圖(extended preference mapping)，則是結合消費者測試和定量描述分析的數據，探討這群品評員喜歡這類產品的原因（喜歡產品的感官特性為何）。這樣的技術可以精確地抓住不同消費族群喜歡產品的原因，對於產品開發的布局、產品的定位與行銷有很大的幫助。以鳳梨酥為例，用這樣的技術瞭解臺灣消費者喜歡鳳梨酥的口味特性到底為何。結果發現，鳳梨酥的消費者可以分為 3 個族群，6 成的消費者在口味上喜歡冬瓜醬添加鳳梨香精所製成的鳳梨酥，僅有約 4 成喜歡土鳳梨所製成的產品；這兩族群當中，又可分出約 3 成消費者對於鳳梨酥的外觀特徵非常重視。如果品評員數目夠多，這樣的研究結合消費者的相關資訊，可以預測哪些特徵的消費者是喜歡這類產品而幫助行銷的決策。如果沒有結合消費者的相關資訊，也可以瞭解自身產品和競爭產品間的定位與特性上的不同，進行產品研發的布局。

　　9 分法的數據還可以從區分消費者的喜歡程度來探討，利用群集分析(cluster analysis)將對產品喜好程度相似的品評員進行區分，然後把同一族群品評員的喜好程度進行平均。這個概念是說明一個產品不會讓全部的消費者都有相同的接受性，有些消費者喜歡而有些不喜歡。喜歡這產品消費者的比例高，整體消費者接受性就會偏高。如果整體消費者接受性較低，這樣的技術可瞭解有多少比例的消費者會相

對喜歡這個產品，這些消費者將會是這產品的主要客群及販售對象。這也可以應用在瞭解口味飲食文化的應用上。

表 7-12　三種喜好性地圖整理

喜好性地圖	分析原理	參考文獻
內部喜好性地圖 internal PREFMAP	感官特徵或每位消費者之 9 分法數值為自變量而評估樣品為因變量，進行主成分分析	Helgesen, Solheim & Naes, 1997
外部喜好性地圖 external PREFMAP	利用主成分分析先分析描述分析數據，然後將消費者喜歡程度數據進行關聯，再使用回歸分析結合兩者到主成分分析圖上	Helgesen, Solheim & Naes, 1997
延伸喜好性地圖 extended PREFMAP	內部性喜好性地圖所獲得的相關係數(correlation coefficient)和描述分析的描述特性相結合	Cruz, Martinez & Hough, 2002

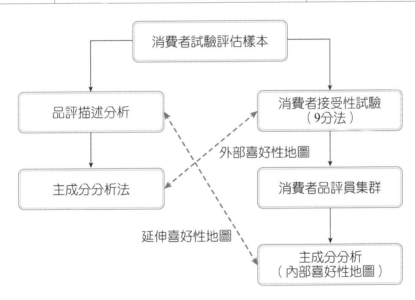

7.1.7　消費者接受性統計與結果評估範例

　　表 7-13 是利用 9 分法評估市售海尼根添加於 6 種茶飲（綠茶、烏龍茶與紅茶和全糖與微糖之組合）消費者接受性之平均值與標準差，並且使用單因子變異數分析與事後檢定費雪 LSD 法(Fisher least significant difference)進行統計評估。9 分法的結果之圖表必須如表 7-13 與圖 7-5 之範例顯示，圖表皆必須呈現標準差而且柱狀圖的

座標軸必須為 1~9 分或者是使用標度表示之。從整體喜歡程度之平均值來看，消費者對於海尼根烏龍茶和海尼根紅茶的喜歡程度較低，其接受度介於「稍微不喜歡」與「沒有喜歡或不喜歡」之間；而海尼根綠茶的接受度較高，介於「沒有喜歡或不喜歡」與「稍微喜歡」之間，兩者有顯著性的差異(p<0.05)。另外，從結果可以瞭解同一茶種微糖和全糖產品的接受性並沒有顯著性的差異(p>0.05)。

如果想知道這類產品之消費者的整體喜歡程度和其他感官特性（例如：顏色、風味、口感與餘味等）的關係，可以使用皮爾森相關(Pearson coefficient)來探討，這樣的結果對產品研發提供一個感官屬性的調整方向。從表 7-14 的結果可知，這類產品的整體喜歡程度和顏色的喜歡程度的關係，雖然為正相關但相關性並不明顯，但整體喜歡程度和風味、口感與餘味喜歡程度間呈現高度正相關。

從平均值來看，消費者整體接受性沒有很高，也沒有差異很大，那麼微糖的海尼根烏龍茶和微糖的紅茶到底可不可以開發與販售或者啤酒添加在茶飲料中可以開發嗎？這個答案可以進一步從頻率分析和內部喜好性地圖來尋找。頻率分析來看選擇「極度不喜歡」和「非常不喜歡」海尼根微糖烏龍茶或紅茶的的品評員，僅占了約 17%及 13%（圖 7-6）。內部喜好性地圖（圖 7-7）中的圓點代表一位品評員，60位品評員基本上就會呈現 60 個點，品評員給分趨勢若相同就會重疊在一起。座標原點表示該品評員給 6 種產品的分數皆相同，圖中相近的 2 個點代表這 2 個品評員對產品間喜歡程度之關係呈現高度正相關。換言之，可視為這 2 個品評員喜歡和不喜歡的產品相似（喜歡和不喜歡的理由可能不同）。因此從內部喜好性地圖可知約有71% (38%＋33%)的消費者品評員會優先選擇海泥根綠茶（全糖，HR 全）與海泥根綠茶（微糖，HR 微）。百分比的獲得為該象限的圓點（品評員）除以總品評員數×100%，其中 38%的品評員最喜歡綠茶，其次喜歡烏龍茶，而 33%的品評員最喜歡綠茶，其次喜歡紅茶。只有 27%(17%＋10%)的消費者會優先選擇海尼根紅茶與烏龍茶，其中僅 17%品評員優先喜歡烏龍茶其次喜歡紅茶，而 10%品評員喜歡紅茶其次才喜歡烏龍茶。這樣的結果顯示約 3 成的消費者可以接受烏龍茶及紅茶的產品，如果不想當業界的領頭羊（消費者是可以被教育的，可以透過行銷或教育增加消費者的接受性）或資金不足，可考慮不開發烏龍茶與紅茶的產品。在坊間可以看到相關添加啤酒的茶飲大概都只有綠茶的產品，廠商可能憑師傅的經驗或少數消費者的反應得到如此結論，不同於這裡是利用科學化品評技術得到令人信服的結論。另外，從這個內部喜好性地圖大致可以推估 5 成 5 的臺灣消費者偏愛半發酵茶和無發酵茶，而約 4 成 5 的消費者偏愛全發酵茶。

表 7-13　6 種茶飲料的消費者接受性

樣品	外觀 喜歡程度	風味 喜歡程度	口感 喜歡程度	餘味 喜歡程度	整體 喜歡程度
海尼根紅茶（全糖）	4.93±1.35[bc]	5.33±1.65[abc]	5.38±0.82[abc]	5.28±1.69[abc]	5.30±1.66[abc]
海尼根紅茶（微醣）	4.75±1.84[c]	4.67±1.78[c]	4.73±0.94[bc]	4.58±1.80[c]	4.60±1.74[c]
海尼根烏龍茶（微糖）	5.00±1.62[bc]	4.53±1.92[c]	4.62±1.05[C]	4.62±1.91[bc]	4.62±1.94[c]
海尼根烏龍茶（全糖）	5.53±1.63[ab]	5.13±1.90[bc]	5.18±1.04[abc]	5.03±1.94[abc]	5.12±1.96[bc]
海尼根綠茶（全糖）	6.08±1.71[a]	6.07±1.71[a]	5.92±0.77[a]	5.83±1.51[a]	6.02±1.68[a]
海尼根綠茶（微糖）	6.00±1.58[a]	5.52±1.72[ab]	5.50±0.92[ab]	5.42±1.48[ab]	5.45±1.58[ab]

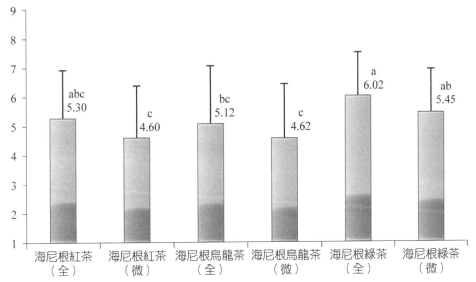

▌圖 7-5　6 種茶飲料消費者接受性的柱狀圖

表 7-14　6 種茶飲料之外觀、風味、口感、餘味與整體喜歡程度之皮爾森相關係數 (Pearson's coefficient)

	外觀顏色 喜歡程度	風味 喜歡程度	口感 喜歡程度	餘味 喜歡程度	整體 喜歡程度
外觀喜歡程度	1.00	0.64	0.55	0.50	0.55
風味喜歡程度		1.00	0.84	0.79	0.87
口感喜歡程度			1.00	0.89	0.90
餘味喜歡程度				1.00	0.90
整體喜歡程度					1.00

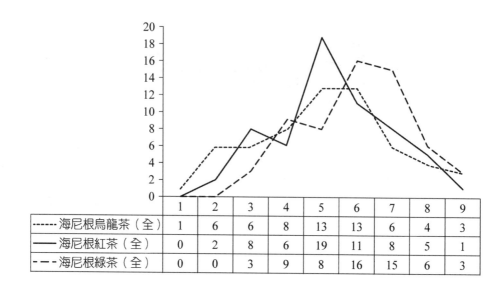

	1	2	3	4	5	6	7	8	9
------海尼根烏龍茶（全）	1	6	6	8	13	13	6	4	3
——海尼根紅茶（全）	0	2	8	6	19	11	8	5	1
- - -海尼根綠茶（全）	0	0	3	9	8	16	15	6	3

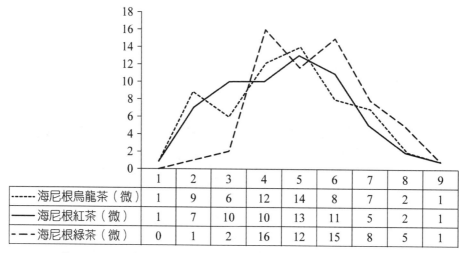

	1	2	3	4	5	6	7	8	9
------海尼根烏龍茶（微）	1	9	6	12	14	8	7	2	1
——海尼根紅茶（微）	1	7	10	10	13	11	5	2	1
- - -海尼根綠茶（微）	0	1	2	16	12	15	8	5	1

▌圖 7-6　6 種茶飲料消費者喜歡程度之頻率分析折線圖

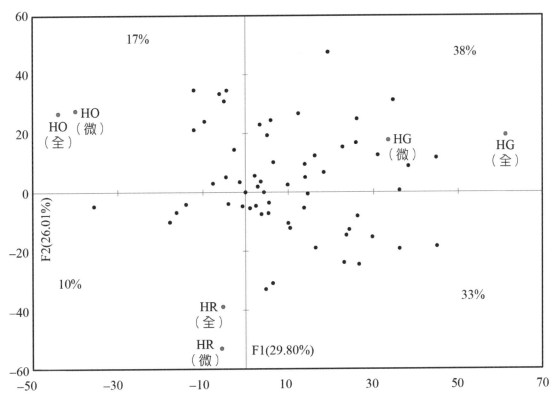

■ 圖 7-7　6 種茶飲料消費者喜歡程度之內部喜好性地圖

　　內部喜好性地圖結合其他資訊，可以瞭解產品的定位、決定行銷的策略以及藉由客觀的數據評估口味飲食文化來作為產品開發的依據。關於內部喜好性地圖的 F1 和 F2 百分比分別代表的意義，如同前面說的 F1 就稱為第一主成分，它是原有變數之線性組合所產生之新的獨立變數；此變數為原始數據中找到一個能代表此數據最大變異的獨立變數，在此例子中就是 29.80%，此變數可能和茶葉品種所造成的因子有關（發酵程度）。第二主成分 F2 就是原始數據剩下的變異中在找到一個能代表此數據最大變異的獨立變數，在此例子中就是 26.01%，影響此變數的因子不易看出，可能和茶湯顏色有關。換言之，F1 和 F2 兩者本身無關，也可以說在主成分分析法中，任何兩點連接到原點之夾角為 90 度，表示此兩點無關係。若夾角接近 0 度，表示高度正相關而夾角接近 180 度，為高度負相關。

　　品評的數據解釋要能經得起考驗，解讀者的觀念必須十分清楚。在解釋數據時，一定要時時緊扣原始品評的實驗與操作設計之目的，否則很容易擴大解釋與誤用。在產業界特別是研發與行銷人員，都需要瞭解科學品評技術才能正確使用，被誤用的例子非常的多。幾年前國內有個類似的案例，廠商研發一個是啤酒花加茶飲料的

商業化產品，利用科學化品評的結果發現該產品的接受性比傳統綠茶的接受性高且具有統計顯著性，利用順位法與其他競爭產品評估也是最喜歡的產品，然而，產品上市後，沒多久就下架。這是什麼原因？其實檢討後發現可能是行銷策略錯誤，產品名稱取錯了。品評員在進行品評時，只覺得這個味道很喜歡，味道很配但消費者不能確切的說明這是何種味道，但最終產品名稱與行銷方式都說明該產品是啤酒花加綠茶。在當時的環境下，消費者到這個訊息時，心裡會有許多負面的反應，例如：我不喝酒，這 2 個飲料如何放在一起或這兩樣飲品怎麼能夠搭在一起等。這樣的心理反應出來會聯想到味道很怪或者噁心而不願意購買或者品嚐後的心理預期不佳，當時如果換個產品名稱與行銷方式也許會有不一樣的結果。

7.1.8 消費者接受性結果的統計分析：單因子變異數分析

一、單因子變異數分析的原理

9 分法的數據以平均值表示之並使用單因子變異數分析進行統計，以判斷整體樣品間是否有顯著性差異。一般在整體性之 F 檢定達顯著後才進行事後檢定(post hoc)，比較方式為兩兩比較，再利用事後檢定中最小顯著差異測驗法(Fisher's least significant difference, LSD)進行分析，此法最容易顯著但也表示較容易犯型 I 誤差（Type I error，關於何謂型 I 誤差，請參考第 5 章品評專業講座）。另一個常用的方法是 Tukey HSD，是較保守的檢定方法，適用於比較組數之各組人數相同時之狀況。在感官品評測試中，採用保守的檢定方式比較合適（請參考第 5 章）。

單因子變異數分析的原理與邏輯：

	A	B	C
範圍	89~91	99~101	109~111
平均	90	100	110

上表中，不同樣品間的差異為 10 而相同樣品間的差異為 3，不同樣品間差異(between-samples differences)＞相同樣品間差異(within-samples differences)，這個平均值顯示顯著性差異。

	A	B	C
範圍	80~120	80~120	80~120
平均	90	100	110

上表中，不同樣品間的差異為 10 而相同樣品間的差異為 40，不同樣品間差異≦相同樣品間差異，這個平均值顯示沒有顯著性差異。

單因子變異數分析的計算如下：

總差異＝樣品組間差異＋樣品組內差異（誤差）

↓平方後

總變異 SS_T（總離均差平方和，total sum of square，SS_T）＝樣品組間變異（組間離均差平方和，sum of square between groups，SS_b）＋樣品組內變異（離均差平方和，sum of square within groups，SS_w）

$$SS_T = SS_b + SS_w$$

樣品組間變異代表所有觀測值的期望值與分組後各組內的期望值的差異，也就是指不同樣品間的差異，通常與虛無假設(null hypothesis)有關，為可解釋的變異；SS_b 為 0 時，表示各組間平均值沒有差異存在，但並不代表所有觀測值的一致性高。樣品組內變異是指相同樣品間差異，為隨機變異或不可解釋的變異；計算 SS_w 可來判斷所有期望值的差異量為多少，當 SS_w 為 0 時，代表各組內的所有觀測值與各組的期望值沒有差異存在。因此，比較 SS_w 與 SS_b 差異，來判斷各組期望值是否有差異存在。

$SS_w = 0, SS_b = 0$ 時，表示所有觀測值達到一致

$SS_w > 0, SS_b = 0$ 時，表示各組間期望值達到一致，但組內期望值存在變異

$SS_w = 0, SS_b > 0$ 時，表示組內期望值沒有變異存在，但各組間期望值存在差異

在這個過程中，必須考量到各組變異量會受到觀測數量與組別數量的多寡而有所差異，因此必須進行自由度(degree of freedom, df)的調整，也就是計算出均方值(mean square, MS)來比較組內變異與組間變異量。

均方值，也稱為平方和平均值，定義為變異值的評估，可以用總變異值除以自由度(df)來表示之。樣品組間（內）變異的均方值則為樣品組間（內）變異除以自由度；公式如下表示

來源	自由度 df	離均差平方和 SS	平方和平均值 MS	F 值	P
組間	k-1	$SS_{B(組間變異)}$ $= \sum\limits_{各組} n_{各組樣本數} \times (\overline{X}_{組平均} - \overline{X}_{總平均})^2$	$MS_{B(組間均方和)}$ $= SS_{B(組間變異)}/df_B$	$F = MS_B$	查表
組內	N-k	$SS_{W(組內變異)} =$ $\sum\limits_{所有組} \sum\limits_{組內所有樣本} (X_{gi(該組的樣本)} - \overline{X}_{該組平均})^2_w$	$MS_{W(組內均方和)}$ $= SS_{W(組內變異)} / df_w$		
總和	N-1	$SS_{T(總變異)} = \sum\limits_{所有樣本} (X_i - \overline{X}_{總平均})^2$			

$N = n_1 + n_2 + \cdots + n_k$

　　觀測值為 x_{ij}，$i=1,...,n_j$，$j=1,...,k$，其中，一共有 k 組觀察值，而 n_j 為第 j 組的觀測值數目。其中，離均差平方和(SS)可以從定義公式簡化成變成計算的公式

離均差平 方和(SS)	定義的公式	計算的公式
組間	$\sum\limits_{j} n_j (\overline{x}_j - \overline{x})^2$	$\dfrac{(\Sigma A_1)^2}{n_1} + \dfrac{(\Sigma A_2)^2}{n_2} + \cdots + \dfrac{(\Sigma A_k)^2}{n_k} - \dfrac{(\Sigma T)^2}{N}$
組內	$\sum\limits_{j}\sum\limits_{i} (x_{ij} - \overline{x}_j)^2$	$SST - SSTR$
總和	$\sum\limits_{ij} (x_{ij} - \overline{x})^2$	$\Sigma x^2 - \dfrac{(\Sigma T)^2}{N}$

ΣA_j 為第 j 因子(行)觀測值之和
ΣT 為全部觀測值之和
Σx^2 為全部觀測值之平方和

　　F 值的定義為組間均方值(MS_B)除以組內均方值(MS_W)；其目的為提供判斷虛無假設是否為真。F 值越大，則表示組間均方值大於組內均方值，也就是說組間變異大於組內變異，表示各組間的差異超出總期望值離差，代表各組平均數存在明顯的差異（分散情形越嚴重）。F 值要大到超過顯著的臨界值（查費氏 F 值分布表，如附件 5）才能說明組與組之間有顯著的差異；一般來說，α 值決定可容許的錯誤判斷機率為 5%，假若 F 值計算出的虛無假設機率值小於 0.05(p<0.05)，也就是各組間的平均數有 95%的可能性存在明顯的差異，其隱含的意義則是 5%的可能性其各組間無差異，因此任何 F 檢定的結果均只能下定論為達到統計上的意義，而非絕對意義。

例 4 位品評員評估 ABC 三個樣品的分數如下，請用單因子變異數分析計算 3 樣品間是否有顯著差異

品評員	A 產品	B 產品	C 產品
J1	9	8	5
J2	9	7	7
J3	9	9	6
J4	9	8	5
總和	36	32	23
平均	9	8	5.75

↘答 ：

此題樣品為 3，K＝3；品評員數為 4，n＝4；全部觀察值之和 T＝36＋32＋23＝91

$$SS_T = 9^2 + 8^2 + 5^2 + 9^2 + \ldots + 5^2 - \frac{91^2}{12} = 26.92 \qquad df_T = N-1 = 12-1 = 11$$

$$SS_B = \frac{(36^2 + 32^2 + 23^2)}{4} - \frac{(91)^2}{12} = 22.17 \qquad df_B = k-1 = 3-1 = 2$$

$$SS_W = SST - SSB = 26.92 - 22.17 = 4.75 \qquad df_W = N-k = 11-2 = 9$$

$$M_{SB} = \frac{22.17}{2} = 22.17/2 = 11.09 \qquad M_{SW} = \frac{4.75}{9} = 0.53$$

變異來源	自由度 df	離均差 平方和 SS	均方值 MS	F 值
組間	2	22.17	$\frac{22.17}{2} = 11.09$	$\frac{11.09}{0.53} = 20.92$
組內	9	4.75	$\frac{4.75}{9} = 0.53$	
整體	11	26.92		

註 ： 查附件 5 費氏 F 值分布表，在 p=0.05 時，df_2（組內自由度）為 9，df_1（組間自由度）為 2，
F 查表臨界值為 4.26；F 計算值 20.92 大於 F 查表臨界值 4.26，表示 3 樣品間有顯著性差異
(p=0.05)

7.2　消費者接受性：剛剛好法

　　剛剛好法(just-about-right scale；JAR)，也稱為適合度法，可以使用消費者品評員來瞭解產品特別的屬性是否恰當或者決定產品屬性的最適化強度。比方說，在一個汽水的研究，消費者可能被要求評估其甜味強度、風味強度和碳酸水準是否太低、太強、還是剛剛好，根據消費者的反應回饋，汽水製造商能夠調整這些特性於最適化（通常是強度感受剛剛好）來增加產品接受性。由於評估者是消費者，所評估之產品屬性必須是消費者可以理解的，而使用剛剛好法，不宜同時評估太多產品的屬性，通常只評估調整配方時最重要的產品屬性，比方說鹹度或甜度。

　　剛剛好法通常使用 5 分法，但只能用太高或太強（5 分）或太弱、太低（1 分）等詞語而中間值 3 分建議只能使用剛剛好(just-about right)。以鹹度為例，可以使用非常不鹹、不太鹹、剛剛好、太鹹與非常鹹。仍然建議使用未標註的方格標度法或使用未結構的直線(unstructured line)標示法。

　　剛剛好法不可以使用平均來進行統計分析，那是極大的錯誤，因為每個標度所獲得的反應數目是不平均的，完全依照消費者心中對產品屬性的相對強度，所以只能使用卡方分析來評估標度的分布是否有顯著性差異。幾種計算方法可以用來判斷此測試的結果，最簡單的方法就是計算剛剛好之類別項的頻率百分比是否達到 70%以上，如果達到就不用理會強或弱的類別項，這個產品的特性強度可視為剛剛好。如果沒有達到 70%，則使用卡方分析判斷強弱與剛剛好的類別項是否存在顯著性差異。另一種計算方法是剛剛好法和 9 分法的數據結合，可以提供產品配方調整的方向或最適化的研究。目前最常使用的方法是懲罰分析(penalty analysis)，評估個別產品特性的適合度。

　　業界產品開發應用中，當某一產品成熟後經常會為了有改善製程或降低成本等情況，為了達到此目的改以其他原料取代原配方，廠商就會產生在新配方與舊配方之間，是否存在有差異，還是沒有差異的疑問。因此在調配新配方後，勢必須經過一連串的評估，以確保在改善製程的同時，同樣能保有良好的品質及風味，亦又或者是在不影響整體品質及風味為前提下進行小幅度的改變。若以舊配方（A 產品）為標準，去調整新配方（B 產品），評估兩種產品間某屬性是否存在差異，應該採取Stuart-Maxwell 頻率測試和 McNemar 測試進行評估。

7.2.1 Stuart-Maxwell 頻率測試與 McNemar 測試

有學者設計出可以用剛剛好法，搭配不同的統計方式，應用在產品開發上。Fleiss 提出先以剛剛好法進行品評，再用 Stuart-Maxwell 頻率測試統計，藉以瞭解新舊配方之間，在整體感官特性上是否真的有差異存在；也就是新配方（B 產品）在以舊配方（A 產品）為標準時，感官強度是否能如同舊配方一樣或相似（A 產品），除此之外，還能避免型 I 錯誤(type I error)的發生。經由 Stuart-Maxwell 頻率測試統計後發現整體結果達顯著性

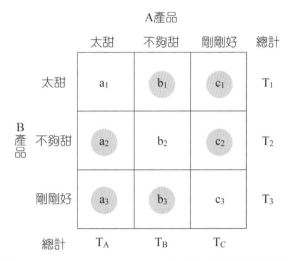

■ 圖 7-8　Stuart-Maxwell 頻率測試數據分析圖

差異(p<0.05)時，則再進一步以 McNemar 測試進行分析，就能確定新配方（B 產品）在某感官特性上是否真的存在差異。實際應用將於下列例題中作詳細示範。

Stuart-Maxwell 頻率測試是為了確定產品反應的分布是否具有顯著性差異，其概念就是在每個產品反應頻率的基礎上進行一個差別的總體檢驗，Stuart-Maxwell 的數據通常要變成交叉分析表（圖 7-8）。

公式如下：

$$X^2 = \frac{[(c_2+b_3)/2](T_1-T_A)^2+[(c_1+a_3)/2](T_2-T_B)^2+[(b_1+a_2)/2](T_3-T_C)^2}{2\{[(b_1+a_2)/2][(c_1+a_3)/2]+[(b_1+a_2)/2][(c_2+b_3)/2]+[(c_1+a_3)/2][(c_2+b_3)/2]\}}$$

如果利用 Stuart-Maxwell 檢驗顯示具有顯著差異時，再使用 McNemar 測試來確定哪些標度類別的差異是顯著的。McNemar 檢驗的目的是用於判斷實驗前後是否發生顯著性的變化，通常表格構造如表 7-15。

表 7-15　McNemar 測試數據整理示意表

		實驗前	
		+	−
實驗後	+	a	b
	−	c	d

McNemar 測試計算公式如下：

$$X^2 = \frac{[(b-c)-1]^2}{b+c}$$

若 x^2 計算值大於 x^2 查表值，表示比較實驗前和實驗後的反應有顯著性的差異。

例 2 個產品利用 100 名品評員進行甜味評估，有 50 名品評員認為 B 產品不夠甜，而在認為 A 產品太甜的 50 位評員中，僅有 20 位認為 B 產品不夠甜，認為 A 產品不夠甜的 22 位品評員中，僅有 10 位認為 B 產品不夠甜。實驗最終結果可以建立如下的 Stuart-Maxwell 頻率測試表，可以看到在不同族群觀點下，認為 B 產品不夠甜的品評員並非占多數；然而，若不考慮其他條件時，確實會使人產生 B 產品不夠甜的結果，但 B 產品真的不夠甜嗎？

↘答：

Stuart-Maxwell 頻率測試統計計算後，查卡方分析表（附件 7）發現在 df = 2（太甜、不夠甜、剛剛好），顯著水準為 0.05 時，卡方分析表的臨界值為 5.99，將例題數據套入公式計算後確認結果的實驗值為 22.24，實驗值(22.24)大於查表值(5.99)，因此可以確定 A 及 B 兩產品確實存在差異。

A產品

B產品	太甜	不夠甜	剛剛好	總計
太甜	10	5	5	20
不夠甜	20	10	20	50
剛剛好	20	7	3	30
總計	50	22	28	

$$X^2 = \frac{[(20+7)/2](20-50)^2 + [(5+20)/2](50-22)^2 + [(5+20)/2](30-28)^2}{2\{[(5+20)/2][(5+20)/2] + [(5+20)/2][(20+7)/2] + [(5+20)/2][(20+7)/2]\}}$$

$$= \frac{21966.5}{987.5} = 22.245$$

進一步藉由 McNemar 測試進行分析，確定 B 產品在不夠甜這個類別強度是否達到顯著差異性。進行 McNemar 測試分析前必須將數據整理如表，再將數據套用到 McNemar 測試公式中計算。

		A 產品	
		不夠甜	其他（太甜＋剛剛好）
B 產品	不夠甜	10	40
	其他（太甜＋剛剛好）	12	38

套入表的數據就能計算出：

$$X^2 = \frac{[(40-12)-1]^2}{40+12} = \frac{27^2}{52} = 14.02$$

在 df =1，顯著水準為 0.05 時，卡方分析表的臨界值為 3.84，計算值(14.02)大於查表值(3.84)。可以證實 B 產品確實在不夠甜，在這強度上和 A 產品比較有顯著性差異，需要進一步調整甜度。

上面的例題是利用剛剛好法來瞭解 2 個產品甜味強度的差異， McNemar 測試判斷實驗前後是否發生顯著性的變化，可以有許多的應用。比方說，進行保健食品的消費者試驗，想要知道消費者品嚐前後對 AB 兩種產品的喜歡程度是否發生顯著變化。實驗操作方式先讓消費者看兩種產品的包裝，讓他們選出一種偏愛的產品。然後，在消費者品嚐後（仍是盲測），再讓消費者選出一種偏愛的產品，來印證品嚐前後對 2 種產品的喜愛是否有顯著明顯的變化。

7.2.2 懲罰分析

懲罰分析(penalty analysis)是針對專一產品進行分析，用來瞭解產品屬性改善的方向。分析方法需要使用 9 分法及剛剛好法兩種資料的結合，以便數值化的決定被懲罰值，這值決定了產品的哪些屬性降低或升高了消費者之喜歡程度。假如為產品屬性進行調整，則可知道哪些屬性有較大的影響力可增加消費者的喜歡程度。懲罰分析的結果被稱為總懲罰值，假如所有非剛剛好反應都轉為剛剛好，總懲罰值之分數代表整體喜歡程度最大可能之增加之分數。懲罰分數也可稱為消費者喜歡分數的平均跌落(mean drop of overall liking)，但僅計算該屬性消費者反應頻率超過整體 20%之屬性。

懲罰分析第一步驟是計算剛剛好法在三個階層的各自分布，如圖 7-9 所示（1 為太弱、2 為剛剛好而 3 為太強）。從圖中可知，認為海尼根烏龍茶（微糖）產品茶味太弱的消費者約占 48%，剛剛好的約占 28%。苦味剛剛好的約占 40%而甜味剛剛好的占 50%，都未超過 70%以上。

第二步驟是進行平均跌落(mean drop)分析，所謂的平均跌落就是將選擇此特性為剛剛好的品評員之 9 分法平均值減去選擇此特性太弱或太強的品評員之 9 分法平均值（表 7-16）。懲罰值有兩種算法，第一種是平均跌落乘太弱與太強的百分比。以茶味強度為例，1.288×0.4833＋1.244×0.2333＝0.913，這說明茶味強度對喜歡程度有一個 0.913 的影響，假如一個產品發展者調整產品茶味屬性，消費者從太弱或太強到剛剛好，將可能使整體喜好平均上升 0.913 點。利用這樣的統計方法，屬性之懲罰值若小於 0.25 可以考慮不要變動，若大於 0.5 之懲罰值，表示該屬性一定要變動。

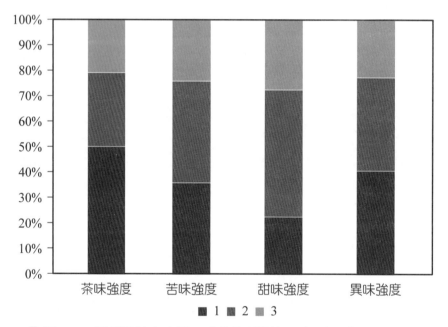

▌圖 7-9 剛剛好法在太弱、太強和剛剛好三個階層的分布比例

表 7-16　平均跌落與懲罰分析表

變數	階層	頻率	百分比	整體喜歡程度平均	平均跌落	P 值	懲罰值	P 值
茶味強度	太弱	29	48.33%	4.241	1.288	0.011		
	剛剛好	17	28.33%	5.529			1.274	0.014
	太強	14	23.33%	4.286	1.244	0.004		
苦味強度	太弱	20	33.33%	3.600	1.900	< 0.0001		
	剛剛好	24	40.00%	5.500			1.472	0.002
	太強	16	26.67%	4.563	0.938	0.041		
甜味強度	太弱	12	20.00%	4.417	0.683			
	剛剛好	30	50.00%	5.100			0.967	0.041
	太強	18	30.00%	3.944	1.156	0.009		
異味強度	太弱	23	38.33%	4.130	1.006	0.029		
	剛剛好	22	36.67%	5.136			0.821	0.097
	太強	15	25.00%	4.600	0.536	0.268		

　　第二個方法（如表 7-16）是一種加權的懲罰值，如同消費者反應該屬性太弱或太強的比例較大，整體平均值也會被這群消費者產生一個較大的影響。所以一個回答比例較大的消費者族群（例如：茶味強度回答太弱者 48.33%，比例大於太強者）將會被雙重計算，這樣加權的懲罰分析提供這個屬性有多少喜歡程度喪失而沒有被消費者預期。表 7-16 加權懲罰值是由統計軟體計算所得，無法在操作現場計算。綜合來說可以知道海尼根烏龍茶（微糖）在 4 個屬性中有 3 個呈現顯著性差異，其趨勢分別為茶味強度太弱、苦味強度太弱與甜味強度太強。其中，甜味強度回答太弱的懲罰值沒有被計算，因為該項反應沒有超過被 20% 的品評員認可，可以考慮忽略（可以忍受 20% 族群選擇非剛剛好的反應）。懲罰值越高，代表喜歡程度喪失越多，這個屬性要優先被調整。表 7-16 說明苦味強度需要優先被調整（懲罰值最高且 p 值最小）。另外，可以用反應的百分比 % 做橫座標而以平均跌落當縱座標，進行 XY 散布圖，幫助綜合判斷。懲罰分析只提供了產品最適化的一個方向，需要記住屬性之間不是獨立的，當你改變一個屬性強度另一個屬性強度也可能會變。

7.3　消費者喜好性

　　影響消費者對食品的喜好有許多的因素，如圖 7-10 所示。這裡所談的消費者喜好性是以食品的內在因子為主，以感官品評作為主要的評估方式。其他的外在因子，可以使用其他方式（例如：聯合分析 conjoint analysis）進行調查。

　　消費者喜好性試驗的特徵是要求消費者強制在樣品之間做一個選擇，不會再要求說明各別產品是喜歡或不喜歡，可分為幾種方式實施，如表 7-17。消費者喜好性試驗不像消費者接受性測試在量表的使用上可能會有語言及文化差異上的問題，在執行跨文化研究上克服了許多難題，例如：小孩的認知發展、老人對於評分任務的解釋與使用等。喜好性試驗的缺點是在評估較多樣品時，呈現了複雜性及可能容易造成感官疲乏。

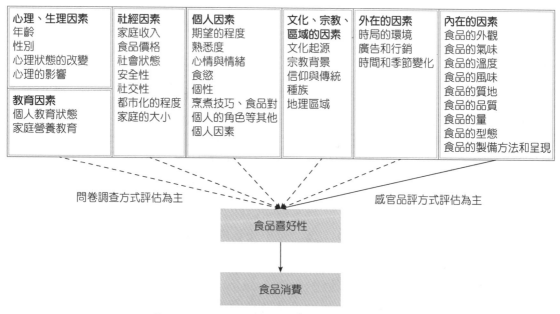

圖 7-10　影響消費者喜好性的內外因子

表 7-17　使用感官品評評估消費者喜好性的幾種方式

測試形式	樣品數	喜好性作法	統計方法
方向性對比喜好測試 paired preference comparison	2 個	2 樣品成對比較(AB)	二項式分布（查表法）、 卡方分析
順位法 ranking test	3 個以上	樣品喜好的相對順序 (ABCD)	Newell & MacFarlance 檢定表法（查表法）、 Friedman 測試
多重方向性對比喜好測試：所有樣品配對 multiple paired preference-all pairs	3 個以上	一系列樣品的成對比較，包含所有樣品(AB, AC, AD, BC, BD, CD)	二項式分布（查表法）、 卡方分析
多重方向性對比喜好測試：選擇性樣品配對 multiple paired preference-selected pairs	3 個以上	一系列樣品的成對比較但選擇樣品，例如：只和控制組比較 (AC, AD, AE, BC, BD, BE)	二項式分布（查表法） 卡方分析
強迫選擇樣品法 forced choice test	3 個以上	提供要評估的樣品，僅選擇最喜歡的樣品	卡方分析
最佳最差評分法 best-worst scaling	3 或 4 個樣品	比較最大差異的 2 個樣品	變異數分析

註：方向性對比法的相關作法、實驗設計與統計方式等，請參考第 6 章差異分析試驗

7.3.1　順位法概論

　　ISO 已經為順位法訂定標準，用在評估產品感官特性強度的差異比較上。此法使用檢測消費者喜好性評估之主要的原理是品評員同時接到 3 個以上順序隨機的產品，要求他們從最喜歡排到最不喜歡遞減(descending)或者由最不喜歡排到最喜歡遞增(ascending)排序。在品評的一般程序，因為強迫選擇之設計，排序的過程是不可以不分順序(no ties are allowed)，這個結果只說明了消費者對產品喜好性的方向，但並沒有提供對產品喜好的差別大小；換言之，排序的結果並沒有提供對這些評估產品偏愛的範圍。順位法在喜好性的操作上有幾個重要問題：(1)每次進行排序時只能夠要求品評員評估單一特性（例如：整體喜歡程度），如果產品有必要要進行 2 個以上的特性評估，每個特性必須單獨在不同測試（不同品評單）中評估，且建議對樣品重新編碼，再重複排序的過程。(2)不能夠比較不同系列或重複產品所產生的數據。(3)消費者喜好性所需的品評員仍然需要至少 60 位消費者，才達到滿足統計風險的

水準之最小水準。(4)視覺及觸覺的喜好排序可能簡單一點，也不容易疲勞，評估的樣品可以多一點但味覺與嗅覺是非常容易疲勞的，樣品數不能太多。(5)樣品的編碼建議不要出現在品評單上，以免消費者品評員有先入為主的觀念。如果要展現樣品提供的順序，也要求消費者自己寫上編碼，關於順位法的品評單範例，如圖 7-11 所示。

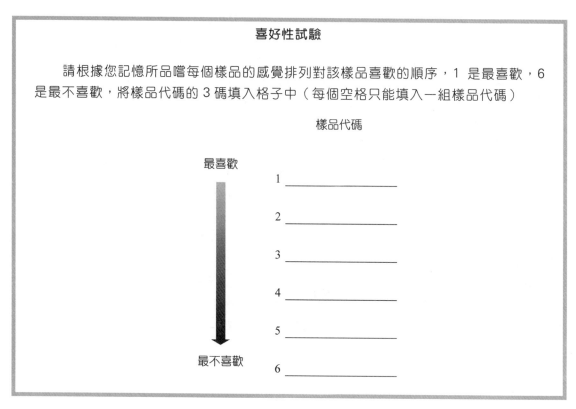

圖 7-11　順位法的品評單

　　順位法除了使用在消費者測試外，也可使用在評估 3 個樣品以上的差異分析試驗上，例如：甜味強度從最強排序到最弱，使用上要注意所評估的感官特性是否需要對品評員進行培訓。許多操作品評的人員，在適合使用順位法進行感官品評測試的狀況與目的下（例如：想要知道樣品間甜味強度的高低），往往捨棄相對快速容易的順位法而使用評分法，主要的原因還是觀念上的不清楚及對於強度數值的迷失。當使用評分法時，品評員訓練程度的門檻較高，需要花時間在培訓評分法的使用及縮小品評員間評分尺度的差異，使其趨近於一致。沒有在這個前提下，評分法所收集的數據就不具客觀性了。

7.3.2 順位法的統計方式

順位法結果的數據在性質上是有順序的、非參數性的，分析方法大致上可分為 2 種，即 Newell & MacFarlance 檢定表法（查表法）與 Friedman 測試方法。其中，Friedman 測試法為 ISO 國際標準建議的方法，其實就是順位法的變異數分析。國外的許多的書捨棄了傳統檢定順位法的 Kramer 檢定表，因為發現 Kramer 檢定表有一些錯誤，便以 Newell & MacFarlance 檢定表取代之（附件 9）。目前許多國內的品評相關書籍仍然使用 Kramer 檢定表格做順位法的統計分析，已然過時且證明 Kramer 檢定表的統計分析是有問題的。本書使用新修正的 Newell & MacFarlance 檢定表法，但和 Friedman 測試法相比較，還是建議使用 Friedman 測試法，因為 Newell & MacFarlance 檢定表法對於中間順序樣品評估的精準度不佳。

判斷差異的結果在統計顯著性差異的邊緣時，兩種檢驗的方式都可考慮使用，從 Friedman 測試法及 Newell & MacFarlance 檢定表的臨界值可知，若要使用靈敏的方式來判斷產品之間的差異，建議使用 Friedman 測試；如果要求保守的結果，使用 Newell & MacFarlance 檢定法。表 7-18 為順位法二種統計方法的優缺點比較。

表 7-18 順位法中二種統計方法的優缺點比較

方法	特性	優點	缺點	註備
Newell & MacFarlance 檢定表法	查表法	快速	1. 當品評員人數超過查表值，將無法使用 2. 檢定表不是一般統計常用表冊，沒有品評書（無檢定表）則無法使用 3. 對於中間順序樣品的評估精準度不佳	從 Basker 法中整理，取代 Kramer 方法
Friedman 測試法	計算法	1. 不受品評員人數的限制 2. 卡方分析表容易取得 3. 可使用電腦軟體計算分析 4. 適用於各種實驗設計（包含：完全區間設計與平衡不完全集區間設計）	計算較複雜	ISO 國際標準推薦方法

例　利用 32 位品評員要求評估 6 種可樂的消費者喜好性，其中 1 為最喜歡而 6 為最不喜歡，請使用 Newell & MacFarlance 檢定表法與 Friedman 測試方法來評估此試驗的結果。每種方法的優缺點為何？這個實驗結果是否可信？為什麼？（在 95%信心水準下檢定）

品評員	百事可樂	可口可樂	健怡 可口可樂	Zero 零卡可樂	檸檬加 可口可樂	香草 可口可樂
J1	2	1	3	5	6	4
J2	1	3	2	4	6	5
J3	3	4	1	2	5	6
J4	4	3	5	6	1	2
J5	1	4	5	3	6	2
J6	2	3	1	4	6	5
J7	1	2	6	4	5	3
J8	3	2	6	5	1	4
J9	1	2	5	3	6	4
J10	1	2	4	5	6	3
J11	5	3	6	2	4	1
J12	4	3	2	1	6	5
J13	2	1	3	4	5	6
J14	1	5	2	4	6	3
J15	3	2	4	1	6	5
J16	2	4	1	3	6	5
J17	4	2	5	3	6	1
J18	3	5	2	4	6	1
J19	3	5	2	4	6	1
J20	6	2	3	4	1	5
J21	6	5	4	3	1	2
J22	2	4	5	3	6	1
J23	2	1	4	5	6	3
J24	2	4	1	3	6	5
J25	5	3	4	2	6	1
J26	2	4	1	3	6	5
J27	1	3	2	4	6	5
J28	2	6	1	3	4	5
J29	3	1	2	4	6	5
J30	1	2	4	5	6	3
J31	3	5	2	4	6	1
J32	5	4	1	3	6	2
總和	86	100	99	113	165	109

↘答：

由於不可以不分順序之順位法是不連續的數值（非參數性），無法使用平均值來進行統計。因此統計方法的第一個步驟為將所有品評員之順位和計算出，然後將順位和由小到大進行排列，如下圖。

百事可樂	健怡可口可樂	可口可樂	香草可口可樂	Zero 零卡可樂	檸檬加可口可樂
86	99	100	109	113	165

1. Newell & MacFarlance 檢定表法

Newell & MacFarlance 檢定表的使用可分為 2 個步驟，第一步驟是看整體樣品間是否有顯著性的差異。以本題來說，順位法的總和最大的樣品為 165（檸檬加可口可樂），而最小的順位總和為 86（百事可樂），它們之間的總和差為 79。從 Newell & MacFarlance 檢定表（附件 9）可知當品評人數為 32 人，樣品數為 6 時，其檢定表之臨界值為 43。假若順位法的總和差（本例為 79）大於查表法（本例為 43）的臨界值，表示整體 6 個樣品的喜好性有顯著性的差異($P<0.05$)。

若分析結果為整體樣品沒有顯著性差異時($p>0.05$)，Newell & MacFarlance 檢定分析就只要分析至此步驟終止，但若分析結果為整體樣品有顯著性差異時($p<0.05$)，Newell & MacFarlance 檢定表分析就進入第二步驟事後檢定分析。

事後檢定的進行方式為若某樣品之順位和加上查表臨界值後之和，含蓋了其他樣品順位和的數值，表示某樣品與其他樣品間的喜好性無顯著性差異。也可以用 2 個樣品的順位和差和檢定表之臨界值比較，若順位和差小於臨界值，表示 2 樣品沒有顯著性差異。

百事可樂：　　86＋43＝129（僅與"檸檬加可口可樂"未重疊）
健怡可口可樂：99＋43＝142（僅與"檸檬加可口可樂"未重疊）
可口可樂：　　100＋43＝143（僅與"檸檬加可口可樂"未重疊）
香草可口可樂：109＋43＝152（僅與"檸檬加可口可樂"未重疊）
Zero 零卡可樂：113＋43＝156（僅與"檸檬加可口可樂"未重疊）

根據上述結果可以整理成下表。（數字旁邊標示英文字母來表示樣品倆倆比較後是否有顯著性差異，英文字母不同表示有顯著性差異($p<0.05$)；反之亦然）。結果可知檸檬加可知可樂的喜好性最差，與其他 5 種可樂喜好性有顯著性差異($p<0.05$)，而百事可樂與可口可樂的系列產品喜好性沒有顯著性差異($p>0.05$)。

樣品	百事可樂	健怡可口可樂	可口可樂	香草可口可樂	Zero 零卡可樂	檸檬加可口可樂
總和	86 a	99 a	100 a	109 a	113 a	165 b

2. Friedman 測試法

Friedman 測試法包含 2 個步驟：

(1) 先利用卡方分析(Friedman 測試法)檢測整體樣品（6 個樣品）是否有顯著性差異，沒有顯著性差異時，就計算到此步驟；若有顯著差異時，進行第二步驟。

(2) 第二步驟為事後檢定，一般使用 Least significant rank difference (Lsrd)計算，決定兩兩樣品的個別差異。當然，可以選擇其他事後檢定，本書推薦之統計軟體 XLSTAT，其事後檢定使用 Bonferroni 法。

第一步驟卡方分析公式：

$$X^2_{ranks} = \frac{12}{n(k)(k+1)} \sum (ranktotals)^2 - 3(n)(k+1)$$

n：品評員數目，k：樣品數目

$$x^2_{ranks} = \frac{12}{32(6)(7)}(86^2 + 99^2 + 100^2 + 109^2 + 113^2 + 165^2) - 3(32)(7)$$

$$X^2_{ranks} = 14.71$$

查卡方分析表（附件 7），在 p＝0.05，df＝5（樣品數－1）時之臨界值為 11.07，這邊使用單尾測試（誤差僅來自一個方向），因為我們對於特定方向的結果（有差異）感興趣而對另一方向的結果不感興趣（沒有差異）。由於計算值(14.71)大於查表值(11.07)，判斷整體喜好性有顯著性差異，進行第二步驟。

第二步驟 least significant rank difference(LSRD)公式：

$$LSRD = 1.96\sqrt{\frac{nk(k+1)}{6}} = 1.96\sqrt{\frac{32 \times 6 \times 7}{6}} = 29.34$$

公式中的 1.96 是在 p＝0.05 且自由度 df＝1 時的 t 檢定值；自由度為 1 的理由是因為僅兩兩比較，計算後的 Lsrd 值為 29.34

百事可樂：　　　86＋29.34＝116.34（僅與"檸檬加可口可樂"未重疊）

健怡可口可樂：99＋29.34＝128.34（僅與"檸檬加可口可樂"未重疊）

可口可樂：　　100＋29.34＝129.34（僅與"檸檬加可口可樂"未重疊）

香草可口可樂：109＋29.34＝138.34（僅與"檸檬加可口可樂"未重疊）

Zero 零卡可樂：113＋29.34＝142.34（僅與"檸檬加可口可樂"未重疊）

根據上述之結果可以整理成下表，數字旁邊標示英文字母來表示樣品倆倆比較後是否有顯著性差異，英文字母不同表示有顯著性差異(p<0.05)；反之亦然。在這個例子可以發現 Frideman 測試法的結果和 Newell & MacFarlance 檢定表法的結果一致。但從事後檢定的數值可以知道，Frideman 測試法的檢測差異的靈敏度較高。

樣品	百事可樂	健怡可口可樂	可口可樂	香草可口可樂	Zero零卡可樂	檸檬加可口可樂
總和	86 a	99 a	100 a	109 a	113 a	165 b

7.3.3 強迫選擇法

強迫選擇法是最直接的方法，就是提供幾種樣品給消費者，讓消費者選擇最喜歡的而不進行排序，試驗的目的僅評估哪種樣品更受歡迎，可用卡方檢定進行分析檢驗。這種方式的優點為省時方便及簡單，適用於在非實驗室控制環境（例如：賣場），也適合用在創新原型的產品或最終端產品評估之情況。卡方檢定公式：

$$x = \sum_{i=1}^{k} \frac{(|Oi - Ei|)^2}{Ei}$$

Oi：第 i 類觀察事件的頻率

K：觀察事件的總類別數

Ei：原假設成立時，第 i 類的期望頻率

例 某飲料廠商在商場進行了一次感官消費者測試，僅使用最簡單的方式來瞭解 ABC 三種產品哪種更受消費者歡迎，讓消費者選擇一個最喜歡的產品，共 150 人參與了此次試驗。

產品	A 產品	B 產品	C 產品
選擇人數	50	61	39

↘答：

檢驗項目的原假設應為每種產品的選擇機率相同，所以選擇 ABC 產品的消費者都應占總人數的 1/3。參加此檢驗的總人數為 150 人，每種產品被選擇的期望頻率為 150×1/3＝50

$$x = \frac{(50-50)^2}{50} + \frac{(61-50)^2}{50} + \frac{(39-50)^2}{50} = 4.84$$

查卡方分析表（附表 7），在 p＝0.05 且 df＝2（樣品數－1）之臨界值為 5.99，計算值(4.84)小於查表值(5.99)，表示整體樣品喜好性沒有顯著性差異(p>0.05)。

7.3.4 最佳最差評分法

最佳最差評分法(best-worst scaling，BWS)，又稱為最大差異評分法(maximum difference scaling)，其操作方式要求消費者評估 3 個或 4 個產品，選擇在不連續項目（例如：喜好性）的比較為最大差異（最好的與最差的）的 2 個產品，收集個別消費者的評分並統一推論結果；此方法不是以詞語為基礎，因此可應用在跨文化領域的研究。其做法如下：假如有 ABCD 共 4 個樣品，利用隨機區集設計(block design)將 3 個樣品產生 4 個實驗組。品評員被要求指出組別中最喜歡的樣品和最不喜歡的樣品；分數的統計方式大概有 2 個步驟：(1)計算每個樣品被選擇最喜歡及最不喜歡的次數。(2)將每個樣品被選擇最喜歡的次數減去被選擇最不喜歡的次數。

表 7-19 為某品評員使用最佳最差評分法評估 4 個樣品之範例，由結果可知此品評員最後在樣品 A 得分為 3 分（最喜歡被勾 3 次，最不喜歡 0 次），樣品 B 得分為−1 分（最喜歡被勾 0 次，最不喜歡 1 次），樣品 C 得分為−2 分而樣品 D 得分為 1 分。收集各品評員的數據，進行平均值統計；由於最佳最差評分法是產生等間距或比例數據，可以用變異數分析(ANOVA)進行統計；該法最大的限制是極容易造成品評員味覺疲乏。

表 7-19　某品評員使用最佳最差評分法評估 4 個樣品之範例

第一組	最喜歡	最不喜歡	第二組	最喜歡	最不喜歡	第三組	最喜歡	最不喜歡	第四組	最喜歡	最不喜歡
樣品 B			樣品 D			樣品 A	✓		樣品 C		✓
樣品 C		✓	樣品 A	✓		樣品 D			樣品 B		
樣品 A	✓		樣品 B		✓	樣品 C		✓	樣品 D	✓	

7.4　消費者研究與市場研究

市場研究和感官品評的消費者研究有本質上的不同，但兩者在評估消費者對此產品產生的行為上缺一不可。舉例來說，市場研究想要瞭解消費者喜歡該產品的理由，通常著重在產品定位、使用情境、產品品牌與包裝的影響等。感官品評的研究想要瞭解消費者喜歡該產品的理由，主要著重在產品口味的本身，這個部分用傳統的問卷調查法是無法真正得到核心。例如：利用市場調查的方式得到消費者對產品口味本身可能得到的結論是這產品有一個怪味，卻無法定義這個怪味是什麼，要定義這個怪味是什麼就需要依靠感官品評。由於本質的不同，在操作手法及結果的解

讀上也有所不同。身為一個行銷工作者，兩種領域的研究都需要非常清楚，對於產品行銷或發展的決策才會降低風險。表 7-20 為消費者品評研究和市場研究的目標、定義與特性。

市場研究在消費者接受性的測量上，包含了幾個方面：

1. 基本的產品接受性。

2. 產品概念與原構想是否契合。

3. 消費者使用頻率。

4. 結合價格後的購買意圖。

5. 不同產品的取代性或相關性。

6. 產品被食用的檢測。

7. 廠牌的接受性。

8. 失去接受性的原因。

消費者研究使用的評分方式除了 9 分法外，也可以根據評估的目的使用購買意圖評分量表、絕對評分(FACT)量表等等。

近幾年感官品評消費者測試的最新發展之一就是結合了聯合分析（conjoint analysis，也稱交互分析）技術，其實這只是傳統感官品評技術融合了市場研究。聯合分析主要的目的是確定產品不同屬性對消費者進行選擇該產品的相對重要性，這些屬性可能包含了包裝、品牌、價格等外部特性及風味、口感等內部特性，這些屬性必須是主要影響消費者購買產品的因素，透過實驗設計將這些屬性進行組合，讓消費者根據自己的喜好對產品進行評估。然後，利用統計方法將這些特性量化，間接推導出構成產品屬性相對重要性之權重的估計值，這些權重的估計值表示哪些屬性對消費者的選擇有重要影響。換言之，聯合分析是對消費者可能的購買決策進行現實模擬，在實際抉擇的過程中，由於價格等原因，消費者對於產品的多個屬性進行綜合考慮，往往要在滿足一些要求的前提下，犧牲部分其他屬性，是一種對屬性的權衡與折衷(trade-off)。聯合分析可應用在新產品概念的篩選、開發、競爭分析、產品定價、市場區分、廣告、行銷、品牌等領域，將感官品評與聯合分析結合，建議包含風味、口感等內部因子並且使用相同的品評員，程序上應先進行傳統的感官品評測試再進行聯合分析測試，並且需要在控制的環境（如感官品評室）當中實施。

表 7-20　消費者品評研究和市場研究的目標、定義與特性

項目	感官品評研究／感官評估透視	消費者／市場研究透視（行銷）
目標	感官品評分析是為了降低食品被潛在消費者拒絕。品評分析需要結合心理學的知識及瞭解生理的感覺，嚴密的統計設計與分析，與物理化學資料的關聯是必須瞭解	行銷研究是系統化收集記錄分析關於行銷服務和物品的資訊
目的	決定產品或產品特性（例如：外觀、風味和質地）的喜歡程度	通常集中在消費者族群和定義產品吸引哪些消費者，並且發展手段與策略去達到消費者所想的
定義	以科學的方法藉著人的視、嗅、嚐、觸及聽等五種感覺，結合心理、生理、食品科學及統計科學基礎，探討如何引發、測量、分析及解釋人類對於產品的感受或喜歡程度，並瞭解產品本身品質特性	行銷研究是透過資訊連結消費者的行為，這些資訊用來定義及確定市場的機會與問題，修正及評估行銷的行為，監督行銷表現及促進行銷程序的瞭解。行銷研究的資訊需要專注於特定主題，設計收集資訊的方法，管理及操作資訊的收集過程，分析結果及溝通發現其他的涵義
特性	消費者的感官測試 1. 按不同產品類型的用戶來篩選參與者 2. 採用最少概念的隨機代碼標示樣品，感官特性和所有對產品概念與目標一致才能確定 3. 根據同類別的相似產品確定期望值，不需要對產品概念反應或要求對產品概念進行評估	市場研究（概念產品）檢驗 1. 對概念有積極反應來挑選產品檢驗階段的參與者 2. 概念的表達訊息與參考情境都是清晰的 3. 以概念宣傳和類似產品用途確定期望值
研究焦點	1. 集中在產品和生產過程的評估 2. 產品感官特性 3. 品評特性最適化	1. 消費者行為 2. 期望符合 3. 包裝標示廣告和產品定位的確認 4. 購買傾向 5. 感知品質
研究標準	內在效度，結果侷限在完成的目標消費者測試	外在效度，結果由目標族群產生
參與人數	50~110 人	大於 110 人，可能需要 200~300 人以上

Meiselman 預測了未來品評與消費研究科學的新趨勢，如圖 7-12，包含：

1. 發展身、心、靈各方面健康(wellness)及情緒(emotion)的測量方法。食品製造者定義產品的健康助益，但必須和消費者合作，測量產品是否達到預期身、心、靈各方面健康的感受。

2. 發展品評與消費研究在實驗室控制環境測定與未控制環境研究之間的平衡，非未控制環境研究的方法發展（例如：網路問卷），將會變成標準。

3. 消費者品評員進行傳統訓練型描述分析所進行的工作。目前有許多方法已經被建立，包含桌布法(Napping method)、自由選擇剖面分析(free choice profiling method)、選出適合的項目法(check-all-that‑apply method, CATA)與自由多元挑選法(free multiple sorting method)等可以快速地建立產品的屬性輪廓。

4. 消費者測試的所需人數將會越來越多，將瞭解不同消費族群對產品的反應及消費者的行為。

5. 發展測量消費者使用產品習慣的方法以及其他非測量喜歡程度的方法（例如：滿意程度），這會衍生產品屬性的研究到包裝與品牌等等。

6. 跨文化的研究，包含產品與問題，將會發展迅速。

7. 轉換消費者的研究，從成年人到老人與小孩。

8. 消費者行為的研究與測量方法的發展。

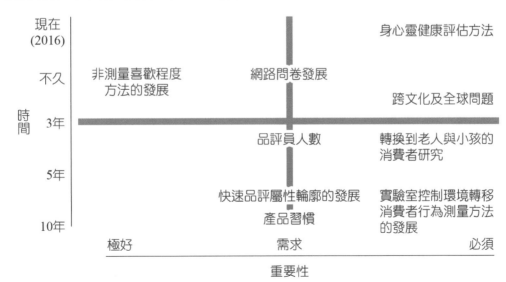

圖 7-12　感官品評消費者測試趨勢改變的預測及改變的時間範圍

7.5 結 論

　　順位法與最佳最差評分法皆屬於強迫選擇法，與接受性試驗方法不同的是：不存在 2 個產品相等喜歡的狀況而必須選擇比較喜歡或比較不喜歡的情況。接受性測試是測量產品喜歡和不喜歡之程度，並且使用等距與比率量表進行評估，允許資料可以使用參數分析，且結果可以在不同研究中比較。喜好性測試主要是以順序量表進行，只能夠比較被設定樣品間的喜好性，不能夠做樣品群以外的比較。

　　從實務來說，喜好性測試在評估樣品數較大的時候，變得複雜且不易實施，主要是由於調整邏輯變複雜和消費者感覺的疲乏。然而，喜好性測試克服了語言、文化及小朋友或老年人使用直接測量技術（等距與比率量表）的障礙。許多研究都對接受性試驗與喜好性試驗的方法進行比較，Pearce, Korth, and Warren 以 9 分法與量值估計法評估 8 種布料喜歡程度的比較，顯示此 2 方法可得相似的結果且在可靠性、精確性與判別能力等表現並沒有顯著性差異。Hein et al 比較接受性試驗（9 分法、標記情緒尺度評分、未結構直線評分）與喜好性試驗（最佳最差評分法、順位法）對早餐棒的消費者品評試驗，結果顯示最佳最差評分法對產品間顯著性差異之 F 值最大，即擁有較敏感的產品判別能力；在實用性及測試的產品數來看，最佳最差評分法的條件最嚴苛，接著是順位法，最後才是接受性 9 分法。在消費者執行與實務的感受上，消費者認為在接受性和喜好性試驗的幾種方法中，以無結構的直線標示法量表最容易使用，其次為 9 分法，而量值估計法與順位法最難使用。Cardello & Schutz 的研究指出，量值估計法與 9 分法相互比較，量值估計法有較好的區分性且比較敏感，在喜歡程度較高的樣品上，也有較佳的區分。在條件控制的實驗室進行的測試，以最佳最差評分法有最大的判別能力。進行消費者試驗在選擇使用的評分方法時，除了必須考慮實驗目的之資料的解釋與實用性外，在產品數量、產品類型、數據產生的類型等也必須考慮。

品評專業講座

Principles and Practices of
Sensory Evaluation of Food

一、順位法的其他應用

順位法除了可以評估消費者喜好性的順序，也可以評估：

1. 樣品間的差異（不能確定樣品間差異的強度）。
2. 品評員表現的評估，包含品評員訓練的結果以及測定品評員個人或品評小組的感官閾值。
3. 產品的評估，應用在產品的初步篩選，如確定原料、加工、包裝、儲藏以及被檢驗樣品稀釋順序的不同，對產品一個或多個感官指標強度水平的影響。

檢驗目的、每個檢驗所需要的品評員人數與統計方法請參考表 7-21。

表 7-21　順位法的應用與統計方法

檢驗目的	品評員水準		品評員人數	統計方法		
				已知順序比較（品評員表現評估）	產品順序未知（產品比較）	
					2 個產品	2 個以上產品
品評員表現評估	個人表現評估	優選品評員或專家型品評員	無限制	Spearman 檢定	符號檢定	Friedman 檢定
	小組表現評估	優選品評員或專家型品評員	無限制	Page 檢定		
產品評估	描述性試驗	優選品評員或專家型品評員	12~15 為宜			
	喜好性試驗	消費者品評員	每組至少 60 位消費者類型的品評人員			

比較 2 個樣品時，使用成對比較法會比較適當，在一些特殊的狀況可以使用符號檢定(sign test)，關於符號檢定的統計，可以參考 ISO 國際標準 8587。在樣品提供的相關注意事項應遵守第 4 章所說的。不過，值得一提的是提供樣品的實驗設計。在順位法可採完全均衡設計(complete block design)，樣品隨機提供給品評員；也可以使用平衡不完全均衡設計(balanced incomplete block design)，樣品的數量與狀態不完全提供給品評員（使用此方式通常是評估樣品的數量較多）。

前面已針對 Friedman 測試做了完整的介紹，接下來將順位法其他相關統計的完整應用做一個簡單的介紹，這些統計的方式都被規定於 ISO 國際標準之中。

二、Spearman 相關係數

如果要瞭解品評員個人表現的評估，例如：瞭解兩位品評員對所做出排序結果與樣品理論排序之間的一致性時，可使用 Spearman 相關係數檢驗。

$$r_s = 1 - \frac{6\sum_i d_i^2}{p(p^2 - 1)}$$

di：樣品 l 2 個順序差
p：排序樣品的數目

Spearman 相關係數，若接近＋1，表示 2 個排序結果非常一致；若接近 0，表示 2 個排序結果不相關；若接近－1，表示排序結果不一致。換言之，相關係數為－1，表示品評員對於品評方式或指示理解錯誤或將樣品進行了相反的排序。計算完後的 Spearman 相關係數，可以參考表 7-22 的臨界值，來判定相關係數是否具有顯著性。

表 7-22　Spearman 相關係數的臨界值

樣品數	顯著性水平		樣品數	顯著性水平	
	α=0.05	α=0.01		α=0.05	α=0.01
6	0.886	-			
7	0.786	0.929	19	0.460	0.584
8	0.738	0.881	20	0.447	0.570
9	0.700	0.833	21	0.435	0.556
10	0.648	0.794	22	0.425	0.544
11	0.618	0.755	23	0.415	0.532
12	0.587	0.727	24	0.406	0.521
13	0.560	0.703	25	0.398	0.511
14	0.538	0.675	26	0.390	0.501
15	0.521	0.654	27	0.382	0.491
16	0.503	0.535	28	0.375	0.483
17	0.485	0.515	29	0.368	0.475
18	0.472	0.600	30	0.362	0.467

三、PAGE 檢定

　　要瞭解品評小組表現的判定，可以使用 PAGE 檢定；樣品本身具有自然順序或自然順序已經確定（稀釋不同的倍數或不同儲藏時間或成分比例等因素所造成的自然因素），可以用 PAGE 檢定來判定品評小組是否能對一系列已知或預測具有某種特性排序的樣品進行一致的排序。其理論基礎為：

　　如果 R_1、R_2、R_3、R_4..........R_p 是已經確定排列順序 P 個樣品的理論上之總和，假設樣品間沒有差異

H_0：$R_1 = R_2 = R_3 = ...R_p$

H_a：$R_1 \leq R_2 \leq R_3 \leq ....R_p$，其中至少一個不等式是嚴格成立的。

PAGE 係數 L：

$L = R_1 + 2R_2 + 3R_3 + ... + pR_p$

R_1：已知樣品順序中第一樣品的總和　；R_p：排序最後樣品的總和

　　表 7-23 是完全均衡設計中，PAGE 係數 L 的臨界值，臨界值的大小和樣品數、品評員人數及選擇統計的水平有關。

表 7-23　PAGE 檢定係數

品評員人數	樣品（或產品）數 p											
	3	4	5	6	7	8	3	4	5	6	7	8
	顯著性水平 α=0.05						顯著性水平 α=0.01					
7	91	189	338	550	835	1204	93	193	346	563	855	1232
8	104	214	384	625	9501	1371	106	220	393	640	972	1401
9	116	240	431	701	1065	1537	119	246	441	717	1088	1569
10	128	266	477	777	1180	1703	131	272	487	793	1205	1736
11	141	292	523	852	1295	1868	144	298	534	869	1321	1905
12	153	317	570	928	1410	2035	156	324	584	946	1437	2072
13	165	343*	615*	1003*	1525*	2201*	169	350*	628*	1022*	1553*	2240*
14	178	368*	661*	1078*	1639*	2367*	181	376*	674*	1098*	1668*	2407*
15	190	394*	707*	1153*	1754*	2532*	194	402*	721*	1174*	1784*	2574*
16	202	420*	754*	1228*	1868*	2697*	206	427*	767*	1249*	1899*	2740*
17	215	445*	800*	1303*	1982*	2862*	218	453*	814*	1325*	2014*	2907*
18	227	471*	846*	1378*	2097*	3028*	231	479*	860*	1401*	2130*	3073*
19	239	495*	891*	1453*	2217*	3193*	243	505*	905*	1476*	2245*	3240*
20	251	522*	937*	1528*	2325*	3358*	256	531*	953*	1552*	2350*	3405*

註：標*的值是通過常態分布近似計算得到的臨界值

　　如果計算值 L 小於查表值 L，表示產品間沒有顯著性差異；如果計算值 L 大於查表值 L，表示產品間有顯著性差異，可以得出結論為品評小組做出了與預知順序一致的排序。如果品評員的人數或樣品數沒有在表 7-23 中列出，可以使用下列公式計算：

(1) 實驗設計為完全均衡設計：

$$L' = \frac{12L - 3j \times p(p+1)^2}{p(p+1)\sqrt{j(p-1)}}$$

(2) 實驗設計為平衡不完全區間設計，

$$L' = \frac{12L - 3j \times k(k+1)(p+1)}{\sqrt{j \times k(k-1)(k+1)p(p+1)}}$$

　　J：品評員人數，P：總樣品數，K：每位品評員排序的樣品數
L' ≧ 1.64 (α = 0.05) 或 L' ≧ 2.33 (α = 0.01) 時，拒絕原假設 H₀ 而接受 Hₐ。

例 下表為 14 位品評員，評估 5 個樣品之結果，請評估此品評小組的表現。（假設原樣品的排序為 B≥C≥D≥A≥E）。

品評員	樣品				
	A	B	C	D	E
1	2	4	5	3	1
2	4	5	3	1	2
3	1	4	5	3	2
4	1	2	5	3	4
5	1	5	2	3	4
6	2	3	4	5	1
7	4	5	3	1	2
8	2	3	5	4	1
9	1	3	4	5	2
10	1	2	6	3	2
11	4	5	2	3	1
12	2	4	3	5	1
13	5	3	4	2	1
14	3	5	2	4	1
總和	33	53	52	45	27

↘ 答：

樣品原來的排序為 B≧C≧D≧A≧E，PAGE 檢定可以檢驗該推論。計算 L'值：

$$L' = 1 \times 27 + 2 \times 33 + 3 \times 45 + 4 \times 52 + 5 \times 53 = 701$$

查上表可以知（總樣品數）p＝5，品評員人數 j＝14，α＝0.05，查 PAGE 檢定表（表 7-23）發現其臨界值為 661，計算值 L(701)大於查表值 L(661)。說明在 5%的顯著水準下，品評小組分辨出了樣品間存在之差異並且給出了排序與預先設定的排序一致。

四、平衡不完全區間設計下的 Friedman 檢定

前面所講的 Friedman 測試法是以完全均衡設計為例，若實驗設計為平衡不完全區間設計，則公式如下：

$$F_{test} = \frac{12}{r \times g \times p(k+1)}(R_1^2 + \cdots + R_p^2) - \frac{3r \times n^2(k+1)}{g}$$

K：每個品評員排序的樣品數

R：產品順位總和

r：平衡不完全區間設計之重複的數目

n：每個樣品在平衡不完全區間設計被評估的次數

g：平衡不完全區間設計樣品配對被評估的次數

P：總樣品數

LSRD 的計算如下

$$LSRD = z\sqrt{\frac{r(k+1)(n \cdot k - n + g)}{6}}$$

Z 值通常為 1.96（在 P=0.05 時，Z 檢定之臨界值）

品評員	樣品				
	A	B	C	D	E
1	1	2	3		
2	1	2		3	
3	2	3			1
4	1		2	3	
5	2		3		1
6	1			3	2
7		1	3	2	
8		2	3		1
9		3		2	1
10			1	3	2
總和	8	13	15	16	8

↘ 答：

(1) 使用 Friedman 測試法，代入公式

　　p＝5，k＝3，n＝6（A 樣品被評估 6 次），g＝3（AB 被配對 3 次），r＝1

$$F = \frac{12}{1 \times 3 \times 5 \times (3+1)}(8^2 + 13^2 + 15^2 + 16^2 + 8^2) - \frac{3 \times 1 \times 6^2 \times (3+1)}{3} = 11.6$$

　　Frideman 檢定之計算值為 11.6，大於 df＝4 卡方分析表（附件 7）之查表值 9.49，5 個樣品存在顯著性差異。因此進行事後檢定

$$LSRD = _{1.96}\sqrt{\frac{1 \times (3+1) \times (6 \times 3 - 6 + 3)}{6}} = 6.2$$

　　結論可的如下表（數字旁邊標示英文字母表示樣品倆倆比較後是否有顯著性差異，英文字母文字母不同表示沒有顯著性差異(P<0.05)；反之亦然）

樣品	A	B	C	D	E
總和	8[a]	13[ab]	15[b]	16[b]	8[a]

(2) 使用 PAGE 檢定品評小組的評估是否一致

樣品原來的順序為 B≥C≥D≥A≥E，Page 檢定可以檢驗該推論。

$$L=(1\times8)+(2\times8)+(3\times16)+4\times(15)+15\times(13)=197$$

在平衡不完全區間之實驗設計下，計算 L'值

$$L' = \frac{12\times197 - 3\times10\times3\times4\times6}{\sqrt{10\times3\times2\times4\times5\times6}} = 2.4$$

$$L' \geq 1.64(\alpha = 0.05)$$

L'的計算值 2.4 大於查表值 1.64；說明在 5%的顯著水準下，品評員分辨出了樣品間存在之差異並且給出排序與預先設定的排序一致。

五、量值估計法

量值估計法(magnitude estimation method)，也可稱為比例估計法，是一種心理物理學的標度分法，它要求品評員的評分符合比例原則。例如：甜度樣品 B 是樣品 A 的兩倍，樣品 B 的評分值應該為 A 的兩倍；如果強度上 B 只是 A 的 1/4，那評分值應該為 1/4，沒有任何限制。可以使用的數字範圍為整數、分數和小數。量值估計法，在使用的標度上沒有上限，如果感覺不到理論上可以標示為 0 但建議規避 0 這個值（因為無法對 0 取對數）。

所以，每個刺激的平均值應為幾何平均數

$$G = \sqrt[n]{\prod_{i=1}^{n} Xi} = \sqrt[n]{x_1 \cdot x_2 \cdots x_n}$$

兩邊取 log，

$$\log G = \frac{1}{n}(\log x_1 + \log x_2 + \cdots + \log x_n) = \frac{1}{n}\sum_{i=1}^{n} \log x_i$$

　　量值估計法就是一種比例法的評估方式，所以可以使用參數分析之統計方法，量值估計法對於邊界效應的敏感性比連續標示法要來的小。在進行量值估計時，有 3 種模式：(1)無固定數值的外部參考樣品。(2)有固定數值的外部參考樣品。(3)無外部參考樣品。採用無固定數值的外部參考樣品，要求每位品評員評估這個外部參考樣品並給予評分值（選的值不宜太小）；然後，品評員將要評估已經編號的樣品和參考樣品做比較後給予一個評分的估計值。有固定數值的外部參考樣品，由品評小組帶領者設定參考樣品一個值，指導品評員記住外部參考樣品的設定值，然後對其他樣品進行評分。無外部參考樣品時，作法上會比較複雜。這個方法可以使用在訓練型品評員，也可以使用在消費者測試和市場調查研究；但不論是使用在哪種方法或哪種類型的品評員，都要對品評員進行量值估計進行評分的培訓。量值估計法之評估量表，請參考圖7-3。

習 題

選擇題

1. 哪一種品評方法所需的品評員最多？　(A)描述分析試驗　(B)專家品評法　(C)消費者測試　(D)三角測試法。

2. 感官檢查如採嗜好型差異分析試驗，要用　(A)無經驗型品評員　(B)有經驗型品評員　(C)普通消費者　(D)專家型品評員。

3. 感官品評中的消費者測試屬於　(A)描述性試驗　(B)差異性試驗　(C)客觀性試驗　(D)情意測試。

4. 關於消費者測試，下列何種組合為正確答案？　(a)一個公司利用 9 分法進行某樣品的測試，另一個公司利用 7 分法進行相同樣品測試，假設品評員人數在兩家公司使用足夠且實驗操作上沒有問題，其結果可以相互比較。(b)利用大學生進行某保健食品的消費者品評，由於他們不是目標消費者，所以評估的結果沒有意義。(c)某個臺灣公司想要知道他們加味雞精的產品在臺灣男性與臺灣女性的喜歡程度上是否有所不同，使用了 65 位（男性 32 位與女性 33 位）臺灣消費者，以 9 分法進行品評評估，這樣的結果是可以推估臺灣地區男性與女性對此產品的喜歡程度。(d)9 分法是從極度不喜歡到極度喜歡等 9 個問項進行評估，這個方法和管理學上使用的李斯特量表是類似的，所以連統計方式也相同。　(A)ac　(B)acd　(C)bcd　(D)a。

5. 感官品評中的順位法，可以評估下列哪些應用？　(a)消費者對產品的喜好性。(b)產品間某感官特性的強度順序。(c)品評員對某特性的一致性。(d)品評員的靈敏度。(A)ab　(B)abc　(C)abcd　(D)abd。

6. 關於消費者測試的相關敘述，下列何者正確？　(A)2 個實驗室利用順位法分別檢測 6 個商業產品消費者喜好性，這 2 個實驗室檢測的 6 個樣品，有 4 個共同樣品，這些樣品可以相互比較喜好性的結果　(B)9 分法測試中，5 分的喜好程度為「沒有喜歡或不喜歡」，所以評估結果要是超過 5 分表示樣品的感官特性的接受程度為可以接受，而低於 5 分為不接受　(C)廣告說「回甘就是好茶」，這個意思是說回甘味越強，這個茶產品消費者越喜歡　(D)利用多變量分析結合描述分析與消費者 9 分法測試的結果，是瞭解消費者喜歡與不喜歡的感官特性最正確的方法。

7. 某人進行冷藏樣品感官品評實驗敘述如下：冷藏樣品切成 2 公分長度，供(a)12 位經過　(b)訓練之品評人員進行評估　(c)產品整體風味　(d)喜好性，評分標準採用 9 分法。以上的說明有許多錯誤的使用，哪一個組合能夠最完整的表示此實驗之錯誤？(A)abcd　(B)ab　(C)b　(D)a。

8. 關於下表消費者測試的結果，何選項敘述錯誤？　(A)本結果指出樣品 B 的喜歡程度介於「稍微喜歡」和「有點喜歡」之間　(B)本品評結果若在產品開發初期，可以說明 B 產品值得開發　(C)若 3 個產品皆為工廠末端的產品，預計上市，本品評結果說明 C 樣品應該捨去掉，不准上市　(D)最後 B 產品最後上市，結果產品沒有大賣，可以說產品口味沒有問題而是行銷策略錯誤。

樣品	外觀喜歡程度	風味喜歡程度	整體喜歡程度
A	5.23b	5.23a	5.10ab
B	6.01a	5.91a	6.04a
C	4.52b	4.50b	4.23b

註：本試驗的品評人數為 60 人，使用 9 分法：1 極度不喜歡、3 有點不喜歡、5 沒有喜歡或不喜歡、7 有點喜歡、9 極度喜歡，相同字母表示在 $p = 0.05$，沒有顯著性差異

9. 進行消費者型感官品評時，下列方法何者不適宜？　(A)順位法　(B)評分法　(C)多項比較法　(D)2,3 點比較法。

10. 關於感官品評相關應用，下列何者敘述錯誤？　(A)用 60 位品評員進行消費者測試，此試驗的重複是 60 位品評員而用 12 位訓練精良的品評員進行描述分析試驗，每種樣品被評估 3 次，此試驗的重複是產品　(B)消費者測試的目的應用在新產品開發，品評員人數約 60 人就足夠，若目的是應用在產品行銷，消費者品評員人數則需增加至數百人　(C)所有的定性差異分析試驗都可以進行異同測試、相似測試及嗜好性測試　(D)差異分析試驗中的三角測試可以用來評估產品的保存期限。

11. 若要決定產品配方改進的方向，應該要採取下列何種方法？　(A)成對比較法　(B)九分法　(C)類別標示法　(D)剛剛好法（適合度法）。

12. 關於感官品評中 9 分法與順位法的敘述，何者錯誤？　(A)9 分法所評估的是消費者對產品的感官品質接受性，而順位法是評估喜好性　(B)不同實驗室所進行的品評，使用的樣品有些微的不同，在試驗所需品評員人數足夠的情況下，9 分法和順位法的結果皆可比較　(C)9 分法的數據處理方式是用平均，而順位法的數據處理方式是用總和　(D)9 分法和順位法於消費者試驗中，所需要人數的條件是相同的。

13. 下列何方法不是感官品評中消費者接受性的評估方法？ (A)9 分法 (B)剛剛好法（適合度法） (C)量值估計法 (D)強迫選擇法。

14. 量值估計法（比例估計法）數據必須經過標準化，標準化的方式是個人數據相除下列何者？ (A)算術平均數 (B)幾何平均數 (C)眾數 (D)中位數。

15. 若採用量值估計法（比例估計法）評高湯樣品的鮮味強度時，共有 4 個樣品需要評估，每個品評員除了參考樣品外必須評估幾個樣品？ (A)3 (B)4 (C)5 (D)6。

16. 下列哪個不是消費者接受性試驗的內涵或正確的敘述？ (A)量值估計法可以得到絕對的消費者喜歡程度數值 (B)9 分法是利用消費者對於產品的喜歡程度去進行評估，可以使用平均值表示消費者對產品的感官接受性 (C)9 分法的整體喜歡程度數據和其對應的品評員進行多變量分析（主成分分析法），稱為內部接受性地圖 (D)剛剛好法，又稱為適合度法，也是感官品評中消費者接受性的一種。

17. 關於消費者測試，下列敘述何者錯誤？ (A)集中場所測試所需要的消費者比實驗室測試來的少 (B)消費者品評員的人數，建議依照實驗目的是屬於產品開發（終端），還是產品行銷範疇而有所不同 (C)產品構思（設想及確定產品概念）、確定生產規範產品試銷與市場調查（市售產品的調查和評估）都需要消費者測試 (D)9 分法測試中，整體喜歡是最重要的問題且感官特性的影響並不需要瞭解時，「整體喜歡程度」應該放在所有問題的最前面。

18. 來自社會各階層之品評員，以喜歡或不喜歡、喜好程度及接受性作為評判產品的標準，這類品評員稱為 (A)有經驗型 (B)訓練型 (C)專家型 (D)消費者型。

19. 感官品評中的消費者試驗屬於： (A)敘述性試驗(descriptive test) (B)差異性試驗(discrimination test) (C)客觀性試驗(objective test) (D)喜好性試驗(preference test)。

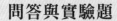
問答與實驗題

1. 菇神食品公司欲檢驗其產品的消費者接受性與喜好性，伯康老師使用 9 分法及順位法來檢測，其中接受性結果如下：

樣品 ＼ 喜好性	外觀顏色喜好性	整體風味喜好性	甜味喜好性	整體口感喜好性	整體喜好性
菇神白木耳	5.81^d	5.06^c	5.19^{bc}	5.26^c	5.13^{cd}
菇神黑木耳	3.69^a	3.79^a	4.21^a	3.92^a	3.78^a
大菇媽黑木耳露	3.99^a	4.45^b	4.79^b	4.52^b	4.54^b
木耳康活力飲	5.23^c	4.92^{bc}	5.00^{bc}	4.56^b	4.70^{bc}
有機黑木耳露	4.47^b	5.36^c	5.34^c	5.18^c	5.27^d

註：本試驗品評員共 86 人，使用 9 分法：1 極度不喜歡、3 稍微不喜歡、5 沒有喜歡或不喜歡、7 稍微喜歡、9 極度喜歡

(1) 請詳細解釋上面消費者接受性的結果？此結果是否有意義？（請說明理由）

(2) 本研究同時做了消費者喜好性試驗，請使用 Friedman 測試算出順位法的結果，排序總和越高，表示喜好性越低？（由於順位法測試有錯誤資料，所以只有 85 位品評員的資料）順位法的相關資料如下，請詳細計算並解釋其結果。

樣品	順位總和
菇神白木耳	196
菇神黑木耳	343
大菇媽黑木耳露	277
木耳康活力飲	250
有機黑木耳露	209

(3) 接受性和喜好性的結果是否一致？

2. 想要比較 6 種星巴客和 85℃ 咖啡的產品（各 3 種），請說明如何做接受性試驗及喜好性試驗。

3. 順位法與評分法之方法步驟及其優缺點。

4. 消費者型感官品評應用在哪些時機？其品評員與一般試驗分析型有何不同？

5. 喜好性測試的型態可分為哪三種？

6. 喜羊羊發明了一種啤酒暢飲機，但要求懶羊羊幫他挑一種好喝的啤酒，結果懶羊羊
   找了 10 位品評員，利用順位法測試 4 種啤酒的喜好性，其中 1 分為最喜歡而 4 分為
   最不喜歡，結果數據如下所示。

產品代號 品評員	金牌臺灣啤酒 143	海尼根 319	麒麟 BAR 658	龍泉啤酒 925
J1	1	3	2	4
J2	2	1	3	4
J3	4	1	2	3
J4	3	1	4	2
J5	1	3	2	4
J6	2	3	4	1
J7	3	4	1	2
J8	1	2	4	3
J9	1	4	3	2
J10	2	1	3	4

(1) 懶羊羊分析此結果數據，利用單因子變異數分析(ANOVA)來進行分析是否適當，
    為什麼？

(2) 苔 LSRD(least significant rank difference)為 11.3(在 $p = 0.05$)，請完成此分析的計算
    並解釋結果。

(3) 這結果分析後能幫懶羊羊確定他挑的啤酒是最好喝的嗎？為什麼？

(4) 還有何種方法可以測試喜好性？

7. 請 30 位品評員排序 5 家不同公司的檸檬白汽水的甜度，由甜度低排到甜度高，結果
   如下表。若使用 Friedman 測試與 Newell & MacFarlance 檢定表測試分析，這 2 個測試
   有相同結果嗎？

A 公司	68
B 公司	33
C 公司	59
D 公司	101
E 公司	120

8. 一家公司想要進口 3 種國外保健食品,進口前請國內知名顧問公司進行本地消費者標準的 9 分法消費者品評評估,經統計發現消費者整體喜歡的程度 A 樣品平均為 6.23,B 樣品平均為 4.91,C 樣品平均為 4.20,B 和 C 樣品在 5%的顯著水準下沒有顯著性差異。該公司經費充裕可以進口此 3 種食品的情況下,研發主管建議 3 個產品都可以進口但行銷主管認為只可以進口 A 樣品,你為該公司感官品評結果主要評估者,只根據此品評結果評估。

(1) 你認為誰有道理?為什麼?

(2) 品保主管建議進口 A 樣品,他說從結果顯示此樣品的品質較好,你同意此論點嗎?為什麼?

9. 某品評評估報告描述如下,使用(a)15 名學生進行品評評估,採 9 分制,以(b)描述及喜好性評估法,分別就 140℃ 過熱蒸氣加熱及 240℃ 烘烤之甘藷(c)香氣、甜度、烘烤薯味、硬度與吞嚥度和整體接受性,進行喜好程度評分。

(1) 請說明上面敘述中 abc 之不適當之處。

(2) 上面的敘述針對樣品的部分還缺少一些實驗必須提供之資訊(例如:提供樣品的大小),除了樣品提供的大小或均一度外,還有一個重要的資訊需被提供,你認為是什麼?

(3) 這個實驗若只有 2 個樣品,只能使用何種統計方法表現顯著性?

10. 某公司進行某種新產品的研發,市面上有多種相似的市售競爭品,該公司已在內部使用內部品評員(約 10~15 人)進行了幾次消費者測試,9 分法的評估結果在 7 分以上。現在想要知道進行大型品評測試並瞭解終端消費者的結果,在溝通過程中,該公司表示只想要知道他們公司產品的消費者品評試驗結果,有兩家可進行品評試驗的公司正在進行評估。A 機構說:「可直接進行產品的消費者分析,也就是使用 9 分法直接評估該產品。」B 機構說:「只使用 9 分法直接評估該產品的意義不大,需要找競爭品。如果只找 1 個競爭品,可以使用成對比較法進行,但無法知道消費者喜好程度;如果要使用 9 分法搭配相關統計,需要至少 3 個競爭品,它們無法只做 1 個產品的品評分析。」該公司最後選擇 A 公司,因為公司認定消費者品評試驗的結果要超過 7 分才有上市的價值而且符合他們的需求。某公司員工在上品評課程時談到這個案例,他的授課教授說,如果是他會選擇 B 機構,而且公司訂了消費者品評試驗的結果要超過 7 分才代表消費者比較喜歡所以可以上市是不適當的。作法請注意,教授說的不一定是對的,根據上面敘述,仔細思考,回答以下問題。

(1) 你覺得公司的政策 9 分法測試超過 7 分代表消費者比較喜歡所以才可以上市，這個觀念是否有誤？為什麼？

(2) 9 分法測試只進行 1 個樣品測試應該也是有意義的，其意義在哪？

(3) 在消費者測試中，除了平均值之外，還有哪些統計方法可以用來判斷產品是否為消費者所接受或喜歡，請舉出一例。

(4) 一般來說，這個品評測試最少需要多少人才有意義？

11. 請 30 位品評員排列 5 個不同公司出產的汽水的甜味（甜味越甜，排越後面），順位結果的總和如下表，經過適當的統計計算發現 LSRD 為 33.4。

產品	順位總和
公司 A	68
公司 B	33
公司 C	59
公司 D	101
公司 E	120

(1) 請完成各樣品間是否有顯著性差異之統計關係（在排序總和上標示字母，不同字母表示在 $p = 0.05$ 時有顯著性的差異）。

(2) 說明哪幾家公司汽水產品的甜味沒有顯著性差異。

(3) 這個實驗操作時，是否需要訓練品評員？

描述分析試驗

Descriptive Analysis

學習大綱

1. 認識描述分析試驗方法及使用時機

2. 比較傳統描述分析試驗與快速描述分析試驗之異同與優缺點

3. 定量描述分析試驗的實施步驟

4. 定量描述分析試驗的統計原則與方法

5. 定量描述分析試驗結果解析及其在多變量分析的應用

6. 認識快速描述分析試驗的方法及使用時機

7. 評估品評員訓練後品評表現（進階學習）

PRINCIPLES AND PRACTICES OF
SENSORY EVALUATION OF

FOOD

　　傳統上，描述分析試驗是由一組受過良好訓練的品評員對產品特性提供描述並做定性或定量的評估，主要目的是瞭解產品的感官特性，藉由此種技術可以知道產品精確的感官特性剖面及產品間感官特性的不同，從而幫助生產者鑑定產品基本成分和生產過程變化、瞭解產品的感官特性隨時間發生的變化（例如：包裝及貨架期等）以及決定產品哪些感官特性比較重要或者消費者比較喜歡。所有的感官（例如：視覺、聽覺、嗅覺、味覺等）都要參與進行評估，但評估的特性可以是全面的或者是部分的。描述分析的方法有風味剖面分析(flavor profile)、質地剖面分析(texture profile)、定量描述分析(quantitative descriptive analysis, QDA)、列譜分析(spectrum)、定量風味剖面分析(quantitative flavor profile)和時間強度分析(time intensity analysis)；表 8-1 與表 8-2 為常用描述分析方法的創立時間、適用領域、原理及優缺點。

　　定量描述分析所產生的資料結合消費者品評的資料，可以瞭解消費者喜歡產品的感官特性，也可結合產品配方或儀器分析的測量，瞭解物理化學的組成和感官特性之間的關係。描述分析試驗可應用在產品發展、產品最適化、市場評估、競爭品的評估、品質保證和品質控制等目的，確認應用的目的後，結合所處的環境（可行性）來決定使用的統計方法與操作方式。進行描述分析試驗前還要考慮需要被評估產品的範圍，如果產品的特性差異微小，不需要進行描述分析試驗，應該考慮差異分析試驗(discrimination test)即可。相同型式的產品但在配方上有微小的變化(紅豆麵包但紅豆的品種及含量不同)，產品從相同類別（不同廠牌的運動飲料）或者從廣泛的類別（抗氧化的產品）等所選出的產品範圍皆適合進行描述分析試驗。

　　定量描述分析試驗通常是一個耗時的測試，所以適合進行的目的通常是一個研究、多個研究或是長期的追蹤之用途。品評員的訓練程度需求，也會影響測試方法所需要的時間，例如：傳統上，描述分析試驗都需要使用訓練精良或專家型的品評小組，品評員進行評估與測試的結果要能達到一致性和重複性。傳統描述分析雖然可以提供業者強大可信之結果，但訓練品評員卻需要花費很多的時間與金錢，這樣的技術對於產業十分耗時且昂貴，在臺灣以中小型企業為主的產業型態，應用性很低。

表 8-1 傳統上常用描述分析試驗的創立時間與適用領域

試驗名稱	創造者	創立時間	適用領域
風味剖面分析	Arthur D. Little	1949	由 4~6 位高度訓練的品評員評估多個不同樣品的風味，經討論後得到一致的結果。風味剖面分析敘述食品的風味，包含 5 個主要部分：特徵或屬性（技術性語言）、屬性的強度、外觀和餘味的順序及整體印象。評分方式採用 5 點：不存在、閾值、輕微、中等、強，但實際上，屬性中不存在並不表示沒有
質地剖面分析	General Foods	1960s	由幾位高度訓練的品評員評估多個不同樣品的質地，經討論後得到一致的結果。質地剖面分析敘述食品的質地，包含機械特性、幾何特性、脂肪相關及濕度的特性，評估其品質（屬性，技術性語言）、強度及外觀。評估產品的順序是從咬下去口中到完全吞嚥為止
定量描述分析	Tragon Corp.	1974	以品質確認的情況來說，由 8~15 位訓練良好的品評小組，日復一日評估多個相同種類的產品。以產品發展的情況來說，可以評估產品剖面。產品屬性接近消費者使用的語言而不是技術的語言
時間強度分析	Cliff & Heymann	1993	由訓練良好的品評小組評估產品進入口腔之後，風味和質地隨時間變化的感知強度
列譜分析	Gail Vance Civille	2007	組合風味剖面分析和質地剖面分析的部分，屬性使用的詞語為技術性的，描述詞語不由品評員挑選而是預先設定，每個屬性由多種物質當標準品且固定標度值。由 12~15 位高度訓練的品評員進行評估，可以使用變異數分析(analysis of variance)統計評估結果而評估中使用的標準品大多為美國品牌的產品，其他國家很難複製

表 8-2　傳統上常用描述分析試驗的原理、應用領域及優缺點

技術	原理	應用區域	優點	缺點
常規剖面分析 conventional profiling	品評員坐在品評小間，評估每個預先選擇好的描述特性和評分方法	最常使用的技術，對平常的應用與研究非常穩定，例如：消費商品的發展與質量控制	最可靠的技術，剖析的結果即使品評小組於不同的時間評估，也具有再現性。如果給予充足的訓練及足夠的標準品，不同品評小組評估也有再現性	昂貴，因為需要較多的品評員與專業的評估區域，品評員的選擇與訓練非常耗時
共識剖析分析 consensus profiling	藉由共識的討論，品評員坐在一個圓桌發展屬於此樣品之自己的術語和分數後，透過討論決定描述語	適用於各種類產品的一般品評	測試樣品種類可較多，且較節省樣品費用及時間	剖析的結果是獨特的，資料的品質依賴品評小組領導者的經驗和能力
時間強度分析 time intensity analysis	品評員坐在品評小間並於品嚐樣品後，隨時間記錄感官強度的變化	適用於感官強度會隨時間改變的樣品，如香水	可以描述產品屬性隨時間改變強度過程的技術	僅有 1 個或 2 個產品屬性可以被研究，品評員需要高度的訓練，技術處理非常耗時

　　近年來，由於食品產業的變遷，如全球化的布局，各種新產品發展的日新月異，感官品評學家也開始發展了利用消費者型品評員進行的快速描述分析技術，從早期的挑選法(sorting method)、自由選擇剖面分析(free choice profiling method, FCP)或瞬間法(flash profiling method, FP)，到近期發展的桌布法(Napping method)或稱為射影映射法(projective mapping method)、強度評分法(intensity scales method)、開放式問題法(open-ended questions)、期望屬性引誘法(preferred attribute elicitation method)、極性品評定位法(polarized sensory position method; PSP)、選擇適合項目法(check-all-that-apply method; CATA)等。這些方法主要為了解決訓練型品評員進行描述分析耗時且昂貴的缺點，這些利用消費者型品評員評估產品特性的剖面是一種快速分析的技術，是品評技術在描述分析試驗應用的未來，也非常適合中小型企業為主的產業型態使用。表 8-3 為快速描述品評技術與傳統描述分析的作法、優缺點與結果比較，可以瞭解瞬間法和自由選擇剖面分析比較接近傳統的描述分析方法。和傳統描述分析方法結果比較，若使用訓練型品評員進行瞬間法與自由選擇剖面法的評估，瞬間法的結果優於（接近傳統描述分析結果）自由選擇剖面分析，而若使用

表 8-3　幾種快速描述品評技術與傳統描述分析的作法、優缺點與結果比較

名稱	傳統描述分析	快速技術		
		桌布法、勾影映射法 價格降低、時間減少、個別品評員評估不用一致	自由選擇剖面分析	瞬間剖面分析
優缺點	1. 需要完整的訓練 2. 描述語需要詳細的定義 3. 品評員需要一致性 4. 正確使用評分法 5. 需要訓練、分析快速 6. 可靠及員有再現性的結果 7. 容易解釋外觀的影響 8. 篩選及訓練品評員 9. 需要持續的訓練、耗時	1. 非常有趣 2. 概念簡單 3. 可作為預先篩選的工具 4. 容易疲勞 5. 容易受外觀的影響 6. 對溫度敏感 7. 資料收集複雜 8. 數據分析複雜	1. 快速產生描述語 2. 不需要將描述語敘述一致性 3. 使用評分法容易瞭解 4. 需要特殊方法進行統計	1. 快速產生描述語 2. 不需要將描述語敘述一致性 3. 排序方式容易 4. 容易味覺疲勞 5. 需要特殊方法進行統計
作法概述	參考表 8-1、表 8-2	根據自己的標準去評估設定的樣品。放橘子在這個空間上，如果兩個同樣品似乎一樣，它們位置很接近；如果兩個同樣品差很多，位置很遠	品評員根據自己的標準去評估設定的樣品，在每個同樣品上的描述語的強度大小提供分數	品評員根據自己的標準去評估設定的樣品，在每個同樣品上，給每個產生之描述語的強度大小進行排序
統計方式	變異數分析、主成分分析法 (principal component analysis, PCA)、集群分析(cluster analysis, CA)、多元尺度分析 (multidimensional scaling, MDS)	多因素分析(multi factor analysis, MFA)、泛用型普氏分析 (generalized procrustes analysis, GPA)、多元尺度分析 (MDS-INDSCAL model)、將座標軸轉換距離)	泛用型普氏分析	泛用型普氏分析、集群分析
比較*	訓練型品評員：0.69 消費型品評員：0.73	訓練型品評員：0.89 消費型品評員：0.86		訓練型品評員：0.92 消費型品評員：0.85

註：*和傳統描述分析配置 RV 系數（相關性系數）

消費者型的品評員，自由選擇剖面分析優於瞬間法。射影映射法則是近年來還在發展的新方法，它的優點是每位品評員可以獨立進行評估，不用像自由選擇剖面分析或瞬間法評估時仍需要將品評員集中集體進行詳細的內容，請參考 8.5 節。這些快速分析的方法設計是在數據收集上盡量簡化，品評員不要訓練，所以描述特性的方法必須簡單而且使用消費者的語言。然而，由於使用消費者進行評估，通常資料龐大，在資料處理與結果呈現上仍有部分限制，特別在統計分析方法的使用上較為複雜；因此，選擇何種快速描述分析技術需要有經驗之操作人員進行全面專業的考量。這幾年的發展下來，目前最流行的快速描述分析法為選擇適合項目法 (check-all-that-apply method, CATA)，它主要的優點是在資料的收集上直接簡單，在統計分析上，和其他快速描述分析法相比，也是非常直接和簡單；此外，許多研究也發現利用選擇適合項目法結合多變量統計分析對產品進行分類的結果，與其他快速描述分析方法相比，較接近傳統描述分析的結果。詳細的內容請參考 8.5 節。

8.1 不同描述分析試驗與品評員訓練時間之長短

定量描述分析的操作原理主要是篩選合格的品評員，經過適當的輔助與訓練後，能一致分辨相似產品的感官品質特性，包含外觀、氣味、風味、質地及餘後味等，其評估結果經適當統計後，作為產品的開發與改良產品的依據。建立定量描述分析試驗之品評小組，其評估與管理包含幾個步驟：

1. 招募及篩選品評員。

2. 訓練程序的發展：包含訓練時間及評估方式的選擇與決定、訓練程序的發展與文件化、標準品及樣品製備的準備。

3. 訓練物品的選擇：包含樣品、標準品、品評相關物品的取得。

4. 品評員的訓練：包含訓練期間與正式評估操作前之評估操作的認證等。

定量描述分析試驗，最少需要 6 位訓練精良（訓練良好型）的品評員進行評估，通常建議至少要 9 位訓練精良的品評員並進行產品 3 重複的評估。因此品評員訓練期間建議至少要招募最後評估數目之 2~3 倍的品評員，進行訓練；換言之，如果正式評估須 9 位訓練精良之品評員，至少篩選 18 位品評員進行培訓。定量描述分析試驗是把人當儀器來使用，品評小組的質量攸關重要，品評員的招募與篩選如前面（第

4 章）所述的原則進行，在篩選品評員時須考慮創造與表達能力。品評員要能夠隨意地產生大量的詞彙並且熟練地使用來描述樣品；此外，也須要有能和其他品評員進行溝通與交流之能力。訓練實施的重點主要是能夠一致掌握所定義描述詞語及評估其強度，最後並鑑定每位品評員重複評估產品的能力。此外，品評小組帶領者(panel leader)扮演了一個重要的角色，主要著重在建立及管理整個品評小組上，特別是維持品評員的動機。

8.1.1 影響描述分析試驗訓練時間的因素

影響描述分析試驗之訓練時間有 5 個主要因素，包含：(1)描述分析方法的選擇。(2)品評員的形態（產品專一的品評員或是一般招募的品評員）。(3)產品的型態。(4)產品評估的屬性及數目。(5)訓練期望的水準。

1. 方法的選擇

定量描述分析所需要的訓練時間相對較長，如果能集中招募篩選及訓練，可以縮短到 3~4 個星期完成，其原因如下：(1)定量描述分析的品評員是屬於產品的專一品評員，即一次僅評估一種類別的產品，例如：鳳梨酥品評時只會品評相同定位或不同配方組成的產品，不會評估鳳梨酥，又評估奶油酥餅。另一方面，不同類型的產品所需求的訓練時間也會不同，例如：菸草、肉及巧克力可能所需要的訓練時間較馬鈴薯薯片所需要的時間長，因為前者類型樣品風味質地上都比薯片複雜。(2)定量描述分析的方法僅用有限的時間去發展描述產品屬性的詞語，這些詞語基本上屬於非技術性的消費者語言，不需要額外的時間去教導品評員。(3)和其他方法比較，定量描述分析的方法上沒有使用專一特定強度的標準品；這些被選擇之標準品皆是被品評小組所共識而且也可以使用屬於同一或相似類別之產品作為標準品，訓練比較容易。

另外 2 種描述分析技術，包含風味剖面分析與質地剖面分析所需要的訓練時間相對更長，其原因包含：(1)這 2 個方法訓練及評估時會涵蓋到不同類別的產品，例如：面霜、湯等不同型態的產品放在訓練程序，所以方法之訓練發展是多面向的。(2)這 2 個方法發展的詞語是專業技術性的，需要較多的參考品及時間去教導品評使用這些詞語，例如：專業葡萄酒的評酒師，其訓練就類似使用這樣方法發展。(3)這 2 個方法會使用專一特定強度的標準品，增加了訓練程序的複雜性與時間。由於訓練出的品評員同時可以涵蓋評估不同類別的產品，因此這些被訓練的品評員可以評估在訓練時間所有接觸到的各類型產品。

2. 品評員的形態

經驗型品評員（對產品使用或科學品評操作有一定的瞭解，可以使用在差異分析法）不應該被視為訓練型的品評員，最主要的理由是這些有經驗的品評員並沒有在評估方式的給分、產品屬性定義和其他產品相關訓練上給予嚴謹的訓練與規範。產業界很多老闆的觀念常常希望訓練員工對於基本味道認識的培訓後，就作為定量描述分析試驗的品評員，這觀念的很嚴重的錯誤。有經驗的品評員還是應該進行差異分析試驗或使用快速描述分析做為評估方式較為恰當，定量描述分析試驗的品評員則應該採用任務導向式的訓練方式進行，每次進行前都需要進行訓練或確認品評員的評估能力。至於老闆希望藉由培訓員工的方式來進行描述分析，這樣的想法是可行的，只是應該使用組合風味剖面分析與質地剖面分析技術的列譜分析，這不但訓練要更長而且該方法還要有統一的標準品，通常這些標準品是商業食品，很多在非美國地區無法買到，所以這樣的方式只能適合美國企業使用。

3. 樣品及屬性數目

感官特性的評估數目也是影響訓練時間的重要因子，評估特性的數目越多，所需訓練的時間也就越長。研發部門操作定量描述分析時，依照產品的類型，其特性評估數目可從 15~50 個描述語。如果從品管或保存期限的角度操作定量描述分析時，其描述語的評估數量可減少到 2~15 個。在訓練時間的考量上，從品管或保存期限的角度，訓練時間僅可能只需要幾小時到 2~3 星期，而從研發部門的角度，訓練時間大約從 2~3 星期乃至於到 6 個月。這個原因和不同部門進行描述分析試驗的目的不同有關，研發部門通常評估產品特性是全面性的，所以需要的訓練時間要比品管部門長。

4. 訓練期望

訓練期望的水準也是影響訓練時間的因素之一。短時間的訓練或者是一般訓練程序皆會產生訓練良好且任務導向型的品評員，而長時間訓練程序會產生訓練良好且接近專家型的品評員。越長時間的培訓，需要越多的標準品及討論、越多的評估與練習必須實施。

8.1.2 如何決定描述分析試驗適當的訓練時間

表 8-4 為各種描述分析建議的品評員數目及訓練時間，由於產品屬性的變化不同，訓練時間會之而變的。方法的選擇、操作方式的經驗及品評小組對產品的熟悉度，在決定訓練時間的長短上扮演了一個重要的角色。

表 8-4　各種描述分析試驗建議的品評員數目及訓練時間

描述分析方法	品評員數	訓練時間	特徵
定量描述分析	8~15 人	2 星期（通常至少要 30 小時）	產品專一且非技術性消費者語言之描述語
列譜分析	12~15 人	3~4 個月	涵蓋幾種不同類別的產品且專業技術性的描述語
風味剖面分析	最小 4 人	大約 6 個月	涵蓋幾種不同類別的產品且專業技術性的描述語
質地剖面分析	6~10 人	4~6 個月	涵蓋幾種不同類別的產品且專業技術性的描述語
自由選擇剖面分析	10~15 人	不需訓練	品評員使用自己擁有的感官文字去描述刺激或產品特性

8.2 定量描述分析的實施步驟

　　定量描述分析的實施步驟及建立產品屬性的步驟與相關的國際標準，如表 8-5 及表 8-6 所示。表中前 3 個步驟已在前面各章做過詳細的敘述，而第 4 步驟選擇適當的描述特性，可以使用投票表決(voting)或者共識產生(consensus)兩種方式。選擇投票表決進行的方式是在訓練開始前，品評小組帶領者已經利用相關文獻或其他參考資料，決定出此次描述分析試驗所須要的描述特性與標準品。共識產生的方式則是由品評小組討論後，共識決議產生描述特性，並且決定與特性相關的標準品。ISO 國際標準在選擇適當的描述特性，有建議的方法，請參考 ISO11035 與 ISO11036。

表 8-5 描述分析試驗建立產品屬性的步驟及相關的國際標準

步驟	措施	相關標準
1. 建立一個品評設施	建立品評小室和樣品準備室（最小需求）	ISO8589 品評室的設計
2. 選擇產品並說明可能會使用之主要產品屬性	1~2 位技術專家從很多產品之中，選擇 6~10 個產品	ISO8586-2 專家訓練部分
3. 篩選和訓練實驗所須之品評員	品評小組帶領者對品評員使用步驟 2 所選出的產品進行訓練	ISO8586-1 品評員訓練部分 ISO5496 氣味的識別
4. 選擇適當的描述特性（能夠結合步驟 3）	品評小組帶領者從已知的屬性選擇或者品評小組評估這些產品（步驟 2）並選擇之，可以採共識決或者多變量統計分析來決定最後所須評估之產品描述特性並決定每個描述特性適當的參考標準	ISO5492 ISO6564 ISO11035 ISO11036
5. 決定預評估產品之屬性順序（如果有需求的話）	品評小組帶領者和品評員根據步驟 3 和 4 決定之	
6. 選擇評分方式或描述預備使用之強度評分方式	品評小組帶領者選擇最適當的品評評分方法	ISO4121 ISO11056
7. 訓練品評小組去評估被選擇的描述特性與評分強度	品評小組帶領者和品評員們一起促進對這些產品特性評估的敏感性、重複性和一致性	ISO8586-1 ISO8586-2
8. 實施正式測試	品評小組評估預測試的樣品	ISO6658 ISO6564
9. 產生報告	統計分析進行結果評估並結論	ISO6564 ISO11036

表 8-6　一般描述分析試驗實施的步驟

項目	實施步驟
1	決定計畫的目標：使用定量描述分析是否為適當且正確的方法？
2	由客戶或研究者決定需要評估的產品
3	決定使用何者訓練方式適當？使用共識方式或投票方式進行訓練
4	實驗設計的建立與統計分析的考量 (1)變異數分析的主效應及交互作用 (2)多變量分析的使用考量
5	篩選品評員。假如選擇共識方式進行訓練，請參考步驟 6；假如選擇投票方式進行訓練，請參考步驟 7
6	共識表決與訓練 (1)在訓練初期，提供品評員一個廣泛的產品範圍 (2)品評員產生描述語及理想的參考品標準（文獻或書本上常使用的標準品但不見得適合此次測試，需要所有參與的品評員產生共識決定使用何者產品或物質為標準品） (3)在連續訓練的過程，品評小組帶領者提供可能的參考標準品和測試產品比對 (4)品評員藉由此過程，達到對於描述特性、參考標準及評分方式的共識
7	投票表決與訓練 (1)在訓練初期，提供品評員一個廣泛的產品範圍 (2)提供品評員一個參考表單及標準品 (3)在連續訓練的過程，品評小組帶領者提供可能的參考標準品和測試產品比對 (4)品評員從參考表單選擇出描述特性（含評估順序）與標準品，確認此次實驗要評估的描述特性
8	宣告訓練完成，應該檢測品評員的表現，決定是否要繼續訓練或者可以進行正式評估 (1)在模擬真實的測試情況下，從正式評估的樣品中，選擇部分樣品進行評估，並且需要進行 2 或 3 次重複測試 (2)評估的資料須儘速分析，瞭解品評小組成員間是否有重複性、再現性及一致性，若無法達成一致需要繼續訓練，然後再進行評估，直到品評小組成員間達成重複性、再現性及一致性
9	正式的實施樣品測試
10	統計分析與報告

8.2.1　定義最大可能的描述語

　　這個階段的目的是不要忽視食品任何一個方面的特性，通常必須涵蓋食品的外觀（顏色）、香氣、風味、質地與餘後味等幾方面的特性。產生的描述語又不能照單全收，因為會增加訓練及評估過程的複雜性；因此，在正式訓練前，應該決定本次試驗所能涵蓋之最大可能描述語。最終產品特性所使用之描述語需要使用一些方法進行篩選，篩選目的是為了避免某品評員個體的意見影響群體而產生了偏差。此外，也藉由這樣的方式可以協助品評員認識及瞭解這些描述語的定義與如何使用去評估不同產品間強度的差異。

　　在定義產品的描述語時，要考慮預備評估的產品選擇及描述語產生的方式。在產品上，一定要選擇特徵差異大的產品，選擇的方式可以從製造過程與成分比例的不同，或利用相關儀器分析所呈現的數值的不同來決定代表性的樣品。然後，描述語產生的方式考慮使用共識決時，需將這些預備被評估的樣品提供給品評員進行描述特性的產生，品評員需先獨立且不受其他品評員影響去產生他所認知能代表這些產品的描述語。品評小組帶領者須將每位品評員的描述語收集後進行整理，然後，藉由討論先刪除掉快感術語（例如：優秀的、開胃的、順口的）、定量術語（例如：太多、太少、強、弱）、用產品名稱來描述產品的術語（例如：麵包味描述麵包；但不包含製備產品中添加的香氣或其他成分，例如：香草冰淇淋的香草味等）及無關的詞語。品評小組帶領者需要向品評員解釋為什麼這些描述語不適合用來評定或鑑別這些產品特性的差異。然而，利用上述方法所得的描述特性通常數目太大，所以再進入下一步訓練之前，需刪除一些不適當的感官特性；在刪除前，品評小組帶領者要確認所有品評員已經完整瞭解每個描述詞語的意義。

　　刪除描述語的原則有很多種方法，有一般原則性的方法，也有很多科學性的方法（ISO 國際標準建議的方法，ISO 11035）可以進行刪除描述語的刪減或保留。一般原則性的方法可以利用表 8-7 依據重要性選擇期望描述語特性之原則進行。ISO 國際標準建議刪除描述語的方法(ISO 11035)是利用評分法（0 沒感覺、1 弱、3 平均、5 強）要求品評員在一系列有差別的樣品，將此描述語的感覺強度標出後，利用幾何平均值 $M = \sqrt{I \times F}$ （請參考下面的範例）將它們初步做分類，分類後除去一些平均值相對較低的描述特性。這樣的計算方式主要考慮有些描述語很少被描述到，但感覺強度很高，或者有些描述語很常被提及，但感覺強度很低。

表 8-7　進行描述分析前，依據重要性選擇期望描述語特性之原則

描述特性	重要性
差異	重要
期望或需求的，沒有多餘	
和消費者接受或拒絕有關	
和儀器分析有關	
獨特的	
精確與可靠的	
對特性有共識的	
明確的	
標準品容易獲得	
溝通容易	不重要

例　5 個產品，有 18 位品評員評估 6 個描述語（這裡 6 個描述語為舉例，實際上可能會有 30~40 個之多），表中的數目為每個產品相對應的描述語被品評員談及的數目，用幾何平均值決定那個描述語可以刪減。

↘答　：　可分為 3 個階段進行評估：

(a) 每個描述語理論上被提及的數目應為 5×18＝90（5 產品 18 位品評員）

產品	描述語 1	描述語 2	描述語 3	描述語 4	描述語 5	描述語 6
P1	12	8	0	9	8	17
P2	17	17	0	15	16	9
P3	2	12	0	4	8	0
P4	7	1	3	5	8	14
P5	1	9	0	6	14	2
實際提及該描述語之數目總和	39	47	3	39	54	42
頻率百分比 F(%)*	43.3	52.2	3.3	43.3	60.0	46.7

註：　*F(%)＝實際提及該描述語數目總和／理論提及該描述語之數目總和×100%（描述語 1 為 39/90*100%）=43.3%

(b) 每個描述語理論上強度應為 5×5×18＝450（5 分制×5 產品×18 品評員）

產品	描述語 1	描述語 2	描述語 3	描述語 4	描述語 5	描述語 6
P1	69	43	0	16	27	64
P2	43	33	0	30	52	44
P3	3	25	0	13	42	2
P4	36	8	10	6	8	37
P5	4	19	0	30	78	5
每個描述語被評估強度之總和	155	128	10	95	207	152
強度百分比 I(%)*	34.4	28.4	2.2	21.1	46.0	38.8

註：*I(%)＝實際評估該描述語強度之總和／理論評估該描述語強度之總和×100%（描述語 1 為 155/450×100%=34..4%）

(c) 利用幾何平均值評估較重要描述語的分類

產品	描述語 1	描述語 2	描述語 3	描述語 4	描述語 5	描述語 6
I	0.344	0.284	0.022	0.211	0.460	0.338
F	0.433	0.522	0.033	0.433	0.600	.0.467
M*	0.386	0.385	0.027	0.302	0.525	0.397
百分比	38.6%	38.5%	2.7%	30.2%	52.5%	39.7%
分類(排序)	3	4	6	5	1	2

註：*幾何平均值 $M = \sqrt{I \times F}$

由上面計算結果發現，此例可以將描述語 3 給排除掉。

經由刪減過程，重要描述語被確認後，可以考慮進行二次刪減。將同義詞（正相關）或反義詞（負相關）綜合在一起，並刪除那些在一個感官剖面上顯示產品差別很小的描述語。方法上可以利用多變量分析，例如：主成分分析法(principal component analysis, PCA)技術，找出產品間差異很小的描述語。在主成分分析圖表中，某描述語所標註之座標位置與座標原點間之距離越小，表示該描述語在產品間的差異越小，此時，可以依照實際狀況考慮刪除該描述語。在刪除描述語的過程時，也可以考慮刪除那些不是很好描述或不能區分產品差別的描述語，例如：某個描述語對所有被評估的產品強度都維持一個恆定值，從產品分類的角度上可以考慮刪

除。然而，從產品質量控制方面考量，比方說在指定的強度下，某個描述特性都會被發現，則該描述語需考慮被保留。在考慮刪除正相關或負相關之描述語前，須確認它們是否屬於同一個感官閉聯集(sensory continuum)。比方說，硬度和軟度，特性上是相反的，屬於同一感官閉聯集，可以考慮刪除一個。如果表達水果成熟，會有酸度減少與甜度增加之現象，雖然它們為負相關，但甜和酸不屬於同一個感官閉聯集，所以 2 個詞語都需要保留。描述語進行二次刪減的方式，可以利用順位法或評分法的方式進行強度評估後決定該描述語是否需要被刪減。順位法是根據每位品評員評估之數據總和進行判斷，若某個描述語對每個產品的總和相近，表示相似；評分法則需使用雙因子變異數分析（品評員和產品）進行評估，確認某個描述語對每個產品的平均是否相似。

在定量描述分析上，最終被評估之產品描述語建議最多保留 15 個，以便獲得一個可以操作的感官特性剖面圖。如果描述語的數目過高，評估的精確性會降低而失去希望獲得的評估精度。不過，最終有多少描述語被用來評估產品特性並沒有定論，需要考慮訓練時間、樣品複雜度、測試目標及品評員能力等諸多因素。被評估的描述語越多，通常訓練時間就要越多且品評員不一致的風險也會變大。

例 下表中 5 個產品之 3 個描述語，利用順位法進行強度評估之總和，如何進行二次刪減的評估？

產品	描述語 1	描述語 2	描述語 3
P1	11	60	20
P2	13	45	15
P3	12	75	25
P4	12	30	10
P5	11	6	2

↘答：

從上表 5 個產品對各描述語的數值總和可以明確的知道描述語 1 在產品之間沒有太大差異，如果是對產品的差異性有興趣，描述語 1 應該被排除。但如果考慮品質控制，需要被保留。描述語 2 和描述語 3 在強度上有相同的比例，表示它們高度正相關。

在刪減描述語後，確定之描述語應作出被品評員理解之定義並且給每一個描述語一個指定適合及穩定的參考樣品。品評員需要從複雜的感覺取得與描述語相應的刺激（例如：咖啡的苦味、水果的澀味等），所以，純化合物不見得是合適的標準品。使用穩定或可再現的參照樣品很重要，因為適合強度的一致性和易於使用的問題可以幫助品評員鑑別及容易達到訓練一致性。然而，這些參照樣品的選擇可能很困難。

食品中產生的描述語，應包含外觀、香氣、風味、質地與餘味或餘後感，餘味及餘後感需要放在最後做評估。品評小組帶領者決定哪些描述語先評估而哪些後評估；此外，描述語評估的順序通常要依照產品食用感覺之順序進行評估。在某個部分描述語評估之前，例如：風味類的描述語進行評估之前，可以要求品評員進行一個整體的評估，例如：整體風味強度、同意風味缺失存在的程度及非快感 (non-hedonic) 的評分等。表 8-8 對於常用的 3 種決定描述分析之產品特性方法的優缺點進行了相關比較。

表 8-8　3 種決定描述分析之產品特性方法的優缺點

目項	原理	方法	優點	缺點
表決方式	使用已經存在的描述語及參考之標準物	使用學術期刊之文章或專家選擇適當的描述語進行評估	專家累積的經驗被利用，其他品評小組去評估產品特性可以得到完全相同的結論並且和其他研究比較	存在的方法或標準品可能不能精確或不適當的使用在某些產品，一些存在產品的特殊描述語可能被錯失而沒有被評估
表決共識混合方式	品評小組自行發展它們將使用之描述語	使用被訓練的品評小組去發展品評小組帶領者（有經驗的帶領者）已設定方向之描述語，標準品的使用來自於品評小組帶領者的決定或品評員的需求，可結合項目 1 的方法	描述語發展的過程比項目 3 的方法省時與經濟	整個產品特性獲得是獨特的，假如沒有相同標準參考物的給予，其他品評小組無法得到完全相同的結論
共識與國際標準結合方式	品評小組自行發展它們將使用之描述語	使用 ISO11035 所建議的方式	整個目標過程將給予品評員最適當的描述語，完整的評估產品的品質與特性，並且在產品描述語的發展上，降低許多先入為主及誤解的發生	整個產品特性獲得是獨特的，假如沒有相同標準參考物的給予，其他品評小組無法得到完全相同的結論。另外，過程十分耗時且需要一些獨特的經驗或能力，例如：快速的資料分析能力

8.2.2 定量描述分析的標準品選擇和訓練方法與評估

標準品的選擇對於訓練品評員的有效程度及品評員是否能正確的評估產品感官特性，產生了巨大的影響。決定標準品的方式通常有 2 種，第 1 種方法是利用品評員相關的經驗與相互的討論來決定他們所需要評估產品之描述語的標準品；換言之，利用共識產生的方式來決定標準品的使用。這種方式通常需要品評小組帶領者在還沒有決定最後標準品之前，準備很多樣可能可以作為標準品的產品，供品評員品嚐、挑選、討論與確認那個產品適合作為某描述特性的標準品。另一種方式是使用表決的方式決定標準品，也就是利用學術期刊或相關文章等資源找尋所需要評估描述語的標準品，再由品評員表決決定。實務上，較常使用的方式為 2 種混合使用，也就是有些描述語的標準品為共識產生，而有些描述語的標準品用表決方式產生。這樣的方式會較有效率，能降低訓練過程中標準品決定的時間，讓多餘的時間用在感官特性的訓練。以評估商業化的香草冰淇淋產品為例，在決定甜味描述語的標準品，可以使用學術期刊或相關文章發表之可作為甜味的標準品（例如：15%蔗糖溶液），但若決定香草味的標準品，這時考慮使用純香草香精（學術期刊中常見使用的方式）或將香草香精加入牛奶作為標準品可能都不適當，因為香草的強度或風味的呈現在冰淇淋中受到了脂肪、糖含量或乳製品的種類型態等等的成分而有影響，不見得用此方式能找到符合味型與強度夠強的標準品，此時可能須借助品評小組的經驗，經由品嚐與討論，最後共識決定，找出風味型態相同與強度夠強的標準品（例如：某商業化的香草冰淇淋作為香草味的標準品）。然而，使用這些產品做標準品時需要考慮它們是否容易取得與具穩定性。

標準品最主要的目的是提供品評員快速且正確的瞭解產品所呈現的感官特性與強度，不單是個別品評員的瞭解，更重要的是需要達到品評小組之成員對此感官特性的共識與強度的一致性。根據感官特性評估的難易，品評小組可以討論與決定是否一個感官特性需要給予不同強度的標準品。正常來說，除非有絕對的必要，通常建議一個描述特性只給予一個強度的標準品，以降低品評員在評估過程的複雜程度。標準品的強度建議選擇在評估量表中間偏強的強度，例如：使用 15 公分之直線評分尺度作為評分標準（低強度＝0，高強度＝15），建議統一將標準品強度訂定在 12 公分處。標準品的強度定在何處，可以參考相關文獻但也可以用品評小組共識產生的方式來決定。

找到強度夠強且特性能符合描述產品之標準品，對於訓練品評員評估產品特性達到一致的水準，有其不可言喻之重要性。臺灣有些學者在操作定量描述分析的方法是利用所需被評估產品間挑一個產品做為標準品，所有需被評估的描述特性皆以

此產品的特性做標準，再比較預評估產品特性之強弱。這樣的評估方式其實不妥，沒有外部的標準品作為評估的依據，無法確定品評小組成員間對於某描述特性之感覺是否為一致，也會造成訓練無效之狀況，特別是作為標準品之產品在某描述特性上太弱，所造成的誤差可能更大。

標準品確定後，要進入正式訓練前，品評小組帶領者應先將感官特性、定義及標準品做成一張總表，提供給品評小組作為訓練參考指標，如表 8-9 之範例所示。實施訓練期間，全部的品評員應聽從品評小組帶領者的指示，在感官品評室的討論室進行訓練。品評小組帶領者可以準備一些差異比較小的樣品，讓品評員對這些樣品進行強度的區分。在訓練初期，品評小組成員對相同的樣品所得到的評估結果不同是常見的現象，經過一定時間的訓練，給予長時的刺激，會逐步地讓品評小組成員的結果趨於一致。另外，訓練時也應對特性差異很不同的產品進行反覆的訓練，增加品評員評估能力的穩定性、一致性和重複性。

品評小組的培訓時間可以根據機構的文化，採長時間的固定訓練或者短時間密集訓練，參加培訓的品評員要比實際所需的品評員人數多 2~3 倍。已接受培訓的品評員，不能認為永久有效的可以實施品評，每次新的品評實施前皆需要重新訓練，或對品評員能力進行再現性、一致性及重複性之評估。品評訓練主要目的是使品評員放棄個人主觀意識、認識和熟悉多種品評的方法、提高品評員的敏感度、降低品評員與感官結果間的偏差及降低外界因素對品評結果的影響。

品評員訓練一段時間後，須進行訓練成果的評估，進行成果評估時一定要對相同樣品做重複測試才能進行統計分析。評估品評員(assessor)或品評小組(panel)的表現，一般關注他們是否具有重複性(repeatability)、區分性(discriminatory)、一致性(homogenous)與再現性(reproducibility)四個部分，表 8-10 為重複性與再現性的定義與評斷方法。最常見評估一致性的方式為評估品評員間(assessor)或品評員與產品(assessor & product)間是否有一致性，來確認整體品評員在表現上是否趨近於一致。也可利用品評員與樣品間的折線圖，瞭解品評員間的趨勢是否一致及個別品評員的差異，做個別品評員平均值與標準差，和全體品評員的平均值做比較及使用主成分分析瞭解品評員對產品屬性的評估是否達到一致性，如圖 8-1 所示。

表 8-9 訓練品評員熟悉描述特性表單之範例（香草冰淇淋為例）

屬性	描述語	縮寫	定義	標準品
外觀特性	乳黃色	MYC	淺黃色到深黃色	義美豆漿
	乳白色	MWC	牛奶白色或象牙色	味全林鳳營全脂牛乳
	硬度	HAD	湯匙往冰淇淋中間挖的力道越大，硬度越強	
	多孔狀	POR	冰淇淋中充滿孔洞的程度	大買家自製品牌海綿蛋糕
	冰晶狀	ICI	散布在冰淇淋表面細碎的冰結晶	
	融化率	ROM	一湯匙冰淇淋含在口中融化所需要的時間	
風味特性	甜味	SWF	糖或其他甜味劑在舌頭所呈現的味道強度	18°Brix 糖水
	香草味	VAF	咀嚼過程中，類似清淡感冒糖漿的特殊風味或香草權味道的強度	阿奇儂香草冰淇淋
	牛奶味	MIF	全脂牛奶味道的強度	林鳳營全脂牛乳
	牛奶糖味	MCF	參考樣品牛奶糖味的強度	偉特牛奶糖
	煉乳味	CMF	參考樣品煉乳味的強度	小美嚴選香草冰淇淋
	異味	OFF	不自然特殊味道的強度	百吉牌香草冰淇淋
質地特性	冷凍感	COD	樣品入口後，舌頭及上顎感覺到冰涼的程度	家樂福品牌香草冰淇淋
	沙沙感	SAD	樣品入口後，舌頭及上顎感覺細小物體的程度	家樂福品牌香草冰淇淋
	黏稠感	VIS	樣品入口後，舌頭及上顎感覺黏著感的強度	桂冠沙拉
	膨鬆感	FLU	樣品入口後，有柔軟及空氣感覺的強度	杜老爺超質香草冰淇淋
	細緻感	CRE	類似口中含著脂肪般的光滑細膩感，而樣品入口後，壓緊冰淇淋對抗上顎所需的力度，當力度越小，細緻感越強	Costco 品牌香草冰淇淋
	口覆感	MOC	吞嚥後，舌頭及上顎覆蓋著一層薄膜感的強度	卡夫菲力奶乳酪抹醬（原味）
餘後感	甜餘味	SAF	吞嚥後，口中有甜味味道的強度	12%紐甜代糖
	香草餘味	VAA	吞嚥後，口中有香草殘留味道的強度	阿奇儂香草冰淇淋
	牛奶餘味	MAF	吞嚥後，口中有牛奶殘留味道的強度	林鳳營全脂牛乳
	牛奶糖餘味	MCA	吞嚥後，口中有牛奶糖殘留味道的強度	偉特牛奶糖
	煉乳餘味	CMA	吞嚥後，口中有煉乳殘留味道的強度	小美嚴選香草冰淇淋
	異餘味	OFA	吞嚥後，口中有不自然風味殘留味道的強度	百吉牌香草冰淇淋
	苦餘味	BIT	吞嚥後，口中有苦味殘留味道的強度	0.06%咖啡因
	口乾	DRM	吞嚥後，口中有口乾舌燥感覺的強度	羅馬諾乾酪

　　利用單因子（指產品因子）變異數分析來探討區分能力(discrimination ability)，用產品、品評員及產品與期間(product & session)的方式來探討品評員對產品的再現性。除了品評小組的表現外，也可以利用各品評員平均值、標準差的大小進行比較、各品評員平均值和品評小組平均值的差異、產品區分的評估、重複性與再現性（比方說產品的三重複評估分數不可超過 15%的差異）等統計方式來瞭解各品評員的表現。關於如何評估品評員的表現，可以參考本章品評專業講座進階補充的部分。

表 8-10　重複性與再現性的定義與評斷方法

特徵	定義	評估方法
重複性	測量相同品評員組成的品評小組於相同的時間與相同的環境下評估的一致性 **評估條件** 相同的品評員（品評小組） 相同的期間 相同的環境	**各品評員** 1. 在相同期間重複的樣品，品評員評估分數的標準差 2. 單因子變異數分析評估匯集不同期間品評員評估分數之誤差標準差(error standard deviation) **品評小組** 1. 在相同期間品評小組重複分數平均值之標準差 2. 單因子變異數分析評估匯集不同期間之品評員小組評估分數的誤差標準差(error standard deviation)
再現性	1. 相同品評小組之評估：測量相同品評員組成的品評小組於不同的時間與不同的環境下評估的一致性 **評估條件** 相同的品評員（品評小組） 相同的期間 相同的環境	**各品評員與品評小組** 利用變異數分析評估各品評員（品評小組）在相同期間評估分數之標準差與不同期間評估分數之標準差
	2. 不同品評小組之評估：測量不同品評小組對不同狀況但相同樣品評估的一致性 **評估條件** 不同的品評小組 不同的期間 不同的環境	檢定不同品評小組評估之標準差與不同期間評估之標準差一致性之穩定
	3. 品評小組在不同期間評估一致性之穩定：同一個品評小組各品評員對相同樣品評估的一致性	使用雙因子變異數分析評估在相同期間，各品評員間評估分數的標準差

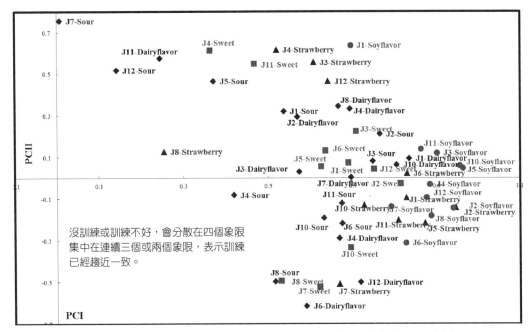

圖 8-1　利用主成分分析瞭解品評員對產品屬性是否一致性

8.2.3　定量描述分析評分法的選擇

　　描述分析所使用的評分法應該是一種連續性的標度，以數字和詞語兩種型式最為常見，一些不同評分法的案例，如圖 8-2 所示。評分法的評估方式是要求品評員根據感官特性選擇一個適當的標度或者根據特性強度標記一個適當的數值或者在適當的位置上進行標記。定量描述分析建議以線性的評分法較為適當，因為允許無限細度來區分品評員感知的反應。如果是類別標記，只允許選擇預先定義的反應，被視為離散的評分方式，並不完全合適在定量描述分析中使用。一般而言，定量描述分析試驗最常見的是使用一條 15 公分單極(unipolar)的直線並在左右標記上描述特性應評估的強度（左邊端點標「弱」，右邊端點標「強」），要求品評員根據強度，在適當的位置上畫線，再將畫線的位置轉換成數量大小進行統計分析。這樣的評分法給予品評員機會去表達微小的不同，但其缺點是和類別標記比較，品評員比較困難去使用量表而且除非有自動化品評資料收集系統，否則傳統紙筆的收集方式在資料的轉換上耗時較長。當使用這種尺度進行評估，建議給予適當的方法評估訓練，讓品評員熟悉評估方式。在訓練品評員的過程中，可以使用 15 公分的雙極(bipolar)的直線，將標準品的強度標上，方便品評員和標準品比較，但在正式評估產品時，則建議使用單極的直線（沒有標準品的強度）進行。

線性評分(定量描述分析建議使用的方式)

單極：0點位在評分尺度的一端

不甜 └─────────────── 非常甜

雙極：0點位在評分尺度的中間

不夠甜 └───── 標準品 ─────┘ 太甜

雙極反應評分尺度使用的詞語與單極反應評分尺度不同，雙極反應評分尺度可能需要用「不夠甜」(not sweet enough)到「太甜」(too sweet)，而單極反應評分尺度需要用「不甜」(not at all sweet)到「非常甜」(extremely sweet)。

詞語式的類別標度評分法

單極

☐ ☐ ☐ ☐ ☐
不硬　有點硬　硬　非常硬　極度硬

雙極

☐ ☐ ☐ ☐ ☐
比標準品軟很多　比標準品軟　和標準品相同　比標準品硬　比標準品硬很多

數字式的類別標度評分法

單極

不鹹　　　　　　　非常鹹
☐ ☐ ☐ ☐ ☐
1　2　3　4　5

雙極

鹹味太少　　　　　鹹味太多
☐ ☐ ☐ ☐ ☐
1　2　3　4　5

▌ 圖 8-2　描述分析評分法範例

8.3　定量描述分析試驗的統計

　　定量描述分析試驗的統計分析並不容易，在進行實驗前都需要適當的實驗設計，所以進行前，最好尋求統計學家的協助與指導。一般來說，雙因子變異數分析(two-way ANOVA)被使用在大多的定量描述分析實驗中。另外，可以利用多變量分析，例如：利用主成分分析來探討產品間主要特性的關係及產品的定位。

8.3.1　定量描述分析的品評員應該視為固定效應，還是隨機效應？

　　定量描述分析的品評員變項應視為固定效應(fixed model)還是隨機效應(random model)，其實一直有爭議，統計學家和部分品評學家有不同的看法。理論上來說，品評員變項應該被認為是固定效應，因為他們不是現有任何人口族群隨機抽樣，他們是訓練有素的。這是統計學家的觀點，這觀點應該是非常正確且無法挑戰的。

　　變異數分析將品評員變項視為固定模式之方程式如下：

$$X_{ijk} = \mu + \beta_j + D_i + G_k + (D\beta)_{ij} + (DG)_{ik} + (G\beta)_{jk} + \varepsilon_{ijk}$$

j：產品

i：品評員

k：重複

而 $\varepsilon_{ijk} \sim N(0, \sigma^2_E)$ 與獨立(independent)

β_j：產品的主要影響

D_i：品評員的影響

G_k：重複的影響

$D\beta_{ij}$：品評員與產品的影響

DG_{ik}：品評員與重複的影響

$G\beta_{jk}$：產品與重複的影響

ε_{ijk}：錯誤(error)

　　然而，實務上有 2 個觀點可以支持定量描述分析的品評員變項可視為隨機效應。首先，實驗者的目的通常希望提供一個正確的結論但不是僅來自於品評小組，而是希望試驗的結論要能由品評小組擴展到族群(population)。定量描述分析試驗的目的主要是瞭解產品的感官特性，所以理想的狀況是希望相同的試驗被新的品評小組重新進行評估時，能得到相同的結果。基於此理由，品評員變項應該可以被考慮視為隨機效應，而變異數分析之混合模式(mixed model)應該被使用。另一方面，用定量描述分析試驗評估產品的特性時，品評員往往是一次評估 10 幾個特性，即使透過完整訓練及確認品評小組已經訓練精良，也無法保證在正式測試時，這些訓練精良的品評員在所有評估的特性上都沒有任何失誤的狀況。假如在正式實驗後發現某

一個特性沒法達到"在品評員變項(judge)沒有顯著性差異(P>0.05)"或"品評員變項有顯著性差異(P<0.05)但品評員與產品間交互作用沒有顯著性差異(P>0.05)"之兩種被視為品評員訓練精良的狀況，這時該如何處理品評小組成員評估不一致的事實。筆者看過有些感官品評操作者將此沒達到標準的特性刪掉，當作不存在此特性或者開始尋找不一致的品評員，將不一致的品評員數據刪掉，這種以不科學化的方法去力求最後結果符合科學化，有待商榷。其實，有 2 種統計方式可以處理，一種就是利用統計的方式將異常值找出（不是使用人工尋找），另一種方式就是將品評員視為隨機效應去做統計。前者方法複雜，而使用後者，若某特性經此種統計計算所得到答案為顯著性差異時，就可以認為產品間在此特性上有顯著的不同。

定量描述分析的品評員應為固定效應或是隨機效應，至今皆無法有統一的定論。使用這兩種統計分析的方式進行定量描述分析的統計發表於國際期刊皆會被接受，而且 ISO 國際標準也有提到這方面的議題。然而，很重要的觀念是，在進行定量描述分析時，品評小組需要訓練且達訓練精良之程度才可以正式進行評估，品評員變項視為隨機效應一定要在這樣的前提下進行。千萬不可認為既然可以將品評員變項視為隨機效應，就不用訓練或馬虎訓練了，這是大錯特錯的做法（你不想訓練品評員，可以使用自由選擇剖面分析等其他方法，但這些方法只能瞭解產品間特性之不同，不能定量）。一般來說，品評員變項應視為固定模式進行統計分析，當品評員變項沒有顯著性差異(p>0.05)，顯示品評員所評估之描述語的特性具有一致性，可正確反應出產品特性或探討變項。若品評員的變項有顯著性差異時(p<0.05)，需探討品評員與產品的交互作用之間是否有顯著性差異。若品評員與產品的交互作用沒有顯著性差異時(p>0.05)，表示品評員評估產品特性之間的順序具有一致性；若品評員與產品的交互作用有顯著性差異時(p<0.05)，則表示品評員並沒有統一瞭解描述特性而造成評估的方式不一致；在此情況下，使用固定模式來探討因子與產品描述特性間之關係並不正確。理論上來說，碰到這樣的狀況，需要重新訓練。實務上在此狀況下，可將評估此特性的品評員變項視為隨機模式進行統計分析，若此特性結果呈現顯著性差異，通常就可以認為這些產品在此特性有顯著的不同。

變異數分析將品評員變項視為隨機模式之方程式如下：

$$X_{ijk} = \mu + \beta_j + D_i + G_k + (D\beta)_{ij} + (DG)_{ik} + (G\beta)_{jk} + \varepsilon_{ijk}$$

j：產品　　　　　　　　　　　　D_i：品評員的影響

i：品評員　　　　　　　　　　　G_k：重複的影響

k：重複　　　　　　　　　　　　$D\beta_{ij}$：品評員與產品的影響

而 $\varepsilon_{ijk} \sim N(0, \sigma^2_E)$ 與獨立(independent)　DG_{ik}：品評員與重複的影響

β_j：產品的主要影響　　　　　　　$G\beta_{jk}$：產品與重複的影響

隨機的假設可以表示為 $D_i \sim N(0, \sigma^2_J)$、$D\beta_{ij} \sim N(0, \sigma^2_{JP})$、$DG_{ik} \sim N(0, \sigma^2_{JR})$、$\varepsilon_{ijk} \sim N(0, \sigma^2_E)$

8.3.2　重複與實驗設計

重複變項的意義是說明全部的試驗在不同品評的期間(different taste sessions)被重複的次數，因此重複變項可被視為一種區集效應(blocking effect)。如果所有的產品被評估在同一期間，重複變項可以被視為期間效應(session effect)。通常重複變項根據不同的實驗設計，有 3 種可能狀況，包含重複測量設計(repeated measure design)、完全隨機裂區實驗設計(completely randomized split-plot design)與隨機裂區設計(randomized block split-plot design)（表 8-11），第 1 與第 2 種實驗設計在產品與誤差完全隨機（例如：產品內之重複）而第 3 種實驗設計在產品、重複與誤差為隨機裂區（例如：產品與重複之關係）。這樣就必須使用不同的統計方式做資料的解析，請參閱不同實驗設計之變異分析模式之表格（表 8-12）。第 1 種實驗設計（重複測量設計）只能決定此一批的 A 產品是否和此一批的 B 產品有顯著性的不同，但第 2 與第 3 種實驗設計可以決定產品 A 和產品 B 是否有顯著性差異。定量描述分析試驗的實驗設計通常以完全隨機裂區實驗設計與隨機裂區設計 2 種為主並以隨機裂區設計被使用的較多。

表 8-11　描述分析試驗可能涉及的實驗設計

重複測量設計	全部物質 X 配額			全部物質 Y 配額		
	產品 A			產品 B		
	重複 1	重複 2	重複 3	重複 1	重複 2	重複 3
完全隨機裂區實驗設計	全部物質			全部物質		
	X 配額	Y 配額	Z 配額	S 配額	T 配額	U 配額
	產品 A	產品 A	產品 A	產品 B	產品 B	產品 B
	重複 1	重複 2	重複 3	重複 1	重複 2	重複 3
隨機裂區設計	全部物質 X 配額			全部物質 Y 配額		
	產品 A	產品 B	產品 C	產品 A	產品 B	產品 C
	重複 1	重複 1	重複 1	重複 2	重複 2	重複 2

　　當所有的產品需要被評估在不同的期間而且一個重複結束後進行下一個重複（第 3 種隨機裂區設計），這個重複變項將會包含時間的因素。Brochhoff 建議在此情況下，變異數分析的混合模式應將產品變項視為固定效應，而其他所有的變項考慮為隨機效應（包含重複變項），以下一方程式為例：

$$X_{ijk} = \mu + \beta_j + D_i + G_k + (D\beta)_{ij} + (DG)_{ik} + (G\beta)_{jk} + \varepsilon_{ijk}$$

j：產品	D_i：品評員的影響
i：品評員	G_k：重複的影響
k：重複	$D\beta_{ij}$：品評員與產品的影響
而 $\varepsilon_{ijk} \sim N(0, \sigma^2_E)$ 與獨立(independent)	DG_{ik}：品評員與重複的影響
β_j：產品的主要影響	$G\beta_{jk}$：產品與重複的影響

　　隨機的假設可以表示為 $D_i \sim N(0, \sigma^2_J)$、$Gk \sim N(0, \sigma^2_R)$、$D\beta ij \sim N(0, \sigma^2_{JP})$、$\sigma^2_{JR}$、$G\beta jk \sim N(0, \sigma^2_{PR})$、$\varepsilon ijk \sim N(0, \sigma^2_E)$

　　表 8-12 說明可以知道，描述分析試驗中的品評員與重複之實驗變項，要考慮為隨機品評員變項、隨機重複變項或隨機品評員變項與重複變項等，這與實驗設計和實驗目的有很大的關係，3 個方式都可以，依照實驗設計而定。

表 8-12 不同實驗設計之變異分析模式

重複測量設計：通常使用在評估品評員是否一致性

來源	自由度 df	離均差平方和 SS	平方和平均值 MS	F 值
產品	p－1	Sp	Mp	F＝Mp/Mea
誤差（產品內重複）	p(r－1)	Sea	Mea	
全部	apr－1	St	Mt	
品評員	a－1	Sa	Ma	F＝Ma/Meb
品評員 X 產品	(a－1)(p－1)	Saxp	Maxp	F＝Maxp/Meb
誤差（殘差）	(a－1)p(r－1)	Seb	Meb	

完全隨機裂區實驗設計

來源	自由度 df	離均差平方和 SS	平方和平均值 MS	F 值
產品 P	p－1	Sp	Mp	F＝Mp/Mea
誤差（產品內重複）	p(r－1)	Sea	Mea	
全部	apr－1	St	Mt	
品評員 A	a－1	Sa	Ma	F＝Ma/Meb
品評員 X 產品	(a－1)(p－1)	Saxp	Maxp	F＝Maxp/Meb
誤差（殘差）	(a－1)p(r－1)	Seb	Meb	

隨機裂區設計

來源	自由度 df	離均差平方和 SS	平方和平均值 MS	F 值
產品	p－1	Sp	Mp	F＝Mp/Mea
重複 R	r－1	Sr	Mr	
誤差（產品 X 重複）	(r－1)(p－1)	Sea	Mea	
全部	apr－1	St	Mt	
品評員	a－1	Sa	Ma	F＝Ma/Meb
品評員 X 產品	(a－1)(p－1)	Saxp	Maxp	F＝Maxp/Meb
誤差（殘差）	(a－1)(p－1)(r－1)	Seb	Meb	

註： a 為品評員人數、p 為產品數目、r 為重複數目、平方和平均值 MS 為處理效應之離均差平方和除其自由度所得之值

8.3.3 如何利用統計軟體進行定量描述分析試驗的統計

定量描述分析的統計相對來說是十分常複雜的，由於探討品評員、重複、產品 3 個變項及其交互作用，可以使用 SAS 軟體或 XLSTAT 來進行雙因子異數分析。首先，不論使用 SAS 或 XLSTAT，數據的輸入形式應該為圖 8-3，包含品評員、產品、重複、描述特性 1、描述特性 2 等。

Judge	Prduct	Rep	Pink-like	Color
J1	A	1	7	3.5
J1	A	2	5.9	3.4
J1	A	3	5.9	6.1
J1	B	1	6.6	5.8
J1	B	2	4.6	2.8
J1	B	3	6.6	6.2

▋ 圖 8-3 描述分析試驗使用 SAS 統計軟體資料輸入格式範例

1. **以 SAS 軟體為例**，若將品評員變項視為固定效應，其 SAS 的統計程式碼如下（重點變項部分以中文字表示但實際上應該使用英文）：

```
title1 'Fixed ANOVA ';
filename in 'd:\data1.csv';
data icecream;
infile in dlm=',' dsd truncover LRECL=800;
input 品評員(judge)$、產品(product)$、重複(rep)、描述特性 1(pink-like)、描述
        特性 2(color)......
proc glm data=icecream;
class 品評員、產品、重複
model 描述特性 1、描述特性 2......＝品評員、產品、重複、品評員×產品、
        品評員×重複、重複×產品／nouni;
means 產品／lsd cldiff;
run;
```

2. 若將品評員變項視為隨機效應，以 SAS 為例，其 SAS 的統計程式碼（重點變項部分以中文表示但實際上應該使用英文）：

```
title1 'Mixed-ANOVA for Ice Creams with fat replacers';
filename in 'd:\data1.csv';
data icecream;
infile in dlm=',' dsd truncover LRECL=800;
input 品評員$、產品$、重複描述特性 1、描述特性 2……
proc mixed data=icecream;
class 品評員、產品、重複
model 描述特性 1＝產品／ddfm=satterth;
random 品評員、品評員×產品、品評員×重複
lsmeans 產品／pdiff;
ods output diffs=ppp lsmeans=mmm;
ods listing exclude diffs lsmeans;
%include 'd：pdmix800.sas';
%pdmix800(ppp,mmm,alpha=.05,sort=yes); run;
```

其中 pdmix800 是一個公用程式，可以在 proc mixed 下，進行事後檢定分析(post hoc)，這和把品評員變項視為固定效應下進行事後檢定分析的方法與結果是不同的。目前這方面的統計似乎只有 SAS 統計軟體可以進行，而 XLSTAT 統計軟體雖然也可以做隨機效應之變異數分析，但由於感官品評需要多位品評員的數據組合，對此軟體來說可能資料量太大，在大部分的狀況下無法順利的完成分析。

8.3.4 如何判讀或呈現描述分析結果

以表 8-13 為例，在品評員變項為固定模式下，除了描述語紅色可以判定為品評小組成員評估具有一致性外（品評員變項有顯著性差異(P<0.05)但品評員與產品變項之交互作用沒有顯著性差異(P>0.05)），其他的描述語，皆可判定品評小組成員評估不一致。這個時候要評估產品整體在這些描述語（紅色除外）特性有沒有顯著性差異，可以將品評員視為隨機變項（只是為了評估產品整體有無差異，理想的方式是重新訓練），結果可以知道整體產品在這些描述語皆沒有顯著性差異。

描述分析試驗的結果通常可使用表格或圖形表示之，在實務上很多人使用雷達圖來表示，感覺好像很專業，但如果沒有檢定品評小組的評估是否呈現一致性時，用雷達圖表示描述特性之平均值是沒有太大的意義。然而，如果使用柱狀圖（圖 8-4）或雷達圖（圖 8-5）表示出產品間的顯著性差異時，會增加使用圖形表示產品特性的實用性，使用表格的方式且伴隨事後檢定（將品評員變項視為固定效應使用）也是一種表示產品間特性之理想方式（表 8-14）。另外，也可以考慮使用多變量分析來顯示結果。

表 8-13　描述分析試驗之描述語變異數分析之結果

描述語	source	DF	SS	MS	F value	Pr>F	F value	Pr>F
			固定模式				隨機模式	
紅色	J	31.00	755.09	24.36	9.67	<.0001	64.13	0.00
	R	1.00	1.25	1.25	0.50	0.48		
	P	3.00	685.40	228.47	90.73	<.0001		
	J×R	31.00	51.29	1.65	0.66	0.91		
	J×P	93.00	331.39	3.56	1.42	0.06		
	R×P	3.00	3.66	1.22	0.48	0.69		
氧化臭味	J	31.00	763.26	24.62	4.40	<.0001	4.01	0.66
	R	1.00	25.00	25.00	4.46	0.04		
	P	3.00	97.21	32.40	5.79	0.00		
	J×R	31.00	159.05	5.13	0.92	0.60		
	J×P	93.00	750.82	8.07	1.44	0.04		
	R×P	3.00	183.03	60.68	10.83	<.0001		
麥芽香	J	31.00	1388.48	44.79	14.87	<.0001	0.15	0.92
	R	1.00	12.21	12.21	4.05	0.05		
	P	3.00	3.33	1.11	0.37	0.78		
	J×R	31.00	138.83	4.48	1.49	0.08		
	J×P	93.00	675.59	7.26	2.41	<.0001		
	R×P	3.00	4.88	1.63	0.54	0.66		

註：J 為品評員變項、R 為重複變項、P 為產品變項

隨機模式的 F 值計算為 MS_P (Mean Square of Product)/$MS_{J×P}$ (Mean Square of Judge by Product Interaction)

表 8-14　利用表格的方式以平均值表示描述分析的結果

Product*	MIF	MCF	MARF	SWT	CSF	VAN	COC	MED	WAL	OIL
BGT	5.88[ef]	6.48[cd]	4.57[ab]	7.67[cdef]	4.59[de]	5.81[abcd]	4.04[b]	1.50[cdef]	1.53[ab]	2.84[a]
DFT	5.38[f]	8.46[a]	5.25[a]	8.51[bc]	6.03[bc]	5.51[cd]	3.20[bcd]	1.10[ef]	0.68[bc]	2.51[ab]
FLT-1	5.91[def]	6.14[cd]	3.46[bcd]	6.78[fg]	5.13[cde]	5.78[bcd]	1.93[cde]	2.11[bcde]	0.87[bc]	1.89[abc]
FLT-2	7.31[bc]	5.35[de]	2.62[de]	6.67[fg]	4.66[de]	6.62[abcd]	1.95[cde]	1.46[cdef]	0.67[bc]	1.34[c]
HDU	5.40[f]	8.30[ab]	1.92[e]	9.08[ab]	7.28[a]	7.38[ab]	1.17[e]	3.35[b]	0.64[a]	1.06[c]
IMT	7.06[bcde]	4.42[e]	2.79[cde]	6.31[g]	4.69[de]	5.15[d]	6.50[a]	1.00[ef]	1.89[a]	1.73[bc]
KIU	6.25[cdef]	8.43[ab]	2.16[de]	9.95[a]	7.16[ab]	7.45[a]	1.16[e]	3.04[bc]	0.65[bc]	1.15[c]
SBU	6.36[cdef]	6.80[bcd]	2.39[de]	7.92[cde]	5.98[bc]	7.15[abc]	1.46[e]	5.33[a]	0.72[bc]	1.32[c]
SLU	5.70[f]	6.84[abcd]	2.63[de]	8.21[bcd]	6.38[abc]	7.00[abc]	1.78[de]	2.86[bcd]	0.61[c]	1.21[c]
SMT	7.57[b]	6.34[cd]	2.95[cde]	7.04[efg]	5.72[cd]	6.34[abcd]	2.11[cde]	1.03[ef]	0.99[abc]	1.48[c]
UNT	9.00[a]	6.38[cd]	2.72[de]	7.56[cdef]	5.69[cd]	6.81[abc]	2.29[cde]	0.46[f]	0.59[c]	1.59[bc]
XOT	7.06[bcd]	8.37[ab]	3.59[bcd]	6.26[g]	3.89[e]	5.50[cd]	3.47[bc]	0.48[f]	1.32[abc]	1.89[abc]
YCT	7.40[bc]	6.46[cd]	2.69[de]	7.22[defg]	5.29[cd]	6.57[abcd]	1.80[de]	1.25[ef]	0.72[bc]	1.50[c]
SFT	5.31[f]	7.00[abc]	4.18[abc]	7.87[cde]	5.26[cd]	5.56[cd]	2.54[bcde]	1.43[def]	0.57[c]	2.03[abc]

註：1. *There are no significant differences at $p < 0.05$ among the samples with the same superscript letter.

　　2. 橫向描述語的縮寫請參考表 8-9

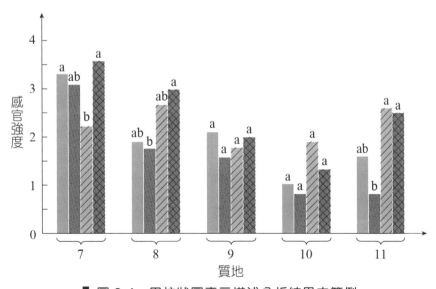

圖 8-4　用柱狀圖表示描述分析結果之範例

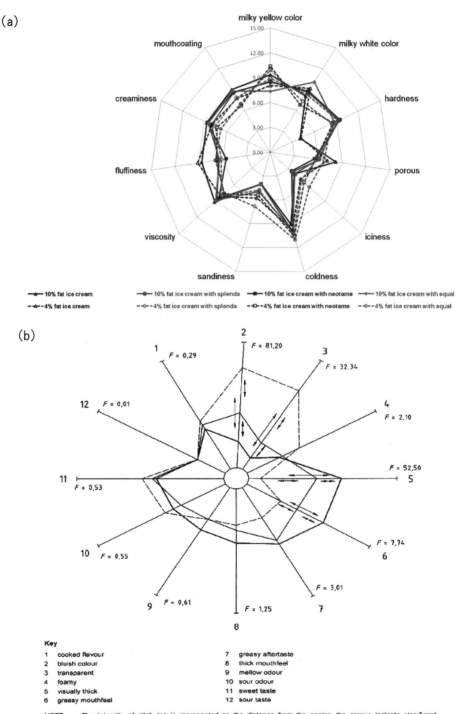

(a)

(b)

Key

1 cooked flavour	7 greasy aftertaste
2 bluish colour	8 thick mouthfeel
3 transparent	9 mellow odour
4 foamy	10 sour odour
5 visually thick	11 sweet taste
6 greasy mouthfeel	12 sour taste

NOTE　The intensity of attributes is represented as the distance from the centre; the arrows indicate significant differences at the α ≤ 0,05 level. Taken from reference [19].

▋ 圖 8-5　用雷達圖表示描述分析結果之範例

(a)只有平均值；(b)有平均值，F 值及距差性的表示

8.4 描述分析與多變量分析

　　多變量分析技術使用在感官品評領域主要的目的是對產品進行分類，用在研發上可以瞭解產品和競爭品之間在感官特性上的不同，以便應用在產品定位、行銷布局、產品開發方向等等的評估。表 8-15 為感官品評常用之多變量分析技術。主成分分析法(principal component analysis, PCA)、逐步鑑別分析(stepwise discriminant analysis)、典型變量分析法(canonical variate analysis, CVA)、群集分析(cluster analysis, CA)及多向度量尺法(multidimensional scaling, MDS)都可使用在對描述分析試驗（單一數據）進行分類之多變量分析的方法（圖 8-6 至圖 8-8）。每一種方法根據其理論基礎及統計模式，所得到的結果會不太一樣但相似，各有優缺點。例如：典型變量分析法的優點是 2 相鄰的產品，可以藉由泡泡圖是否重疊，來決定兩個相鄰的產品是否具有顯著性差異（如果泡泡大小沒有重疊，表示兩產品有顯著差異），但其缺點是統計過程非常複雜。多向度量尺法的使用是為了瞭解產品之間相近的程度，由於這部分的資訊主成分分析也可以提供，在感官品評實務上比較少使用此種方法。

表 8-15　常用多變量分析技術的整理

技術	輸入	輸出	其他資訊
主成分分析法	儀器分析或描述分析之資料平均值	產品與其屬性之位置	相關變化的解釋
典型變量分析	儀器分析或描述分析之原始資料（包含重複）	產品與其屬性之位置	解釋樣品間之變化
泛用型普氏分析	儀器分析或描述分析之資料的個別矩陣	多數人意見之產品與其屬性之位置	個體之適切性
內部喜好性地圖	消費者接受性資料	產品與消費者之位置	
外部喜好性地圖	儀器分析或描述分析結合消費者接受性資料	產品和屬性與消費者之位置	消費者，分類的顯示可能為向量或圓形（理想點）等模式

　　部分最小平方法(partial least square, PLS)及外部喜好性地圖(external preference mapping)（圖 8-9 至圖 8-10），是 2 種結合兩組數據（例如：描述分析與消費者 9 分法測試，描述分析與儀器分析或者儀器分析與消費者測試）進行統計的多變量分析技術。利用部分最小平方法結合描述分析與消費者 9 分法測試，可以知道消費者喜

歡或不喜歡那些感官特性，通常以 9 分法中整體喜好程度作為變量 Y（通常為非獨立變項），而描述分析的種感官特性作為變量 X1、X2、X3…（通常為獨立變項），這種單變量對多變量所進行的部分最小平方法，稱為 PLS1；若為多種儀器分析指標 Y1、Y2、Y3…對應多種感官特性所進行的部分最小平方法，稱為 PLS2。感官品評結合部分最小平方法可以應用在新產品開發、食品品質與飲食文化的預測。以圖 8-9 為例，最小平方法的統計圖形上可以產生 2 個橢圓形圈圈，內圈代表 50%的變異量而外圈代表 100%的變異量，如果產品描述語的座標位置最後位於這 2 個橢圓形之間及外圈橢圓形之外，可被判別該描述語可視為對喜歡程度（非獨立變項）具有重要的影響力。圖 8-10 是外部喜好性地圖，它的原理是使用群集分析將品評員依照喜歡樣品的趨勢做分類，再與描述分析的結果進行相關統計。它是一個有用的工具，可以瞭解不同族群的消費者喜歡產品的那些特性，也可以瞭解到口味飲食文化之間微小差異。外部喜好性地圖有 3 種模式，包含圓形(circular model)、橢圓形(elliptical model)和向量(vector model)模式，其中圓形和橢圓形模式必須結合至少 8 個以上的產品，而向量模式通常需要 6 個產品才能進行適當的分析。

最常使用在感官品評的多變量分析方法是主成分分析法，主成分分析法在進行描述分析試驗分析的資料型態是使用平均值。其原理大致在第 7 章內部喜好性地圖中做了粗略的說明，對於初學習者來說只要知道如何看懂主成分分析之圖表即可。圖 8-6 為 14 種冰淇淋（粗體字為產品代號而非粗體字為產品之描述語）之主成分分析，其特徵值(eigenvalues)共解釋全部資料的 74.33%。其中，第一主成分(PC1)解釋全部變異的 59.08%而第二主成分(PC2)解釋了 15.14%，由此可知，第一主成分的重要性約為第二主成分之 4 倍。圖中顯示第一主成分（X 軸）主要影響之重要特性（緊貼 X 軸之特性）為乳黃色、乳白色、甜（餘）味、牛奶糖（餘）味、煮糖（餘）味、牛奶（餘）味等，換言之，這些緊貼 X 軸之感官特性為這些產品被區分之主要特性，也可以說這些特性在產品間有大的差異。第二主成分（Y 軸）主要影響因子（緊貼 Y 軸之特性）為細緻狀、細緻感、黏稠感、椰子（餘）味、油脂（餘）味、冰晶感、顆粒感等。此外，同時受到第一及第二主成分影響的特性（同時緊貼 X 與 Y 軸之特性），為甜（餘）味、牛奶糖（餘）味、煮糖（餘）味、牛奶（餘）味、椰子（餘）味、人工奶油（餘）味。由圖中可知受第一主成分影響的冰淇淋特性可以視為區分這些冰淇淋產品最重要的感官特性，因為第一主成分的重要性約為第二主成分之 4 倍，若第一主成分和第二主成分解釋變異非常接近時（例如：40%和 30%），這時受第一主成分與第二主成分影響的特性皆可視為區分產品重要的感官特性。換言之，乳白色與乳黃色為主要區分市售產品之外觀特性。

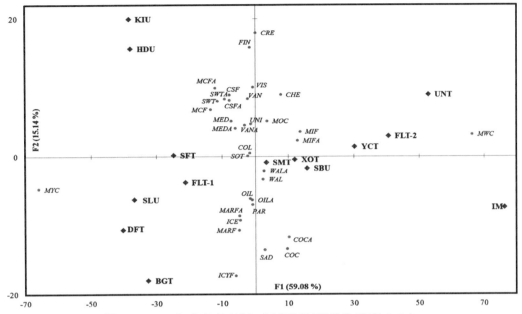

▌ 圖 8-6 主成分分析法（斜體代碼請參考表 8-9）

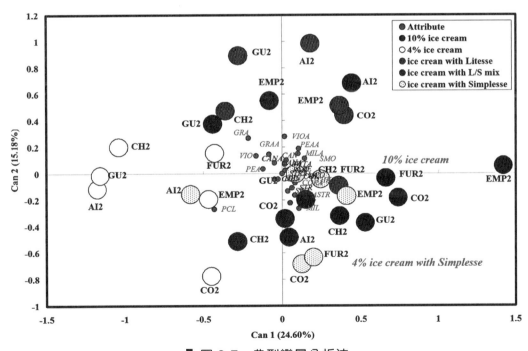

▌ 圖 8-7 典型變量分析法

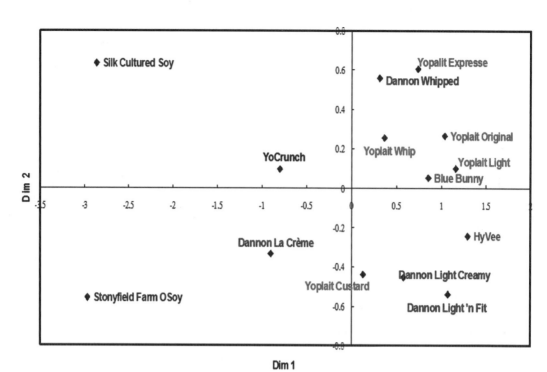

圖 8-8 多向度量尺法

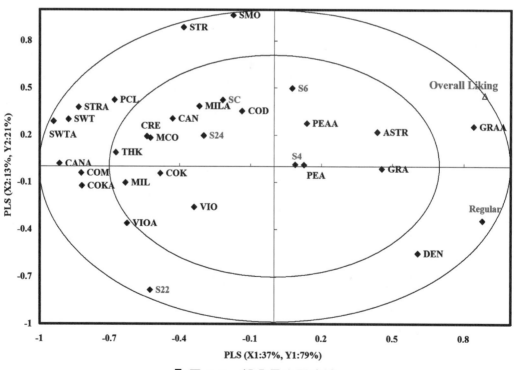

圖 8-9 部分最小平方法

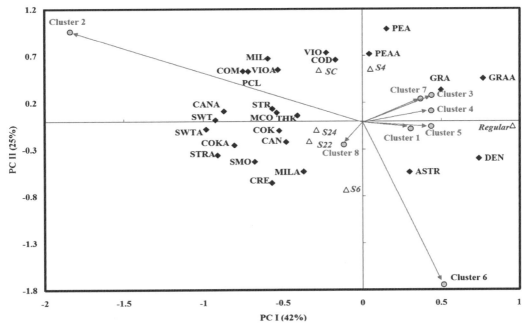

圖 8-10　外部喜好性地圖

　　從主成分分析圖中每個特性（樣品）的座標點畫一條線到座標原點，若兩兩特性（樣品）間，此線的夾角接近 0 度時，表示此兩特性（樣品）為高度正相關。若線之夾角為 90 度時，則視為無關而夾角為 180 度為高度負相關。此外，從每個特性的點畫一條線到座標原點的距離越大，可以表示此特性對產品分類上越重要，因為表示這個特性在產品間的差異大，可以作為分類的標準。因此，探討圖 8-6 產品描述特性之間的相關性發現，風味與餘後味呈高度正相關。例如：甜味與甜餘味、牛奶味與牛奶餘味、牛奶糖味與牛奶糖餘味、人工奶油味與人工奶油餘味、煮糖味與煮糖餘味、香草味與香草餘味、藥水味與藥水餘味、椰子味與椰子餘味等（圖 8-6 相關代號請參閱表 8-9）。至於甜（餘）味、牛奶糖（餘）味、煮糖（餘）味、藥水（餘）味和香草（餘）味之間呈高度正相關，而與油脂（餘）味、人工奶油（餘）味、椰子（餘）味與冰晶感、冰晶狀之間呈現高度負相關（圖 8-6 相關代號請參閱表 8-9）。

　　進一步來探討圖 8-6 主成分分析的結果可知 KIU 與 HDU 的產品具有較高的乳黃色，也具有較高的甜（餘）味、牛奶糖（餘）味、煮糖（餘）味感。UNT、FLT-2、YCT 與 IMT 這幾個樣品有強的乳白色外觀，其中 UNT、FLT-2 與 YCT 有強的牛奶（餘）味，而 IMT 有強的椰子（餘）味，FLT-1、SLU、DFT 與 BGT 有強的乳黃色的外觀，有強的冰晶感與冰晶狀及強的人工奶油（餘）味特性。從主成分分析可以

知道 14 種市售商業香草冰淇淋大致可分為 3 群，第 1 群為 KIU 與 HDU 2 個外國產品，第 2 群為 SFT、FLT-1、SLU、DFT 與 BGT 五個樣品，而第 3 群為剩下 7 個樣品。這樣的結果很合乎邏輯，也很容易看出的產品特性與定位。

事實上，實驗如果使用雙因子變異數分析並將品評員變項視為固定效應時，即使大部分的描述語所呈現的結果是品評員不一致，使用多變量分析技術仍然可以看出產品特性間的輪廓，這就是多變量分析使用在感官品評中的優點。要強調的是如果進行描述分析評估的目的是定量，捨棄訓練或不管品評小組成員是否一致而直接使用主成分分析，這是絕對錯誤的。如果操作的目的只是想要瞭解產品的大致定位並沒有想要定量，比較好的方式是使用自由選擇剖面分析或其它新興的快速描述分析方法，這些方法都是利用消費者型的品評員進行評估，並使用多變量分析進行統計，例如:泛用型普氏分析(generalized procrustes analysis, GPA)進行原始數據的統計分析(因為品評員沒有訓練，使用平均是沒有意義的)。本書所介紹之統計軟體XLSTAT，除了典型變量分析法無法進行統計分析外，其他的多變量分析，此軟體皆可以快速及簡單的完成分析。

8.5 新興的快速描述分析方法

科技日新月異，食品產業有相當大的變遷，感官品評的試驗方法也在改變，以消費者型品評員為主體之快速描述分析方法已經變成主流。新興的快速描述分析方法大概可以分為 2 個方向，一個為使用消費者型的品評員進行對樣品描述，屬於靜態的品評評估法；另一個方向主要關注消費者將食物在口中食用過程的感知，屬於動態的品評評估法。以消費者進行之靜態的品評評估法從早期發展的自由選擇剖面分析(free-choice profiling)、瞬間法(flash profiling)，到最近的桌布法(Napping)或稱為投影映設法(projective mapping)等。最近，歐美的產業界開始流行的自由多元挑選法(free multiple sorting method, FMS)及選出適合的項目法(check-all-that-apply, CATA)，主要解決產業操作定量描述分析的困難與昂貴的成本。這些方法的被發展主要是在許多研究發現消費者型品評員與訓練型品評員在評估產品時，皆擁有相似的判別能力、共識與再現性，且比較產品空間地圖（分類）發現呈高相似性；雖然實驗結果如此顯示，但是訓練型品評員因其訓練過程、試驗方法與數據形式等條件，使得訓練型品評員之定量描述分析存在著不可取代的地位，因此僅在特定情況下，（例如：研究目的、時間限制、成本等因素）可考慮由消費者型品評員取代訓練型

品評員進行產品評估。這些方法目前只是被提出使用與試驗階段，可以協助業者區分產品與競品的主要特性，但由於這些方法有很多的疑慮，特別是用消費者進行產品描述，如何確定消費者對這些描述語的定義及品評員間的差異等，還有很多的問題皆尚未解答。即使使用多變量分析解決上述的部分問題但還是無法取代傳統的描述分析；無論如何，這些方法的發展應該已經是一個不可逆的趨勢。考慮上述理由，感官科學的轉型是自然且必須發生的，尤其可以在時間的運用與訓練的項目上提供更多的彈性與靈活性，費時少、更快速及有效的評估方法將成為發展的重點。圖 8-11 是從 1983~2013 於 Scopus 資料庫中搜尋快速描述分析方法之研究篇幅的數量，可發現有越來越多的研究就這些方法的應用與適切性進行探討。

　　另一個發展方向為新的動態品評知覺法(dynamic sensory perception)，這種方法包括從早期的時間強度分析 (time-intensity)到最新發展出的時序感覺順序法(temporal order of sensation, TOS)、時序感覺支配法(temporal dominance of sensations, TDS)及時序選擇適合項目法(temporal of check-all-that-apply, TCATA)等。

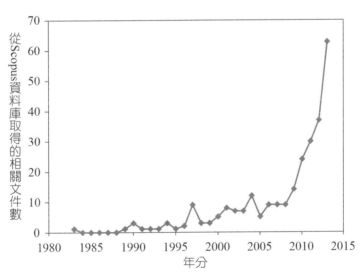

▌圖 8-11　從 1983 至 2013 於 Scopus 中搜尋快速描述方法之研究篇幅的數量

8.5.1　自由選擇剖面分析

　　自由選擇剖面分析是由英國科學家 Williams 和 Langron 於 1984 年創立的一種新的感官描述分析方法，是為了瞭解目標消費者對產品感知的資訊，最大優點是進行感官描述特性時不需要對品評員進行培訓。品評員使用自己的語言對產品特性進行描述，以不同的方法來評定樣品而不需要訓練型品評員進行評估並形成一致性的詞彙描述表，這樣減少發展標準化之產品特性描述、參考標準及學習描述語的時間。

進行自由選擇剖面分析時，先要確定評估的樣品，不能太多，通常為 6 個，以避免感官疲乏。品評員評估樣品後產生自己的描述語，然後由品評小組帶領者整合每位品評員的描述語，只要品評員認為他自己產生的描述語和已經出現的描述語是不同的詞語就將其保留，最後形成全體品評員一致性的詞彙描述表。然後，在最短的時間內進行品評單的製作，要求品評員進行第二次的品評（正式評估），在一個統一的標度上進行產品特性的強度評估。另一種作法為品評員評估樣品後，產生自己的描述語，然後製作個人獨特的品評單進行正式評估，數據的統計使用泛用型普氏分析進行分析。泛用型普氏分析是一個特殊的統計，需要使用一些有此功能的統計軟體（例如：XLSTAT、Senstools 等）來進行分析。希臘神話中有一個故事，一名海盜名字叫普氏(Procrustes)，他邀請遊客住進他房子，如果遊客身高和他的床長度不一樣，他就會拉長或鋸短遊客的腿，以適應床的長度，然後搶奪其財物。這個統計分析就有此功能，能夠將不同的描述語進行結合；將每位品評員使用評分尺度習慣不同的問題，經過一系列的數據處理，在一個二維或三維空間內，形成反應樣品間關係的一致性圖形。樣品間關係最佳化的點，稱為共識點(consensus point)。自由選擇剖面分析的好處是節省人員篩選和培訓的時間、加快實驗速度、減少花費，但他要在詞彙描述表決定後，立刻創造出個人的品評單，需要花費大量的時間與經驗。此方法的缺點是品評員會產生獨特的風味特徵來源難以解釋或者根本無法解釋。實務上，此法由於描述語的制訂非常依賴品評員個人經驗而方法的精神也是尊重品評員的認知，所以有時會產生難以想像的描述語。進行自由選擇剖面分析時，建議至少需要有 30 位品評員進行評估，或者使用 15 位品評員進行 2 重複的評估的方式也可。

8.5.2　瞬間法

瞬間法是自由選擇剖面法的變異方法，此方法是自由選擇剖面法與順位法的結合，知道產品間的相對評估，是一種靈活且經證實為良好的方法。瞬間法的操作可以使用 6~12 位訓練型或半訓練型品評員或 20~40 位消費者型品評員，但不同類型品評員不可混合進行評估。通常包含 2 個步驟，第一個步驟是品嘗所有產品並產生描述語；第二個步驟是依描述特性將產品由低到高進行排序，其中每位品評員產生自己的描述語，且不限制描述語數量。所有產品同時比較可以具有更明顯的差異，與自由選擇剖面分析相比較可發現，當測試產品為相同或相似類型時，瞬間法能有更多的區別能力。數據的收集是計算每位品評員自己的描述語對產品進行排序的順序，並對品評員做一各別矩陣（產品為行，描述語為列），結合所有品評員以完成統計的運算表，用泛用型普氏分析去計算產品與屬性間的關係，所以不同品評員的相

同或相似屬性將獲得共識。此方法的限制是樣品數會依據產品類型受到限制，而且每位品評員有自己的描述語列表，所以詞語的解釋將變得複雜。瞬間法可作為跨國研究使用的描述分析方法；瞬間法也可以使用嗜好性或利益相關的詞語作為描述語，瞭解產品特性與銷售功能及消費者喜好的相關性。

8.5.3　選擇適合項目法

　　選擇適合項目法是一種最近流行在感官品評領域的新興方法，此方法最早用於市場行銷。近年來被引入到感官科學及消費者領域來收集消費者對產品認知的資料。這個方法最早發展仍適用訓練型品評員，但近年來的研究發現使用消費者品評員也可獲得高度相關的結果，可被視為傳統描述分析的替代方法。也有研究指出若產品感官特性差異較小，產生的結果可能會和傳統描述分析之結果不同。在探討選擇適合項目法與其他方法之間的差異，如與理想剖面法(Ideal profile method; IPM)、桌布法(Napping)、強度評分法(Intensity scales)、極性品定位法等方法，發現選擇適合項目法提供了和傳統描述分析相似或更良好的結果，並且消費者較不易產生厭煩感。

　　選擇適合項目法的操作是將產品分次由消費者品嚐後，由品評員根據品評的感受選擇可以適當描述產品特性的詞語，方法範例如表 8-16。此方法的優點是提供多種選項，而非限制品評員只選擇單一選項或強迫品評員就單一描述語進行產品特性評估，是一種可以簡單獲取消費者對產品特性描述資訊的方法。選擇適合項目法的統計是利用被「勾選」的描述語計算選擇頻率，雖然選擇頻率的多少與感官特性強弱具有正相關性，但此方法仍不具備定量的功能，收集的資料輸入方式以「1」與「0」，二進制方法進行。

表 8-16　選擇適合項目法範例

請選擇可敘述茶感官特性的詞語	
感官特性	非感官特性
□甜　味	□自然溫和
□苦　味	□味道純正
□酸　味	□入口生津
□澀　味	□回甘有勁
□花香味	□流轉喉韻
□果香味	□濃厚強烈
□青草味	□韻味悠長
□茶菁味	□淡而無味

　　選擇適合項目法的問題形式是提供品評員產品可能感官描述語之列表而且沒有限制描述語數量。多少描述語數量應該被使用雖然沒有使用上的限制，但可能有一個最佳範圍，通常以 10-40 個為佳。當描述語過少時，可能會難以區分出樣品的差異；描述語過多被使用，則會降低整體描述語的選擇頻率、影響對樣品的區別能力及產生稀釋效應(dilution effect)等問題。當描述語偏多時，可以採用柏拉圖原則(Pareto Principle)，以被總人數 20%以上的消費者品評員選擇之感官特性次數作為篩選標準，這些被篩選出的感官特性可視為重要且消費者有感的描述語，這樣的方法可以避免在結果上對其描述語放大解釋。建議使用較短詞語來鼓勵消費者能很自然地選擇能描述樣品的詞語，減少消費者在選擇時自行區分樣品的能力（區分樣品雖然是實驗目的但應該使用統計方式去獲得）。此外，給予消費者的選擇項目較多，也容易讓消費者找到符合感受的替代名詞，不用仔細考慮產品的感官特性。選擇適合項目法的描述語除了可以用單純描述感官特性的詞語外，亦可加入非感官特性的詞語，例如：使用場合、認知、產品定位與情緒等詞語（表 8-16）；此外，複雜的產品可以使用更多的特殊情緒詞彙來表達產品資訊。

　　選擇適合項目法儘管操作簡單，對消費者而言是輕鬆易懂的方法，但在其他方面仍有許多須注意的地方。首先，在產品描述語建立的方面，選擇適合項目法的描述語來源大致可分三個來源，第一種為相似產品研究之描述語；第二種為訓練型品評員品嚐產品後，產生的描述語；第三種則由消費者型品評員品嚐產品後，提出的描述語（可利用桌布法建立）。每種方法都有各自的優缺點，例如：利用訓練型品評員所產生的描述語可能具有全面及代表性的優點，但有些描述詞彙對於消費者來說可能較難理解。建議不論使用哪種方式產生描述語，研究主導者須做最終確認決定測試的描述語而且不管詞語來源如何，描述的詞語都要修正成消費者的語言。

　　選擇適合項目法沒有被品評員選擇描述特性的原因，可能來自於品評員不認為該詞語適用於描述產品特性、對於選項的猶豫與不確定、沒有注意到這個選項等因素，因此當消費者沒有選擇某選項做產品特性描述，並不代表產品沒有該特性。感官知覺動態(dynamics of sensory perception)被認為可能是造成品評員評估產品產生差異的重要因素；感官知覺動態是指品評員在評估產品時產生的感知順序，容易受到描述語中列表的順序與位置影響。例如：消費者品嚐桃子，當多汁感詞語出現在品評單的頂端時，消費者口中正食用著桃子作答，此時消費者很容易感受到多汁感，但是當多汁感處於品評單的底部時，消費者可能已品嚐完桃子，此時可能不會認為這個桃子具有多汁感。這個問題的解決方式建議應該要依照消費者品嚐時，所感知到的順序來進行，可以先以 3~5 位訓練型品評員評估產品並決定描述語的列表設置後，才能進行消費者型品評員評估產品的正式試驗。

　　許多研究探討描述語位置與長短詞語對於實驗結果的影響，當描述語分別以隨機／穿插(random / interspersed)方式排列與結構化／區塊(structured / blocked)方式排列，結構化／區塊方式呈現之描述語被選擇頻率較高；此外，選擇適合項目法的描述語如果以相同順序呈現可能會有首行偏見效應(primary bias effect)的發生，描述語出現於列表的頂端所吸引消費者的注意力較底端高，進而增加選擇的頻率，但並非每個描述語都會有此影響。當描述語以隨機順序排列時，雖會提高消費者對於評估單的注意力，但消費者對樣品的感受可能會遺忘，從而減少選擇的頻率，也會造成消費者的壓力及提高操作難度，導致過多不可控制的因素。綜合上述，所以一個簡單的方法就是使用拉丁方塊實驗設計對品評單內的描述語順序進行平衡，讓同一個品評員在評估不同樣品之品評單描述語列表是一致的而不同品評員間之品評單描述語列表不同（品評員間描述詞語的順序隨機）；使用傳統紙本評估這樣的設計似乎很複雜但只要善用 Microsoft Word "郵件" 功能中的逐步合併列印精靈就可以輕鬆達成。

　　選擇適合項目法的列表中多個短的描述語排列在一起，與一個長的描述語排列於多個短描述語中，兩種方式對選擇頻率之結果有所不同；當多個短的描述語排列在一起時，消費者會傾向選擇更多的描述語；當多個短描述語與一個長描述語排列在一起時，消費者會較注意長的描述語，因為長的描述語似乎在像消費者說明，這是真正區分樣品之間差異的描述語。不論描述語的位置如何影響選擇頻率，但是經過統計分析後發現產品間的差異不會改變。選擇適合項目法的長列表通常是以短列表的描述語為基礎，加入同義詞或反義詞，研究發現描述語被選擇頻率與描述語結構的差異可能是源於產品間的差異而與長／短列表無關。然而，長列表會造成稀釋效應(dilution effect)，即長列表雖會使消費者的感知與表達更貼近產品描述，但是卻會降低描述語的區別能力。

　　選擇適合項目法既然利用消費者品評員來評估產品的感官特性，是否也可以同時瞭解產品的感官接受性（9分法）？事實上，結合選擇適合項目法與消費者9分法，瞭解消費者喜歡程度與鑑定驅使喜歡或優化產品結構的感官特性是非常適當且有效的方式；儘管消費者在評估特殊感官特性時會對嗜好性分數有影響，但研究發現利用選擇適合項目法評估多種產品類型時，嗜好性分數僅產生微弱或暫時的偏差，此偏差幾乎是可以忽略的。9分法與選擇適合項目法在品評過程不論使用單一測試（只有9分法或選擇適合項目法）、不同順序（先9分法後選擇適合項目法，或先選擇適合項目法後9分法）、選擇適合項目法描述語不同順序與不同描述語數量等方式進行評估，對於消費者接受性都沒有顯著的影響。方法與樣品間

的交互作用也沒有顯著性影響(p >0.05)。結合消費者試驗、選擇適合項目法與消費者背景等資料進行消費者對產品的探索發現試驗之結果與操作是具有效性與靈活性。此外，當描述語選項在列表中的位置旋轉改變時，也不會對嗜好性分數產生偏差，產品的特徵描述評估也不會產生偏差。將剛剛好法(just-about-right)與選擇適合項目法一併加入消費者嗜好性試驗，發現剛剛好法不會引起消費者對選擇適合項目法與嗜好性試驗有任何負面的影響，而剛剛好法與選擇適合項目法亦不會影響嗜好性評分。

選擇適合項目法還有一個其他方法較少被應用的優點就是"理想產品"的考慮，也就是在消費者使用選擇適合項目法評估完一系列產品後，在提供一個單獨的品評單（沒有提供樣品）要求消費者勾選他們認為這類產品理想上的感官特徵應包含哪些詞語，最後利用懲罰分析來比較被評估的樣品及消費者心目中的理想樣品間的差距。

選擇適合項目法之品評員皆為消費者，因此品評員人數要較其他科學化快速描述分析方法所需之人數來的多，研究發現產品間差異大時，為維持穩定產品與描述語間之結構，所需評估人數約 60~100 位品評員，而產品間差異小時，則必須增加品評員人數至數百人以上。足夠的人數可以使選擇適合項目法提供有效及可重複性的數據並對產品進行有效及顯著的區分。選擇適合項目法同時結合九分法進行評估建議使用 100~120 位消費者較為適當。在評估樣品數目的選擇上，考慮到統計的使用，選擇適合項目法理想上評估的樣品數目約為 5~12。

選擇適合項目法的數據是以 0/1 表示每位品評員是否在評估產品時感受到描述特性並且勾選該描述語，再根據每個描述語被勾選出的次數進行總計且同時以選擇次數的百分比（頻率百分比）表示之。描述語在樣品間（3 個樣品以上）是否呈現顯著性差異可用考克蘭 Q 檢定(Cochran's Q test)；若僅有 2 個樣品，則使用 McNemar 檢定之。考克蘭 Q 檢定是非參數統計(nonparametric statistical test)，是以雙因子隨機區間設計(two-way randomized block design)檢測，目的是瞭解消費者與產品間對描述特性選項是否有顯著性的差異；選擇適合項目法的數據由於是二元變項，建議使用多元因素分析(multi-factor analysis; MFA)、對應分析(correspondence analysis; CA)與多重對應分析(multiple correspondence analysis; MCA)等多變量分析技術進行樣品分類而不建議使用主成分分析。多元因素分析主要是探討影響產品間或消費者族群間差異最大的因素；對應分析與多重對應分析都是決定產品間相似性與相異性，並就產品擁有哪些描述特性繪製成空間地圖；對應分析可以使用卡方距離(chi-square distance)與 Hellinger 距離(Hellinger distance)2 種計算方式而得出相似的

結果；然而，卡方距離已被研究發現會受選擇頻率低的描述語影響極大，所以建議利用 Hellinger 距離作為替代之統計分析。

選擇適合項目法也可使用懲罰舉升分析(penalty-lift analysis)來探討產品的哪些特性會增加消費者喜歡程度；如果要探討產品改良，則需使用懲罰分析(penalty analysis)，主要是比較理想產品與其他產品的喜好程度與感官特性，判斷產品須以如何的方向(增強或減弱)進行改善；也可以利用喜好性地圖(preference mapping)統計消費者的喜好程度與產品的感官特性，並繪製產品空間地圖瞭解消費者與產品間的關係。

圖 8-12 為選擇適合項目法結果之統計分析，圖中的數值為消費者選擇次數的總和，黑色長條圖為選擇次數百分比（頻率百分比）而 P 值為考克蘭 Q 檢定。圖中星號表示該描述語被超過 20%的消費者選擇，可視為重要描述語或者消費者有感受之描述語。從結果可以知道這 3 茶湯中酸味、果香味及穀物味沒有被 20%的消費者所選擇，可以是為此 3 種茶湯消費者感受不到這些特性。3 種茶湯重要描述語中，僅青草味沒有顯著性差異(P>0.05)。圖中的英文字表示事後檢定分析（可以使用 minimum required difference 或 McNemat test 兩種事後檢定計算），相同字母表示在 P=0.05 時，沒有顯著性差異。從這結果可以明顯的看出高山烏龍茶及凍頂烏龍茶，消費者感受較明顯的特性為茶菁味而東方美人茶的特性為苦味、發酵味及焙火味。

描述語	高山烏龍茶	凍頂烏龍茶	東方美人茶	P-values
甜味*	17 ab	24 b	10 ab	0.01
苦味*	21 a	14 a	40 bc	0.00
酸味	6 a	6 a	16 a	0.00
澀味*	43 ab	38 a	52 abc	0.00
花香味*	15 ab	13 ab	17 ab	0.03
果香味	3 a	8 a	15 a	0.07
青草味*	24 a	22 a	20 a	0.14
茶菁味*	55 c	53 b	31 a	0.00
穀物味	4 a	8 a	6 a	0.04
發酵味*	6 a	11 ab	20 ab	0.00
焙火味*	6 a	12 ab	34 c	0.00

■ 圖 8-12　選擇適合項目法統計結果範例

近年來，選擇適合項目法又衍生出三種新的方法，第一種為選擇適合項目法配合強度評分(check-all-that-apply with intensity)，主要是提供消費者描述語列表並附上 15 分的強度評分，品評員品嚐產品後，勾選適當的描述語並依自己的方式為此描

述語進行強度評分；第二種是評估適合項目法(rate-all-that-apply; RATA)，主要是提供描述語列表，並以 3 分法（表示低、中、高）或 5 分法（表示為「稍微適用」到「非常適用」）評估產品之描述特性；品評員對該描述語有感受時，才進行程度的評估，如果對該描述語沒有感受，就完全忽略，如表 8-17。第三種則是時序選擇適合項目法(temporal check-all-that-apply; TCATA)，主要理論是感官知覺動態的應用。在評估產品時，隨著時間推移應選擇或移除感官屬性，瞭解產品在口中之感官特性的變化。

表 8-17　評估適合項目法(rate-all-that-apply; RATA)範例

描述語	有無感受	感受強度				
		太弱	弱	剛剛好	強	太強
甜味	□	□	□	□	□	□
酸味	■	□	□	□	■	□

8.5.4　感官知覺動態技術

　　使用感官知覺動態技術的目的是瞭解食用過程中，食品在口中知覺的變化，因為品嚐食品的感覺會受到其他成分交互作用的影響而改變，人的感知測量是瞭解品嚐變化一個可行的方向，導致感官知覺動態技術開始迅速發展。至今已發展出許多其他的動態方法，例如：時間強度法(time-intensity, TI)、時序選擇適合項目法(temporal check-all-that-apply, TCATA)、時序感覺順序法(temporal order of sensation)及時序感覺支配法(temporal dominance of sensations ,TDS)等。表 8-18 為比較各種感官知覺動態技術之異同。

　　每種動態方法都有它的限制，要使用何種方法進行評估應該要謹慎地考慮評估的目的並選擇適當的方法，圖 8-13 為在何種狀況下應該使用何種動態技術之決定樹。例如：時間強度法是一種知覺定量的評估，目的在於瞭解隨著時間的推移，食物中某 1 或 2 種感官特性在食用過程中強度的變化；時序感覺支配法是瞭解食用過程中數個感官特性感覺支配的變化而時序選擇適合項目法瞭解在食用過程中數個感官特性的感覺變化，後兩者屬於定性的評估。定量描述分析、時間強度分析和時序感覺支配法概念上之異同，請參考圖 8-14；其中，時序感覺支配法和時間強度分析的比較，請參考表 8-19。

表 8-18　比較各種感官知覺動態技術之異同

主題特徵	TI	TDS	TOS	TCATA
需要測量強度	V	I	X	X
能夠同時比較數個感官特性	I	V	V	V
好的篩選特性變化工具	X	V	V	V
能夠使用非訓練型品評員	X	V	V	V
具速度快之優點	X	V	V	V
能夠獲取連續性的感受	I	X	X	V
能夠提供豐富的分析	V	V	X	V
需要使用電腦化品評軟體進行評估	V	V	X	V

V 表示可以、I 表示某些特殊狀況或衍生方法可以、X 表示不可以
資料來源：Compusense 網站。

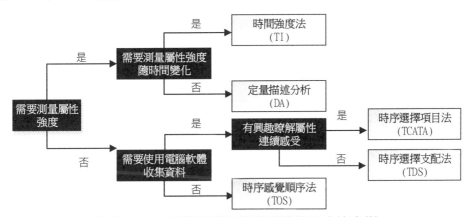

■ 圖 8-13　何種動態技術應該被使用之決定樹

資料來源：Compusense 網站。

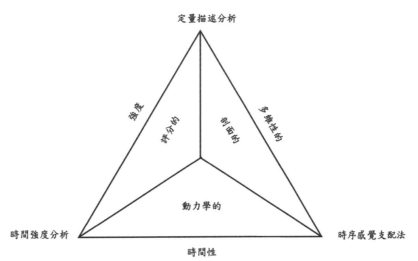

■ 圖 8-14　定量描述分析、時間強度分析和時序感覺支配法概念上之異同

資料來源：Schlich, 2017。

表 8-19　時序感覺支配法和時間強度法的比較

時序感覺支配法	時間強度法
1. 食用過程中，隨時間改變，從幾個產品屬性監控改變的主導屬性	1. 食用過程中，隨時間改變，強調 1 至 2 個感官特性的強度變化
2. 一段時間內，可以同時評估約 10 個特性時間順序的反應	2. 每一個屬性需要單獨的被測量，可能在產生一致數據的過程中導致一個高度的變異性
3. 主要集中在定性感官屬性的順序。	3. 主要集中在產生一個屬性的時間強度曲線
4. 較少的密集訓練並且可以使用消費者型品評員進行評估	4. 大規模的訓練需求並須使用訓練型品評員

8.5.5　時序感覺支配法

　　時序感覺支配法(temporal dominance sensations, TDS)能夠評估一個產品在食用過程中設定之感官屬性的感官知覺支配，在一個實驗中最多可以評估 10 個感官屬性的動態訊息，與一般標準的描述分析方法有很大的不同。時序感覺支配法的操作上，可以使用消費者型的品評員，但消費者進行評估前需訓練，主要訓練重點著重在 2 個概念：感覺支配與感受順序；感覺支配的定義為在特定時間點上，引起最多注意的感覺而感受順序的定義為隨著時間流逝，支配感覺的變化；換言之，被評估屬性的感覺支配，在強度上不一定是最高或最明顯的。因此，時序感覺支配法的訓練不需要對屬性強度做過多的培訓，而應更側重於感官屬性的識別，確保正式評估時候有良好的反應。屬性強度評估不應該是時序感覺支配法所重視的一部分。當然，時序感覺支配法也可以使用訓練型品評員進行評估，但建議至少需要 16 位訓練型品評員進行評估，而非定量描述分析常使用的 10~12 人；使用訓練型品評員至少需要 2 重複，應該要有至少總和 30 次以上的評估結果。至於使用消費者品評員進行評估仍建議至少要 60 位獨立試驗結果。進行時序感覺支配法測試時，描述語需要平衡順序，避免產生位置效應等偏見，平衡順序方式是不同品評員之間描述語呈現順序不同，但同一個品評員測試時使用的順序是相同的。描述語類型主要是針對質地、風味、餘味，因此在許多研究進行時，都會使用紅光或使用黑色杯子做為盛裝樣品來避免外觀的影響。使用消費者進行時序感覺支配法的研究，在結束後也可以接續使用 9 分法來評估不同時間喜歡程度的變化。目前時序感覺支配法的研究大部分以使用訓練型品評員為方法評估的主流，大部分訓練型品評員人數介於 10~20 之間，並進行 3 次（含）以上的重複，樣品數目以 6 個或 6 個以下為主。此外，使用 10 個以下的描述語進行評估會使品評員有較良好的感受及較佳的評估結果。評估持續時間建議以 20 秒至 120 秒為主。

　　時序感覺支配法的結果通常是用時序感覺支配法曲線（圖 8-15）來表示，曲線的橫軸為時間而縱軸為支配率(%)，由於每位品評員在食用過程所花費的時間不同，因此結果呈現上可分為兩種類型，第一種類型是依照實際受測時的秒數所呈現之時序感覺支配法曲線；第二種類型則是對於時間進行標準化，讓開始的時間為 0 而結束的時間為 1 或者以百分比表示。不管哪種呈現方式，在繪製時序感覺支配法曲線上都需計算單一屬性之支配率，並繪製出單一屬性時序感覺支配法曲線。支配率的計算方式為選擇該屬性人數之百分比；例如：某時間段，100 位品評員的數據中有 50 位選擇了甜味，表示該時間段，甜味支配率為 50%或 0.5；換言之，另外的 50%則分布於其他屬性中。依計算結果繪製單一屬性曲線後，累加不同感官屬性，完成該樣品食用時動態感知之時序感覺支配法曲線變化。

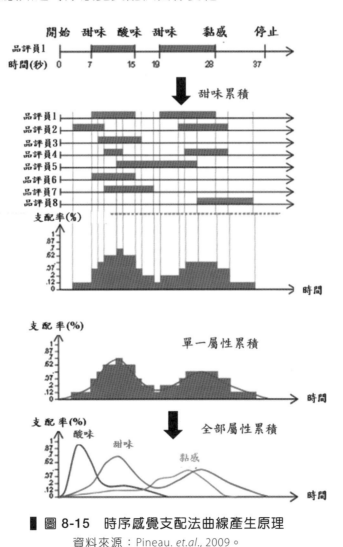

■ 圖 8-15　時序感覺支配法曲線產生原理

資料來源：Pineau. *et.al.*, 2009。

圖 8-16 為東方美人茶之時序感覺支配法曲線，結果顯示整體上有顯著的感受僅有碳焙味（高於 Significance limit，這個比例應該被考慮視為顯著之最小值），但從圖中發現東方美人茶在口中整體感受較為多變，除了碳焙味外，尚有花香味、苦味、澀味、茶菁味、酸味及回甘感等特性超過機會限制（Chance limit；機會限制的定義為某個屬性能夠獲得之支配率，其計算為 1 除以評估之屬性數，此例為 1/9=0.11），可以說東方美人茶的味道非常複雜。顯著感官特性之帶狀圖可以明顯地顯示碳焙味出現在食用過程中的中段與後段。

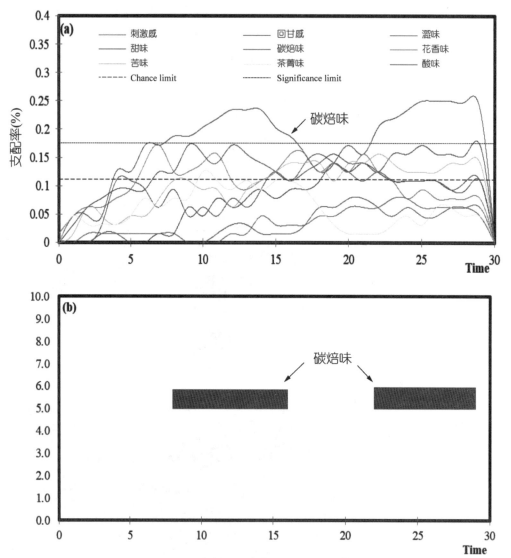

■ 圖 8-16　東方美人茶 9 個感官特性之(a)時序感覺支配法曲線(b)顯著感官特性之帶狀圖
資料來源：莊振鈺，2018。

8.5.6 時序選擇適合項目法

　　時序選擇適合項目法在評估時不是重於感官特性之支配與出現的順序而是希望瞭解在品嚐的過程中感官特性的感覺變化，是將選擇適合項目法加入時間因子，追蹤品質之方法，可使用訓練型或消費者型品評員進行評估。使用消費者進行時序選擇適合項目法前，仍要讓消費者能夠瞭解此方法的操作方式與口中感受間的關係，因此建議在正式測試前，能讓消費者進行模擬測試。研究發現消費者對方法程序的熟悉程度會小幅影響樣品辨識度，但不影響評估產品主要感官特性的感覺變化。它的評估方式必須使用感官品評專業軟體，例如：Compusnese Cloud 而操作方式通常是將樣品放入口中，同時點擊實驗測試開始，可以自由選擇或取消多個在此時間內覺得適當或不適當描述樣品之描述語。過程中，操作者不會指示品評員什麼時候吞下樣品，但一般建議有一個評估結束時間，結束時間的設定會依照食品特性不同而有所不同。在評估描述語的數量上，使用 10 個以下描述語用於此方法的評估會得到適當的結果，描述語評估最多不超過 12 個，因為過多描述語會造成有些描述語不被選擇到的機率增加及造成品評員操作之困難度。在描述語呈現的順序上，建議使用拉丁方塊實驗設計來平衡描述語被評估之順序。時序選擇適合項目法的結果呈現通常有 2 種，包含時序選擇適合項目法曲線及時序選擇適合項目法差異曲線 (discrimination curve of temporal check-all-that-apply method)，時序選擇適合項目法差異曲線是以一個樣品作為標準，使用雙尾 Fisher's LSD test 評估 2 種樣品在動態知覺的感受是否有顯著性差異，在把每個時間點具顯著性差異的描述語繪製出來。圖 8-17 為時序選擇項目法曲線產生原理。

　　圖 8-18 為東方美人茶之時序選擇適合項目法曲線及東方美人茶與高山烏龍茶之時序選擇適合項目法差異曲線。結果顯示其被選擇比例最高的描述語為澀味，食用過程 10 秒後被選擇比例超過 5 成，其次被選擇的比例是苦味、碳焙味、酸味、茶菁味、回甘感與花香味，次要屬性數量極多，表明在食用過程中，口中的變化可能較富有層次感，其中較複雜的感受時間點介於 14 至 20 秒時之間。20 秒至 30 秒時澀味與回甘感被選擇比例逐漸變高而苦味、碳焙味、酸味、茶菁味與花香味的感受比例變低。高山烏龍茶與東方美人茶的動態感官特性差異很大，東方美人茶酸味及中後期苦味，明顯與高山烏龍茶有差異，而高山烏龍茶主要的特徵為茶菁味與回甘感。

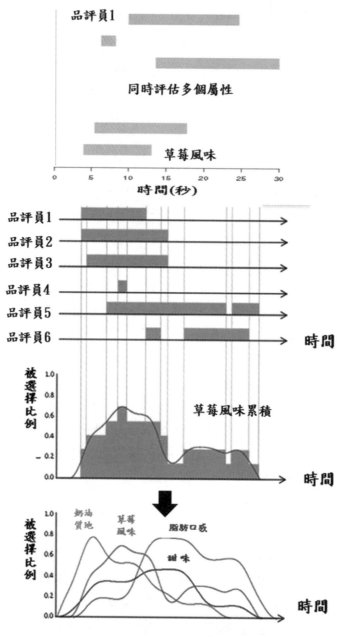

圖 8-17　時序選擇項目法曲線產生原理
資料來源：Castura et.al., 2016。

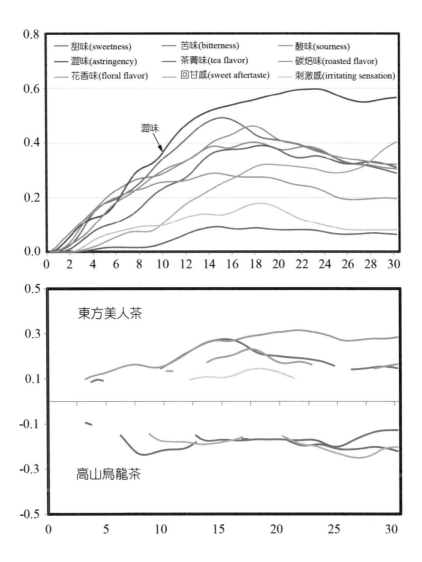

■ 圖 8-18　評估東方美人茶 9 個感官特性之(a)時序選擇項目法曲線(b) 時序選擇適合項目法差異曲線圖（東方美人茶及高山烏龍茶）

資料來源：莊振鈺，2018。

8.6 結　論

　　描述分析測試是感官品評測試中一個非常重要的方法，藉由實施此測試可以清楚地瞭解一個產品的感官特性，這是儀器分析測試無法評估且取代的。傳統的定量描述分析測試需要使用訓練良好的品評員 9~12 位，並且需要進行 3 次重複的測試。樣品的評估上，可以問品評員對於此感官特性的強弱但不能要求品評員回答喜歡程度等消費者測試範疇及判斷這是什麼酸等品質特性之問題，這些是極不正確的評估方式。描述分析並不同於專家品評（例如：品茶師、品酒師、品油師等）的操作方式。事實上，這些專家品評操作的理論基礎其實來自於科學化的描述分析測試，經由傳承、文化等演變所產生的專業技術，是無法使用一種準則來評估所有的樣品且可能需要有些許的天分才能做到的方法，所以不要再有學習描述語強弱與辨別能力而能評估所有樣品的想法。學習的重點與方法應該放在科學化的操作原則及統計分析，特別是多變量分析的操作與判讀。快速描述分析技術，特別是選擇適合項目法，在品評科學上越來越流行，能夠直接的從消費者獲得產品感官或非感官之特性但所有的快速描述分析技術基本上都沒有定量的本質，也沒有任何快速描述分析技術能夠取代定量描述分析技術，要使用何種方法都需要根據你的實驗目標、操作環境及經濟價值等多方面考量。

一、如何評估訓練型品評員的品評表現

　　訓練型品評員的品評表現認證是決定定量描述分析的結果是否精確與符合科學化的一個很重要的過程，這個認證可包含 2 個層次與情況：關注品評小組和個別品評員的表現及關注針對此次訓練的結果及長時間評估結果 2 個情況進行認證。這裡主要根據 ISO 國際標準 11132 的內容，介紹如何評估品評員訓練是否有良好的結果。

一致性評估

　　評估品評小組之表現可使用表 8-20 進行隨機區集變異數分析的評估。品評小組呈現不一致，表示其中有品評員有的表現不同於其他品評員的表現；此外，產品和品評員變項交互作用在變異數分析中呈現顯著性差異(p<0.05)，也表示品評小組表現不一致。品評小組一致性(homogeneity of the panel)的程度 s_i，可以使用下列公式來評估

$$s_i = \sqrt{\frac{MS_6 - MS_7}{n_r}}$$

　　品評小組一致性(s_i)的程度和交互作用的標準差成反比。換言之，s_i越大，一致性越差。

表 8-20　評估品評小組表現的變異數分析

變化來源	自由度 df	離均差平方和 SS	平方和平均值 (MS)	F 值
產品	$v_4 = n_p - 1$	S_4	$MS_4 = s_4 / v_4$	
品評員	$v_5 = n_q - 1$	S_5	$MS_5 = s_5 / v_5$	$F = MS_5 / MS_7$
產品和品評員交互作用	$v_6 = (n_p - 1)(n_q - 1)$	S_6	$MS_6 = s_6 / v_6$	$F = MS_6 / MS_7$
殘差	$v_7 = n_p n_q (n_r - 1)$	S_7	$MS_7 = s_7 / v_7$	
總和	$v_8 = n_p n_q n_r - 1$	S_8		

註：n_p＝產品數、n_q＝品評員數、n_r＝每個樣品重複數

　　品評小組一致性程度的評估，主要就是評估品評員進行產品評估時是否有共識與穩定，是否需要重新訓練。品評小組的表現是否達成共識決定於一個(或多個)品評員和其他成員是否一致，評估各別品評員變項與其他品評員是否一致可以從 3 方面依序來檢測考慮：(1)檢測是否有一個（多個）品評員有大的偏差。(2)這一（多）個品評員殘差的標準差(standard deviation, SD)是不是顯著性的大於品評小組全部殘差的標準差。(3)這一（多）個品評員對產品分數之平均值和品評小組對產品分數平均的相關係數(correlation coefficient)是否很小或呈現負值。

　　各別品評員的表現是否與品評小組一致(agreement among assessors, s_a)和品評員(between assessors)之標準差成反比；假如產品和品評員變項交互作用沒有顯著性的差異(我們希望得到的；p>0.05)，可以使用下列公式來評估 s_a

$$s_a = \sqrt{(MS_5 - MS_7) / n_q n_r}$$

　　假如產品和品評員變項交互作用有顯著性的差異(p<0.05)，可以使用下列公式來評估 s_a

$$s_a = \sqrt{(MS_5 - MS_6) / n_q n_r}$$

　　品評員是否對樣品的評估具有一致性(consistency)，則是計算品評員評估每個樣品的偏差之殘差 SD。偏差之值來自於各品評員對某樣品之平均值減去整體品評員對某樣品之平均值，殘差 SD 越高，表示一致性越差。當品評員的表現缺乏一致性時，使用各品評員對產品的平均與品評小組對產品的平均做散布圖(scatter diagram)及相關與回歸分析(regression and correlation analysis)，來瞭解是否這個不一致性是隨機的或者是固定之模式。

表 8-21　評估個別品評員表現的變異數分析

變化來源	自由度	平方和	均方(MS)	F 值
產品	$v_1 = n_p - 1$	S_1	$MS_1 = s_1 / v_1$	MS_1 / MS_2
殘差	$v_2 = n_p(n_r - 1)$	S_2	$MS_2 = s_2 / v_2$	
殘差 SD	$v_3 = n_p n_r - 1$	S_3		

註：n_p＝產品數、n_r＝每個樣品重複數

重複性評估

品評小組的重複能力(s_e)能夠從個別品評員重複能力來評估，可以使用下列公式

$$s_e = \sqrt{MS_7}$$

品評小組的重複性和殘差之標準差成反比；換言之，s_e 越大，重複性愈差

品評員是否具有重複性是計算品評員殘差之標準差 SD；標準差越高，表示重複性越差。各品評員的重複能力評估 s_e

$$s_e = \sqrt{MS_2}$$

再現性評估

評估品評小組是否有再現性時，首先需要確認在不同期間評估相同的產品，使用 3 因子變異數分析（產品、品評員和期間變項）進行統計。在 p＝0.05 時，其中，期間的變項應該要沒有顯著性的差異($p > 0.5$)；樣品與期間變項的交互作用也應該呈現沒有顯著性的差異($p > 0.05$)。假如樣品與期間變項的交互作用呈現顯著性差異($p < 0.05$)，表示不同期間評估產品的差異是不同的。

品評員與期間變項的交互作用也應該呈現沒有顯著性的差異($p > 0.05$)，假如品評員與期間變項的交互作用呈現顯著性差異($p < 0.05$)，表示品評員的偏差在不同期間是在改變的。

假如使用 3 因子變異數分析來描述整體品評小組的表現，產品變項、品評員變項和期間變項應該視為隨機變項，再現性之標準差 S_R，可以使用下列公式來評估

$$S_R = \sqrt{s_e^2 + s_a^2 + s_{sess}^2 + s_{a \times sess}^2 + s_{prod \times sess}^2}$$

e：殘差、a：品評員變項、sess：期間變項、prod：產品變項

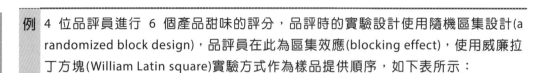

例 4 位品評員進行 6 個產品甜味的評分,品評時的實驗設計使用隨機區集設計(a randomized block design),品評員在此為區集效應(blocking effect),使用威廉拉丁方塊(William Latin square)實驗方式作為樣品提供順序,如下表所示:

品評員	樣品提供順序					
	1	2	3	4	5	6
1	A	B	E	F	C	D
2	B	D	A	C	F	E
3	C	E	D	B	A	F
4	D	F	B	A	E	C

所有的產品被進行了 3 重複評估而在同一期間所有的產品被評估完成 1 次,各品評員的所評估的分數如下表,請瞭解品評小組的表現。

樣品	品評員 1		品評員 2		品評員 3		品評員 4		平均
	分數	平均	分數	平均	分數	平均	分數	平均	
A	8		5		6		9		
	8	8.3	8	7.3	7	6.0	8	8.3	7.50
	9		9		5		8		
B	6		6		5		7		
	8	7.0	7	5.7	4	5.3	7	6.7	6.17
	7		4		7		6		
C	4		5		4		5		
	5	4.7	2	3.3	3	4.0	5	5.0	4.25
	5		3		5		5		
D	6		6		4		6		
	6	5.7	4	5.3	2	3.3	5	5.3	4.92
	5		6		4		5		
E	4		3		4		4		
	5	4.0	2	3.0	4	4.3	5	4.3	3.92
	3		4		5		4		
F	5		4		5		7		
	6	5.7	2	4.3	4	5.0	5	6.3	5.33
	6		7		6		7		
平均	5.89		4.83		4.67		6.0		5.35

↘答 ：

評估整體品評小組的表現

變化來源	自由度	平方和	均方(MS)	F 值
產品	5	104.9	20.98	
品評員	3	26.04	8.68	6.79*
產品和品評員交互作用	15	16.04	1.07	0.84**
殘差	48	61.33	1.28	
總和	71	208.31		

註：*表示在 $p = 0.001$ 時有顯著性差異、**表示在 $p = 0.05$ 沒有顯著性差異

　　從上表可以知道在 $p = 0.05$ 時，產品和品評員變項交互作用沒有顯著性差異 ($p > 0.05$)，表示品評小組在差異評估上具有一致性（產品甜度高的都給高分而甜度低的都給低分）。品評員變項之 F 值有顯著性差異($p < 0.05$)，表示各品評員在產品的強度上給予了不同的分數。品評員平均之變化程度，可以用品評員變項之標準差求得。

$$SD = \sqrt{8.68 - 1.28 / 4 \times 3} = 0.76$$

> **例** 承上例題之數值，如何評估個別品評員之表現？個別品評員之表現是否具有一致性？

↘答 ： 評估個別品評員的表現

變化來源	自由度	品評員 1		品評員 2		品評員 3		品評員 4	
		MS	F	MS	F	MS	F	MS	F
產品	5	7.42	13.36*	7.83	2.66	2.80	2.40	6.13	13.80*
殘差	12	0.56		2.94		1.17		0.44	
殘差 SD		0.75		1.71		1.08		0.67	

註：*顯著性差異在 $\alpha = 0.05$

各品評的偏差及殘差

品評員	偏差	殘差 SD
1	$5.89 - 5.35 = 0.54$	0.75
2	$4.83 - 5.35 = -0.52$	1.71
3	$4.67 - 5.35 = -0.68$	1.08
4	$6.00 - 5.35 = 0.65$	0.67

註：偏差之值來自於各品評員之平均值減去整體品評員之平均值

每個樣品的偏差

樣品	品評員 1	品評員 2	品評員 3	品評員 4
A	0.83	− 0.17	− 1.50	0.83
B	0.83	− 0.50	− 0.83	0.50
C	0.42	− 0.92	− 0.25	0.75
D	0.75	0.42	− 1.58	0.42
E	0.08	− 0.92	0.42	0.42
F	0.33	− 1.00	− 0.33	1.00
SD	0.31	0.56	0.78	0.24

註：偏差之值來自於各品評員對某樣品之平均值減去整體品評員對某樣品之平均值

　　品評員 2 和品評員 3 有高的殘差 SD，表示相同樣品的重複能力很差。

　　品評員 3 平均來說，有高的負值偏差 − 0.68，表示他給予的分數和其他品評員相比，有較低的趨勢而且品評員 3 也十分不一致，產品間的變化從 − 1.58 到 ＋ 0.42，偏差的殘差 SD 為 0.78。品評員 4 有高的正值偏差 0.65，但具有一致性，因為偏差的殘差 SD 為 0.24 從上表分析可知，品評員 1 和 4 一致性好，變化低，他們評估的數據是可信賴的。品評小組的整體平均值被品評員 2 及評員品 3 拉低。

　　理想上來說，品評小組對產品的平均值與各品評員對產品的平均趨勢線的斜率應該接近 1 且截距應該接近 0，相關係數 R 值接近 1。

　　從圖 8-19 可以知道品評員 4 表現的最好，趨勢線的斜率最接近 1，R 值最接近 1 而且有最小的截距。品評員 3 趨勢線的斜率最小，表示和其他品評員相比他對品評表的分數使用範圍較窄。品評員 2 的截距為負值，表示一個負的偏差，換言之，品評員 2 評估產品所給的分數普遍來說比品評小組成員之平均值低。

二、不同品評員的表現可以使用折線圖做比較

1. 整體品評員評估

　　圖 8-20(a)可以發現 4 位品評員對於樣品 1 的 5 個描述語強度認知基本上有相同的評估，但品評員 3 所給的分數較其他品評員低，這個狀況說明品評員的訓練已經趨近於一致，可以進行正式評估。至於品評員 3 只要給與個別的叮嚀，要求他在分數的評估上稍微調整即可。圖 8-20(b)顯示品評員對於樣品 2 的 5 個描述語有不同的評估，來自於對於強度認知不同，也來自於分數使用上的不同。品評員 2 和其他品評員比較，在描述語 C 和 D 特別的不穩定。

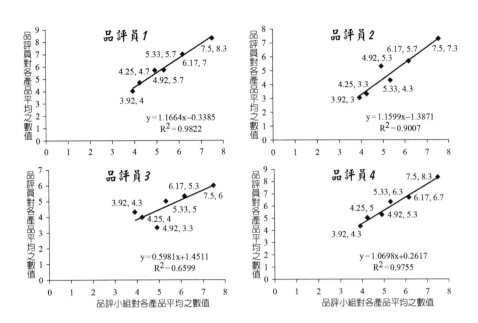

圖 8-19　品評小組表現和各別品評員表現之關係（續）

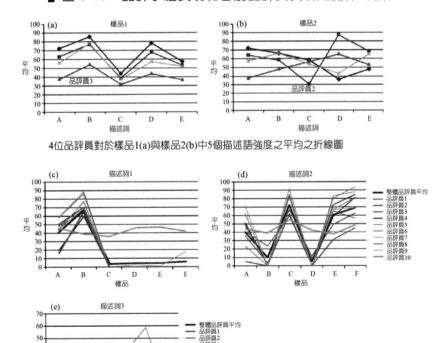

4位品評員對於樣品1(a)與樣品2(b)中5個描述語強度之平均之折線圖

10位品評員評估6個產品對描述詞1(c)、2(d)和3(e)評估分數之折線圖

圖 8-20　整體品評員和個別品評員表現之折線圖

2. 個別品評員評估

　　圖 8-20(c)可以發現大部分的品評員有相似的產品區分，只有品評員 10 對產品有較差的區分性。其餘的品評員，除了產品 A 外，對其他產品有相同的評估。從這結果可以懷疑品評員 10 對此描述語的認知和其他品評員不同或者熟悉度不同(用自己認知的方式做評估)，應請他再次品嚐此描述語的標準品和樣品做比較，來強化訓練。圖 8-20(d)可以發現大部分的品評員同意此描述語在 6 產品的強度順序，但品評員 10 對產品有較差的區分性且使用較窄的分數範圍進行評估。圖 8-20(e)可以發現所有品評員在樣品的區分性和評估特性上分數的使用都有很差的表現，這個圖表說明訓練無效，也無法進行正式評估，需要重新訓練。

習題

選擇題

1. 下列哪一種描述分析試驗，其品評員不用訓練就可以實施？　(A)風味剖面分析(flavor porfile method)　(B)列譜分析(spectrum)　(C)質地剖面分析(texture profile method) (D)桌布法(Napping method)。

2. 下列哪一種不是用快速描述分析方法（利用消費者型品評員）進行測試？　(A)自由選擇剖面法(free choice profiling; FCP)　(B)通用描述分析(generic descriptive analysis) (C)選出適合項目法(check-all-that-apply; CATA)　(D)瞬間法(flash profiling)。

3. 關於描述分析的敘述，下列何者正確？　(A)所有描述分析試驗都必須使用平均值來表示結果　(B)所有描述分析試驗都一定要使用訓練型品評員　(C)如果今天要用雷達圖表示某些感官特性強度的大小，品評員的評估表現不用被驗證　(D)定量描述分析是一個費時且耗錢的方法。

問答與實驗題

1. 某實驗室為了進行描述分析，進行了一系列的品評員訓練活動，下表是利用變異數分析最後一次瞭解品評員是否可以客觀的評估煉乳味特性，請根據這結果回答下列問題。

Source	df	SS	MS	F	Pr>f
J	9	722.95	85.88	29.12	<0.001
R	2	14.81	7.4	2.51	0.09
P	3	56.14	18.71	6.34	0.00
J×R	18	70.71	3.93	1.33	0.21
J×P	27	100.54	3.72	1.26	0.23
P×R	6	22.73	3.79	1.28	0.28

註：J＝品評員(judges)、R＝重複(replicates)、P＝產品(products)

(1) 這個實驗用了多少個品評員進行評估？
(2) 品評員在描述語煉乳味的訓練最後被評定為訓練精良，其理由為何？
(3) 這裡的 R 是指產品的重複，還是品評員的重複？

(4) 被評估的產品是否有顯著性差異？

(5) 品評員在評估時，所給樣品特性的分數是否一致？

2. 請說明定量描述分析(QDA)及差異分析試驗在感官品評的角色及異同。

3. 康康老師預計做 6 個市售咖啡飲品描述性試驗，請問(1)感官品評員如何篩選？(2)如何進行此一試驗？

4. 你的公司正發展一種 Splenda®（Sucralose 為甜味劑）冰淇淋，有 10 個產品原型正在研究與發展，如下列表。

P1	10% 全脂冰淇淋，控制組 1，使用蔗糖製作
P2	10% 全脂冰淇淋，25% Splenda®取代蔗糖
P3	10% 全脂冰淇淋，50% Splenda®取代蔗糖
P4	10% 全脂冰淇淋，75% Splenda®取代蔗糖
P5	10% 全脂冰淇淋，100% Splenda®取代蔗糖
P6	7.5% 減脂冰淇淋，控制組 2，使用蔗糖製作
P7	7.5% 減脂冰淇淋，25% Splenda®取代蔗糖
P8	7.5% 減脂冰淇淋，50% Splenda®取代蔗糖
P9	7.5% 減脂冰淇淋，75% Splenda®取代蔗糖
P10	7.5% 減脂冰淇淋，100% Splenda®取代蔗糖

設計一個描述性分析試驗，描述語已經被提供如下：

外觀：黃色、多孔性、乾。

風味：香草味、甜味、人工味、乳脂味、焦糖味、香草味。

質地：乾的口感、冰晶、厚實、乳脂。

餘味：澀味、甜味、牛奶味、乳脂味、人工味、香草味。

你的實驗設計應該考慮下面幾點：

(1) 詳述如何選擇和訓練品評員及品評員數。

(2) 設計品評單並定義本實驗的描述語及提供標準品（使用 15 公分長的線，讓品評員評估）（你的標準品強度在 12 公分，請選擇適當的標準品）。

(3) 說明基本的樣品製備原則（實驗樣品順序及 3 位數隨機碼）。

5. 下表是劉老師實驗室進行冰淇淋產品描述分析的風味部分實驗結果,請根據這些結果回答下列問題。

特性	固定模式						隨機模式	
	source	df	SS	MS	F value	Pr>f	F value	Pr>f
煉乳味	J	9.00	772.95	85.88	29.12	<.0001		
	R	2.00	14.81	7.40	2.51	0.09		
	P	3.00	56.14	18.71	6.34	0.00	4.10	0.07
	J×R	18.00	70.71	3.93	1.33	0.21		
	J×P	27.00	100.54	3.72	1.26	0.23		
	R×P	6.00	22.73	3.79	1.28	0.28		
牛奶糖味	J	9.00	968.38	107.60	31.91	<.0001		
	R	2.00	14.28	7.14	2.12	0.13		
	P	3.00	76.82	25.61	7.59	0.00	4.00	0.07
	J×R	18.00	114.70	6.37	1.89	0.04		
	J×P	27.00	87.09	3.23	0.96	0.54		
	R×P	6.00	19.01	3.17	0.94	0.47		
牛奶味	J	9.00	673.15	74.79	19.92	<.0001		
	R	2.00	0.60	0.30	0.08	0.92		
	P	3.00	31.47	10.49	2.79	0.05	2.89	0.12
	J×R	18.00	100.62	5.59	1.49	0.13		
	J×P	27.00	88.76	3.29	0.88	0.64		
	R×P	6.00	24.16	4.03	1.07	0.39		
甜味	J	9.00	318.65	35.41	15.92	<.0001		
	R	2.00	0.34	0.17	0.08	0.93		
	P	3.00	11.00	3.67	1.65	0.19	1.30	0.36
	J×R	18.00	98.31	5.46	2.46	0.01		
	J×P	27.00	76.40	2.83	1.27	0.22		
	R×P	6.00	11.52	1.92	0.86	0.53		

特性	固定模式						隨機模式	
	source	df	SS	MS	F value	Pr>f	F value	Pr>f
香草味	J	9.00	825.69	91.74	17.19	<.0001		
	R	2.00	15.70	7.85	1.47	0.24		
	P	3.00	19.87	6.62	1.24	0.30	1.48	0.31
	J×R	18.00	141.86	7.88	1.48	0.14		
	J×P	27.00	78.64	2.91	0.55	0.96		
	R×P	6.00	21.54	3.59	0.67	0.67		

註：J＝品評員(judges)、R＝重複(replicates)、P＝產品(products)

(1) 這個實驗用了多少品評員、評估多少樣品及做了幾個重複？

(2) 這個實驗為什麼要用所謂的固定模式及隨機模式來評估？

(3) 請解釋這 5 種描述語的實驗結果。

附件 1・A　咖啡風味輪中味道描述詞之英翻中

英文	中文與含意	英文	中文與含意
Aromas	香氣	Roasted Almond	烘焙杏仁香
Enzymatic	酵素發酵來的	Honey	蜂蜜香
Sugar Browning	醣類褐變來的	Maple Syrup	楓糖香
Dry Distillation	焦化乾餾來的	Bakers	Bakers 巧克力香
Flowery	花香韻	Dark Chocolate	黑巧克力香
Fruity	果香韻	Swiss	瑞士巧克力香
Herby	本草韻	Butter	奶油巧克力香
Nutty	堅果韻	Piney	松樹香
Caramelly	焦糖韻	Black Currant-like	黑醋栗香
Chocolaty	巧克力韻	Camphoric	樟腦香
Resinous	樹酯韻	Cineolic	桉樹腦香
Spicy	辛香韻	Cedar	西洋杉香
Carbony	碳燒韻	Pepper	胡椒香
Floral	花朵類的	Clove	丁香
Fragrant	芳香類的	Thyme	百里香
Citrus	柑橘類的	Tarry	柏油氣
Berry-like	莓果類的	Pipe Tobacco	菸草氣
Alliaceous	蔥味類的	Burnt	燒焦氣
Leguminous	豆味類的	Charred	焦碳氣
Nut-like	堅果類的	Tastes	滋味
Malt-like	麥芽類的	Sour	酸
Candy-like	糖果類的	Sweet	甜
Syrup-like	糖漿類的	Salt	鹹
Chocolate-like	巧克力類的	Bitter	苦
Vanilla-like	香草類的	Soury	十足酸味的（不舒服的酸）
Turpeny-like	松脂類的	Winery	葡萄酒類的（可耐受的酸）
Medicinal	藥物類的	Acidy	帶酸的（甜）
Warming	溫熱類的	Mellow	醇厚的（甜）
Pungent	嗆香類的	Bland	柔順的（鹹）
Smoky	煙燻類的	Sharp	突出的（鹹）
Ashy	灰燼類的	Harsh	嚴重的（苦）
Coffee Blossom	咖啡花香	Pungent	微刺的（苦）
Tea Rose	茶玫瑰香	Acrid	不舒服的-尖（酸）味
Cardamom Caraway	荳蔻、茴香	Hard	不舒服的-重（酸）味
Coriander Seeds	芫荽子香	Tart	可耐受的-刺激性（葡萄酒類的酸）味
Lemon	檸檬香	Tangy	可耐受的-濃烈的（葡萄酒類的酸）味
Apple	蘋果香	Piquant	爽口的（帶餘酸甜）味
Apricot	杏桃香	Nippy	咬口的（先酸後甜）味
Blackberry	黑莓香	Mild	溫和的（甜）味
Onion	洋蔥氣	Delicate	鮮美的（甜）味
Garlic	大蒜氣	Soft	柔和的（鹹）味
Cucumber	小黃瓜香	Neutral	中性的（鹹）味
Garden Peas	豌豆香	Rough	粗雜的（鹹）味
Roasted Peanuts	烘焙花生香	Astringent	澀澀的（鹹）味
Walnuts	胡桃香	Alkaline	鹼澀的（鹹澀的苦）味
Basmati Rice	印度香米香	Caustic	強鹼的（咬喉的苦）味
Toast	土司香	Phenolic	煙燻酚類的（苦）味
Roasted Hazelnuts	烘焙榛果香	Creosol	木焦油醇的（苦）味

請參照第　　頁

附件 1・B　橄欖油品鑑表

Figure 2

初榨橄欖油風味剖面品鑑表

負面缺失之感知強度

泥霉沉澱味(*)	________________
濕土／霉味(*)	________________
酒酸味(*)	________________
凍傷橄欖味	________________
腐臭味	________________
其他負面屬性：	________________

描述語：	金屬的 □	乾草的 □	汙穢的 □	粗糙的 □
	鹽味的 □	受熱或燒過的 □	蔬汁味的 □	
	茅草味的 □	黃瓜味的 □	油膩味的 □	

(*)可刪去不適用的項目

正向屬性之感知強度

果香 ________________

未熟的 □　　成熟的 □

苦味 ________________

辣味 ________________

品評員姓名：　　品評員代號：

樣品代號：　　簽名：

日期：

評語：

附件 2　隨機號碼表

```
8629546146219165562827786
2235379416164466246247411635
7568297972512879325573593
5441132822166184876655854
6814818189679252187437111
1998755385328692984888448
9183397218591321631277129
6624892597284987595554968
7768249861913699466891791
6539675125221338229916374
7491724641385854142877996
5223333964967423773727252
4752187659546513793337134
8944581748698272322843842
11618345937563591145562476
2452665477435816289244258
3985229332748493962599665
2525813555426915372222746
1872288248815497591169122
5494457937348551211885595
```

註：
1. 使用隨機號碼表的數字應不受任何限制，可以任意指定一個數字。例如可以閉上眼睛用手指或者筆尖在亂數表上任意點一下。然後按上下左右的順序或按一定間隔順序讀起；按排列順序讀數字
2. 如果將亂數表使用在實驗設計，只有評估 6 個樣品，起用一位數。如果從第一行第一位數字起用一位數（按由左至右順序），第一個數字就應該是 8（超過 6 可以不要），第二個數字應該是 6，第三個數字是 2，第四個數字應該是 9（超過 6 可以不要），第五個數字應該是 5，第六個數字應該是 4……，以此類推
3. 如果起用三位數：如果從第一列第一位數字起用三位數（按由左至右順序），第一個數字是 862，第二個數字是 954，第三個數字是 614，第四個數字是 621，接下去是 916，556……直到抽取到足夠的數字為止

附件 3　多種比較中的 Turkey's HSD(Honest Significant Difference)表：臨界值＝0.05

Critical Points for Turkey's HSD Multiple Range Statistic:　α＝0.05

df	number of treatment								
	2	3	4	5	6	7	8	9	10
1	17.97	26.98	3.28	37.08	40.41	43.12	45.4	47.36	49.07
2	6.08	8.33	9.80	10.88	11.74	12.44	13.03	13.54	13.99
3	4.50	5.91	6.82	7.50	8.04	8.48	8.85	9.18	9.46
4	3.93	5.04	5.76	6.29	6.71	7.05	7.35	7.60	7.83
5	3.64	4.60	5.22	5.67	6.03	6.33	6.58	6.80	6.99
6	3.46	4.34	4.90	5.30	5.63	5.90	6.12	6.32	6.49
7	3.34	4.16	4.68	5.06	5.36	5.61	5.82	6.00	6.16
8	3.26	4.04	4.53	4.89	5.17	5.40	5.60	5.77	5.92
9	3.20	3.95	4.41	4.76	5.02	5.24	5.43	5.59	5.74
10	3.15	3.88	4.33	4.65	4.91	5.12	5.30	5.46	5.60
11	3.11	3.82	4.26	4.57	4.82	5.03	5.20	5.35	5.49
12	3.08	3.77	4.2	4.51	4.75	4.95	5.12	5.27	5.39
13	3.06	3.73	4.15	4.45	4.69	4.88	5.05	5.19	5.32
14	3.03	3.70	4.11	4.41	4.64	4.83	4.99	5.13	5.25
15	3.01	3.67	4.08	4.37	4.59	4.78	4.94	5.08	8.2
16	3.00	3.65	4.05	4.33	4.56	4.74	4.90	5.03	5.15
17	2.98	3.63	4.02	4.3	4.52	4.70	4.86	4.99	5.11
18	2.97	3.61	4.00	4.28	4.49	4.67	4.82	4.96	5.07
19	2.96	3.59	3.98	4.25	4.47	4.65	4.79	4.92	5.04
20	2.95	3.58	3.96	4.23	4.45	4.62	4.77	4.90	5.01
24	2.92	3.53	3.90	4.17	4.37	4.54	4.68	4.81	4.92
30	2.89	3.49	3.85	4.10	4.30	4.46	4.60	4.72	4.82
40	2.86	3.44	3.79	4.04	4.23	4.39	4.52	4.63	4.73
60	2.83	3.40	3.74	3.98	4.16	4.31	4.44	4.55	4.65
120	2.80	3.36	3.68	3.92	4.10	4.24	4.36	4.47	4.56
∞	2.77	3.31	3.63	3.86	4.03	4.17	4.29	4.39	4.47

註：表中 α 為顯著性水平，df 為誤差項(error term)的自由度

附件 4　多種比較中的 Duncan 表：臨界值＝0.05

Critical Points for Ducan's Multiple Range Statistic: α＝0.05

df	number of treatment								
	2	3	4	5	6	7	8	9	10
1	18.00	18.00	18.00	18.00	18.00	18.00	18.00	18.00	18.00
2	6.09	6.09	6.09	6.09	6.09	6.09	6.09	6.09	6.09
3	4.50	4.50	4.50	4.50	4.50	4.50	4.50	4.50	4.50
4	3.93	4.01	4.02	4.02	4.02	4.02	4.02	4.02	4.02
5	3.64	3.74	3.79	3.83	3.83	3.83	3.83	3.83	3.83
6	3.46	3.58	3.64	3.68	3.68	3.68	3.68	3.68	3.68
7	3.35	3.47	3.54	3.58	3.60	3.61	3.61	3.61	3.61
8	3.26	3.39	3.47	3.52	3.55	3.56	3.56	3.56	3.56
9	3.20	3.34	3.41	3.47	3.50	3.52	3.52	3.52	3.52
10	3.15	3.3	3.37	3.47	3.46	3.47	3.47	3.47	3.47
11	3.11	3.27	3.35	3.39	3.43	3.44	3.45	3.46	3.46
12	3.08	3.23	3.33	3.36	3.40	3.42	3.44	3.44	3.46
13	3.06	3.21	3.30	3.35	3.38	3.41	3.42	3.44	3.45
14	3.03	3.18	3.27	3.33	3.37	3.39	3.41	3.42	3.44
15	3.01	3.16	3.25	3.31	3.38	3.38	3.40	3.42	3.43
16	3.00	3.15	3.23	3.30	3.34	3.37	3.39	3.41	3.43
17	2.98	3.13	3.22	3.28	3.33	3.36	3.38	3.4	3.42
18	2.97	3.12	3.21	3.27	3.32	3.35	3.37	3.39	3.41
19	2.96	3.11	3.19	3.26	3.31	3.35	3.37	3.39	3.41
20	2.95	3.10	3.18	3.25	3.30	3.34	3.36	3.38	3.4
30	2.89	3.04	3.12	3.20	3.25	3.29	3.32	3.35	3.37
40	2.86	3.01	3.10	3.17	3.22	3.27	3.30	3.33	3.35
60	2.83	2.98	3.08	3.14	3.2	3.24	3.28	3.31	3.33
100	2.80	2.95	3.05	3.12	3.18	3.22	3.26	3.29	3.32
∞	2.77	2.92	3.02	3.09	3.15	3.19	3.23	3.26	3.29

註：表中 α 為顯著性水平，df 為誤差項(error term)的自由度

附件 5　費氏 F 值分布表

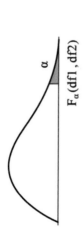

$F_\alpha(df1, df2)$

F 值右尾百分點，$F_\alpha(df2/df1)$ $\alpha=0.05$；df1 為欄而 df2 為列

df2/df1	1	2	3	4	5	6	7	8	9	10	12	15	20	24	30	40	60	120	∞
1	161.40	199.50	215.70	224.60	230.20	234.00	236.80	238.90	240.50	241.90	243.90	245.90	248.00	249.10	250.10	251.10	252.20	253.30	254.30
2	18.51	19.00	19.16	19.25	19.30	19.33	19.35	19.37	19.38	19.40	19.41	19.43	19.45	19.45	19.46	19.47	19.48	19.49	19.50
3	10.13	9.55	9.28	9.12	9.10	8.94	8.89	8.85	8.81	8.79	8.74	8.70	8.66	8.64	8.62	8.59	8.57	8.55	8.53
4	7.71	6.94	6.59	6.39	6.26	6.16	6.09	6.04	6.00	5.96	5.91	5.86	5.80	5.77	5.75	5.72	5.69	5.66	5.63
5	6.61	5.79	5.41	5.19	5.05	4.95	4.88	4.82	4.77	4.74	4.68	4.62	4.56	4.53	4.50	4.46	4.43	4.40	4.36
6	5.99	5.14	4.76	4.53	4.39	4.28	4.21	4.15	4.10	4.06	4.00	3.94	3.87	3.84	3.81	3.77	3.74	3.70	3.67
7	5.59	4.74	4.35	4.12	3.97	3.87	3.79	3.73	3.68	3.64	3.57	3.51	3.44	3.41	3.38	3.34	3.30	3.27	3.23
8	5.32	4.46	4.07	3.96	3.84	3.58	3.50	3.44	3.39	3.35	3.28	3.22	3.15	3.12	3.08	3.04	3.01	2.97	2.93
9	5.12	4.26	3.86	3.63	3.48	3.37	3.29	3.23	3.18	3.14	3.07	3.01	2.94	2.90	2.86	2.83	2.79	2.75	2.71
10	4.96	4.10	3.71	3.48	3.33	3.22	3.14	3.07	3.02	2.98	2.91	2.85	2.77	2.74	2.70	2.66	2.62	2.58	2.54
11	4.84	3.98	3.59	3.36	3.20	3.09	3.01	2.95	2.90	2.85	2.79	2.72	2.65	2.61	2.57	2.53	2.49	2.45	2.40
12	4.75	3.89	3.49	3.26	3.11	3.00	2.91	2.85	2.80	2.75	2.69	2.62	2.54	2.51	2.47	2.43	2.38	2.34	2.30
13	4.46	3.81	3.41	3.18	3.63	2.92	2.83	2.77	2.71	2.67	2.60	2.53	2.46	2.42	2.38	2.34	2.30	2.25	2.21
14	4.60	3.74	3.34	3.11	2.96	2.85	2.76	2.70	2.65	2.60	2.53	2.46	2.39	2.35	2.31	2.27	2.22	2.18	2.13
15	4.54	3.68	3.29	3.06	2.90	2.79	2.71	2.64	2.59	2.54	2.48	2.40	2.33	2.29	2.25	2.20	2.16	2.11	2.07

df2/df1	1	2	3	4	5	6	7	8	9	10	12	15	20	24	30	40	60	120	∞
16	4.49	3.63	3.24	3.01	2.85	2.74	2.66	2.59	2.54	2.49	2.42	2.35	2.28	2.24	2.19	2.15	2.11	2.06	2.01
17	4.45	3.59	3.20	2.96	2.81	2.70	2.01	2.55	2.49	2.45	2.38	2.31	2.23	2.19	2.15	2.10	2.06	2.01	1.96
18	4.41	3.55	3.16	2.93	2.77	2.66	2.58	2.51	2.46	2.41	2.34	2.27	2.19	2.15	2.11	2.06	2.02	1.97	1.92
19	4.38	3.52	3.13	2.90	2.74	2.63	2.54	2.48	2.42	2.38	2.31	2.23	2.16	2.11	2.07	2.03	1.98	1.93	1.88
20	4.35	3.49	3.10	2.87	2.71	2.60	2.51	2.45	2.39	2.35	2.28	2.20	2.12	2.08	2.04	1.99	1.95	1.90	1.84
21	4.32	3.47	3.07	2.84	2.68	2.57	2.49	2.42	2.37	2.32	2.25	2.18	2.10	2.05	2.01	1.96	1.92	1.87	1.81
22	4.30	3.44	3.05	2.82	2.66	2.55	2.46	2.40	2.34	2.30	2.23	2.15	2.07	2.03	1.98	1.94	1.89	1.84	1.78
23	4.28	3.42	3.03	2.80	2.64	2.53	2.44	2.37	2.32	2.27	2.20	2.13	2.05	2.01	1.96	1.91	1.86	1.81	1.76
24	4.26	3.40	3.01	2.78	2.62	2.51	2.42	2.36	2.30	2.25	2.18	2.11	2.03	1.98	1.94	1.89	1.84	1.79	1.73
25	4.24	3.39	2.99	2.76	2.60	2.49	2.40	2.34	2.28	2.24	2.16	2.09	2.01	1.96	1.92	1.87	1.82	1.77	1.71
26	4.23	3.37	2.98	2.74	2.59	2.47	2.39	2.32	2.27	2.22	2.15	2.07	1.99	1.95	1.90	1.85	1.80	1.75	1.69
27	4.21	3.35	2.96	2.73	2.57	2.46	2.37	2.31	2.25	2.20	2.13	2.06	1.97	1.93	1.88	1.84	1.79	1.73	1.67
28	4.20	3.34	2.95	2.71	2.56	2.45	2.36	2.29	2.24	2.19	2.12	2.04	1.96	1.91	1.87	1.82	1.77	1.71	1.65
29	4.18	3.33	2.93	2.70	2.55	2.43	2.35	2.28	2.22	2.18	2.10	2.03	1.94	1.90	1.85	1.81	1.75	1.70	1.64
30	4.17	3.32	2.92	2.69	2.53	2.42	2.33	2.27	2.21	2.16	2.09	2.01	1.93	1.89	1.84	1.79	1.71	1.68	1.62
40	4.08	3.23	2.84	2.61	2.45	2.34	2.25	2.18	2.12	2.08	2.00	1.92	1.84	1.79	1.74	1.69	1.64	1.58	1.51
60	4.00	3.15	2.76	2.53	2.37	2.25	2.17	2.10	2.04	1.99	1.92	1.84	1.75	1.70	1.65	1.59	1.53	1.47	1.39
120	3.92	3.07	2.68	2.45	2.29	2.17	2.09	2.02	1.96	1.91	1.83	1.75	1.66	1.61	1.55	1.50	1.43	1.35	1.25
∞	3.84	3.00	2.60	2.37	2.21	2.10	2.01	1.94	1.88	1.83	1.75	1.67	1.57	1.52	1.46	1.39	1.32	1.22	1.00

註：表中數據表達形式為 $F_a(df2/df1)$

附件 6 標準常態分布分配表（左尾機率表）

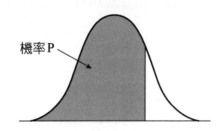

機率P

Z \ α	0	0.01	0.02	0.03	0.04	0.05	0.06	0.07	0.08	0.09
-4.0	0.0000	0.0000	0.0000	0.0000	0.0000	0.0000	0.0000	0.0000	0.0000	0.0000
-3.9	0.0000	0.0000	0.0000	0.0000	0.0000	0.0000	0.0000	0.0000	0.0000	0.0000
-3.8	0.0001	0.0001	0.0001	0.0001	0.0001	0.0001	0.0001	0.0001	0.0001	0.0001
-3.7	0.0001	0.0001	0.0001	0.0001	0.0001	0.0001	0.0001	0.0001	0.0001	0.0001
-3.6	0.0002	0.0002	0.0001	0.0001	0.0001	0.0001	0.0001	0.0001	0.0001	0.0001
-3.5	0.0002	0.0002	0.0002	0.0002	0.0002	0.0002	0.0002	0.0002	0.0002	0.0002
-3.4	0.0003	0.0003	0.0003	0.0003	0.0003	0.0003	0.0003	0.0003	0.0003	0.0002
-3.3	0.0005	0.0005	0.0005	0.0004	0.0004	0.0004	0.0004	0.0004	0.0004	0.0003
-3.2	0.0007	0.0007	0.0006	0.0006	0.0006	0.0006	0.0006	0.0005	0.0005	0.0005
-3.1	0.0010	0.0009	0.0009	0.0009	0.0008	0.0008	0.0008	0.0008	0.0007	0.0007
-3.0	0.0013	0.0013	0.0013	0.0012	0.0012	0.0011	0.0011	0.0011	0.0010	0.0010
-2.9	0.0019	0.0018	0.0018	0.0017	0.0016	0.0016	0.0015	0.0015	0.0014	0.0014
-2.8	0.0026	0.0025	0.0024	0.0023	0.0023	0.0022	0.0021	0.0021	0.0020	0.0019
-2.7	0.0035	0.0034	0.0033	0.0032	0.0031	0.0030	0.0029	0.0028	0.0027	0.0026
-2.6	0.0047	0.0045	0.0044	0.0043	0.0041	0.0040	0.0039	0.0038	0.0037	0.0036
-2.5	0.0062	0.0060	0.0059	0.0057	0.0055	0.0054	0.0052	0.0051	0.0049	0.0048
-2.4	0.0082	0.0080	0.0078	0.0075	0.0073	0.0071	0.0069	0.0068	0.0066	0.0064
-2.3	0.0107	0.0104	0.0102	0.0099	0.0096	0.0094	0.0091	0.0089	0.0087	0.0084
-2.2	0.0139	0.0136	0.0132	0.0129	0.0125	0.0122	0.0119	0.0116	0.0113	0.0110
-2.1	0.0179	0.0174	0.0170	0.0166	0.0162	0.0158	0.0154	0.0150	0.0146	0.0143
-2.0	0.0228	0.0222	0.0217	0.0212	0.0207	0.0202	0.0197	0.0192	0.0188	0.0183
-1.9	0.0287	0.0281	0.0274	0.0268	0.0262	0.0256	0.0250	0.0244	0.0239	0.0233
-1.8	0.0359	0.0351	0.0344	0.0336	0.0329	0.0322	0.0314	0.0307	0.0301	0.0294
-1.7	0.0446	0.0436	0.0427	0.0418	0.0409	0.0401	0.0392	0.0384	0.0375	0.0367

Z \ α	0	0.01	0.02	0.03	0.04	0.05	0.06	0.07	0.08	0.09
-1.6	0.0548	0.0537	0.0526	0.0516	0.0505	0.0495	0.0485	0.0475	0.0465	0.0455
-1.5	0.0668	0.0655	0.0643	0.063	0.0618	0.0606	0.0594	0.0582	0.0571	0.0559
-1.4	0.0808	0.0793	0.0778	0.0764	0.0749	0.0735	0.0721	0.0708	0.0694	0.0681
-1.3	0.0968	0.0951	0.0934	0.0918	0.0901	0.0885	0.0869	0.0853	0.0838	0.0823
-1.2	0.1151	0.1131	0.1112	0.1093	0.1075	0.1056	0.1038	0.1020	0.1003	0.0985
-1.1	0.1357	0.1335	0.1314	0.1292	0.1271	0.1251	0.1230	0.1210	0.1190	0.1170
-1.0	0.1587	0.1562	0.1539	0.1515	0.1492	0.1469	0.1446	0.1423	0.1401	0.1379
-0.9	0.1841	0.1814	0.1788	0.1762	0.1736	0.1711	0.1685	0.1660	0.1635	0.1611
-0.8	0.2119	0.2090	0.2061	0.2033	0.2005	0.1977	0.1949	0.1922	0.1894	0.1867
-0.7	0.2420	0.2389	0.2358	0.2327	0.2296	0.2266	0.2236	0.2206	0.2177	0.2148
-0.6	0.2743	0.2709	0.2676	0.2643	0.2611	0.2578	0.2546	0.2514	0.2483	0.2451
-0.5	0.3085	0.3050	0.3015	0.2981	0.2946	0.2912	0.2877	0.2843	0.2810	0.2776
-0.4	0.3446	0.3409	0.3372	0.3336	0.3300	0.3264	0.3228	0.3192	0.3156	0.3121
-0.3	0.3821	0.3783	0.3745	0.3707	0.3669	0.3632	0.3594	0.3557	0.3520	0.3483
-0.2	0.4207	0.4168	0.4129	0.4090	0.4052	0.4013	0.3974	0.3936	0.3897	0.3859
-0.1	0.4602	0.4562	0.4522	0.4483	0.4443	0.4404	0.4364	0.4325	0.4286	0.4247
0.0	0.5000	0.5040	0.5080	0.5120	0.5160	0.5199	0.5239	0.5279	0.5319	0.5359
0.1	0.5398	0.5438	0.5478	0.5517	0.5557	0.5596	0.5636	0.5675	0.5714	0.5753
0.2	0.5793	0.5832	0.5871	0.5910	0.5948	0.5987	0.6026	0.6064	0.6103	0.6141
0.3	0.6179	0.6217	0.6255	0.6293	0.6331	0.6368	0.6406	0.6443	0.6480	0.6517
0.4	0.6554	0.6591	0.6628	0.6664	0.6700	0.6736	0.6772	0.6808	0.6844	0.6879
0.5	0.6915	0.6950	0.6985	0.7019	0.7054	0.7088	0.7123	0.7157	0.7190	0.7224
0.6	0.7257	0.7291	0.7324	0.7357	0.7389	0.7422	0.7454	0.7486	0.7517	0.7549
0.7	0.7580	0.7611	0.7642	0.7673	0.7704	0.7734	0.7764	0.7794	0.7823	0.7852
0.8	0.7881	0.7910	0.7939	0.7967	0.7995	0.8023	0.8051	0.8078	0.8106	0.8133
0.9	0.8159	0.8186	0.8212	0.8238	0.8264	0.8289	0.8315	0.8340	0.8365	0.8389
1.0	0.8413	0.8438	0.8461	0.8485	0.8508	0.8531	0.8554	0.8577	0.8599	0.8621
1.1	0.8643	0.8665	0.8686	0.8708	0.8729	0.8749	0.8770	0.8790	0.8810	0.8830
1.2	0.8849	0.8869	0.8888	0.8907	0.8925	0.8944	0.8962	0.8980	0.8997	0.9015
1.3	0.9032	0.9049	0.9066	0.9082	0.9099	0.9115	0.9131	0.9147	0.9162	0.9177
1.4	0.9192	0.9207	0.9222	0.9236	0.9251	0.9265	0.9279	0.9292	0.9306	0.9319

Z \ α	0	0.01	0.02	0.03	0.04	0.05	0.06	0.07	0.08	0.09
1.5	0.9332	0.9345	0.9357	0.9370	0.9382	0.9394	0.9406	0.9418	0.9429	0.9441
1.6	0.9452	0.9463	0.9474	0.9484	0.9495	0.9505	0.9515	0.9525	0.9535	0.9545
1.7	0.9554	0.9564	0.9573	0.9582	0.9591	0.9599	0.9608	0.9616	0.9625	0.9633
1.8	0.9641	0.9649	0.9656	0.9664	0.9671	0.9678	0.9686	0.9693	0.9699	0.9706
1.9	0.9713	0.9719	0.9726	0.9732	0.9738	0.9744	0.9750	0.9756	0.9761	0.9767
2.0	0.9772	0.9778	0.9783	0.9788	0.9793	0.9798	0.9803	0.9808	0.9812	0.9817
2.1	0.9821	0.9826	0.9830	0.9834	0.9838	0.9842	0.9846	0.9850	0.9854	0.9857
2.2	0.9861	0.9864	0.9868	0.9871	0.9875	0.9878	0.9881	0.9884	0.9887	0.989
2.3	0.9893	0.9896	0.9898	0.9901	0.9904	0.9906	0.9909	0.9911	0.9913	0.9916
2.4	0.9918	0.9920	0.9922	0.9925	0.9927	0.9929	0.9931	0.9932	0.9934	0.9936
2.5	0.9938	0.9940	0.9941	0.9943	0.9945	0.9946	0.9948	0.9949	0.9951	0.9952
2.6	0.9953	0.9955	0.9956	0.9957	0.9959	0.9960	0.9961	0.9962	0.9963	0.9964
2.7	0.9965	0.9966	0.9967	0.9968	0.9969	0.9970	0.9971	0.9972	0.9973	0.9974
2.8	0.9974	0.9975	0.9976	0.9977	0.9977	0.9978	0.9979	0.9979	0.9980	0.9981
2.9	0.9981	0.9982	0.9982	0.9983	0.9984	0.9984	0.9985	0.9985	0.9986	0.9986
3.0	0.9987	0.9987	0.9987	0.9988	0.9988	0.9989	0.9989	0.9989	0.9990	0.9990
3.1	0.999	0.9991	0.9991	0.9991	0.9992	0.9992	0.9992	0.9992	0.9993	0.9993
3.2	0.9993	0.9993	0.9994	0.9994	0.9994	0.9994	0.9994	0.9995	0.9995	0.9995
3.3	0.9995	0.9995	0.9995	0.9996	0.9996	0.9996	0.9996	0.9996	0.9996	0.9997
3.4	0.9997	0.9997	0.9997	0.9997	0.9997	0.9997	0.9997	0.9997	0.9997	0.9998
3.5	0.9998	0.9998	0.9998	0.9998	0.9998	0.9998	0.9998	0.9998	0.9998	0.9998
3.6	0.9998	0.9998	0.9999	0.9999	0.9999	0.9999	0.9999	0.9999	0.9999	0.9999
3.7	0.9999	0.9999	0.9999	0.9999	0.9999	0.9999	0.9999	0.9999	0.9999	0.9999
3.8	0.9999	0.9999	0.9999	0.9999	0.9999	0.9999	0.9999	0.9999	0.9999	0.9999
3.9	1.0000	1.0000	1.0000	1.0000	1.0000	1.0000	1.0000	1.0000	1.0000	1.0000
4.0	1.0000	1.0000	1.0000	1.0000	1.0000	1.0000	1.0000	1.0000	1.0000	1.0000

註：α 為顯著性水平

附件 7　卡方分布臨界值表

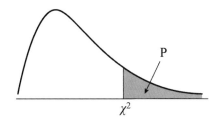

df ＼ α	0.2	0.1	0.05	0.025	0.02	0.01	0.005	0.002	0.001
1	1.64	2.71	3.84	5.02	5.41	6.64	7.88	9.55	10.83
2	3.22	4.61	5.99	7.38	7.82	9.21	10.60	12.43	13.82
3	4.64	6.25	7.82	9.35	9.84	11.35	12.84	14.80	16.27
4	5.99	7.78	9.49	11.14	11.67	13.28	14.86	16.92	18.47
5	7.29	9.24	11.07	12.83	13.39	15.09	16.75	18.91	20.52
6	8.56	10.65	12.59	14.45	15.03	16.81	18.55	20.79	22.46
7	9.80	12.02	14.07	16.01	16.62	18.48	20.28	22.60	24.32
8	11.03	13.36	15.51	17.54	18.17	20.09	21.96	24.35	26.12
9	12.24	14.68	16.92	19.02	19.68	21.67	23.59	26.06	27.88
10	13.44	15.99	18.31	20.48	21.16	23.21	25.19	27.72	29.59
11	14.63	17.28	19.68	21.92	22.62	24.73	26.76	29.35	31.26
12	15.81	18.55	21.03	23.34	24.05	26.22	28.30	30.96	32.91
13	16.99	19.81	22.36	24.74	25.47	27.69	29.82	32.54	34.53
14	18.15	21.06	23.69	26.12	26.87	29.14	31.32	34.09	36.12
15	19.31	22.31	25.00	27.49	28.26	30.58	32.80	35.63	37.70
16	20.47	23.54	26.30	28.85	29.63	32.00	34.27	37.15	39.25
17	21.62	24.77	27.59	30.19	31.00	33.41	35.72	38.65	40.79
18	22.76	25.99	28.87	31.53	32.35	34.81	37.16	40.14	42.31
19	23.90	27.20	30.14	32.85	33.69	36.19	38.58	41.61	43.82
20	25.04	28.41	31.41	34.17	35.02	37.57	40.00	43.07	45.32
21	26.17	29.62	32.67	35.48	36.34	38.93	41.40	44.52	46.80
22	27.30	30.81	33.92	36.78	37.66	40.29	42.80	45.96	48.27
23	28.43	32.01	35.17	38.08	38.97	41.64	44.18	47.39	49.73
24	29.55	33.20	36.42	39.36	40.27	42.98	45.56	48.81	51.18

註：表中 α 為顯著性水平，df 為自由度

附件 8　t 分布臨界值表（雙側檢驗）

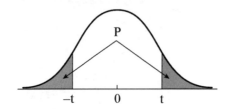

df＼α	0.2	0.1	0.05	0.02	0.01
1	3.078	6.314	12.706	31.821	63.657
2	1.886	2.920	4.303	6.965	9.925
3	1.368	2.353	3.182	4.541	5.941
4	1.533	2.132	2.776	3.747	4.604
5	1.476	2.015	2.571	3.365	4.032
6	1.440	1.943	2.447	3.143	3.707
7	1.415	1.895	2.365	2.998	3.499
8	1.397	1.860	2.306	2.896	2.550
9	1.383	1.833	2.262	2.821	2.250
10	1.372	1.812	2.228	2.764	3.169
11	1.363	1.796	2.201	2.718	3.106
12	1.356	1.782	2.179	2.681	3.055
13	1.350	1.771	2.160	2.650	3.012
14	1.345	1.761	2.145	2.624	2.977
15	1.341	1.753	2.131	2.602	2.947
16	1.337	1.746	2.120	2.583	2.921
17	1.333	1.740	2.110	2.567	2.898
18	1.330	1.734	2.101	2.552	2.878
19	1.328	1.729	2.093	2.539	2.861
20	1.325	1.725	2.086	2.528	2.845
30	1.310	1.697	2.042	2.457	2.750
40	1.303	1.684	2.021	2.423	2.704
60	1.296	1.671	2.000	2.390	2.660
120	1.289	1.658	1.980	2.358	2.617
∞	1.282	1.645	1.960	2.326	2.576

註：表中 α 為顯著性水平，df 為自由度，單側檢驗時為 α/2

附件 9 順位法中秩序和之間差別的臨界值表（Newell & MacFarlance 法）

α＝0.05

品評員數	樣品數							
	3	4	5	6	7	8	9	10
3	6	8	11	13	15	18	20	23
4	7	10	13	15	18	21	24	27
5	8	11	14	17	21	24	27	30
6	9	12	15	19	22	26	30	34
7	10	13	17	20	24	28	32	36
8	10	14	18	22	26	30	34	39
9	10	15	19	23	27	32	36	41
10	10	15	20	24	29	34	38	43
11	11	16	21	26	30	35	40	45
12	12	17	22	27	32	37	42	48
13	12	18	23	28	33	39	44	50
14	13	18	24	29	34	40	46	52
15	13	19	24	30	36	42	47	53
16	14	19	25	31	37	42	49	55
17	14	20	26	32	38	44	50	56
18	15	20	26	32	39	45	51	58
19	15	21	27	33	40	46	53	60
20	15	21	28	34	41	47	54	61
21	16	22	28	35	42	49	56	63
22	16	22	29	36	43	50	57	64
23	16	23	30	37	44	51	58	65
24	17	23	30	37	45	52	59	67
25	17	24	31	38	46	53	61	68
26	17	24	32	39	46	54	62	70
27	18	25	32	40	47	55	63	71
28	18	25	33	40	48	56	64	72
29	18	26	33	41	49	57	65	73

品評員數	樣品數							
	3	4	5	6	7	8	9	10
30	19	26	34	42	50	58	66	75
35	20	28	37	45	54	63	72	81
40	21	30	39	48	57	67	76	86
45	23	32	41	51	61	71	81	91
50	24	34	44	54	64	75	85	96
55	25	34	46	56	67	78	90	101
60	26	37	48	59	70	82	94	105
65	27	38	50	61	73	85	97	110
70	28	40	52	64	76	88	101	114
75	29	41	53	66	79	91	105	118
80	30	42	55	68	81	94	108	122
85	31	44	57	70	84	97	111	125
90	32	45	58	72	86	100	114	129
95	33	46	60	74	88	103	118	133
100	34	47	61	76	91	105	121	136

附件 10　Friedman Test 絕對值

品評員數	樣品數			
	3	4	5	6
2		6.000	7.600	9.143
3	6.000	7.400	8.533	9.857
4	6.500	7.800	8.800	10.290
5	6.400	7.800	8.960	10.490
6	7.000	7.600	9.067	10.570
7	7.143	7.800	9.143	10.670
8	6.250	7.650	9.200	10.710
9	6.222	7.667	9.244	10.780
10	6.200	7.680	9.280	10.800
11	6.545	7.691	9.309	10.840
12	6.500	7.700	9.333	10.860
13	6.615	7.800	9.354	10.890
14	6.143	7.714	9.371	10.900
15	6.400	7.720	9.387	10.920

註：　品評員數低於 14 人且樣品數小於 6，屬於小樣本使用本表
　　　品評員數超過 13 人或者樣品數大於 5，使用卡方分析表

附件 11　消費者接受性所需要的品評員數目

RMSL	α%	d	β%		
			20	10	5
0.14	10	0.2	7	9	11
	5	0.2	8	11	14
	1	0.2	12	15	18
	10	0.1	25	34	43
	5	0.1	32	42	52
	1	0.1	47	59	71
	10	0.05	98	135	170
	5	0.05	124	166	205
	1	0.05	184	234	280
0.23	10	0.2	17	23	29
	5	0.2	22	29	35
	1	0.2	32	40	48
	10	0.1	66	91	115
	5	0.1	84	112	138
	1	0.1	124	158	189
	10	0.05	262	363	459
	5	0.05	333	445	551
	1	0.05	495	631	755
0.30	10	0.2	29	39	49
	5	0.2	36	48	59
	1	0.2	53	68	81
	10	0.1	112	155	196
	5	0.1	142	190	235
	1	0.1	211	269	322
	10	0.05	446	617	780
	5	0.05	566	757	936
	1	0.05	842	1072	1284

註：RMSL＝標準誤差除以評分尺度、α%＝型 I 錯誤的機率、β%＝型 II 錯誤的機率、d＝尋求在實驗
　　手段的平均差異（尺度 0~1）

附件 12 拉丁方塊矩陣

3×3

I

1	2	3
2	3	1
3	1	2

II

1	2	3
3	1	2
2	3	1

4×4

I

1	2	3	4
2	1	4	3
3	4	1	2
4	3	2	1

II

1	2	3	4
3	4	1	2
4	3	2	1
2	1	4	3

III

1	2	3	4
4	3	2	1
2	1	4	3
3	4	1	2

5×5

I

1	2	3	4	5
2	3	4	5	1
3	4	5	1	2
4	5	1	2	3
5	1	2	3	4

II

1	2	3	4	5
3	4	5	1	2
5	1	2	3	4
2	3	4	5	1
4	5	1	2	3

III

1	2	3	4	5
4	5	1	2	3
2	3	4	5	1
5	1	2	3	4
3	4	5	1	2

IV

1	2	3	4	5
5	1	2	3	4
4	5	1	2	3
3	4	5	1	2
2	3	4	5	1

6×6

I

1	2	3	4	5	6
2	3	4	5	6	1
3	4	5	6	1	2
4	5	6	1	2	3
5	6	1	2	3	4
6	1	2	3	4	5

II

1	2	6	3	5	4
2	3	1	4	6	5
3	4	2	5	1	6
4	5	3	6	2	1
5	6	4	1	3	2
6	1	5	2	4	3

III

4	5	6	1	2	3
2	3	4	5	6	1
6	1	2	3	4	5
1	2	3	4	5	6
3	4	5	6	1	2
5	6	1	2	3	4

7×7

I

1	2	3	4	5	6	7
2	3	4	5	6	7	1
3	4	5	6	7	1	2
4	5	6	7	1	2	3
5	6	7	1	2	3	4
6	7	1	2	3	4	5
7	1	2	3	4	5	6

II

1	2	3	4	5	6	7
3	4	5	6	7	1	2
5	6	7	1	2	3	4
7	1	2	3	4	5	6
2	3	4	5	6	7	1
4	5	6	7	1	2	3
6	7	1	2	3	4	5

III

1	2	3	4	5	6	7
4	5	6	7	1	2	3
7	1	2	3	4	5	6
3	4	5	6	7	1	2
6	7	1	2	3	4	5
2	3	4	5	6	7	1
5	6	7	1	2	3	4

8×8

I

1	2	3	4	5	6	7	8
2	3	4	5	6	7	8	1
3	4	5	6	7	8	1	2
4	5	6	7	8	1	2	3
5	6	7	8	1	2	3	4
6	7	8	1	2	3	4	5
7	8	1	2	3	4	5	6

II

1	2	3	4	5	6	7	8
3	4	5	6	7	8	1	2
5	6	7	8	1	2	3	4
7	8	1	2	3	4	5	6
2	3	4	5	6	7	8	1
4	5	6	7	8	1	2	3
6	7	8	1	2	3	4	5

習題解答

Chapter 01

是非題

1. O 2. X 3. O 4. X 5. O 6. O

選擇題

1. D 2. A 3. D 4. C 5. B 6. E 7. A 8. A

問答題（答案僅供參考）

1. 參考 1.1 節。
2. 學科與科學－參考第二頁；主觀與客觀－參考第 6 頁。
3. 參考 1.2.3 食品感官品評學的近代發展。
4. 參考第 31 頁。
5. 參考圖 1-23。

Chapter 02

是非題

1. O 2. O 3. X 4. O 5. X 6. X 7. X 8. X 9. O 10. X 11. X 12. O 13. O 14. O 15. O

選擇題

1. D 2. D 3. B 4. C 5. B 6. C 7. D 8. C 9. A 10. D 11. D 12. A 13. A 14. D 15. C
16. B 17. D 18. A 19. A 20. B 21. C 22. C 23. D

問答題（答案僅供參考）

1. 參考圖 2-3。
2. 目的-分析型和嗜好型 功能-差異分析試驗、描述分析試驗、消費者試驗。
3. 參考圖 2-12 表 2-18 與 2-19。
4. (1)差異分析試驗、有經驗的品評員、30 位以上、保存期限。
   (2)描述分析試驗、訓練良好品評員、9~12 位、產品定位或瞭解產品感官特性。
   (3)消費者試驗。消費者、60 位以上、消費者接受性及喜好性。
5. 參考 2.5.1

申論題（答案僅供參考）

1. 品評員的形式錯誤，不可以用有經驗的人去評估消費者測試；消費者人數不足，統計方式不對，喜好總分不會全部相加。
2. 統計方式錯誤（接受性不會全部相加）、環境沒有控制及把品評當作問卷調查進行。
3. 評分法錯誤，進行口感接受性為消費者試驗，不會使用最差、中等與優良等敘述。

Chapter 03

是非題

1. O　2. X　3. O　4. O　5. X　6. X　7. O　8. X　9. X　10. O

選擇題

1. B　2. C　3. D　4. C　5. A　6. C　7. D　8. B　9. A　10. C　11. A　12. B　13. B　14. A　15. A
16. A　17. C　18. A　19. C　20. B　21. A　22. C　23. C　24. D　25. A　26. A　27. D

問答題（答案僅供參考）

1. 請參考 3.2.5 節及圖 3-33 3-34 3-35。
2. 請參考圖 3-41 及表 3-14 3-15。

Chapter 04

是非題

1. O　2. X　3. X　4. X　5. O　6. X

選擇題

1. B　2. D　3. B　4. C　5. C　6. C　7. C　8. D　9. B　10. D　11. A　12. D　13. A　14. D
15. D　16. D　17. C　18. B　19. D　20. C　21. D　22. D　23. B　24. D　25. D

問答填充與實驗題（答案僅供參考）

1. 參考 4.1 與 4.2 節。
2. 參考表 4-8 與 4.4.4 篩選品評員的測試中感官功能測試。
3. 消費者型、經驗型、訓練型、專家型 或者初級品評員、優選品評員、專家型品評員及具備專業知識的專家品評員。
4. 專家型品評員：專門從事產品質量控制，評估產品特定屬性與該屬性標準之間的差別和評估優質的產品。
   經驗型品評員：至少須要瞭解食品感官品評的相關知識，瞭解每個操作方式與步驟的原因。更進一步建議通過篩選試驗中的相關測試並具有一定分辨差別能力，通常這類品評員主要從事差異性試驗。
5. 參考感官品評的定義（第一章）。參考 4.3.2 及 4.3.3。
6. 參考 4.4.2 及 4.4.4。
7. 樣品準備室、品評小室、討論室或休息室。
8. 參考圖 4-5 及 4.2 節。

Chapter 05

是非題

1. O　2. O　3. X　4. O　5. O　6. O　7. O

選擇題

1. A　2. D　3. D　4. C　5. D　6. C　7. C　8. B　9. C　10. D　11. D　12. C

問答題（答案僅供參考）

1.　請參考表 2-18、2-19、2-20 及 5.2、5.3、5.4 節。

2.　(1)經驗型品評員；(2)訓練良好品評員；(3)消費者型品評員；(4)依照方法不同而不同，建議至少 30 人；(5)9-12 人；(6)至少 60 人；(7)強迫選擇法（類別資料）；(8)評分法；(9)九分法及順位法；(10) 品管；(11)產品研發；(12)行銷或研發；(13)(14)(15)請參考表 2-4。

3.　(1)拉丁方塊。

(2)(A)樣品溫度一致，室溫 冷藏與熱飲皆可；(B)樣品量至少 30c.c.；(C)冷飲或室溫評估可使用白色可丟棄器皿，熱飲需要白色瓷器器；(D)降低攜帶效應，包含清潔口腔、實驗計畫等；(E)贈品建議使用固體。

(3)需要訓練訓練成良好的品評員，需要進行重複。

Chapter 06

是非題

1. X　2. O

選擇題

1. C　2. C　3. B　4. B　5. D　6. B　7. B　8. C　9. A　10. D　11. A　12. C　13. C　14. C
15. D　16. B　17. C　18. B

問答與實驗題（答案僅供參考）

1.　(1)A 與 B 鳳梨蘋果汁有顯著性的差異。

(2)不能說明何者不同。

(3)不能說明喜歡何者。

(4)可以。

(5)顏色外觀不可以有差異。

2.　(1)固定參照模式　Ra AB　Ra BA　平衡參照模式　Ra AB RaBA RbAB Rb BA。

(2)品評員熟悉某樣品，使用固定參照模式，熟悉的樣品當標準品；品評員都不熟悉樣品，使用平衡參照模式。

3.　(1)沒有顯著性差異。

(2)卡方分析計算值 0.19，查表值為 11.07(df＝5)，沒有顯著性差異，實驗適當，不符合 ISO 規範。

(3)需要，品評員如數已經足夠。

4.　(1)成對比較法，因為雖然兩樣品在顏色外觀上沒有差異，但蔗糖訴的餘味太強，不適合使用 3 角測試法，容易造成味覺疲乏。

(2)相似性試驗。

(3)可以。

(4)先使用量值估計法，利用訓練型品評員找出配方後，在使用差異分析驗證。

5. (1)請參考表 6-1。

(2)查表法－沒有顯著性差異（小於查表值 24）；卡方分析－沒有顯著性差異（計算值 2.69，小於查表值 3.84）；Z 檢定－沒有顯著性差異（計算值 1.50，小於查表值 1.64）。

(3)單側。

(4)20 人，第 1 次答對者 12，第 2 次答對者 12，2 次都答對者 7。Smith 測試－沒有顯著性差異（可合併，小於查表值 26），修飾 Z 檢定－沒有顯著性差異（計算值－1.28 小於查表值－1.64）。

6. 使用方向性配位法，有可能是單尾測試或雙尾測試（看假設是否有無無標準答案）；差異性對比法一定是單尾測試。

7. (1)有顯著性差異（正確答對人數 62 人，高於查表值 43 人）。

(2)不是最好的方法，餘味太強，以使用 100 位品評員可以使用成對比較法。

8. (1)外觀（1.5％和 3％）無法分辨出差異且味道不強，建議使用 3 角測試法，樣品製備請參考第 5 章，其實驗設計請參考表 6-7 及 6-8。

(2)外觀可看出，建議使用成對比較法或二三點測試法（拿走 R 標準品）。

(3)賞味期限需使用品評的差異分析法或差異分析的連續性測試進行驗證，而保存期限可以使用理化特型及品評進行驗證與評估。

9. 5％ 及 5.5％ 何者較甜，沒有標準答案，且使用方向性對比法進行測試，比須使用成對比較法雙尾測試的表格進行分析，在 p＝0.05 及 p＝0.01 下，其查表值為 30 及 32，本實驗 45 人答對，在兩種顯著水準下皆有顯著性差異。

10. 濃度建議設定在 5％ 左右，不要設定太高與太低；使用有經驗或訓練良好的品評員進行，使用成對比較法，由於進行相似性試驗，品評員人數建議在 100 人左右（不可低於 30 人）。

11. (1)請參考表 6-5 與 6-6。

(2)樣品製備請參考第 5 章。

(3)查表法-有顯著差異（使用成對比較法的雙尾，實驗值等於查表值，在 p＝0.05）；卡方分析－無顯著性差異（計算值 4.73 小於查表值 5.02（雙尾））；Z 檢定－有顯著差異（計算值為 2.01，大於 1.96）；最後答案應該為有顯著性差異。

(4)足夠。

Chapter 07

是非題

1. C　2. C　3. D　4. D　5. B　6. D　7. B　8. C　9. D　10. C　11. D　12. B　13. D　14. B　15. B　16. C　17. A　18. D　19. D

問答與實驗題（答案僅供參考）

1. (1)消費者的接受性介於有點不喜歡和稍微喜歡之間，菇神黑木耳產品的接受度最低，介於有點不喜歡和稍微不喜歡之間，與其他樣品有顯著性的差異；有機黑木耳露的接受性最高，介於沒有喜歡和不喜歡與稍微喜歡之間；有意義，品評員足夠。

(2)Friedman 測試所計算出的卡方分析值為 277.87，大於查表值 df＝4 之 9.49，整體有顯著性差異；事後檢定 LSRD＝40.41。

(3)一致。

2. 接受性用 9 分法,喜好性用順位法;實驗設計分別參考表 7-10、7-11 及圖 7-11。

3. 請參考表 6-2。

4. 主要瞭解消費者對產品的感官接受性與喜好性。品評員不能訓練,所以有許多限制(請參考表 7-2)。

5. 方向性對比法、順位法及最佳最差評分法(這題是保健食品研發工程師的試題,這題題目題義並不完整;該年考試所公布的答案為表 7-5;似乎強調場所型態、如果強調方法型態,如上所公布的答案)。

6. (1)不適當,不是連續的數字資料,不能使用 ANOVA。

   (2)整體沒有顯著性差異。

   (3)不能,品評於人數不足。

   (4)方向性對比法或最佳最差評分法。

7. 不太相同,Friedman 測試 B 公司汽水的甜度與 A 和 C 有顯著性差異但使用 Newell & MacFarlance 檢定表 A、B、C 三個汽水甜度沒有顯著性差異。

8. (1)該公司經費充裕下 A、B、C 三個樣品皆可以進口,因為這個市場的消費者對這些產品皆有一定接受性。

   (2)不同意,喜歡和品質無關。

   (3)A 學校單位的環境沒有控制好,在測試進行前,已經設定好了目標,給予品評員暗示,才會有 8.13 這樣的結果。

9. (1)(a)品評員太少。(b)(c)描述分析為訓練型而消費者型的品評員不能訓練,不能同時在一個試驗中,也不能同時問感官特性強度及接受性。

   (2)使用的品評方法量表,品評員的召募及實驗計畫(基本上降低傳遞效應的因數都要寫入)。

   (3)t-檢定。

10. (1)觀念錯誤,和品評員的文化背景及使用方法有關。

    (2)有意義,代表消費者感官品質的接受程度(絕對的概念)。

    (3)頻率分析或內部喜好性地圖。

    (4)60 人以上。

11. (1)

產品	排序總和
公司 A	68bc
公司 B	33a
公司 C	59ab
公司 D	101cd
公司 E	120d

   (2)公司 B 和 C 沒有差異;公司 A 和 C 沒有差異;公司 A 和 D 沒有差異及公司 D 和 E 沒有差異。

   (3)有經驗品評員即可。

Chapter 08

選擇題

1. D　2. B　3. D

問答與實驗題（答案僅供參考）

1. (1) 10 位。

   (2) 訓練精良，因為品評員變項(J)有顯著性差異(P＜0.05)，但品評員和產品的交互作用沒有顯著性差異(P＞0.05)。

   (3) 產品的重複。

   (4) 有顯著性差異。

   (5) 沒有。

2. 請參考表 2-3 及表 2-6。

3. 請參考表 4-6、表 4-8、4.4.4 節及表 8-6

4. (1) 請參考表 4-6、表 4-8、4.4.4 節。

   (2) 請參考 8.2 節及圖 8-3。

   (3) 請參考 5.2 節。

5. (1) 10 位品評員，四個樣品及三重複。

   (2) 品評員在某特性訓練被判定精良，使用固定模式；如果再在正式試驗，發現品評員無法被判定精良，將品評員視為隨機模式，來進行產品是否具有顯著性差異的判定。

   (3) 所評估的產品在這 5 種特性上皆沒有顯著性的差異。

索　引

參考資料

Amering, M.A., Pangborn, R.M., and Roessler, E.B. 1965. Principles of sensory evaluation of food. Academic Press., New York.

Ares, G. 2015. Methodological challenges in sensory characterization. Current Opinion in Food Science, 3, 1-5. doi: 10.1016/j.cofs.2014.09.001

Ares, G. and Bruzzone, AGF. 2010. Identifying consumers texture vocabulary of milk desserts. Application of a check-all-that-apply question and free listing. Brzailian Journal of Food Technology. 6: 98-105.

Ares, G., & Jaeger, S. R. 2013. Check-all-that-apply questions: Influence of attribute order on sensory product characterization. Food Quality and Preference, 28(1), 141-153.

Ares, G., & Jaeger, S. R. 2015. Examination of sensory product characterization bias when check-all-that-apply (CATA) questions are used concurrently with hedonic assessments. Food Quality and Preference, 40, 199-208.

Ares, G., Alcaire, F., Antunez, L., Vidal, L., Gimenez, A., & Castura, J. C. 2017. Identification of drivers of(dis)liking based on dynamic sensory profiles: comparison of temporal dominance of sensations and temporal check-all-that-apply. Food Research International, 92, 79-87.

Ares, G., Antúnez, L., Bruzzone, F., Vidal, L., Giménez, A., Pineau, B., . . . Jaeger, S. R. 2015. Comparison of sensory product profiles generated by trained assessors and consumers using CATA questions: Four case studies with complex and/or similar samples. Food Quality and Preference.

Ares, G., Antúnez, L., Giménez, A., & Jaeger, S. R. 2015. List length has little impact on consumers' visual attention to CATA questions. Food Quality and Preference, 42, 100-109.

Ares, G., Antúnez, L., Giménez, A., Roigard, C. M., Pineau, B., Hunter, D. C., & Jaeger, S. R. 2014. Further investigations into the reproducibility of check-all-that-apply (CATA) questions for sensory product characterization elicited by consumers. Food Quality and Preference, 36, 111-121.

Ares, G., Bruzzone, F., Vidal, L., Cadena, R. S., Giménez, A., Pineau, B., . . . Jaeger, S. R. 2014. Evaluation of a rating-based variant of check-all-that-apply questions: Rate-all-that-apply (RATA). Food Quality and Preference, 36, 87-95.

Ares, G., Dauber, C., Fernández, E., Giménez, A., & Varela, P. 2014. Penalty analysis based on CATA questions to identify drivers of liking and directions for product reformulation. Food Quality and Preference, 32, Part A, 65-76.

Ares, G., Deliza, R., Barreiro, C., Giménez, A., & Gámbaro, A. 2010. Comparison of two sensory profiling techniques based on consumer perception. Food Quality and Preference, 21(4), 417-426.

Ares, G., Etchemendy, E., Antúnez, L., Vidal, L., Giménez, A., & Jaeger, S. R. 201). Visual attention by consumers to check-all-that-apply questions: Insights to support methodological development. Food Quality and Preference, 32, 210-220.

Ares, G., Jaeger, S. R., Bava, C. M., Chheang, S. L., Jin, D., Gimenez, A., . . . Varela, P. 2013. CATA questions for sensory product characterization: Raising awareness of biases. Food Quality and Preference, 30(2), 114-127.

Ares, G., Tárrega, A., Izquierdo, L., & Jaeger, S. R. 2014. Investigation of the number of consumers necessary to obtain stable sample and descriptor configurations from check-all-that-apply (CATA) questions. Food Quality and Preference, 31, 135-141.

Ares, G., Varela, P., Rado, G., & Giménez, A. 2011b. Identifying ideal products using three different consumer profiling methodologies. Comparison with external preference mapping. Food Quality and Preference, 22(6), 581-591.

ASTM Committee E-18. 1981. Guidelines for the selection and training of sensory panel members. Philadelphia, PA: American Society for Testing and Materials.

Aust, L.B., Gacula, M.C., Jr., Beard, S.A., and Washam, R.W.II, 1985. Degree of difference test method in sensory evaluation of heterogeneous product types. Journal of Food Science, 50, 511-513.

Bettina Malnic, Junzo Hirono, Takaaki Sato, Linda B. Buck. 1999. Combinatorial receptor codes for odors. Cell 96: 713-723.

Bower, JA. 1996. Statistics for food science III: Sensory evaluation data. Part A- sensory data types and significance testing. Nutrition & Food Science. 35-42.

Bower, JA. 1996. Statistics for food science III: Sensory evaluation data. Part B- discrimination tests. Nutrition & Food Science. 2: 16-22.

Bower, JA. 1997. Statistics for food science IV: two-sample tests. Nutrition & Food Science 39-43.

Brockhoff, PB. 2001. The design and univariate analysis of sensory profile data. The SIS Summer School, Naples, Denmark. 24p.

Brown, F. and Diller, K. 2008. Calculating the optimum temperature for serving hot beverages. Burns, 34: 5. 648-654.

Cardello, A.V, and Schutz, H. G. 2004. Research note - numerical scale-point locations for constructing the lam (labeled affective magnitude) scale. Journal of Sensory Studies, 19(4), 341-346.

Castura, J. C. 2016. TempR. Temporal sensory data analysis. AgroStat 2016 Congress. Lausanne, Switzerland.

Castura, J. C., Antúnez, L., Giménez, A., & Ares, G. 2016. Temporal check-all-that-apply(TCATA): A novel dynamic method for characterizing products. Food Quality and Preference, 47, 79-90.

Castura, J. C., Baker, A. K., & Ross, C. F. 2016. Using contrails and animated sequences to visualize uncertainty in dynamic sensory profiles obtained from temporal check-all-that-apply(TCATA) data. Food Quality and Preference, 54, 90-100.

Castura, J. C., Baker, A. K., & Ross, C. F. 2016. Using partial bootstrap to evaluate the uncertainty associated with TCATA product trajectories. AgroStat 2016 Congress. Lausanne, Switzerland.

Chambers, E., IV, & Baker Wolf, M. 1996. Sensory testing methods. West Conshohocken: ASTM, pp. 9.

Chandrashekar J. et al. 2006. The receptors and cells for mammalian taste. Nature. Nov 16; 444(7117): 288-294.

Compusense.com 2020. Twemporal methods. http://compusense.com/wp-content/uploads/2020/03/Temporal_Methods.pdf

Costell, E., Tárrega, A. and Bayarri, S. 2010. Food acceptance: the role of consumer perception and attitudes. Chemosensory Perception. 3:1. 42-50.

Ennis, JM and Christensen, RHB. 2012. Advances in tetrad testing. Sensometrics 2012. Rennes, France.

Ennis, JM. & Jesionka, V. 2011. The power of sensory discrimination methods revisited. Journal of Sensory Studies. 26: 371-382.

Fabienne Laugerette, Patricia Passilly-Degrace, Bruno Patris, Isabelle Niot, Maria Febbraio, Jean-Pierre Montmayeur and Philippe Besnard. 2005. CD36 involvement in orosensory detection of dietary lipids, spontaneous fat preference, and digestive secretions. J Clin Invest. 115(11):3177-3184.

Fisher, R. A. 1935. The Design of Experiments.

Foster, KD, Grigor, JMV., Cheong, JN., Yoo, MJY., Bronlund, JE. and Morgenstern, MP. 2011. The role of oral processing in dynamic sensory perception. Journal of Food Science. 76:2. R49-R61.

GACULA, M.C. and SINGH, J. 1984. Statistical methods in food and consumer research. Academic Press, San Diego.

Gere, Attila & Szab, Zs?fia & Pasztor Huszar, Klara & Orbán, Csaba & Kókai, Zoltán & Sipos, László.2017. Use of JAR-based analysis for improvement of product acceptance: A case study on flavored kefirs. Journal of food science. 82:5.1-8.

Göckel, R. & Camerarius, 1587 J. Themata physica de odorum natura et affectionibus. Marburg.

Goldstein, E.B. 2010. Sensation and Perception . 8th edition. Wadsworth Publishing Company, California.

Gough, S. 2011. Rapid profiling techniques- Is there a future?
http://www.ifst.org/documents/misc/sgought_rapidprofiling.pdf

Hanig, D. P. 1901. Zur Psychophvsik des Geschmacksinnes. Philosophische Studien, 17: 576-623.

Haryono R.Y., Sprajcer M.A., Keast R.S. 2014. Measuring oral fatty acid thresholds, fat perception, fatty food liking, and papillae density in humans. J. Vis. Exp. 88.

Hein, KA. Jaeger, SR., Carr, BT. & Delahunty, CM. 2008. Comparison of five common acceptance and preference methods. Food Quality and Preference. 19: 651-661.

Heymann, H., Machado, B., Torri, L. and Robinson, AL. 2012. How many judges should one use for sensory descriptive analysis? Journal of Sensory Studies. 27: 111-122.

Hough, G., Wakeling, I., Mucci, A., Chambers E. IV, Mèndez Gallardo, I. and Rangel Alves, L. 2006. Number of consumers necessary for sensory acceptability tests. Food Quality and Preference. 17: 522-526.

IFT. 1975 .Minutes of Sensory Evaluation Div. business meeting at 35th Ann. Meeting., Inst. of Food Technologists, Chicago, June 10.

ISO Standard 10399. 2004. Sensory analysis -Methodology-Duo-trio test.

ISO Standard 11035. 1994. Sensory analysis-Identification and selection of descriptors for establishing a sensory profile by a multidimensional approach.

ISO Standard 11132. 2012. Sensory analysis-methodology-guidelines for monitoring the performance of a quantitative sensory panel.

ISO Standard 13299. 2003. Sensory analysis-methodology- general guidance for establishing a sensory profile.

ISO Standard 13300-1. 2006. Sensory analysis-general guidance for the staff of a sensory evaluation laboratory- Part I Staff responsibilities.

ISO Standard 13300-2. 2006. Sensory analysis-general guidance for the staff of a sensory evaluation laboratory- Part II Recruitment and training of panel leaders.

ISO Standard 16820. 2004. Sensory analysis-methodology-sequential analysis.

ISO Standard 29842. 2011. Sensory analysis-methodology-balanced incomplete block design.

ISO Standard 3972. 2011. Sensory analysis-methodology-method of investigating sensitivity of taste.

ISO Standard 4120. 2004. Sensory analysis -methodology-triangle test.

ISO Standard 4241. 2003. Sensory-analysis-guidelines for the use of quantitative response scales.

ISO Standard 5495. 2005. Sensory analysis -methodology-paired comparison test.

ISO Standard 5497. 1992. Guidelines for the preparation of samples for which direct sensory analysis is not feasible.

ISO Standard 6658. 2005. Sensory analysis-methodology-general guidance.

ISO Standard 8586. 2012 Sensory analysis- general guidelines for the selection, training and monitoring of selected assessors and export sensory assessors.

ISO Standard 8586-1. 1993. Sensory analysis- general guidance for the selection, training and monitoring of assessors- Part1: selected assessors.

ISO Standard 8586-2. 2008. Sensory analysis-methodology-general guidance for the selection, training and monitoring of assessors- Part 2: expert sensory assessors.

ISO Standard 8587. 2006. Sensory analysis- methodology-ranking. (second edition)

ISO Standard 8588. 1987. Sensory analysis- methodology-A not A test.

ISO Standard 8589. 2007. Sensory analysis- general guidance for the design of test rooms.

Jaeger, S. R., & Ares, G. 2014. Lack of evidence that concurrent sensory product characterisation using CATA questions bias hedonic scores. Food Quality and Preference, 35, 1-5.

Jaeger, S. R., & Ares, G. 2015. RATA questions are not likely to bias hedonic scores. Food Quality and Preference, 44, 157-161.

Jaeger, S. R., Beresford, M. K., Paisley, A. G., Antúnez, L., Vidal, L., Cadena, R. S., . . . Ares, G.2015. Check-all-that-apply (CATA) questions for sensory product characterization by consumers: Investigations into the number of terms used in CATA questions. Food Quality and Preference, 42, 154-164.

Jaeger, S. R., Cadena, R. S., Torres-Moreno, M., Antúnez, L., Vidal, L., Giménez, A., . . . Ares, G.2014. Comparison of check-all-that-apply and forced-choice Yes/No question formats for sensory characterisation. Food Quality and Preference, 35, 32-40.

Jaeger, S. R., Chheang, S. L., Yin, J., Bava, C. M., Gimenez, A., Vidal, L., & Ares, G. 2013. Check-all-that-apply (CATA) responses elicited by consumers: Within-assessor reproducibility and stability of sensory product characterizations. Food Quality and Preference, 30(1), 56-67.

Jaeger, S. R., Giacalone, D., Roigard, C. M., Pineau, B., Vidal, L., Giménez, A., . . . Ares, G. 2013. Investigation of bias of hedonic scores when co-eliciting product attribute information using CATA questions. Food Quality and Preference, 30(2), 242-249.

Jaeger, S. R., Hunter, D. C., Kam, K., Beresford, M. K., Jin, D., Paisley, A. G., . . . Ares, G. 2015. The concurrent use of JAR and CATA questions in hedonic scaling is unlikely to cause hedonic bias, but may increase product discrimination. Food Quality and Preference 44 70-74.

Jaeger, S. R., Jørgensen, A. S., Aaslyng, M. D., & Bredie, W. L. P. 2008. Best–worst scaling: An introduction and initial comparison with monadic rating for preference elicitation with food products. Food Quality and Preference, 19(6), 579-588.

Jayaram Chandrashekar, Mark A. Hoon, Nicholas J. P. Ryba & Charles S. Zuker. 2006. The receptors and cells for mammalian taste. Nature, 444: 288-294.

Kaoru Sato, et al. 2002. Sensitivity of three Loci on the tongue and soft palate to four basic tastes in smokers and non-smokers. Acta Oto-laryngologica. 122(4): 74-82.

Karen A. Hein, Sara R. Jaeger, B. Tom Carr, Conor M. Delahunty,2008. Comparison of five common acceptance and preference methods, Food Quality and Preference,19:7, 651-661

Kemp, SE., Hollowood, T. and Hort, J. 2009. Sensory evaluation: a practical handbook. Wiley-Blackwell.

Larmour, R. K. 1929. 'A single figure estimate of baking scores'. Cereal Chem. 6, 164.

Lawless, H. T., and Heymann, H. 1998. Sensory evaluation of food: principles and practices. New York: Chapman & Hall.

Lawless, H. T., and Heymann, H. 2010. Sensory evaluation of food: principles and practices Vol. 5999: Springer.

Lee, H-S & van Hout, D. 2009. Quantification of sensory and food quality: The R-Index analysis. Journal of food science. 74. R57-64.

Lim, J. 2011. Hedonic scaling: A review of methods and theory. Food Quality and Preference. 22: 733-747.

Lim, Juyun.2011. Hedonic scaling: A review of methods and theory. Food Quality and Preference. 22. 733-747.

Liou, B.K. 2006. Sensory analysis of low fat strawberry ice creams prepared with different flavor chemicals and fat mimetics. Ph.D. Dissertation. University of Missouri Columbia, Columbia, MO.

Martin, L., Leblanc, R. and Toan, NK. 1993. Tables for the Friedman rank test. The Canadian Journal of Statistics. 21:1. 39-43.

McEwan, JA and Lyon, DH. 2003. Sensory rating and scoring methods. Sensory Evaluation in Encyclopedia of Food Science and Nutrition (Second Edition). 5148-5152.

Meilgaard, M. C., Civille, G. V., and Carr, B. T. 2007. Sensory evaluation techniques. fourth edition. Boca Raton: CRC Press.

Meillon, S., Viala, D., Medel, M., Urbano, C., Guillot, G., & Schlich, P. 2010. Impact of partial alcohol reduction in Syrah wine on perceived complexity and temporality of sensations and link with preference. Food Quality and Preference, 21(7), 732-740.

Meiselman, H.L. 2013. The future in sensor/consumer research: ………evolving to a better science. Food Quality and Preference. 27: 208-214.

Meiselman, HL. and Cardello, AV. 2003. Food acceptability-affective methods. Encyclopedia of food sciences and nutrition. 2569-2576.

Moskowitz, H. R., Muñoz, A. M., & Gacula Jr, M. C. 2008. Viewpoints and controversies in sensory science and consumer product testing: John Wiley & Sons.

Moskowitz, HR. 1997. Base size in product testing: A psycho-physical viewpoint and analysis. Food Quality and Preference. 8: 247-255.

Moskowitz, HR. 2003. Food acceptability-market research methods. Encyclopedia of food sciences and nutrition. 2576-2581.

Murray, J.M., Delahunty, C.M. and Baxter, I.A. 2001. Descriptive sensory analysis: past, present and future. Food Research International. 34: 461-471.

Murray, JM and Baxter, IA. 2003. Food acceptability and sensory evaluation. Sensory Evaluation in Encyclopedia of Food Science and Nutrition (Second Edition). 5130-5136.

Næs, T., Brockhoff, P., and Tomic, O. 2010. Statistics for sensory and consumer science: Wiley.com.

Nottingham, S. Getting value out of your sensory testing -the difference from control test. http://era.deedi.qld.gov.au/568/1/Nottingham_AIFST_568-sec.pdf

Pangborn, R. M. 1964. An introduction to taste testing of food: Sensory evaluation of foods: A Look Backward and Forward'. Food Technol. 18(9), 63-67.

Paschal, G. 1950. Odors and the sense of smell: A bibliography 320BC~1947. Airkem, Inc., New York

Pecore, S., Stoer, N., Hooge, S., Holschuh, N., Hulting, F., and Case, F. 2006. Degree of difference testing: a new approach incorporating control lot variability. Food Quality and Preference, 17(7-8), 552-555.

Pepino MY, Love-Gregory L, Klein S, Abumrad NA. 2012. The fatty acid translocase gene, CD36, and lingual lipase influence oral sensitivity to fat in obese subjects. J. Lipid Res. 53(3): 561-566.

Pineau, N., Schilch, P. 2015. Temporal dominance of sensations (TDS) as a sensory profiling technique. Rapid Sensory Profiling Techniques. Woodhead Publishing Series in Food Science, Technology and Nutrition , 269-306.

Pineau, N., Schlich, P., Cordelle, S., Mathonnière, C., Issanchou, S., Imbert, A., Rogeauxe,M., Etiévant,C., & Köster, E. 2009. Temporal dominance of sensations: Construction of the TDS curves and comparison with time–intensity. Food Quality and Preference, 20(6), 450-455.

Plattig, K.H. 1984. The sense of taste. In J.R. Piggot (Ed.), Sensory Analysis of Foods. London & New York: Elsevier Applied Science Publishers Ltd. 1-23.

Popper, R and Kroll, DR. 2005. Just-about-right scales in consumer research. Chemo Sense. 7:3. 2-6.

Putnam, H. W. 1981. Reason, truth, and history. Cambridge University Press, England.

Rousseau, B. 2003. Sensory difference testing. Sensory Evaluation in Encyclopedia of Food Science and Nutrition (Second Edition). 5141-5147.

Sensory Science wiki from the society of sensory professionals. http://www.sensorysociety.org/ssp/wiki/

Sliva, MAAP. 1993. Flavor properties and stability of a corn-based snack aroma profiles by GC chromatography, GC-Olfactometry, Mass Spectrometry, and descriptive sensory analysis. Dissertation, OSU.

Stewart J.E., Feinle-Bisset C., Golding M., Delahunty C., Clifton P.M., Keast R.S. 2010. Oral sensitivity to fatty acids, food consumption and BMI in human subjects. Br J Nutr. 104(1): 145-152.

Stewart JE, Keast RS. 2012. Recent fat intake modulates fat taste sensitivity in lean and overweight subjects. Int J Obes (Lond). 36(6): 834-842.

Stone, H., and Sidel, JL. 2004. Sensory evaluation practices (third edition). Academic Press.

Strobel, D. R., Bryan, W. G. and Babcock, C. J. 1953. Flavors of milk: a review of literature. Agricultural Marketing Service, United States Department of Agriculture.

Theophrastus. AB. 1916. '320BC Concerning odors'. In: Enquiry into plants and minor works on odours and weather signs vol.2: 327-389, with an English translation by Sir Arthur Hort, Bart, M. A. William Heinemann, London.

Varela, P. and Ares, G. 2012. Sensory profiling, the buried line between sensory and consumer science. A review of novel methods for product characterization. Food Research International. 48: 893-908.

Virginia B. Collings. 1974. Human taste response as a function of locus of stimulation on the tongue and soft palate. Perception & Psychophysics 16(1): 169-174.

Visalli, M., Lange, C., Mallet, L., Cordelle, S., & Schlich, P. 2016. Should I use touchscreen tablets rather than computers and mice in TDS trials? Food Quality and Preference, 52, 11-16.

Walker, L. Using penalty analysis as an aid in product development. FONA International, Inc.

Wedel, G. W. & Trumphus, J. H. 1695. Dissertatio inauguralis medica, de aromaticorum natura: usu et abusu. Jenæ: Litteris Krebsianis.

Wichchukit, Sukanya & O'Mahony, Michael. 2014. The 9-point hedonic scale and hedonic ranking in Food Science: some reappraisals and alternatives. Journal of the science of food and agriculture. 95. 11:

Wine & Taste 品迷網 https://www.winentaste.com/magazine/tutorial_wine_temprature/

Worch, T., and Delcher, R. 2013. A practical guideline for discrimination testing combining both the proportion of discriminators and thurstonian approaches. Journal of Sensory Studies, 28, 396-404.

Yeh, L.L. 1999. Use of hedonic scales among Chinese, Koreans and Thais. Master thesis. Oregon State University.

Avery Gilbert（著），張雨青（翻譯）。異香：嗅覺的異想世界。遠流出版，臺北。

Jill Fullerton-Smith 著，曾育慧翻譯。食物的真相。商周出版，臺北，2007 年。

丁謂。天香傳。宋朝。

中國標準出版社第一編輯室。中國食品工業標準匯編：感官分析方法卷，北京，2007 年。

毛羽揚。調味中的味覺變化。中國飲食文化基金會會訊 9(3)，2003 年 8 月，頁 10-13。

王柯敏、蕭丹。沒有生命的感官。曉園出版社，2001 年。

王朝臣、傅維、焦雲鵬、韓文鳳、李磊。食品感官檢驗技術項目化教程。北京師範大學出版集團，北京，2013 年。

王瑤芬、袁筱晴、蔡欣樺。香草蛋產品研發及其消費者感官品評之研究。臺南女院學報，24:1，2005 年，頁 1-21。

生慶海、張愛霞、馬蕊。乳與乳製品感官品評。中國輕工業出版社，2008 年。

白明奇。逐嗅雙傑。科學發展 391 期，2005 年 7 月，頁 44-49。

江統。酒誥。西晉。

呂秀英。正確使用統計圖表呈現處理間比較。臺灣農業研究，60(1)，2011 年，頁 61-71。

李化楠。醒園錄。清代。

李時珍。本草綱目。明朝。

李漁。閑情偶寄：飲饌部。明末清初。

周延鑫。人類的性費洛蒙。科學發展 421 期，2008 年 1 月，頁 48-73。

周禮。戰國時期。

尚書。春秋時期。

忽思慧。飲膳正要。元代。

林天送。嗅覺與味蕾：受體的新發現。科學發展 445 期，2010 年 1 月，頁 70-71。

林佳瑩、曾秀雲。從在地化到全球化：以珍珠奶茶為例。全球化下的地方文化再生與發展學術研討會，2010 年。

林洪。山家清供。南宋。

林祈生、葉瑞月。感官品評應用與實作。睿煜出版社，2003 年。

姚念周。感官品評介紹、應用與未來發展。食品資訊 192，2002 年，頁 44-47。

姚念周。感官品評基礎與應用。樞紐科技顧問出版，2001 年。

姚念周。感官品評與實務應用。樞紐科技顧問出版，2012 年。

姚念周。感官品評與實務應用：讓老闆信任你的數據。樞紐科技顧問出版，2012 年。

施明智。食物學原理（2 版）。藝軒圖書出版社，臺北，2003 年。

科學人中文版 147，2014 年 5 月。

徐藝瑄。蔗糖素與紐甜兩種人工甜味劑添加製香草冰淇淋之感官品評分析。中臺科技大學食品科技研究所碩士論文，2010 年。

袁枚。隨園食單。清代。

馬永強、韓春然、劉靜波。食品感官檢驗。化學工業出版社，北京，2007 年。

馬蕊、張愛霞、生慶海。Friedman 檢驗和 Kramer 檢驗在感官排序測試中的比較。中國乳品工業，35:9，2007 年，頁 14-16。

區少梅。食品感官品評學及實習（3 版）。華格那企業公司出版，2012 年。

張志翔、莊朝琪、林嘉鴻、劉伯康。感官品評結合多變量分析探索飲食文化中口味之趨勢：以數種添加乳類之商品為例。2012 第二屆國際餐旅管理論文研討會，臺中，2012 年。

張志翔、莊朝琪、虞積凱、劉伯康。市售香草冰淇淋感官品評之特性。2012 休閒、餐旅、觀光暨健康管理國際學術研討會，屏東，2012 年。

張春興。現代心理學。東華書局，臺北，1995 年。

張慶。茶譚。和昌茶莊，1992 年。

張曉鳴。食品感官評定。中國輕工業出版社，2007 年。

莊周。莊子（南華經）。戰國時期。

莊振鈺。2018。靜態與動態消費者型感官品評技術於臺灣特色茶感官特性之評估。中臺科技大學食品科技系碩士論文，台中市。 取自 https://hdl.handle.net/11296/xf6jvm

陳啟泰、戴達夫。增甜劑與甜味蛋白及其味覺受器。化學，64(1)，2006 年，頁 129-140。

陳敬、陳浩卿（編）。陳氏香譜。南宋。

陸羽。茶經。唐朝。

馮時化。酒史。明朝。

黃帝內經。西漢。

楊延光。情緒與腦。科學發展 367 期，2003 年 7 月，頁 70-73。

溫納／撰文，金翠庭／翻譯。放大你的味覺。科學人 79 期，2008 年 9 月，頁 96-100。

賈銘。飲食須知。元代。

臺灣美食國際化行動計畫。經建會部門計劃處，臺灣經濟論衡，8:6，2010 年，頁 78-80。

趙玉紅、張立鋼。食品感官評價。東北林業大學出版社，2006 年。

趙鐳、劉文。感官分析技術應用指南。中國輕工業出版社，2011 年。

劉安（校）。淮南子。西漢。

潘震澤。味覺生理新發現。科學人 79 期，2008 年 9 月，頁 102-105。

韓北忠、童華榮。食品感官評價。中國林業出版社，2009 年。

魏夢麗、呂秀英。官能品評資料的統計分析方法之正確使用。農業試驗所技術服務季刊，13(3)，2002 年，頁 32-37。

竇隻。酒譜。北宋。

蘇家愷。2009 曼特寧和巴西研磨咖啡最適沖泡條件之官能品評研究。餐旅暨家政學刊，6:2，頁 159-177。

圖片引用

1-1： http://zh.wikipedia.org/wiki/File:Dschuang-Dsi-Schmetterlingstraum-Zhuangzi-Butterfly-Dream.jpg

1-2： http://zh.wikipedia.org/wiki/File:Blind_monks_examining_an_elephant.jpg

1-4： http://zh.wikipedia.org/wiki/File:The_Matrix_Poster.jpg、
http://zh.wikipedia.org/wiki/File:Inception_ver3.jpg

1-5： http://shopimg.kongfz.com/20080524/113238/1211596616_2_b.jpg、
http://shopimg.kongfz.com/20070818/113238/1187439838_2_b.jpg

1-6： http://au.epochtimes.com/gb/3/11/19/n414354.htm、
http://book.th55.cn/show.aspx?id=245&cid=242

1-7： http://commons.wikimedia.org/wiki/File:Haruki_Nanmei_A_portrait_of_Lu_Yu
_%E6%98%A5%E6%9C%A8%E5%8D%97%E6%BA%9F%E7%AD%86_%E9%99%B8%E7%BE%BD%E5%
83%8F.jpg

1-8： http://zh.wikipedia.org/wiki/File:Yuan_Mei.png

1-9： http://en.wikipedia.org/wiki/File:Teofrasto_Orto_botanico_detail.jpg

1-10： http://commons.wikimedia.org/wiki/File:Goclenius.jpg

1-11： http://en.wikipedia.org/wiki/File:Fotothek_df_tg_0009002_Medizin_%5E_Portr%
C3%A4t.jpg

1-12： http://en.wikipedia.org/wiki/File:Carl_von_Linn%C3%A9.jpg

1-13： http://en.wikipedia.org/wiki/File:Francis_Galton_1850s.jpg

1-14： http://en.wikipedia.org/wiki/File:Mw160883.jpg

1-15： http://en.wikipedia.org/wiki/File:Weldon_Walter_F_R.jpg

1-16： http://en.wikipedia.org/wiki/File:R._A._Fischer.jpg

1-19： http://sa.ylib.com/images/cover/sm147-cover-500.jpg

2-1： http://zh.wikipedia.org/wiki/File:Zhang_Lu-Laozi_Riding_an_Ox.jpg

2-11： 節錄於 Sliva, MAAP.1993. Flavor properties and stability of a corn-based snack aroma profiles by
GC chromatography, GC-Olfactometry, Mass Spectometry, and descriptive sensory
analysis.Disseration, OSU.

2-13： 本圖片出自於 1967 年「Doctor Dolittle」影片，其故事則源自於 Hugh Lofting 於 1920 年所寫
的小說 The Story of Doctor Dolittle

3-1： http://www.cskms.edu.hk/subject/chi_history/information_files/map/33.jpg、
http://zh.wikipedia.org/wiki/File:Xuanzang_w.jpg

3-2:： http://www.appledaily.com.tw/appledaily/article/international/20090306/31444881/

3-4： http://tw.leaderg.com/article/index?sn=10039

3-6： 由典匠資訊有限公司授權使用，nutua 提供。

3-7： http://www.molecule-r.com/en/volatile-flavoring-kits/179-aroma-r-evolution.html

3-10： http://www.ettoday.net/news/20120607/54465.htm#ixzz39mF7gcbP

3-18： https://www.etsy.com/listing/155326499/sensory-homunculus-model-for-chelsea

3-27： http://electroluxdesignlab.com/2014/submission/set-to-mimic/

3-29： http://zh.wikipedia.org/wiki/File:Julie_Lebrun_als_Badende.jpg、
http://en.wikipedia.org/wiki/File:Perfume_poster.jpg

3-31： 由典匠資訊有限公司授權使用，stockshoppe 提供。

3-37： http://news.ltn.com.tw/news/life/paper/288233

3-38： http://www.gizmag.com/computer-rendering-taste-experience-mixed-reality-lab/
29948/

3-40： http://en.wikipedia.org/wiki/Ivan_Pavlov